WELTGESCHICHTE DES ABERGLAUBENS

VON

JULIUS VON NEGELEIN
WEIL. ORD. PROFESSOR AN DER UNIVERSITÄT ERLANGEN

ZWEITER BAND

HAUPTTYPEN DES ABERGLAUBENS

BERLIN UND LEIPZIG 1935
WALTER DE GRUYTER & CO.
VORMALS G. J. GÖSCHEN'SCHE VERLAGSHANDLUNG — J. GUTTENTAG, VERLAGSBUCHHANDLUNG — GEORG REIMER — KARL J. TRÜBNER — VEIT & COMP.

HAUPTTYPEN DES ABERGLAUBENS

VON

JULIUS VON NEGELEIN

WEIL. ORD. PROFESSOR AN DER UNIVERSITÄT ERLANGEN

BERLIN UND LEIPZIG 1935

WALTER DE GRUYTER & CO.

VORMALS G. J. GÖSCHEN'SCHE VERLAGSHANDLUNG — J. GUTTENTAG, VERLAGSBUCHHANDLUNG — GEORG REIMER — KARL J. TRÜBNER — VEIT & COMP.

Die Weltgeschichte des Aberglaubens

ist in zwei Bände eingeteilt

I. Band: Die Idee des Aberglaubens. Sein Wachsen und Werden. VIII, 373 Seiten, erschien 1931. Preis RM 19.—, geb. RM 20.—

II. Band (der vorliegende Band): Haupttypen des Aberglaubens

Archiv-Nr. 46 06 35

Printed in Germany

INHALT

VORWORT UND EINLEITENDES

„Dank und immer Dank, des Armen Gabe. Aber gewiß, ich danke euch." Diese Worte Hamlets geben den Empfindungen Ausdruck, die mich beim Abschluß des zweiten Teils meiner Arbeit beseelen. Mein Dank gebührt dem Geschick, das mich in unruhigster Zeit in den Stand setzte, das zu vollenden, was ich nun einmal begonnen hatte; allen denjenigen, die mich durch ihre Belehrung förderten, durch ihr Interesse und ihre Anerkennung zur Fortsetzung ermunterten; dem Verlage, der den Wagemut besaß, in würdiger und gefälliger Form das Buch auf den Markt zu bringen.

Was dessen Plan und Anlage anlangt, so gilt alles, was ich in der Einleitung zum ersten Bande sagte, auch für den zweiten. Die Stoffbeschränkung, die ich mir aufzuerlegen hatte, machte es aber unmöglich, bei jeder einzelnen der behandelten Völkergruppen das von ihr ergriffene Gesamtgebiet abergläubischen Denkens und Handelns in Betracht zu ziehen. Vielmehr mußte hier dieses, dort jenes Spezialthema bevorzugt werden, ohne daß das gegebene Bild dadurch von dem Original entfernt würde.

Die Auswahl unter den Völkergruppen, die wir wählten, muß sich selbst rechtfertigen. Ägyptens offizielle Religion ist zur Hälfte Aberglauben, die Babylons mit ihm stark durchsetzt. Der Islâm, wie wir ihn in Palästina finden, muß sich beständig gegen ihn zur Wehr setzen. Von Griechenland und Italien, den Ländern, denen wir unsere Zivilisation zu verdanken glauben, führen die Verbindungslinien unmittelbar zu den germanischen Ländern. Der hohe Norden der asiatisch-europäischen Grenzgebiete ist es, der, unfähig, das Christentum, den Islâm, den Buddhismus zu erfassen, der dazu erforderlichen Ideengruppen, ja, selbst der äußeren Sprachformen ermangelnd, hohe Religionssysteme in die abergläubische Denkweise hinabzieht. Die Betrachtung des Kampfes zwischen den Vertretern tropischer und arktischer Rassen-, Denk- und Lebenseigenart kann des Interesses nicht ermangeln, zu neuen Problemstellungen anzuregen nicht verfehlen.

Das sich öffnende Gebiet ist unübersehbar, Zeit und Kraft, es zu durchforschen, beschränkt. Wenigen Besten meiner Zeitgenossen mußte ich mich als Führern anvertrauen, soweit eigene Kenntnisse und Studien nicht ausreichten. Ihnen allen sei mein innigster Dank ausgesprochen. Das von ihnen gegebene Material diente mir zur Ausgestaltung der Ideen, deren Entwicklung der eigentliche Zweck des Werkes war. Es kam darauf an, den Charakter des Aberglaubens in den jedesmaligen Einkleidungen, Bewegungen, Handlungen kennen zu lernen, die Zeit, äußere Kultur, Rassencharakter des einzelnen Volkstums ihnen verleihen. Diese Faktoren schaffen eine Fülle von Gebilden, die eine begriffliche Einheit miteinander eingehen. Dadurch soll sich auch wiederum die Kapiteleinteilung rechtfertigen. Die fundamentale Bedeutung des Gesamtgebiets, das in dem größten, mir bekannten, religionswissenschaftlichen Werke, nämlich Hastings „Encyclopaedia of Religion and Ethics", nur etwa den siebentausendsten Teil des Gesamtumfangs ausmacht, das bisher, dem Begriff nach, als gemeinschaftliches Dach für eine Bagatellen- und Anekdotensammlung galt, mußte zu ihrem Recht kommen. Seit Jahrzehnten mit den behandelten Problemen und Materien beschäftigt, mit den einschlägigen Sprachen zum guten Teil vertraut, von der Sonne Afrikas beschienen gewesen, ein häufiger Gast Italiens, in einer arktischen Schneewehe beinahe umgekommen, durfte ich wohl reden, bis ein Besserer als ich sprechen würde.

„Diese Lehre ist eine Lehre für den sich Mühenden, nicht für den Faulenzer" — so hat einmal Buddha von seinen Glaubenssatzungen gesagt. Nur der sich Mühende wird an meinem Werk Freude empfinden. Er, der Werdende, wird immer dankbar sein, während dem Fertigen nichts recht zu machen ist (Goethe). In Hunderte von Sondergebieten ist das bearbeitete Thema zersplittert, Hunderten von Spezialisten jeder Teil in die Hände gegeben. Sie alle werden das bei mir vermissen, was sie gerade suchen, weil sie das suchen, worauf es in den großen Zusammenhängen nicht ankam; sie wollen, beispielsweise, wie aus ihren Äußerungen über den ersten Band hervorgeht, Anmerkungen mit Quellenbelegen, kritische Auseinandersetzungen gebracht wissen, die aus dem sachlich Wichtigen die Unwesentlichkeit des gelehrten Gezänks gemacht, den Umfang vergrößert, den Strebenden schon äußerlich abgestoßen hätten; sie wollen Wort-Register sehen, um an der Behandlung der Spezialität das Ganze beurteilen zu können. Gar mancher von ihnen sucht nicht die Sache, sondern sein Fach, das gelehrt klingende Schlagwort, hinter dem man sich so gern verbirgt. Ich habe es grundsätzlich und, wie ich hoffe, zum mindesten in diesem zweiten Teil des Opus, vollständig vermieden. Wissenschaftlich sein, heißt für mich: wahr sein in schlichtester Form. Wo ich geirrt habe, da will ich auf den richtigen Weg zurückkommen und bin jedem, der mir dazu verhilft, aufs herzlichste verbunden. Die bisherige Kritik hat mich namentlich auf einen sehr bösen Druckfehler des ersten Bandes aufmerksam gemacht: S. 63 Z. 21 lies Tyr statt Thor. Daß manches fehlt, was man nicht gern vermißt, halte ich für möglich. Schwerer würde ich es mir verzeihen, wenn ich nicht anregend sein sollte. Darin läge der größte Fehler selbst einer akademischen Vorlesung, über deren Rahmen ich, wenn ich mich recht einschätze, gegenwärtig nicht hinausgekommen bin. Er sollte auch äußerlich gewahrt werden. Nur ein Zurückgreifen auf das Alte Testament (AT) ist durch Belegstellen als berechtigt gesichert worden, weil das Verlangen nach dem Beweis hier allgemein und selbstverständlich berechtigt ist. Persönliches im sachlichen Gewande zu geben, beides miteinander zu durchdringen, lag in dieser Darstellungsform begründet. Die Wissenschaft beginnt nicht, wo die Langeweile beginnt, und endet nicht, wo sie Blut und Leben gewinnen könnte. Der Versuch einer Darstellung nach Art der unserigen, von einheitlichen Gesichtspunkten geleitet, von einer einheitlichen Gesinnungsart getragen, mußte einmal, er mußte bald gewagt werden. Denn der Tag verlangt sein Recht und Leben wie Arbeitskraft verausgaben sich manchmal schneller, als man es vermuten möchte.

Der Aberglauben ist eine Größe von beispielloser Ungeheuerlichkeit und Kraft. Man sagt oft: das wahrhaft Gute, das Heilige könne nicht vergehen. Ich bin aufs lebhafteste vom Gegenteil überzeugt, ich bin durchdrungen, daß selbst unter den Religionsstiftern sich nur einige, wahrscheinlich nicht die Besten, Dauer zu schaffen verstanden haben, während der trübe Strom menschlicher Niedertracht die übrigen in das Meer des ewigen Vergessens hineingeschwemmt hat. Dagegen ist eins sicher: der Aberglauben hat allen Anfeindungen standgehalten. An ihm, an dem von ihm aus Eigennutz und Eigensinn, aus Denkfaulheit und stumpfem Triebleben gewobenen Panzer prallten die Donnerkeile, die Blitzbündel der Jupiter-gleichen, weltbeherrschenden römischen Cäsaren, die Waffen eines ganzen Arsenals drakonischer Strafmaßnahmen trotz jahrhundertelanger Verwendung ebenso ohnmächtig ab als die winzigen Kindergeschosse moderner Landespolizeibestimmungen mit ihren Gaukelei-Paragraphen. In den romanischen Ländern glaubt man, eines Morgens als reiner Rationalist aufwachen zu können — der Aberglauben erstickt dort die Bewegungsfreiheit aller Stände; der Russe will Bolschewist, Gottesleugner, reiner Vernunftmensch sein — der Aberglauben überwuchert, von den Organen der Staatsreligion nicht mehr bekämpft, namentlich das flache Land und seine Bauern; der Amerikaner nennt sich umsonst den Mann der Praxis: eine wüste Mystik klammert sich dort an den noch nicht immer klar umrissenen Aberglauben; der Litauer fühlt sich mit ihm eins; er benutzte seine finstersten Schlupfwinkel, seine schwärzesten Praktiken, um mit dem überlegenen Germanentum, dessen Staatshoheit er nur unwillig anerkannte, einen Verzweiflungskampf zu führen. Einen ungeheuren Schlag gegen ihn unternahm die chinesische Republik, indem sie ihn offiziell abschaffte und alle

Verträge und Rechtshandlungen, die auf ihm aufgebaut sind, als ungültig erklärte. Umsonst — er wurde dadurch nicht kleiner. Wo die Staatsreligion zerfällt, in die ja in China die Monarchie eingebaut ist, tritt an die Stelle des lebenden Gewebes ihres Organismus die unorganische, wuchernde Zelle des Aberglaubens. Doch selbst der politische Halt, den die Religion vom Staate empfängt, kann ihr zum Verhängnis werden. Die Staaten des grauen Altertums lehren es nur zu deutlich, daß die priesterliche Macht sich unter diesem Schutz konsolidiert, um die weltliche Herrschaft zu unterhöhlen und zu stürzen. Die gefährlichsten Waffen des Aberglaubens, der Magie und Mystik, sind ihr dazu die willkommensten Werkzeuge. Sie pflegt sie in sich und durch sich, um jenen Grad von Überzeugungsfestigkeit sich zu eigen zu machen, der sich so leicht auf Laien übertragen läßt und diese lähmt wie das giftige Insekt die Larve, die ihm zum Opfer fällt.

Die Religionen sind nur, soweit sie in Gesinnung und Tat Verkörperungen des Moralprinzips genannt zu werden verdienen, vom Aberglauben frei. Ihre heiligen Bücher enthalten viel von dessen Material. Ihre Schöpfer haben das Gift des Aberglaubens nur solange sie lebten in sich binden können. Mit ihrem Tode ergoß er sich als stinkende Substanz aus der geborstenen Pestleiche ihrer zerfallenden Lehre. Am besten kann man diesen Prozeß am Buddhismus beobachten. Nicht minder weit ist er in viel kürzerer Zeit im Parsismus fortgeschritten. Allerdings verhindert uns die Mangelhaftigkeit der Quellen und leider auch die der quellenmäßigen Forschungen einstweilen daran, ihn gleich genau zu verfolgen.

Im Staatsleben wirkt der Aberglauben in Form der Überwertung von angeblichen Neuschöpfungen auf politischem, sozialem, wirtschaftlichem Gebiet; in dem Kultus der Lehre von dem quasi-automatischen Fortschritt der Massen in sittlicher, geistiger, politischer Hinsicht, dem gefährlichsten Irrwahn der Gegenwart.

An der Kunst findet er sein dankbarstes Betätigungsfeld. Der Kultus der Persönlichkeit führt den Künstler, indem er ihn von dessen Volkstum entfremdet, zu einer Form- und Sachbetonung, welche, mystisch und verwirrend, eine ganze Welt abergläubischer, dem Leben im Sonnenlicht abgewandter Scheinwerte schafft, die sich als Kunstdogmen unkorrigierbar von Generation zu Generation fortpflanzen.

Im Volkstum tobt er sich am stärksten aus. Die Masse konserviert ihn nicht nur in allen seinen Formen als unveränderlichsten Bestandteil ihres Denkens und Handelns; sie sucht dessen faulige Grundlage, die Furcht, und denjenigen, der sie ihr beibringt. Daher die Vorliebe für Schauderszenen im Tagesleben, im Tagesklatsch, im Gespensterroman, im Kino; daher der Wille, geistig und seelisch gebunden statt befreit zu werden. Man will sich fortreißen lassen — vom Geistlichen, vom Demagogen, vom scheingelehrten Bauernfänger. Aber man will beileibe nicht denken. Jeder Blick in eine Tageszeitung lehrt dies. Noch nie ist unter den hunderttausend Geheimmitteln, die den Markt überschwemmen, ein einziges angepriesen worden, das den Verstand schärfen soll. Würde es jemand erfinden und feilbieten — er müßte auf offener Straße verhungern. Dagegen ist zu seiner Lähmung kein Mittel zu teuer. In unseren großen Städten werden Morphium und Kokain zum Mehrhundertfachen der Erzeugerpreise vertrieben. Der Schnaps hat sich siegreich behauptet. Um die Mitte der achtziger Jahre des vorigen Jahrhunderts war es, wenn ich mich recht entsinne, da wurde Bismarcks von brutalem Machtwillen beflügeltes Genie von dem Konzern der Nordhäuser Schnapsfabrikanten und ihrem Anhang in die Knie gezwungen; das Volk hatte auf der ganzen Linie gesiegt: das Branntweinmonopol war gefallen! — Ein Narkotikum ist auch der moderne, bekanntlich großenteils dem Negertum entnommene Tanz, der ungeschwächt fortwütet. Rauschgifte und Tanz werden wir als wesentliche Unterstützungsmittel abergläubischen Denkens alsbald aufs neue kennen lernen. Ihre Verwendung hält sich gegenwärtig durchaus nicht in so engen Grenzen, wie es den Anschein hat. Je mehr Not und Sittenverfall im Volkstum fortschreiten, um so schärfer muß die Kontrolle in den Kliniken und Sanatorien namentlich auch über das Pflegepersonal sein, dem die Morphiumflasche „umgekippt" oder der Vorrat an Äthyl-Chlorid merkwürdig schnell ausgegangen ist. Denn es wird andernfalls nicht nur eine Atmosphäre erweichter, nebliger und schwüler Sinnlichkeit, die das klare Denken ausschaltet und deshalb vom Arzt zum Kurpfuscher führt, vorbereitet, sondern auch durch Weitergabe dieser Gifte dem Massenverderben Vorschub geleistet. Es vorzubereiten dient sicherlich auch manche der wichtigsten Erscheinungen unserer äußeren Kultur. Das, was wir Nervosität nennen, ist zweifellos zum erheblichen Teil auf dem Boden der zunächst bewußten, später unbewußt gewordenen Furcht erwachsen. Die zahllosen Gefahren, die den modernen Menschen, besonders den Großstadtbewohner umgeben, reflektieren sich im Unterbewußtsein als Furchtgefühl in Dämonenverkleidung; denn es ist, wie wir sehen, der menschlichen Veranlagung eigentümlich, daß sie fürchtet, was sie nicht versteht, und daß umgekehrt das Unverständliche zum Furchtanlaß wird. Die Tagesliteratur, die Scherz- und Witzblätter der letzten 50 Jahre lehren in überraschender Weise, wie die jedesmal neueste Erfindung: das Hochrad, das Zweirad, das Auto, das Motorrad, die Schnellzugslokomotive, das Heer der neuen elektrischen Maschinen, das Flugzeug, als Dämon apperzipiert, daher gefürchtet und dadurch zum Anlaß kritikloser innerer Befangenheit gemacht wird. Ähnlicherweise paßt sich der Mensch diesen neuen Eindrücken an; denn auch der Drache, das Ungeheuer kann uns durch Gewöhnung alltäglich gemacht werden. So kommt das zustande, was wir beim Amerikaner so sehr bewundern und als Blasiertheit bezeichnen — der Mann hat es verstanden, den Eindruck auszuschalten. Das Umgekehrte — ich denke hier an einen fernstehenden, aber konkreten Fall — zeigt sich bei einem plötzlich nach Berlin gekommenen Südseeinsulaner. Die völlige Neuartigkeit der hier auf ihn siegreich einstürmenden Eindrücke muß ihn wahnsinnig machen. In der Mitte zwischen beiden steht der nach Berlin gelangte deutsche Kleinstädter. Er sieht in jedem zweiten Bürger der Weltstadt einen Unheilstifter und wird extrem „nervös". Schlimmer ist, daß er nervös macht.

Damit kommen wir zu einem weiteren, sehr wichtigen Punkt unseres Gebiets: der Lehre von der Ansteckbarkeit der abergläubischen Idee und der ihrem Wachstum günstigen chemischen oder geistigen Mittel; der Beobachtung der Neigung der Masse, sich auf das Feld des Unterbewußten herabziehen zu lassen und ihrer Verführer, diesem Bestreben mit grauenhafter Rücksichtslosigkeit entgegenzukommen. Die salonfähigste Form findet dieser Masseninstinkt im öffentlichen Hörsaal. Man sage nicht, daß der Zuhörer dort denken lerne, Kenntnisse gewinnen will. Selbstverständlich kommt dies in Ausnahmefällen in Frage. Wie es aber um die Regel steht, dafür kann ich aus eigenem Erleben eine halb ergötzliche Einzelheit mitteilen. Ich entschloß mich vor Jahren einmal dazu, einer Aufforderung folgend, einen Zyklus von Vorträgen vor mehreren hundert Hörern zu halten. Nach langer Überlegung unternahm ich es, innerhalb dieses Turnus eine Stunde lang über ein schwieriges, fernliegendes Gebiet der morgenländischen Philosophie zu sprechen. Beim Verlassen des Saales hörte ich, wie eine „ältere Dame" zu ihrer Begleiterin sagte: „Ich bin doch im ganzen recht enttäuscht. Das war ja so klar, daß ein Primaner es hätte verstehen können." Diese Frau wollte also suggeriert, nicht überzeugt werden. Sie gab damit der Stimmung der Masse den klassischen Ausdruck.

Der Aberglaube allein gedeiht, wird auf dem Wege von Mensch zu Mensch unwillentlich durch seelische Ansteckung vermittelt. Leider ist der Mensch traurig genug geartet, diese Infektion bewußt weiterzugeben. Je schlimmer das Mittel ist, das zum Erfolg führt, um so rücksichtsloser ist er in seiner Anwendung. Niemand zahlt im öffentlichen Lokal für den Mitmenschen ein Glas Milch, ungern Bier, dagegen serienweise Schnaps, und zwar um so mehr, je schädigender seine Wirkung nach Lage der Umstände sein muß. Morphinisten sind meist, Morphinistinnen — seien sie Dienstmädchen, Pflegeschwestern oder Ärztinnen — stets Verführer und Weitergeber des furchtbaren Giftes. Die Halbprostituierte ruht nicht, ehe sie nicht ihre jugendliche „Kollegin" in den Sumpf ihres körperlichen und seelischen Zustandes herabgezogen hat. Der Weg eines Wüstlings zu solchen jugendlichen Wesen geht daher regelmäßig über deren erfahrene „Freundin". Das alles müßte zum Kampf auffordern, zur Ausscheidung der den Aberglauben vermittelnden sittlichen und körperlichen Gifte. Zur Erweckung unserer Pflichten gegen Familie und Volk, deren treue Erfüllung — es sei schon hier gesagt — das Übel der abergläubischen Einstellung mit der Wurzel ausreißt, zur Erziehung unserer Jugend, zur Ehrfurcht vor den höheren Mächten, die anzuerkennen Natur und Schicksal uns auferlegt haben. Nur eine richtige Würdigung der körperlichen und seelischen Grenzgebiete, die den Aberglauben als wichtigen Teil einschließen, kann für die Arbeit an der sittlichen Ertüchtigung des Menschen die geeignete Grundlage schaffen.

In unserem Buche wird vieles, sehr vieles vermißt werden, nämlich auch von dem, was jeder zu erfahren wünscht, von dem absoluten (also nicht gewollten) Wert der Prophetie und von der Astrologie, die ja wesentlich zu Zwecken der Schicksalsvoraussagung getrieben wird. Unter Prophetie im volkstümlichen Sinne versteht man verschiedenes: die Gabe des Fernsehens, Fernhörens, des körperlichen und psychischen Fühlens von Fernem in zeitlicher und örtlicher Hinsicht. Wer davon überzeugt ist, daß nur die Sinnesorgane Eindrücke der Welt vermitteln, muß es für selbstverständlich halten, daß von einem zeitlichen Fernsehen überhaupt nicht und einem örtlichen nur in der Weise gesprochen werden kann, daß die Sinnesorgane der einzelnen an Reaktionsfähigkeit über den Durchschnitt hinaus entwickelt und deshalb ungewöhnlich großen Leistungen gewachsen sind. Eine Metaphysik des Fernsehens aber muß als gewissenloser Schwindel abgelehnt und verfolgt werden. Der Inhalt der Prophezeiung war in ältester Zeit vorzugsweise zur Kenntnis der Todesstunde. Sobald man die Universalität der Lebensvorgänge, ihre Folgewirkung aufeinander und die vermeintliche Einwirkung der Sterne auf menschliche Lebensgeschicke erkannt zu haben glauben konnte, bildete sich die Prädestinationsidee heran, die Vorstellung, daß die Todesstunde festgelegt und deshalb unter Umständen auch erkennbar sei. Nirgends aber (es sei denn bei Sekten und Philosophenschulen) ist dieser Gedanke folgerichtig durchgedacht worden. Man glaubte vielmehr überall und immer dem Schicksal oder dem ihm übergeordneten Gotte durch Schmeicheleien, Sühnungen usw. in die Arme fallen zu können. Ein solches Schicksal ist natürlich kein Schicksal mehr, sondern Ausdruck der mehr oder weniger berechtigten Furcht vor Zukünftigem. In der Schicksalsidee (in ihrer reinen Form) liegt auch die des Unabänderlichen: selbst wenn wir unsere Todesart wüßten und sie zu vermeiden suchten, würde uns dies nicht gelingen. Sagen von Königen, die ihrem endgültigen Los aus dem Weg gehen wollten und doch in offenbarster Art ihm verfielen, sind vorhanden und sogar in die volkstümliche Märchenliteratur übergegangen (im Pariksit). Der Gedanke der Unabänderlichkeit eines Fatums spottet aber jeder klaren Überlegung. Denn er hat die Idee des Naturzwanges allen Geschehens zur Voraussetzung: so wahr ich sterben muß, muß ich auch zuvor nach ewigen, dem prophetischen Geist erkennbaren Gesetzen alle anderen Verrichtungen vornehmen; damit ist aber die menschliche Willensfreiheit völlig aufgehoben. Noch mehr als dieses: selbst wenn man das gesamte seelische Leben, unser Wollen und Empfinden, als Ausdruck körperlicher Kausalitäten auffassen wollte, wäre die ihrer Beschaffenheit nach völlig unerkennbare Kette von Geschehnissen, die etwa von meiner einstweiligen körperlichen Lage und Beschaffenheit zum Todeserfolg führen müssen, so unendlich lang, daß sie sich der menschlichen Voraussicht für alle Zeiten entziehen. Dies wird nicht immer der Fall sein. Für uns alle kommt wohl die Stunde, in der der Arzt das Hörrohr in die Herzgegend legt und den Umstehenden zunickt: „Jetzt ist's nächstens so weit". Hier hat sich eben die Kette so verengt, daß sie übersehbar geworden ist. Abergläubisch ist also nur die intuitive Schicksalsvoraussicht, die sich entweder über die Kenntnis dieser Glieder hinwegsetzen oder statt ihrer wenige starke Glieder fälschlich einschalten will. Dazu gehört in ältester Zeit der Zauber: fast jeder Tod wurde auf Zauber zurückgeführt. Damals war es leicht ein Prophet zu sein: man zauberte und wußte, daß der Bezauberte sterben mußte. Geschah dies nicht, so hatte man eben falsch gezaubert. Später hielten als falsche Gliedketten die Sterne her: ihre Verdunklung, „Weissagung" usw. brachte den Tod. Der suggestive Zwang, der im Gefolge des Glaubens an die Macht des Zaubers der Sterne stehenden Aberglaubensidee hat siegreich allen offensichtlichen Mißerfolgen der Weissagung zukünftiger Geschehnisse getrotzt. Weissagungen quellen auch aus dem eigensten Innern wunderlicher Menschen nach Anwendung von Reizmitteln (Musik, Gifte) oder selbst vor deren Einwirkung durch bloße „innere Gewalt", „inneren Trieb". In ältester Zeit war dies schon so und ist so geblieben. Man tut der Bibel und der christlichen Religion durchaus keinen Gefallen, wenn man ihre Weissagungen zum Beweis ihrer Göttlichkeit anführt; wir wissen, daß sie nicht in Erfüllung gingen; daß diejenigen, die sie ausstießen, mit allen und nur mit ihren menschlichen Sinnesorganen ausgestattet, mit den Schwächen des Menschentums versehen waren, daß die voraussetzungslose Wissenschaft diese Prophezeiung verwirft und ihre Heilighaltung, die das moralische und soziale Elend unserer Tage nicht im kleinsten verringert, den Kampf zwischen Christlichem und Nichtchristlichem nur erbitterter werden läßt. Auch wer nicht davon überzeugt ist, daß Jungfrauen Kinder kriegen, daß Eisen auf Wasser schwimmt, daß Tote auferstehen, daß $1 = 3$ und $3 = 1$ ist, daß Wasser in Wein sich verwandelt, daß Menschen durch Flüche getötet, Feigenbäume durch Verfluchung zum Verdorren gebracht, Krankheiten in Schweineherden getrieben und ersäuft werden können und dgl. mehr, kann in dem gesamten Weltgeschehen, in der natürlichen Folge von Ursache und Wirkung, die aus dem Keim eine Pflanze, aus der Samenzelle und dem Ei einen Menschen macht, ein höheres Wunder sehen und daraus die Überzeugung gewinnen, daß die Natur in Gott ruht.

Verwerflich und strafbar ist die Vorstellung von der Fähigkeit, die Gegenwart durch Voraussagung beeinflussen zu können. Das verbreitetste der mir bekannten Bücher über Prophetie und Propheten ist nicht nur seiner begrifflichen Unklarheit wegen, sondern namentlich auch deshalb gefährlich, weil es angesichts der Mangelhaftigkeit des gegebenen Materials die Vorstellung erweckt, daß jedes Jahrhundert nur wenige, vielleicht nur einen Wahrsager hervorgebracht hätte, mit dem man sich als ernst zu nehmendem mehr „beschäftigen" kann. Dadurch werden die Chancen für seine Glaubwürdigkeit unendlich vergrößert: der Glaube an einen Parakleten — auch in seiner Form als Seher — ist der menschlichen Natur tief eingeprägt und wird in unruhigen Zeiten unerschütterlich. Tatsächlich wimmelt die Welt von solchen Propheten. Aus dem fernen Orient, dem Himalaya, den Höhen eines Mount Abu, klingt zu mir die Weissagung „seiner Heiligkeit des Gurudev Šrī Schāntivijaya Mahārāj", eines Heiligen der Jainasekte herüber, die im Gegensatz zu den Weissagungen älterer und modernerer Pythias an Klarheit nichts zu wünschen übrig läßt; sie beschäftigt sich mit innerer und äußerer Politik, Währungsfragen usw. Darin heißt es: „vom 1. November 1931 (das Heft wurde mir erst im Januar 1932 zugeschickt) wird eine Atmosphäre des Friedens herrschen", und zwar, um ganz genau zu sein, wird ein Riesenfortschritt in der Erreichbarkeit des Friedens (zwischen England und Indien vermutlich) vom 5. November 1931, 16 Uhr 51 Minuten 35 Sekunden zu verzeichnen sein. Mehr kann man nicht verlangen! Da dieses Datum in der Tat so nicht vermerkt ist, brauchen wir auch die Kriegsprophezeiung des gleichen Heiligen für den 1. Februar 1933 nicht zu sehr zu fürchten. Wichtig ist nur folgendes: die Prophetie der Gegenwart ist entweder im Geheimniskram der Sekten und mystischen Gesellschaften oder geldgieriger Spekulanten auf die Torheit der Mitmenschen versunken, wobei immer wieder die Wahrnehmung gemacht wird, daß sich der Betrüger der neuesten Mittel zur Erreichung seiner Zwecke bedient und das subjektive Gefühl außerordentlich stark, und zwar in einer Weise betont wird, welche die schwerste, dem Publikum entgegengebrachte Mißachtung erkennen läßt; ja, gerade die Brutalität, der Zynismus des gewählten Betruges ist es, der die Masse gefangen nimmt. Ich spreche vom Betrug. Sicherlich würde ich jenem oder diesem der Heilmagnetiseure, Astrologen, Sektenprediger mildernde Umstände zuerkennen, doch nur dann, wenn der gewollte, den Inhaber dem Arm des Gesetzes entziehende Selbstbetrug sich nicht bezahlt macht. Es gibt nämlich nichts, das so suggestiv wirkt als Bezahlung. Die Rentenneurose täuscht unglaubliche Krankheiten vor, die durch Entziehung der Rente sofort geheilt werden. Der politisch und religiös Gesinnungstüchtige, der Kurpfuscher und Zukunftdeuter werden durch Bezahlung, die sie erfahren, gutgläubig. Der Aberglaube, auf die Stumpfheit der Masse aufgebaut, gewinnt aus den Kadavern von deren abgestorbenen Schichten die Leichengifte, von denen sich eine für ihn ganz nahrhafte Suppe herstellen läßt. In jedem Fall ist die Frage nach dem durch vorhandene Übung gewonnenen Vorteil für deren moralischen Wert ausschlaggebend. In dieser Hinsicht steht es — um nur bei einer Priesterschaft zu bleiben — um die berufenen islamischen, ja selbst die indischen Priester besser als um die der meisten christlichen Bekenntnisse. Von äußerster Wichtigkeit ist dieses Kriterium natürlich vor allem auch bei der Beurteilung der Prophetengilde, von der wir sprachen. Von Erheblichkeit ist ferner folgendes weitere Moment: das Bedürfnis, Aufsehen zu erregen, das natürlich jeder Prophet zur Fruchtbarmachung seiner Prophezeiungen in erster Linie braucht, hat zur Folge, daß er sich immer als ein ganz neuer, seine Prophetensekte als etwas noch nicht Dagewesenes hinstellt. Sobald aber etwa die Presse, überhaupt die „öffentliche Meinung", ihn ernst nimmt, hat er gewonnen. Grundlegend wichtig ist deshalb, daß Propheten aller Arten und Grade zur Theaterdutzendware zählen und schon deshalb keinen Narren haben, im voraus berücksichtigt zu werden. Die den gekrönten Häuptern zugegangenen Immediatgesuche sind zum nicht kleinen Teil von geisteskranken Wahrsagern, Erfindern und Entdeckern geschrieben. Die Kriegsministerien können kein Jahr vergehen lassen, ohne Kriegsprophezeiungen und von Kriegspropheten Weissagungen zu erhalten. Die großen technischen Akademien und Institute werden von solchen Existenzen heimgesucht. Wer je die geschäftliche Leitung einer Universität oder auch nur eines Teils derselben in der Hand hatte, mußte sich ihrer erwehren. Größenideen, in die eine solche Wahrsageranlage eingebettet ist, zeigen sich in Geisteserkrankungen bestimmter Formen, deren unglückliche Inhaber in jeder größeren Irrenanstalt anzutreffen sind. Manche von ihnen sind große und berühmte Propheten, auch Sektengründer, zugleich Schriftsteller gewesen. Während des Krieges waren sie leider auch im kämpfenden Heere anzutreffen. Grundlegend ist nun, daß keiner von ihnen als Intelligenz oder Charakter hervortritt. Das, was uns ein Prophetentum allein erträglich, unter Umständen ehrwürdig machen kann — das geistig und moralisch höhere Fundament, auf dem diese Scheingabe aufgebaut wäre —, fehlt überall. Es handelt sich zum weitaus größten Teil um geistig Kranke oder Hysteriker. Da, wo sie auf die Probe gestellt werden sollten, die ihnen keine Betrugsmöglichkeit läßt, haben sie, wie namentlich die an der Königsberger Universität systematisch vorgenommenen Hellsehversuche erwiesen haben, ausnahmslos versagt. Dem Willen, sich betrügen zu lassen, brauchen wir nicht entgegenzuarbeiten.

Unter den mit dem Zweck der Zukunftserkenntnis ausgestatteten Methoden steht die Astrologie an erster Stelle. Sie ist das älteste, verbreitetste und komplizierteste Gebilde dieser Art, der Religion aufs engste verwandt, da bald Göttern, bald unbestimmten himmlischen Mächten der Einfluß aufs menschliche Ergehen zugeschrieben wird. Der regelmäßige Gang der Gestirne hat den Begriff des Naturgesetzlichen der Menschheit gegeben. Und doch ist auch die Astrologie den Methoden wie den Zielen nach abergläubisch. Das Gleiche gilt von ihrer Erkenntnisgrundlage: sie setzt den Glauben an die Erde als den räumlichen Mittelpunkt des Weltalls voraus. Auf dieser falschen Grundlage sammelt sie Einzelbeobachtungen und verdichtet sie zu Schlüssen auf die körperliche und seelische Eigenart des einzelnen Menschen oder einer Gruppe, ferner auf Geschehnisse im privaten oder öffentlichen Leben, auch auf Naturereignisse oder Katastrophen im Völkerdasein. Dies geschieht, ohne den richtigen Zeit- und Größenverhältnissen des Weltenraumes Rechnung zu tragen, und unter völliger Unkenntnis ihrer physikalischen Struktur und infolgedessen auch ihrer Einwirkungsmöglichkeit. Und doch kann man die Astrologie nicht aus dem menschlichen Entwicklungsgang als überflüssiges oder verwirrendes Glied ausschalten; ihrer bediente sich die Wissenschaft von den Sternen solange als sie zugleich philosophisch die Himmelsgebäude verstehen lernen wollte. Noch gilt sie in Ehren. Immer wieder tritt in der Menschheitsgeschichte das Bestreben hervor, von der Form zur Idee emporzustreben, die bloß beschreibende Richtung in der Wissenschaft gegen die erkennende einzutauschen. Unter „Erkenntnis" verstehe ich den erfolgreichen Willen, die Welt als einen Teil des eigenen Wesens, seines Werdens, gestaltenden Handelns und Vergehens aufzufassen. Vielleicht ist diese Weltauffassung dem Menschen eigen und für ihn die einzig mögliche. Ihr gaben die Propheten Raum, wenn sie von der mannweiblichen Gestalt des Urwesens sprachen, wie wir von der männlichen und weiblichen Geschlechtszelle reden; wenn sie den Zusammenbruch des Weltalls zugleich als die moralische Selbstauflösung auffaßten. Kant sagt, wie wir alle wissen, daß ihn nichts mit so großer Bewunderung erfülle als der gestirnte Himmel über ihm. Sicherlich denkt der Philosoph dabei nicht an eine Augenblicksstimmung. Jene Bewunderung ist ihm ein Primäraffekt, ein Glied in der Kette der Empfindungserlebnisse, die Himmel und Erde, Äußeres und Inneres verbinden und dadurch zwei Welten schaffen, von denen wir die geistige, innere in uns, die körperliche außer uns sinnlich erleben können. Nicht der Verstand allein ist's, der die Welt „erhellt". Jenseits seiner Schlüsse steht ein die Summe des zu Erkennenden vorausnehmendes, eingeborenes, Bewunderung der Naturgegebenheiten, Andacht und Begeisterung als Brennstoff enthaltendes Licht, jener Prometheusfunke, dessen intuitive Helligkeit dem wissenschaftlichen nicht minder als dem künstlerischen Genie eigentümlich sein muß. In der Alltagssprache reden wir davon, daß diesen Größen der Menschheit zur guten Stunde „ein Licht aufging". Die logische Schlußkette hinkt diesem erleuchtenden Augenblick lediglich nach. Selbst die Ziele der Astrologie und Astronomie werden in vielen Fällen die gleichen sein. Die Fragen des Kindes, wielange noch die Erde oder der Himmel stehen werden, sind Fragen beider Richtungen, ihre Beantwortung das letzte Ziel des Erkenntnisstrebens, dessen Resultate die Prophetie vorwegnimmt. Sie ist, wenn sie dieses Namens würdig sein kann, sittlicher und religiöser Natur. Der Zusammenklang zwischen Himmel und Erde, Gott und Mensch, Geistigem und Leiblichem bleibt ein Erkenntnisletztes, ein zeitloses Gefühlserlebnis, dessen gehobenem, ahnungsvollem Ausdruck Ewigkeitswert zukommt.

Julius von Negelein
weil. ord. Prof. a. d. Universität Erlangen
(Geschrieben 1931)

ÄGYPTISCHER ABERGLAUBEN

Keines der alten Kulturvölker, denen wir einen Einfluß auf unsere religiöse und, wenngleich in weit eingeschränkterem Grade, auch auf unsere kulturelle Ausgestaltung zuzugestehen pflegen, hat eine so weit zurückreichende Geschichte, einen so großen Aktionsradius als Ägypten. Zwar haben die ägyptischen Kulte in alter Zeit außerhalb des Niltals nur vereinzelt an Boden gewonnen, zwar wuchs erst in hellenistischer Zeit ihre Beliebtheit an zahlreichen Orten des Mittelmeergebietes; doch speiste lange nach dem Untergang des eigentlichen Ägyptertums das Nilland mit seinen geistigen wie seinen materiellen Erzeugnissen die abendländische wie die morgenländische Welt. Noch heute kann man den unschuldigen Seelen unseres Volkes, die gern wissen möchten, ob oder wann sie heiraten werden, kein Traumbuch besser empfehlen als indem man es als ägyptisch anpreist. Jedermann denkt dabei an eine Weisheit, die mit ihrem unermeßlichen Alter eine ebenso unermeßliche Tiefgründigkeit angenommen hat. Aber man vergißt, daß das Niltal den schwersten Veränderungen unterlegen war: eine bodenständige Urbevölkerung stand dort mit den schwarzen Stämmen des Südens, mit den Semiten des Ostens, mit den Hyksos, mit Römern, Griechen und Juden im engen Verkehr, bis das frühe Christentum seine vorübergehende, der Islâm seine endgültige Herrschaft aufpflanzte. Was wir als urzeitliches ägyptisches Gut anzusehen pflegen, kann der Alexandrinischen Periode angehören, aus einem obskuren arabischen Schriftsteller auf Umwegen in die abendländischen Sprachen gedrungen sein. Die Ägypter der alten Zeit besaßen keine erhebliche Wanderlust. Ihre kleinen Boote waren für die Meerfahrt nicht geeignet. Und doch finden wir Spuren ihrer Einwirkung bereits seit dem zweiten vorchristlichen Jahrtausend. Schon damals sind ägyptische Beamte und Kaufleute, Zeichner und Steinmetzen in alle Mittelmeerländer gezogen. Durch die lybische Wüste drangen ägyptische Kulte in die Oasen ein. In Syrien war ägyptischer Einfluß stark. Nubien gab und nahm religiöses Gut, als die ägyptische Kolonisation dorthin vordrang. Noch heute ist es dort in erheblichen Resten zu finden. Wie ja stets die religiöse, kulturelle oder sprachliche Welle eben da am längsten sich bewegt und am ungestörtesten wirkt, wo sie von ihrem Ausgangspunkt am weitesten entfernt ist, so auch in den Zeiten der Ausdehnung jener Nilkultur nach dem Süden. „Die frommen Aethiopen scheinen den Griechen ägyptischer als die Ägypter selbst und sie betrachten sich als die wahren Nachfolger der Pharaonen und die rechten Diener von Isis und Osiris. Als in Ägypten griechischer Geist einzog, haben die Neger dann auch wirklich als die orthodoxen Gläubigen den Dienst ägyptischer Götter aufrecht erhalten. Die schwarzen Könige des Reichs von Meroë haben in römischer Zeit Pyramiden gebaut, sind auf das Orakel des Amon hin ins Feld gezogen und haben ägyptische Tempel gegründet." Spuren ägyptischer Religion, oft zum Aberglauben herabgesunken, finden wir in Kleinasien, auf den Inseln (Delos), in Athen, in Spanien, den Donauländern, Südrußland, in Frankreich, den Alpenländern und Deutschland. Keine Gottheit der alten Welt hat größeren Einfluß auf die Wesensgestaltungen aller Muttergöttinnen der Weltreligionen gehabt als Isis. Die Mysterien der Demeter in Eleusis sind von den Geheimkulten der Demeter abhängig, die in Byblos in Blüte standen und Hathor, später Isis verehrten. Von den Griechen wanderte Isis nach Rom, ja, nach Italien überhaupt, um Duldung, Anerkennung, Verehrung zu finden. Am Garda-See, zu Benevent, zu Rom finden wir die Reste solcher Kultaltertümer. Römische Legionäre haben diese und andere ägyptische Gottheiten bis in die entferntesten Teile des Weltreichs getragen. Der „unbesiegten Isis" war eine Statuette geweiht, die in der St. Ursula-Kirche zu Köln zu einem ihrer Säulenkapitäle verarbeitet worden war. Bei Reutlingen grub man ein kleines, silbernes Bildnis der Isis mit Harpokrates auf dem Schoß aus. In einem Grab der Merovinger-Zeit entdeckte man in der Picardie ägyptische Amulette, wie im Rheinland Denkmäler des Isis- und Sarapis-Kultes. In Bonn wurde am Rheinufer ein beschriftetes Amulett aus der Ptolemäer-Zeit gefunden, das schon durch seine Fundstelle, das alte Römerlager, den Importartikel verriet. Aus der La-Tène-Zeit stammen mehrere ägyptische Kleinaltertümer, die im Kreise Zeven bei Stade in germanischen Urnen geschlummert hatten.

Unter diesen Umständen müßte es einen besonderen Reiz haben, das unaufhaltsame Vordringen ägyptischer Glaubensgebilde in dem bildungsstolzen Italien zu verfolgen oder gar die außerhalb des Rahmens unserer Betrachtungen liegende Frage zu erörtern, wieweit etwa der ägyptische Aberglaube von der in die Sümpfe des Nils mit ihrem Horus-Kinde flüchtenden Isis zum schönen Glauben des Christentums an die Flucht der Mutter Gottes nach Ägypten geworden ist. Sicher ist eins: die Macht der ägyptischen Glaubensvorstellungen war ungeheuer groß. Keine Religion ist so sehr wie die ägyptische geeignet, die Kraft religiösen Empfindens in sichtbarer Verkörperung zu zeigen. In den größten Bauwerken der Welt liegen dort seit jenen Weltperioden, denen gegenüber der Beginn der christlichen Ära neuzeitlich anmutet, die unverweslichen Leiber der ältesten Pharaonen. Die stille, starre Ruhe des religiösen Geheimnisses spricht aus ihnen. Alle wahre Religion wie jeder gerade Weg von Mensch zu Gott geht durch die Nacht dieses Geheimnisses, das dort durch die erhabene Stille weiter Säulenhallen, die Wucht der schweren, engen Grabespforten, die finsteren Totengemächer in ewiger und allen verständlicher Sprache zu uns redet. In der Religion Ägyptens fand das menschliche Herz, was jedes Herz braucht: ein Allerheiligstes. Es offenbart sich uns dort in der Lehre wie im Tempelbau. Der römische Rationalismus brach ohnmächtig an dieser Offenbarung zusammen. Sie umschloß das, was dem Klassizismus mit seiner Verehrung der schönen Linie so gänzlich fehlt: das Ahnungsvolle, das Streben nach einem jenseits der Vernunft liegenden Heiligen, vor allem aber nach dem Tor, der Pforte, die diesseits und jenseits miteinander verbindet. Zwar — das Wunder des Auferstehens einzelner von den Toten, in der gesamten Antike nicht als naturwidrig gefürchtet oder abgelehnt, sondern eher als Ausdruck der höchsten Herrschaft über die Naturgeschehnisse, als höchste Magie gepriesen, mehr gewußt als geglaubt — dies Wunder fehlte nirgends, wo man seiner überhaupt bedurfte, d. h., wo man sich über das Wesen des Todes als endgültigen, unwiderruflichen Abschlusses des Lebens klar war. Aber nur in Ägypten war der wiederauferstehende Mensch zugleich Gott, krönte sich mit der heiligsten Krone. Nur hier klammerten sich an den von den Toten auferweckten Gott die Frommen, wie sich das Kind an die Mutter klammert. Nur hier durften sie — allerdings nicht auf Grund kirchlichen Glaubens- und Tugendlebens, sondern unter dem Schutz zwingender mystischer Formeln — im Sterben und im Tode sagen: „Ich bin Osiris" d. h.: „Ich erstehe, wie er auferstanden ist." So gab das Ägyptertum jene geheimen Lebensstoffe in das himmlische Brot, deren Mangel die Menschheit nun einmal dem Hungertod aussetzen müßte. Die Religion der Klassik entbehrte sie und siechte daran hin. Sie war ein Ausdruck der Staatsraison. Dagegen fand der Mann der Antike in der ägyptischen Religion, seinem Gehalt, wie seiner Form nach, was er brauchte: hier schlossen sich Schulen Eingeweihter und Eingeweihtester zusammen, in deren Gemeinschaften das religiöse Leben zum Selbstzweck wurde, seine tiefste Verinnerlichung fand, das Menschenherz sich auf sich selbst und seine höchsten Aufgaben und Ziele besann. Von hier stammen jene Geheimbünde, die in den Logen unserer Zeit nachklingen. Sie pflegten die Schätze wahrer Sittlichkeit, lehrten den Segen des Wandels in stiller Tugend und erschlossen — was mehr als alles andere sagen will — dem Anhänger das Auge für die jenseitige Welt; sie ließen ihn den großen, allweisen und allgerechten Gott mit den Augen des Leibes schauen. Freilich ist keine Gottesauffassung der Verflachung und zahllosen, selbst auf der Basis des Instinkt- und Trieblebens liegenden Verirrungen so sehr ausgesetzt als die mystische. Nur in sehr kleinen Gemeinschaften ausgesuchter frommer Menschen kann sie sich in ihrer vollen Reinheit bewahren. Zum quasiästhetischen Genußmittel der Personen „höheren Standes", zum Zerstreuungsmittel gehobener Schichten herabgesunken, in den Dienst von Psychopathen und Individuen, die diese ausnutzen, gestellt, kann sie leicht zur schweren Gefahr selbst für die außerhalb dieser Gemeinschaften stehenden Kreise werden, denn der Mystik wohnt in verworrenen Zeiten eine ungeheure Macht inne, die noch niemals etwas Gutes im realen Leben geschaffen hat.

Erst in spätester Zeit und unter europäischem Einfluß gaben sich eingeschränkte Kreise namentlich auch zu politischen Zwecken so trüben Verirrungen hin. Der Ägypter schlechthin war seit ältesten Tagen durchaus daseinsfreudig. In seinem engen Kreise fühlte er sich wohl, beobachtete die lebende und unbelebte Natur mit naiver Frische, mit entzückender Schärfe und genoß, was sein Land — stellenweise das wohl reichste der Erde — ihm an Nahrungs-, Genuß- und Erfrischungsmitteln bot. An den düstern Seiten des Lebens, namentlich an dessen Ausgang ins Totenreich, ging er gern vorbei. Sehr im Unterschied selbst zu Homer oder zu den Totenszenerieen des Alt. Test. wird deshalb der Düsterkeit des Grabes nur spät und selten, wohl erst seit der Zeit des griechischen Einflusses, gedacht. Die ägyptische Religion ist dementsprechend wesentlich abergläubisch, d. h. welt- und diesseitsfreudig, orientiert. Es ist grundlegend wichtig, „daß dem Ägypter im allgemeinen das Problem von Schuld und Sühne, das Suchen nach Wegen der Erlösung, der Begriff der Reue nach begangener Missetat, das Gebet um Vergebung fern lag". Vielmehr wandte er sich an die Natur, suchte ihre „Kräfte", die er den seinigen ähnlich glaubte, zu erkunden und in seinen Dienst zu zwingen, damit sie seine persönlichen Bedürfnisse befriedigen. Selbst im Stein vermutete man ein gewisses Leben. Erteilte doch die Sprache ihm je nach seiner Spezies ein bestimmtes Geschlecht, das die letzte Spur seiner magischen, körperlichen Sonder-Existenz ist und sich als solche bekanntlich nicht bloß im Alt-Ägyptischen findet. Wunderlich genug klingt uns in unserer eigenen Sprache, wenn wir sie beobachten, die Verschiedenheit des Geschlechts beispielsweise verschiedener Getreide-Arten: wir reden von der Gerste, aber dem Weizen. Überrascht erfahren wir, daß der alte Ägypter für eben diese Fruchtsorten das umgekehrte Genus kennt. Warum sind tote Dinge überhaupt männlich oder weiblich? Haben sie einen Bezug zum Menschen? Gewiß, und zwar einen uralten und sehr bedeutsamen. Die alte Zeit Ägyptens hat ihn noch empfunden und im Brauch festgehalten. Nach dortiger Sitte kann die Landfrau, indem sie den (weiblichen) Weizen mit ihrem Urin befeuchtet, ihn zum Keimen bringen und daraus den Schluß ziehen: sie wird weibliche Kinder gebären. Geht aber bei dieser Orakelprobe — denn zum Orakelzweck besprengt sie damit das Feld — die (männliche) Gerste auf, so nennt sie alsbald einen Knaben ihr eigen; keimen beide Getreidearten — dann wird sie offenbar zur Mutter von Mädchen und Buben. Die urälteste Zeit dachte wohl anders. Sie unterschied zwischen einem Reich des Mannes und einem solchen der Frau. Es gibt Fruchtsorten, Pflanzenprodukte, die durchaus nur der männlichen und solche, die ausschließlich der weiblichen Bearbeitung unterstehen, und zwar in allen ihren Phasen; etwa von dem Abpflücken einer bestimmten giftigen Blüte bis zur Tränkung der Pfeile mit deren Saft und der Handhabung der Waffen im Kriege, durch die Männer, oder von der Gewinnung des Flachses bis zu dessen letzten Bearbeitung durch die Frauen. Das starke Keimen der männlichen Pflanzen verhieß dann natürlich männliche Nachkommenschaft. Analoges bei den weiblichen Gewächsen. Die ägyptische Keimungsprobe bedeutete also einen Übergriff auf den männlichen Herrschaftsbereich, wie er in der Zeit des Mutterrechts uns nicht wundernehmen kann. Ursprünglich gehörte der männliche Urin auf die eine, der weibliche auf die andere Feldergruppe. Wessen „Kraft" sich der „Energie" der gleichgeschlechtigen Pflanze lebenerweckend mitteilen konnte, war auch stark genug, das Feld des menschlichen Leibes erfolgreich zu bestellen. Andererseits übertrug sich diese Kraft in reichem Maße auch von der Natur auf den Menschen. In einzelnen ihrer Objekte, in einem weißen Tier, einer besonders gefährlichen Schlangen- und Katzenart, einem seltsam geformten Stein, einem ungewöhnlich fruchtbaren Schatten spendenden, eine Quelle bewachenden Baum und dessen Teilen wurde in der ägyptischen Frühzeit Heiligkeit gesehen. Man nahm solche Einzelobjekte zu sich ins Haus, verehrte und pflegte sie, wozu namentlich auch sehr kleine, käfigartige Häuschen, ihrer Form nach wohl zugleich die ältesten oberirdischen Hütten des prähistorischen Ägypters, dienten. Berge, Seen und abgeschlossene Geländeteile fanden Verehrung. Sicherlich hatten sie in das Leben einzelner oder einer Gemeinschaft in irgendeinem Sinne eingegriffen.

Ein „Naturkultus" dieser Art — nie und nirgends wird die Natur als solche, sondern stets nur ein in ihr waltendes, geistiges Etwas verehrt — findet sich noch im heutigen Ägypten, wie im urältesten. Er verführt dazu, dem ägyptischen Volkscharakter die Veränderlichkeit schlechthin abzusprechen. Tatsächlich glauben die Bewohner des Niltals wohl seit Jahrtausenden, daß mit dem Verschwinden der abendlichen Sonne, des Vertreters von Recht und Wahrheit, die Welt den bösen Dämonen preisgegeben ist und daß man sich vor ihnen am besten in der eignen Behausung schützt. Wohl von jeher nahm man deren Lieblingssitz an oder auf der Schwelle an. Man fürchtet auch heute noch sein anderes Ich, ein Gebilde, das dem altägyptischen Ka verwandt sein muß; nicht minder böse Menschen, die magische Kraft in sich tragen, und vor allem ihre bösen Augen. Man schützt sich und seine Kinder mit den gleichen Mitteln, darunter auch „Augen" die man sich und ihnen um den Hals hängt. Allerdings stellt man gegenwärtig die eignen Familienmitglieder vornehmlich in den Schutz des Höchsten.

Der reine Islâm ist für die Verirrungen seiner Gläubigen weniger verantwortlich zu machen als irgendeine Religion für die Entgleisungen der ihrigen: er ist der reinste Monotheismus der Welt. Aber sein Licht fiel in die Finsternis niedriger Menschenschwärme und sie haben es nicht begriffen. In seiner echten Form duldet er keine Abgötterei irgendwelcher Art. Er hat manche alten Sitten übernommen und weitergegeben, so z. B. dem Christentum den Brauch entlehnt und bis heute bewahrt, beim Eintritt der Mannbarkeit eine Haarlocke des Kindes zu weihen — eine die Tonsur abschwächende Form der weltweit verbreiteten Pubertätsriten. Die altägyptischen, in Schlammballen eingebettet gefundenen Haarbüschel dürften die gleiche Maßnahme für die älteste Ära belegen. — Die so überaus seltsame „Anbetung" einzelner Tiergattungen zeigt seit Jahrtausenden die gleichen Formen. Noch heute verehrt man die Katze dort wie vor Jahrtausenden, zum mindesten ist man davon überzeugt, daß sie mit den Dämonen im Bunde stehe und sich rächen könne. Muhammad hat eine Lieblingskatze gehabt. Der kluge und große Mann hat in Punkto Katze wie in allen Fragen, in denen er an die Mentalität seiner Gläubigen Konzessionen machen konnte, gern das starre System preisgegeben. Schon 2—3 Jahrtausende vor seiner Zeit verehrte man die Katze ihrer zahlreichen Nachkommenschaft wegen und stellte das Bild echter Weiblichkeit in Gestalt einer Frau mit Katzenkopf dar, die ein Körbchen in dem einen Arm, eine Musikklapper (Sistrum) im anderen trägt. Katzen sind ja musikalisch, können spielen, singen und tanzen. Das alles näherte sie der Gottheit, denn die Kunst ist göttlich. Auch der Kampf dieses schätzenswerten und anspruchslosen Hausgenossen gegen die in Ägypten zur vernichtenden Gefahr anwachsende Mäuseplage mußte Bewunderung und Dankbarkeit erregen. Interessant ist es, zu sehen, wie wenig das Christentum die Traditionskette der ägyptischen Volksreligion durchbrochen hat. Der altchristliche ist von dem spätägyptischen Zauberer nicht einmal seinen Emblemen und seinen Formeln nach zu unterscheiden, es sei denn, daß man aus Furcht vor religiöser Verfolgung in das Schema dieser Formeln christliche statt heidnischer Namen gesetzt hätte. Im übrigen erstreckte sich die Macht des Kopten über die gesamte Natur, über den christlichen Teufel und den christlichen Gott, trieb Mißbrauch mit dem Namen Christi und der hl. Maria und verfolgte die gleichen, unlauteren Zwecke mit den gleichen törichten und verwerflichen Mitteln. Ob ein Zauberspruch in koptischer oder griechischer Schrift uns aufbewahrt ist, tut nichts zur Sache. Hunderte dieser Formeln sind erweislich dem Frühchristentum und Späthellenentum übermittelt worden. Das Streben nach diesseitigen Gütern, nach Macht, Reichtum, geschlechtlicher Befriedigung, nach Erkenntnis des zukünftigen Ausgangs eines Unternehmens ist, ganz allgemein gesprochen, in gewissen Volksschichten und zu gewissen Zeiten ein Richtungsmoment der menschlichen Psyche, vor dem dann jedes höhere Streben völlig zurücktritt. Ein uraltes magisches Element, das wir allerdings eher ahnen als kennen, ist dem ägyptischen Geist durch Babylon zuteil geworden. Von dort stammt seine Astrologie. Eine Reihe von wichtigen Kulturgütern, darunter auch Sprache und Schrift, zeigen Anklänge aneinander, die teilweise auf gemeinsamen Ursprung weisen. Kultische Formen und Ideen, wie namentlich die riesige Pyramide als Götter- und Menschengrab, der Kultus des Gottes der Sonne und einer Reihe von anderen Himmlischen gehören hierher. Überhaupt wurde ungeachtet der frühen Ausbildung des ägyptischen Sondercharakters von fremden Völkern viel, wahrscheinlich weit mehr, als wir wissen, von magischem und anderem volkstümlichen Gut übernommen. Die nüchterne, dem Lebensgenuß und Zweckmäßigkeitsbegriff zugängliche Art der Volksindividualität bedingte dies.

Der Magie ist die Zweckvorstellung begrifflich wesentlich. Der Ägypter war eben ideellen Interessen abhold, auch sein Kultus gänzlich phantasielos. Er bezweckt es, die Gottheit oder den Toten mit des Alltagsmenschen Nahrung und Notdurft, mit Speisen, Kleidern, einer Ruhestatt und darüber hinaus mit Zerstreuungen, Belustigungen, Annehmlichkeiten (wie etwa Weihrauch) und Unterhaltungen, wie sie ein lieber Besuch bereitet, zu versehen. Man erwartete als Gegenentgelt, daß die „magische Kraft“ (hīke) des also Versorgten dem Spender günstig sein werde. Der König war überzeugt, daß seine Geldausgaben für Kultus-Angelegenheiten sich durch Steigerung seiner Macht und Sieg im Kampfe bezahlt machen werden; der Bürgersmann, der statt der hohen, vornehmen, ihm schwer erreichbaren Götter sich mit einem derben Volksgöttlein oder einem Toten seiner Ahnenreihe begnügte, tat das Seinige, die von dem Dämon ausgehende Gefahr zu beseitigen und durfte deshalb auf dessen Hilfe in einer seiner kleinen Nöte rechnen. Er wandte dann etwa ein Amulett an, über dem er eine Zauberformel flüsterte. Ihr geistiger Hauch trug die über dem Zauberding schwebende magische Kraft zu den Göttern oder dem Feinde entgegen. Die Verbreitung und Wichtigkeit dieser Sprüche kann nicht überschätzt werden. „Die Kenntnis von Zauberformeln, ihrer Form und der Gelegenheit ihrer Anwendung vertrat die Stelle der Religion.“ Der offizielle Kultus ist von Magie durchsetzt. Der Spruch seinerseits wird allerdings erst wirksam, wenn eine umständliche kultische Reinigung, die unter Umständen 9 Tage dauert, vorausgegangen ist. Zur Lustration gehören: Salbungen, Räucherungen, Reinigung der Haut und des Mundes, Anlegung neuer Kleider. Das Zauberritual ist ebenso kompliziert wie das eines Gottesdienstes. Neben dem Priester stand der Zauberer niederen oder höheren Grades. Er wachte über den Ritualien, denn von der gewissenhaften Beobachtung aller Formen hing die Wirkung der Handlung, wie von den begleitenden Sprüchen deren Erfolg ab. Daß die höchste, metaphysische Wirkung des Kultus eine rein magische war, daß wir nur auf Grund der überall wiederfindbaren Methode der abergläubischen Parallelsetzung den stolzen Satz zu verstehen haben, den der Zauberer oder der Tote spricht: „Ich bin Râ", oder: „Ich bin Amon", sei schon hier erwähnt. Doch nicht bloß die Religion war praktisch Magie. Auch vom Kulturleben gilt das Gleiche. Jede lebenswichtige Verkettung zweier Objekte oder Vorgänge in Form von Ursache und Wirkung galt als durch Zauber ausgelöst. Magie steckte in den Arten des Nahrungserwerbs, namentlich in Viehzucht und Ackerbau, im Handwerk. Ihre Lehrer und ersten Ausüber waren große Magier. Durch Zauberkunst konnte der Erfolg dieser Arbeiten verhindert oder vermehrt werden. Die Wissenschaften waren noch „Künste" d. h. dem geheimen Wollen und Handeln der Ausübenden unterworfen.

Dies gilt beispielsweise von der Medizin. Sie stand aufs engste mit dem Magier und der Gottheit im Bunde. Der Oberpriester von Saïs führte den Amtstitel „Oberarzt". Mit dem Neith-Tempel der gleichen Stadt war eine medizinische Schule verbunden. In Theben und an anderen Orten im Niltal bestand ein ähnlicher Zusammenhang zwischen den Heilanstalten und den Heiligtümern. Er war notwendig, denn wie etwa bei dem frommen, die Heilkräuter seines Klostergartens pflegenden Mönch unseres Mittelalters, der zwischen Natur und Gott einen geheimen Bezug fühlte, der von Gott die Heilwirkung abhängig machte und unter Anrufung Gottes dem Kranken die Arznei gab, begleiteten im alten Ägypten alle ärztlichen Handhabungen, von dem Pflücken der Heilgewächse an, die Zaubersprüche. Unter Formeln wurden die Kräuter gesammelt, zubereitet, zusammengerührt, dem Kranken gegeben oder äußerlich appliziert. Bis zum Datum der erwarteten Heilwirkung des angelegten Verbandes wurden sie wiederholt. Die endliche Wiedergenesung selbst wurde alsdann nicht in Zweifel gezogen. Darin liegt ja eben das Glück dieser Menschen, daß sie in ihrer Art mit dem Elend des Lebens, das wir Modernen zu beschreiben, bemänteln, umgehen versuchen, mit einem Schlage fertig werden. Gerade wie beim heutigen so war auch bei dem antiken Ägypter Lebensfrische und Lebensfreude das Element, in dem er schwamm. Unangekränkelt von des Gedankens Blässe fühlte er sich bei Weib und Kind am gutbesetzten Tisch, am bratenduftenden Altar, ja selbst im Vertrauen auf die Genüsse des Jenseits wohl. Für seine Gesundheit sorgten Götter wie Chunsu von Theben, Thôth oder Isis und Hexenmeister, die deren Macht in den menschlichen Dienst stellen konnten. Bedeutsam ist es, daß in Ägypten wie bei allen Kulturnationen die Vertreter eines niederen Volkstums, sei es der Ureinwohnerstämme, sei es der Grenzlande, sich als volkstümliche Zauberärzte zu schaffen machten. Sie brachten rohe, negerhafte Idole nach dem Nilland, zu denen auch der sein Geschlechtsglied in der Hand haltende Min gehören dürfte; sie wußten durch fratzenhafte

Idole Entsetzen und gerade durch dieses Heilung hervorzurufen — man trieb den Teufel mit Bêlzebûb aus. Sie wußten aber auch in Person sich in einen Dämon zu verwandeln, in den Feind einzufahren und ihn zu quälen. Die benachbarte Wüste war diesen bösen Geistern und ihrem Oberherrn, dem Sêth, überliefert. Die gefürchtetsten solcher Dämonen-Menschen waren wohl hier wie überall weiblichen Geschlechts. Die Versucherin in der Wüste begegnet uns noch in den spätesten halbsemitischen Texten; desgleichen der Wildesel, gegen den noch der persische Nationalheld Rustem kämpft, wie Sêth mit Vorliebe seine Gestalt annimmt. So verstehen wir den Zauberspruch: „Laufe aus, du Asiatin, die daher kam über die Wüste! Du Negerin, die daher kam über das Land! Bist du eine Dienerin, dann mögest du (aus dem Kranken) kommen im Erbrechen. Bist du eine vornehme Persönlichkeit, dann mögest du kommen aus dem Urin! Komme im Schleim seiner Nase, komme im Schweiße seiner Glieder! Meine beiden Hände liegen auf diesem Kinde . . . . .“ — Hier erfahren wir, was es heißt, (durch die biblisch anmutende Pose der Handauflegung) „eine Krankheit aus jemandem auszutreiben“.

Die Macht der in der Formel sich äußernden Magie ist unbeschränkt, der Zauberer der wahre Herr über Götter und Menschen, seine geheim gehaltene Spruchweisheit sein Schatz, dessen Vermehrung sein Lebensziel. Durch die Formel bekämpfen sich die Götter gegenseitig, bestimmen durch deren Kraft ihr eigenes Rangverhältnis. Magie zwingt die Gottheit — so meinte man in Ägypten seit ältesten Zeiten — in die Gewalt des menschlichen Willens. Die magischen Papyri der Spätzeit sagen, nachdem sie einen Spruch mitgeteilt haben, mehr als einmal: Falls der Gott oder der Dämon säumen sollte, dem Beter willfährig zu sein, so sprich folgendes mit drohender Stimme: „. . . .“. Die jetzt folgende, zweite ist dann die eigentliche Zwangs-Formel. Der Gott ist über diesen Zwang vielfach verbittert und will sich rächen. Der Mensch scheint ihm übermächtig geworden zu sein. Beispielsweise heißt es einmal: „Ich feßle den Himmel, ich feßle die Erde... ich feßle die 4 Erdpfosten (Himmelspfosten), ich feßle die Sonne im Osten... ich feßle die Felder auf der Erde und werde nicht erlauben, daß sie Getreide bringen. Ich verwandle den Himmel in Kupfer, ich verwandle die Erde in Eisen...“ Zaubersprüche sollen Tote erwecken können; unter ihnen steht namentlich derjenige, den Isis zur Wiederbelebung des von giftigem Gewürm gestochenen Horuskindes anwandte. Es gibt ein Zaubermittel, Greise zu verjüngen; eines derselben will den männlichen Greis in einen Jüngling von 20 Jahren umschaffen! Bedeutsam ist, daß der Ruf dieser Magie durch die Jahrtausende drang und daß Roms Straßen und Paläste von ihm widerhallten. Auf offenem Markt erweckte dort der Magier die Leiche vorübergehend zum Leben. — Wie über Natur und Mensch, so siegte die Formel über das wilde Getier. Durch magischen Befehl kann man Krokodile beruhigen, das Gift toller Hunde oder gefährlicher Schlangen unwirksam machen. Ein Zauberer verstand es zu bewirken, daß ihm ein Löwe folgte, ohne an der Leine geführt zu werden. Auch hier klingen die christlichen Heiligenlegenden vernehmlich nach. Die Zauberformeln durchzogen das Leben des einzelnen von der Geburt bis zum Grabe. Die Geburt von Kindern, ja, deren Erziehung und Geschlecht sowie die Milchsekretion des Weibes sollten durch sie erleichtert, beziehungsweise vorausbestimmt werden. Selbst beim Katzenjammer nach dem Alkoholrausch waren sie zur Stelle. Jeder Stand, jede Berufsbeschäftigung hatte stets diejenigen, derer sie bedurfte, um ihr Eigentum, ihre Gesundheit, ihre Kinder sicherzustellen. Gottheiten ältester und volkstümlichster Art: Schu (Onuris), der Halbgott Bês, das Kind Patäke, das Horus-Kind, also Wesen, die gegen Tierangriffe gefeit sind, kommen den Menschen im Bilde zur Hilfe. — Neben der Abwehr von Schaden bezwecken sie Erlangung von Vorteilen aller Art. Sie sollen nicht bloß den Feind töten oder wahnsinnig machen, sondern auch dem Rezitierenden Speise und Trank, Grundbesitz, Liebe, Ansehen, Macht verleihen. Selbst die Erreichung des ewigen Lebens sichern sie und befriedigen alle Bedürfnisse des Toten, versorgen ihn mit Speise und Trank, mit Wärme und Licht, mit Kleidung und Wohnung, mit Gesundheit und Schutz gegen lebende und elementare Widersacher. Durch sie konnte man sich vor jeder Arbeit im Jenseits drücken, indem man sie einem anderen aufpackte, konnte sich dort Belustigungen verschaffen und einen dauernden Glückszustand sichern. Deshalb empfiehlt ein Zauberrezept sich selbst mit den Worten: „... Das ist tatsächlich vorteilhafter als jede andere Anweisung. So zu handeln ist nützlich auf der Erde und auch im Reiche des Westens (d. h. im Totenlande).“ Tatsächlich bedient sich nicht bloß der Lebende zugunsten des Toten, sondern der Dahingegangene im eigenen Interesse der Zauberformel. Ist er doch ohnehin mächtig genug, die Gottheit und die Welt zu bezwingen. „Wenn ich nach Osten verschleppt werde,“ sagt ein Toter, „... dann soll verschlungen werden die Manneskraft des Sonnengotts und das Haupt des Gottes Osiris ... dann soll Blindheit entstehen an dem Auge des Sonnengottes Tum (d. h. eine Sonnenfinsternis) und allerhand Unheil soll sich ereignen.“ Der Tote sprengt durch solchen Titanentrotz die Pforten des Totenreichs und erlangt einen hohen Rang im Jenseits.

Besonders beachtenswert ist aber der Zweig der Magie, durch den der Ägypter über die Elemente Herr werden wollte. Für ihn war das Wasser, wie für den semitischen Nomaden das Feuer, zum Hauptelement geworden. Wie der Gott der Israeliten im Feuer sich offenbart, als Feuer vom Himmel fährt und den Kriegszügen der Stämme vorausgeht, so bewacht das Wasser den Leib des Osiris, heiligt jedes Wesen, das in ihm den Tod findet, steht unter der Obhut des ältesten Gottes — oder vielmehr der Zaubermacht des Gottes! Ihm ahmte der Mensch nach und glaubte dann, dem eignen Willen und der angewandten Formel entsprechend, Wasserüberfluß verringern und Wassermangel beheben, Gewitterstürme beruhigen oder Wolken, noch bevor sie das Unwetter brachten, zerstreuen zu können. In der Spätzeit wird auch die Kunst gelehrt, auf dem Wasser zu wandeln. Wenn ich hierbei an die gleiche Gabe Christi denke, so tue ich es nicht nur angesichts des gleichen traditionellen Gebildes — der Wasser-wandelnde Geist, der das Wasser bezwingende Tote — sondern auch des gleichen Motivs: der Lebende und Tote legitimiert seine Macht und damit seine Gottähnlichkeit durch die Besiegung der Elemente. Zwecks seiner Apotheose bedarf er der auch im nördlichen (in das syrische Christentum sehr früh eingedrungenen) Buddhismus stark hervortretenden „Wasserwunder". Auch in Ägypten sind sie Teilerscheinungen der Elementarwunder, die wir aus dem Alten Testament so gut kennen. Wie dort Elias, der älteste und mächtigste Zauberer, das Feuer vom Himmel herabbeschwört, so daß es den Altar und das Erdreich frißt und wie er damit die heidnische Konkurrenz schlägt, so vermag ein vielleicht gleichzeitiger Ägypter durch ein solches herabbeschworenes Feuer den Gegner restlos zu vernichten. Ich kann nicht annehmen, daß beide Vorstellungen voneinander völlig unabhängig sind. Mit Sicherheit aber vermute ich eine solche Entlehnung bei dem Motiv von der Spaltung der Wasser, das sich durch die mehr als dreitausendjährige Ära der ägyptischen Geschichte hindurch in kosmogonischen, mythologischen und fast komisch anmutenden romanhaften Versionen findet. Es wird von der Teilung des Weltenozeans, in dessen Abgrund die ganze Erde versinken kann, von der Spaltung des Meeres oder des Nils gesprochen, d. h. von ungeheuren, ursprünglich kosmischen (himmlischen) Wassermassen geredet, aus deren trockenem Grunde ein Mensch zur Welt des Lichts aufsteigen kann. Der Zauberer der ältesten Zeit kann einen See auf die andere Seite kippen, so daß das Oberste zu unterst ist, um den auf den Grund gefallenen Schmuck einer Haremsdame wiederzubekommen. Hier klingen die welterschaffenden Taten der Elohîm von Gen. 1 und dem babylonischen Marduk, der die Tiâmat spaltet, auch wohl von dem den Urweltdrachen Vṛtra erlegenden indischen Indra unmittelbar an. Das Alte Testament, Babylon und Indien sind sich darin einig, daß eine blutige Erlösertat am Anfang des Weltgeschehens stand und daß wir Drachenblut, d. h. uralte Weisheit, im Wasser trinken.

Wenn wir sagten, daß der Zauberer seine Macht als unumschränkt fühlte, so gilt das zunächst natürlich von der ältesten Zeit und den ältesten Magiern. Zu ihnen, zu den frühesten Tagen, in denen nicht bloß erlaubt, sondern auch möglich war, was gefällt, richteten sich die sehnsüchtigen Blicke der geistlichen und weltlichen Machthaber. Die Schärfe der Beobachtung, welche uns allein ermöglicht, den Kausalnexus des Geschehens in seiner erfahrungsmäßigen Begrenztheit zu fassen, war dem Ägypter nicht eigen, und so ließ er sich von seinen Magiern so ziemlich alles nur Denkbare „vorzaubern". „Es gibt eine Formel, mit der man Himmel und Erde und alles, was darinnen ist, bezaubern kann, während man mit der zweiten seine irdische Gestalt nach dem Tode wieder anzunehmen und Sonne und Mond zu sehen vermag." (Solche besonders kräftigen Formeln befinden sich oft in Gräbern.) Die Zauberer können auch Unwirkliches (z. B. das scheinbare Ertrinken von Kindern) als wirklich erscheinen lassen und Unsichtbares (z. B. die Götter) sichtbar machen. Man sah dann den Gott des Zaubers (Thôth) und seine göttliche Herrlichkeit; man wurde vertraut gemacht mit seinen Geheimnissen, ja zum Berater der Götter erhoben. Dieser Zweig der Zauberei, die Mystik im engsten Sinne, blühte in hellenistischer und frühchristlicher Zeit. Sie war es, die naturgemäß das Ansehen des Zauberers bis ins Unermeßliche steigern mußte. Er trug zu diesem Erfolg mit redlichem Eifer bei. Da hören wir von der Reklame, die er mit der eignen Spruchweisheit treibt; da erfahren wir, daß die höchste Gottheit ihm ihr Bestes offenbart hat. Durch die Gnade der Isis hat er in einem bestimmten Tempel ein Zauberbuch gefunden. Die Erde war damals in Nacht gehüllt, der Mond erleuchtete die Rolle. Man hielt ihren Inhalt für zauberkräftig und brachte sie dem Könige. — Hier klingt ein Unterton gemeingefährlichen, bewußten Schwindels bereits mit: man versucht, sich direkt an die höchste Stelle zu wenden. Der Scharlatan wird zum Politiker. „Narr und Phantast, so nah dem Thron!" sagt Goethe.

Die spätere Zeit hat mit dergleichen Manipulationen reichlich aufgewartet. Ich will hier nur vorübergehend der Prophetie in allen ihren Vertretergruppen gedenken, des Astrologen, des Befragers des heiligen Stieres von Memphis, der z. B. dem kaiserlichen Prinzen Germanicus einen frühen Tod geweissagt und dadurch das Regententum sicherlich aufs tiefste erschüttert und beeinflußt hat. Es ist ein solcher später Sonderfall zugleich ein Beweis für das Bestreben dieser Priestergruppen, sich um die Veränderung der Person des Throninhabers oder der Regierungsform zu bemühen und zu mystischen Geheimbündeleien Veranlassung zu geben. Man benutzte zur Zauberhandlung stark suggestiv wirkende Faktoren, so namentlich die Beobachtung blinkender Flächen. Die Rücksichtslosigkeit des römischen Rechtsstaats verstand es, wie wir sehen werden, diese Manipulationen dem Tageslicht im allgemeinen — nicht immer — fernzuhalten. Ein besonders wirksames Mittel, sein Ansehen zu steigern, fand sich bei der gerade auf diesem Wege ermöglichten Totenbeschwörung. Sie gehört ohnehin zu den gefährlichsten Gruppen der Magie, denn der Glaube, daß der Tote allwissend oder viel-wissend sei und daß man seinem Ratschlag folgen müsse, gehört zu den allgemeinsten Menschheitsideen. Ein Priester der griechisch-ägyptischen Zeit vermochte Himmel,

Erde und Unterwelt zu öffnen und Tote aus dem Jenseits zu rufen. Dies konnte in gutmütiger Absicht geschehen: ein solcher Toter schenkt einem Mann den von der Gottheit (Osiris) erbetenen Sohn. Aber schon der Brauch, zum Zweck der Divination dem Lebenden die Seele aus dem Leibe zu ziehen, d. h. doch wohl, nervenschwache Menschen durch die Bedrohung des vitalsten Teiles des Organismus zu lähmen, lehrt das Gefährliche dieser Experimente. Sie lassen sich nur auf der Ebene eines zweifelfreien Glaubens an die eigene Person verstehen. Die Gottähnlichkeit von Menschen ist ja bereits der frühesten ägyptischen Periode, die im König den höchsten Gott sieht, Dogma gewesen. Bei Gelegenheit der Schüsselwahrsagung der ägyptisch-griechischen Spätzeit gibt sich der Priester für allerhand Götter aus, für Horus, Anubis, Isis, Osiris und zugleich für den jüdischen Gott mit den drei Namen Jao, Sabaoth, Adonaï. Ein solcher Priester drohte schon in älterer Zeit beispielsweise, daß, wenn das Gift im Körper eines Verletzten nicht zu kreisen aufhörte, der Gott Horus den Lauf der Sonne anhalten würde usw.; ein anderer, daß ... der Nil austrocknen, die Sonne erlöschen, das Getreide nicht mehr wachsen solle und die Götter Hunger bekommen würden.

Diese letztere Drohung, die Gottheit gegebenenfalls auf Hungerration zu setzen, ist von Wichtigkeit, denn sie zeigt die Naivität und Skrupellosigkeit jener Priesterklassen. In der Entziehung der Opfergaben als menschlichem Erpressungsmittel liegt roher Aberglaube, weil die Einstellung zur Gottheit unsittlich ist: sie ist diesseitig, opportunistisch, nicht jenseitig, ethisch; ihr fehlt das allein wertvolle Motiv der Ehrfurcht, das statt hochmütigen Zwanges freiwillige Unterwerfung in sich trägt: „Lasse diesen Kelch an mir vorbeigehen. Aber nicht wie ich will, sondern wie du willst!" Andererseits kann ein solcher Titanentrotz, der die Götter auf die Knie zwingen will und die Pforte des Totenreichs durchbricht, faustisch wirken. Er hat in der Magie des christlichen Mittelalters sich zu regen niemals aufgehört und den besonders leidenschaftlichen Haß der römischen Kirche, die darin eine Gefährdung ihrer Machtansprüche sah, hervorgerufen. Tatsächlich waren diese Ägypter hochmütige und gefährliche Despoten. Wie der indische Meister seinen Lieblingsjünger zur Prüfung seines Gehorsams blind und nackt dem Hungertod in einer Fallgrube aussetzt, so schickt der Magier des frühchristlichen Ägyptens seinen Schüler zu gleichem Zweck in ein von Krokodilen wimmelndes Wasser. Unbedingten Glauben an seine Person verlangte er natürlich auch von seinem Kranken und ließ sich zum Pfande dafür dessen (selbst der eignen Mutter bisweilen unbekannten) Geheimnamen mitteilen. Die Mythologie bietet übrigens sichere Anhaltspunkte dafür, daß Zauberer, nicht zuletzt aber ihre Kolleginnen, deren Prototyp Isis ist, hinter das Geheimnis dieses Namens und damit in die absolute Machtstellung gegenüber dessen Eigentümer auf eine durchaus nicht feine und einwandfreie Weise zu kommen wußten. Ebensowenig billigenswert als die der Priesterin waren die Absichten auch des zaubernden Laien oder des Königs. Ein übersteigertes Machtbewußtsein führt fast immer zum Fehltritt. Der zum höchsten Gott im Himmel gewordene Regent der Pyramidentexte (etwa 2700 v. Chr.) soll durch Zauberkunst eine so große Macht bekommen, daß er „nach seinem Herzenswunsch jedes Weib von seinem Gatten ablösen kann." Der tote Zauberer, der böse Geist, ist selbstverständlich ohnehin zur Bösartigkeit geneigt. Ihn zu besänftigen ist das Kernstück der ägyptischen Religion, der Totenkultus, geschaffen.

Der Einfluß der ägyptischen Magie auf das Ausland ist seit alters ein so außerordentlicher gewesen, daß man noch heute unter dem Zauberer im volkstümlichen Sinne, wie er auf Traumbüchern gemalt ist und Kinder auf verdunkelter Bühne seelisch gefangennimmt, den Ägypter versteht. In einer altjüdischen Beschreibung der Länder und Völker der alten Welt heißt es: „Zehn Maaß Zauberei kam herunter auf diese Welt; neun nahm Ägypten und eins die ganze übrige Welt." „Aus Ägypten stammt doch das Zauberwesen der ganzen Welt." Die Pflege der Zauberei war eine Aufgabe des „Lebenshauses", der gelehrten Schule Ägyptens. Die Zauberbücher sind systematisch angelegte Werke, die auch in den Bibliotheken der Könige aufbewahrt wurden. Ihnen allen kam ein sehr hohes Alter zu. Das eine hatte der Erdgott, das andere der Gott der Weisheit verfaßt. Wo Ägyptens Kultus herrschte, da gab es auch dessen Zauberei. Das Alte Testament ist selbstverständlich im vollsten Glauben an die Wirklichkeit und Wirksamkeit der dortigen Zaubereien befangen. Die Form der Magie, deren Aaron sich bedient (Exod. 7. 10—12), ist völlig ägyptisch. Es ist ihr beispielsweise bis in die späteste Zeit geläufig, ein kleines wächsernes zu einem naturgroßen lebenden Krokodil umzuschaffen. Diesem ägyptischen Spezialwunder gegenüber ist der biblische Berichterstatter so hilflos, daß er nur eine ganz flache Übertrumpfung seitens des semitischen Stammespriesters statuiert, der von dem Ägypter offenbar gelernt hat. Noch in ganz später Zeit nimmt ein Ausländer einen „ganzjährigen" Kursus in der Zauberkunst beim Priester des „in Memphis weilenden Asklepios", wohin er sich, wie an eine Hochschule begibt. Dieser Asklepios war wohl ursprünglich ein Mensch, ein Schriftgelehrter und Zauberer, später speziell für einen Mediziner gehalten. Er hieß Imhotep und soll unter dem uralten König Zoser gelebt haben. Allmählich wurde er, wie noch heute manche Menschen, zum Inbegriff seiner Kunst und samt der Stätte seines Wirkens heilig gehalten. Diese Einzelheit lehrt uns, wie Menschen zu Lokalgöttern und zugleich zu Abstraktionen werden. Namentlich klammert sich die abstrakte Idee an das Grabheiligtum.

Der Siegeslauf der ägyptischen Magie ging bis nach Deutschland. Die ägyptischen Christen, Juden und Moslems haben die Zauberkunst jenes Landes zugleich mit ihren Handelsartikeln verbreitet. Da, wo unser Volkstum kompliziertere abergläubische Riten sich zu eigen gemacht hat, ist die Entlehnung aus dem Orient von vornherein wahrscheinlich. Wie widersinnig ist es, wenn ein Bauer unserer Gegenden das ärztliche Rezept, statt es in die Apotheke zu tragen, in Wasser verrührt und austrinkt! Aber schon die alten Zauberformeln wurden in der Weise gebraucht, daß man den Papyrus, der sie enthielt, mit Bier abwusch und dieses trank oder die geschriebene Formel in Bier einweichte. Zugleich mit dem Isis-Dienst überflutete die Magie Ägyptens die alte Welt. Diese heilige Göttermutter war ja, wie wir sahen, das Prototyp der Zauberin, die „Herrin des Zaubers". Sie „bezaubert alles und wird nicht bezaubert". Auf sie als Ärztin setzten Unzählige ihr Vertrauen. Sie heilt den alten Sonnengott Râ, indem sie seinen Speichel mit Ton vermischt und daraus eine Schlange formt. Ihre Schülerinnen sind die zahlreichen, bei Geburten, Unglücksfällen, inneren Krankheiten helfenden Frauen. Im Bunde mit ihr steht Thôth, der Schreibergott, zugleich der Verfasser der wertvollsten, in Tempelbibliotheken niedergelegten Werke über Magie, deren Inhalt auch von Mitgliedern der königlichen Familie studiert und bei den religiösen Handlungen rezitiert wurde. Auch dieser Thôth ist weit gewandert. Wir finden ihn im späten Griechenland als Hermes Trismegistos wieder.

Allbekannt ist die ägyptische, das Haupt von Göttern und Königen überragende Uräus-Schlange, die äußerst giftig ist und natürlich sorgfältig beschworen wurde. Die Gottheit der Uräus-Schlange von Buto heißt: „die Zauberreiche". Ihre „Kraft" mußte mit der „Kraft" noch wirksamerer Formeln — eigentlich Geister, die in den Bann von Formeln gezwungen waren — bekämpft werden. Auch die Götter haben diese magische Energie; sie kann durch List oder auch wohl durch Altersschwäche verringert, durch menschliche Zauberhandlungen aufgefüllt, kann geraubt und übertragen werden. Sie dem menschlichen Toten zu bewahren ist eines der wesentlichsten Zwecke der alten Spruchsammlungen. — Als Führer der bösen Dämonen haben wir Sêth, „den Zauberreichen, den von Ombos" kennengelernt. — Die Gegenwirkung bösen Einflusses war, wie es scheint, nicht an bestimmte Personen gebunden; die Formel als solche wirkte eben, soweit sie nur durch die menschliche Stimme Leben bekam. Am Krankenbett konnte der Leidende selbst, oder der ihm Nächststehende (die Mutter, wenn das Kind erkrankt war), der Arzt oder irgendeine teilnahmvolle Person einen Spruch sprechen. Selbstverständlich haben Vornehme und Mächtige sich dazu der Priester bedient oder sich an die Gottheit und deren Tempel oder Bild direkt gewandt. Endlich galt noch ein Knabe, der mit keiner Frau verkehrt hatte, als für Zauberhandlungen besonders geeignet. Er übernahm, wie wir bei Betrachtung der Geschichte des griechisch-römischen Aberglaubens werden festzustellen haben, die Rolle des göttlichen Mittlers, der mit verbundenen Augen intuitiv das sieht, was der Auftraggeber zu sehen wünscht, d. h. was dieser dem Kinde suggeriert. Dieses ist also ein Medium. Die Verwendung eines solchen für die Zwecke der Divination ist bei den alten Kulturnationen in dieser Form anderswo kaum anzutreffen, dagegen kommt aus dem Negerfreistaat Liberia die Nachricht, daß man dort gegenwärtig zur Schuldermittlung in Fällen einfachen Diebstahls einen Knaben verwendet. Der Medizinmann reibt ihm mit einem öligen Gebräu (vielleicht nur zum Zweck der Suggestion, vielleicht auch, um ihm ein narkotisches Gift durch die Hautoberfläche einzugeben) die Handgelenke ein, steckt ihm einen Stock in die Hand und läßt ihn durch den Ort der Tat laufen, wobei der Junge nach Belieben um sich schlagen darf. Wen er nun überhaupt oder gar in bestimmter, auffälliger Weise trifft, der ist der Schuldige.

Der Körper des Zauberers mußte rein sein; in seiner Hand war eine Zauberwaffe. Kultische teilweise oder völlige Nacktheit ist zuzeiten in Ägypten vorgekommen. Über die Gedankengänge, die dazu führten, sich der Gottheit kleiderlos zu unterwerfen, hat man bisher keine Klarheit gewinnen können. Da die Kleidung nicht dem Belieben des einzelnen unterstellt, sondern zeremoniell bedingt war, ist anzunehmen, daß der Fromme, indem er sich der Gottheit unbekleidet darbot, aus dem sozialen Verbande ausscheiden und sich zum nackten Knecht machen, d. h. demütigen wollte. Das Kleid bezeichnet ja immer den Rang des Menschen. Es gilt als soziale Erkennungsmarke, Schmuck und Schutzmittel gegen zauberische Angriffe. Wer seine Geschlechtsteile entblößt, setzt sich der Gefahr aus, etwa durch das böse Auge zeugungs- oder gebärunfähig gemacht zu werden. — Die kultische Nacktheit trat gegen das zugleich mit Amuletten getragene Gewand weit zurück. Es sollte in später Zeit, wie Jamblichus berichtet, aus Linnen oder Flachs, jedenfalls nicht aus tierischen Abfallstoffen (Wolle) bestehen. Wie dürfte, wer die eignen Nägel und Haare rasiert (J. denkt an die Tonsur der Priester!) die Stoffe von Tieren am Körper tragen? Als weitere abergläubische Gepflogenheiten des Zaubers nenne ich: die äußere Korrektheit der Rezitationsart, die Geheimhaltung vor den Landfremden („vor jedem Sklaven, der von außen kommt, und vor jedem Unbefugten") und das Gebot der allgemeinen Stille während des Zaubervollzugs. Die Zahl der angewandten Sprüche müssen wir uns unübersehbar groß vorstellen. Viele von ihnen aber wurden, indem man sie zusammenfügte oder verallgemeinerte, aus Spezial- zu Universalmitteln, wie viele Götterfiguren durch äußerliche Verschmelzung zu einer widerlichen Mischgestalt zusammengeklebt wurden.

Ein anderes, bereits angedeutetes Mittel des magischen Zwanges findet sich zwar in weitester Verbreitung bei den primitiven und alten Kulturvölkern, tritt aber in Ägypten ganz außerordentlich stark hervor und ist sicherlich auch für die urchristliche Idee der Angleichung des einzelnen Gläubigen an seinen göttlichen Herrn nicht ohne Bedeutung gewesen; es ist dies die Parallelsetzung der zaubernden Person mit der Gottheit, die tatsächlich als die Ausüberin des Zaubers gedacht wird. So setzt sich z. B. die in der Entbindung begriffene Frau mit Isis gleich, um leicht gebären zu können: „Nicht ich bin es, die spricht, nicht ich bin es, die die Worte wiederholt. Isis ist es, die spricht. Isis ist es, die die Worte wiederholt." Der König macht sich, um auch im Jenseits herrschen zu können, zum höchsten Gott. In den uralten Pyramidentexten wird er „der Sohn des Râ" genannt, „der den Himmel trägt, die Erde leitet, die Götter richtet". Der magische Zwang dieser Formel ist es, der den tatsächlichen metaphysischen Erfolg verbürgt. Es werden Göttergeschichten erzählt, um in analoger Lage dem Menschen nützlich zu sein. Ein Segen, der von dem im Wasser liegenden Leib des Osiris die Krokodile fernhielt, soll fortan diese Zauberkraft für immer betätigen. Wenn man die bekannte Geschichte von der traurigen Lage des Horuskindes erzählt und von seiner Errettung spricht, so nützt dies gegen einen Skorpionenstich. Dieser Isissohn wurde nämlich in den Sümpfen des Nils geboren, wohin seine Mutter vor den Nachstellungen ihres Schwagers flüchtete. Dort traf das Kind jener Stich. — Bisweilen ist der Analogiepunkt nicht so naheliegend. Der Löwe gehört zum Wasser. Weshalb? Die Sonne steht, wenn der Nil am höchsten geschwollen ist, im Zeichen des Löwen. Der an Wasseranlagen plastisch befestigte Löwenkopf wirkt deshalb nicht nur stilecht, sondern ist auch nützlich: er zieht das Wasser an. — Solche Analogiesetzungen können in die kosmische Sphäre übergreifen. Die Menschen stehen dem Sonnengott bei, wenn sie zu einer bestimmten Jahreszeit die Sprüche von der Besiegung des (die Sonne bedrohenden) Apophis-Drachens hersagen. In solchen sicherlich von magischen Handlungen begleitet gewesenen Rezitationen liegt der Anfang des kultischen Dramas. Die Kraft des Spruchs teilt sich dem Gestirn mit, wenn es am schwächsten ist. Bisweilen nimmt die Formel auf den einzelnen Fall, dem es dienen soll, Bezug. Zu den Worten: „Râ lebe, das Gift gehe zugrunde!" fügt man dann: „N. N., der Sohn des N. N., lebe! Das Gift gehe zugrunde!" Oder man bezeichnet beispielsweise das gestochene Kind mit Horus, die Mutter mit Isis. Man kann auch den Zweck der Formel magisch als erfüllt vorausnehmen und dann etwa erklären, daß das in den Körper eingedrungene Gift seine Kraft verloren habe oder daß der Kranke gesund sei. Der heutige muslimische Arzt handelt nicht anders und erreicht auf dem Wege der Suggestion damit gute Erfolge.

Das Alter des Spruchs können wir uns nicht wesentlich jünger vorstellen als das der Rede überhaupt. Dem Worte wohnt auch in Ägypten Magie bei. Deshalb vermied man es, vom Tode zu sprechen — wir sahen, daß der Lebenswille dazu die Ursache war. Er umging nicht bloß den Todesgedanken, sondern auch die als zauberkräftig das Schicksalslos heraufbeschwörende Rede von der anderen Welt und den düstern Zeiten, die unserem Einmünden in sie vorausgehen. Magisch wirkte schon das einzelne Wort, namentlich der Name von Gottheiten des Zaubers, wobei es nicht darauf ankam, ob deren Trägerinnen heidnisch oder ägyptisch waren, sondern nur darauf, daß sie sich dem Zauberzwang unterwarfen. Die fremden, auch die ägyptischen Götternamen werden stark und absichtlich verderbt und zu ähnlich klingenden Gruppen vereinigt, ein Mißbrauch, der in der Spätzeit die widerwärtigsten, leider zugleich verbreitetsten Blüten trieb. Wie das alte Indien, wie die Edda, so kennt bereits das alte Ägypten eine „Göttersprache", das heißt: eine göttliche Geheimsprache, die vorzugsweise Eigennamen und Kultgegenstände verschleiert. Sie ist so flach und töricht wie etwa die von Schulbuben, wenn sie sich über ihren Lehrer verständigen wollen. Die Himmelsleiter heißt in ihr nicht moket, sondern poket. Wer sie unter diesem Namen kennt, hat sie in der Gewalt. In späten Tagen versucht man innerhalb eines nebelhaft gefühlten Wortkomplexes, der nichts besagt und deshalb alles besagen kann, sämtliche Möglichkeiten zu durchlaufen. Man sagt: „Matei, Motei, Mutef, Mitei" usw., entsprechend etwa unserem „Hokus Pokus". Diese mysteriöse Sprache des Zaubers und der Gottheit gilt als so heilig, daß sie nur dem Priester, nicht dem Landfremden verraten werden kann. Ihr liegt die Magie des Namens zugrunde.

Der Name war dem Ägypter ein Seelenteil. Durch Annahme des Namens eines Gottes wurde man zu diesem Gott. Die Aussprache des Namens eines Dinges erschuf dies Ding; sein Mißbrauch oder seine Beschädigung traf dessen Träger. In dem Namen eines Gottes schlummerte dessen Macht. Wird dieser Name, der selbst den nächsten Verwandten des Gottes geheim zu bleiben pflegte, von dem Zauberer oder der Zauberin ermittelt und kundgetan, so ist der Gott entwaffnet; der Magier aber hat einen ungeheuren Kräftezuwachs erfahren. Der uralte Râ sagt: „Mein Vater und meine Mutter haben mir meinen Namen gesagt; er ist in meinem Leibe verborgen seit meiner Geburt, damit nicht Zauberkraft einem, der gegen mich zaubern will, gegeben werde." Und weiter heißt es: „Der Mann, dessen Namen genannt wird, bleibt leben" — vorausgesetzt natürlich, daß die Nennung in wohlwollender Absicht, also etwa im Heilzauber, erfolgt. Eben dieser alte Sonnengott besaß einen solchen Geheimnamen von furchtbarer Gewalt. Als er von der Schlange gebissen war, versprach Isis erfolgreiche Beschwörung des Giftes, wenn er ihr seinen Geheimnamen nennen würde. Râ gab diesen erst preis, als er das Brennen des Giftes nicht mehr ertragen konnte, machte es aber Isis zur Pflicht, ihn nicht weiterzusagen und erst auf ihren Sohn Horus zu vererben. — Man pflegte und verehrte dies seltsame Namen-

Wesen, wie auch seinen Ka, denn beide sind ätherische Träger der Individualität. Ein bekannter alter Text trägt den Titel: „Es blühe mein Name". Wird dieser „totgeschwiegen", so ist auch sein Träger restlos verschwunden. Ein Ding ohne Namen ist nicht da. Man schreibt den des Feindes deshalb auf einen Papyrus und verbrennt ihn dann oder meißelt ihn aus dem Grabstein aus. Umgekehrt ist das höchste Wesen, der uranfängliche Gott, ewig, denn er kann von sich sagen: „Niemand kennt meinen Namen." Der „Name" des Vaters wird nach dem Tode von seinen Kindern, des Königs von seinem Volke im Gebet genannt, damit er (der Name) nicht zugrunde gehe. Wie der Jahwes im Tempel von Jerusalem, so stehen die der ägyptischen Götter in den dortigen Heiligtümern „fest". Die Furcht vor denen von Todesgöttern wie Osiris und Anubis hat es im Gefolge, daß sie auf den Inschriften vielfach verschwiegen und durch ihre Titel ersetzt worden sind. Sogar das Wort „Königlich" scheint als zu heilig gegolten zu haben. Es ist deshalb bisweilen ausgelassen worden. Das Aussprechen des Namens wirkt, wie auch im jüdischen Schrifttum, schöpferisch; ein Urgott hat die Götter am Anfang der Zeit durch das Aussprechen seines Namens hervorgebracht. In dem in unzähligen Exemplaren erhaltenen „Totenbuch" sind die Bezeichnungen aller böser und guter Geister mit sämtlichen Torwächtern und Grauen erregenden Ungeheuern genannt. Wer diese Namen weiß, hat Zutritt zu dem Ort, den der betreffende Dämon bewacht. Hier lernen wir die Zaubergewalt des christlich-mittelalterlichen Magiers, der nach dem richtigen Namen und Zeichen sucht, um den eingedrungenen höllischen Geist zu bannen oder um gar in seine Sphäre einzudringen, aus einem Papyrus des Mittleren Reichs verstehen.

Wir sprachen soeben vom „Zeichen", vom bildhaften Schriftsymbol. In Ägypten, wo die Schrift seit uralten Zeiten bekannt war, aber schon wegen ihrer kolossalen Kompliziertheit nur von den Kreisen Eingeweihter gepflegt wurde, ist die Magie dieser Zeichen besonders weit verbreitet. Sie soll sich selbst da Geltung verschaffen, wo wir uns der Schrift nicht bedienen würden; Zauberformeln und Totenbücher werden dem Verstorbenen zu seinem Schutz in das Grab mitgegeben. Briefe werden an längst Verstorbene gerichtet, um sie wegen Schädigung der Überlebenden zur Rechenschaft zu ziehen. Hier klingen weitverbreitete, wichtige Vorstellungsmomente an. Der göttliche, erlösende Bote wird später durch den Brief abgelöst, der vom Himmel herabgetragen und dem Schlafenden auf die Brust gelegt wird. Die Idee des Schuldbriefes, des die Seele und das Seelenheil verpfändenden Briefes, gehört ebenfalls hierher. In dem Zauberbuch Ägyptens, das oft Jahrtausende im Tempel oder Königspalast überdauert hat oder im Grabesinneren ruhte, wurde eine hohe magische Heiligkeit verborgen gesehen. Stelen und Säulen werden mit diesen Zeichen versehen und ihre kleinsten Nachbildungen um den Hals gehängt getragen. Sie sind dann Amulette. Auf ihnen finden wir besonders häufig Zeichen wiedergegeben, die für uns Abstraktionen, für den Ägypter konkrete Träger bestimmter, magisch gerichteter Gewalten sind. Wir verstehen dies, wenn wir erfahren, daß z. B. das Wort „tapfer" durch das Bild eines Löwenkopfes wiedergegeben wird. Zeichen dieser Art sind mit der Kraft des dem Bilde innewohnenden Begriffs geladen. Göttinnen begaben Tote mit ewigem Leben, indem sie ihnen das Lebenszeichen unter die Nase halten. Den „Duft", die adäquate und individuelle Kraft dieses Zeichens, soll der Sterbliche durch den Atem einziehen. Wie er selbst und persönlich durch die Zeichnung geschaffen und lebendig wird, so wird die Kraft des Symbols durch die bloße Schriftsetzung wirksam. — Das Zeichen der Wahrheit umgibt irdische und himmlische Gerichtshallen. Es schafft in diesem Kreise die Auswirkung von Wahrheit, Weisheit und Gerechtigkeit. Wir finden es in den Händen der Unsterblichen, ja, mit grüner Farbe aufgetragen, in der Spätzeit selbst auf der Zunge des Zaubernden, dessen Kraft es stärkt und in die gewünschte (richtige) Bahn bringt, sogar auf dem Boden, der zu magischen Zwecken betreten wird. Ja, man meinte die Wahrheit essen und trinken zu können. Die beiden Straußenfedern auf dem Kopfe des Königs bedeuten Wahrheit und Gerechtigkeit. Überhaupt hatte wohl alles Körperliche ein seelisches Element in sich; es ist dies offenbar eben dasjenige, das es unserem Verstande zuführt; dem wir es verdanken, daß wir es nicht bloß sehen, sondern als begriffliche Einheit fassen können. Dieses begriffliche Wesen ist früher da als die Einzelerscheinungen. Der Gott, der „die Seele der Brote" heißt, wurde offenbar vor seinen Erzeugnissen erschaffen und spiegelte sich in jedem einzelnen Brote gleichsam wieder. Der widderköpfige Gott Chnum bildete den König und seinen Ka vor der Geburt auf der Töpferscheibe. — Die Lehre von einem präformierten Sonderreich der Ideen (Idole, Formen) bereitet sich hier vor. Das Schematische der bildlichen Darstellung wird zum Symbolcharakter der Schrift und begünstigt dadurch die Ausgestaltung begrifflicher, aber an Körperwesen gefesselt geglaubter Elemente. Wie in Indien, gibt es auch in Ägypten einen „Eröffner der Wege". Dieser Gott trägt — in Indien hat er die Gestalt des Berg-bewohnenden Ziegenbocks — tierische Attribute, namentlich einen Schwanz, der als Stier- oder Schakal-Schwanz gedeutet wird, jedenfalls also darauf hinweist, daß etwa der Schakal den Menschen nach seinem Tode in die Unterwelt führen, ihm den Weg dorthin eröffnen kann. Die Schrift kennt Symbole für Ewigkeit, unermeßliche Zeit, Wahrheit, Gerechtigkeit, Leben, Willensanspruch, Verstand, Gesundheit, Gefühlssinn, Gehörsinn, Frohsinn usw.

Was von der Schrift gilt, trifft natürlich auch beim Bilde zu. Wo immer man Abbildungen schuf, mögen sie die Verstorbenen oder die Götter, die Feinde oder Tiere freundlicher oder feindlicher Art zum Gegenstande haben, war die Idee maßgebend, daß der Geist des Abgebildeten in der Darstellung lebte, beeinflußt und getötet werden könnte. Der ganze Stoff des Idols konnte magische Kraft in sich bergen und sie natürlich auch weitergeben. Dies war z. B. bei einem Meteorstein der Fall, der Zauberzeichen trug oder ein Zauberbild zeigte. Plastische Bildwerke konnten mit „lebenden" Stoffen versehen, das Material mit Blut eingerührt sein. Ein Zauberer gibt einen Befehl an den Gott Anubis, nachdem er dessen Statuette mit dem natürlichen Blut und der natürlichen Milch von Wölfen getränkt hat. Durch den Zauberspruch wird der Gott in die ihm wesensgleiche Form des Bildes hineingebannt. In echt primitiver Weise vermengen sich hier Natur und Kunst. Durch Realismus im derbsten Sinne sucht man die Kunst zur Natur, d. h. zum geheimnisvollen Lebensträger, zu erhöhen. Bekannt ist es, daß die Götterbilder (wie die des Toten) durchaus als lebendig galten. Sie werden mit Öl gesalbt, ihnen eine Krone aufgesetzt, die Augen geschminkt, ein Kleid angelegt. Die geopferten Früchte, Brote, der Wein gelten als ihre Speise. Der Weihrauch soll sie ergötzen. Der erste Anhaltspunkt dafür, daß man zwischen Gott und Statue, zwischen dem Lebenden und der starren Mumie unterschied, ist die wichtigste der Totenzeremonieen: Die „Öffnung des Mundes", die der Leiche die Fähigkeit wieder verleihen soll, Speise zu sich zu nehmen. Andere Mittel, die Lebensähnlichkeit ihr wieder zurückzugeben, werden wir noch kennenlernen. Bekannt sind die ägyptischen Götterprozessionen. Isis und Horus von Edfu, zwei räumlich getrennte Götter, trafen sich jährlich einmal und gaben dadurch Veranlassung zu einem kultischen Fest. Von hochgestellten Personen wurden heilkräftige Idole aus der Ferne bezogen und ins Ausland verliehen. Ich gedenke hier der Sendung des Idols der Ischtar von Mesopotamien nach Ägypten zwecks Heilung des Königs Amenhotep III. — Wächserne Bilder (z. B. von Krokodilen; vgl. oben) können zu lebenden Wesen werden und sich aus diesen in Wachsidole zurückverwandeln. Weitaus am volkstümlichsten aber sind die kleinen Figuren der „Uschebtis", d. h. „Antworter". Was sie bedeuten, „zeigen schon die Geräte, die sie in den Händen halten, die Hacke zum Bebauen des Feldes und ein Sack. Und weiter lehrt es die Aufschrift, die sie zu tragen pflegen: o du Uschebti! wenn ich gerufen werde und wenn ich abgezählt werde, um allerhand Arbeiten zu verrichten, die in der Unterwelt verrichtet werden... und werde abgezählt zu irgendeiner Zeit, um die Felder wachsen zu lassen, um die Ufer zu bewässern, um den Sand des Ostens nach Westen zu fahren — „hier bin ich", sagst du dann." Vor allen Dingen aber muß der Tote einen neuen Leib bekommen können. Deshalb „gibt es beinahe in jedem Grabe eine Statue von dessen Eigentümer, in welcher der Geist sich wieder verkörpern und so den wahren Körper wieder annehmen konnte, mit welchem er auf Erden gelebt hatte. Die Einverleibung des Geistes ist nur möglich, solange ein solches Bildwerk oder ein anderes, das auf die Grabeswand gemalt ist und den Toten darstellen soll, vorhanden, d. h. namentlich: nicht durch Rache zerstört ist. Waren solche Statuetten aber gestohlen, so gehorchten sie vielleicht — man fürchtete es jedenfalls — einem anderen." Dem Toten kam in der als „Mastaba" bezeichneten „Bank"-ähnlichen Begräbnisstätte eine eigene kleine Kammer zu. Sie war vermauert, befand sich aber neben der Opferkammer, so daß der Geruch des Weihrauchs und der Speisen, die man dem Dahingegangenen darbrachte, zu ihm dringen konnte. Die an den Grabwänden angebrachten Bilder sollten, indem sie Szenen aus seinem Leben sowie alles wiedergaben, was dem Toten eigentümlich war und wessen er bedurfte, ihn diese flüchtige Existenz noch einmal, und zwar mit unbeschränkter Dauer, durchkosten lassen. Da war an seine Zeugung, die Erhaltung seines Leibes, seine Nahrungssuche und Nahrungsaufnahme, Beleuchtung und Wohnung gedacht, wobei es keinen Unterschied machte, ob Bilder, Modelle oder wirkliche Gebrauchsgegenstände mitgegeben wurden. Auch hierbei sehen wir, daß der rituelle Vorgang sein Prototyp im Himmel hatte. Das Opfer galt als genaue Nachahmung der uranfänglichen göttlichen Handlung; das Keimen und Sprossen des mit Samenkörnern bestreuten Osiris-Bildes wiederholte den hochheiligen Vorgang. Die Opfergeräte sind göttlicher Natur, so namentlich das heilige Öl. Sogar das Amulett gegen Schlangenbiß hat nur deshalb seine Kraft, weil es bereits den Horus beschützt hat. Ich denke hier zum Vergleich an das Blutenlassen von Kruzifixen und Monstranzen: das Nachbild fällt mit der Urerscheinung zusammen. Auch hier hat sich die Ideenverbindung bis in die Gegenwart hineingerettet. „Eine Kapelle des Neustädter Kalvarienberges enthält eine plastische Darstellung, wie Christus von den Kriegsknechten abgeführt wird. Die Kirche hat es aufgegeben, den Schaden auszubessern, da die erregten Gläubigen in ihrer Entrüstung immer wieder den Kriegsknechten Fußtritte versetzen und ihnen die Zehen zermalmen." Die Stätte dieses Geschehens liegt in Westpreußen und zwar bei Danzig.

Gelänge es der Magie, diese mißhandelten Kriegsknechte zum Leben zu erwecken, so könnten sie nach ägyptischer Auffassung nur in verstümmeltem Zustande herumlaufen. Sie wären dann weniger gefährlich als vor 19 Jahrhunderten. Das Radikalmittel, ihnen jede Existenz zu nehmen, haben wir bereits bei Dämonen, zu denen auch Brillenschlangen und Fische gehören, angewandt gesehen. In vielen Gräbern sind in den Inschriften die Buchstaben f und z zerhackt. Beide stellen Schlangen dar. Lebende Wesen aller Art sind in der verschiedensten Weise „getötet", etwa in der Mitte durchgeschnitten, ihrer Beine, die Vögel ihrer Flügel beraubt. Man wollte sie dadurch für den magischen Gebrauch, der an eine Zauberformel geknüpft war, untauglich machen. Die Furcht vor der lebenden Statue klingt, wie wir sehen werden, bis in die Gegenwart nach. Wie sehr sie in Rom der späten vorchristlichen Zeit die Massen beherrschte, lehrt die Nachricht des antiken Berichterstatters: als P. Scipio Africanus minor starb, zeigten sich schlimme Vorzeichen, denn Apollo weinte drei Tage lang, so daß die Römer auf den Rat der Wahrsager sein Bild zu zerschlagen und in das Meer zu werfen beschlossen. In diesem Falle handelte es sich um eine mit echt römischer Energie vollzogene Notwehrmaßnahme, die uns in fast ergötzlicher Weise dartut, was der Rationalist unter Gott und Ehrfurcht vor Gott versteht und wie hilflos er gerade in den Zeiten sein muß, die uns die Kraft wahrer Religiosität schätzen lehren. Die Notwehrmaßnahme konnte aber sehr leicht zu einem Racheakt werden und umgekehrt konnte sich Furcht mit Liebe mischen. Daher erfahren wir, daß auch in Ägypten Not beten lehrte, d. h. daß man in den Zeiten, in denen sie waltete, Götterbilder ganz besonders gut versorgte und zugleich die Statuen von bösen Dämonen feierlich quälte und vernichtete. Aus Wachs wurde, nachweislich in der Spätzeit, ein Bild der Apophis-schlange hergestellt, in ein Feuer geworfen und dieses dann mit dem Urin einer in der Menstruation begriffenen Frau ausgelöscht. Die Ausscheidung des unreinen Weibes mußte den Vernichter oder die Überreste der Urweltschlange beflecken. Magische, halbdramatische Handlungen, die den Feind des Sonnenauges lähmen sollten, fehlten in Ägypten nicht. Leider bekämpfte jedermann in ähnlicher Weise auch seinen privaten Gegner. Man ergriff dessen Statuette, die man aus einem festen Stoff hergestellt hatte, beseelte sie mit der Individualität des Gegners, indem man eine dessen Namen einschließende Zauberformel unter Zeremonien über sie sprach und in sie das Zeichen dieses Namens ritzte, und brachte den auf diese Art leibhaftig in seine Gewalt gelangten Feind auf einen „Kirchhof" (Begräbnisstätte, Beisetzungsort), woselbst man ihn verwahrte; oder man warf das Bild, wenn es brennbar war, ins Feuer; man verstümmelte es in irgendeiner Weise, etwa mit Zauberwaffen, durchlöcherte es und vergrub es im Hause des Verhaßten. Sehr gewöhnlich war die kosmologische Gleichsetzung des Feindes mit dem Teufel: indem man die wächserne Apophis-Schlange im Feuer schmelzt, will man die irdische Person treffen. Der Zauberer selbst ist dann mit Gott Râ gleichgesetzt. Man unternimmt es, das Bild der Urschlange zu bespeien und ihr das linke Bein auszureißen. Die der Zeremonie die eigentliche Wirksamkeit gebenden Fluchformeln ergeben sich in der Schilderung solcher an dem Feinde durch Vernichtung, Verletzung und Zertrümmerung begangenen Roheitsakte; sie atmen den Geist urtümlicher Barbarei und wilden Hasses. Ihrer Form nach ungegliedert, ihrem Gehalt nach rohe, negerhaft anmutende Produkte, die Ausgeburten und Erzeuger niedrigster Leidenschaften, bilden sie eine so abstoßende Lektüre wie ich mich ihrer nur aus der tibetischen Fluchliteratur, den daraṇī's, erinnere, und wie sie wohl in den obskursten Winkeln des chinesischen Schrifttums noch einmal anzutreffen sind.

In düstern Winkeln hat sich diese nächtliche Ausgeburt der menschlichen Gemütsveranlagung fast immer versteckt gehalten und deshalb auch ihre äußeren Formen, die viel komplizierter waren, als wir sie jetzt vor uns sehen, vor uns verborgen. Nur selten, vor allem, wenn sie sich an dem Leben von Königen vergriff, ist solche Kunst ans Licht gezerrt worden. Sie wollte des Monarchen, wie seiner Untertanen Leben vernichten, den Feind blenden, Krankheiten (Wahnsinn) erzeugen. Ein Weib, das seine Konkurrentin schädigen will, versucht, ihr einen Kahlkopf zu verschaffen. Denn die ägyptische Frau ist auf ihr langes, sorgfältig behandeltes Haar sehr stolz und kennt kosmetische Mittel, dessen Ergrauen zu verhindern. Man strebte zwischen Liebenden Zank zu stiften; den Geist eines noch lebenden Menschen heraufzubeschwören und von ihm zu erfahren, was er wußte, aber im Normalzustande sicherlich verschwiegen haben würde; ihn durch Zauberzwang zum Vollzug unerlaubter Handlungen anzustiften. Seinem Feinde schickte man — wenngleich glücklicherweise nicht immer in Wirklichkeit, sondern nur in dem magischen Felde — gefährliche Schlangen zu; man machte ihn starr und fesselte ihn — jene zu einer Spezialität der Zauberkunst gewordene psychogene Nervenlähmung! Man wußte auch, namentlich aus dem Blute chthonischer Tiere, Mittel gefährlichster Art herzustellen. Die Galle der Spitzmaus, in Wein genossen, soll augenblicklich töten. Glücklicherweise gibt es gleichwohl „Gegengifte", die solches Unheil aufheben. Nur gegen das Liebesgift ist kein Kraut gewachsen. Es findet sich in vielen Variationen und, wie immer, in der unsaubersten Form. Tragischer ist der Mutterschmerz, der sich gegen ein junges Weib, die Verführerin des eignen Sohns, austobt: „Mache sie auf dieser Welt verzweifeln..... mache sie unfruchtbar, mache, daß sie die Frucht in ihrem Leibe vernichtet. Schicke einen Dämon gegen sie, damit er sie in eine schwere und ungeheuer peinigende Krankheit verstricke. Schicke das kalte, das warme Fieber und die Krätze über sie..... Mögen die Würmer mit Blut von ihr abgehen..... Möge sie nicht leben, möge sie dem Tode verfallen. Schlage sie nieder, der du auf dem leuchtenden Wagen sitzest...." Einen zweiten Text der koptischen (frühchristlich-ägyptischen) Periode gebe ich im Auszug wieder. Er ist deshalb von Bedeutung, weil er lehrt (was wir allerdings überall tausendmal erfahren können), daß der menschliche Haß nicht vor dem Allerheiligsten haltmacht, sondern vielmehr einen gewissen Scharfsinn darauf verwendet, die Machtmittel der religiösen Gehalte in die Sklaverei der eigenen Instinkte hineinzujagen. Da heißt es in einem „Gebet": „Du allein wahrer Gott, der du kennst, was verborgen und was offenbar ist! Schlage mit einer bösartigen Krankheit, mit Zorn und Raserei, mit schwerem Leid und unheilbarem Siechtum Tator, die Tochter des ...., und Marie, die Tochter des .... Ich beschwöre dich, Vater, ich beschwöre dich, Sohn; ich beschwöre dich, heiliger Geist, du heilige

Dreieinigkeit!" „Schicke über sie Blindheit beider Augen, schicke über sie einen großen Schmerz ....." „Heiliger, heiliger Gott Zebaoth! Himmel und Erde sind voll deines Ruhmes. Triff Tator und ihre Kinder und ihren Gatten....." „Du allein wahrer Gott, zu dem ich meine Zuflucht genommen habe, damit ich von mir vor dich meine Sorge werfe, großer Gott, denn du selbst hast gesagt: „Wirf auf mich deine Sorgen und ich werde dich am Leben bewahren und werde deine Hände stark machen gegen sie....", triff du Tator, Tochter des ....." Als Ausklang dieses äußerst düsteren Kapitels wähle ich ein koptisches Gebet, dessen sich kein Christ unserer Tage zu schämen brauchte, wenn er die Vorstellung von dem magischen Zwange, die ihm allein das Leben gegeben und seine Niederschrift veranlaßt hat, vollständig beseitigte, wenn er statt der Form den Gehalt als den allein wertvollen Teil desselben betrachtete. „Ruhm, Verehrung und Majestät sind Dir, o Vater, Sohn und heiliger Geist, die Ihr Eins seid und Eurer Einheit, die eine Dreiheit ist!.... Die Regungen der Verleumdung, des Neides, Hasses, der Feindschaft, des Stolzes, der Prahlerei, des Ungehorsams, der Schamlosigkeit, des Geizes sind die Wurzeln aller Übel..... Die heilige Dreieinigkeit läutere den Menschen von innen und von außen. Sie schütze uns vor jeder qualvollen Versuchung, vor jeder bösen Heimsuchung des Satans und allen Schlingen schlechter Menschen."

Das Zeremoniell des bösartigen Zaubers erforderte die Verwendung giftiger, ekelhafter, unreiner Substanzen, gefährlicher und verborgen gehaltener Waffen, die in der Regel den (toten) Parallelkörper des Feindes trafen. Sehr geläufig ist auch die Verwendung einer geknoteten Schnur, die als magische Fessel etwa eine Schachtel umschließt; in dieser liegt ein Blatt von „neuem Papyrus", auf das man die Fluchformel gegen Apophis mit grüner Tinte geschrieben hat. Die Magie des Knotens, der als symbolisches Hemmnis gedacht ist, ist älter als Ägypten. Im Alten Reich wurden deshalb bei Kleidern und Stricken keine Knoten dargestellt. Sie würden die magische Wirkung des Zaubers aufhalten. Ähnliches gilt vom Leibgürtel und sogar vom Fingerring. In einem Zauberspruch heißt es: „Die 7 Kinder des Râ stehen aufrecht zum Schutz. Sie knüpfen 7 Knoten an ihre 7 Schnüre, sie legen sie demjenigen an, der [von einer Schlange, einem Skorpion] gestochen war und [auch] er hält sich aufrecht gesund auf seinem Boden wie Horus sich aufrecht hält.... als er gestochen worden war...." Auch der alte Medizin-Sack der primitivsten Völker kehrt in Ägypten wieder. Er kann mit Teilen geheimnisvoller Tiere, z. B. Mäuseknochen, gefüllt sein. Säcke mit siebenerlei oder neunerlei Kräuter als „Heilkissen" gepriesen, sind mir aus eigenem Erleben gut bekannt. — Zu den unmittelbarsten und in der Spätzeit wichtigsten Mitteln des bösen Zaubers gehörten Schatten und Spiegel. Die in Rom geübte, bösartige Mantik befaßte sich sehr wesentlich mit dem Wasser-

oder Kunstspiegel, zu Zwecken der Hypnose und der Wahrsagung oder zur Erregung von Halluzinationen. In Ägypten war der Spiegel im Haushalt hoch geschätzt. Er wurde schön verziert und mit magischen Figuren geschmückt, die dazu dienen sollten, die „Kraft" des Zaubergegenstandes in eine für den Besitzer günstige Bahn zu lenken. Die scheußliche Mißgestalt des Bês sollte, am Spiegelgriff angebracht, diesem Zweck dienen, desgleichen eine Pflanzensäule; oder die Tet-Schleife, die das Blut der Isis darstellt; desgleichen das Zeichen des Lebens, das, seiner Gestalt entsprechend, zugleich als Griff und als Rahmen benutzt werden konnte. — Es hat nämlich Schleifengestalt, allerdings mit nur einem Bande und hieß ānch. Seine Form hat es von einem Gebrauchsgegenstande bekommen, einem Bande, das um den Leib getragen zu werden pflegte und zufällig ebenso hieß. Die Magie des Worts, der geheimnisvolle Gleichklang, hat also für das wichtigste ägyptische Schriftsymbol die äußere Gestalt erschaffen. — Den Charakter der schwarzen Kunst tragen alle Beschwörungen gefährlicher Elemente und Geister, so namentlich solcher, die im Unwetter, im Sturm und Gewitter, sowie anderer, die in Tieren oder Pflanzen lebten. Im Gift irgendwelcher Art steckte der gefährlichste Teufel. Ausdrücklich wird empfohlen, es nicht durch Opfer, sondern durch mystische Bedrohung, die hier die Form des Exorzismus anzunehmen beginnt, zu bannen. Der Mensch bezwingt, indem er sich in Göttergestalt kleidet, den schwächeren Zauberer: „Laufe aus, Gift! Komme, fließe zu Boden! Horus bespricht dich! Er vernichtet dich!..." Oder: „Du hast nicht die Oberhand über mich, ich bin Amon; ich bin Onuris, der gute Kämpfer Ich bin der Große, der Herr der Kraft." Ein Spruch zum Schutz gegen Krokodile lautet: „O ihr Wasserbewohner! Euer Mund wird von Râ verschlossen, Eure Kehle wird von Sechmet verstopft, Eure Zunge wird von Thôth abgeschnitten, Eure Augen werden von dem Zaubergott geblendet!" Man fühlt durch solche Sätze die Barbarei des quasi-mechanischen Abbaus des ganzen Körpers, wie er an Osiris nach dem wichtigsten Mythus Ägyptens tatsächlich vollzogen worden ist, durch; der Gegner hat eben erst Ruhe, wenn die Toten in Stücke gerissen sind. Daher auch die zahllosen Leichenschändungen, namentlich an solchen Toten verübt, die spuken gehen und damit Krankheiten ins Haus bringen. Hier bedarf der exorzistische Zauberspruch einer besonders drastischen Begleithandlung. Unter- oder übermenschliche Greueltaten dieser Art müssen wir uns in der Stille der Vollmondnacht — — so lehrt es das alte Ägypten; so ist es bis heute Sitte geblieben — in leidenschaftlichster Ekstase vollzogen vorstellen. Jener Töpfer, der eben einem König Ägyptens (Amenophis) das Orakel erteilt hat, stürzt, des Gottes voll, zu Boden und stirbt. Der Höhepunkt seines Daseins, der, wie noch bei Dr. Faust, mit der Geisterbeschwörung zusammenfällt — „ich, Ebenbild der Gottheit, und nicht einmal dir?" — ist zugleich dessen Ende.

In magische Begriffssymbole ist nicht nur der Spiegel, sondern auch die ganze Welt, die ja durch ihn dem Zauberer erschlossen wird, eingespannt. Von der Geburt bis zum Grabe begleitet den Ägypter sein magisches Denken. Die Zeugung ist von ihr besonders stark umwoben. Nach einer vorauszusetzenden prähistorischen Zeit des Mutterrechts, finden wir in Ägyptens geschichtlicher Periode die ausgeprägteste Form der Vaterherrschaft. Die Großfamilie, den Stamm zu erhalten, damit der Ahn sich im Enkel oder Sohn leibhaft wiederverkörpern kann, ist leidenschaftlichstes Bestreben, das natürlich um so unbedingter sich Geltung verschaffen möchte, je höher der Stammesherr unter den Seinigen steht. Zwar wird noch beim Zauberspruch der Name desjenigen, zu dessen Gunsten oder gegen den der Zauber Anwendung findet, zugleich mit dem Namen der Mutter (nicht des Vaters) des Betreffenden genannt (man sagt also: „NN, Sohn der NN") aber das gesamte einschlägige Ritual erstrebt doch, vom Vater ausgehend, die Erhaltung von dessen Seele innerhalb der engsten Gemeinschaft. Und überall ist der Grund der gleiche — in China, Indien, Ägypten —: man will eine Persönlichkeit groß ziehen, die dazu verpflichtet ist, dem Ahn die Totenspenden darzubringen. Wenn der Vorfahr keinen neuen Leib findet, der seine Seele wieder beherbergt, so rächt er sich an den Überlebenden. Freilich könnte man sagen: die bloße Existenz des Sohnes oder Enkels beweist ja, daß der Vorfahr von neuem inkarniert ist. Eine solche Schlußfolgerung wurde aber nicht gezogen und konnte gar nicht gezogen werden, ehe zugleich mit der Ansässigkeit und dem Erbrecht die Idee der Generationsfolge gewonnen worden war. Aus dieser ältesten Zeit, in der man jeden Toten als gefährlichen Wanderer behandelte, klingt die Ahnenkultspende zur historischen Periode herüber. Ihr Gebot lautet „Trankspenden für deinen Vater und deine Mutter auszugießen... Dein Sohn mag das Gleiche für dich tun." Es herrschte für den Mann also unbedingte Ehepflicht. Sie entwuchs seiner mit dem Patriarchat zugleich, vermutlich wesentlich in Kämpfen erwachsenen Schutzpflicht, die den Lebenden auch gegen den Toten zu wahren befahl. Die kleinste urgeschichtliche Gemeinschaft scheut, um dies Ziel zu erreichen, vor schärfster Inzucht nicht zurück. Isis ist zugleich die Frau und die Schwester des Osiris, Tefnet (Tefênet) die Zwillingsschwester, zugleich das Weib des Schu. — Die Ehe mit der eignen Tochter scheint zum mindesten dann, wenn der bis dahin geschlossene Bund unfruchtbar geblieben war, nicht unerhört gewesen zu sein. — Unter ka-mut-f, d. h. „Stier seiner Mutter" ist soviel als „Begatter seiner Mutter" zu verstehen — ein einem Gott zustehender Rangtitel. — Der ägyptische Zauberer konnte sich angeblich selbst wiederbeleben. Der Gedanke einer Wiedergeburt aus dem eignen Wesen, der uns noch begegnen wird, klingt hier an. Er ist in dieser Form und Auffassung religionsgeschichtlich äußerst selten. Die Wiedergeburtsidee, in jede Modifikation der Verwandtenehe neu gekleidet, gehört Ägypten an, ist dort in den sakralen Spielen, spät in den Mysterien, gepflegt worden und auf die römisch-christliche Vorstellungswelt sicherlich nicht ohne Einfluß geblieben. Auf die schauerliche Verirrung der Nekrophilie als Mittel zur Sohneserzeugung weist der mit Mumienbinden versehene, aber einen stark hervortretenden Phallus zeigende Gott und die Sage von der posthumen Zeugung eines Sohnes durch den König hin. Durch Injektion harziger Substanzen in die Venen des männlichen Geschlechtsgliedes dessen Erektion zu erzielen, ist möglich und Versuche in dieser Richtung, wenngleich mit plumperen Mitteln, sind tatsächlich gemacht worden. — Mehr „geistige" Arten, die Seele des anderen zu gewinnen oder seine eigne auf den anderen zu übertragen, können in dem Nasenkuß gesehen werden: die Nase war das Eingangstor der Seele. Das Lebenszeichen wurde zwecks Totenerweckung ja vor sie gehalten. Auch die Ammenschaft übertrug Seele und Eigentümlichkeit der säugenden Person. Dadurch wird allerdings die Ideenkette des strengen Patriarchats durchbrochen, für das die Frau nur „das Gefäß" des männlichen Spermas ist. Der Bata der Sage, dem seine Frau das Leben genommen hatte, trat durch ihren Mund in ihren Körper ein und wurde darauf als ihr Sohn wiedergeboren. Die Seele als solche und als Glied der Traditionskette ist also durchaus nur männlichen Geschlechts. Man glaubte deshalb, daß es nur männliche Skarabeen gebe: dies seltsame Tier entsteigt der schützenden Kugel. Es bedarf keines Weibes. Ein männlicher Gott steht am Anfang der Welt. Er schafft durch einen Geschlechtsakt, aber ohne weibliche Hilfe, aus sich die späteren Gottheiten. Auch der Ka des Toten ist durchaus nur männlichen Geschlechts; das ihn überlebende Funktionelle trägt keine weiblichen Züge.

Woher entstammte der Mensch? Ein göttlicher Künstler hat seine Gestalt geschnitzt, gegossen, mit Hilfe der Drehscheibe aus Lehm gebildet. Der widderköpfige Chnum war dieser Töpfer. Die froschköpfige Gattin berührte die Figuren mit dem Lebenszeichen und beseelte sie dadurch. Ihre Menschwerdung ist also, wie die Erschaffung der gesamten Welt, ein magischer Akt. Die Erkenntnis von dem Dualismus zwischen Seele und Körper ist noch nicht aufgegangen. — Diese Gattin des Chnum galt als Muttergöttin. Ihren Froschkopf hat sie wohl der Verehrung der Geburtshelferkröte zu verdanken. Von Fröschen nahm man ohnehin an, sie entsprängen aus dem Schlamm des Nils und verbürgten, so aus sich selbst entstanden, die Auferstehung vom Tode. Sie werden deshalb (wie auch gewisse Arten von Fischen) als Amulette benutzt. Dasselbe parthenogenetische Element wird übrigens gleichfalls den Mäusen zugeschrieben, sicherlich auch anderen kleinen Tieren, deren schnelle und fabelhaft reiche Vermehrung man auf andere Weise sich nicht erklären konnte. Von den Nil-Mäusen, einer der bekannten mosaischen Plagegeister Ägyptens, sagt schon Plinius, daß sie aus dessen Schlamme erwachsen seien; und noch heute glaubt man solches. Wenn also die Gattin des Menschenschöpfers im wesentlichen ein Frosch ist, so will der Mythus damit sagen: „Seid fruchtbar und mehret euch!" Diese Urmutter wird ferner als Ziegel, mit einem Kopf versehen, dargestellt, weil Weiber auf neuen Ziegeln entbunden wurden (cf. Exod. 1. 16). — Als primäres kosmisches Element gilt unter den Tieren noch die Schlange, unter den Pflanzen die aus dem Weltenozean erwachsene Lotusblüte. Durch Naturelemente erfolgt die Befruchtung: des Geiers durch den Wind, des Apis-Stieres durch den Sonnenstrahl. Der Urgott ist als männliches Wesen an den Anfang der Schöpfung gestellt. Seine Fortpflanzung ist wunderbarer Art. Die Texte nehmen darauf Bezug, wie er „in seiner Faust begattete, sich mit seinem Schatten vereinigte und aus seinem eigenen Munde ergoß, wie er etwas ausspie als Schu und etwas ausspuckte als Tefnet". Er aber entsprang „aus sich selbst". Diese durch Masturbation heilig gewordene Hand bekommt Göttergestalt. Auf mehreren Särgen des Mittleren Reiches wird als Götterpaar Râ-Atum und Dert-f (d. h.: „seine Hand") genannt. Die Göttin von Heliopolis hatte den Titel „Gotteshand", der dann auf andere Göttinnen und die Prinzessinnen übertragen wurde. Wahrscheinlich wurden analoge Handlungen bei bestimmten Riten verübt. Ihr Vollzug war noch um die Mitte des vergangenen Jahrhunderts eine von den Muckern in Königsberg vollzogene Abscheulichkeit. Die Neger sollen durch Masturbation eines Gottes entstanden sein.

Tiere paaren sich mit Menschen, säugen sie, wie Göttinnen Sterbliche nähren! Den Gott Min gebar ein weißes Schwein. In den Pyramidentexten (drittes vorchristliches Jahrtausend) wird an einigen Stellen als Mutter des verstorbenen Königs, die ihn säugt, „die große Wildkuh, die in Elkâb wohnt", genannt. Sie war ursprünglich jedenfalls eine alte Ortsgottheit, die von der in einer Ansiedlung lebenden Gemeinschaft in Gestalt einer Wildkuh verehrt wurde, wie andererorts ein großer Vogel die gleiche Rolle spielte. Aus der Schutzgottheit ist schon hier die säugende Amme geworden. Es fällt damit ein helles Licht auf Sagen, die uns davon erzählen, wie Reich- und Städtegründende Urhelden durch Tiere großgezogen wurden. — Die männliche Gottheit steigt auch in Menschengestalt zum sterblichen Weibe nieder. Der Gott kann im Traume, in sichtbarer oder unsichtbarer Gestalt oder im heiligen Bilde Kinder zeugen. Der heilige Bezirk ist dazu geschaffen; eben dazu dient das Tempeldirnentum, das wir im semitischen Orient wiederfinden. Auch den Palast besucht der männliche Gott und offenbart sich dort in seiner Schönheit der Königin. Sie gilt als dessen Gattin. Es ist leicht, unter Ausnutzung der eine Suggestion begünstigenden Momente (heiliger Ort, Nacht, Zeremoniell) in Frauen der dortigen Gegend erotische Traumgebilde zu erwecken. Der Gott hat neben der Großkönigin zahlreiche Konkubinen. Alexander der Große ließ sich als Sohn des Juppiter Amon begrüßen, wie denn überhaupt diese Vorstellungen sehr lange lebendig blieben. Als Väter von Sterblichen, namentlich von Königen, bei deren Geburt ohnehin Göttinnen helfend tätig sind, gelten Götter wie Amon, Osiris, Thôth, Min usw. Ein den 7 Hathoren geweihtes Denkmal wünscht, diese mögen Kinder männlichen und weiblichen Geschlechts geben und denkt dabei an ihre Stellung als Geburtsgöttinnen. Danach ist also, obgleich man den Zusammenhang zwischen Geschlechtsverkehr und Schwängerung bereits erkannt hat, zum mindesten das Geschlecht des Kindes, jedoch auch die Erweckung des Keims schlechthin, von Gottheiten abhängig, die ja auch die glückliche Entbindung veranlassen können und dann überhaupt das Geschick des Kindes bestimmen. Dem alten Märchen zufolge kommen die 7 Hathoren zum Neugeborenen, besehen es und verkündigen, in welcher Weise es den Tod finden wird. Hier liegt eine außerordentlich nahe innere Verwandtschaft mit den ebenso handelnden drei germanischen Schicksalsfrauen vor. Auch die Ägypter verbrachten die Kreißende in ein nur diesem Zwecke dienendes Geburtshaus. Die Geburt selbst fiel in eine durchaus „heilige Zeit"; in ihr war nichts bedeutungslos. Wie man aus Zufälligkeiten, die während des heiligen Aktes in das Ohr drangen, den Eigennamen des Kindes ableitete, so schloß man aus dessen erstem Schrei auf sein Schicksal: klang er wie ni, so blieb das junge Wesen am Leben, deutete man es auf mba (d. h. wohl: nein), so mußte es sterben. Auch aus der Körperlage und sicherlich aus dem Körperäußeren wurden Schlüsse gezogen. Wie Buddha, so wurde auch Sêth, der große Bösewicht und Mörder des Osiris, dadurch zur Welt befördert, daß er gewaltsam die Weiche der Mutter durchbrach. Am dritten der fünf Schalttage des ägyptischen Jahres wird dieses typhonische Schauspiel gefeiert. — Besonders seltsam aber ist die posthume Zeugung, die zuerst Osiris befähigt haben soll, einen Sohn nach seinem Tode zu erzeugen. Die Isis erreichte durch Zaubersprüche die Erektion seines Gliedes. Er selbst wird auf einem Bilde mit abgehauenem Kopf und aufgerichtetem Geschlechtsteil, auf dem Boden liegend, dargestellt. Die Erektion scheint aber in diesem Falle durch einen Guß zauberkräftiger Flüssigkeit, die ein Mann aus einem Gefäße auf den Phallus spritzt, erzeugt worden zu sein. Da der Leiche des eine Zeitlang bei uns so volkstümlichen Tut-anch-Amen durch Unterleibsbinden eine ithyphallische Stellung gegeben war, darf man vermuten, daß dies geschah, um den sohnlos gestorbenen König mit der Fähigkeit zu begaben, die für ihn und seine Dynastie „lebenswichtig" war. Die hier zugrunde liegende Idee der Totenhochzeit ist sehr weit verbreitet. Noch heute glaubt man im semitischen Orient an Tote, die gelegentlich zu ihren Weibern zurückkehren. Die Schlußfolgerungen, sie neben diese zu legen, das lebende Weib an die Leiche zu fesseln, ist allerdings dem ägyptischen Kultus fremd geblieben; in Indien kannte man die Begattung der Großkönigin mit dem toten

Hengst, dem Mittelpunkt des heiligsten Opfers. Der Trieb nach Fortpflanzung war innerhalb der alten Stämme eben so mächtig, daß ihm gegenüber das, was wir „Gesittung" nennen, völlig zurücktrat. Von gewollten Obszönitäten war dabei weder in Indien noch im alten Ägypten die Rede. Schmutzereien lernte man dort erst durch Berührung mit den klassischen Völkern.

Die Nacktheit des Körpers gilt nicht als Lüsternheit erregend, denn in jedem „Gegenstand" befindet sich ein geistiges Etwas, eine Furcht oder Ehrfurcht erregende Kraft, die sich Geltung verschaffen, aus der äußeren Schale heraustreten kann (s. o.). In einem Hymnus um 1300 v. Chr. heißt es: „Das Herz der Sekte-Barke ist voll Freude, die Madet-Barke ist voll Lobpreisungen." Es sind dies die beiden Barken, in denen der Sonnengott den himmlischen Ozean befährt. Kultische Nacktheit zeigt sich bei religiösen Tänzen der Frauen, die um das Bild eines heiligen menschen- oder tiergestaltigen Gottes stattfanden. Die Nacktheit sollte hier dämonenvertreibend wirken. Sie war übrigens im alten Ägypten selten. Seine Bewohner waren wohl zu phantasielos, um sich den Menschen anders vorzustellen, als sie ihn auf der Straße zu sehen pflegten. Dagegen kommt ein Tätowieren des Körpers gelegentlich vor. Man hat Bilder von Amuletten auf der Haut von Leichen beobachtet. Amenophis IV., ein bekannter religiöser Reformator und König, ließ sich die Namen und Titel des Sonnengottes, den er kultisch hochzubringen versuchte, auf seine Arme und Brust einzeichnen. — Die Heiligkeit des Frauenleibes, aus dem alles höhere Leben kommt — den Rest einer Weiberherrschaft — hat Ägypten in seiner Mythologie gekannt. Spiegelgriffe bekommen die Gestalt des nackten Frauenkörpers: man wollte dadurch — denn ein gewaltiger Zauber lag darin — den bösen Gegenzauber verhindern, der den in der Spiegelfläche schlummernden Besitzer treffen könnte. Wo immer der Unheildämon besonders gefährlich walten mußte, schickte man Frauen vor; so auch namentlich bei den Totenzeremonien; bei Stammeshandlungen, die Tänze erforderten; bei Geburten. Das Gelingen von Zauberverrichtungen ist davon abhängig, daß man nicht Weiber berührt: ihre „Kraft" würde die des Magiers oder seines Gottes aus der Richtung bringen. Übrigens darf man bei solchen Gelegenheiten auch keine verbotenen Speisen (Fische) essen, sich nicht waschen. Der Zauberer muß jungfräulich sein: seine „Energie" darf so wenig als die eines Gegenstandes sich irgendwie verausgabt haben. „Jungfräulichkeit" wird deshalb nicht bloß von dem zaubernden Mann (Jüngling, Knaben), sondern auch von den bei der Magie gebrauchten Gegenständen (Geburtsziegel, der neu sein muß; s. o.; jungfräuliche Erde) immer wieder verlangt. Die älteste Sage kennt das aus dem eignen Schoß ohne Zutun des Mannes gebärende Weib. Später denkt man an mann-weibliche Geschöpfe, wobei der Mann nur ein Stück des Weibes ist; und erst ganz zuletzt läßt man auch den leidigen Herrn der Schöpfung gelten. Die volkstümlichen kosmogonischen Mächte und Geburtsgottheiten brauchen keine Männer (so z. B. die Thuêris in Nilpferdgestalt). Die Neith gilt als Göttermutter, die „zuerst geboren hat, als noch nichts anderes da war". Sicherlich erst nachträglich wurde sie als mannweiblich angesehen. Das Gleiche gilt von dem memphitischen Ptah, der den Sonnengott Râ hervorgebracht haben soll.

Menschen können, wie wir sahen, durch Taten und angeborene Stellung das in ihnen schlummernde magische Fluidum bis zur Gottgleichheit vermehren. Sie heißen dann: die Teile bzw. die Hälfte des Gottes N. Durch den Genuß des lebenskräftigen Körpers verleibte man sich diese Kraft ein. Wir kennen aus einer Formel einen derartigen Leichenfraß: die toten Körper von Gottheiten werden verzehrt. Vielfach wird von dem Verschlingen einzelner Körperteile (des Auges) geredet. Die Leichendämonen gelten als Verzehrer der Toten. In ihrer natürlichen Gestalt waren sie z. B. Schakale. Daher haben die „Eingeweidekrüge" der alten Ägypter, in denen die aus dem Körper entfernten Weichteile lagen, Schakalköpfe. In seiner metaphysischen Gestalt (als Totengeist usw.) war der Schakal als ein solcher Räuber ein gefährlicher Kräftespeicher. Er lebte ja von seinen Opfern, so daß „ihr Zauber in seinem Leibe ist; er verschluckt den Verstand jedes Gottes". — Dieser „Zauber" kann durch die Leibesfarbe vergrößert werden. Wir lernten den weißen Eber kennen. Thôth fliegt in Gestalt eines weißen Ibis über den Himmel. Weiß ist (nach Plutarch) die Farbe des persischen Magiers. Sie ist zweifellos auch auf den griechisch-römischen Zauber übertragen worden, in ihm jedenfalls vorhanden. Rot, die Farbe des Bluts und der in ihm schlummernden Seele, vielfach magisch verwendet, wird besonders, als dem Blut der Isis wesensgleich, im Amulett aus rotem Jaspis verehrt. Tote scheinen rote Flammengestalt annehmen zu können. Rothaarige Menschen wurden gefürchtet, da Typhon rot war. Dieser, der frühere Sêth, begegnet uns auch als schwarzes Schwein. Der Ägypter war, wie die Bildwerke zeigen, überhaupt farbenfreudig veranlagt. Farben konnten Schrecken, Furcht, Ehrfurcht, Freude und Liebe erwecken helfen. Die oberägyptische Krone war weiß, die unterägyptische rot, der Papyrusstengel und die ihm zuerteilte Gottheit grün. Dadurch, daß man seinen eigenen Namen mit grüner Tinte schrieb, brachte man ihn „zum Grünen". Als Zepter tragen Göttinnen und Königinnen das Zeichen, welches „grün sein; grünen" zu lesen ist, um sich als ewig frisch und jung zu bezeichnen und damit diese Eigenschaften zu sichern, denn die grüne Farbe war als die der jungen Pflanze zugleich ein Bild des frischen, dauernden Lebens. Deshalb wurde vermutlich dem prähistorischen Toten junges Grün ins Grab mitgegeben. Jedenfalls hat man in der frühesten geschichtlichen Ära das stilisierte Bild einer Pflanzensäule aus grünlichem Feldspat oder grünem glasierten Steingut als eines der gewöhnlichsten Amulette geformt. Es diente dem gleichen Zweck.

Wenn im Körper eine undifferenzierte Kräftemasse schlummert, so vermehrt sie sich proportional mit dem Körpervolumen. Die sogenannte Theokrasie, die Zusammensetzung der Energien und deshalb auch der Körper, Körperteile oder Attribute von Gottheiten zu einer roh-äußerlichen Vereinigung von abschreckender Scheußlichkeit beginnt in Ägypten mit dem Neuen Reich (also um die Mitte des zweiten vorchristlichen Jahrtausends). Ihr Zweck wird dadurch ersichtlich, daß solche Figuren sich auf Zauberamuletten befinden. Teilweise sind sie aus Negergegenden eingeschleppt und von der ägyptischen Priesterschaft in das Extrem ihrer Richtung getrieben worden. Wesen von seltsamer Gestalt und Entstehungsart haben an dieser „Heiligkeit" natürlich einen guten Anteil. Seit Jahrtausenden sind sie dank der Schlichtheit und Plastik ihrer Konzeption in der Phantasie unzähliger Menschen verwurzelt geblieben. Das Wunderbare hat ja ewigen Reiz. Der Phönix ist ein Reiher, der auf dem himmlischen Weltenbaum lebt. Er „erzeugt sich selbst", indem er in einer Flamme über dem Himmelsbaum aufgeht — ein Bild der sich täglich erneuernden Sonne, seiner Wiedergeburt wegen mit Râ und Osiris gleichgesetzt. Osiris wird geradezu „der geheimnisvolle Phönix" genannt. — Von sehr hohem Interesse ist die Gestalt des Bês. Er ist in Ägypten wahrscheinlich nicht heimisch, sondern aus Nubien importiert. Die ägyptischen Großen bezogen mißgestalte Zwerge, über die sie sich lustig machen konnten, aus entlegenen Teilen Afrikas. Durch ihre Figur, ihre Gebärden und (oft in Masken vollzogenen) Tänze erregten sie bei den Kundigen Heiterkeit, bei der Masse, die ihr Wesen so wenig als ihre Sprache verstand, Furcht. Das Bês-Bild zeigt, dementsprechend, einen hohen, aus Federn bestehenden Kopfputz und rohe Musikwerkzeuge, Pauken und Kastagnetten, neben ebenso rohen Waffen. Das Körperäußere ist von abschreckendster Häßlichkeit, ebenso die typische Gebärde: obszöne Hockerstellung mit geknickten, krummen Beinen und herausgedrücktem Gesäß. Der große Kopf sitzt ohne Hals auf dem Rumpf auf. Das fratzenhafte Gesicht zeigt etwas schief gestellte, geschlitzte und weit geöffnete Augen, eine kleine Stumpfnase, ein weit aufgerissenes Maul mit herausgeblöckter Zunge, einen Backenbart und Löwenohren wie Löwenschwanz, der hinten heraushängt. Die ganze Erscheinung stellt zu dem grazil gebauten schmalgesichtigen und äußerst langköpfigen Ägypter ein gewolltes, diametrales Gegenstück dar — einen Menschen, wie er nicht sein sollte. So erklären sich uns auch die Löwenteile seines Körpers; denn der Löwe ist seit alters ein Bild des Entsetzens. Gleiches gegen Gleiches! Schon im Mittleren Reich wurden Bês-Amulette getragen, um Menschen zu vertreiben und Löwen zum Erstarren zu bringen. Alle solche Züge erinnern unwillkürlich an die antike

Gorgo. Häßlichkeit — auch die Meduse ist ursprünglich häßlich und nichts als häßlich — wirkt furcht- und schreckenerregend bis zur Versteinerung. Häßlichkeit ist Abweichung von dem Rassencharakter. Die ausgestreckte Zunge, dem Bês wie der Meduse eigentümlich, vermehrt das Bild des Grauens, denn mit ausgestreckter Zunge lachen die Dämonen. Der Blitz lacht und versteinert dadurch nach weitverbreitetem Glauben jeden, der auf ihn zeigt; die Blitznatur der Meduse ist aber durch dies Lachen nicht bewiesen. Die Gebärde als solche versteinert vielmehr. Das Äußere der (alten) Meduse ist auch das des Bês: beiden ist das breite Maul, das weit aufgerissene Auge, der Bart (Hexenbart), die Stumpfnase eigen. Die Ohren gehen ins Tierische über, wohl auch der Bart. Der Zweck der Nachbildungen war bei Griechen und Ägyptern der gleiche: Dämonen und Zauberer, auch Menschen, die einen bösen Blick haben, zum Erstarren zu bringen (zu versteinern). Man vermochte dies noch leichter, wenn die Figur selbst die dämonenvertreibenden Zauberinstrumente in den Händen hielt. So gebildet, war sie die beliebteste Plastik Ägyptens. Neben anderen Äußerlichkeiten widersprach die Ausgestaltung der Geschlechtsteile dem ägyptischen Empfinden auf das lebhafteste. Man brachte den Bês an Türen an, um fremden Ein- und Ausgang zu bewachen; auf Seitenlehnen der Stühle; auf Kopfstützen, um sich den Schlaf zu sichern; an Toilettegegenständen, weil diese der Verzauberung besonders stark zugänglich waren. Man trug solche Idole als Amulette bei sich; brachte sie zu Leichenzügen und in Wöchnerinnenzimmer, um Mutter und Kind zu sichern. Das koptische Christentum hat aus diesem Schutzgeist natürlich eine Spukgestalt gemacht, die in einem Tempel wohnte und Wanderer unter verschiedener Gestalt erschreckte. Das einzige, was die Gorgo der späten Antike von dem Bês zu sondern scheint, ist ihre starre Schönheit und ihr abgetrennter Kopf. Die Leichenstarre als grauenerregender Anblick ist tatsächlich von dem späten Griechentum in die Gestalt hineinmodelliert, das Fratzenhafte stark gemildert. Der bloße Kopf tritt als Schutzmittel auch schon in Ägypten hervor. In diese Gruppe fügt sich der Kuhkopf der Hathor, vor allem aber der Löwenkopf, der, ohnehin so furchtbar, eine halbkreisförmige Scheibe überhöhend, sich in der Hand der katzenköpfigen Göttin Bast zeigt. Auch der Löwe gehört ja zum Katzengeschlecht, und jene Freude an der Musik und am Tanz, die uns bei dem Bês auffiel, war auch der Bast eigentümlich. — Der Bês-Kultus muß, da Zwerge ja von den Königen gehalten wurden, allmählich hoffähig geworden sein. Nur so verstehen wir seinen Nachklang in der Luxuswarenindustrie, nur so die befremdliche Tatsache, daß es ihm in Abydos gelang, den Osirisdienst durch Erteilung hochgeschätzter Orakel zu verdrängen.

Von anderen sagenhaften Miß- und Zwittergestalten sei der Sphinx gedacht. Sie ist ein Löwe mit Menschenkopf, dessen Gestalt die Gottheiten annehmen, wenn sie als Wächter auf die Erde niedergestiegen sind. Die Sphinx behielt, ihrer schreckhaften Bildung entsprechend, vor allem Wächterrolle und steht deshalb vornehmlich an Gräbern, z. B. in einem Exemplar vor dem Gange, der von einem kleinen, an der Fruchtlandgrenze gelegenen Tempel zu der Pyramide des Königs Chefren führt, in ungeheurer Größe da. Diese Figur wurde als Symbol des Königs selbst angesehen. Ihre „ursprüngliche" Bedeutung ist unklar, die Löwenbildung aber läßt die Meinung, daß es sich dabei um die Verkörperung des Ägypten bewachenden und seine Feinde niederwerfenden Königs handelt, als wahrscheinlich hervortreten. Ganze Reihen von Sphinxen befinden sich auch längs den Prozessionsstraßen. In späterer Zeit wurde die Figur mit dem Sonnenkultus verquickt. Die Gottheit der „magischen Formel" begegnet uns als Sphinx, welche die Geißel, den Hirtenstab und ein Szepter, mithin lauter königliche Embleme, in den Händen hält. Die Magie ist hier also als königliche, göttliche und in höchstem Grade furchtbare Kunst aufgefaßt, offenbar dem Rätsel nahe verwandt und tödlich wie geheimnisvoll. Schon die ägyptische Vor- und Frühzeit liefert uns Bildtypen von löwenähnlichen Wesen, die später als Repräsentanten des Königs angesehen und bezeichnet werden. Unter ihnen sehen wir „eine Art Greif, ein Löwe mit Vogelkopf und großen Flügeln, die ihm aus der Mitte des Rückens herauswachsen; und ferner ein anderes, löwen- oder pantherähnliches Tier, das seinen Löwen- oder Pantherkopf auf schlangenartigem Halse trägt. Ganz ähnliche Fabelwesen finden sich unter den Jagdtieren in der Wüste noch in den Grabmalereien des Mittleren Reiches". Auch hier ist es, wie überall, die Wüste, die solchen Fabelgebilden den Ursprung gibt. Unter den trivialen Abnormitäten, die an der Wirklichkeit einen bestimmten Halt hatten, nenne ich den Löwen, der statt des Schwanzes einen zweiten Kopf hat oder den Vogel mit zwei Köpfen. Sie wurden als böses Wahrzeichen betrachtet. Die Chimaere ist ein geflügelter Leopard mit einem aus dem Rücken hervorspringenden Menschenantlitz. — Unter den menschlichen Mißbildungen treten die Patäken — so nennt Herodot diese verkrüppelten Kinder — hervor. Sie galten als Freunde der Menschen, und ihre Statuetten wurden später in dieser Richtung verwertet. Man hatte auch die Vorstellung von Riesen und Zwergen. Die Sage von dem schnell zur Riesengestalt sich empor reckenden Zwerge, einem Bilde der aufgehenden Sonne, scheint in Ägypten nicht ganz unbekannt gewesen zu sein.

Das als „Leben" bezeichnete magische Element durchflutete alle Körperteile. Kein einziger war dem Toten wie dem Lebenden entbehrlich. Trotz aller Ideen von einer Schattenseele, einer neben dem Körper weilenden, ihn zeitweise verlassenden, wandernden, den Himmel oder westliche oder unterirdische oder paradiesische Gefilde aufsuchenden Totenseele war der uralte Irrwahn, daß Seele und Leib eine Einheit bildeten, verblieben. Die Mumifizierung der Leiche entspringt dieser Meinung. Die Weichteile, vor allem das Herz, mußten aber künstlichen Ersatz erfahren. Man entfernte sie aus der Leiche und füllte den leeren Bauch mit Leinwandbinden, bisweilen auch mit Sand. An Stelle des Herzens finden wir „als Verbürger und Förderer der Unsterblichkeit" das Bildnis eines (auch als „Herzkäfer" bezeichneten) Skarabaeus oder (in alter Zeit) einen runden Kieselstein, der entfernt herzähnliches Aussehen hat. Er wurde bisweilen auf die Brust gelegt. Wie wir künstliche Nachbildungen von Armen, Beinen und andern Körperteilen in Gräbern als Ersatzmittel seitens des Toten für den Fall der Leichenschändung kennen, so lebte die Vorstellung, daß die im sakralen Dienst verwandten Gegenstände Teile der Körper von Gottheiten seien. Als solche werden sie bezeichnet. Das Räuchergerät, welches die Gestalt eines menschlichen Arms hat, gilt als der„ Arm des Horus"; die Türflügel der Kapelle, die das Gottesbild birgt, sind „die Kinnbacken des Sêth"; wenn der Riegel von der Tür weggezogen wird, so ist es der Finger des Sêth, der aus dem Auge des Horus gerissen wird. Das Heiligtum ist also ein magisches Feld, ein „heiliger Ort", das alle seine Teile mit dem Fluidum seiner gefährlichen „Heiligkeit" ladet. Der Mensch hat das natürliche Kräfteverhältnis dieser Stätte zu wahren; den mythisch, d. h. kosmologisch verordneten Kräfteausgleich im „Symbol" herzustellen. Deshalb muß er den Finger des Bösewichts aus dem Auge des Gottes, den Riegel von der Tür zum Allerheiligsten zurückziehen. Dadurch verhindert er eine Sonnenfinsternis oder hebt sie doch auf, denn die Blendung des Sonnengottes mittels Insults ruft sie ja hervor. So handeln heißt — fromm sein! Auf die vollständige Analogie zu Indien, wo die bei der Handlung rezitierten Sprüche besagen: „Ich tue dies oder das mit den Händen des Gottes ... den Armen der Götter ..." sei hier nur kurz verwiesen.

Als Körperteile, die des unbedingten Schutzes auch nach dem Tode bedürfen, gelten zunächst Schatten, Geist, Zauberkraft und Namen. In einer Fluchformel heißt es: „Die Wächter zerreißen seine Seele in Stücke, seinen Leichnam, seinen Schatten und seine Zauberkraft. Sie rauben sein Herz von seinem Platz und rotten seinen Namen aus." — Zunächst diesen Teilen ist von größter Wichtigkeit das Knochengerüst. Der primitive Glaube, daß der Körper nach dem Tode erhalten bleibe und die Seele umschließe, wenn man die Knochen bewahre und in die richtige Ordnung bringe, herrschte auch in Ägypten seit alter Zeit. Das Prototyp ist in der Osirissage gegeben. Der in der Schrift und als Amulett überaus häufige und wichtige ded-Pfahl stellt wohl die Wirbelsäule des Osiris dar. Der Gott war ermordet, seine Knochen von dem Mörder Sêth über Ägypten zerstreut worden. Den Wiederaufbau des Skeletts hatte Isis damit begonnen, daß sie die Wirbelsäule aufrichtete und an dieser die übrigen Glieder befestigte. So ist der ded zum Wahrzeichen der Wiederherstellung in den alten Zustand, zum Symbol der „Beständigkeit“, „Dauer“ geworden. Er trägt, auf Särgen unterhalb des Rückens der Toten angebracht, deren Leiber; auf Tragpfeilern von Gebäuden gezeichnet, ganze Bauten. — Was die Gottheit am Anfang der Dinge tat, um Leben wiederzuerwecken, ahmte der Mensch nach. Die eigentümliche Sitte der Doppelbestattung lebte auch in Ägypten. Wenn der Mensch seine endgültige Ruhe gefunden hatte, so ordnete man in dem neuen Grabe die Knochen derart, daß sie ein möglichst vollständiges Skelett mit richtiger Lagerung der einzelnen Bestandteile bildeten. Am wichtigsten war aber die Erhaltung des Schädels, in dem man seit entlegenster Urzeit den Sitz des Lebens sah. Denn nur so läßt sich die Sonderbestattung desselben in sehr frühen prähistorischen Perioden erklären; nur so verstehen wir die Sage von dem allein bestatteten Haupt des Osiris, das, von einem Krokodil bewacht, in einem Erdhügel schlummert.

Allerdings konnte bald dieser, bald jener Körperteil als der wichtigste gelten, je nachdem er besonders dringend (in kultischem Sinne) „gebraucht“ wurde. Über dem Auge des Sonnengottes vergißt man dessen ganzen übrigen Körper; über den Flügeln der Windgötter diese selbst. Darum wird das Auge des Horus durchaus und überaus häufig als selbständiges Wesen aufgefaßt. Mit Weihrauch und Opfergaben verehrt, steht es im Mittelpunkt des ganzen Kultes von Heliopolis. Vermöge seiner Glut kann es die Feinde des Râ vernichten. Das Auge des Râ wandert, um Schu und Tefnet zu suchen, nach beiden Enden der Welt. Der Raub des Sonnenauges bedeutet, wie wir sahen, eine Weltverfinsterung, aber auch, mikrokosmisch gefaßt, einen Raub der Krone Ägyptens, einen Regierungssturz. Solche Bilder führen auf Zeiten zurück, in denen derartige Verstümmelungen gang und gäbe waren. Horus streitet zum Schutz seines Auges und in Analogie dazu der irdische König zur Wahrung seiner Krone. Das Auge des Horus ist der beste Schutz des Menschen gegen Anfeindungen aller Art durch böse Dämonen und Menschen, namentlich gegen deren bösen Blick, als Apotropeion und Amulett hunderttausendfach gemalt, gebildet, am Leibe getragen. Der Gott hat es seinem als Mumie daliegenden Vater einstmals in den Mund gesteckt und ihm dadurch neues Leben gegeben. Eine Tat der erlösenden Liebe steht am Anfang des Weltgeschehens. — Von diesem Auge erwartet man ebensoviel als „die Fingernägel des Gottes Atum“ bei der Niederwerfung des Aufruhrs in Hermopolis tatsächlich geleistet haben. — Wenn die älteste Zeit von dem Kriege zwischen den Dynastien Ober- und Unterägyptens — die Krone des letzteren trägt den Ehrennamen: „die Große“ — berichten will, so sagt sie: „Die Zunge der weißen Krone hat die Große verschluckt, ohne daß eine Zunge gesehen wurde.“ Überall finden wir den uranfänglichen Standpunkt, daß nicht der regierende Verstand, sondern der einzelne Körperteil das primäre Agens ist, wieder.

Unter den Titeln der hohen Beamtenschaft des Alten Reichs begegnen wir einem „Mund aller Leute von Buto", ferner einem solchen von Hierakonpolis; der letztere ist ein vielgebrauchter, hoher, richterlicher Titel. — Das Bild der offnen Hand, das wir im gegenwärtigen muslimischen Orient auf Schritt und Tritt antreffen, erscheint bereits unter den Amuletten des alten Ägyptens. — Häufig sind gesonderte Darstellungen von wächsernen Ohren von Gottheiten. Sie wurden gefertigt, damit man dessen sicher sein konnte, daß die Gottheit den Beter erhören würde. Die Liebe und Sorgfalt, mit der man die Nachbildung anfertigte, sowie die Größe des Organs beweisen, daß man von dem besten Ohr die beste Erhörung erwartete. Es handelt sich, wie wir jetzt wissen, bei diesen oft einzeln, bisweilen aber auch in Massen gefundenen Reproduktionen um Ohren des Gottes Ptah. Indem man ihrer möglichst viele schuf, multiplizierte man ihre Zahl mit der Wahrscheinlichkeit der Erhörung. Besonders instruktiv ist für uns die wohl schon in der ersten Dynastie verkündete Lehre, der fast abstrakte Gott Atum sei als ein Gedanke des Herzens des Ptah entstanden und habe über dessen Zunge den Weg gefunden, durch den „Mund, der alle Dinge benannte", in dem die Neunheit der Götter als Zähne und Lippen die Zeugen dieser Tätigkeit der allmächtigen Zunge waren. Danach ist Atum eine Art von spiritus rector. Sein Sitz ist das Herz. Er schafft begriffliches Denken wie konkrete Formgebung (auch im Wort) für die Gesamtheit der Welterscheinungen. — Das Herz ist als Geistessitz zugleich Geistersitz. Es beherbergt die Krankheit stiftenden männlichen und weiblichen Dämonen. Es wird aber, und zwar namentlich auch im Totenbuch, unter ihm der ganze Komplex verstanden, an den wir denken, wenn wir davon reden, daß ein Herz lieben, hassen, Schmerz und Reue empfinden kann. Ja, das Herz kann, von schlechtem Gewissen belastet, gegen dessen Eigner auftreten und reden. Auf der Totenwage wird es gegen das Wahrheitszeichen abgewogen. Es gilt dann also als Sitz der Tugend (im ägyptischen Sinne, d. h. des Fehlens der kodifizierten Sünden), wie des Charakters überhaupt. Im rohen Aberglauben hat man deshalb das Herz eines dämonischen Tieres (Hyäne, Hasen) verbrannt und dem lichten Geiste geopfert. Der Hase, der die Grabstätten des Westrandes der Wüste besiedelt, begegnet uns hier wie noch im Islâm der heutigen Zeit als Totentier, etwa unserem schwarzen Kater ähnlich, der sich nachts auf Kirchhöfen zu schaffen macht. Auch sein Herz wird im Zauber benutzt, wie noch zu Porphyrius' Zeiten das von weissagenden Tieren, da dessen Genuß die Gabe der Prophetie verleihen soll: der Rabe, der Falke, der Maulwurf werden als Opfer dieses Wahns genannt. — Die Plazenta wurde versuchsweise dem Neugeborenen gegeben. Spie es sie aus, so sollte es bald sterben. Wir finden hier das Beispiel eines äußerst volkstümlichen Orakels. Die Haarlocke wurde seit der späten Bronzezeit dem Toten ins Grab mitgegeben. Eine Schale mit den so geweihten Locken fand sich im Grabe des Menes bei Negade und anderswo. Den Geschlechtsteilen und ihren Funktionen wohnte hohe Heiligkeit inne. Männliche und weibliche Geschlechtsteile und die Vereinigung beider dienten als Schriftzeichen. Gott Min fanden wir in ithyphallischer Stellung von höchster Altertümlichkeit, den Phallus mit der Hand fassend (s. o.). Unter den kleinen Gliedern des Körpers genoß der Ringfinger der linken Hand, da auf der linken Seite wahrscheinlich das Herz sitzen sollte, besonders hohe Verehrung. Das von diesem Finger abgezapfte Blut wurde im ägyptisch-griechischen Liebeszauber verwandt. Hier bietet sich ein sehr klares Beispiel eines von Ägyten wahrscheinlich unter Vermittlung durch muslimische Kulturträger nach Europa gekommenen, unverändert gebliebenen Aberglaubens. Auch hier gälte es, arabische Quellen zu erschließen.

Der Blutaberglauben und Blutritus findet sich, vielfach variierend und auch in die mystischen Seelenvorstellungen der Spätzeit übernommen, in Ägypten vor. Am berühmtesten ist (vgl. o.) das Blut der Isis, dessen Zauberkraft nicht geringer ist als die Magie der Göttin selbst. Das Blut chthonischer Tiere wurde zu Zwecken bösartigen Zaubers, das feuriger und kräftiger Wesen zur Auffüllung der menschlichen Lebenskraft benutzt. Man bestrich sich, so schreiben es die späten Zauberrezepte wenigstens vor, die ergrauenden Haare mit einer Salbe aus dem Blut eines schwarzen Kalbes oder schwarzen Stieres (wobei auch die dunkle Farbe sich dem Menschen mitteilen sollte). — Die Milch der menschlichen oder tierischen Amme schafft zwischen ihr und dem Säugling ein konkretes Band und verbindet beide zu einer substantiellen Einheit. Die Verwandtschaft durch die Amme gilt ja, örtlich beschränkt, als Ehehindernis. Die Könige sogen angeblich als kleine Kinder an den Brüsten der Hathor, die dann die Gestalt einer Kuh annahm, oder wurden von anderen Göttinnen genährt. Im späten Aberglauben gilt die Milch einer Frau, die ein männliches Kind geboren hat, als besonders zauberkräftig. — Aus den Tränen des Horus waren die Dinge entstanden, die man im Opfer wieder den Göttern darbrachte, wie Wein, Öl, Salben. — Im Speichel wirkt die Gesinnung des Besitzers mit, der ihn ausspeit. Ist sie liebevoll, so kann er den angespienen Kranken heilen. (Man denke dabei an die Wunderhandlungen Christi.) Ist sie feindselig, beispielsweise auch ein Ausdruck der Verachtung, so geht die damit berührte Person oder deren Abbild zugrunde. Der Speichel des Râ fiel auf die Erde. Isis knetete ihn in Tonerde und erschuf daraus einen gefährlichen Wurm. Die dem Körper mitgeteilte, zauberische Infektion hat vorzugsweise im Speichel ihren Sitz und kann zugleich mit ihm herausgeschleudert werden: „Speie jedes Übel aus, das du vom Feinde, vom Gegner, vom Toten, von der Toten ... empfangen hast ...“. — Andere Sprüche befehlen einer Krankheit, die Kinder befällt, durch das Nasensekret und durch den Schweiß das junge Wesen zu verlassen. — Der Urin scheint auch in Ägypten als eine Substanz zu gelten, die die ganze Quintessenz des ihn Ausscheidenden birgt und übermitteln kann. Da schwangere Frauen stets als besonders hochwertig und als dementsprechend fähig gelten, ihre Fruchtbarkeit zu übertragen, so ist es verständlich, daß man die Schwangerschaft dadurch feststellt, daß man die betreffende Frau des Abends auf eine bestimmte Pflanze urinieren läßt. Ist das Gewächs am nächsten Morgen vertrocknet, so ist die Frau nicht schwanger; gedeiht es, dann ist natürlich das Gegenteil der Fall. — Das Lachen wirkt, wie wir sahen, schreckenerregend und scheucht deshalb die bösen Geister. Daher wird durch den Gott Bês, der bei der Geburt anwesend ist und durch seine Sprünge wie durch seine Gestalt lächerlich wirkt, das neugeborene Kind zum Dämonen verscheuchenden Lachen gebracht. In der deutschen Sage wird durch eine lächerliche Handlung (das Kochen von Wasser in Eierschalen) der einer jungen Mutter untergeschobene Wechselbalg erkannt: er lacht über diesen Versuch. — Im griechisch-ägyptischen Offenbarungszauber finden wir das Klingen der Ohren als Kriterium dafür, ob das Medium (ein Knabe) für den mystischen Akt (eine Schüsselweissagung) tauglich ist. — Die Blähungen des Leibes galten den Pythagoräern als ein Hindernis, den Willen der Gottheit zu erkennen, denn sie erzeugen pathologische, nicht wahrsagende Träume. Nach Aussage einer ganzen Reihe von Kirchenschriftstellern sollen die Ägypter diese Erscheinungen aber verehrt haben. Man sah wohl etwas Dämonisches in ihnen, mag auch die dadurch hervorgerufenen Träume geradezu provoziert haben (etwa durch Bohnengenuß).

Von hoher symbolisch-magischer Bedeutung ist die Gebärde. Die durch sie vermittelte Sprache ist zwar ebenso konventionell als die Lautsprache, aber leichter verständlich und außerordentlich eindrucksvoll. Wir lernten bereits die Bedeutung des Lachens kennen. Als Beispiel der in der ägyptischen Bilderschrift niedergelegten Gebärdensprache nenne ich das Schriftzeichen für „huldigendes Zujubeln". Es zeigt einen knienden Mann, die rechte Hand wohl auf die rechte Brustseite gelegt, die linke an dem senkrecht emporstehenden Unterarm in die Höhe gestreckt, während der Oberarm horizontal gedehnt ist. — Wenn die Wiedersehensfreude einen weniger schwärmerischen Ausdruck annehmen will, zeigt sie sich im Reiben der Nasen der beiden Liebenden aneinander. Älter als die Menschheit ist die Pose für „unterliegen" und „obsiegen" im Kampf des Schlachtfeldes oder des sozialen Lebens, in dem es immer einen „Höherstehenden" und „Niedrigeren" geben wird. Der Kultus hat diese Welterfahrung, daß die Menschen einander überlegen oder unterlegen zu sein pflegen, in eine bedeutsame „symbolische" Form gekleidet. Der Gott Osiris steht bei dem ihm geweihten Feste auf einem Schiffe: es ist diese Barke nichts anderes als sein Todfeind Sêth; wir wissen ja, daß Wasserfahrzeuge als belebt gelten. Die Plastik verwertet in reichster Fülle das gleiche Motiv. Wo immer Gottheiten auf bösen Wesen (Krokodilen usw.) stehend dargestellt werden, gelten sie als deren Unterjocher und Herrn. Der König setzt auf die Häupter der Feinde seinen Nacken. — Wir betonten damit lediglich eine typische Einzelheit. Die Sprache der Körperstellung, die Geste, steht nicht bloß mit jeder rituellen Handlung in innigster Verbindung, stellt deren eigentlichsten Sinn, ihr tiefstes Leben dar — sie ist es auch, die dem oft bloß zu affektsteigernden Zwecken ihr mitgegebenen Worte den symbolisch-magischen Schwung verleiht, sein Geheimnis lüftet. Leider verraten uns die überlieferten Urkunden diesen mysteriösen und wichtigsten Teil des Kultus nicht — er sollte eben im ausschließlichen geistigen Besitz der Priesterschaft bleiben. Daß er vorhanden war, daß er der schwarzen Magie, die sich ja vielfach unter Schweigen vollzieht, ihr eigentlichstes Gepräge gibt, ist eben so sicher, wie seine Bedeutung für das Verständnis der Schrift. Sie gibt zuweilen nicht den Körper des die Geste Ausübenden, sondern nur die Geste selbst wieder. Beispielsweise wird der Râ in Gestalt zweier Arme (ohne Körper) dargestellt. Die Oberarme sind horizontal, die Unterarme vertikal ausgestreckt. An den Händen sieht man nur je zwei Finger. — Die Gebetsstellung ist unendlich häufig wiedergegeben worden. Sie veränderte sich, nachdem sie sich Jahrtausende hindurch gleich geblieben war, erst in spätester Zeit. Im antiken Offenbarungszauber finden wir als alte Geste noch das Verhüllen des Gesichts und das Schließen der Augen: der Sterbliche erträgt den Anblick der Gottheit nicht und meidet ihn deshalb z. B. dann, wenn sie in die Wahrsageschüssel, d. h. in das sie tragende Medium, eintreten will. Andererseits sollen die Augen auch häufig für den Anblick des Gottes geöffnet werden. Dazu dienen geheimnisvoll (aus Blut) bereitete und auf die Augenlider aufgetragene Salben. — Die äußerste Höhe erreichte die Verwendung der Gesten bei Bestattungen. Noch heute werden sie unter Aufgebot großen Zeremoniells vollzogen. Das Klageverbot des Alten Testaments richtet sich wohl nicht gegen die Übernahme des kanaanitischen, sondern vielmehr des ägyptischen Brauchs mit seinem wüsten Orgiasmus. — Vielleicht am häufigsten waren die mit der Austreibung von Dämonen bei Naturereignissen (Verfinsterungen von Gestirnen) und Krankheiten oder anderem irdischen Mißgeschick verbundenen Gesten vollzogen. Hierher gehört das bekannte und hochwichtige Handauflegen. Als eine Kette von traditionellen, genau vorgeschriebenen Handlungen müssen wir uns die zur Wiederbelebung des Toten führenden Verrichtungen denken. Die Götter schaffen die Mumie zum Leben um, ergreifen die Hände des guten Menschen und führen ihn in ihr Paradies. Die Körperstellungen der Himmlischen, soweit der Mensch sie kennt, unterscheiden ihn von diesen. Ein später ägyptischer Priester nennt als Erkennungsmale eines Gottes oder Dämons: er blinzelt nicht; er bewerkstelligt seinen Gang nicht durch Trennung oder Schließung der Beine und Füße, sondern vermittelst eines ätherischen Schwunges. Am wichtigsten ist aber die Kopfbewegung des Gottes oder der ihn vertretenden Statue; sie besagt ja oder nein, namentlich auch beim Rechtsentscheid, dem Gottesgericht im eigentlichsten Sinne. In einem uns zufällig bekannt gewordenen konkreten Falle handelte es sich um den Diebstahl von fünf Hemden. Die Bildsäule des Amon erteilte hier die erbetene Antwort. Natürlich war ein solches Nicken des Kopfes unter Umständen äußerst gefürchtet, namentlich dann, wenn man ein schlechtes Gewissen hatte. Wenn eine Frau an bestimmten heiligen Tagen das Keuschheitsgebot verletzt hatte, so glaubte sie zu sehen, „die silberne Schlange habe den Kopf bewegt". — Im sozialen Leben bediente man sich, um durch Anstandsverletzung sich gefürchtet zu machen, einer Geste, die wir bei Shakespeare als figo oder „Spanische Feige" sehr häufig wiederfinden (die „unanständige Gebärde" Mephistos): der Daumen wird zwischen den zweiten und dritten Finger der geballten Hand durchgesteckt.

Wir haben den Ägypter als Einzelwesen lebend und handelnd, durch Magie siegend oder ihr unterliegend, kennengelernt. Wie stellt er sich uns im Schlafe und im Tode dar? Wir wissen, daß nur eine Scheintür den Lebenden vom Toten trennt. Der Traum öffnet sie. Die Seelen von Göttern und Verstorbenen erscheinen dem Träumer und setzen sich mit ihm in Verbindung. Dazu benutzen sie vorzugsweise heilige Stätten: den Schatten einer mächtigen Sphinx; ein Grabesinneres; einen Sonnenpfeiler; einen Tempel. Sie offenbaren sich bisweilen nach vorausgegangenem Gebet, meist jedoch unvermutet. Das sogenannte Inkubationsorakel, dessen der (durch Zeremonien wohlvorbereitete) Fromme im Heiligtum gewärtig sein muß, tritt ganz zurück, obwohl gewisse Höhlen als Wege in die Unterwelt angesehen werden konnten. Es gehen der Traumoffenbarung in der Regel keine Formen des Zauberzwanges voraus. Vielleicht hat man durch Speisen, die Gase im Darm entstehen lassen, deutliche Gesichte gesucht (s. o.). Der Gott erscheint nicht immer in seiner wahren Gestalt, sondern bisweilen in seiner tierischen Parallelfigur. Wie wir Zeus als Adler kennen, so offenbart sich auf der Bentresch-Stele der Gott dem Fürsten von Bechten im Traum in Falken-Gestalt. „Aelian sagt ausdrücklich, daß der Falke, vom Leibe befreit, d. h. gestorben, Träume sende. Ebenso schickte der Amon von Theben dem Äthioper Sabako, der über Ägypten gebot, ein warnendes Traumbild". Solche Weisungen der Götter sind, rationalistisch aufgefaßt, häufig Mahnungen des schlechten Gewissens; z. B. verlangt der rechtswidrig vom Fürsten von Bechten zurückbehaltene Gott Chunsu im Traum, an seinen alten Standort zurückgebracht zu werden. Die römischen Kaiser bemächtigten sich des alten Glaubens natürlich zur Erfüllung ihrer persönlichen Wünsche. Sie nahmen nicht nur in eigener Erscheinung Götterrang in Anspruch, sondern verliehen sie auch ihren Günstlingen, die dann ihrerseits im (unägyptischen) Tempelschlaf Kranke heilen sollten. Der Lustknabe des Kaisers Hadrian, Antinous, der bekanntlich auch den heiligen Tod des Ägypters fand — er ertrank — ist ein solcher Gott, dessen Wunderkraft ein Obelisk des Monte Pincio zu Rom meldet. — Zu den lebhaftesten Wunschträumen des Menschen gehört der nach Annäherung an das geliebte Wesen. Das Mädchen bittet die Götter, daß sie den Geliebten in eigener Person erscheinen lassen mögen. Im Traum möge er „kommen in seiner ganzen Schönheit und Kraft". Der Jüngling wünscht natürlich das Entsprechende. — Die Auslegung von Träumen lag schon vor Josephs Zeiten in der Hand von Priestern, die, wenn der König von ihnen beraten werden wollte, natürlich eine entscheidungsschwere Aufgabe zu erfüllen hatten. Wie groß das Ansehen dieser Männer im Ausland war, lehrt die Bibel am besten. Daraus müssen wir immer wieder die Vermutung schöpfen, daß die Ausgestaltung dieses Gebiets in den Berührungszonen der ägyptischen Kultur von deren Mantik nicht unabhängig war.

Der Tod war für den Ägypter noch kein Problem. Die grundlegende Vorstellung ist die, daß der „Tote" im Grabe wohnt und sich dort wohl fühlt, wenn man ihn genügend versorgt und seine Behausung wohnlich einrichtet — wozu man allerdings verpflichtet ist. Man sollte deshalb nicht von den beiden Reichen der Lebenden und Toten, sondern von den Herrschaftsgebieten der (schwächeren sichtbaren) Zeitgenossen und der (stärkeren, unsichtbaren) Zeitlosen reden. Erst für den Beginn der historischen Aera und die Folgezeit ist selbst diese Unterscheidung berechtigt, da sie immerhin schon die Einrichtung eines gesonderten Grabes und eines mit gewisser Zaubermacht versehenen Grabesbewohners voraussetzt. In prähistorischer Zeit fehlte auch diese Scheidewand: Lebende und Tote wohnten bisweilen in den gleichen Höhlen oder saßen gar zusammen am Feuer. Später wurde eine Scheidewand zwischen ihnen errichtet; sie war in der für die Phantasie versöhnlich gestalteten Form einer Scheintür gebildet, die allmählich ganz kleine Dimensionen annahm, aber sogar bei den hausgestaltigen Särgen nicht fehlte. Die alten Särge zeigen Augen, die dem Toten den Blick ins Leben gönnten; die ältesten Bestattungsanlagen haben einen senkrechten Gang, durch den dem Schlummernden Speise zugeführt werden sollte. Eine Wiederkehr ins Leben galt durchaus nicht als unmöglich. Die nämlichen Formeln, durch welche die Gottheit den Geist des Verstorbenen zu neuem Leben erweckt hatte, wurden dazu benutzt, Menschen aus der Ohnmacht wiederzubeleben. Seele und Körper bleiben nach dem Tode noch eine Weile lang zusammen. Die gleiche Sonne, die uns scheint, leuchtet auch den Toten, allerdings erst, wenn sie bei uns untergegangen ist. Alle Dahingegangenen, Osiris an der Spitze, wachen dann auf und tun ihre Arbeiten. Das ist natürlich nur möglich, wenn man ihre Leiber aufs beste tauglich erhält. Man mumifiziert sie und wendet dabei seit etwa 500 v. Chr. die Vorsicht an, daß man die Eingeweide nicht durch einen Bauchschnitt, sondern durch den After entfernt, wie man bei uns etwa einer eitlen werdenden jungen Mutter dadurch entgegenkommt, daß man den Kaiserschnitt bei ihr vaginal ausführt. Der Erfolg ist vollkommen: die Frommen gehen nicht als Tote, sondern als Lebende von der Erde. „Sie besitzen", so sagt ein Text, „ihr Herz .. ihren Sinn .. Mund .. ihre Füße .. Arme .. alle ihre Glieder". Allerdings müssen solche Menschen eben fromm sein und Verwandte haben, die sie mit des Leibes Nahrung und Notdurft, mit Amuletten und Parallelfiguren des Dahingeschiedenen sowie seiner Diener (Uschebtis; s. o.) versorgen. Daher der Ehezwang! Daher manche Grabbeigaben, unter ihnen das plastische Bild eines auf dem Ruhebette liegenden nackten Weibes! Ein solcher Stellvertreter kann nicht bloß den Toten erfreuen, sondern als Substitut der Ehegattin noch im Grabe seine Familie fortpflanzen sowie im Jenseits Liebesglück und Kindersegen ihm verschaffen, zumal sein Geschlechtsglied durch Binden leistungsfähig gemacht ist (vgl. o.). In Erinnerung an die alte Totenehe wird im heutigen Palästina das Begräbnis eines ledigen Mannes als eine Form der Hochzeit aufgefaßt und ausgestaltet. Dies entspricht der in Deutschland herrschenden Sitte, Jungfrauen in Brautschmuck zu begraben. Geschieht dies nicht, wird der Tote um sein wichtigstes Lebensrecht verkürzt, so leidet er Not und rächt sich an den Überlebenden. Ein Junggeselle oder kinderlos verstorbener Ehemann der älteren Zeit bittet auf seiner Stele alle Vorübergehenden, für ihn die vorgeschriebenen, rettenden Formeln zu sprechen.

Er hat allen Grund dazu, denn seine Gewohnheiten änderten sich seit seinem Tode so wenig als seine Bedürfnisse. Was neu hinzukam, war nur seine völlige Hilfslosigkeit. Er leidet unter Durst — es fehlen die Wasserspenden; an Hunger — weder Mensch noch Gott überreicht ihm Wegzehrung; an seinen Stuhlgang denkt niemand, während anderenfalls, zum mindesten im Luxusgrab, eine Klosettanlage vorhanden ist. Ja, die Not kann ihn zwingen, seine eigenen Exkremente zu genießen. Glücklicherweise ist er dumm und läßt sich leicht betrügen. Statt vollwertige Objekte zu verlangen, nimmt er mit unbrauchbaren Gegenständen oder deren verkleinerten Nachbildungen vorlieb oder läßt sich die Speisen, welche er essen will, im Wandbild oder mittels der Formel — vorzaubern! Andererseits besitzt er auch ungeheure Kraft und Weisheit, namentlich dann, wenn er sie im Leben gehabt hat. Daher der Respekt vor ihm! Nur die Furcht vor solchen gigantischen Geistern, wie es die verstorbenen Könige waren, machen die Riesenbauten der Pyramiden verständlich. Diese Toten vermochten es, Zauberformeln von furchtbarer Gewalt auszusprechen, den Göttern zu drohen, wie Götter zu fliegen, ja, sich über sie zu erheben, sodaß diese bei ihrem Nahen erzittern. Der Geist des Toten trägt auch dann eine Krone, wenn der Lebende keinen Anspruch auf sie gehabt hat. Es liegt in dieser verschiedenen Bewertung des Toten als eines ohnmächtigen, durch Mumienbinden gefesselten und der Täuschung unterliegenden Wesens einerseits, eines mächtigen Dämons andererseits natürlich ein Widerspruch, wie ja gerade das Gebiet der seelischen Einstellung zu Tod und Toten überreich an solchen Widersprüchen ist und sein muß. Denn der Tote ist für seine Angehörigen nicht mehr eine erfahrungsmäßige sondern spekulative (psychische) Einheit, die Objektivierung der Furcht vor einem Körperzustand, den man beobachtet hat, ohne ihn physiologisch irgendwie zu verstehen. Deshalb kann der Totengeist zugleich hier und dort, klug und dumm, schwach und mächtig sein. Die höchste Macht aber erreichte er durch engsten Anschluß an die hohen Gottheiten. Deshalb sagt ein Pyramidentext in einem Gebet an Râ und Thôth: „O Ihr beiden göttlichen Wesen, die Ihr den Luftraum durchlauft, Râ und Thôth! Nehmet den [hier schlummernden, toten] Wenis mit Euch, damit er esse, was Ihr eßt; damit er trinke, was Ihr trinkt; damit er sich ernähre von dem, wovon Ihr Euch ernährt; damit er wohne, wo Ihr wohnt; damit er stark sei, wodurch Ihr stark seid; ... möge er den Himmel durchlaufen wie Râ und möge er seine Wanderungen durch den Himmel wie Thôth unternehmen!" — In dem, was wir „Seele" nennen, waren also sehr verschiedene Elemente vereinigt. Dies führte gelegentlich zur Herstellung mehrerer Gräber für den gleichen König, ja auch für die gleiche Privatperson. Ferner konnte das gleiche Individuum mehrere Ka haben. So zeigte eine Mastaba der sechsten Dynastie lebensgroße Statuen des Verstorbenen in seinen verschiedenen Stellungen, als Träger seiner verschiedenen, jeweils einer seiner Stellungen entsprechenden Ka. Hier ist also der Ka der Ausdruck einer gewissen, in der Pose zum Ausdruck kommenden Eigenart psychischer Natur. Ich denke hier an die Worte von Origenes: „Jedem lebenden Wesen sind Dämonen zugesellt ... Es besteht eine Gemeinschaftlichkeit zwischen jedem Dämonengeschlecht und jedem Aussehen von lebenden Wesen". Der Dämon scheint mit der Stimmung des Menschen, dessen Geleitwesen er ist, wechseln zu können.

Die äußere Gestalt der Seele war so mannigfaltig, daß der falsche Glaube entstand, der Ägypter pflege die Seelenwanderungsvorstellung. Der König lebte als Sonne, die „göttliche" Seele nach späterer Auffassung als Gestirn am Himmel weiter. Dort hinaufzusteigen, befähigt sie die Himmelsleiter, deren Modell der Tote ins Grab mitbekommt; oder ein Flügelpaar. Wohin der Sonnengott geht, da geht auch der Tote — er schreitet vom östlichen zum westlichen Horizonte. Als Falke fliegt er empor. Er kann die Gestalten eines goldenen, eines heiligen, eines menschenköpfigen Falken, eines Hauptgottes, eines lichtgebenden Gottes, einer Lotosblume annehmen, zum Ptah von Memphis, zum Phoenix, zum Reiher šenšen, zu einer Schlange, einer Schwalbe, einem Krokodil, einer Heuschrecke werden. Sicherlich sind die astralen Inkarnationen ursprünglich den Königen vorbehalten gewesen. In später Zeit sind sie häufiger als in der frühen Ära. Das Märchen hat sich ihrer bemächtigt. Ein Beispiel: „Bata-u, ein altägyptischer Held, wurde in Stiergestalt geschlachtet. Aus jedem der zwei Blutstropfen, die dabei entfielen, entstand ein großer Perseabaum. Diese beiden Bäume bildeten nunmehr die Verkörperungsform des Helden. Als man sie fällte, flog ein Span in den Mund der dabei stehenden Favoritin. Sie wurde schwanger und gebar ein Kind, welches der wiederum als Mensch sich verkörpernde Bala-u war." Hier finden wir also abermals die Reinkarnation des Ahns im Enkel. Unter allen Wiedererweckungen zum Leben ist keine annähernd so wichtig als die des Osiris. Er war vielleicht ein alter, später vergöttlichter König, an dessen Tod sich seine ganze Bekennerreligion anknüpfte; jedenfalls wurde er zum Prototyp des sterbenden und wiederauflebenden Menschen. Aus seiner in das Wasser des Nilstromes eingebetteten Leiche sproßt ein Getreidefeld. Der Gott erwacht dadurch zu neuem Leben; er wird in der Vegetation wiedergeboren. Auch hier ist die Zerstückelung einer Leiche die Vorbedingung für die natürliche Fruchtbarkeit der Erde. Der chthonische Gott wie der der Erde im Opfer zurückgegebene Mensch schenkten der Welt die Pflanzennahrung. Osiris bedeutet den Pflanzenwuchs, ein Geschenk des Nils, selbst; zugleich die Wiedergeburt des Menschen schlechthin. Man stellte bisweilen in den Gräbern Bettstellen auf, die mit Leinen bedeckt waren. Auf diese wurde Erde gestreut, sodaß dadurch ein Bild des Osiris entstand, und dieses Bild mit Körnern besät, die, allmählich sprossend, dem Toten durch Analogiezauber die Auferstehung sicherten.

Die Jenseitsideen können uns als Teile der Religion hier nicht beschäftigen. Für die Mentalität des Ägypters ist es wichtig zu wissen, daß das Jenseits dem Diesseits völlig entsprach. Es war nichts als ein zweites Leben, auf das man sich hier vorbereiten konnte, indem man für Nachkommen sorgte, welche die Totenzeremonien vollzogen und dadurch den Dahingegangenen verpflegten und behausten, sowie ihm die lästige Feldarbeit abnahmen und auf andere übertrugen. Auch dies zweite Leben endete mit einem, allerdings nun endgültigen Tode. Sobald man gewöhnt war, die Leiche irgendwie wegzuräumen, d. h. dem Auge des Überlebenden zu entziehen, lief eben die Erinnerung an ihn, die sein Bild lediglich plastisch wiedergab und von den Erfahrungsmomenten nicht abwich, wie eine verklingende Melodie ab. Zuvor aber hieß es, das Tal des Todes zu durchwandern. Der Weg war schmal. In Ägypten (wie in Babylon) schützten ihn Scheusale mit Messern oder mit scharfen Klauen und Zähnen. Es galt, breite Flüsse und hohe Berge zu überwinden. Reisen war ehemals eine gefährliche Sache, zu der man sich durch Verschaffung von Zaubermitteln (Amuletten) und auf andere Weise vorbereitete. Die Bibel spricht von dem angsterregenden „Wandern im finstern Tal". Der Traum, auch in dieser Hinsicht dem Tode aufs engste benachbart, führt uns, wenn er uns ganz besonders stark ängstigen will, in solche Schluchten, über schmale und gefährliche Brücken, bedroht uns mit dort entgegentretenden Scheusalen, Alpen oder Leichenfressern, wie wir sie in den mythischen Gebilden der verschiedensten Völker wiederfinden. Die Sterbenden, deren Herznot diese Bilder mit Notwendigkeit hervorrief, glaubten sich einem Vernichter von Seele und Leib beim Aufbruch zur großen Reise um so eher überliefert, als auch in Ägypten neben anderen Bestien der bekannte Totenhund (Cerberus) nicht fehlte. Er oder der Schakal, die Hyäne, warteten wohl schon manchmal vor der Tür des Hauses, in dem ein prähistorischer Ägypter starb. Der Schakal ist ja den Todesgottheiten aufs engste verwandt, ja, diese tragen seinen Kopf. Der Fromme aber glaubt sich vor solchen Leichenfressern geschützt. Auf der kuhgestaltigen Hathor oder dem Rücken des Apisstiers reitet er ins Paradies. Als gemeiner Bürgersmann muß er sich allerdings zu Fuß dorthin begeben. Zu Zeiten nimmt er seinen Seelenvogel mit: er lebt ja, ist nicht etwa ein Toter, obgleich, unlogisch, aber der Empirie Raum gebend, als Mumie dargestellt. Erst späte und jedenfalls niemals durchgedrungene Vorstellungen reden von der Trostlosigkeit des Totenreichs. Ein Kind klagt auf einem Grabstein über seinen frühen Tod. Die Mutter ist es, die ihr Leid dem Stein anvertraut. Die Tröstungen des Glaubens aber reichten vollständig aus. Die bösen Dämonen hielt die Magie der Götter von der Leiche fern. Selbst Anubis, der schakalköpfige, bemüht sich um den Toten: er balsamiert die Leiche des Osiris. Die Totenbücher lehren, wie man den Weg zu diesem letzten Richter finden kann, was man vor ihm zu sagen und welche Geheimnamen man den Wächtern seines Reichs zu geben hat.

Sich vor diesen zu hüten, hatte man allen Grund. Sie konnten dem zukünftigen Leben schon im voraus ein Ende machen. An der Pforte der Unterwelt lagert das leichenfressende Scheusal, vorn Krokodil, in der Mitte Löwe, hinten Nilpferd. Der Schuldige kommt ohnehin in das Gegenstück des Gotteshauses, die „Gottesschlachtstätte", wo er in Stücke zerrissen wird, wenn er nicht schon zuvor von den Hütern der Wege, die zu dem Königreich des Osiris führen, getötet wurde. In jener Schlachtstätte konnte er auch vermutlich aufgefressen werden. Mit diesem Lose bedroht — es ist dies ein klarer Beweis für das Vorhandensein von Menschenfresserei im frühen Ägypten — der zum Gott erhobene (in den Himmel entrückte) König seine nunmehrigen Götterkollegen in ganz unverblümter Weise, in der Absicht, sie einzuschüchtern: das eine Götterdrittel will er zum Frühstück, das zweite zum Mittag-, das dritte zum Abendessen aufspeisen! In theologisch-ethischem Sinne traf dies Los der Vernichtung natürlich die Bösen. „Wessen schlimme Taten", so heißt es in einem späten Text, „zahlreicher sind als die guten, den gibt man der Verschlingerin der Unterwelt. Seine Seele und sein Leib werden vernichtet, und er darf nicht länger leben". Naiver kann sich die Lebensfreude nicht aussprechen.

Die Vernichtung solcher menschlichen Schädlinge durch die jenseitigen Mächte reichte allerdings nicht aus. Man mußte bereits im Diesseits Vorsorge tragen. Dies geschah, wie uns prähistorische Funde und die Eröffnungen von Gräbern der ärmeren Bevölkerung aus der fünften Dynastie (der Zeit der Pyramidentexte) lehren, dadurch, daß man die Leichen zerstückelte. Zu eben diesem Zweck zog man ihnen die Haut von den Fußsohlen: sie sollten nicht wiederkommen können. Man schnitt ihnen das Geschlechtsglied ab und legte es neben die Mumie: die Furcht, eine Frau von einem Totendämon geschwängert wissen zu müssen, ist noch heute in Ägypten nicht erloschen. Die „Gespenster" behalten nämlich ihr Geschlecht bei, sind überhaupt richtige Menschen, und durchaus nicht weniger boshaft als zu Lebzeiten, namentlich wenn sie Not leiden müssen. Sie vergreifen sich dann auch an Kindern und rauben sie, entführen überhaupt Familienmitglieder oder greifen sonst irgendwie schädigend in das Dasein der Überlebenden ein. Als ihr ursprünglicher Wohnsitz wie der ihres Oberhaupts gilt ja die Wüste, das herrenlose im Gegensatz zu dem gottgehörigen heiligen (Kultur-) Land. Von dort dringen sie zu den Wohnsitzen der Menschen vor und auch wohl in ihre Leiber ein, um Geisteskrankheiten (Epilepsie) hervorzurufen. Da dieser Glaube seit vielen Jahrtausenden felsenfest stand, war die Furcht vor dem Leichendämon ein wichtiger Grund, den alten oder sterbenden Menschen gut zu behandeln. Der Lebende mußte nicht nur vor seinem König, sondern auch vor seinem Ahn „gerecht" sein. Umgekehrt schloß und schließt man aus dem Mißgeschick eines Menschen auf den fortwirkenden Rachedämon, den bösartigen Spukgeist, den beleidigten Ahn. Der Kultus der Vorfahren hat seine eigene Ethik im Gefolge gehabt. Er selbst war allerdings von der Furcht diktiert. In einem Zauberpapyrus beschwört eine Mutter den Dämon, durch den sie sich gerade gefährdet glaubt: das Kind nicht zu küssen; nicht einzuschläfern; nicht zu schädigen und es „nicht fortzunehmen aus ihrem Arme".

Unserer Darstellung würde der wesentlichste Teil fehlen, wenn wir auf den ägyptischen Dämonismus nicht zum wenigsten hinwiesen. Er bildet die stärkste und volkstümlichste Komponente in dem gesamten Phantasiegut. Die Nacht ist immer älter und stärker als der Tag. Man fürchtet, man verehrt sie mehr als ihn. Schon ihre Mutterschaft gibt ihr darauf einen Anspruch. Die Finsternis der unbeleuchteten Tageshälfte geht in die Grabesfinsternis und diese in die Kälte der Gruft und der Nacht über, wie umgekehrt Wärme, Leben und Licht zueinander in engster Beziehung stehen. Das (graphische) Zeichen des Lebens dient als Leuchter. Die Furcht vor der Bewegung im

Freien während der Nacht war schon beim alten Ägypter rege und veranlaßte ihn zur Rezitation eines uns erhaltenen „Segens". Er richtete sich natürlich gegen die Nachtdämonen, meist Geister von Verstorbenen. Die Mumifizierung, d. h. Erhaltung ihres Körpers, hatte es ihnen besonders leicht gemacht, zu geistern. Ein Prototyp dieser Unheilstifter, der Fährmann, soll ein Gesicht am Körper tragen, das nach rückwärts sieht oder rückwärts steht oder januskopfähnlich deren zwei haben — das ist ein typischer, der Religionsforschung so bekannter „Wiedergänger", ein „Revenant", der ins Haus der Lebenden, zu seiner eigenen ehemaligen Wohnung, zurückkehren will. Es ist dabei zu erwägen, daß auf die Kopfstellung der Toten sehr geachtet wird. Ihr Gesicht zeigt die Richtung ihrer Sehnsucht.

Der Dämon lebt auch im Körper des Tieres, sobald er sich hat inkarnieren können. In später Zeit mußte beim Ritus der Schlachtung „das Blut in einer Schale aufgefangen und sofort von einem dabeistehenden ärztlichen Beamten geprüft werden, um zu sehen, ob sich nicht verdächtige Spuren in ihm zeigten, welche auf Besessenheit des Tieres durch einen Dämon hinwiesen. Dieser hätte sonst mit dem Fleisch in den Körper des Essenden gelangen können". In den lebenden Menschen konnte er gelangen, wenn dieser Bier oder andere alkoholische Getränke genoß, zweifellos auch zur Nachtzeit im Schlaf, auf Leichenstätten oder dann, wenn dem Wachenden die schützende Kraft eines Zaubers (Amuletts) fehlte. Der Mittel, sich der Geister zu entledigen, gibt es so viele, sie sind so ungeheuer häufig angewandt, daß sich die Dämonenfurcht als Quelle des Aberglaubens an ihnen am besten zeigen läßt. Stets tragen sie ein sehr primitives Gepräge; sie haben sich eben „bewährt" und deshalb aus der Urzeit herübergerettet. Ihr Material ist in den ältesten Gräbern aus Feuerstein gebildet; Waffen oder Waffenteile, wie Keulenköpfe, Pfeilspitzen, Messer, Äxte, finden wir dort. Der Leser der [zaubergeladenen] heiligen Bücher bewaffnete sich mit einem magischen Stock. Ein solcher Zauberstab hatte bisweilen — wir erinnern an die Moses-Legende — Schlangengestalt. „Eine zweite Form des Zauberstabs, die besonders bei der symbolischen Wiederbelebung des Toten Dienste tat, war die eines an der Spitze umgebogenen Metallstabes oder eines Ochsenschenkels." Der letztere war als die gewöhnlichste Opfergabe heilig. Alle Arten von Waffen kommen auf Sargbildern vor, auch Abwehrwaffen (Schilde), ferner Netze, die gegen Mensch und Tier im Kampf verwandt wurden, desgleichen die Keule in sehr alter Form. Lärm jeder Art, auch Musik, verscheucht die bösen Geister. Weniger rhythmisch, aber wirksamer war bei Begräbnissen neben Tanz und Musik (dem Spielen des Sistrums) das Schreien der Klageweiber, die dabei mit Zweigen in die Luft schlugen, während Priester Wasserspenden vor dem zur Gruft getragenen Sarge ausschütteten und der scheußliche Bês die Geister zum Laufen brachte. Zu diesem Zweck trug man gerade bei dieser so ernsten Veranlassung sein Bild bei sich. Die Pyramiden wimmeln natürlich von apotropäischen Mitteln. Selbst den Namen des Königs schloß man in die sog. „Kartusche", eine Ellipse, ein: durch diesen Zauberkreis wehrte man den Dämonen den Eintritt in die Person des Herrschers. Das Räuchern und die Fixierung von Gebetsformeln oder heiligen Namen, auf Stein oder Papyrus geschrieben, schuf eine so unbetretbare Zone der Heiligkeit, daß diese Mittel ohne wesentliche Veränderung noch vom ältesten Christentum gebraucht wurden. Sie wehrten den Angriff des Satans ab. Dieser wird bekanntlich mit schmutzigen Mitteln, Gestank aller Art, vertrieben: so kämpfte man in Ägypten gegen die Apophis-Schlange. Der Teufel ist beim Gewitter mächtig: nicht anders der ägyptische Dämon. Beide wurden deshalb eben dann bekämpft. — Die Verwendung des Weihrauchs bei vielen Gelegenheiten des frommen und profanen Gebrauchs unserer Zeit stammt sicherlich aus Ägypten. Mit gewöhnlichem oder mit Anti-Harz wurde dem (göttlichen) Verstorbenen geräuchert. Der König reinigte sich mit Weihrauch, bevor er das Allerheiligste des Tempels betrat. Götter und hohe Standespersonen wurden damit „erfreut", Kranke geheilt, die Leichenfäulnis verhindert, die über feindlichen Stätten lagernden Dämonen verjagt. — Als übelabwehrende Zeichen sind auch die Rindshörner anzusehen, die auf dem Vorbau der heiligen, das Gottesbild verwahrenden Hütte standen. Auf Stangen aufgepflanzt, mochten sie auch Profanbauten geschützt haben. Fernere Abwehrmittel am Tempeleingang waren: die geflügelte Sonnenscheibe, die Uräus-Schlange, die Hathor-Maske sowie die Sphinxe, deren Reihen sich zu beiden Seiten der Straße zogen, die vom Heiligtum zum Nil herabführten. — Die Zeit der griechisch-ägyptischen Religionsvermischung suchte, wie wir wissen, eher, Geister zu sehen als sie zu bannen. Dazu gibt es viele Rezepte. Zwei Beispiele: „Ein Falkenei mische mit Myrrhe und streiche es auf dein Auge. Dann befähigt es, Schatten zu sehen." — „Nimm Kopf und Blut eines Wiedehopfs. Koche das und mische daraus eine trockene Drogue; salbe dein Auge damit: dann siehst du sie (die Geister) ebenfalls." Diese Mittel sind, leicht variiert, in die mittelalterliche Medizin eingedrungen.

Den Ägypter haben wir bisher als Einzelpersönlichkeit kennengelernt und gesehen, wie der rote Faden der Magie seine irdische und geisterhafte Existenz durchzog. Wir wollen ihn nun als Weltbürger kennenzulernen versuchen, um zu prüfen, ob seine magische Auffassungsweise ausreicht, eine Weltkenntnis zu vermitteln und soziale Beziehungen herzustellen.

Ihm steht das Tier sehr nahe. Er verehrt, fürchtet, pflegt es, betet es an und balsamiert seine Leiche. Reichlichen und ätzenden Spott hat er dafür seit Lucians Zeiten zu ertragen gehabt. Begnügte er sich doch nicht etwa damit, tote Haustiere (Schafe, Pferde, Katzen), meist wohl als Gebrauchstiere für das Jenseits, zu konservieren, sondern verschwendete seine Zeit und Kraft in analoger Weise bei Krokodilen bisweilen von 4 m Länge. Man fand Massengräber für tote Wölfe. Die Griechen sprechen von einer ägyptischen „Stadt der Wölfe". In ihr soll die Gottheit sich zunächst wohl in einem bestimmten Exemplar dieser Art, dann in der Gattung der Wölfe überhaupt niedergelassen haben. So gab es auch eine „Stadt der Krokodile". Die Verehrung der Katze finden wir in Bubastis, die des Widders auf Elephantine. „Bisweilen können wir ahnen, weshalb diese Tiere gerade an ihrer Stelle, in ihrem Gau, vergöttlicht worden sind. Der 16. Gau verehrt die Delphin-Göttin: „die Spitze der Fische", weil diese Tiere gern in die Nilmündung, an der der Gau liegt, hineinkommen. Das Krokodil wurde in Gegenden verehrt, in denen der Nil Sandbänke bildet. Denn auf diesen liegt es gern und zeigt sich häufig." Aber man kommt mit diesen geographischen Gesichtspunkten nicht aus. Die uralte Selbständigkeit der einzelnen Städte kommt darin zum Ausdruck, daß jede von ihnen ein anderes Tier ihr Eigen nannte. Auch mythische oder wirkliche „Erlebnisse" — Sagen, die ein Tier zum Mittelpunkt haben — mögen eine solche Sonderung bewirkt haben, ferner politische Geschehnisse. Natürlich bestimmte die Individualität des tierischen Gruppencharakters die Einstellung des Menschen zu ihm; Löwen, Krokodile, Giftschlangen, Skorpione, Tausendfüße fürchtete man; Stiere, Kühe, Widder wurden wegen ihrer Zeugungsfähigkeit oder geschlechtlichen Produktivität geschätzt. (Das Gleiche gilt wohl von der Katze.) Vögel wie die großen Räuber der Luft hat man bewundert; Wesen, die sich ungeschlechtlich fortzupflanzen schienen (Skarabäus), angestaunt. Sie alle aber, unter ihnen vorzugsweise abnorme Exemplare, schienen mit dem Menschen die Gabe der Rede nicht nur zu teilen, sondern durch diese auch weissagen zu können. In der tiefsten Tiefe des Nils liegt ein durch 6 Kapseln geschlossenes und durch Ungeheuer geschütztes Zauberbuch. Wer es liest und versteht, „kennt die Sprache der Vögel unter dem Himmel, der Fische in der See und der wilden Tiere". Der Mensch kann also durch das Eindringen in den geheimen Sondercharakter der Tiere einer bestimmten Gruppe deren Eigenart für seine Zwecke gewinnen. Die Gottheit trägt in der Schrift und in der Prähistorie rein tierische Züge. In der frühesten geschichtlichen Zeit aber ist bereits eine Vermenschlichung der Tiergottheiten erfolgt, denen man meist nur den Tierkopf ließ. So hat Anubis den Kopf eines Schakals, Horus den eines Falken, Hathor mindestens ein Kuhgehörn. Die Zeit, in der diese Umwandlung erfolgte, gehört zu den wichtigsten Wendepunkten der Religionsgeschichte. Durch den Menschenleib brachte man das Tier dem Menschen näher; durch den Tierkopf hob man die magische Gewalt seines Genus, seiner Gruppeneigenart, hervor. Der Anubis ist nicht ein Mensch mit Schakalkopf, sondern ein Schakal des anthropomorphisierenden Stils einer bestimmten Zeit. Anders verhält es sich um Figuren wie den König, wenn derselbe mit einem Schakalschwanz (? jedenfalls Tierschwanz) dargestellt wird. Der Schakal ist „der Eröffner der Wege". Mit der dadurch angedeuteten magischen Fähigkeit wird der König begabt. Übrigens kennt die Spätzeit eine Isis-Prozession, an deren Spitze ein als Anubis maskierter Priester schreitet. Diese Maskierung gibt der Zugehörigkeit des Mannes zum Totenreich Ausdruck; zugleich will sie ihren Träger wohl gegen die gleichartigen Todesmächte schützen.

Der Tierkultus war während der ganzen Zeit der ägyptischen Geschichte überaus volkstümlich. Er entsprach der Einstellung eines Landvolks zu seinem Heimatboden mit allen Freuden und Plagen, die er schenkte. Dem Tiere kam er zugute. Man behandelte nicht bloß die „heiligen" Wesen (den Apisstier) aufs beste, sondern hütete sich, artgleiche Exemplare zu mißhandeln oder zu töten. Der Gott des heiligen Tieres (z. B. des Apisstieres) würde sich andernfalls verletzt fühlen. Mit dem Wappentier der Stadt oder des Gaues, in dem er verehrt wird, hat er nichts zu tun. Aber bezeichnend ist es, daß Schrift und „Heraldik" auf den Tierkult der Urzeit hinweisen. — Unter den heiliggehaltenen Sonderexemplaren der Urzeit nennen wir nochmals den Apis-Stier und den Bock von Mendes. Der Stier mußte schwarz sein und ganz bestimmte Kennzeichen haben, analog etwa dem zum Opfer verwendeten indischen Pferde. Die Lehre von den „Signaturen", den äußeren, angeblich eine innere Eigenschaft kundtuenden Merkmalen trägt auch hier ihre Früchte. — Der Apis wurde feierlich eingeholt, zur heiligen Stätte nach Memphis gebracht, dort äußerst üppig gepflegt, geehrt, als Gott, sogar als Wiedergeburt des Osiris gefeiert, auch dadurch volkstümlich gemacht, daß man die Sonnenscheibe, d. h. den alten Sonnengott Râ, ihm zwischen die Hörner setzte. Sein Geburts- und Todestag wurden aufs festlichste begangen. Das feierlichste Orakel wurde seinem Gebahren entnommen: je nachdem es aus der Hand des ihn Befragenden Futter nahm oder abwies, diesen oder jenen „Stand" (Teil des Stalles) aufsuchte u. a. m., entschied er das Los des Gläubigen. Auch Rinder konnte er im Orakeldienst zum Gefäß seiner Seele, seiner Heiligkeit machen: sie prophezeiten dann aus der Seele des Osiris oder anderer Gottheiten. Dieser Kultus bestand vermutlich bis zum Edikt des Theodosius fort. Das Tier soll, wie Osiris selbst, ertränkt worden sein. Es war keineswegs das einzige heilige Rind. Beim Stier des Gottes Month wurden Eide geschworen. Ein Kuhkult lebte in Nord-Erythreia. Eine Nekropole für zerlegte Rinder wurde im Lande der Bischarim festgestellt. Als Kuhgöttinnen sind bekannt: Isis, Nephthys, Selkit, Neith. Häufig wurde der Kopf des Rindes als übelabwehrendes Zeichen aufgefaßt.

Die Heilighaltung anderer zahmer und vieler wilder Säugetiere, Vögel, kaltblütiger und niederer Tiere müssen wir hier übergehen. In Leontopolis im Nildelta hielt man gezähmte Löwen. Das erinnert an christliche Legenden.

Im ägyptischen Offenbarungszauber beschwört man einen Sonnenfalken zu sich herab, der einen mit der Kraft dieses Tieres geladenen Stein fallen läßt. Hier haben wir einen Meteoriten in mystischem Gewande vor uns; zugleich denken wir an den „Adlerstein", der uns noch begegnen wird. Aus dem Herz des Wiedehopfs, der Sehergabe besitzt, bereitete man damals eine „Gedächtnissalbe". Ganz besonders wichtig ist aber der Schlangenkult. In Ägypten gab es äußerst giftige Arten. Viele große Göttinnen verkörpern sich in der Brillenschlange, ja, das Bild dieses Tieres galt als Zeichen für den Begriff der Gottheit überhaupt. Ein aufgerichtetes Schlangenbildnis bewachte den Eingang zum Heiligtum. Lebendige Schlangen wurden an heiliger Stätte, wohl ebenfalls zu deren Bewachung, gehalten. Der Glaube an die Göttlichkeit der Schlange entspringt wohl in Ägypten, wie nachweislich in Indien, teilweise der Beobachtung, daß sie sich häutet, d. h. sich wiedergebärt. Auch wurde sie — dieser Aberglaube klingt an die altbiblische Versuchungsgegeschichte an, wonach sie ja vom Staube leben soll — direkt von der Erde ihrem Ursprung nach abgeleitet; sie soll eine Tochter des Geb sein, der Erdgott ist. Könige und Götter (die Sonnenscheibe) schmücken sich mit ihr. Den von Schlangen gebissenen Menschen kommt eine gewisse Heiligkeit zu. Deshalb läßt sich Cleopatra von der Uräus-Schlange töten. Dieses Tier wurde in einer besonderen Kultstadt Ägyptens als Göttin verehrt.

Der ägyptische Baumkultus reicht aus der Urzeit bis in die Gegenwart, wo er durchaus lebendig ist. Weibliche Gottwesen wohnen schützend, Wasser und Früchte spendend, in schattigen Laubbäumen. Einen derselben hatte ein Gau zum Wappenzeichen. In altägyptischen Abbildungen sehen wir aus einer Sykomore eine Göttin herauswachsen, Gaben spendend. Gottheiten wie Hathor, Harmachis, Schu, Thôth sind mit Bäumen aufs engste verwachsen. In der Pflanze wurde göttliches Leben vermutet. Der Mythus lehrt dies: Geb (die Erde) fühlte sich unwohl. Er ließ das Blut seiner Nase auf die Erde rinnen. Daraus entstand die Zeder (vielleicht auch wegen ihres roten Harzes?). — Aus den Tränen des Schu und Tefnet entsproß der Weihrauch; aus dem Speichel des Râ erwuchs der Papyrus. Der religiöse Brauch lehrt gleiches: aus manchen Laubbaumblättern, darunter der Olive, wurde seit der Zeit des alten Ägypten der Kranz gewunden, den der Tote auf dem Haupte trägt oder in der Hand hält. Man nennt dieses Gewinde: Lebensstrauß. — Wo Bäume sind, da ist auch Wasser; wo Wasser ist, da Leben. Deshalb ist es nebenbei bemerkt, auch der Sache nach, gleichgültig, ob man den König zeremoniell mit Wasser, mit dem „Wasser des Lebens" oder dem „Zeichen des Lebens" berührt. Das eine geschah in früherer, das andere in späterer Zeit. — Der wichtigste Baum Ägyptens steht auf der Grenze zwischen dem Reich des Lebens und des Todes. Die auf ihm thronende Göttin reicht dem Dahingehenden vor dem Betreten der Durststrecke des

Totenlandes Speise und Trank. Außer der im Süden von Memphis stehenden gefeierten Sykomore nenne ich als kultisch verehrt den Wald schattenspendender Bäume von Momemphis. — Daß der Himmel als ein gewaltiger Baum verstanden wurde, wissen wir bereits. Unter den Einzelgewächsen lernten wir als kosmogonisch frühestes Element den Lotus kennen, das Kind des Urwassers oder des Nils. Râ, der älteste Sonnengott, ist „der einzige [Sohn] des großen Lotus". — Die Heilpflanzen Ägyptens waren im Altertum berühmt und schon Homer bekannt. Die Magie dieser Pflanzenwelt wurde in der Spätzeit ausgebaut. Auch sie klingt im „deutschen" Volksbrauch wieder. Die Reinigung des Ausgräbers des Heil- oder Zauberkrauts; die Entsühnung für das Ausreißen desselben; gegebenenfalls auch die Vorsichtsmittel, unter denen dies erfolgte; die dabei gesprochenen Formeln usw. bilden hochinteressante Ergänzungen zu unserer Kenntnis antiken Lebens in und mit der Natur. Ein Teil dieses Rituals gehört ins Gebiet der schwarzen Magie. Vielfach handelte es sich um gefährliche, zu schlechten Zwecken gebrauchte Giftpflanzen. Die narkotisierende Wirkung des Mohns war bekannt: er galt als das Symbol des Osiris als Todesgottes und der Hekate, da der Schlaf der Bruder des Todes ist und der Opiumrausch in den Tod übergehen kann.

Beide, das Tier- und das Pflanzenreich, haben, wie wir sahen, Beziehungen zu den Elementen: der Löwe zum Wasser, die Schlange zur Erde. Beide „Elemente" sowie die übrigen „Urstoffe", nämlich Luft und Feuer, werden als göttlich aufgefaßt und den höchsten Göttern des Pantheons sinngemäß zuerteilt. Osiris z. B. gehört natürlich zum Wasser. Das Feuer schläft auch im Stein und wird aus ihm entnommen. Die Heiligkeit der Feuersteinwaffe hängt damit zusammen. Denn das Feuer ist heilig. Es vertreibt Dämonen und wird im Parallelismus zum Sonnenlicht täglich neu entzündet, um dann auch im Totenkultus Verwendung zu finden. In Ägypten war die (in Afrika weit verbreitete) Sitte des Feuerbohrens zu allen Zeiten üblich und ist wohl niemals durch eine andere abgelöst worden. Eines der gebräuchlichsten Zeichen der Hieroglyphenschrift stellt einen Feuerbohrer dar. — Die Verwendung der Zauberlampe, wie wir sie aus 1001 Nacht kennen, geht unseres Wissens auf die späteste Zeit zurück. — Das Wasser kommt von dem Himmelsozean. Aus dem Urwasser Nun als ältester Gottheit ist die Sonne hervorgegangen. Nun ist „der Vater aller Götter", „der große Gott, der von selbst entstanden ist" (vgl. oben). Der Nil dagegen soll an einer Stätte Oberägyptens, auch an einem Orte Unterägyptens aus geheimnisvoller Tiefe hervorkommen. Die Stellen werden genau bezeichnet und verehrt. Den heiligenden Tod durch Ertrinken erlitten Osiris, sein Sohn Horus, bisweilen wohl der Apis-Stier; desgleichen im Ritual der Skarabäus. Er wird dadurch befähigt, zu weissagen. Das ertränkende Medium braucht nicht der Nil, überhaupt nicht

Wasser zu sein. Es wurde mit der Seele des Ertrinkenden belastet, also heilig und heiligend, wenn das gleiche von dem Toten galt. Die Heiligkeit des Nils führt auf die Leiche des Osiris zurück. Nilwasser wirkt läuternd. Wasser jeder Art wurde zu Reinigungszwecken angewandt; so z. B. im Ritual vor dem Opfer. Wasserbesprengung war für den Eintritt in den Tempel Voraussetzung; für die Einführung ins Priesteramt war ein Bad notwendig. Im Tempel befanden sich Waschgefäße. Der Fremde wurde gewaschen und seine Füße gesalbt. Beim Eintritt in das Jenseits gossen die Götter selbst Wasser über den Toten. Wie heilig ein jedes Sängerwort zu sein schien, wie sehr man davon überzeugt war, daß aus ihm die Gottheit spricht, lehrt die Sitte, daß der Sänger sich vor der Lobpreisung der Götter den Mund spülte.

Wie dem Wasser und seinen Ausgeburten, dem Baum oder dem Sumpfgewächs, so wurde der Bergspitze Verehrung gezollt — nicht den Objekten schlechthin, sondern den dämonischen Mächten, die einem „Erlebnis" raumgebend, in einzelnen dieser Naturdinge schlummerten. Der heiligste Stein, in dem die Sonne ihre wichtigste Verkörperung fand, wurde in dem Tempel zu Heliopolis aufbewahrt. Heilige Steine wurden geschminkt und gesalbt. Man hängte sie den Leichen um den Hals. Die Lebenden trugen sie vermutlich als Amulette. Als Schriftzeichen für Gott diente eine primitive Axt, ein Stab, an dem oben ein Steinkelt befestigt war. — Die Erde war, wie wir sahen, eine älteste (männliche) Gottheit; das Land der Feinde oder der Wüstengegenden samt allem, was es an Menschen und Tieren barg, typhonisch. Schon seine Unfruchtbarkeit und seine Abkehr von den lebenschaffenden Göttern zwang zu dieser Auffassung. Interessant ist in diesem Sinne, daß das Meersalz dem Typhon (Sêth), das Steinsalz dagegen, das man in der blühenden Oase des Jupiter-Amon in großen Platten und Blöcken grub und hob, als den Göttern wohlgefällig und rein angesehen wurde. Hier schimmert die semitische Idee von dem Baal als Herrn des fruchtbaren Landes gegenüber den die Wüste bevölkernden Dämonen (dschinn) durch. Noch die Pythagoräer eigneten das Salzmeer dem Saturn als dem unheilvollen Kronos zu. — Unter den Metallen nennen wir das Gold als einer Sondergöttin Nub-t („Gold") geweiht. Man nahm an, daß ihm eine dämonenverscheuchende Kraft zukam. Es wurde stets mit der Sonne in Verbindung gebracht. — Das Eisen scheint man im alten Ägypten gefürchtet zu haben. Es findet sich sehr selten zum Schmuck verarbeitet und als Grabmitgabe. Gegenüber der Bronze war es vergleichsweise jung und deshalb für magische Zwecke, die eine gewollte Veränderung nicht duldeten, ungeeignet.

Die Erde und was sie birgt, die Berge und das Meer gelten uns als eine Einheit, ein winziges, im Weltenozean sich verlierendes Stäubchen. Nicht so den antiken Völkern. Damals stand der Boden, auf dem wir wohnen, noch im Mittelpunkte der Welt. Über ihm walteten die Gestirne und beeinflußten ihn in einem für die damals Lebenden günstigen oder ungünstigen Sinne, sofern nicht ein solcher Einfluß durch die Erlebnisse des einzelnen ohnehin vorweggenommen war. Zeit und Ort sind also nicht bloß Formen unseres Seins, unseres Denkens und Handelns, sondern mitbestimmende Faktoren dieser höchsten Einheiten. Jedes Tier kann uns lehren, daß die Stätte, an der man ihm seine Jungen geraubt hat, von ihm verlassen und gemieden wird. Das Wild tritt des Abends aus dem Walde in die Lichtung. — Die Ägypter gehören zu den Völkern, die sich der Tagwählerei am meisten befleißigt haben. Sie erlaubt oder gebietet einzelne Handlungen an den für sie genehmen Tagen; aber häufiger verbietet sie: dieses oder jenes ist an bestimmten Tagen eben „nicht gut", „bringt kein Glück". Oft ist die Furcht vor den Elementargewalten die Veranlassung dazu. Die Morgendämmerung ist ja jene Tageszeit, an der Râ mit einem kosmischen Ungeheuer immer von neuem kämpft: der Lichtgott besiegt die Nacht; sie ist die Mutter der Trugdämonen. Deshalb werden bösartige Handlungen ihr zugeeignet und auch — ich möchte fast sagen: räumlich — ihr geweiht: man vollzieht sie oft in einsamen, kahlen und kleinen Räumen, bei künstlicher oder natürlicher Nacht, unter Schweigen. Die guten Menschen meiden solche Orte, wie man Stätten des Mordes meidet. Der Kartenspieler wechselt noch heute jenen Platz, an dem er „Pech gehabt" hat und verflucht die „Unglücksstunde" seines Verlustes. Daß eine solche Zeit mit einem bestimmten Stande der Sonne zusammenfällt, lehrt die einfachste Beobachtung; daß gerade diese Stunde den Verlust erneuern kann — dies zu glauben, zwingt ihn seine geistige Einstellung, sein fatalistischer Aberglauben. Er hat, dem antiken Weltbild entsprechend und im Glauben an die unbegrenzte Kraft der Magie befangen, einen gewissen Aktivismus auch gegenüber den Naturerscheinungen ausgelöst. Râ besiegt, wie wir sahen, die Apophis-Schlange; gewiß! — aber der Mensch kann in diesem Kampf um die Welt helfend mitwirken, wie die Gestirne mithelfen: „Orion fesselt sie (die Schlange) am Mittagshimmel; der Große Bär bindet sie am nördlichen Himmel", so heißt es in einer Fluchformel. Der täglichen Wiederkehr des Lichts steht der Mensch bei, indem er auf ein Boot, das man für die Sonnenbarke halten soll, einen Skarabäus setzt: der Gott der Morgensonne wird dadurch gestärkt zu seiner großen Reise über den Himmel.

Die Beleihung der Begriffskategorien Zeit und Raum mit menschenähnlichen Individualcharakteren schuf den Determinismus: zwei Mächte, denen sich der Mensch nie und nirgends entziehen, die er nicht einmal beeinflussen, nicht füttern und anbeten kann, herrschen über ihm. Sie vereint bilden das Schicksal („schai"), das uns im Kleinen und Kleinsten ärgern und hold sein kann, vor allem aber Geburt und Tod, oder: bei der Geburt bereits den Tod bestimmt. Im späteren Ägypten erscheint die Schicksalsmacht (als männliches Wesen) mit der Geburtsgottheit eng verbunden. Wir lernten die 7 Hathoren kennen. Mit ihrem Bullen vereinigt, thronen sie als Kühe am Himmel und stellen wahrscheinlich den im Taurus befindlichen Plejadennebel dar, der deterministisch das Geschick des Kindes beeinflussen soll. Er bildet einen kleinen Zweig des zugleich als Schicksalsbaumes gefaßten Himmelsbaumes, dessen Blätter, die Sterne, das Geschick des Menschen, zunächst der Könige, bestimmen. Diese Blätter gelten auch zugleich als Schreibmaterialien, auf denen eine eigne weibliche Schreibergottheit, die Vorsteherin der Bücherei der Götter, mit einem oder gar mit zwei Schreibzeugen bewaffnet, mit deren Tinte das Geschick jedes Menschen verzeichnet. Der so ausgebildet gedachte Schicksalszwang hat den einzelnen Jahresteilen besondere Zeitgötter verliehen, in deren Dienst natürlich die „zeitgemäßen" Handlungen des einzelnen treten. Eine eigentliche Astrologie ist zwar dem Ägypter nicht fremd, aber wohl von Babylonien entlehnt. Wie wichtig sie zu sein schien, geht daraus hervor, daß man Tabellen von Sternaufgängen in Gräbern gefunden hat: der Tote sollte seinen ewigen Tag danach regeln können. — Wie überall ist auch in Ägypten der Gestirndienst mit dem Ahnenkultus verbunden: der Stern, der das Schicksal des Menschen zeigt, seine Eigenart bestimmt, ist ja nichts anderes als seine Seele. Unter den Fixsternen aber sind diejenigen, „die niemals verschwinden", am heiligsten: in ihrer Sphäre wohnen die höchsten Gottheiten und ältesten Seelen. Um den Polarstern dreht sich der Große Bär, in Ägypten als Rinderschenkel gedeutet und mit Sêth-Typhon gleichgesetzt, also Unglück bringend. In einem Papyrus der Zeit um 1100 v. Chr. droht eine Gebärende für den Fall, daß ihr von Isis nicht geholfen wird, sämtlichen Göttern mit Rache durch Zauber. In diesem Drohspruch heißt es: „Schwachheit soll herrschen im Himmel des Südens, damit Unglück hervorgehe vom Himmel des Nordens". Das Unglücksgestirn des Großen Bären wird hier also zum Regenten des ganzen Nordhimmels gemacht. Ihm bleibt bis zu spätgriechischer Zeit diese Bedeutung erhalten. In einem Pariser Papyrus wird er als „Bär, der du über den Himmel herrschest" angerufen. Er ist der „Herr der Polarsternbilder und der starke Gebieter über die Fixsternsphäre", so daß er als Polarstern aufgefaßt erscheint, der als Zentrum die Fixsternsphäre zusammenhält und beherrscht. Ihm unterstehen Sterndämonen, die als Sterngeister den jüdischen Cherubîm gleichgesetzt sind. Dieser gewaltigen Machtstellung entsprechend übt er nicht bloß einen besonders großen Einfluß auf die menschlichen Verhältnisse aus, wie schon Hermes Trismegistus seinen Sohn Tat (will heißen: Thôth) belehrt, sondern beherrscht auch die gesamte Sphäre der Götter und Dämonen, die beim Offenbarungszauber beschworen werden müssen. Eines von dessen Rezepten hat denn auch den Titel: „die alles bewirkende Macht des Siebengestirns". Diese Macht ist immer durchaus unheilvoll. Plutarch sagt mit

Recht, daß „die Seele des Typhon als Bärin Arktos (Siebengestirn) am Himmel glänzt". Es ist dies deshalb hervorhebenswert, weil es zeigt, daß der Ägypter auch im Punkte der Weltbetrachtung erst an der Schwelle einer höheren Erkenntnis stand. Der Arier sah im Polarstern den obersten ewig ruhenden Punkt der Weltachse, die Eingangspforte ins Reich des immateriellen Göttlichen, das den trugvollen Wechsel des Irdischen nicht kennt. Die ägyptisch-griechische Mystik hat uns einen Anflug dieser Zentralidee in einem Papyrus aufbewahrt, der uns die Halluzination eines Theurgen mitteilt: „...Danach wirst du die Tore geöffnet sehen und aus der Tiefe sieben Jungfrauen herausschreiten in Byssos-Gewändern und mit Schlangengesichtern; sie werden „des Himmels Schicksalsgöttinnen mit den goldenen Szeptern" genannt .... Es werden aber auch noch andere 7 Götter vorkommen mit schwarzen Stiergesichtern, mit Linnenschürzen und goldenen Diademen. Das sind die sog. „Polbeherrscher des Himmels", die du in ähnlicher Weise einen jeden besonders begrüßen mußt mit seinem eignen Namen: „Seid gegrüßt, ihr Hüter der Weltachse, ihr heiligen, starken Jünglinge, die ihr auf einen Befehl die drehbare Achse des Himmelsgewölbes umdreht ...„." Die 7 Jungfrauen sind die 7 Hathoren als Sterne des Großen Bären, die 7 Jünglinge die Sterne des Kleinen Bären. Und weiter heißt es in dem Text: „...Wenn sie aber antreten nach der Ordnung, blicke geradeaus in die Luft und du wirst merken ... herabkommen Gott ... mit leuchtendem Antlitz, jung ... haltend in der rechten Hand eines Rindes goldene Schulter, die da ist das Bärengestirn, das bewegt und zurückwendet den Himmel ...".

Der dem Weltbilde entnommene, religiös und kulturell sich auswirkende Determinismus hat unter priesterlicher Einwirkung sich zum System verdichten, greifbare Gestalt gewinnen können. Es gibt einen Sondergott des Jahreswechsels, der zwei Köpfe trägt. Die wichtigsten Sterne sind lichtgewordene Gottheiten. Die Seele des Hor[us] glänzt als Orion am Himmel. Der Hundsstern war der Isis heilig. Osiris soll in vielen der wichtigsten Sterne herrschen, der Kreis seiner nächsten Verwandten mit manchen von ihnen aufs engste verbunden sein. Osiris selbst ist das verkörperte Jahr: 365 Bäume müssen um gewisse seiner Tempel gepflanzt, 360 oder 365 Lichter ihm zu Ehren angezündet worden sein. Es gab Monatsgottheiten. Aus dem Mittl. Reich besitzen wir den Kalender eines Monats, der 18 Tage als gute, 9 als schlechte, 3 als halbgute bezeichnet. Jeder dieser Monatstage unterstand dem Schutze einer Gottheit. Spezielle Gottheiten stellten die 24 Stunden des Tages dar und wirkten auf sie ein. Es gibt sogar heilige Augenblicke (wenigstens in der spätesten Zeit). Oft wurde der böse oder gute Charakter dieser Zeitabschnitte mythologisch begründet; auch dies ist Priestermachwerk. An einem der 5 Schalttage des ägyptischen Jahres wurde Sêth geboren. Deshalb sind (hier in Ägypten wie wohl überall) diese Tage verhängnisvoll. An den gefährlichsten Unglückstagen ist es sogar verboten, „irgend ein Werk zu tun, einen Ochsen zu schlachten usw." Selbst zum Opfer und Orakel waren sie zu „heilig". Der Aberglauben ist eben unvergleichlich viel älter und mächtiger als die Religion. Er beherrschte gerade in der Form dieser Zeitvorschriften die einzelnen Teile eines ständisch gegliederten Volkes sehr stark und natürlich in ganz verschiedener Weise, so z. B. den Bauern anders als den städtischen Handwerker. Und doch war ein Teil dieser Vorstellungsketten Allgemeingut. Man fürchtete namentlich für die an Unglückstagen geborenen Kinder. Sie sollten früh sterben, von Krokodilen gefressen werden usw.

Die Zahl ist kein bloßes Abstraktum, kein Mittel, Gleichartiges zusammenzufassen. Der Himmel selbst lehrt, wie heilig sie ist. Es gibt eine Sonne, zwei große Himmelskörper, sieben Wandelsterne. Sie alle haben einen „Charakter". Die vielfach aus der Vereinigung dreier benachbarter Ortsgottheiten hervorgegangenen Triaden sind auch für die Frage der Entstehung der christlichen heiligen Dreieinigkeit nicht ohne Belang. Man kennt vier Horus- oder Osiris-Söhne, die, ganz einander gleichend, unzählige Male dargestellt wurden. Sieben Himmel und ebensoviel Sterne im Plejadenschwarm und im Großen und Kleinen Bären werden gezählt. Die Hathoren wurden, wie wir wissen, versiebenfacht. Der menschliche Kopf hat 7 Öffnungen. In der ptolemäischen Periode fand die Sieben-Zahl die weitgehendste Würdigung. Das Amulett zum Schutz eines Rindes mußte sich aus 7 Perlen zusammensetzen, die auf 7 Fäden aufgezogen sind, in die man 7 Knoten machte. — Siebenzig ist eine kosmische Zahl. Das Gleiche gilt in erhöhtem Maße von zweiundsiebenzig, der Zahl der Halbdekaden, die ein Jahr bilden. Siebenundsiebenzig wird als die der Götter angegeben. Einhundertundein Jahr möge, so wünscht ein Zauberspruch, eine schwangere Frau leben. — Wichtig ist hier vor allem die Ausgestaltung dieser Zahlengruppen durch Addition und Multiplikation, denn man hat das Rechnen nicht für die Schule, auch nicht für die Technik, sondern für die Zwecke magischer Machtwirkung gebraucht. Wer 9 Gottheiten für sich ins Feld führen kann, besiegt denjenigen, der sich mit einer heiligen Dreiheit begnügt. Wie aber kommt diese Dreiheit, die bald zur Dreieinigkeit wird, zustande? Und weshalb wird sie zu einer so farblosen Gruppe? Es gibt eine alte, namentlich auch in Babylon verehrte und überaus volkstümlich gewesene Trias: Vater, Mutter, Sohn. Ihr entspricht in Ägypten: die Erde (als Vater); der Himmel (als Mutter); die Sonne (als Sohn). Die magische Gewalt der hier entdeckten Dreizahl ist so groß, daß sie im Zauber die individuellen Charaktere dieser höchsten Götter unterdrückt. Wäre es nicht so — wir hätten nicht bis drei zu zählen gelernt.

Gleichartiges ist als gleichartig erkannt, aber, dem Ursinn und Urwesen aller Magie entsprechend, nicht zu dem übergeordneten Objekt, sondern unmittelbar zum Menschen in Beziehung gebracht worden. Die Idee einer planvollen und heiligen Ordnung, wie wir sie als eigentlichste Weltauffassung des Inders zu schätzen gelernt haben, ist deshalb zwar geahnt, aber noch nicht erfaßt worden. Eine primitivere Betrachtungsweise schließt nach naheliegenden, aber unsachlichen Gesichtspunkten Dinge zusammen, die uns sehr weit auseinander zu liegen scheinen: das komplexe Denken vereinigt auf Grund der Identität der Zeit etwa die Nacht mit dem „Nachtschatten" (giftiges Gewächs), der Blindheit, dem Morde und dem Totenreich; auf Grund der Ortsgleichheit die Tempelmaus mit dem Götterbild; angesichts der Einheit des Geschehnisses — Osiris' Leiche lag im Nil und wurde dort von Aalen heimgesucht — das Aalblut mit dem Nil. Die erste dieser Einheiten erstreckt sich als Ausstrahlung des Makrokosmus auf den Mikrokosmus „Mensch" auf dessen tägliches Ergehen und kultische Handlungsweise. Zugleich mit der Schöpfung selbst werden die Grundlagen der Weltordnung erschaffen. Das höchste Wesen sagt von sich: „Ich bin es, der Himmel und Erde geschaffen hat ... Wenn ich die Augen öffne, so wird das Licht hereinbrechen; wenn ich meine Augen schließe, so werden die Finsternisse hereinbrechen. Ich bin es, der die Stunden, Tage und Jahresfeste erschuf". Die göttliche Weltordnung ist ewig und unveränderlich. Sie geht der menschlichen Ordnung voraus, beeinflußt sie in kultischer, kultureller, selbst hygienischer Richtung, steht mit ihr in Parallele und stellt, da sie als Satzung der großen Götter des Pantheons aufgefaßt wird, ein dauerndes Band zwischen Gott und Mensch dar. Dieses Band ist magisch aufgefaßt. Es kann, da die Magie eine immaterielle Substanz neben Gott und Mensch ist, von diesen beiden Gliedern der Allwelt verwertet werden, beiden den Sieg im gegenseitigen Kampfe bringen. Der Begriff des Naturgesetzes ist also relativ gefaßt und dem der magischen Auswirkung unterworfen. — Betrachten wir die früheste Sage Ägyptens! Die Weltordnung ist überall als Frucht einer sittlichen Tat gedacht. Ihr geht die Periode des Kampfes voraus. Erst wenn der Drache der Finsternis in Stücke geschnitten ist, kann sich die Sonne am Horizont erheben. Der Sturz der Apophis-Schlange in den Nil wird auf den Jahresanfang verlegt, wiederholt sich also Jahr für Jahr wie in ähnlicher Form Tag für Tag. Im Meer liegt eine ungeheure Schlange; wenn sie sich regt, so gibt es Erdbeben — sollte die Sage von der gefesselten Urschlange der Edda nicht aus Ägypten über den Mithrazismus nach Island gekommen sein? Der durch solche Kämpfe und Siege gefestigte Jahreskreislauf und Tageslauf der Sonne unterwirft sich die Toten nicht minder als die Lebenden. Die Sonne und die Dahingeschiedenen gehen zugleich ins Reich des Westens. Beide erheben sich zugleich aus dem Dunkel der Nacht in den Himmel. Auch Amulette — der weltbezwingende Zauber — bewirken dies. Die Sage von Osiris und Sêth wird rein kosmisch gedeutet. Überall, besonders aber in der Natur, gibt es Kampf, Sieg, Tod und Auferstehung. Horus und Sêth bedeuten deshalb

Himmel und Erde, Ober- und Unterwelt, Tag und Nacht, Sonne und Mond, West und Ost, Ober- und Unter-Ägypten. Im Jahresturnus erneuert sich das zeitlose, große Geschehnis von der Untat des Sêth so jugendfrisch, daß die Wut der Anhänger des ermordeten Osiris sich in der Schändung von Gräbern äußerte, in denen die Oberpriester des Sêth schlummerten. Die Erde wird als ein riesiger Leib aufgefaßt; Ägypten ist ihr Herz. Deshalb sind, sagt Isis, die Ägypter vor den anderen Völkern ausgezeichnet und den Göttern so lieb. Dieser Riesenleib untersteht der Gestirn-Einwirkung; desgleichen jeder einzelne Mensch, denn 36 Götter der Luft gibt es und ebensoviele Teile des menschlichen Körpers, so daß jeder dieser Teile unter der speziellen Einwirkung eines Gottes steht. Diese 36 Gottheiten regieren je 10 Tage und je den dritten Teil eines der 12 Tierkreisbilder, so daß also (auch in Ägypten) der Mensch nichts als eine Welt im kleinen ist. Er ist aber auch ein Gleichnis der Gottheit. Wie deren Vernichtung den Naturablauf verschiebt, so auch die des Menschen, wenn er durch Zauber und Analogiezwang diese Gleichheit hat herzustellen verstanden. Eine schwangere Frau setzt sich mit der vor der Entbindung stehenden Isis gleich. Da diese, etwa wie die babylonische Ishtar, die Erdfruchtbarkeit erschafft und erhält, so kann die Sterbliche von sich sagen: wenn sie nicht gebären kann, „existiert der Himmel nicht mehr, die Erde nicht mehr, werden die 5 am Ende des Jahres [diesem] zugefügten [Schalt-]Tage nicht mehr existieren, werden die Gaben nicht mehr zu den Göttern gelangen". — Der so zum Ebenbild der Gottheit geschaffene Mensch muß notwendig schön, Osiris sein Vorbild, Sêth sein Widerpart sein. Schön ist der gesunde Mensch — selbstverständlich bloß als waschechter Ägypter! Nur ein solcher vollendeter Mensch — Ägypter! — darf der Gottheit, als Makelloser der Makellosen, als Gesunder der Vollkommenen, dienen. Das erzählte schon Plutarch von den Ägyptern seiner Zeit. — Typhon soll rotköpfig und von der Eselsfarbe gewesen sein. Er ist dem roten Sirius-Gestirn verwandt. Deshalb wurden rotköpfige Menschen bei gewissen Festen beschimpft und sogar ehemals geopfert. — Der Zusammenhang zwischen Naturgewalt und Naturgeschöpf wurde in der Spätzeit scharfsinnig ausgebaut (vgl. o.: Löwe als Wasserwesen). Der Ibis ist dem Monde aufs engste verwandt. Er soll seine Nahrung nach der Zu- und Abnahme des Mondes regeln, bei einer Mondfinsternis die Augen geschlossen halten. Er braucht (angeblich) zum Ausbrüten seiner Eier genau 28 Tage. Auch die Färbung seines Gefieders deutet auf den Mond, indem die Mischung der schwarzen und weißen Federn an den Flügeln ein Bild des gehörnten Mondes darstellen. — Entsprechendes gilt vom Skarabäus und der Sonne. „Im Löwen weist alles auf die Sonne und ihren Gott hin: denn er ist ein feuriges Tier. Er liebt die heiße Sonnenglut. Sein Kopf ist von der gelben Mähne wie die Sonne von ihren Strahlen umgeben; bei Nacht kann man das Sonnenfeuer aus seinen Augen leuchten sehen.

Wie die ruhelose Sonne schläft er fast gar nicht, und selbst wenn er schläft, leuchten seine Augen." Solche Beispiele einer tendenziösen Naturauffassung sind als Fingerzeige dafür lehrreich, daß naturwissenschaftlicher Aberglauben unter dem Zwange religiöser Vorstellungen entsteht.

Wie der Mensch ein Gleichnis der Welt, so ist der König Ägyptens ein Ebenbild seines Landes, ja dieses Land selbst. Auf Bildern und Denkmälern vereinigt er durch bloße körperliche Größe die Gesamtheit seiner Untertanen bereits rein quantitativ, stellt sie in Addition physisch dar. Sein Grabdenkmal, die Pyramide, verkörpert eine Arbeitsleistung, die sich nach Zeit- und Wert-Ausmaßen mit der für die Gesamtheit der Untertanen im Grabkultus verrichteten Arbeitssumme ungefähr gleichstellt (von den Denkmälern des priesterlichen und königlichen Hofadels sehen wir dabei ab). Diese Arbeit für den lebenden und toten König vollbringt der Herrscher selbst, nicht etwa seine Untertanen; er siegt, er allein kämpft ja; er schließt Verträge mit Menschen und Göttern, zwischen denen nur er vermitteln kann, wie er allein der prädestinierte Heilbringer ist. Er hat tausend Ohren und Augen, denn seine Beamten sind lediglich ein Teil seines Körpers. Sein Auge ist klar wie der Stern des Himmels. Er versteht besser zu beobachten als die Sonne .... „Wenn man etwas im Verborgenen tut, dein Auge erblickt es!" Die Vorstellung von der Vielwissenheit des Königs und des mit ihm verbündeten Gottes haben sich aneinander herausgebildet. Das stets die unsicheren Staatsgefüge (nicht nur Despotieen) überziehende Netz von Spionen hat die Furcht vor dem König und seiner Gottähnlichkeit zu steigern geholfen. Als Herrscherzeichen trugen die Könige Ägyptens ein oder zwei Uräus-Schlangen an der Stirn. Diese und alle übrigen Attribute seiner Würde, seine Kronen, Szepter, Keulen, Geißeln, genossen Heiligkeit. Er selbst steht durchaus im Götterrang, ist der den Göttern gleichstehende höchste Priester. Als „großer Gott" oder „schöner Gott" beanspruchte er göttliche Verehrung. Die Königswürde ist ohnehin göttlich. Râ ist der König von Ober- und Unterägypten. Der jedesmal regierende König ist von der Gottheit (Amon) selbst erzeugt, die sich in die Gestalt des Königs kleidet und so der Königin naht, und zwar gilt er immer als Sohn desjenigen Gottes, dem er gerade seinen Dienst weiht. Ein früher König „setzt sich mit einer Kataraktgöttin gleich, die das gesamte Ägypten in ihre Gewalt bekommen hat. Er erklärt dann in dem Text weiter, er sei zum Himmel aufgestiegen und habe den Sonnengott Râ dort angetroffen, der sich bei seinem Kommen erhoben habe; er habe sich an die Seite des Gottes gesetzt, der nicht geduldet habe, daß er sich auf den Boden niederlasse, da er wußte, daß der verstorbene König größer sei als er selbst." Da Râ der älteste und wohl höchste Gott ist, liegt in dieser Schilderung eine Gotteslästerung schwerster Art oder — eine Form traditionellen Größenwahnsinns, wie wir sie ja auch aus dem späten Rom und

Byzanz kennen. Allerdings muß hervorgehoben werden, daß der Tod die Macht des Herrschers noch steigert. So kann denn der königliche Sohn den Göttern den Regierungssturz und die Weltvernichtung androhen, wenn sie ihre Macht nicht seinem Vater abtreten. Auf Erden hat der Kultus königlicher Ahnen Jahrtausende überdauert. Sie gelten bisweilen als Schutzheilige, wie sie ja schon zu Lebzeiten im Heiligtum von ihren Untertanen sich regelrecht anbeten lassen. Ja, der König betet sich selbst an; er opfert seinem Ka, den ursprünglich nur er besitzt, wie nur er den Anspruch auf das Jenseits und damit auf die Grabmitgabe von Texten, die es beschreiben, hat. In diesem Paradies ist er der Osiris, wird so genannt und so vorgestellt. Er geht unter seine Ahnen „geschmückt mit dem Schmuck des Horus und bekleidet mit dem Gewande des Thôth". Diese Ahnen wurden in ältester Zeit, da sie in den Hauptstädten des Landes regiert hatten, zu den „Seelen" der von ihnen regierten Städte gemacht. Ihnen, diesen „Seelen" vereint sich der jüngstverstorbene König. Sie werden bisweilen in derjenigen Gestalt vorgestellt, die der in jenen Orten verehrte Spezialgott trägt, deshalb z. B. in Hierakonpolis in Wolfsgestalt unter Annäherung an den wolfsgestaltigen „Öffner der Wege"; in Buto in Sperbergestalt, weil der Gott Horus, der dort herrscht, Sperbergestalt trägt.

Solche Metamorphosen haben eine erhebliche religionsgeschichtliche Wichtigkeit, denn sie sind, einmal ins Dasein getreten, in dem Vorstellungskreis der alten Welt verblieben. Der verstorbene König wird zum Stern, wie Osiris. Er nähert sich der Sonnengottheit. Das Bild der geflügelten, mit den Uräus-Schlangen versehenen Sonnenscheibe geht dem Namen des Königs voraus. Der Herrscher ist deshalb identisch mit Râ und für die Menschen deren „Sonne". Diese solare Natur ist bereits in den ältesten Königsgräbern durchaus vorherrschend und wird selbst durch die Gleichsetzung mit der Osiris-Gestalt nicht wesentlich abgeschwächt. Auch das dem König hinten angehängte, erwähnte Schwänzchen macht ihn zum Gott, wohl von Sonnen-Art. Er ist der „lebende Sonnengott" und wird deshalb seinen zeitgenössischen himmlischen Kollegen nicht besser ehren können, als daß er ihn eben als „höchsten König" anerkennt. Der eine regiert auf Erden, der andere zählt seine Jahre, von dem gleichzeitigen Regierungsantritt ab, in gleicher Länge im Himmel. So wenigstens faßte der sonderbare königliche Reformator Amenophis IV. die Sonnengottwürde des Râ auf. — Häufig wird — bei einem Viehzucht treibenden Volke besonders leicht verständlich — Gott und König als starker Stier dargestellt. Da Gottwesen vielfach Rindergestalt tragen und der König von den Göttern stammt, finden wir Könige unter der göttlichen Kuh kniend und aus deren Euter saugend dargestellt. Die menschlichen Säuglinge gewinnen durch deren Milch wie auch durch die Brustnahrung der sie säugenden Göttinnen, ihrer Ammen oder Mütter, die Unsterblichkeit. —

Noch wichtiger ist die uns bereits bekannte Darstellung der Macht der Könige unter den Bildern einer Brillen- oder Uräus-Schlange, die das Haupt der Mächtigen krönt. Wie die Schlange aus der Erde, so wird die mit ihr gleichgesetzte Königskrone durch die Zeremonie der Krönung „wiedergeboren“. Das bei dieser vorgeschriebene Gebet des Königs bringt den Wunsch zum Ausdruck, die Gottheit (als Krone und als Uräus-Schlange) möge „Schrecken und Furcht vor ihm (dem König) bestehen lassen, wie sie (die Schlange) selbst es einflöße“. Daß dieses Gebet in Erfüllung geht, dafür sorgt der Herrscher selbst. In ungeheuerlicher Weise hat er sich über das Menschenmaß und Menschenlos erhoben.

In seiner höchsten, seiner priesterlichen Funktion war er zugleich Magier, denn der ägyptische Kultus liefert schon durch seinen einseitigen, sehr stark ausgeprägten Formalismus den Beweis dafür, daß in Ägypten Religion und Magie miteinander in engstem Zusammenhang stehen. Nur insofern, als dies der Fall ist, können einige Einzelheiten des Götterdienstes als zum Aberglauben gehörig angesehen werden. — Der Gott ist, wie wir sahen, von der menschlichen Pflege abhängig. Der Fromme droht ihm, ihn hungern zu lassen, wenn er sich nicht gefügig zeigt. Nach „getaner Arbeit“, angenommener Gabe, muß sich der Himmlische zurückziehen; er wird dann weggeschickt und gegebenenfalls durch üble Gerüche (Auswurf eines Affen) vertrieben. In einem Zauberpapyrus heißt es bei dieser Gelegenheit: „Gehe fort, Anubis, zu meiner Gesundheit und meinem Heile! [Gehe fort] zu den Thronen, die dir eignen!“ Von dem beschenkten Gott erwartet man irgendeinen Vorteil, gegebenenfalls einen entsprechenden Gegenwert. Im volkstümlichen Ritus der spätesten Zeit kommt diese unwürdige Auffassung noch zum klaren Ausdruck. Da heißt es in einem Zauberspruch, der sich zum Zweck der Unschädlichmachung eines Giftes an eine Katze richtet: „O du Katze, deren Mund der Mund des Atum ist, des Herrn des Lebens, der demjenigen Geschenke gibt, der ihm davon anbietet ...“. Die Versorgung der Götter erfolgt ganz roh und phantasielos (vgl. o.). Zeitweise wurde im Verlauf der Totenkultzeremonien vor der Grabestür einem lebenden Kalbe ein Bein abgeschnitten und dieses an den Mund der den Toten vertretenden Statue oder des menschengestaltigen Sarges gehalten. So hat man den Toten mit frischem Fleisch versorgt. Wurde aber, was die Regel war, der Opfergegenstand oder (beim Leichenbrande) die Leiche dem Feuer übergeben, so war man, wie so vielfach im Völkerleben, auch in Ägypten der Überzeugung, daß mit dem Geruche, welcher dem verbrannten Gegenstand entstieg, dieser Gegenstand selbst oder doch sein innerstes Wesen gen Himmel stieg. Der Geruch ist danach einer Verflüchtigung der Körpermaterie, deren Überführung in eine geistigere Substanz unter immer wiederholter Loslösung der Form des Körperwesens, zu verdanken. Durch eine solche

Vorstellung macht es sich erklärlich, daß zugleich der Gott des Opferfeuers und der im Himmel Thronende den Rinderschenkel essen konnte. Die eigentliche Heiligkeit des Opfers, die Gewißheit seines Erfolges, beruhte auf seinem uranfänglichen Alter. Es ist ein Stück der Schöpfung, das einen ebenso unbedingten magischen Zwang ausübt wie der Sonnengott, wenn er zum Schlaf geht und einladet. Der Opferveranstalter trägt zuweilen das Äußere des Opfer-Gottes. Beide zerfließen eben in eine „komplexe" Ideenmasse, eine mystische Einheit. Von ängstlichen Formalien in dem Gebaren der Priester, ihrer „Sauberkeit", ihrer Abneigung gegen tierische Teile als Bekleidungsmittel, sprachen wir bereits. Auch in diesem Punkt steigert die „Heiligkeit des Ortes" lediglich ein nie ganz erloschenes Empfinden: der Gott der Verehrung soll von den Dämonen, die in dem getöteten Tiere leben, in seinem Walten nicht beeinträchtigt sein. Wie sehr man sich vor solchen Rachegeistern fürchtete, geht daraus hervor, daß man zum Zweck des Opfers von einem Eingriff in die Rinderherden Abstand nahm — da das zahme Rind wohl absolut heilig und unverletzlich war, zum mindesten nach der hier vorliegenden Anschauung — und statt dessen aus der wilden Herde ein Exemplar weihte, das man nach Jägerart mit dem Lasso eingefangen hatte. Im allgemeinen wurden reine, nur selten unreine Tiere, letztere wohl zu Zwecken des chthonischen Opfers, dargebracht. Die Auswahl war weniger beschränkt als bei anderen alten Kulturvölkern, schon deshalb, weil ja auch Sêth seine Gaben empfing, unter die der Esel gehörte, dessen Opferung in einem Falle bis zu Luthers Zeiten zu verfolgen ist. Ursprünglich kann es sich nur um den wüstenbewohnenden Wildesel gehandelt haben. — Während der Darbringung war Schweigen geboten: „Stille ruhe die Erde und der Luftraum ruhe und das Meer ruhe; stille ruhen soll auch der Wind und nichts soll mich bei dieser meiner Zukunftsforschung stören, kein Laut, kein Wehgeschrei, kein Pfeifen ...". Um die Götter anzulocken, benutzte man außer dem Gebetsruf den Weihrauch, mit dessen Spende jeder religiöse Ritus beginnen mußte. Selbst die Toten lieben ihn — sie bilden ja nur eine Götterklasse. Die bösen Dämonen aller Art, auch solche, die Krankheiten bringen, werden mit Gestank abgefunden, ursprünglich gewiß, weil er ihrem Wesen gemäß (angepaßt), erst später, weil er dem Teufel verhaßt ist. Diese unheiligen Handlungen pflegte man (s. o.) bei Nacht darzubringen. Medea ruft in der Spätzeit deshalb die göttliche Nacht mit großem Pathos an. Nächtlich ist natürlich auch der Gräberkultus. Deshalb wurden, als zum Komplex des Todes, der „Vernichtung" gehörig, Opfer und Grabmitgaben zerbrochen mitgegeben.

Die Stätte des Todes ist zugleich die Quelle göttlichen Machtanspruches und göttlicher Willensäußerung. In seinem Grabe ist und bleibt der Tote Herr, alleiniger Eigentümer, auch dann, wenn er andere Verstorbene an dessen Benutzung teilnehmen lassen will. Dieses Eigentumsrecht besitzt auch die Gottheit über ihren Tempel und dessen Umgebung. Bei einem See, der den Namen „der Göttliche" trug, hatte Isis ihre Kultstätte. Ein Baumhain gehörte zur heiligen Umgebung eines Tempels der elften Dynastie. Jeder Eingriff in das an solchen Stätten aufbewahrte Eigentum irgendwelcher Art, auch durch Entwendung von Rechts- (Testaments-) Urkunden, soll furchtbare, von der Gottheit selbst angedrohte Strafen nach sich ziehen. Noch heute wird Eigentum dadurch gegründet oder geschützt, daß man es in den heiligen Bezirk bringt. Die Gottheit kennt den Inhalt dieser Schriftsatzungen wie der Begebenheiten innerhalb ihres Bezirks. Sie sieht, was vorgeht, mit eigenen Augen, und macht ihr Hoheitsrecht durch einen Spruch geltend, der in ältester Zeit meist von dem Götterbild oder demjenigen Gegenstand ausgeht, in den das göttliche Numen inkarniert ist. Dies kann ein Tempelgerät, z. B. eine Barke (Götterschiff), sein. Selbstverständlich gilt ein gleiches von dem Toten, namentlich dem göttergleichen verstorbenen König. Ein solcher traf z. B. in der thebanischen Nekropole Rechtsentscheide. Der Gott sprach vielfach aus dem Munde seines Priesters, der dessen Orakelsprüche nicht nur bei Gelegenheit privater Streitigkeiten oder sonstiger Anlässe, sondern auch dann einholte, wenn es sich um Angelegenheiten der hohen Politik handelte. Für die Bedeutung, welche der ägyptischen Religion namentlich angesichts ihres Alters, ihres stark symbolhaften und doch auch wiederum schlichten Charakters, ihrer zum System gewordenen Flucht vor dem Tageslicht und der Machtstellung der sie vertretenden Pharaonen Jahrtausende lang zukam, können wir auf die Verbreitung des Orakeldienstes als Symptom hinweisen. Das zu Abydos befindliche Orakel des Bês wurde nicht nur von Ägyptern, sondern auch von Semiten, Bewohnern von Cypern und von Griechen bis tief in die römische Kaiserzeit hinein befragt. Die einfachste Antwort bestand im Nicken des Götterstandbildes (s. o.). Solche schlichten Methoden verbreiteten das System der ägyptischen Götterbefragung nach der Lybischen Wüste und ihren Oasen, wo große Tempel entstanden. Am weitaus berühmtesten ist der des Amon in Siwa, dessen Orakel von fernher eingeholt wurden. Dort begrüßte ein ägyptischer Priester Alexander d. Gr. als Gott und bestärkte ihn dadurch in seinen Welteroberungsplänen. Unter den Schwarzen und Nubiern grassierten die ägyptischen Orakel mehr als in Ägypten selbst und entfesselten ihre ganze Macht. Der eigentliche Herrscher Nubiens war der Amon von Napata; nach Diodor ernannte dessen Orakel den König oder setzte ihn ab, oder befahl ihm, zu sterben, und auf sein Geheiß zog er aus, um die heiligen Stätten Ägyptens unreinen Händen zu entreißen. Die der Orakelentnahme vorausgehenden kultischen Handlungen waren schlicht. Der Tempelschlaf (als Vorbereitung für die göttliche Erleuchtung) ist nicht ägyptisch. Während einer Bitte des Königs Ramses II. „nickte" (nach der Bentresch-Stele) die Statue des Gottes „Chunsu, des schön ruhenden in Theben", an zwei Stellen „zweimal eifrig mit dem Kopfe Gewährung". Ein solches Nicken diente auch zur Bejahung politischer Fragen, die an den oft in der Barke stehenden Gott gerichtet wurden. Solche Barken besaßen für den Tempelkult große Bedeutung und wurden auch bei Prozessionen herumgetragen; sie selbst lebten und waren heilig (s. o.). Wir treffen auf Eigennamen, die uns beweisen, daß man dem heiligen Schiffe des Osiris-Tempels für die Geburt eines Sohnes dankte. Man wandte sich an die Barke des vergöttlichten Amasis und bat das Fahrzeug um sein Urteil in einem Rechtsstreit über ein Feld. Es ist angenommen worden, daß unbewußte Zuckungen der Bootsträger die nickende Antwort ausgelöst haben. Eine andere alte Methode ist diese: Es handelt sich etwa um die gegen einen Priester gerichtete Bezichtigung, Unterschlagungen am Tempelgut begangen zu haben. Diese Klagesache wird zwecks Entscheidung in zwei Rollen vor den Gott gebracht; die eine Rolle behauptet, die andere bestreitet (unter völlig analogem Wortlaut) die Schuld des Priesters. Die Gottheit „wählte" in dem gedachten konkreten Fall „den weißen Würfel" — der Verdächtigte war unschuldig. Übrigens scheint gerade in Ägypten das Würfelorakel zu fehlen. Jedenfalls ist bei dieser Handhabung des Orakels ein Priesterbetrug in allen Fällen mehr als wahrscheinlich. — In der spätesten Zeit werden die Mittel der bewußten Suggestion und des Tempelschlafs angewendet. Interessant ist der nun mitzuteilende Bericht Älians auch deshalb, weil es sich in ihm um ein Verfahren handelt, das zwischen Gottesgericht mit sofortigem Strafvollzug (also: Gericht im alten Sinne des Wortes) und Orakel in der Mitte steht. „Die Einwohner des großen Heliopolis hielten in den Vorhallen des Gottes Löwen, denen, wie die Ägypter behaupten, ein göttliches Los zuteil geworden ist. Auch im Schlafe treten sie zu denen, welchen die Gottheit gnädig ist, und weissagen ihnen, die Meineidigen aber bestrafen sie auf der Stelle, indem ihnen die Gottheit dazu den gerechten Anstoß gibt." Es kann der Bericht von lebenden Tempellöwen, die auch sonst bezeugt sind, mit dem von steinernen Löwenbildern zusammengeflossen sein. Diese Bildwerke bekamen nachts ein Scheinleben und zerfleischten (machten wahnsinnig?) denjenigen, der einen Meineid begangen hatte, wenn er gleichwohl den Tempelschlaf wagte. Der Eid muß sich auf die Bezichtigung eines Verbrechens bezogen haben. Wer seine Unschuld gerechtfertigterweise beschwören konnte, erhielt zur Belohnung einen Blick in die Zukunft. — Daneben gab es natürlich eine schier unbegrenzte Zahl wahrhaft volkstümlicher, nicht auf geweihter Stätte erfragter Orakel. Aus Urzeiten haben sie sich teilweise bis zur Gegenwart am Leben erhalten. Die (auch in Indien nachweisbare) Führertaube der Arche Noah wiederholt sich in dem späteren Glauben, daß, wenn eine Gans vor einem Schiffe vorausflog, dies als gutes

Vorzeichen gegolten haben dürfte. Die geheimsten und leidenschaftlichsten Wünsche des menschlichen Herzens, wie Liebe und Haß — beide auf geschlechtlicher Grundlage —, Sorge für die Nächststehenden, Machtstreben und Verlangen nach Besitz — alles das versuchte man, an die geheimen Fäden der alle Teile des Weltganzen miteinander verknüpfenden Magie zu hängen, indem man zauberte und vom Schicksal die erwünschte Antwort erhoffte, ja ertrotzte. Der schwarze Magier und der Träumer sind ihrer tiefinnersten Natur nach Bösewichter. Beide stellen ihr Triebleben aus sich heraus und — werden dadurch nicht schöner. Wie ich annehme, kann niemand sein Traumleben kontrolliert haben, ohne sich zu sagen: „Ich hätte nicht geglaubt, daß ich ein so schlechter Mensch wäre." Aber beide, Magier und Träumer, sind noch mehr: sie sind Titanen, jenseits der Grenzen und Felder der Gesittungslinien stehende Giganten, die Berge ausreißen, die Erde umdrehen, Götter stürzen. Die rohesten Anfänge dieser faustischen Veranlagung fanden wir schon in Ägypten, namentlich in dessen spätester Aera oder doch dort am deutlichsten. Sie tobt sich dämonisch aus und wird durch jeden Zwang verstärkt. Neben ihr steht die spießbürgerliche Komponente mit ihren Sorgen für das, was man nun einmal zum Leben braucht, was man nicht meiden möchte, weil es „dazu gehört" und weil auch andere es haben. Der Mann soll zeugungsfähig bleiben, die Kinder müssen wachsen, die Zauberin selbst braucht Menstruation, Schwangerschaft, Brustnahrung. Zu alledem sollen ihr die Zaubermittel verhelfen. Wenn sie reale Körper sind, so „sieht man es ihnen an", ob sie „nützen": der Zaubergegenstand wird zum Orakelgott. Wenn eine Frau erkennen will, ob sie ein Kind bekommen wird, so soll sie eine Wassermelone zerreiben und sie mit Frauenmilch mischen. Erbricht sie dies Getränk, so wird sie ein Kind bekommen. Zeigen sich nur Blähungen, so wird sie unfruchtbar bleiben. — Es gehen hier naturwissenschaftliche Beobachtungen neben dem bloßen Aberglauben, daß eine Schwangere ohnehin genug Milch in sich „verborgen" hat, also keine Zufuhr davon braucht, einher; denn namentlich im Anfang der Gravidität vertragen viele Frauen keine Milch. Ein anderes Mittel ist uns in älterer Variante bereits bekannt: die fragliche Frau vermische täglich Gerste und Weizen, die sie in zwei Beutel getan hat; wenn beide Sorten keimen, so wird sie Kinder bekommen; wenn nur die Gerste: einen Knaben; wenn nur der Weizen: ein Mädchen. —

Die Träger dieser das Orakel offenbarenden Mächte sind mit den Kräften geladen, die der Mensch sich anzueignen wünscht, oder werden mit ihnen dadurch versehen, daß er sie zu sich in Parallele setzt. Das eben genannte Gerstenkorn wird beispielsweise, indem man es der Frau ins Nasenloch steckt, zu deren Schwängerung benutzt oder es wird, wie wir gesehen, als ein dem Frauenleib ähnlicher Körper zum Schwellen gebracht. Im ersteren Falle dient es der Vermehrung der vegetativen Lebenskraft des Weibes und wird dadurch für sie zu einem Kraftspender. Von Energie-Speichern dieser Art kann sein Inhaber unter Umständen beständigen Nutzen ziehen; er trägt ihn deshalb dauernd bei sich und macht ihn zu seinem Talisman oder Amulett. Das letztere wahrt ihn gegen böse Einflüsse, indem es seine Kraft bereichert; das zuvor Genannte verstärkt die Masse seiner Energien unmittelbar. Beide Gruppen sind einander also aufs engste benachbart. Indem sich der „Wilde“ einen Menschenschädel oder Menschenknochen um den Hals hängt, vergrößert er seine Lebenskraft und feit sich gegen bösen Zauber.

Die ältesten Amulette rührten also vom menschlichen Körper her. Er ist der Urquell aller Magie, die sich in seiner ihm auch im Tode zunächst treubleibenden „Seele“ aufspeichert. Die Ehrfurcht vor dem Lebenden und dem Toten als Kräftespeichern sind deshalb etwa gleichgroß. Der Dämon waltet in beiden. Im alten Ägypten finden wir während seines dreitausendjährigen Bestehens die Gestalt des (profanen) Bettlers deshalb kaum jemals. Auch der herumlungernde Hund und Schakal, der Vogel wird gefüttert, selbstverständlich vornehmlich der Tote. Zugleich eignet man sich Teile und Eigenschaften solcher Wesen zu Amulett- und Talismanzwecken an. Nach ihren magischen Fähigkeiten richtete sich ihr Wert. Wir müssen uns vorstellen, daß die Menschheit während vieler Jahrtausende ihre Intelligenz im wesentlichen in den Dienst des Problems gestellt hat: „Durch welche Naturkörper kämpfe ich am wirksamsten gegen die mir feindlichen Kräfte?“ Die religionsgeschichtliche Bedeutung der zum Schmuck gewordenen Schutzmittel, ihre Wichtigkeit als kulturelle und kulturfördernde Faktoren, ist ungeheuer groß und kann gar nicht überschätzt werden. — Beim Ägypter dürfte die Kosmetik, das Salben der Haut mit Öl und wohlriechenden Stoffen, das offenbar dazu diente, Ungeziefer und unsichtbare Anfeindungen zu vertreiben, bereits in der Urzeit üblich gewesen sein. Eine Bemalung und Tätowierung der Haut ist nicht sicher erweisbar. An Armen und Füßen befanden sich in ältester Zeit Schmuckstücke aus Stein, Knochen, Elfenbein, Horn, auch Fingerringe. Seit der Urzeit trägt der Ägypter gern ein Band um den Hals, von dem zum mindesten ein Amulett oder ein anderes Schmuckstück auf die Brust herabzuhängen pflegt. Meist aber ist das ganze Band mit Kettengliedern irgendwelcher Art besetzt. Auch hingen glückverleihende Symbole, der Osiris-Pfahl, das Lebenszeichen, eine steinerne Schlange, eine Hand (später als Hand der Fatme gedeutet) von dieser Schnur herab. Der Zaubergehalt der Schnur ist offensichtlich: die Hieroglyphe für „Amulett“ scheint eine Zauberschnur mit vielen magischen Knoten darzustellen, eine Schriftrolle umgebend. Ein wesentlicher Faktor der Schrift war also von Anfang an magischer Natur. Als Amulett zierte ihren Träger eine solche Rolle in Halsschmuckform neben Anhängseln in Gestalt von Fliegen und tierischen Köpfen (Schädel von Löwen und Widdern, also Teilen sehr hoher Götterfiguren), sowie sehr vielen anderen Figuren. Unter den Dingen, die in speziellem göttlichen Schutz stehen, werden diejenigen Amulette, die „um den Hals gehängt werden", besonders aufgezählt. Sie sind der Schmuck, zugleich die erste „Kleidung" der Kinder, die sie jahrelang, wie vor Jahrtausenden, so heute, um den sonst nackten Leib tragen. Die ärmste Mutter versucht sie zu erwerben und vertraut darauf, böse Geister durch sie verscheuchen zu können. Im äußersten Notfall salbt sie ihr Kind mit Stoffen von abstoßendem Geruch. Der Leiche verbleibt ihr Schmuck, ja, er wird, da der Tote ja wehrlos ist, auf sie gehäuft. Man stopfte ihn in die Leichenbinden, in die Öffnungen des Körpers. Um den Hals hängte man Augen, Käfer (Skarabäen), Herzen, Szepter, Kronen; in die Hand gab man die Zeichen des Osiris und der Isis, die wohl vor dem Totengericht schützen sollten, denn diese oder ähnliche Zeichen hatte der tote Osiris selbst getragen; er war das Prototyp des wohlversorgten Toten. Den heiligen Mistkäfer steckte man als Bild des Sonnengottes in die Bauchhöhle der Leiche. Auf das Haupt setzte man gern Embleme, die den Träger zum Inhaber bestimmter Rechte und Würden machten; zu ihnen gehörten nicht nur Kronen, sondern auch Kränze (die Urformen der Krone). Lebende Pflanzenteile, auch Blumengewinde, waren (s. o.) sicherlich seit den Urzeiten Begleiter des Toten auf seinem düsteren Wege. Am Eingang in die Unterwelt erhielt er einen Olivenkranz, „den Kranz der Rechtfertigung", ein bis in späteste Zeiten hochheilig gebliebenes Symbol, als dessen Nachbildungen die seit der 20. Dynastie auf Leichenköpfen häufig gefundenen Umkränzungen anzusehen sind.

Das Amulett begleitete den Ägypter, wie sein Aberglauben, in allen Gestalten auf allen Wegen. Ohne ihn machte kein Mann eine Reise, ging keine Bauernfrau vom Markt in die Stadt, wurde kein Kind an das Tageslicht, kein Toter in die Nacht des Grabes gebracht, ging kein Lebender in die Dunkelheit, die dort so schnell dem Sonnenuntergang folgt, kein Beklagter vor Gericht, kein Kranker aus dem Hause des Zauberdoktors oder in die nahe Wüste. Amulette in Löwenköpfen schützten den Schlafenden gegen böse Dämonen. Sie waren an Betten wie auch an Kopflehnen (Nackenstützen, einem Ersatz für Kopfkissen, die zum Zweck der Schonung der Frisur dienten) angebracht. Diese Nackenstützen waren auch selbständige Amulette. Man gab sie dem Toten mit, denn man sagte sich wohl: wo eine solche Stütze ist, da ist auch ein Kopf. Der Tote wollte ihn nicht gern entbehren. Andererseits war die Gefahr, ihn zu verlieren, sehr groß. Denn Rachsucht und Dämonenfurcht vergriffen sich auch an Leichen. Verzierungen an diesen Lehnen oder ornamentaler Schmuck an Betten dienten zur Erlangung guter und Abwehr schlimmer Träume oder zur Gewinnung offenbarender Gesichte bzw. zu deren Bewahrung im Gedächtnis des Erwachten, desgleichen dazu, auch Dämonen, z. B.

solche der Trunkenheit, zu verjagen. Der Amethyst ist schon durch seinen Namen als ein solches Amulett gekennzeichnet. — Gefährlicher als die in der Phantasie lebenden Feinde sind diejenigen, die in Tierform den Lebenden bedrohen. Am meisten fürchtete man wohl das Krokodil. Deshalb zeigt das am meisten hergestellte Amulett den Horus, auf einem solchen Tier (als Sieger) stehend. Dieser Gott beschützt den Menschen auch gegen Schlangen und Skorpione. Manche Amulette trugen einen lokalen Charakter und wurden dadurch natürlich besonders beliebt. Ihre Gestalt glich nämlich der Tierform der betreffenden Stadtgottheit. Die Oase Fajûm exportierte beispielsweise Krokodile, denn der dort angebrachte Sobk trägt Krokodilgestalt.

Unter den magischen Formen mit Amulettcharakter müssen wir die geometrischen nennen. Sie beanspruchten, ohne einer rationalistischen Erklärung fähig zu sein, göttliche Verehrung. Einfache Figuren dieser Art, wie Stäbe, Pfeiler, Säulen, Obelisken usw., gehören der Urzeit an. Das gleiche gilt vom Ring. Im konischen Stein galt seit alters der Sonnengott als verkörpert. Die Königspyramiden sind schematische Nachbildungen der Gestalt eines solchen Steins. In ihnen wohnt der tote König, ist in seiner Eigenschaft als Sonnengott substantiell enthalten, was nicht verhindert, daß er zugleich am Himmel als Sonne kreist. Auch der Horus von Mesen scheint als konischer Stein verehrt worden zu sein. Der Obelisk ist nichts anderes als ein langgestrecktes Postament, das oben eine Pyramide trägt. Er wird deshalb, wie diese, vorzugsweise Sonnengöttern zugeeignet. Nicht Naturformen und Naturgegebenheiten (also etwa Bäume als Träger oder Geschlechtsteile: Phallen) werden hier nachgeahmt, sondern Formen ahnungsvoll empfunden. Bedeutsam ist, daß rohe Zyklopen- (Megalith-) Bauten, wie wir sie in Europa finden, in Ägypten nicht entdeckt worden sind. Vielmehr scheint man dort seit der frühesten historischen Zeit behauene Steine verwandt zu haben. Auch dies weist auf das Alter jener Geistesrichtung hin. Zu den wichtigsten magischen Formen rechneten wir den Zauberkreis, den Ring, in dessen meist schmalen Streifen eine Platte eingeschlossen war. Sie trug oft Böses vertreibende Zeichen, Namen von Göttern und Königen, Bilder von heiligen Tieren oder Formeln. Der Platte selbst wurde bisweilen die Gestalt eines heiligen Zeichens, eines Skarabäus, Fisches usw. gegeben. Schützende Formeln konnten natürlich auch auf andere Gegenstände geschrieben werden. Heilige Bücher waren für den Toten und auch wohl für den Lebenden ein sehr guter Schutz. — Unter den Körperteilen, die man bildlich an die eigene Person hing, war keines so wichtig als das Auge. Es sollte vor dem bösen Blick — gleiches vor gleichem! — aber auch, als Abbild des Sonnenauges, vor allem anderen Unheil schützen. Deshalb wurde es „bei Lebzeiten viel getragen, dem Toten legte man es in den Leib, band es an seinen Hals oder an seine Handknöchel, legte es auf seine Brust, zeichnete es auf große Wachsplatten und bedeckte mit diesen den Schnitt, den der Einbalsamierer an dem Bauch hatte machen müssen, um die inneren Teile entfernen zu können". Teile, teilweise geheime Teile, von Tieren wurden als Amulette oder Talismane benutzt. In der Medizin sind sie vielfach verwertet worden. Wer gichtkrank war, heilte sich, indem er um sein Bein ein Stück von einem Hirschfell band. Ich will allerdings nicht leugnen, daß dies Mittel durchaus brauchbar sein kann; jedenfalls ist nicht die realistische (Wärme-) Wirkung des Fells, sondern die Übertragung der „Kraft" des Tieres beabsichtigt gewesen. Bei Amuletten dieser denkbar primitivsten Form kommt es noch nicht auf die (selbstgeschaffene) Form, sondern auf das Material an. Unter den Metallen war das Blei, wie es scheint, unter Umständen beliebt, das Eisen gemieden. Wachs wurde äußerst häufig als Material benutzt. Es ist bequem formbar und wird vielfach mit wunderbaren Eigenschaften belehnt.

Unter den Formen der Amulette treten neben den geometrischen die heiliger Tiere hervor. Flache Bilder von Gazellen, Steinböcken, Fischen, Elefanten, Vögeln und wunderbaren Wesen finden sich, um den Hals von Leichen gehängt. Da der Schrift magischer Charakter innewohnte, kehren einzelne von deren Zeichen, plastisch ausgestaltet oder auf Plättchen oder anderes Material aufgetragen, als Amulette wieder. Sie müssen dann natürlich glückbedeutend sein, wie etwa das Wort „Glück", oder das Zeichen des „Lebens", in dem man ein Bild des Strickes zu sehen pflegt, den sich der Ägypter um den Leib band. Auch die Symbole für „Jugend" und „Wahrheit" werden verwendet, ferner in weitem Umfange Bilder von Gottheiten, unter denen wir ein paar besonders abscheulich aussehende schon kennen lernten (Bês, Thuêris). Doch fanden sich auch die Statuetten der Hathor, des Widders des Amon u. a. m. Schnüre mit Knoten, deren Siebenzahl in gleichen Abständen verteilt ist, wirken in gleicher Richtung. In koptischer Zeit kommen christliche Figuren hinzu: das Kreuz und der Fisch. Diese späteste Periode sichert — ein alter und sehr weitreichender Gedanke — den Zaubernden auch vorzugsweise gegen die von ihm selbst für seine Zwecke herangerufene Gottheit, wie wir uns etwa durch eine Isolierschicht gegen die Wirkung des elektrischen Stromes schützen wollen, mit dem wir arbeiten. Der Knabe, der als Medium die Erscheinung des Gottes in der von ihm verwalteten Zauberschüssel erfährt, soll ein Linnenband von 16 Fäden zu einer Strähne vereinigen, sie mit dem Blut des (von uns mehrfach genannten) Wiedehopfs tränken und mit einem Skarabäus zusammen um den Leib jenes Knaben binden. Die Fäden der Schnur müssen zu gleichen Teilen weiß, grün, blau, rot sein. — Wer jemanden vor Gefahren schützt, verlängert des anderen Leben oder Glücksgüter. Der Talisman ist nicht weniger wichtig als das Amulett. Durch ihn versuchte man Liebe, Macht, Stellungen und Ehren zu gewinnen.

Thuêris ist eine „Herrin des Talismans". Indem sie die bösen Dämonen der Gebärenden fernhält, verlängert sie deren Leben. Die Magier beschworen die schützende Macht des Talismans, riefen sie herbei. Eine Mutter befiehlt dieser „Kraft", das von ihr bewohnte Objekt zu verlassen und zu ihrem (der Mutter) Sohn überzusiedeln.

Neben dem Talisman und den übrigen Zauberinstrumenten, die wir kennen lernten, ist das Werkzeug der Musik das beste Mittel, seine Macht zu vergrößern. Der Ägypter war insofern beneidenswert, als seine Musik wahrhaft volkstümlich war. Sie erreichte das, was jede echte Kunst erreichen sollte: sie schloß das Volkstum, nicht die „Gebildeten", zu einer großen, andächtigen Gemeinschaft zusammen — wobei wir unter Andacht jede mit einem höherstehend geglaubten Wesen vereinigende Seelenstimmung verstehen müssen. Die Musik war großenteils kultischer Natur. Der Gottesdienst aber fand, zum mindesten schon in der Zeit des erwähnten großen Reformators Amenophis IV., unter freiem Himmel statt, „wobei das Wesentliche das Darbringen von Blumen, das Spielen des Sistrums, Harfe und Laute und Gesang waren". Die Musik wurde mehr denn jede andere Kunst als göttlich empfunden. Sie stand unter dem Schutz der Sistrum-Göttin Isis und des Horus, auch der Bast, der Göttin mit dem Katzenkopf. Wer hätte nicht von dem Katzentanz der von Baldrian begeisterten Tiere gehört? Katzen sind musikalisch, und sicherlich ist dies ihr Talent volkstümlich ausgenutzt worden. Den mißgestaltigen Bês lernten wir schon kennen. Er ist eines der Prototype der von Negervölkern an die Höfe der Könige herangezogenen Zwerge. Das volkstümlichste Instrument, das Sistrum, war eine Klapper, als deren Herrin auch die Hathor gilt. Die Stadt Diospolis mikra heißt „das Haus der Sistren" oder eigentlich „das Haus der Hathor, der Herrin des Hauses der Sistren". Dort ist diese Form der Musik also heimisch gewesen. Nach Plutarch ist das Sistrum oben rund und mit vier Querstäben versehen, weil es auf den „Mondkreis" hinweist, der alles umfaßt und auf die vier Elemente, die innerhalb seiner sich regen. Die Katze oben deutet auf den Mond, die beiden Frauenköpfe am Stiel aber auf Geburt und Tod; sie sind Isis und Nephthys. So kann es uns nicht wundernehmen, daß das Sistrum im Totenkultus wie bei jeder anderen heiligen Handlung als Mittel gilt, die bösen Dämonen zu verscheuchen, wie es die guten Götter herbeigerufen haben mag. Es schuf eben eine magische Sphäre, als deren wichtigste Exponenten wir das Lied und den Tanz anzusehen haben. Der Gesang ist ja so heilig, daß die Sänger zur Harfe vor der Lobpreisung der Götter sich den Mund auszuspülen hatten, um das Göttliche ganz in sich wirken zu lassen. Verstandesmäßig deklamiert, wäre jeder Zauberspruch ein Unsinn in sich. Nicht zum Lesen — am allerwenigsten zum Lesen in den abstrakten Symbolen unserer Schrift — sondern zum Hören ist er geschaffen, wobei die feierlich-getragene

Rede, oft in Versform gehalten, sich zum Gesange steigern kann. Die magische Einwirkung der Musik auch auf bösartige und niedere Tiere — „Nichts ist so störrisch, rauh und voll von Wut, das nicht Musik auf eine Zeit verwandelt“, sagt Shakespeare — empfanden die Ägypter sicherlich tief. Die Gilden der Schlangen- und Skorpionenbeschwörer lehrten sie, denn deren Musik lockte diese Tiere aus den dunkeln Winkeln heraus auf den Beschwörer zu.

Die Kunst als solche ist göttlichen Ursprungs. Wie die gesamte Kultur ist sie ein Geschenk. Der Mensch bildet nach, was die Gottheit als Prototyp erschaffen hat. Der Text der magischen Formeln wie deren musikalische Begleitung rühmen sich, am Anfang der Welt zuerst gesprochen worden zu sein, sei es von dem Erdgott, sei es von dem weisen Thôth. Als ehemaligen Menschen, Spruchdichter, später Halbgott, dann Vollgott und Begründer der Medizin lernten wir Imuthes (= Imhotep) kennen; er trägt den Gelehrtencharakter schlechthin. Sein irdisches Leben gehört der vierten Dynastie an. Eine der wichtigsten Künste war die Töpferei. Ihr stand der widderköpfige Chnum von Antinoë vor, der die Menschen auf einer Töpferscheibe geformt hatte. Ptah von Memphis ist Gott und Beschützer der Goldschmiede, im weiteren Sinne aller Künstler und Handwerker überhaupt. Er soll auch auf der Töpferscheibe das Weltei geformt haben. Auch die Weberei und Spinnerei sind göttlichen Ursprungs. Wie überall wurden auch in Ägypten viele Tiere ihrer hohen Veranlagung und glücklichen Gaben wegen bewundert. Der ägyptische Götterkult ist ja im wesentlichen Tierkult. Die Geburtshelferkröte sollte Frauen die Entbindung erleichtern. Teile oder Ausscheidungen tierischer Körper wie deren heilige Bilder, die ja angeblich auch zu widernatürlichen Zwecken benutzt wurden, spielten in der Volksmedizin eine große Rolle. Das Tier galt ursprünglich als der verehrte, gebende Teil. — Wie alle Formen der damaligen Kultur, so galten in erhöhtem Maße prähistorische Überbleibsel, kurz alles, was man nicht mehr oder nur halb verstand, als heilig; das gleiche gilt von den mit hoher Magie geladenen Emblemen der Königswürde. Frühzeitliche Waffen haben wir kennengelernt: den Bumerang, den man zum Schutz gegen Leichendämonen den Toten ins Grab gab (zunächst war er aus Holz, dann aus Nilpferdknochen hergestellt und mit Dämonenbildern versehen); die an beiden Enden verdickte knöcherne Keule; Steinkeulen; Feuerstein- und Bronze-Waffen; den Bogen, dessen Gebrauch der König von den Göttern Horus und Sêth erlernt hat. Göttlich sind auch alle Zeichen der Götterwürde: die höchste Gottheit trägt in der einen Hand einen Krummstab, in der anderen die Geißel, beides alte Hirtengeräte. Isis ist nicht nur Inhaberin eines Götterthrones, sondern bedeutet schon ihrem Namen nach nichts weiter als: „Thron“. Mit ihm vermählt sich der Götterkönig wie nach indischer Auffassung der irdische Herrscher mit der Göttin „Erde“, d. h. seinem Lande.

Kunst und Wissenschaft waren in Ägypten noch nicht selbständige Mächte, die notwendigen Erfordernisse eines höheren und glücklicheren Daseins, sondern Nützlichkeitsforderungen unterworfen. Dementsprechend war die Medizin als „praktische“ Wissenschaft zugleich die einzige, welche sich, aufs engste an die Magie sich anlehnend, auch außerhalb Ägyptens eines gewissen Rufes erfreute. Der kaltsinnige Utilitarismus, der überall die Frage nach der Zweckmäßigkeit im engsten Sinne aufwirft, ist ja der Grundeinstellung des Abergläubischen zum Weltganzen besonders gemäß. Es gab deshalb die verschiedensten Wege, einer Krankheit zu Leibe zu gehen — von dem wissenschaftlichen Drang nach Krankheitserkenntnis ist noch nicht die Rede —: man opferte den Göttern, sprach Zauberformeln, folgte den Vorschriften der praktischen Medizin oder verband diese Methoden. Krankheiten konnten durch Beschwörungen in den Körper eines Feindes hineingezaubert und durch ein gleichartiges Verfahren aus ihm vertrieben werden. Der „Geist der Krankheit“ verließ dann die sterbliche Hülle — oft, um anderswo Schaden zu stiften. Die Vertreibung erfolgte durch häufige Wiederholung der gleichen Gedanken und Sätze und durch Drohungen; man will dem Dämon die Waffen entziehen, mit denen er den Kranken quält, sich selbst zum Gott machen und alsdann den Feind vernichten, ja, das Weltall auf den Kopf stellen. Unter solchen Umständen ziehen es die großen Götter vor, dem Zauberzwang zu folgen und dem Sterblichen zu helfen. Die Rezitation der Formeln war gewöhnlich mit manuellen Unterstützungsmitteln, oft mit Verabreichung von Medikamenten verbunden, die (s. o.) in allen Stadien ihrer Zubereitung und Verwendung durchaus in der magisch-göttlichen Sphäre blieben. „Eine magische Formel auf seinen Lippen, legte der Arzt einen Umschlag auf seinen Kranken; mit einer anderen nahm er ihn ihm ab; er sprach einen Spruch, wenn er dessen Auge mit einer Salbe versah, und gab mit einer vierten ihm ein heilsames Getränk.“ Man versuchte, den Dämon der Krankheit durch seinesgleichen (die eherne Schlange Moses) oder durch die Bilder oder Teile schrecklicher Tiere zu vertreiben. Aus den Teilen des Krokodils als des dort furchtbarsten Wesens, aus seinem Fett usw., seinem Blut, wurden Heil- und Schönheitsmittel hergestellt. Die Mumie und deren Teile hat man in hervorragendem Maße verwandt, darunter namentlich auch das Erdpech, dessen man zu ihrer Herstellung bedarf. Man versuchte den bösen Geist nicht nur durch Schrecken, sondern auch durch Ekel zu verjagen. Je drastischer ein Medikament war, um so besser. In der Spätzeit wurde der Kot von Eseln, Hunden, Schweinen, Katzen und anderen Tieren verwandt. Alle diese Mittel haben sich (s. o.) über Hippokrates und auf anderen Wegen nach Europa verbreitet. „Ein ausgestopftes Krokodil und Häute von mißgestalten Fischen“ befinden sich in dem Kramladen, aus dem Romeo das für ihn erlösende Gift kauft. Die Dreckapotheke des 16. Jahrhunderts ist nicht widerlicher gewesen als die volkstümliche Hausapotheke der Gegenwart, gemäß deren Vorschriften man z. B. in Westpreußen den an Brandwunden Leidenden mittelst einer Heugabel im Kuhmist hin- und herwälzt, Kuhdreck äußerlich gegen Geschwüre und Zahnschmerzen anwendet („auflegt“) und Katzenscheiße mit Kuhmilch den Kindern als inneres Mittel gegen Typhus, Schwindsucht usw. „eingibt“. Ein „goldenes Pflaster“, bestehend aus menschlichen Exkrementen und andere Abscheulichkeiten will ich übergehen. Tröstlich ist der naive Glaube an alle diese leicht herstellbaren wie auch an andere unerreichbare Medikamente. Es gibt Mittel, sich zu verjüngen und das ewige Leben zu erhalten. Dieses höchste Gut quillt aus der Brust von Göttinnen und dem Lebensquell, der rationalistisch mit der Nilquelle gleichgesetzt wird. Isis verstand es, für ihren Sohn Horus „das Heilmittel der Unsterblichkeit“ herzustellen. — Echt abergläubisch ist eine gewisse Gedankenrichtung, die skrupellos bald Schaden, bald Nutzen, auf Grund innerlich wesensverwandter Rezepte, dem Belieben des Zauberers und seiner subjektiven Einstellung entsprechend, hervorrufen will. Wenn man jemanden heilen will, so soll man ihn an seinem Leibe einen Zauberspruch tragen lassen, der aus den Worten besteht: „Du bist das himmlische Auge!“ Will man ihn aber doppelseitig blind machen, so soll man eine Spitzmaus ertränken und das Wasser, in dem dies geschah, seinem Opfer zu trinken geben. Offenbar hält man dies Tier für blind und glaubt, daß die tötende Flüssigkeit die Eigenschaft jenes Wesens weitergibt. — Die magische Wirkung von Heilmitteln kann durch praktisches aktives Zugreifen im richtigen Moment unterstützt werden. „Wenn jemandem ein Knochen in der Kehle steckengeblieben ist, so sollst du eine bestimmte Zauberformel über ein bißchen Öl sprechen. Dann wendest du das Gesicht des Kranken nach oben, schüttest das Öl in seinen Mund, legest zwei Finger auf zwei Muscheln der Kehle und befiehlst ihm, das Öl zu schlucken. Währenddessen übest du mit den Fingern einen kräftigen Druck nach oben aus und pressest damit das Öl aus der Kehle. Der Knochen wird dann sofort zugleich abgehen.“

Zauberhandlungen dieser Art sind noch heute in Ägypten nicht unerhört, obgleich die europäische Heilkunst das Vertrauen auf abergläubische Substanzen und Handlungen, in den größeren Städten zum mindesten, erschüttert hat. Das ägyptische Volk als solches, der Kleinbauer, hält „am alten Hausrat seiner Ahnen“ fest. Es hat die Schwelle zum Heiligtum einer — doch nur auf religiöser Grundlage denkbaren! — modern-okzidentalen, wahren Kultur noch nicht überschritten. Die Priesterschaft allein ist es ja, die im Heiligtum und für das Heiligtum arbeitet. Doch selbst für sie kaum jemals sichtbar und kaum je die Menschenwelt auch nur durch ein Nicken des Kopfes begnadend, thront in stiller, enger Einsamkeit seiner winzigen Zelle er, der Gott.

BABYLONISCHER ABERGLAUBEN

Nach vorsichtiger Schätzung reichen die uns überlieferten, nach Tausenden zählenden Dokumente über den babylonisch-assyrischen Aberglauben bis tief in das vierte vorchristliche Jahrtausend zurück. Ihr schätzungsweises Alter, die Zeit ihrer inhaltlichen Entstehung und Abfassung, ist aber teilweise viel höher. Die Form, in der sie auf uns überkommen sind, gibt ihnen einen besonders hohen Wert. Während nämlich die meisten Völker sich vom Aberglauben zu einer Staatsreligion wandten und die alten, ihnen noch bekannten Urkunden einer früheren Periode vielfach vernichteten, hat die babylonische Religion einen engen Bund mit jenen Volksvorstellungen abgeschlossen und sie als wertvolles religiöses Gebilde staatlich anerkannt. Die Aufzeichnungen erfolgten in der jetzt meist mit Sicherheit entzifferbaren Keilschrift auf Tontafeln, die direkt auf uns überkommen oder in frühen Perioden von babylonischen Schreibern kopiert worden sind. Die quälende Ungewißheit, ob der in unseren Händen befindliche Text in der gegebenen Form tatsächlich alt oder ob er verderbt oder gefälscht worden ist, kommt damit in Wegfall. Es ist dies ein außerordentlich wichtiges Moment, das im Verein mit der längst erwiesenen Tatsache, daß die babylonische Religion die des alten Testaments weitgehendst beeinflußt hat, ihr in der Geschichte unseres Gebiets den Vorrang vor anderen sichert.

Der vom Aberglauben umfaßte Komplex ist überaus groß und hat eine uns jetzt erst schattenhaft bekannt werdende Einwirkung auf sehr viele Völker Asiens, später auch Europas, ausgeübt. Durch ihr gelehrtes Studium, dessen Mittel die Schrift war, konnten die alten Mantiker Babyloniens vermöge dessen Vormachtstellung in Vorderasien die schriftlosen Völker bis nach Indien und indirekt bis nach China hin beeinflussen. Die alte Idee, daß die chinesische Mauer oder der gewaltige Wall des Himalaya-Gebirges eine völlige kulturelle Sonderung der riesenhaften, jenseitigen Völkergruppen erzwungen haben müsse, wird jetzt Schritt für Schritt durch die moderne Forschung zerstört. Im einzelnen zu entscheiden, wo bei gleichartigen religiösen Gebilden Entlehnung, wo „zufällige" Ähnlichkeit oder Gleichheit herrscht, ist außerordentlich schwer. Aber an der Gewißheit solcher Beeinflussungen ist nicht mehr zu rütteln.

Die Mittel, derer sich der babylonische Aberglaube bediente, waren sehr verschieden. Der Bereich der Natur wurde in weitgehendstem Maße dazu herangezogen. Die von dem Staatskultus noch wenig berührte Unterschicht der abergläubigen Gebilde umfaßte Lebewesen der verschiedensten Art, höhere Tiere, unter denen das Schaf besonders hervorragte, allerhand Vögel, Insekten und wohl auch — wenngleich auffällig selten — Fische. Dazu kommen die verschiedensten chimärenhaften Mischerscheinungen zwischen Tier und Mensch, von denen hier die beflügelten, mit dämonischen Fähigkeiten ausgestatteten Menschen besonders erwähnt seien, denn sie haben zur Ausbildung der Engel-Vorstellung des Alten Testaments wesentlich beigetragen. Allerdings hat diese, dem jüdischen Monotheïsmus widersprechende Idee bereits ursemitische Quellen. Engel als Schutzgottheiten, namentlich den König beschirmend und wohl ursprünglich sein Spiegelbild, sein vergeistigtes Selbst darstellend, finden sich auf babylonischen Zylindern häufig. Die überaus weitreichende Idee von dem schattenhaft begleitenden und schützenden Geist begegnet uns in Babylon in sehr früher Zeit.

Neben Tieren und Halbtieren wimmelt es von Krankheitsdämonen, bösen und guten Geistern aller Art, die man durch Beschwörungen zu bannen suchte. Die wichtigsten Wahrzeichen aber entnahm man dem Himmel und seinen Gestirnen. In der semitischen Nomadenperiode bildeten die Leitsterne, deren Sichtbarwerden man bei den tropischen Witterungsverhältnissen zum mindesten in bestimmten Jahreszeiten mit Sicherheit erwarten konnte, ein unentbehrliches Orientierungsmittel in der Wüste. Der Glaube, daß sie menschliche Seelen seien, ist unter den primitiven und antiken Kulturvölkern fast allgemein. So wurden sie zu führenden und vermöge der Periodizität ihres Auf- und Untergangs weissagenden Ahnen. Gerade die babylonische Astrologie ist es, die als ausgesprochene Macht über die Gemüter bis nach Griechenland und Indien drang. — Vom Himmel, den man als kompakte Masse (Feste) über der kreisförmigen Erde gewölbt sich vorstellte, wurde die Atmosphäre nicht getrennt. Nicht in ihr, sondern am Himmel sind Wolken, Nebel, Zodiakallichte; vom Himmel herab fällt der Blitz, an ihm rollt der Donner, von ihm aus werden Regen und Sturm gesandt. Diesen, nicht periodischen Erscheinungen wandte man erhöhte Aufmerksamkeit zu. Auch auf der Erde richtete sich auf das Seltsame die Beobachtung. Gewisse Bäume und heilige Gewässer können nicht unbekannt gewesen sein. Aber vor allem legte man auf abnorme Geburts- und Bildungserscheinungen bei Mensch und Tier hohen mantischen Wert. Krankheitssymptome wurden abergläubisch beurteilt, desgleichen Wunderlichkeiten im sozialen Leben, in den Straßen der Städte usw. betont. Daß man das Losorakel befragte, lehrt die Nachricht von Ezechiel XXI 26, wonach die Babylonier durch Pfeilschütteln die Zukunft zu ermitteln versuchten. Von größter Bedeutung für diesen Zweck war das Traumorakel, am meisten aber tritt die Wahrsagung aus der Leber des geopferten Schafes hervor, deren ungeheures Alter sich schon aus der Bevorzugung gerade dieses, des für den Nomaden wichtigsten Tieres, ergibt. — Wahrscheinlich späteren Datums ist die Ölwahrsagung, da sie das Vorhandensein, die Verwertung, ja Heilighaltung der pflanzlichen Fette, also für Babylon die Kultur des Euphrat-Tigris-Landes zur Voraussetzung hat.

Die Schicksalsfrage richtete sich in ältester Zeit zweifellos an eine unbekannte, gefürchtete, dem Menschen überlegene Macht, in der historischen Periode aber vorzugsweise an den Sonnengott Schamasch und an Adad, deren ersterer entsühnend wirken soll. Denn die Sonne zerstreut die Finsternis-Gestalten. Natürlich konnten zu bestimmten Zwecken auch andere Gottheiten befragt werden.

Solcher Zwecke gab es viele. Man fragte bei Beginn und während des Verlaufs von Kriegen; bei politischen Ereignissen (wie z. B. Interventionen fremder Mächte); Besetzung neuer Beamtenstellen (so z. B. will Asarhaddon in einer Anzahl von Fällen wissen, ob ein Beamter, dem er ein neues Amt anzuvertrauen gedenkt, Treue halten und keinen Aufruhr planen wird); im Falle des dennoch zustande gekommenen Aufruhrs aber, wer für ihn verantwortlich zu machen sein wird; bei der Einführung des Kronprinzen in die Regierungsgeschäfte, ob dieser der Gottheit genehm sei (hier spricht sich wie in der immer wiederholten Frage, ob der Vater dem Sohne oder der Kronprätendent dem König die Treue halten wird, die weitverbreitete und im Orient so berechtigte Furcht vor dem machtgierigen Thronanwärter aus); bei Krankheiten des Königs oder Mitglieder der königlichen Familie; besonders häufig beim Bau eines Tempels (welcher der Genehmigung der Gottheit bedurfte); ferner bei allen nur für den einzelnen wichtigen Anlässen, so bei Reisen, Bauten, geschäftlichen Unternehmungen, Familienangelegenheiten.

Die Antwort war je nach der Fragestellung mehr oder weniger bestimmt gefaßt. Im ältesten Orakel, wie etwa dem durch Pfeilschütteln erteilten, aber auch im alten Ritual, konnte sie nur auf „ja" oder „nein" lauten, günstig oder ungünstig sein, ab- oder zuraten, irgendetwas zu tun oder zu lassen. Allmählich aber bildete sich eine ins Grenzenlose gehende Kasuistik heraus. Die Babylonier hatten nämlich (wie alle Semiten) einen vortrefflichen Wirklichkeitssinn. Sie beobachteten jeden einzelnen Fall (deren es angesichts der Häufigkeit des Opfervollzugs beispielsweise allein bei der Schafsleber hunderttausende gab) aufs genaueste und erkannten das jedesmalige Besondere. Wenn sich später das Ereignis einstellte, dessen Natur durch den Sonderfall erfragt werden sollte, so brachten sie es natürlich mit diesem in einen Zusammenhang, betrachteten es als dessen Folge, und so ergab sich eine Unsumme von pseudo-historischen Folgerungen, die jedesmal sich zwangsläufig wiederholen mußten, wenn das gleiche Phänomen eintrat. Das reflektorisch zwinkernde Auge des vom Rumpf geschlagenen Schafskopfs hatte immer die gleiche Bedeutung. Da es natürlich immer wieder beobachtet wurde, erkannte man dessen mantische Folgen aus der „Erfahrung" ganz genau, wie die deutschen „Kräuterweiber" aus der im einzelnen Falle vermeintlich beobachteten Heilwirkung eines Krautes dessen Brauchbarkeit für analog gelagert erscheinende Leidensfälle vorauszusagen pflegen. So wurden die Fragen, welche man an die Gottheit richtete, immer präziser gestellt und dementsprechend auch die Antworten klarer und exakter. Die Pythia-Orakel wären von den babylonischen Königen ihrer Einsenderin zurückgeschickt worden.

Besonders häufig wurde nach der Stätte eines Tempels oder Palastes und dem Zeitpunkt des Baubeginns gefragt. Nabonnedos sagt, völlig im Sinne des Alten Testaments, daß man „ohne den Gott Marduk eine Wohnung nicht begründet", Häufig bediente man sich der Traumorakel. Wir gedenken hier der Jakobsepisode. Der Traum lehrt den Erzpatriarchen, daß sich an seiner Schlummerstelle Jahwe aufzuhalten pflegt und legt an diese geweihte Stätte einen Stein, den er „Haus Gottes" (Beth-El) nennt, weil die semitischen Nomaden in ihm als Fetisch die göttliche Kraft verkörpert glaubten. Wie weitgehend und allgemein die Vorstellung von der lokalen Auswirkung der Gottheit aufrecht erhalten wurde, zeigt die babylonische Anhänglichkeit an den einmal geweihten Boden: er wurde zur Errichtung des neuen Tempels benutzt. — An solchen Stellen wurde verkündigt, was man zu hören oder nicht zu hören wünschte: göttlicher Schutz und Sieg der Könige, deren Gesundung und langes Leben; Goldüberfluß; — reichlicher Regen, reiche Ernte, das Gedeihen von Früchten (Sesam und Datteln), üppige Nahrung; — oder: Abfall des Thronfolgers vom Monarchen (auf einer Tafel heißt es: „findet am 28ten Tage des Monats Siwan eine Sonnenfinsternis statt, so wird der König eines gewaltsamen Todes sterben, sein Sohn wird den Thron ergreifen und Herrschaft ausüben"); die Gemahlin des Königs wird sterben; die gesamte Dynastie wird gestürzt werden; die hohen Beamten, Edlen und Großen werden dem König untreu werden; dieser wird die Flucht ergreifen; er wird gefangen; ein Gegenkönig wird geboren; das Heer wird fliehen, der Feind im Lande sein und es verwüsten, Plünderer werden es heimsuchen. Dazu kommen soziale Schäden: der Feldertrag wird herabgehen, das Getreide billig werden, Regenmangel tritt ein; eine Hungersnot verbreitet sich über das Land, der Winter bringt starke Kälte; Heuschrecken kommen in Schwärmen; Schlangen töten viele Menschen; Löwen versperren die Wege und zerreißen die Bewohner; Pest und Massensterben tritt ein; auch die Tiere gehen zugrunde: Pferde, Kühe, Schafe; Fische werden tot ans Land gespült. Die grundlegenden Bande der sozialen Ordnung lösen sich: die Eltern verlassen ihre neu geborenen Kinder oder geben sie für Geld preis; der Bruder plündert das Haus seines Bruders; man verzehrt Menschenfleisch. „Verhaßte Ausgeburten der Natur" (Shakespeare) verkünden einen allgemeinen Zusammenbruch: Krüppel, Blinde, Taube mehren sich; Weiber stoßen Fehlgeburten aus oder sterben samt ihrer Leibesfrucht.

Wem galt das Wahrzeichen? Wir sehen, daß des einzelnen, des kleinen Mannes, kaum je gedacht wird. Vielmehr sind es soziale Momente, die in der babylonischen Mantik hervortreten. Gewiß ist manche Bauernregel in sie eingegangen. Das Schaf, ein kleines Tier, diente in der Vorzeit beim Opfer dem sakramentalen Genuß einer Familie (im alten Sinne des Wortes), deren Oberhaupt zugleich Priester war und es schlachtete, um alsdann seine Leber zu beschauen. Aber in der Zeit der Ansässigkeit hatte das Volk einen König. Er war Vertreter des Stammes, des ganzen Volkes, ihn trafen Geschick und Mißgeschick, ihm galt selbst die verhängnisvolle Ausgeburt eines Weibes oder Tieres. Er war es, dessen Hände die Gottheit ergriffen, mit den Insignien der Königswürde geschmückt hatte. Der oberste Gott (Marduk) erscheint bisweilen im Traum, um den Herrscher für den würdigsten Vertreter des Königstums zu erklären. An die Götter wandte er sich durch das Orakel in jeder Lebenslage. Die Priesterschaft war von ihm abhängig und suchte seine Gunst. So wurde die Wahrsagerei zur königlichen Kunst. Die Könige ziehen „auf das Geheiß der Götter in den Krieg" und werden in ihm von diesen angeführt. Sie sprechen zu ihm alsdann: „Gehe ohne Zögern! Dir zur Seite gehen wir, um Deine Feinde zu unterwerfen".

Natürlich sagen sie dies durch den Mund der Priester. Es bedarf keines Wortes, um den ungeheuren Einfluß, den diese dadurch gewannen, zu zeigen. Die Monarchie „von Gottes Gnaden" (dies Wort bezeichnet hier den denkbar größten Hochmut, wie es unter den deutschen Kaisern ein Ausdruck der Demut gewesen ist) war, zum mindesten unter einem schwachen Regenten, nichts als verkappte Hierarchie. Es ist wichtig, sich dies zu vergegenwärtigen, denn ein Volk, das eine solche Tyrannis vertrug, mußte felsenfest von der Richtigkeit der Glaubenslehren seiner Priester, mithin auch deren Mantik, überzeugt sein. Diese Priesterschaft gliederte sich in eine große Zahl von Gruppen, unter denen die Beschwörungspriester, die den Zorn der Gottheit oder in ältester Zeit dämonische Mächte aller Art(Krankheitsgeister usw.) zu bannen versuchten, als die vielleicht frühesten Klassenvertreter zuerst genannt seien; es kamen die Astrologen, Traumdeuter, Öl- und Vogelflugkundigen hinzu. Am wichtigsten aber waren die sogenannten Barûs, wörtlich „Seher", nach dem mystisch gesteigerten Gesichtssinn genannt, der höheren Wesen zukommt, wie ja auch der vormosaïsche Gott des alten Testaments ein „Gott des Schauens" ist und sich in der vielleicht ältesten Quelle desselben vorzugsweise in der [Traum-]Vision, im Gesicht, offenbart. Der Barû besichtigte namentlich die Leber des geschlachteten Schafes. Das Resultat galt auch hier dem Könige, nicht anders als in der astrologischen Mantik, die in der Weise gehandhabt wurde, daß bei entscheidenden Augenblicken im Leben der Fürsten die alten Gesetztafeln hervorgeholt und mit dem jeweiligen Stande der Sterne verglichen wurden. — Auch Frauen konnten das Prophetenamt, wenngleich wohl kaum in leitender Stellung, ausüben. Sie standen vorzugsweise im Dienste der Göttin Ischtar, der Spenderin der Fruchtbarkeit, legten aber auch in Babylon, wie anderswo, Träume aus. —

Die priesterliche Deutekunst war an ganz bestimmte Zeiten gebunden. Man kannte unglückverheißende Tage und Monate, selbst solche, an denen man das Orakel nicht zu befragen wagte. Die Bedeutung des Monats und Wochentages greift auch in materieller Weise in die Interpretation der mantischen Erscheinungen ein, verändert, verstärkt sie oder schwächt sie ab. Daher wird das Datum der Beobachtung auf den Tontafeln gewissenhaft angegeben; so erfahren wir beispielsweise, welche mantische Bewandtnis es mit der oberen Verdunkelung des Mondes hat, wenn diese auf den 14., 15., 16., 20. oder 21ten Tag der hier nach der Reihe aufgezählten Monate trifft. Wir erinnern zum Vergleich an den Sabbat, der zu heilig, d. h.: von dämonischen Kraftmaterien zu sehr durchtränkt ist, als daß man an ihm irgend eine eigentliche Arbeit vorzunehmen wagte.

Der aus so tiefreichenden und dunklen Quellen hervorgegangene religiöse Aberglauben war in frühesten Zeiten einen Bund mit dem religiösen Kultus eingegangen, ohne daß dieser dadurch zu einer bloßen Mantik erniedrigt worden wäre. Die Vorstellung von den höchsten Gütern des Lebens als freien Gnadengeschenken Gottes war durchaus fremd. Wie vor den König, so durfte man auch vor Gott (vgl. Alt. Test.) nicht mit leeren Händen treten. Es war vielmehr ein Geschenk dazu notwendig. Erst sein Vollzug setzte Mensch und Gott zueinander in Verbindung und ermöglichte dadurch die gewünschte Erkenntnis der Zukunft. Immerhin war diese vom Willen der Gottheit abhängig gedacht, den allerdings der Priester durch Gebete und Geschenke beugen, aber nicht brechen konnte. Eine eigentliche Magie, die ihren Machtbereich bis über die Götter ausgedehnt und diese zum Werkzeug priesterlichen Machtstrebens umgewandelt hätte, bestand also nicht. Der Herrscher demütigte sich in Gebet und Kultus vor seinem Gott; Frömmigkeit (Gottesfurcht; dies Wort wird bereits hier angewandt) verschaffen dem Frommen ein glückliches Leben. Selbst schwere Heimsuchungen, namentlich auch Krankheiten, müssen dann weichen. Die einem frommen Herrscher übermittelten Omina können zwar ungünstig sein, aber kaum ungünstig bleiben. Der Kranke oder seine Freunde dürfen an die Gerechtigkeit des Himmels appellieren. Immerhin mußte das Ritual streng gewahrt bleiben. Wir sahen, daß ein eigentliches Gebet ohne Opfer unwirksam war. Die Zahl und ungeheure Größe der babylonischen Tempel lehrt den einem solchen Gottesdienste beigemessenen Wert. Das Opferwesen war ein Stellvertreter der Gottheit selbst, die sich in ihm niederließ und aus ihm sprach. Es genoß, wenn es in den geweihten Bezirk geführt worden war, höchste Heiligkeit, mußte tadellos in jeder Hinsicht, frei von Fehlern und Flecken, auch geschmückt sein. Der Opferraum war sauber und geschützt von allen Verunreinigungen zu halten. Die Erscheinung von unreinen Wesen, wie etwa der Maus oder des Hundes, im heiligen Gelände galt als Omen und mußte entsühnt werden. Als wahrsagendes Organ des Opferschafes, dessen Schlächter als fungierender Priester feierlich gekleidet war und sich vor jeder Verunreinigung hüten mußte, galt die Leber. Zweifellos wurde sie ehemals als biblische Speise der Gottheit geboten. Ihr Blutreichtum macht sie für Raubtiere aller Art zu einem Leckerbissen ersten Ranges. Das Opfertier der nomadischen Semiten wurde, wie wir noch aus dem späten Bericht des Nilus von den heidnischen Arabern wissen, roh genossen. Da aber der Genuß von ungekochtem Fleisch an den Salzzusatz gebunden ist und Salz vielfach schwer erreichbar und sehr teuer war, suchte man vor allen anderen Teilen die weiche, knochenlose und vermöge ihres Blutreichtums, mithin auch ihres Gehalts an physiologischem Kochsalz leicht genießbare Leber als Speise für Gott und Menschen.

Dem Blute als solchem wurde eine hohe Heiligkeit zugeschrieben. Im ältesten semitischen Opfer rann es über den Stein in die Grube, d. h.: wurde es den unterirdischen Mächten geweiht. In ihm lag die Seele des lebenden Wesens. Daher der Blutgenuß beim Opfer, daher die Verzehrung der blutigen Leber als eines Kräftemediums, das man sich einverleiben oder vernichten wollte (ein vorislamischer Dichter als „Sohn der Leberesserin" gefeiert!). Die zwei graphischen Zeichen der babylonischen Keilschrift, welche hauptsächlich als Bezeichnung dieses Körperteils dienten, werden als „Orakel" und „Vorzeichen" verwandt — ein Beweis für die vorherrschende Wichtigkeit der Leberwahrsagung. Sie wird uns namentlich auch dadurch verständlich, daß dieses Organ in den Tropen überhaupt, besonders aber in den feuchten Wiesengegenden der Überschwemmungsgebiete des Zweistromlandes sehr viele Mißbildungen, Krankheitserscheinungen und Entartungen zeigt. Lebererkrankungen beim Menschen (nach Malaria usw.) sind dort sehr gewöhnlich. Sie verändern die Form und Struktur des Organs. Auf überschwemmten Wiesen haust der Leberegel unter den Schafen, dem ganze Herden erliegen. Daß man diese Veränderungen genau gekannt hat, ist ohnehin selbstverständlich, wird aber durch die Texte zum Überfluß häufig bezeugt. (Mit der Leber gemeinschaftlich erkrankt oft die Galle. Daß sie „überlaufen", d. h. ins Blut gehen und dadurch Gelbsucht erzeugen kann, wissen wir alle.)

Zum (rohen) Genuß einerseits, zur Beobachtung andererseits geschaffen — denn stets fällt das Normwidrige auf, erregt Verdacht und Furcht — mußte die Leber vor allen anderen Organen mantischen Zwecken dienen. Ihre Terminologie ist hier überaus reichhaltig und in unserer Sprache oft kaum wiederzugeben. Alle ihre dem bloßen Auge sichtbaren Teile, selbst soweit sie nur benachbart sind, haben eigene Namen. Schon aus der Zeit Sargons, d. h.: vor dem dritten vorchristlichen Jahrtausend, ist die Leberschau für Babylon bekundet. Wie mächtig sie ins politische Leben eingriff, erhellt beispielsweise daraus, daß dieser König, weil eine Opferleber nach beiden Seiten angeschwollen war, es unternahm, sein Gebiet zu vergrößern, d. h.: einen Kriegszug zu beginnen! Derartige lose Gedankenassoziationen finden sich in Menge. Eine „Keule", die sich zur rechten der Gallenblase befindet, bedeutet Krieg, eine Spaltung besagt Spaltung im eignen Lande (Revolution). In der Regel bezieht sich (wie bei der Mantik überhaupt) die linke Seite auf den Feind (und bedeutet übrigens für ihn meist Ungünstiges), die rechte Seite auf den König. Es wurden alle Wahrzeichen durch genaue Beobachtung der Opferleber zunächst gesammelt, alsdann auf eine Tafel geschrieben und vielfach in Gegenwart des Königs vor das Götterbild gelegt. Man zog alte Traktate heran, die Präzedenzfälle brachten und durch die Erfahrung der Geschichte als glaubwürdig bekundet zu sein schienen. Auch der Inhalt dieser Tafeln wurde, soweit er für den in Frage kommenden Fall von Belang war, jetzt notiert, und daraus der Schluß gezogen. Feierliche Gebräuche fanden bei der Antworterteilung an den König statt; sie erfolgte entweder sofort mündlich, oder durch Übersendung der Tafel schriftlich. Das formale Element wurde dabei streng beobachtet. Die Schicksalsfrage war juristisch präzisiert; dem Gott wurde durch Vorlegung von Alternativmöglichkeiten und Unterfragen der Ausweg einer zweideutigen Antwort zu versperren versucht. Da dem Worte ohnehin, namentlich aber dem Gebete eine zauberische Kraft zugeschrieben wurde, kam es auf die Form der Frage weitgehendst an. Natürlich mußte auch der Sprecher der richtige sein. Um ganz sicher zu gehen oder den König über eine Gefahr völlig zu beruhigen, wurde die gleiche Frage, zwei-, ja dreimal gestellt und die Antwort erst dann mitgeteilt, ferner die Möglichkeit erwogen, ob das Opferresultat sich etwa auf private (nicht staatliche) Verhältnisse beziehen könne. Der späte König Nabonnedos wandte verschiedene mantische Erfahrungen: Opfer, Traum, Leberuntersuchung zu gleichem Zweck parallel an. —

Die Fülle der hierher gehörigen Zeremonialien ist unübersehbar, ihr Vollzug durchblutete das Leben eines Königs. Wo immer besorgniserregende Erscheinungen im politischen, privaten, sozialen Leben oder am Himmel sich zeigten, waren Ritualien, oft unter Anfertigung von symbolischen Bildern von Gottheiten, Dämonen oder Gestirnen (Sonnenscheibe) vorgeschrieben. Das Opfer war dabei meist unerläßlich. Es gingen gewissenhafte, auch nächtlich fortgesetzte Beobachtungen der Gestirne in vielen Fällen voraus; dann konnte auch der Kultus zur Nachtzeit stattfinden. Der König befahl, der Priester vollzog den Befehl und meldete seine Beobachtungen, deren natürlicher und einziger Zweck der war, durch Sühnezeremonien und Gebete der zürnenden Gottheit in den Arm zu fallen. Auch hier blieb, zum mindesten im öffentlichen Kultus, der Glaube an die Willensfreiheit der Himmlischen gewahrt. Wie außerordentlich hoch der Wert war, den man dem Sühneritual gleichwohl zuschrieb, erhellt beispielsweise daraus, daß dies bei Mondfinsternissen selbst dann dargebracht werden mußte, wenn solche Naturgeschehnisse auf das Feindesland gedeutet worden waren. Die „ganze Luft", die gesamte Atmosphäre (auch im psychischen Sinne) galt dann eben als von Unheil schwanger. Ihre Entlastung zu ermöglichen, war die Sternbeobachtung die bewußte und unerläßliche Vorbedingung und bleibt nur als solche zu verstehen.

Wir sind geneigt, die chaldäischen Astrologen, d. h.: die alten babylonischen Sterndeuter, für Betrüger zu halten. Das waren sie zweifellos in später Zeit, als sie ihre Künste in den Straßen von Rom darboten. Sie wurden deshalb vielfach verfolgt und ausgewiesen. Auch in Indien standen sie im schlechtesten Ruf. Aber — es waren sicherlich nicht die Besten unter ihnen, die so weit in die Ferne zogen. Diese entwurzelten Elemente rissen Götterglauben und Mantik auseinander, denn der erstere war den Fremdvölkern natürlich unverständlich und die letztere sank rapid nach Verlust des höhenden Fundaments. Ganz anders stand es um die gelehrten Auguren Babylons; sie besaßen eine glänzende Stellung, maßgebenden Einfluß auf Thron und Reich. Ihnen standen Bibliotheken und Tempelschulen, sowie zahlreiches Hilfspersonal zur Verfügung. Wir sahen, daß sie sich in ihren Deutungen der empirisch-historischen Methode bedienten. Sie für bloße Betrüger zu halten, verbietet schon die Offenheit, mit der sie ungünstige Beobachtungsergebnisse, offenbar zu ihrem eignen Schaden, dem Könige mitteilten, sowie die Wiederholung der Frageversuches. War dabei das eine Ergebnis günstig, das andere ungünstig, so wartete man eine günstige Gelegenheit zur Befragung ab oder wiederholte die Untersuchung, bis man sein Ziel erreichte. Sicher ist es, daß die Wiederholungen nicht stattfanden, wenn alle Zeichen gnädig, und daß sie die Regel waren, wenn alle ungnädig waren oder wenn die ominösen die günstigen überwogen. Es kam auch auf den Grad der Günstigkeit des Vorzeichens an. Geringfügige Omina konnten unterdrückt werden.

Das aufgezeichnete und in Lehrbüchern den Tempelschülern übermittelte Material an Deutungen, dessen Massenhaftigkeit sich mit jeder als glaubwürdig überlieferten Interpretation vermehrte und aus den verschiedensten Quellen zusammengestellt worden war, widersprach sich natürlich häufig und läßt noch heute den Beobachter weitergehende logische Gedankenreihen oft kaum erkennen. So heißt es z. B.: „Wenn sich ein Hund auf seinem Bett lagert, so wird sein Gott auf ihn (den Orakelbefrager) erzürnt sein"; aber auch: „Wenn ein Hund einen Palast betritt und sich auf einem Bett lagert, so wird der Palast fremde Habe erobern". Das Alte konnte dem Neuen widersprechen, der eine Mantiker dem anderen, dieses Buch jenem; so war dem Priester ein Ausweichen nach der einen oder anderen Richtung möglich und sehr willkommen. Zwei Autoritäten konnten über den gleichen Fall beraten und sich in einer Deutung zusammenfinden, was zur Stärkung des seitens des Königs in den einzelnen gesetzten Vertrauens wesentlich beitrug, aber es konnten sich natürlich auch zwei widersprechen. Wir wissen aus der altbabylonischen Geschichte, daß in der gleichen Angelegenheit zwei Sachverständige hintereinander angegangen wurden; man kann deshalb mutmaßen, daß liebenswürdige Kollegen dem Könige verfehlte Deutungsversuche mitteilten. Die Texte ließen an sachlichen Zweideutigkeiten bisweilen nichts zu wünschen übrig. Von dem Planeten Mars heißt es, daß er „Überfluß an Leuten" bringt, aber auch, daß „Leichen zerfleischt" werden, wenn er unter gewissen Bedingungen erscheint. Ein fernerer innerer Widerspruch liegt darin, daß von dem Planeten Venus gesagt wird: wenn er bei einer gewissen Konstellation aufgeht, „so wird Heil im Land eintreten oder Sinnesverwirrung im Lande". Das gleiche Omen kann für den König günstig, das Land ungünstig sein und umgekehrt. Diese Eröffnung wurde in einem konkreten Falle tatsächlich gemacht und rief das berechtigte Erstaunen des Monarchen hervor. — Am bequemsten machte es sich ein Prophet, der aus einer Naturerscheinung zwei günstige, ein ungünstiges Moment herauslas, das Endresultat aber verschwieg. Fast stets war es möglich, das ungünstige Vorzeichen auf den Feind, das günstige auf den eignen König zu beziehen, wenngleich die rechte und linke Seite ihre traditionellen Bedeutungen hatten (s. o.). Auch konnte man durch einen beruhigenden Zusatz dem bösen Omen die Spitze abbrechen. Sehr wichtig ist es auch, daß, wie in Babylon, so auch in Indien und anderswo, die gelehrte Terminologie unklar war und Zweideutigkeiten begünstigte. Das Wort Lu-Bat bezeichnete nicht nur den Merkur, sondern auch Venus und Jupiter, so daß wir oft bis heute nicht wissen, welcher Planet im einzelnen Falle gemeint ist.

Wir werden den babylonischen Wahrsagern wohl am besten gerecht, wenn wir annehmen, daß sie im allgemeinen im guten Glauben waren, der auf dem Fundament der alten, geheiligten Texte und der Tradition sowie auf der Überzeugung von der Weisheit des von der Gottheit ausgesprochenen Orakels aufgebaut war. Daß dieses sich dem menschlichen Verstande nicht restlos enthüllen konnte, schien begreiflich zu sein; daß es sich widersprechen konnte, lehrte der Augenschein nebeneinander gehaltener Urkunden. Wenn man den Widerspruch durch Doppelbefragung zu seinen Gunsten zu lösen versuchte, so verfuhr man nicht anders als jeder hoffnungslos Leidende es tut, der einen zweiten Arzt aufsucht, um nach der ungünstigen Diagnose eine günstige zu hören. Andererseits mag die Furcht vor dem Könige das eröffnete Ergebnis gefärbt, vielleicht bisweilen gefälscht haben. Man wollte sich im

Amte halten, Geld verdienen und dem Schwarzseher, seinem Kollegen gegenüber im Recht bleiben. Sicher ist eins: die religionspsychologisch außerordentlich tief verankerte Schicksalsbefragung als religiöser Akt schlechthin hatte eine in den kulturellen Verhältnissen des Euphrat-Tigris-Landes begründete und deshalb äußerst volkstümliche Gestalt angenommen, die sich unverändert durch Jahrtausende als religiöses Gut erhalten konnte. Hätten König und Volk diese Grundlage nicht willig anerkannt, ja nicht zur selbstverständlichenVoraussetzung gläubigen Denkens gemacht, so wären alle auf ihr aufgebauten Einzelheiten in kürzester Zeit als Betrugsmanöver offenbar geworden oder nur zur Verwirrung der Massen geeignet gewesen. Das war tatsächlich der Fall, wenn der Babylonier als Chaldäer oder Magier ins Ausland ging, wo andere Sterne leuchteten und wo das pflanzliche Öl nicht wirtschaftlich in gleichem Maße notwendig und deshalb heilig war. Wenden wir uns nun zur Betrachtung der Mittel, durch welche man den Willen der Gottheit zu erfahren versuchte, so tritt unter ihnen die Gestirnkunde als diejenige hervor, welche in der ganzen alten Welt einen hohen Ruhm genoß. Die Sonne ruft die Jahreszeiten, der Mond Ebbe und Flut hervor. Von den Gestirnkomplexen, den frühesten Ahnenreihen der Menschheit, gingen Segen und Fluch auf diejenigen Teile der Erdscheibe aus, die jenen astralen Gebilden unterstellt zu sein schienen. Auf die Himmelsrichtungen achtet noch heute der Beduine und kennt sie mit erstaunlicher Genauigkeit. Einem jeden Teil des Weltganzen, in dessen Mitte der Beschauer stand, jedem Sektor des Erdkreises, entsprach ein solcher des Himmels, der seinerseits zum Urbilde der irdischen Welt gemacht wurde. Dies ist um so verständlicher, als auch der Himmel mit Strömen, Tieren und menschenähnlichen Wesen belebt geglaubt wurde. So gewinnen wir die für die babylonische Astrologie und Weltauffassung grundlegende Gleichung: Himmelsbild = Weltenbild. Wir besitzen Zusammenstellungen von Sternbildern, die man verschiedenen Ländern zuerteilte; sie sind in Babylon vorhanden, aber auch, zweifellos in unmittelbarer Abhängigkeit davon, leider in sehr später Zeit, in Indien geschrieben und überliefert. — Die Astrologie wie die gesamte Mantik mußte sich dem babylonischen Staatskultus einfügen. So geschah es, daß die besonders hervortretenden Gestirne mit den Gottheiten des Pantheons gleichgesetzt wurden. Zu ihnen gehören die Planeten; Uranus und Neptun waren als solche nicht erkannt. Jupiter, Saturn und Mars werden Marduk, Ninib und Nergal zuerteilt. Die Venus gehört der Ischtar an, obgleich sie mit ihr nichts gemein hat, zumal die Göttin lediglich auf der Erde wirken kann; (sie ist die Vorgängerin der irdischen Venus Roms). Durch solche Gleichsetzungen bekamen die Himmelskörper eine Persönlichkeit und wurden dadurch menschlichen Einwirkungen zugänglich, wie sie auch ihrerseits nicht nur auf die Erde, sondern auch im Himmel in freundlichem oder feindlichem Sinne gegeneinander wirken konnten. Andererseits war diese Einwirkung keine zufällige. Die Erkenntnis der Zwangsläufigkeit der Naturvorgänge schloß sich an die primitivste Gestirnbeobachtung an und ließ die Hoffnung aufkeimen, daß es gelingen müßte, die Zukunft des einzelnen Menschen mit derjenigen Sicherheit zu erschließen, die dem Abend den Morgen folgen ließ. Unterblieb scheinbar dieser ewige Wechsel, schob sich ein dickes Gewölk oder gar der Mondschatten über die aufgehende Sonne, so mußte ein solches Phänomen angesichts der hohen Verehrung, die das Hauptgestirn als Lebenspenderin genoß, als größtes Naturunglück, oder, was psychologisch das Gleiche ist, als verhängnisvollstes Wahrzeichen erscheinen. Die Beobachtung derartiger Vorgänge schien für die Erde und deren Bewohner eine Lebensfrage zu sein. So wurde die Astrologie zur Mutter der Astronomie als der wohl ältesten Wissenschaft der Menschheit. Der Grad der Weiterentwicklung jener Afterwissenschaft war ganz von der Eigenart eines jeden Kulturvolkes abhängig. Der rein phantastisch veranlagte Inder setzte sich unter dem Vorwalten einer schrankenlosen Einbildungskraft, die den Himmel mit einigen hellen Erscheinungen und zahllosen dunklen Schreckgestalten belebte, über die Welt des tatsächlich Greifbaren und Wirklichen sehr schnell hinweg; zugleich mit der Beobachtung ging die Tatsachenkenntnis verloren. Der klarer sehende Semit löste von den Erscheinungen das suggestive Element weit besser ab und kam deshalb in der wissenschaftlichen Erkenntnis viel weiter. Bereits vor dem achten vorchristlichen Jahrhundert bestand eine gewisse Theorie der Sonnen- und Mondfinsternisse. Ihrer ungeachtet bewahrte sich der Glaube daran, daß beide Phänomene ein Ausdruck des Zorns der Götter seien, bis auf die spätesten Zeiten.

Unter den für die Astrologie in Frage kommenden Gestirnen war der Mond, nicht die Sonne, am wichtigsten. Er schenkte durch seine Phasen der Menschheit den ersten Kalender. Sein Licht leuchtet selbst durch den bewölkten Himmel vielfach hindurch und verknüpft dadurch in trüben Nächten diesen mit der Erde. Das Wunder seines Verschwindens und Wiederaufwachens, seiner allmählichen Zunahme, gab zu metaphysischen Spekulationen Anlaß. Es wurde durch eine gewaltsame Entführung und eine sieghafte Rückkehr dieses Gestirns erklärt. Die drei Tage des fehlenden Mondes sind Unglückszeiten und werden als Trauertage hingestellt, wie überhaupt die semitischen Kulte immer wieder den Tod des Vegetationsdämons mit Trauerzeremonien feiern und an dessen Auferstehen analoge irdische Naturvorgänge knüpfen. Der den Mond umgebende Lichtring, die Königsmütze des Babyloniers, überträgt sich als Ausdruck seiner Heiligkeit auf die irdischen Monarchen. Sie vergeistigt sich in Irân zu einer Art von Heiligenschein und wird noch den spätesten Herrschern Persiens zuerteilt. Die Vergöttlichung des Monarchen, ihrer Idee nach mit den rohen, abergläubischen Vorstellungen der niedrigsten

Stämme, die ihre Führer als Inhaber eines Gefahr bringenden Tabu's fürchteten, beginnend, greift auf das astrologische Gebiet über, für das Sonne und Mond fürstliche Gestirne und deshalb mit den irdischen Fürsten aufs engste verwandt sind. Die Tiara des Mondes weissagt dem Könige oder Kronprätendenten die Herrscherwürde: „Ist der Mond bei seinem erstmaligen Erscheinen mit einer Mütze bedeckt, so wird der König Herrschaft erlangen."— Dies Gestirn war finstern und unberechenbaren Göttergewalten unterworfen. Wie fest der Glaube stand, nach dem die Naturgesetze von Wundererscheinungen durchquert werden können, lehrt beispielsweise eine Reihe von Tafeln, die das ungewöhnliche Phänomen verzeichnen, der Mond sei am dreißigsten Tage des Monats anstatt erst am 31. sichtbar geworden. Auch für die Zeit seines Verschwindens scheint man sich gelegentlich um 3—4 Tage verrechnet zu haben. Andererseits konnte man nach primitiven, aber annähernd wissenschaftlichen Methoden, wie wir sahen, Mondfinsternisse richtig voraussagen. Nicht selten irrte man darin allerdings und mußte seine Enttäuschung dem offenbar ängstlich gespannten Könige mitteilen. Denn die Verfinsterung galt immer als Unglück bringend; sie wies auf Verwüstung, Zerstörung, Tod, Ermordung, Aufruhr, Dynastiewechsel, Unheil im Kriege, Überschwemmung, Mißernten, Erdbeben und andere Katastrophen hin. Auch Mißgeburten waren die Folge davon. Das Gleiche gilt von atmosphärischen Verdüsterungserscheinungen. — Besondere Berücksichtigung erfahren die um den Mond zu Zeiten sich zeigenden „Höfe", deren Bedeutung je nach der Anzahl und Größe der in sie eingeschlossenen Planeten wechselt. Hier zeigt sich eine sehr auffällige Übereinstimmung mit der Wertung der gleichen Erscheinung in Indien, wo man allerdings nicht von „Höfen" sondern von „Kreisen" sprach. Aber die in Babylon, allerdings nur angedeutete Idee des „Planetenkampfs", tritt in Indien in Verbindung mit dem gleichen Phänomen stark hervor: der Mond seinerseits kreist die Gestirne ein, bringt sie in seine Gewalt und stiftet dadurch für die Menschenwelt Glück oder Unglück.

Was von dem Monde gesagt wurde, gilt in vielen Beziehungen analog von der Sonne. Auch bei ihr achtete man auf die sie zu Zeiten umgebenden Höfe, auf ihre Verfinsterungen (auch durch atmosphärische Einflüsse) sowie überhaupt auf scheinbar naturwidrige Erscheinungen, ohne daß deren Deutung immer klar und verständlich wäre. Die im Leben der Völker so weit verbreitete Auffassung von der Heiligkeit der Dämmerungszeiten tritt auch in Babylon stark hervor. Viele Ritualien lehren uns, daß man allen Ernstes das Ausbleiben des rechtzeitigen Sonnenaufgangs befürchtete und sich der Zauberei bediente, um dem Gestirn freie Bahn zu schaffen. Dementsprechend wurde die Verfinsterung zu Zeiten des Aufgangs als ein besonders ungünstiges Wahrzeichen betrachtet; sie konnte gewiß auch durch umnachtende tropische Gewitter vorgetäuscht werden. Bisweilen wurden die beobachteten Erscheinungen zu einem Gesamtbilde vereinigt. Der gleiche Bericht meldet einem Könige von einem „Stern in der Bahn des Avu, Lichtstreifen bei der Sonne, der Stellung des Planeten Jupiter, dem Erscheinen des Mondes an dem ersten Tage" (also zur erwarteten Zeit, was seinerseits Ordnung und Wohlergehen im Lande weissagt). Es handelt sich hier also um eine individualisierende Charakteristik eines bestimmten Zeitpunkts. Zur Stellung eines eigentlichen Horoskops kam es aber nicht, da die Astrologen Babylons sich auf die Festlegung gewisser Momente auf Grund ihrer vorgefaßten Schemata beschränkten, ohne nach freieren Gesichtspunkten oder gar nach selbständigen Ideen den Himmel zu beobachten. Hervorhebenswert ist es in dieser Hinsicht, daß die Tafeln differenzierte Bedeutungen der Finsternisse an den meisten einzelnen Tagen aller Monate aufstellen. Es ist nicht nötig, anzunehmen, daß man die Eklipsen lediglich aus astronomischen Erwägungen mutmaßte. Eine große politische Gefahr kann den ängstlichen Blick auf den Himmel gelenkt haben. Sittenverfall und das Auftauchen monströser Geburten dürften dazu beigetragen haben, den Bringer innerer Furcht an den Himmel zu projizieren, der dann seinerseits als Dämon der Finsternis das erwartete Schrecknis brachte. Natürlich konnte man sich unter solchen Umständen in seinen astronomischen Mutmaßungen gründlich irren. Ein besonders gut erhaltenes Beispiel hierfür liefert der Bericht des Priesters Balasî an seinen König: „Dem König, meinem Herrn, dein Diener Balasî. Gruß dem König, meinem Herrn. Mögen Nebo und Marduk den König, meinen Herrn, segnen. Da die Aufforderung des Königs, „was ist es, das du am Himmel beobachtet hast", an mich erging, so habe ich meine Augen darauf gerichtet, was auch immer ich gesehen, dem Könige zu berichten, nichts zurückzuhalten(?), was ich gesehen habe. In bezug auf die Sonnenwache, worüber der König bei mir angefragt — die Monatswache auf die Sonne wurde zweimal gehalten. Am 26. Tag des Monats Arakhschamna (und) am 26. Tag des Monats Kiolew hielten wir Wache. So geschah es, daß wir die Sonnenwache zwei Monate hielten in bezug auf die Sonnenfinsternis, wie der König befohlen. Es war keine Finsternis. Am 27. Tag werde ich wieder beobachten (und) berichten. Behüte, daß bei Unheil der König, mein Herr, durch Angst die Gesinnung gegen mich ändere." Bedeutsam ist die Erscheinung der Nebensonnen, die in der Astrologie mehrerer Völker wichtig hervortritt und angesichts der Seltenheit ihres Vorkommens den Beweis dafür liefert, daß gerade das Außerordentliche am Himmel und auf Erden die sorgsamste Beobachtung und Deutung erfuhr. Die Zahl dieser Nebensonnen, die natürlich der eigentlichen Sonne als gleichartig hingestellt wurden, konnte bis zu sieben betragen. Es kam auf die Stellung derselben zur Sonne an, wobei „rechts" und „links" die uns bekannte mantische Bedeutung haben. Wie wenig man vor offenbarem Widersinn um des Schemas willen zurückschreckte, lehre folgender Passus einer Tafel:

„Steht eine ständige Nebensonne, und zwar eine zur Rechten und eine zur Linken, so wird, wenn König, Stadt und seine Leute für den Frieden streben, Friede auch eintreffen, (aber) Städte werden gerichtet werden, Mauern zerstört, Menschen ausgetilgt werden." Gleichwohl liegt die Grundlage auch hier nicht in ephemeren Phantasien einzelner, denn auch in Indien werden zu Zeiten sieben Sonnen angenommen und zwischen ihrer Stellung zur Rechten und Linken unterschieden. Es heißt: „Wenn zur Linken (bzw. nördlich) der Sonne sich eine Gegensonne zeigt, so dürfte sie stets Dürre hervorrufen, wenn zur Rechten (bzw. südlich), Wassersnot". Daß die Ausdeutung hier und dort verschieden ist, will nichts besagen. An die Zufälligkeit dieser Analogie zu glauben, wird uns schwer fallen. In gleicher Richtung weist die in babylonischen Texten wiederkehrende Mitteilung von „Streifen" an der Sonne, die als „Stöcke" in Indien sich wiederfinden (etwa Zodiakallichter) und von der rein schematischen Aufzählung der Farben der Sonne, deren jede eine gewisse Bedeutung hat; es wird von ihrem weißen, dunkelroten, schwarzen, grünen und bunten Glanz gesprochen. Durchaus unindisch ist es allerdings, daß man auch in der weißen Farbe eine verhängnisvolle Kundgebung des Himmels sieht. In der Erklärung der Naturbeobachtungen verliert sich eben die priesterliche Weisheit in vagen und vielfachem Wandel unterworfenen Ideen; was wir als beständig annehmen müssen, ist die Konzeption des der Wahrsagung zugrunde liegenden Bildes mit seiner begrifflichen Gesondertheit und seiner Affektbetontheit.

Von den eigentlichen Planeten hat die Venus ein hervorragendes Interesse. In älterer Zeit galten Morgen- und Abendstern als gesonderte Himmelskörper. Als man (ums Jahr 2000 v. Chr.) deren Einheit entdeckte, mußte man auch ihre verschiedenen Geschlechter zusammenlegen. Der Morgenstern im Verein mit der Venus ergaben ein mannweibliches Gebilde. Daher ihre Ausstattung mit einem Bart. Unter diesem ist zunächst ein Flammenkranz zu verstehen, da die Strahlen der Himmelskörper häufig als deren Haare bezeichnet werden. Nach einer inschriftlichen Angabe wurde die Ischtar von Erech speziell mit dem Planeten Venus als Abendstern in Verbindung gesetzt im Gegensatz zur Ischtar von Accad, welche mit Venus als Morgenstern in Zusammenhang gebracht wurde. Äußerst seltsam ist die an den Kultus der Ischtar sich anschließende Tempelprostitution, welche von Herodot hervorgehoben wurde. Wir dürfen sie kaum damit in Zusammenhang bringen, daß der Abendstern am freundlichsten den Liebespaaren leuchtet, sondern vielmehr damit, daß der Sturz desselben von der Höhe des Himmels als sein Tod beklagt, seine Auferstehung am Abend als Freudenfest gefeiert wurde. Diese Wiedergeburt wird, wie beim Monde, als Neuzeugung aufgefaßt und gilt als der menschlichen Fruchtbarkeit förderlich; daher die analogen Handlungen in den babylonischen Tempeln. In dem alten Indien heißt der eine der Neumondtage: sinīvalī. Er vermittelt zugleich die menschliche Vermehrung. — Die Ischtar als Venus ist die „Königin des Himmels und der Sterne", „Fürstin des Himmels und der Erde". So verstehen wir es, daß ihr in dem babylonischen Mythus zum Ausdruck kommendes Verschwinden, ihre „Höllenfahrt", die ganze vegetative Vermehrung zum Stillstand bringen kann. Solcher an Naturbeobachtungen (Sternauf- und Untergänge) sich knüpfender Mythen gibt es viele — ich gedenke der Sagen von Proserpina (identisch mit Persephone) und selbst der Eddasage von der Iđun. Kein einziges dieser Gebilde verleugnet völlig seine semitische Herkunft, kein einziges ist anderer als astraler Natur. Aus der Beobachtung der Gestirne ergab sich die richtige Zeit für die menschliche Vereinigung, für die Paarung der Tiere, für die Aussaat; aus ihr aber vor allen Dingen auch die Auferstehungshoffnung. — In der Astrologie Babylons finden wir — einer zweifellos bereits ursemitischen Idee von dem Sterben des göttlichen Sterns Ausdruck gebend — das Verschwinden der Venus in den Morgenstunden als ungünstiges Symptom genannt; ihr Wiedererscheinen wurde mit Freude begrüßt. Im übrigen wurde auch hier der Monat und innerhalb desselben, dessen Anfang und Mitte in Betracht gezogen; ferner fragte man nach der Höhe, bis zu der sie aufstieg, der Zeitdauer ihrer Unsichtbarkeit, ihrer Farbe, den sie umgebenden Wolken und ihren Konjunktionen. Besonders wurde ihr Eintreten in einen Mondhof in Betracht gezogen, da sie alsdann in Gefangenschaft war, wie sie andererseits „herrschen" konnte. Auch kam es auf den Teil der Ekliptik an, in dem sie aufging, ob in der Bahn des Anu, Enlil oder Ea. Die Dreiteilung wird konsequent auf die drei Länder Akkad, Elam, Amurru angewandt. — Vielfach werden auch hier ganz unmögliche Fälle angenommen, wie die eines Venusdurchgangs durch den Mond unter ein- bis zweimonatlichem Verschwinden dieses Sterns. Der scharfe Glanz der Venus scheint zu Zeiten ungünstig zu sein. Eine alte abergläubische Furcht vor astralen Lichtgebilden dieser Art spricht sich hier aus. Allerdings erwartet man das Licht der Venus in gewissen Monaten um so sehnsüchtiger: „geht Venus im Monat Nisan auf, mit einem Bart versehen, so wird [Regen] im Lande sich ergießen, Gedeihen des Feldertrags, Teuerung des Getreides."

Als König der Planeten galt Jupiter, dessen Namen, als der des regierenden Gottes, aufs engste mit dem Marduks, des babylonischen Götterfürsten, verknüpft ist. Auch bei seiner astrologischen Wertung kommt es vor allem auf seine Stellung in bezug auf die übrigen Planeten und auf seinen Glanz an. — Für durchaus gefährlich hielt man Mars, und zwar auch in Verbindung mit anderen Planeten. Es ist dies offenbar seiner roten Farbe zuzuschreiben, die in der Mantik gewöhnlich mit der des Bluts gleichgesetzt wird. Blut aber und Blutfarbe wird durchaus gefürchtet. Wenn sich deshalb das Licht des Mars in vollen Strahlen ergießt, so kommt über König und Land großes

Unglück; die (scheinbare) Veränderung dieser Strahlenbüschel, ihre matte und weißliche Form, bringt Glück. Das Gleiche gilt, wenn er im 6. Monat des babylonischen Jahres auftaucht. Befindet er sich beim „Planetenkampf" in Angriffsstellung, so weissagte man Böses; liegt er hinter Jupiter, so wird er von dessen Macht überwunden; eine solche Konstellation ist günstig. Interessanterweise ist die Person, der diese Omina gelten, wiederum der Kronprinz, der deshalb, solange der Glanz des Mars stark ist, nicht vor den König treten darf. „Es möge verhütet werden, daß er [der Königssohn] ..... nach dem Lande Subartu (= Assyrien) ..... zurückkehre, festlich, oder daß er mit dem Stab [der Herrschaft] ausziehe. Keiner soll durch das Betreten des Palastes beim König eintreten." — Danach schwebte also während der Zeit der Einwirkung des Mars über dem König ein Verhängnis, dem dieser durch das Verbot des Zutritts zu ihm zu begegnen versuchte und das er bannen wollte, indem er dem gefährlichen Thronfolger einen Triumphzug verbot. Unter allen ihm in solchen Zeitläuften auferlegten „Abstinenzvorschriften" ist diese offenbar die greifbar vernünftigste. — Was ferner den Mars anlangte, so seien von einzelnen Textstellen folgende genannt: „Sieht man den Mars funkelnd, [so erfolgt] Niederlage des Landes oder Tötung des Viehs." Ist er dagegen verdunkelt, so herrscht „Wohlergehen im Lande, Gedeihen des Feldertrages. Nergal wird das Vieh gedeihen lassen und Kälber vermehren, Kühe werden im Felde in Sicherheit weiden. Gedeihen der Ernte bei Kälte....." — Saturn gilt als die „Sonne der Nacht" und deshalb, wie die des Tages, als Stern des Königs; er weist, wie sie, auf Gerechtigkeit und Beständigkeit hin. Von seiner bleiernen, langsamen Natur strahlt hier noch kein unbedingt ungünstiges Licht aus. Als bedenklich allerdings kann seine Auswirkung bereits in Babylonien aufgefaßt worden sein. — Merkur ist der Glücksplanet schlechthin; als solcher gilt er, des Morgens wie des Abends gesehen. Er bringt Regen und gute Ernte. Seine Lichtstärke weissagt Gutes, seine Verfinsterung Böses, ebenso seine Annäherung an unheilvolle Sterne. Sein Verhältnis zu den Zeichen des Tierkreises wird betrachtet. Auch mit anderen Sternen wirkt er gemeinschaftlich, so mit „Mond und Sonne" (dies will die Wendung „Gott mit Gott" auf folgender Tafel besagen). Wird Merkur im Monat Airu gesehen, so wird Hochflut eintreten, Feld und Wiese begünstigen. Erreicht Merkur den Lanzenstern, so wird Adad überschwemmen. „Am 14. Tage wurden Mond und Sonne miteinander nicht gesehen. Am 15. Tage wurde Gott mit Gott gesehen. Der König von Subartu wird ohne Nebenbuhler sein....." Merkurs verschiedene Ausdeutung je nach dem Monat, in dem er erscheint, beruht wohl darauf, daß er zu gewissen Zeiten nicht erwartet wurde und dann besonders große Berücksichtigung erfuhr. Von einer weit über alle Einzelheiten hinausgehenden Wichtigkeit ist die Tatsache des Zusammenschlusses der beiden großen Himmelskörper mit den bekannten Planeten zu einer Einheit und die daraus sich ergebende Vergöttlichung der Siebenzahl kosmischer und metaphysischer Objekte. Es ist möglich, daß die sieben Sterne des Plejadennebels oder die des Großen Bären das Urbild dieser „Planeten"-Einheit gewesen sind. Sicher bleibt es, daß die für die gesamte Mantik der alten Welt grundlegend wichtige Idee der Göttlichkeit der Siebenzahl, ja der Heiligkeit und Unerschütterlichkeit der Zahl als reinen Formbegriffs überhaupt, hier ihren ältesten nachweisbaren Vertreter aufstellt und daß sie, ein Welt- und Himmelsbild schaffend, von Babylonien aus in die Religionssysteme des Judentums, Irâns und Indiens eingedrungen ist. Das sichtbare Urbild dieser Idee ist der siebenstufige Tempelturm von Borsippa E-ur-imin-an-ki, d. h.: „der Tempel der 7 Planeten (eigentlich: Befehlshaber oder Befehlsübermittler [als solche d. h.: als Götterboten wurden die Gestirne aufgefaßt!]) des Himmels und der Erde." Jede Stufe dieses Heiligtums repräsentiert einen Planeten und zeigt dessen Farbe an, ohne daß die Ausgrabungen uns bisher über die religionsgeschichtlich so wichtige Zugehörigkeit der Farben zu den Gestirnen volle Klarheit verschafft hätten. Immerhin ist die oberste Stufe sicherlich mit dem Monde (silbern), die unterste mit Saturn (schwarz) identisch. — Mit den sieben Planetengöttern sind die sieben Erzengel des Judentums eng verwandt. Das gesamte Himmelsbild Babyloniens mit der Vorstellung seiner Mondhäuser, Tore am Himmel, durch welche die Gestirne eingehen, und dem auf Befestigungen basierenden Verteidigungssystem (s. o. „Planetenkampf") hat einen weiten Verbreitungskreis gefunden. Was hier Religion (im weitesten Sinne des Wortes) war, ist anderswo zur religiösen Unterschicht, zum Aberglauben, geworden.

Zu den außergewöhnlichen Erscheinungen siderischer Art gehören die Meteore. Sie wurden sorgfältig beachtet. Gelten sie doch in der Mantik vielfach als vom Himmel gefallene Sterne, d. h.: als Seelen. Man gruppierte sie ihrer Form, Farbe und ihrer Flugrichtung nach. Von der religiösen Furcht — von frei schaffender Phantasie, die ihrer Gebilde Herr ist und Trug von Wirklichkeit unterscheiden kann, darf man nicht reden — werden auch hier Gebilde geschaffen, die mit der Wirklichkeit nichts zu tun haben, es sei denn eben, daß sie sich bewegen und daß sie zur nächtlichen Zeit ihres Erscheinens ohnehin bedeutsam erscheinen. Die priesterliche Spekulation vervollständigte auch hier den volkstümlichen Kanon, der auf gewissen Erfahrungen aufgebaut war und machte aus der Vernunft oft Unsinn. Da hören wir von Sternen, die sich in einen Löwen, Schakal, Fuchs, Hund, Wildschwein, Hausschwein, Fisch, Krebs, in Vögel wie die Unglück bringende Schwalbe, oder in einen Fisch verwandeln. Dieser letztere gilt, soweit ich sehe, in der gesamten Mantik als Glück bringend. Es hängt dies mit der Natur des Wassers als des produktivsten Elements zusammen: das Wasser ist der

Quell aller Fruchtbarkeit, die ihrerseits eine primäre Vergöttlichung genießt. — Auch der Verwandlungsfähigkeit des Meteors in tote Gebilde wird gedacht so z. B. in Metalle (Gold, Silber, Kupfer) oder Steine (Porphyr, Lasur). Während dabei mehr die Farbe in Betracht gezogen wird, beschäftigen sich Angaben über einzelne Sternschnuppenfälle mit deren Flugrichtung. Der Bericht eines Priesters „Ascharidu des Älteren" sagt: „Wenn ein großer Stern von Osten nach Westen leuchtet und untergeht und sein Glanz verwischt wird, so wird das Feindesheer in der Schlacht niedergeworfen werden. Wenn ein Stern, der wie Feuer erscheint, von Osten nach Westen leuchtet und untergeht, so wird das Feindesheer seine Macht einbüßen. Zwei Sterne leuchteten in der mittleren Wache hintereinander auf." — Selbstverständlich mußten auch auftauchende Kometen eine Deutung erfahren. Wenn diese in den bisher bearbeiteten babylonischen Texten so wenig hervortreten, wie es tatsächlich der Fall ist, so darf daraus ein Schluß auf ihre geringe Bedeutung nicht gezogen werden. Wir müssen von der Forschung der Zukunft weitere Tatsachenmitteilungen erhoffen.

Von der häufigsten, wunderbarsten und am meisten gefürchteten Erscheinung des Himmels, dem Blitze, erfahren wir etwas mehr. Daß er als eine Manifestation des altsemitischen, ins Alte Testament übergegangenen, mit der elementaren Feuernatur behafteten Gottes galt, ist bekannt. In der gelehrten babylonischen Mantik achtete man auf seine Farbe; die Richtung welche er nahm; die Zeit, in der auf ihn der Donner folgt; die Jahreszeit seines Auftretens. An ihn schließt sich vielfach die Erscheinung des Regenbogens an, der eine Brücke von der Erde zum Himmel herstellt und deshalb nach der Sintflut als Rettungszeichen gelten mußte. Auch in Babylonien scheint er als Ausdruck göttlicher Versöhnung aufzutreten. Seine Farbe, seine zeitliche Verbindung mit Donner, Gewölk und Sturm, die Richtung, von der er aufstieg, wurden in Frage gezogen. Als Sendbote oder Schöpfung eines bestimmten Gottes wird er in der Regel nicht aufgefaßt. Wir treten mit seiner Erwähnung in die Nennung derjenigen Wahrzeichen ein, welche unmittelbar, d. h.: ohne göttliche Vermittlung, ihr Resultat zeitigen können: der wirkliche, volkstümliche Aberglaube kommt damit zu seinem Recht. Freilich bringen die erhaltenen Texte der gelehrten Priester auch seine Erscheinungen mit Thron und Regierung oft genug in Zusammenhang.

In diese Gruppe gehören die Erdbebenerscheinungen, sowie das gesamte Gewitterphänomen samt Blitz, Donner und Regen, wenngleich der Blitz, am frühesten in die mythische Sphäre gerückt, teilweise der volkstümlichen Deutung entzogen wurde. — Die Erdbeben galten durchaus als ungünstig; im übrigen kam es auf die Jahreszeit, auf die Stärke und Häufigkeit des Bebens, die Vereinigung desselben mit anderen, furchterregenden Naturerscheinungen, auf die Tageszeit seines Auftretens u. a. m. an. — Der

Donner, als die Stimme des Gottes Adad vorgestellt (der eine Elementargottheit ist), muß je nach den Jahreszeiten verschiedene Bedeutung gehabt haben. Nur in der ersten Regenzeit und auch nur dann, wenn er nicht zu stark ist, scheint er nach den Aussagen der auch hier sich widersprechenden Tafeln Gutes zu verheißen. Kommt er aus heiterem Himmel, fehlt der versöhnende Regenbogen, läßt er sich zur unrichtigen Zeit hören, so bringt er Unglück. Es wird sehr auf den Ton seines Schalls geachtet und dieser mit dem Schrei der verschiedensten Tiere verglichen. Auch auf die Zahl der Schläge kam es an. — Der sie begleitende Regen wird aus sorgfältig beobachteten Wolken entsandt, denen alle nur möglichen Farben, selbst die bunte und grüne, zugeschrieben werden. Diese wirken auf den Charakter des Vorzeichens ebensosehr ein als die Himmelsrichtung, aus der er kommt. Auch forschte man, ob die Wolken hoch oder niedrig sind und ob sie sich über den ganzen Himmel bzw. über welchen Teil desselben sie sich zogen. — Sehr wichtig für die Fruchtbarkeit war die dem Lande zugekommene Regenmenge. Hier besitzen wir fragmentarische Kalender, die bestimmt waren, für jeden einzelnen Tag des Jahres die Bedeutung eines Regenfalls zu geben. Natürlich ist hier die Jahreszeit ausschlaggebend. Es liegen also alte Bauernregeln vor, wie unser Sprichwort sie gibt: „Mai kühl und naß, füllt dem Bauer Scheun und Faß." Darin brauchten wir keine Magie zu sehen, wenn wir nicht wüßten, daß die Verstandeserkenntnis magische Elemente in sich trägt und mit der Magie auf gleiche Stufe gesetzt wird. Hier wenn irgendwo überbrückt der Aberglauben Zeiten und Völker. Wenn wir hören, daß beim Heimtreiben einer Rinderherde eine schwarze Kuh, die vorausgeht, auf ein schwarzes (Regen-) Gewölk, eine weiße auf Dürre weist, so glauben wir, dies hätte uns ein deutscher Bauer erzählt. Und doch entstammt diese Mitteilung altindischen Quellen.

Wir sind damit vom Himmel zur Erde, von der Priesterweisheit zum Bauerntum herabgestiegen. Unter den magischen Mitteln, dessen sich dieses bediente, tritt das Öl als besonders wichtig hervor. Seine Wertung ergibt sich daraus, daß es für den Nomaden, für den der Gebrauch tierischer Fette oft mit dem Eingriff in das vital notwendige Kapital seiner Herden identisch war, nicht minder für den ansässig gewordenen Semiten eine absolute Lebensnotwendigkeit war. Wie das Wasser als „Lebenswasser", so wurde das Öl als „Lebensöl" verehrt und mit dem Blut als Lebensträger gleichgestellt. Daher das Streicheln und Salben heiliger Steine und Idole mit Öl und seine Verwendung im Ritual. Die babylonischen und assyrischen Könige salbten hiermit die wiederaufgefundenen Schrifturkunden ihrer Vorfahren. Es wurde, oft in Verbindung mit dem Opfer, zum Weissagen verwandt, in ältester Zeit offenbar schon im häuslichen Kultus. Auch war es ein wichtiger Bestandteil des Opfermaterials. Überall war es zur Hand. Die Massenhaftigkeit der Gestalten, die sich scheinbar ohne menschliches Zutun aus dem in andere Flüssigkeiten gegossenen Öl loslösten, mußte zu Betrachtungen von Formen führen, denen man magischen Wert zuschrieb. Erst in verhältnismäßig später Zeit kam dieser wahrscheinlich älteste Teil der Mantik in die Hände von Priestern und wurde von den „Ölkundigen“ gepflegt, um endlich im Staatskultus gegenüber der Astrologie und Opfermantik zurückzutreten. — In der Ölwahrsagung lag der Astrologie gegenüber, die einen hohen Grad von Kenntnissen, Aufmerksamkeit und Schulung erforderte, ein sehr bequemes Mittel vor, die Deutekunst willkürlich zu gestalten, zugleich, sie über die kleinen Ereignisse des Alltagslebens einzelner zu erstrecken. Eine solche Form des Aberglaubens konnte, vom wissenschaftlichen Substrat abgelöst, von Volk zu Volk wandern. Sie setzte eigentlich nichts anderes als eben den Glauben — nicht an die Sache selbst, sondern an die Persönlichkeit ihres Trägers — voraus. So finden wir denn auch die Ölwahrsagung, in diesmal unbezweifelbarer Abhängigkeit von Babylon, im fernsten Ausland wieder. Hier wie dort wurde aus der Himmelsrichtung, in der sich das auf Wasser gegossene Öl verteilt, auf die Weltengegend geschlossen, von der aus die erwartete Sonnenfinsternis sich verbreiten sollte. Auch in Indien galt das Öl übrigens als heilig. Aus ihm gewann dessen Bewohner die wichtigste Nahrung; mit ihm salbte er den Körper. Das späte Ritual kennt Ölbäder. — Das wertvollste Produkt dieser Art war, dem Ausspruch eines klassischen indischen Mediziners zufolge, aus Sesam gewonnen. Erst später wurde es im Ritual durch die Schmelzbutter verdrängt. — In Babylon sowie in den von Babylonien beeinflußten asiatisch-indogermanischen Gebieten wurde das Öl in einen Becher oder in eine Schale Wassers gegossen. Die Ölmantik ist deshalb mit der Becher-Wahrsagung aufs engste verwandt; es ist dies jene Form der Mantik, die wir u. a. im Alten Testament (Gen. 44. 2, 5, 15) finden, wo Joseph sich des weissagenden silbernen Bechers bedient. Noch erinnern wir an den wunderbaren Becher des ältesten mythischen Königs Persiens, ursprünglich des ersten Menschen überhaupt, Dschěmschēd's. Durch diesen Becher erkannte er die Geheimnisse aller Welt.

Die Entlehnung dieser rituellen Idee hat wichtige, weltanschauliche Folgen gehabt. Die Voraussetzung des babylonischen Ritus liegt in der Vorstellung, daß gewisse Himmelsrichtungen den guten Göttern, die entgegengesetzten den Dämonen angehören. In Babylon richtete man beim Opfer das Gesicht nach dem Osten; diese und die stets glückbringende rechte Seite, d. h.: der Süden, mußten danach Gutes verheißen, der Westen und Norden aber Unheil. Solche Ideen wurden für die Wertung der astralen Vorgänge von grundlegender Wichtigkeit: was im Osten oder Süden vor sich ging, bezog sich auf den König des eignen Landes, alles übrige auf den Feind.

Der Periode dieser Fragen über Wohl oder Wehe des eignen Staats ging die

Hausmantik, der hausbackene Aberglauben, voraus. Ob der einzelne Bauer sich ein Haus bauen, wo er es anlegen, ob er heiraten solle, nach alledem befragte er sein Orakel. Das Würfelspiel in seiner ältesten Form, in dem etwa die Anzahl von kleinen Früchten oder Muscheln, um die man loste, den Ausschlag gab, kann ihm kaum unbekannt gewesen sein. Er vernahm das Murmeln des Bachs, das weissagende Rauschen heiliger Bäume und achtete auf alle kleinen Zufälligkeiten des häuslichen Lebens. Überall versteckte sich ein Dämon, der in ältester Zeit weder gut noch böse, sondern wie der Mensch, der ihn schuf und an ihn glaubte, beides zusammen war und deshalb gewonnen oder dem menschlichen Willen unterworfen werden mußte. Aus dieser Geisterfurcht ist die babylonische Religion hervorgegangen. Selbst in ihrer ausgeprägtesten Form ist die Scheidelinie zwischen Gott und Dämon sehr undeutlich: „Gott ist (graphisch betrachtet) ein groß geschriebener Geist". Diese Dämonen entsprossen teilweise der Periode des Animismus, die es für notwendig hielt, durch Opfer oder Zauber die kleinen und großen Geschicke des Menschen zu lenken. Da gab es Gottheiten des Feldes, des Bodens, der Kornhaufen. Selbst die Technik des Handwerks, alle Künste waren dämonologisch durchsetzt — Häphest als Vertreter des Schmiedehandwerks ist dafür ein klassisches Beispiel. In späterer Zeit gab es zahllose Lokalgottheiten, deren Tempel und Kultus alsbald verfielen. Ihre Namen aber blieben bestehen und vermehrten das Geisterheer. Die großen Götter des babylonischen Pantheons waren zugleich große Zauberer und — entsprechend dem allgemeinen Grundsatz, daß Gleiches gegen Gleiches hilft — Beschützer gegen unheilige, d. h. gefährliche Zauberei.

Unter ihnen steht an erster Stelle Ea als Gott des Wassers, zugleich höchster Arzt, d. h.: Beschwörer. Daneben sehen wir die Feuergottheiten. Sind doch Wasser und Feuer die beiden heiligen Läuterungsmittel, das erstere im indischen Religionsleben, das den Götterarzt dem Weltenozean entsteigen läßt, das letztere im Parsismus am meisten hervortretend. Auch Anu vertreibt Krankheiten, ist König der Geister, Vater der Geister, Vater der Himmelskörper, Orakelgott; desgl. Enlil als Herr des Sturms und der Seuchen. Selbst Eresch-Rigal oder Allatu, die Herrin der Unterwelt, schützt vor Dämonen, was nur zu verstehen ist, wenn man annimmt, daß sie in das Pantheon, d. h.: in die Zahl der großen, dem Staatskultus zugeteilten, und deshalb gegebenenfalls dem Menschen gewogenen Gottheiten aufgenommen worden ist. Unter den weiblichen Wesen dieser Art erwähnen wir noch Gula, „die große Ärztin", d. h.: Zauberin. Weit überragt aber Schamasch, der Sonnengott, sie alle, dessen Licht die Nachtunholde zerstreut. Überaus häufig beschwört man bei den Urmächten, „dem Himmel und der Erde". — Bedeutsam ist es, daß die hilfreichen Mächte zu Gruppen zusammengeschlossen werden, welche die Sieben- oder Neunzahl tragen. Auch hier offenbart sich die Magie der

Zahl. Die seelische Einstellung des Babyloniers war keine roh dämonistische. Ein Anflug der Vorstellung von der freien, unbeeinflußbaren göttlichen Gnade blieb vorhanden. Die Macht des Geschicks bezwang Gott und Mensch, trat freilich als psychologisch wirksamer Faktor wenig hervor. Zum religiösen Determinismus kam es nicht, wenngleich es Tempel gab, deren einer den Namen führte: „das Haus des feststehenden Geschicks".

Die Vorstellung vom Geschick, dem naturgesetzlichen Zwange, hat sich wesentlich an die Erkenntnis vom Sterbenmüssen alles Irdischen geschlossen; sie tritt dem Menschen in der Nomadenperiode, wo die Leichen unbeachtet liegen gelassen und bald zerstört werden, weit weniger nahe als in der Zeit der Ansässigkeit, da die Frage der Beseitigung dieser Gefahrbringer alsdann, namentlich in den Tropen, durchaus und sofort brennend wird. Der hervorgehobene semitische Wirklichkeitssinn verschmähte die Schöpfung einer Paradiesesvorstellung. Die Toten ruhten in einem großen Hause, einer Höhle oder einem Berge. Es kam nur darauf an, zu dieser Ruhe ihnen durch ein Begräbnis, das sie von den Lebenden schied, zu verhelfen. Die Bestattung war deshalb heilige Pflicht. Eine Modifikation derselben ist die Steinigung. Um sich des Toten völlig zu entledigen, griff man zu energischen Mitteln: man zerbrach ihnen die Knochen, sperrte sie in Urnen und beschwerte diese mit (oft metallenen) Deckeln. Anderenfalls erstanden sie in menschenähnlicher oder grauenerregender dämonischer Gestalt, irrten, von Hunger gequält, durch die Reihen der Lebenden und holten diese nach. Nirgends sind so viele schauerliche Fratzenfiguren geschaffen worden als in Babylonien: die Ungeheuer im Heere der Tiâmat; die dämonischen Fischmänner und Götterfische; der Ziegenfisch als Symbol Ea's; das Fabelwesen, das den Kopf einer Schlange, Vorderfüße eines Panthers, Hinterfüße eines Adlers, den Körper bedeckt mit Schuppen und am Schwanzende einen Skorpionenstachel hatte.

Das Unvermögen, einen wirksamen Kampf gegen den plötzlichen und vorzeitigen Tod in irgend einer seiner vielen Formen zu finden, gab und erhielt vielen dieser Schreckfiguren das Leben. Leider sind sie das, was von babylonischen Religionsvorstellungen am augenfälligsten hervortrat, am volkstümlichsten wurde und den weitesten Verbreitungskreis fand. Da sehen wir nicht nur die verschiedensten tierisch-menschlichen Mischgestalten, die an Gräbern (Pestfriedhöfen) lauern, sondern auch Schlangen, Skorpione und Vögel. Meist zeichnet sich der Dämon durch lange Flügel aus. Die Geisterheere der Nacht, des Todes, der Krankheiten und unheimlicher Orte verschmelzen miteinander. Ihr Wesen kann man „am besten aus dem Namen lesen" (Goethe): dem Nachtgeist Lilu steht die Dämonin Lilitu (cf. Faust) nahe; Rabisu ist der „auf der Lauer liegende", Namtar die Pest; Ardat lili die „Maid der Nacht", eine Succube, wie sie in den Hexenprozessen unverändert wiederkehrt. Diesen Dämonen ist Macht selbst über die Natur gegeben, wie unseren Wetterhexen: die Mondfinsternis wird auf sie zurückgeführt. Oft schließen sie sich zu Gruppen zusammen, bevölkern aber auch einzelne Berge, Wildnisse und Gräber, tiefe Wasser und Höhlungen der Erde. Von hier aus dringen sie in die Wohnstätten ein; gleich Schlangen schlüpfen sie durch Tor und Riegel. Was sie schaffen, ist nichts als Unheil: Pest und Tod, Fieber und andere Krankheiten, wozu, durchaus im Einklang mit den allgemeinen Vorstellungen, auch Liebe, Haß und Wahnsinn gerechnet werden. Auch die kleineren Schäden stammen von ihnen: sie besudeln Speise und Trank. Ein plötzlicher Fall, ein unheilbringendes Wort wird auf sie (wie auf die Zwerge des deutschen Volksaberglaubens) zurückgeführt. — Die Sprache zeugt von ihrem Wirken: sie „ergreifen" den Menschen. Der Babylonier spricht von ihrem Wüten als einem „Fressen"; sie „sitzen" in uns. Dies ist rein wörtlich zu nehmen, denn der Dämon schlüpft (in Schlangengestalt usw.) in den Gefährdeten.

Nicht jeder Tote wird zum Dämon. Nur diejenigen Menschen, denen man eine magische Macht zuschrieb, deren Lebensenergie nicht erloschen war, so vor allen die eines gewaltsamen Todes (im Gefängnis, d. h.: in einer unterirdischen Grube, im Morast, des Hungertodes) Verstorbenen nehmen Geistergestalt an, ferner die Namenlosen (d. h. wohl Fremdlinge oder ganz kleine Kinder, die eben wegen ihrer Namenlosigkeit der Beschwörung unzugänglich sind, weil diese ja der Namensnennung bedarf), die Frühgeburten u. a. — Als Mittel, solcher Unheilstifter sich zu entledigen, haben wir das Wasser kennen gelernt. Mit „reinem, strahlendem Wasser, mit hellem, glänzendem Wasser" wurde der Heimgesuchte besprengt. Unerläßlich war die von dem Priester gegebene Beschwörungsformel. Die sie in ihrer Macht haltende Priesterklasse, die Aschipu, bildeten eine eigne, große Klasse von volkstümlichen und mächtigen Mantikern. Sie hängten ihren Patienten Talismans und Amulette an den Körper, darunter solche in Gestalt von Ringen, deren Steine als wirksam galten; sie verwendeten neben dem Wasser, das man gern den heiligen Flüssen entnahm, auch den Dattelwein; ferner (schwarze und weiße) wollene Fäden, Tücher und Flechtwerk (wobei die uralte Zauberei des gewirkten Geflechts abermals in ihr Recht tritt); Medizinen aus zerriebenen Pflanzen, an deren Wirkung man glaubte; desgl. Öl und Salz, die als wichtigste Nahrungsmittel stets die Stelle der Geisterabwehrer bekleiden; schützende, den Kranken umgebende Hüllen aus Mehlbrei und Gips. Sie stellten Bilder schützender Dämonen zu beiden Seiten des Kranken oder um dessen Bett oder veranstalteten nächtliche bzw. morgendliche Opfer, bei denen die Zurüstung aus Fleisch, Datteln, Mehl, Honig, Butter bestand, die zur Aufstellung am Ufer eines Flusses bestimmten Bilder zuweilen von Weihwasserbecken, Räucherschalen und Fackeln umgeben waren. Selbst das Holz, aus dem diese Idole bestanden, wurde mit einer goldenen Axt auf rituellem Wege niedergeschlagen. — Da man die Leichendämonen ganz menschenähnlich, deshalb auch mit dem Bedürfnis nach Speise und Trank versehen, sich vorstellte, suchte man durch Darreichung von Speisen, namentlich von Wasser als Trankspende sich ihrer zu erwehren. — Daß höhere Vorstellungen, wie die von dem aus seinem Grabe Segen bringenden Toten ganz gefehlt haben sollten, ist schon angesichts der Analogie zu den jüdischen und gemeinsemitischen Totenideen mehr als unwahrscheinlich; sie treten aber ganz zurück.

Im engsten Bunde mit den Dämonen stehen die Zauberer und Hexen, ja, man muß in ihnen geradezu eine Klasse böser Geister sehen. Auch dieser Zug ist allgemein. Die „schwarzen Magier" kennzeichnen sich durch entstelltes Äußere, namentlich das „böse Auge", dessen Wirkung ja in der ganzen Welt für magisch gehalten wird. Andererseits verehrt man in ihnen überirdische, durch geistige Kraft ausgezeichnete Wesen, da selbst die höheren Fähigkeiten als etwas in den Menschen Hineingetragenes, als magisches Fluidum angesehen werden. Deshalb galt auch der Geisteskranke, der „Besessene", als Dämonenträger, als Zauberer. — Namentlich die weiblichen Vertreter dieser Richtung haben kaum einen einzigen Zug, den wir bei den Hexen deutschen Aberglaubens nicht wiederfänden. Sie wirken durch Zaubersprüche, geheime kleine Mittel und Kulthandlungen sowie durch gefährliche Tränke, dringen in den Leib ihrer Opfer ein und quälen sie. Der in eine Schnur böswillig gemachte Knoten erinnert an das Schürzenband des deutschen Aberglaubens, das die Trägerin der Schürze an der Entbindung verhindern soll. Besonders häufig war die Herstellung von Bildern (Statuetten) aus Lehm usw. Diese Abbilder wurden in einen Sarg gelegt oder ins Feuer geworfen, um den Feind zu quälen. Die Schutzmittel gegen diese menschlichen Unholde ergaben sich aus deren Praktiken von selbst. Der Aschipu-Priester löste die geschürzten Knoten, verbrannte Bilder der verzaubernden Hexen, suchte durch Amulette die Geschädigten zu schützen, stellte Geisterbilder an den Toren der Tempel und kleine Bilder von Schutz verleihenden Gottheiten an den Eingängen der Häuser auf.

Der Dämonismus, der sich im Hexenglauben verdichtet hat, tritt bei der abergläubischen Bewertung einzelner Tiere klar hervor. Am wichtigsten ist hier der Kultus der Schlange. Er fehlt nirgends, wo diese vorkommt. Ihre hohe Bedeutung als des „klügsten" Tieres wiederholt sich im deutschen Märchen, das den Genuß der weißen Schlange zur Weisheit führen, und den des Drachenbluts eine ähnliche Wirkung üben läßt. Häufig gelten Schlangen als heilbringend, so das eherne Idol des alten Testaments und das des Asclepiosstabes. In einem Tafeltext heißt es: „Wenn eine Schlange auf einen Kranken fällt, so wird die Krankheit lange dauern, aber er wird gesund werden ... Wenn eine Schlange auf einen Kranken, der schon lange krank liegt, fällt, so wird seine Krankheit ihn verlassen." „Wenn eine Schlange an dem

Kopf des Kranken zur Rechten steht, so wird seine Schuld gelöst werden." — Die religiöse Schuld spielt hier, wie gelegentlich anderswo, bedeutsam in die Magie hinein. Diesem späten Empfinden steht das Urtümliche des freundschaftlichen Verkehrs zwischen Mensch und Tier gegenüber. Das Kind des deutschen Märchens spielt mit der Hausschlange, uralter „Brüderschaft gedenkend aus dem Morgengrauen der Welt". Man vergleiche damit die babylonische Lehre: „Wenn eine Schlange auf ein hilfloses Kind sich lagert, so wird der Betreffende, ob männlich oder weiblich, Ruhm und Reichtum erlangen oder sein Vater oder seine Mutter werden Reichtum erlangen". — Die in den Euphrat-Tigris-Gegenden so sehr verbreitete Giftschlange gilt namentlich dann als unheilvoll, wenn sie den Menschen zuerst anblickt. Der „böse Blick" der Schlange fasziniert bekanntlich manche Vögel. Der Mensch suchte sich vor ihm auf mannigfache Weise zu schützen. Indische Priester trugen bei bestimmten rituellen Gelegenheiten zu diesem Zweck eine Kopfbinde. — Auch der Angriff der Schlange gilt als verhängnisvoll. Die gelehrte Mantik hat sich des alten Volksaberglaubens bemächtigt und gibt Verzeichnisse von der Bedeutung, die dem Anblick dieses Tieres an den einzelnen Tagen des Monats zukommt. Hier finden wir eine Analogie zu den Lehren der Avestatexte, die nicht zufällig sein kann.

Der gefährlichste Feind der Schlange ist der Adler samt den ihm verwandten Vögeln. In der Vogel-Wahrsagung tritt er am meisten hervor. Das Gebiet der Vogel-Mantik wurde vielerorts, so bekanntlich im alten Rom, außerordentlich stark kultiviert. In Babylonien scheint es weniger berücksichtigt zu werden, wurde aber jedenfalls nicht vernachlässigt, wie die Ausdrücke „Vogelschauer" und „Adlerbefrager" als Bezeichnung einer Gattung von Wahrsagern beweisen. Auch hier war der Aberglaube in den offiziellen Kultus aufgenommen worden. In ihm tritt der Sturmvogel Zû hervor. Raubvögel werden zu Götterboten gemacht. Im babylonischen Etana-Mythus erscheint der Adler. Vorstellungen von riesenhaften Vögeln dieser Art, die durch den Schlag ihrer Flügel den Sturm erregen — der Adler als Sturmvogel — finden sich in Indien, in der mittelpersischen Literatur und in der Edda. Die auf dem Alburs-Gebirge thronende, von dem neupersischen Dichter Firdôsî (um 1000 n. Chr.) in herrliche poetische Gewandung gekleidete Sîmurğ, ferner der Reitvogel des indischen Gottes Visnu und wohl auch die bekannten Attribute des (indischen und griechischen) Prometheus sind damit verwandt. Die Konzeption von Adlern als Erregern der Winde und als raubende Dämonen muß von Hirtenstämmen, die in wilden Gebirgsgegenden leben, ausgegangen, also uralt sein. Babylonischer Einfluß, zum mindesten babylonische Vermittlung sind wahrscheinlich. — Das Schweben der Raubvögel in bestimmten Luftschichten, ihre Annäherung von bestimmten Gegenden, ihr Schrei, ihr gelegentlicher Abwurf von Flügelfedern, jeder einzelne Raubanfall auf die

Herden — alles das gehört der Hirtenmantik an. Bei der in Babylonien ansässig gewordenen Bevölkerung mußten solche Ideen stark zurückgedrängt werden. Doch finden sich alte Züge, wie die, daß die den Heereszug begleitenden Raubvögel Gutes oder Böses weissagen, noch in den babylonischen Tafeln: „[Wenn . . . der Falke] Beute erwischt und er seine Beute wegträgt und vor dem König einherfliegt, so wird der König, wohin er sich wendet, sein Vorhaben ausführen". Hier ist dies Tier als Königsvogel der Stellvertreter des Königs selbst. In der hausbackenen Mantik ist er außerdem für den Besitzer jedes Hauses, das er besucht, von Wichtigkeit und zwar meist verderblich. Der Tod selbst wird als die Entführung durch räuberische, geflügelte Unholde dargestellt und erklärt. Zu ihm steht der Adler als Räuber der Seele und des Leibes in naher Beziehung. — Von anderen Vögeln sei vor allen der Schwalbe als des Schicksalsvogels und der Taube von neuem gedacht. Sie, das Attribut der mit der Venus nahe verwandten Ischtar, gilt als Förderin der Fruchtbarkeit (s. o.). Das Wort für „Taube" trägt die graphischen Zeichen Tu-Khu. Tu heißt gewöhnlich: gebären.

Zu den Säugetieren aufsteigend gedenken wir des Hundes, dem viele, oft schematische oder systemlose Omina entnommen werden. In der Jäger- und Nomadenperiode wurde er als Freund des Menschen aufs höchste geschätzt. Waldbewohnende Indianerstämme bezeichnen und behandeln ihre Hunde als Kinder; das Weib säugt sie zu Zeiten; der Mann bezeichnet sich als den „Vater" seines Tieres. Der Glaube, daß Mensch und Hund im engsten Verhältnis zueinander stehen, drückt sich in der Vorstellung der Kynanthropie, die mit der Lykanthropie, der Werwolfidee, aufs engste verwandt ist, aus. Danach sollen sich Menschen gelegentlich in Hunde verwandeln und als solche Unheil stiften können. Der Irrwahn, daß Menschen Hunde gebären können, findet seinen ältesten Beleg in der babylonischen Aufstellung: „Wenn Hunde ein menschenähnliches Wesen werfen, so . . ."; er wiederholt sich in den Hexenprozessen und bricht wie eine Krankheit immer wieder hervor. [Anno 1915 verbreitete sich die Nachricht, daß eine Frau Hunde geboren habe, in Königsberg i. Pr. wie ein Lauffeuer und fand so vielfach Glauben, daß sich die Presse zu aufklärenden Berichten veranlaßt sah.] — Zugleich mit dem Übergang der Stämme vom Nomadentum zur Ansässigkeit verlor der Hund seine Stellung, wozu die dann nicht mehr geschätzte Neigung, Leichen zu verzehren, und seine (bei Vernachlässigung auftretende) Schmutzigkeit wesentlich beitrugen. Dem Moslem ist es verboten, einen nassen Hund zu berühren. Das Wort für Hund wird in den Gegenden islamischer Kultur allgemein als ärgstes Schimpfwort gebraucht. Der Babylonier betrachtete dieses Tier als mantisch wertvoll. „Wenn ein Hund bei ihm (dem Befrager des Orakels) sich niederläßt, so wird der Schutz seines Gottes über ihm sein." Hier klingt noch seine Bedeutung als eines Gottesboten, der durch sein Stehenbleiben eine Niederlassung gründet, nach. Das Gleiche ist der Fall, wenn es heißt: „Wenn ein weißer Hund einen Tempel betritt, so wird das Fundament jenes Tempels Bestand haben". Die Feinheit des tierischen Instinktlebens, das sich namentlich bei herannähernder Gefahr kundgibt, wurde hoch geschätzt. Die Zusammenrottung und das Heulen von Hunden bedeutete den Sturz einer ganzen Stadt. Ferner wird auf die Farbe des Tieres geachtet, wobei der schwarze Hund, der ja in der deutschen Sage eine Verkörperung des Teufels ist, stets als unheilvoll, der braune und gelbe oft als weniger gefährlich gelten. Der weiße bedeutet vielfach Glück. Die normale Vermehrung wird auch beim Hunde als gutes Omen geschätzt. Deshalb heißt es: „Wenn Hündinnen nur ein einziges Junges werfen, [so erfolgt] Zerstörung der Stadt".

Von anderen Tieren, denen Wahrzeichen entnommen werden, sei hier nur einiger durch Namensnennung gedacht: des Löwen, Wildochsen, Fuchses, sowie des Schweines und Rindes. Die hierher gehörigen Tafeln harren teilweise noch der Bearbeitung.

Unter den Furcht erregenden Gebilden der Natur und des Tierlebens treten die Mißgeburten besonders lebhaft hervor. Galt doch die Geburt selbst als ein im höchsten Grade unter der Einwirkung der Dämonen stehender Akt. Die Kasuistik, mit der selbst die seltensten und wunderlichsten Erscheinungen dieser Art aufgezählt werden, ist erstaunlich. Es wird von der Sau mit acht Füßen und zwei Schwänzen, von doppelten Leibesfrüchten mit nur einem Kopf, von defektiven Mißbildungen gesprochen. Die von der Natur gezogenen Schranken der Vermischung einzelner Tiergattungen gelten zu Zeiten als durchbrechbar: Stuten können Löwen gebären. Das menschliche Weib stößt Tiere aus, und zwar bis zur Schlange herab; ja, es gibt selbst einem Dämon das Leben. Von besonderer Wichtigkeit ist der hier zugrunde liegende Glaube, daß die erfolgreiche Paarung von Menschen mit Tieren möglich sei. Sodomitischer Umgang zwischen beiden befleckt das frühe Menschtum und ist bei Kelten und Indern als kultische Handlung, mithin für die Zeit der indogermanischen Urgemeinschaft, nachgewiesen. In Tieren, die menschen- und in Menschen, die tierähnliche Züge aufzuweisen schienen, sah man auch in Babylon die Früchte dieses Umgangs. Namentlich in den Hexenprozessen grassierte dieser Wahn weiter. Er beruht darauf, daß man die Tierseele der des Menschen gleichsetzte und eine Verwandlungsfähigkeit der äußeren Form, vermöge derer Tiere (Schwäne) die Gestalt von Weibern annehmen können (und umgekehrt), für möglich hielt. Psychologisch äußerst bedeutsam ist es, daß man bei Wiedergabe dieser Entartungserscheinungen der Phantasie d. h.: der die Wirklichkeit fälschenden, voreingenommenen Betrachtungsweise, gänzlich freien Lauf ließ und selbst nachbildete, was man zu sehen glaubte oder wünschte. Noch in Zeitläuften, wo von eigentlicher religiöser

Furcht vor solchen Zerrbildern nicht mehr die Rede sein konnte, reizte man die Neigung des Menschen zum wonnevollen Gruseln, wie leider die tierisch-menschlichen Fratzengestalten in den Schloßgärten deutscher Fürsten als Reproduktionen von angeblichen Naturspielen lehren. Um wieviel mehr versetzte die lüsterne Einbildungskraft des Babyloniers solche Mißgestalten in das (rein körperlich gedachte) Totenreich, in entlegene Gegenden und Zeiten. Während man sich für die eigne Ära mit der Deutung von Geburten beschäftigte, die etwa neben dem Menschenrumpf den Kopf eines Löwen, Hundes, Schweines oder einer Schlange zeigen sollen, oder an dem menschlichen Leibe das Auge eines Löwen oder Schweines, den Schnabel eines Vogels (cf. „Drosselbart") tragen, belebte man die Unterwelt mit Skorpionenmenschen und verlegte (wie wir aus dem Bericht des Berosus aus dem dritten nachchr. Jahrhundert wissen) in die Urzeit zweiflügelige Menschen, Menschen mit einem Leibe und zwei Köpfen, mit Ziegenbeinen und Hörnern.

Der Glaube, daß Riesen und Zwerge auf fernen Inseln leben, ist bis zur neuesten Zeit lebendig geblieben. Noch das Weltbild Shakespeares, das an Herodot anklingt und wie der letzte Ausläufer der Odysseus-Märchen anmutet, ist ganz phantastisch. Ich erinnere an Othellos Erzählungen seiner Reiseerfahrungen. — Der Wirklichkeit nähern wir uns mit der Aufzählung der Vielgeburten bei Mensch und Tier, die zweifellos tatsächlich beobachtet worden sind, aber doktrinär ins Extrem verfolgt werden. So wird von 30 gleichzeitigen Geburten beim Hunde und phantastisch vielen beim Menschen gesprochen. Bei diesem und bei Tieren, die in der Regel nur ein Junges absetzen, wie Pferd, Kuh usw., gilt schon die Zwillingsgeburt als verhängnisvoll. „[Wenn eine Stute] zwei Fohlen wirft — Heranzug des Feindes." Vielfach wird auch zusammengewachsener Zwillinge oder solcher, die neben ihrer Verwachsung noch Kümmerbildungen zeigen, gedacht. Hier liegen praktische Erfahrungen, die auch medizinisch interessant sind, vor. Die Zeit der babylonischen Beobachtungen erstreckte sich über Jahrtausende; jedem Falle wurde große Aufmerksamkeit entgegengebracht und selbst das tierische Monstrum, das man anderswo sofort zu töten und dessen Leiche man (aus einem gewissen Schamgefühl) zu verheimlichen suchte, ans Licht gezogen. Diese Gruppe von Omina galt nämlich nach der Auffassung der Priester dem Könige als ältestem pater familias, leibhaftem Stammesvater und Vertreter der Gottheit. — Selbst Mißgestalten, Verkrüppelte, Schwächlinge, Taube oder Stumme werden als Wahrzeichen genannt, eben jene Unglücklichen, die auch in den Avestatexten als unrein gelten und vom Opfer ausgeschlossen werden — eine Vorahnung der Lehre, daß Gott vollkommen und das Vollkommene schön sei. — Wer mit Zähnen zur Welt kommt, ruft das Entsetzen der Mitmenschen hervor. „Wenn eine Königin gebiert und sogleich Zähne beim Kinde hervortreten, so werden die Tage des Herrschers enden."

Der Kronprinz „beißt" seinen Vater mit dem Reißzahn, der menschlich-tierischen Urwaffe, die deshalb im indischen Kultus der Urzeit als vatermörderisch ausgebrochen oder beschworen wird. Der mit dem altbabylonischen Gilgamesch eng verwandte Herakles zeigt bereits als kleines Kind Anzeichen furchtbarer Kraft. Das Ominös-gefährliche der Mantik wird in der Sage zum Ungeheuren, in der Dichtung zum Menschlich-gewaltigen und Erlösenden. — Weit seltener als die eben genannten Abnormitäten sind hermaphroditische (Zwitter-)Bildungen. Daß sie in gewissem Sinne das geschlechtliche Ideal (mit der Möglichkeit der Selbstbefruchtung) darstellen und deshalb als glückbringend gelten, lehrt die Angabe: „Wenn eine Frau gebiert und es sind Zeugungsglied und Scham des Kindes vorhanden, so wird das Land, das Unglück gesehen hat, Freude erleben."

Das ganze, bisher betrachtete Gebiet der Mantik wiederholt sich im Traumaberglauben, denn der Traum galt als zweite Wirklichkeit, die vor der ersten dies eine voraushatte, daß in ihr nichts nebensächlich war, sondern alles sich auf die Zukunft bezog. Wie das Kausalitätsbedürfnis die Lösung der Wirren und Absurditäten des wachen Lebens in den Himmel, so setzt es, vom Traum mit seinen fertigen Tatsachen ausgehend, die Lösung von dessen Problemen in das irdische Leben. Die babylonische Magie ist nun weit entfernt, historische Traumereignisse in ihre treueste und nüchternste Form zu bringen. Das stets von Priestern aufgezeichnete Material zeigt nicht den Stempel der unverfälschten Wirklichkeit. Die Phantasien des Deuters und Schreibers trugen zur religiösen und poetischen Stilisierung der Traumerlebnisse wesentlich bei. — Daß Träume die Helden und Könige von der mythischen Vorzeit an bis zu den Zeiten des Untergangs des babylonischen Reichs in ihren Handlungen bestimmt haben, wissen wir mit Sicherheit. In dem alten Gilgamesch-Epos suchen sie den Helden wie dessen Freund Eabani heim. Die Freundschaft beider ist einem Traume zu danken, den Gilgameschs allwissende Mutter deutet. Auch hier treten also wieder Frauen als Traumdeuterinnen auf. Eabanis Traum gibt eine Unterwelt-Szenerie wieder. Vor dem entscheidenden Kampfe mit dem Dämon Humbaba hat er weitere Gesichte. Berühmt ist der Traum des alten Vasallen-Fürsten Gudea. Noch der letzte König Babyloniens, der schon erwähnte Nabonnedos, führt sein Anrecht auf den Thron auf eine Vision zurück. Alle diese Träume tragen meist bildhaften Charakter und gehen zuweilen direkt in Visionen des wachen Bewußtseins (Halluzinationen) über, für die das bekannte Tempelgesicht des Jesaja typisch ist. Auch dieses trägt babylonischen Charakter. Zwar fehlt es in Babylonien nicht an dem Namen eines speziellen Traumgotts. Ein solcher kommt aber mehr für die niedrige Magie in Frage. Die Visionen der Könige, die diese zu Kämpfen auffordern, zur Gründung von Tempeln an heiligen Stätten veranlassen (s. den Jakobstraum) und bei allen entscheidenden Wendepunkten des Lebens heimsuchen können, gelten als unmittelbare Eingebungen der Gottheit. Wie häufig Priester um Rat gefragt wurden, wenn ein König des Traumgesichts der letzten Nacht sich in der Zeit der Sorge erinnerte, lehrt abermals Firdôsîs Königsbuch. Die dort so sehr hervortretenden Magier waren Babylonier oder doch von babylonischer Gelehrsamkeit innerlich durchaus abhängig. Natürlich müssen sie, dem Charakter des Epos, ja der Kunst überhaupt entsprechend, dem Traume eine symbolische Bedeutung beimessen, ihn deshalb auf ganz bestimmte Fälle beziehen und deren Wirrnisse durch ihre Deutung lösen. Das war in ältester Zeit offenbar nicht der Fall. Das Gesicht schien vorwiegend dazu beschaffen zu sein, ja oder nein zu sagen, zu warnen oder anzufeuern. Der berufsmäßige Traumdeuter suchte ein breites Publikum und konnte mit ihm schalten, wenn dessen Alltagserlebnisse im Traume sich wiederholten. Hier handelte es sich um Kleinigkeiten, wie das Essen von bestimmten Speisen, das Tragen von einzelnen Gegenständen, das Mitnehmen von gewissen Dingen wie Datteln, Salz, Getreide, Wasser (letzteres weissagt auch hier Gutes), sowie von B e r g e n (man denkt an den Alpdrückentraum). Der Traum, daß man eine Reise unternahm, scheint nicht selten gewesen zu sein. Man glaubte auch schon ehemals, Flügel angelegt zu haben und davon zu fliegen — eine Vision, die sich bei vorhandener Herzschwäche häufig findet. Dem Besuch in der Unterwelt, wie ihn jener Riese der Vorzeit träumte, entsprechen die Träume einzelner, die in die Erde herabzusteigen und Tote zu erblicken, oder Erde (Lehm) zu essen glauben; die Notwendigkeit solcher traurigen Nahrungsaufnahme schrieb man den Toten zu. Träume dieser letzten Art, die den chthonischen Charakter derartiger Visionen trefflich wiedergeben, bedeuten natürlich des Schlafenden baldiges Verscheiden. Wichtig für den Charakter der bereits von ethischen Ideen durchsetzten Mantik ist die Verdammung von sexuellen Träumen. Wenn sich ein Priester seiner Mutter.... Schwester.... Tochter... Schwiegermutter nähert oder Tiere widernatürliche Neigungen in gleicher Richtung haben, so erfolgt Unglück. Es kann eben in der Welt nur gut werden durch die Guten. — Man suchte sich der bösen Träume auf rituellem Wege zu entledigen. Opfer wurden den Lichtgottheiten dargebracht, Gebete dazu gesprochen. Die Sonne ist auch hier die Verscheucherin der Dämonen, die das böse Traumgesicht senden.

Wenn wir den Wust der babylonisch-assyrischen Mantik auf die eine Seite stellen, auf der anderen uns vergegenwärtigen, daß es bei den Bewohnern der Euphrat-Tigris-Gegenden sich um ein Volk handelte, dessen scharfer, nüchterner Verstand eine Reihe bedeutender wissenschaftlicher Tatsachen zu entdecken verstand, dessen Kriegsführung unübertroffen, dessen profanes Recht mustergültig war, so scheint ein derartiger Widerspruch uns zunächst unverständlich zu sein. Die Lösung liegt aber offenbar zum Teil darin, daß die Mantik jener Gegenden dem Staatskultus unterworfen war, dessen mächtige Göttergestalten aus dem Munde der Priester zu König und Volk eben durch das Orakel ihren Willen kundgaben, so daß die Entscheidungen letztlich in göttlicher Hand, nicht in der Macht des Zauberers lagen, der über Welt, Gott und Schicksal herrschte. Neben „frommen" Königen, die, gleich dem Schwächling, unter dem das Reich zerfiel, bei jedem Anlaß sich an das Orakel statt an das eigene Gewissen wandten, muß es auch starke Monarchen gegeben haben, die in wahrer Religiosität von der Gottheit den Schutz ihrer guten Sache erhofften. In einem sehr ausführlichen indischen Traktat werden die echten Königstugenden aufgezählt und über alle astrologischen Offenbarungen, die dieser Text zu geben den ausschließlichen Zweck hat, die wichtigen Sätze gestellt (Yogayātrā des Varāhamihira II 15): „Nur einem [Könige], der die nötigen guten Eigenschaften besitzt, bringt die Yātrā (der Traktat) Gutes infolge des günstigen Standes der Mondhäuser, Planeten und Horoskope. Unnütz ist diese (Yātrā).... demjenigen, dem Fehler anhaften, gleichwie eine Laute demjenigen unnütz ist, der des Gehörs beraubt ist." — Und anderswo heißt es, daß dem guten Menschen die Sterne immer günstig sind. Wir haben keinen Grund, anzunehmen, daß babylonische Fürsten anders empfanden und dachten.

PALAESTINENSISCHER ABERGLAUBEN

Als Beispiel für die niederen Religionsauffassungen der semitischen Völker diene uns der Glaube Palästinas, des Landes der Bibel. In ihm herrscht der Islâm, dessen strenges Lehrgebäude eine eingehende Unterscheidung zwischen den Begriffen von Glauben und Aberglauben ermöglicht. Die dort heimischen Religionsgebilde haben eine teilweise sehr alte Geschichte und bringen uns immer wieder in die Versuchung, Gegenwärtiges dem Urzeitlichen (Altbiblischen oder gar Ursemitischen) gleichzustellen. Demgegenüber gilt es, zu erwägen, daß „wenige Völker im Laufe der Menschheitsgeschichte so viele Völkerstürme und Eroberungszüge über sich ergehen lassen mußten, als das scheinbar so abgelegene Palästina" und daß die Zeiten politischer Fremdherrschaft nicht ohne Einfluß auf die Gestaltungen des religiösen Lebens gewesen sein können. Andererseits hat der sehr ausgeprägte semitische Rassencharakter alles beiseite zu stoßen verstanden, was ihm nicht genehm ist. Wer Nordafrika bereist, fühlt noch heute, daß nicht nur die Moscheen und heiligen Brunnen, sondern alle Werke von Menschenhand, ja der Boden, auf dem der Moslem steht, den Geist seines Glaubens atmen. An seiner starren Festigkeit pflegen auch die Angriffe der christlichen Missionare abzuprallen. Der für die Sache des Protestantismus begeisterte Curtiss sagt uns: „Auch unter den Christen ist die Anbetung des, der dem Winde und den Wolken gebot, der Gottesmutter und fast sämtlicher Kalenderheiliger der Riesenkraft des Ursemitismus gewichen." Und doch gilt es, zu bedenken, daß der wahre Feind religiösen Empfindens und religiöser Gesittung, der Rationalismus, zugleich mit der immer weiter vordringenden europäischen Kultur oder Afterkultur, seine zersetzende Wirkung je länger umso mehr ausüben, und die Gegenwart, die Schöpfung vieler Jahrtausende, vielleicht alsbald zur Vergangenheit machen wird. Ein Beispiel für viele: der Islâm verbietet Lokalkulte, weil sie dem Wesen des zeit- und raumlosen Gottes widersprechen. Auf Befehl des Groß-Scherîfs von Mekka wurden deshalb zu Beginn dieses Jahrhunderts alle heiligen Plätze in Dschedda und Mekka niedergerissen. Zunächst war das Volk über das Vorgehen dieses geistlichen Oberhaupts sehr erregt. Man hatte immer angenommen, daß die welis (die Bewohner dieser Stätten) in ihren Gräbern noch am Leben seien. Nun aber fielen die Gräber; man fand nichts. Denen, die den Befehl zur Zerstörung gegeben hatten, wurde seitens des welis kein Haar gekrümmt.

So begann man, an dem Glauben an diese Schutzpatrone irre zu werden. Wenigstens galt dies für Ort und Stelle der „Aufklärung“ und die für das rationalistische Gift empfänglichen Individuen.

Der Islâm bietet gegen den Aberglauben einen gewissen Schutz. Die in ihm waltende Lehre von der Allmacht des vorausbestimmten Geschicks müßte, folgerichtig durchgeführt, jede Zauber-Manipulation zu gunsten des einzelnen unmöglich machen; aber diese Schlußfolgerung wird meist nicht gezogen. Andererseits kann ein derartiger Fatalismus seinerseits zu stumpfsinnigen, rein abergläubischen Unterlassungssünden führen, jede Sorge um die eigne sittliche und körperliche Existenz aufheben und jedes Laster beschönigen. Der bekannte sûfische Dichter Hafiz sagt, sicherlich fremde Gedankengänge leise travestierend: „Wenn alles, alles vorbedacht — was soll ich machen? Bestimmte mich zum Trunk die ewge Macht — was soll ich machen?“ Die in syrischen und palästinensischen Gegenden noch heute herrschende, fast beispiellose körperliche Verwahrlosung wird von dem Fatalismus begünstigt, denn Krankheit und Tod sind ja im Buche des Geschicks vorgezeichnet. Der Glaube an das Walten des Verhängnisses kleidet sich in roh-abergläubische Formen von teilweise überaus hohem Alter. Man spricht von der el-Karîne, dem bösen Geist, der jeden Menschen verfolgt. Zum Schutz gegen ihn pflegen Mutter und Kinder ihre Amulette zu tragen. Die Vorstellung vom „Neide der Götter“, noch im Alten Testament klar hervortretend (Paradiesesssage; Turmbau zu Babel), gründet sich auf der Furcht vor dem allwaltenden Verhängnis. Wie bei uns der Fischer und Jäger selten zugeben wird, daß ihm ein guter Fang, eine seltene Beute gelungen sei, so wird die semitische Mutter niemals ihr Kind öffentlich loben, oder durch Schmuck, ja auch nur Reinlichkeit die Wirkung des bösen Blicks verstärken wollen, sondern sie beschimpft es, kleidet es armselig und vernachlässigt es äußerlich.

Genügt das nicht, so griff man zu Mitteln der Selbstvernichtung: die in Abgründe (Schluchten, Quellen, Meerestiefen) geworfenen Opfer dienen eben diesem Zwecke. Der Ring des Polykrates ist ein Beispiel dafür, daß der fatalistische Zwang auch solche, keinem Gott, sondern dem bildlos gefühlten Verhängnis dargebrachten Gaben unwirksam machen kann. Es wurde als ein Zeichen des bevorstehenden Falles von Palmyra angesehen, als die von der Stadt bei einem jährlichen Feste dargebrachten Spenden im folgenden Jahre wieder ausgeworfen wurden. Das Opfer wird zum Gottesurteil, wenn dessen Teilnehmer sich persönlich der Gottheit zur Verfügung stellt, um von dieser, falls eine Schuld auf ihm liegt, gegebenenfalls zurückgewiesen zu werden. Daher die (von dem Araber Makrêzî) für Hadramant bezeugte Wasserprobe der Hexen, der Genuß vom Seewasser bei Verdacht ehelicher Untreue der Frau (4. Mos. 5, 11 ff.). Das Gottesurteil in dieser

Form, das nichts mit einer persönlichen Gottesvorstellung zu tun hat, findet sich bereits bei Negerstämmen.

Die Schicksalserschließung wird in verschiedenen Formen angewandt. Wie man in China aus den Sprüngen der Schildkrötenschale, in Deutschland aus den Apfelschalen weissagt, so erschließt der Moslem aus den beim Trocknen rissig werdenden unsymmetrischen Sprüngen der dünnen, schwarzen Haut, welche die Melonenkerne überzieht, die Zukunft; wie wir zur Neujahrsnacht das alte Zinn-Orakel üben, so gießt der Moslem zu Zwecken der Krankheitsdiagnose Blei. In älterer Zeit wurde keine materielle Antwort erwartet; man begnügte sich mit einem „ja" oder „nein", oder, wie bei dem altsemitischen (auch biblischen) Pfeilorakel mit den Möglichkeiten des Befehls, Verbots und Abwartens. Bei dieser letzteren Form der Mantik galt die bestimmende Macht der Weissagung in dem Idol investiert, vor dem die Pfeile ausgeschüttet wurden. Es liegt also ein interessanter Übergang zwischen Mantik und Offenbarung vor. Im Alten Testament zeigen sich die Teraphim als Orakelgottheiten. Ein solches Gebilde, das menschenähnlich geformt war, frisiert, gekleidet und gesalbt wurde, stiehlt Rahel ihrem Vater Laban (1. Mos. 31, 19) und dieser beklagt sich bei Jakob darüber mit den Worten: „Warum hast du mir meinen Gott gestohlen?" (ibid. 30). Von dem komplizierten System der altbabylonischen Mantik hören wir manches im Alten Testament (Hes. 21, 26): der König von Babel schüttet die Pfeile, befragt die Teraphim, beschaut die Leber. — Winde und Wasser geben seit ältesten Tagen Orakel. Rammân, der babylonische Gott des Gewitters, kehrt im Alten Testament, auch der Namensform nach deutlich erkennbar, als orakelspendender Gewittergott wieder. Der Sieg der Religion Jahwes (Jehowas) hat hier wohl mit manchem alten „Hausrat" (zu solchem gehörten auch die Teraphim Jakobs) aufgeräumt. Vielleicht hat Jakob seinen Götzen deshalb nach der Gotteserscheinung zu Beth-El unter der Terebinthe zu Sichem begraben; doch ist dies kaum wahrscheinlich. Nach Elias' Auffassung stand es in der Macht Jahwes, nicht der Ba'alim, das Losorakel zu erteilen.

Wie das jüdische Altertum vom Jahwismus, so wurde die altsemitische Religion vom Islâm durchsetzt. Statt der altheidnischen Opferzeiten werden die des muslimischen Glaubens (namentlich die Fastenzeiten) und innerhalb dieser wiederum die Freitage unter abermaliger Bevorzugung der Gebetszeiten abergläubisch benutzt. Statt Zaubersprüchen braucht man etwa Qurân-Sûren, statt der vom Kreuzweg oder von Leichenstätten genommenen Erde solche von Heiligengräbern, statt roh-heidnischer Amulette Verzierungen scheinbar ganz indifferenter Art, ja solche, die an heilige Personen gemahnen (die Hand der Fâtme). Aber das heidnische Element schimmert durch solche Bräuche ebenso klar durch, wie durch die Anbetung von Naturgegenständen oder von Heiligen, selbst dann, wenn diese zu bloßen Vermittlern Gottes gemacht werden. Fast stets wird bei den Zauberpraktiken der Name Gottes angerufen. Man schützt sich dadurch vor Verfolgung. Für die religiöse Beurteilung kann aber natürlich nur die Tatsache, ob die Zauberhandlung im Kanon bzw. nach dem herkömmlichen Recht verboten und ob sie sozial oder unsozial ist, ins Gewicht fallen. In Frage kommt ferner, ob der Abergläubische die Religionssatzungen überhaupt kennt. Dies ist häufig durchaus nicht der Fall. Von dem religiösen Tiefstande vieler Nomadenstämme der Wüste macht man sich schwerlich eine richtige Vorstellung. Die Frauen verschleiern sich dort nicht. „Der echte Sslêb-Araber betet und fastet beinahe niemals.“ Die religiöse Unterweisung genießen viele Beduinenstämme nur während weniger Tage des Jahres durch einen für bestimmte Zwecke bestellten schech, andere überhaupt nicht oder doch nur ganz ausnahmsweise. Daher fehlt dort die Kenntnis der fundamentalsten religiösen Wahrheiten des Islâm. Moralische und sexuelle Minderwertigkeit, oft mit ungeheuerlicher Schamlosigkeit gezeigt, sind hier der Boden, auf dem der Aberglaube gut gedeiht.

Als Orakelwahrsagung an die Öffentlichkeit tretend, gibt der Aberglauben den Prophetengilden, über die wir noch zu sprechen haben werden, gute Lebensmöglichkeiten. Ihre Aufgabe war es in alter Zeit, die frühen Religionsinstinkte zu legalisieren, sozialisieren, systematisieren und so das theokratische Gebäude zu gründen, dessen Fundamente im Judentum noch heute verankert sind. Wir finden dessen psychologischen Grundfaktor in dem Furchtmoment mit allen seinen Auswirkungen im Glauben und Kultus; wir sehen die Nachwirkungen dieses theokratischen Systems bis in späte Zeit hineinreichen. Wenn Christus lehrt, daß unsere Haare auf dem Haupte gezählt sind, so läßt er uns die Kontrolle dieser Zählung als Unrecht fühlen. Volkszählungen gelten als Sonderrecht Gottes, des himmlischen Königs. Als sein irdischer Statthalter sie sich anmaßt, kommt Seuchenplage über Israel.

Die Religionsformen der Bewohner vieler muslimischen Gegenden haben sich, wie bereits angedeutet, Andersgläubigen mitgeteilt. Der semitische Geist ist so eng und in seiner Enge so starr, in Gedanken, Gebräuchen und Worten so unmittelbar dem Seelen- und Kulturleben jener Völker und Stämme angepaßt, daß die zwingende Kraft dieser aus unvordenklicher Zeit stammenden Anschauungsweise und sozialen Formen, die Muhammad mitempfand und schonte, sich mit der Gewalt eines Naturgeschehens selbst den fremdländischen Herrschern oder Gästen auf dem alten Boden mitteilt. Immerhin hört man es mit Erstaunen, daß Christen wie Muhammedaner, Nossairier wie Christen, Griechen wie Maroniten, ja sämtliche bedeutenderen Glaubensgemeinschaften, gewisse Höhenplätze, mithin Stätten, an denen sie Gott räumlich näher gerückt zu sein glauben, gemeinschaftlich verehren, daß es Heiligtümer gibt, die früher nur von Moslems, später aber auch von Christen besucht wurden; daß selbst christliche Kirchenabgaben nach muhammedanischer Art erhoben werden. Die christliche Kirche nimmt, wie die Moschee, Gelöbnisse ihrer Gläubigen an. Griechisch-katholische Klöster gewinnen dadurch, daß sie die Naturallasten durch ihre Angehörigen im Sack nach Hause schleppen lassen, sehr erhebliche Einnahmen. Die christliche Priesterschaft hat ein Interesse daran, den Glauben an wunderwirkende Stätten, denen so hohe Summen zufließen, zu erhalten. Das am Fuße des Karmel gelegene Chidr-Heiligtum wird von Muhammedanern, Drusen, Persern, Christen und Juden aufgesucht. Am Tage des Klosterfestes dieses Heiligen erscheinen zuerst die Christen, dann die Nossairier, endlich die Muhammedaner. Von den Besuchern des christlichen Heiligtums der Mâr Thekla bestehen zwei Dritteile aus Muhammedanern, Drusen, Nossairiern, Metâwile, selbst aus Juden. Jede dort vollzogen geglaubte Wunderheilung vermehrt den Ruf dieser Örtlichkeiten und damit die Zahl ihrer Besucher. Die Formen des Gottesdienstes sind überall die gleichen. Die von den Christen Syriens und Palästinas an den Tempeln dargebrachten Opfer weichen von den muslimischen nur dadurch ab, daß dem Opfertier von den Christen der Kopf nach der einen, von den Moslems nach der anderen Seite gedreht wird. Der muslimische Gebetsausruf erschallt am Tore christlicher Kirchen, innerhalb der Einfassung christlicher Heiligtümer.

Viele Heilige sind dem Islâm und Christentum gemeinsam, so namentlich der als Chidr bezeichnete Mâr Dschirdschis, der Drachentöter von Bêrût, der heilige Georg des Christentums. Die Mutter, die ihr Kind dem Mâr Eljâs, d. h.: dem h. Elias, weiht, weiß kaum, ob sie damit der christlichen oder muhammedanischen Lehre näher steht: „Es sind alle Gottes Propheten!" Der kirchliche Übertritt im Sinne der Annahme des einen oder anderen Bekenntnisses besagt deshalb in religiösem Sinne meist gar nichts: in ethischer, dogmatischer, ja selbst kultischer Hinsicht bleibt sich der „Bekehrte" völlig gleich. Der Bewohner Nordafrikas huldigt gerade auch in seinen Sekten einem Synkretismus, der uns unfaßlich erscheint. Die Mitglieder der Nossairischen Religion lehnen sich zwar äußerlich an den Islâm an, sagen aber auch: „Wir sind der Leib; alle anderen Religionsgemeinschaften sind das Gewand; jeder mag das Gewand anlegen, das ihm gefällt; es verunreinigt ihn nicht." Diese Auffassung von der Ursprünglichkeit des Glaubens ist um so interessanter, als eben jene Gläubigen (nach v. Luschan) nichts anderes als die der Bergbevölkerung angehörigen Reste der spät-neolithischen, vorsemitischen Bevölkerung Palästinas und wahrscheinlich Verwandte der Armenier, also (vergleichsweise) Autochthonen sind. Sie glauben an die Seelenwanderung und das Karman, d. h.: die Auswirkung der Tat in Gestalt des Schicksalsloses in einer späteren Existenz. Aber auch sie fügen sich den allgemeinen Religionssitten willig an. Der Urteilsschluß, daß nur eine einzige Religion im Gegensatze zu allen anderen die wahre sein müsse, fehlt dem Semiten, wie auch dem Inder und Chinesen, völlig. Wenn der klassische Vertreter semitischen Geistes und semitischer Sprache, der Araber, „von sich aus urteilt, dann sieht er nicht ein, warum nicht christliche, jüdische, muhammedanische oder heidnische Dogmen gleich wahr und schätzenswert sein sollen" (Palgrave). Diese scheinbare Toleranz beruht nicht etwa auf religiöser Lauheit. Im Gegenteil: die Stärke des gläubigen Empfindens, das unverrückbare Bewußtsein der Gottesnähe, läßt die Vorstellung, daß andere Religionsformen oder -gehalte falsch sein könnten, nicht zu. Glauben und Aberglauben gehen deshalb völlig in einander über, wie Religion mit Religion verschmilzt. Selbst der rohe Volksglaube teilt sich allen Bewohnern jener Gegenden mit. Die semitische Volksmedizin ist unter Christen und Juden nicht weniger verbreitet als unter den Semiten. Christen sind es, die den Glauben an wunderwirkende Gegenstände, wie die angeblich in Mekka hergestellten und mit Qurân-Sprüchen verzierten Schalen, willig teilen. Es gibt Zauberformeln, die durch geringe Modifikationen für Moslems, Christen und Juden zurechtgemacht werden können. Christen sind es, die den Aberglauben des Islâm haben vermehren helfen. Folgender Ritus ist mit völliger Bestimmtheit urindogermanisch: um einen guten Zahn an Stelle des verlorenen zu bekommen, stellen sich muhammedanische Kinder mit dem Rücken der Sonne zugekehrt und schleudern den ausgefallenen Zahn durch die gespreizten Beine mit den Worten: „Nimm, o Sonne, den Eselszahn, und gib mir einen Rehzahn!" — Nicht einmal die altnomadischen Kultursitten, wie das Wohnen in Zelten, werden bei Annahme des Christentums verändert.

Der religiöse Unterbau weiter muslimischer Kreise ist unterhöhlt. Die Horden nomadisierender Araber kümmern sich um Gott entweder überhaupt nicht oder nur in Zeiten der Not, wenn sie ihn brauchen. Nicht anders steht es um den Gottesglauben vieler christlicher Syrer. Allah oder Gott nehmen oft den Charakter des „Hochgotts" an. Man hält ihn zwar für den Schöpfer des Himmels und der Erde. Er ist aber zu fern, um auf die Klagen der Menschen zu hören und auf ihre Sünden zu achten. Es hat keinen Zweck, ihn anzubeten. Man scheut sich nicht, in seinem Namen zu lästern, falsch zu schwören, und auf dem Wege zu seinem Heiligtum gemein zu sein in Worten und Werken. Der Lokalheilige wird als der örtlich Näherstehende weit mehr gefürchtet denn Gott. Er liegt in dem Heiligtum unverwest begraben, erscheint im Traum und in der Halluzination, Segen stiftend, Güter schenkend, Krankheiten vertreibend, die Priester durch reichliche Spenden versorgend und deren Heiligtümer unterhaltend. Wo Gott genannt wird, bezeigt er sich, wie die ältere Schicksalsmacht, die er vertritt und wie der Stammesfürst, nach dessen Wesen er modelliert ist, meist wenig erfreulich veranlagt: er ist rachsüchtig, eitel und ängstlich seine Vorrechte zu wahren bereit, launisch und unberechenbar, angesichts seiner Allmacht deshalb besonders ängstlich zu fürchten und zu meiden, namentlich auch der Bestechung zugänglich. Von einer sittlichen Verantwortlichkeit ihm gegenüber kann um so weniger die Rede sein, als er selbst es ist, der die Keime zum Bösen wie zum Guten in das Menschenherz legt. Wer sich seines Glücks oder seiner Erfolge rühmt, den haßt er. Man kann eine junge Braut schädigen, wenn man ihr gutes Aussehen, ihre Schönheit preist. Dies geschieht oft vorsätzlich.

Wenn man betet oder opfert, so tut man es, um praktische Erfolge zu erzielen. Gelingt dies, so hat der Gott das Gebet oder Opfer angenommen, anderenfalls ist er über den beobachteten Ritus erzürnt. Die widerwärtige Auffassung, daß er des Lobes und Preises bedarf, ist bis zu den erleuchtetsten Geistern des Islâm vorgedrungen und hat jenen Apostrophen, die als „Lob Allahs" so häufig die muhammedanischen Bücher eröffnen, das Dasein gegeben. Vor allem aber bedarf der Höchste der Geschenke. Wie nach der Lehre des Alten Testamentes, so darf man sich nach der heutigen Volksauffassung ohne Gaben der Gottheit nicht nahen. Auch in dieser Hinsicht ist Gott der große Scheẖ: er steckt Huldigungsgeschenke ein. Mit ihm zu rechten, haben zwar die Erzpatriarchen noch Mut genug gehabt, doch schon Hiob verstummte nach dem ersten Ansatz, die große Schicksalsklage zu erheben. Kein Moslem wird dergleichen wagen. Jedermann muß sein Geschick stillschweigend und geduldig hinnehmen. Will er es günstig gestalten, so kann er allenfalls noch Gottes Namen anrufen. Durch seine Nennung macht er auch fremden Zauber unwirksam. Durch die Magie der Sprache, deren Teil er ist, zwingt er die Gottheit in die Gewalt des menschlichen Willens.

Auf die Sprache wird deshalb der höchste Wert gelegt. Der magische Zauber des Reims wird verwandt. Auch zwei gleichlautende Worte verschiedener Bedeutung gelten als Reime. Die reimende Prosa übt auf den orientalischen Zuhörer eine zauberhafte Gewalt aus. Das Gefühl von der Unveränderlichkeit, Gottgegebenheit und Heiligkeit der Sprache gehört zum tiefsten Seelengehalt des Semiten. „Die Redekunst ist eine Magie" (arab. Sprichwort). Die Reimprosa wird deshalb von den alten Kāhin angewandt und verschwindet von da an nicht mehr im Spruchzauber, der wahrscheinlich die älteste Form der gebundenen Rede darstellt. — Was von der Sprache gesagt ist, gilt in erhöhtem Maße vom Gesang. Die Poesie wird singend vorgetragen, die Prosa in einem leiernden Sprachgesang wiedergegeben. Der Sänger gilt als gottbegeistert: ein Dämon wohnt in ihm und redet aus ihm, wenn er die Menschen „bezaubert". Die muhammedanische Orthodoxie betrachtet deshalb die Poesie als teuflisch und rechnet sie zu den Einflüssen des Satans. — Auf das Schriftbild wird (zumal da bildliche Darstellungen verboten sind) sehr hoher Wert gelegt. Das laute und wiederholte Lesen des Qurân unter Bevorzugung besonders heiliger Sûren gilt als ebenso verdienstlich wie nach der erniedrigenden und abergläubischen Auffassung vieler Christen die gleichgeartete Bibellektüre. — Angeblich sucht man im Qurân nur Gottes Wesenheit und ruft in der Welt nur ihn an. Das höchste Gebot des Islâm macht ihn zum einzigen Gott. Tatsächlich aber steht Chidr (auch Chudr und Chadr vokalisiert) dem Moslem viel näher. Über ihm als dem Gott der Meere hat man den des Himmels vergessen.

Neben den irdischen Göttern stehen die des Himmels. Der Islâm hat in seiner orthodoxen Form wie namentlich in vielen seiner Sekten bedeutende Beeinflussungen von der iranischen Gestirnreligion her erfahren. Uralte Vorstellungen von der Heiligkeit der Gestirne sind allen Semiten eigentümlich. Das babylonische Weltbild, das die Himmelskörper zu Regenten der Erde macht, ist von umgestaltendem Einfluß auf die alttestamentliche Religion geworden. Die in muslimischen Gegenden erhaltenen Sonnentempel zeigen den Haupteingang nach Osten, als nach der Richtung des Sonnenaufgangs, orientiert. Im astrologischen System regieren die Planeten je einen Tag der Woche, ein Metall und eine Farbe. Auch das menschliche Geschick wird von ihnen bestimmt; jeder Mensch hat sein eignes Sternbild, das von einem berufsmäßigen Astrologen erforscht wird, wenn das junge Wesen auf die Lebensbühne tritt. Der viel gebrauchte „Schreckbecher“ — Schrecken gilt als besonders unheilvoll und wird durch solche Kelche abgewehrt — enthält die zwölf Bilder des Tierkreises. Die eben angedeuteten mit dem Namen Gottes vorgenommenen Handlungen werden in das große Weltsystem, in dem alles an alles geknüpft ist, eingepaßt, indem man sie mit Tagen und Planeten in Zusammenhang bringt. Was die beiden letzteren Glieder dieser Kette anlangt, so ist beispielsweise der Saturnstag (vgl. engl.: saturday) ungünstig, denn dem Saturn, der kalt und feucht, männlich und schwarz ist, eignet das Blei (wie der Sonne das Gold usw.). — Der Mond (nicht die Sonne) ist in der volkstümlichen Magie noch das Zeiten setzende Gestirn. Wie bei uns das Osterfest, so richten sich die wichtigsten muhammedanischen Jahresfeste nach dem Erscheinen des Neumondes. Die der griechischen Medizin zu verdankenden Bestimmungen, daß Aderlässe an bestimmten Tagen der Mondphasen vorgenommen werden sollen, finden sich auch im Islâm, desgleichen die Sitte, Pflanzen und Haare von Menschen und Tieren zugleich mit dem Monde wachsen zu lassen, d. h. bei Neumond zu säen beziehungsweise zu scheren. Durch die Bestrahlung seitens des Mondes bekommen Zauberkräuter oft erst ihre Wirksamkeit. Ein Äußerstes der „widergöttlichen Magie“ vollbrachte Anaxagoras, indem er, „thessalischen Frauen“ nachahmend (II. Faust, klass. Walpurgisnacht), den Mond auf die Erde zauberte. Ähnliche Taten sollen maghrebinische Zauberer noch heute begehen. Um zu zeigen, daß solches Tun auch im Islâm als der unüberbietbare Höhepunkt der gotteslästerlichen schwarzen Magie gilt, wird gesagt, daß diesem Eingreifen in das kosmische Geschehen ein Knabenmord, also doch wohl ein Menschenopfer, vorausgehen müsse. — Heiligen Dingen darf man nicht die Finger entgegenstrecken. Wie es einen „Stein des Nichthindeutens" gibt, so ist es verboten, auf die Sterne mit dem Fingern zu zeigen. Man bekommt sonst Warzen auf der Hand. Dieses Verbot wird als Rest eines altheidnischen Kultbrauchs verständlich. Hiob 31, 26—7: „Wenn ich das Sonnenlicht betrachtete, wie es strahlte [„Sonne" d. h. „Sonnengott"] und den Mond, wie er so prächtig dahinwallte und mein Herz sich insgeheim betören ließ und meine Hand sich zum Kusse an den Mund legte . . ." Umgekehrt hat die Sekte der Nossairier einen Rest des alten Sternkultus bewahrt, der ohnehin bei ihr nicht erloschen ist: man streckt dort Münzen dem Monde verehrend entgegen.

Nicht nur das Geschick des einzelnen sondern das der Menschheit überhaupt hängt von den Sternen ab. Die babylonische Literatur kennt ein ganzes Schema der astral bedingten Fluch- und Segenzeiten. Da der König, als zwischen Gott (Gestirn) und Menschen stehend, sie vermittelt und seine sittliche Qualität ihnen den Charakter verleiht, werden die messianischen Hoffnungen mit einer seligen Endzeit verbunden. Fluchperioden hängen nach alt- und neutestamentlicher Lehre mit der Verdunklung von Sonne und Mond als unnatürlichen (magischen) Geschehnissen zusammen (Jes. 13. 10; Joël 2. 10; 3. 4; 4. 15; Ez. 32. 7 und öfter). Diese Vorstellung von einem durch abnorme Gestirnvorgänge bedingten, auf Welt und Menschheit einwirkenden, den gesamten Naturablauf innerhalb einer Weltperiode regelnden kosmischen Geschehen hat sich von Babylon über weite Gebiete verbreitet und bis zur neuesten Zeit erhalten. Die in der indischen Astrologie eine so wichtige Rolle spielenden Tabellen von den Unheil oder Segen stiftenden Kometen finden sich als grundlegende Momente der dort herrschenden Prädestinationstheorie in spätester Zeit wieder. Ihre Unabänderlichkeit im Laufe tausendjähriger Überlieferung beweist ihre fundamentale Wichtigkeit für die gesamte orientalische Weltauffassung. — In Israel blieb der ursemitische Gestirndienst, durch Babylon erneuert und verstärkt, eine Gefahr für die monotheïstischen Kreise. Jahwe hat Lichtnatur (2. Mos. 33. 22). Sie teilt sich Moses (2. Mos. 34. 29—35) und allen Frommen (Hen. 51. 5; und öfter) mit. Als Herr Zebaoth, Herr der himmlischen Heerscharen, ist er zunächst mit Sternen, von denen manche, wie Saturn [Kaiwan: Amos 5. 26], wohl schon in gemeinsemitischer Urzeit verehrt wurden, umgeben. Erst später bilden Engel seinen Hofstaat. Die Vermählung von Göttern mit Menschen, abgeschwächt zur Vermischung von Göttersöhnen (Engeln) mit Töchtern der Menschen, gibt ersteren ihre genealogische Stellung. Von I. Mos. 6. 1—4 und von Jes. 14. 12—15 ausgehend, wird diese Vorstellung bei Henoch (6. 7; 8. 3; 69. 2) fortgesponnen und im Neuen Testament reflektiert. Zum Sturz Helâls in der angezogenen Jesaja-Stelle ist die Erscheinung der Geister der Sonne und des

Mondes (Samsav- el und Sari-el), als gefallener Engel, zu vergleichen. Die Erscheinungen von Simson und Henoch, der 365 Lebensjahre hat, sind sicherlich solarer Natur. Die Gestirne ziehen als feurige Wagen am Himmel dahin, von deren Abbildern eines bis zu Josias Zeiten im Tempel von Jerusalem stand (2. Kön. 23. 11). Die Entrückung von Elias und Henoch läßt sich anders als solar nicht verstehen. Der Islâm kennt noch die Vorstellung vom Leuchten des Antlitzes der Frommen beim jüngsten Gericht, und vom Engelwesen, von denen ein Cherub das Reittier Jahwes ist. Das Alte Testament bekämpft die übermächtig hervortretende Gestirnreligion (5. Mos. 4. 19; 2. Kön. 23. 11; Ez. 8. 16); dem strengen Monotheïsmus des Islâm widerspricht sie vollkommen.

Nächst schwachen Anklängen an einen Gestirnkultus finden sich solche an die Verehrung der Elemente. Die Erde von der Stelle, an der ein Mensch sich erschreckt hat, wird (offenbar als diesen Schrecken verursachend, d. h. als verderblich) bewahrt und durch Entzauberung geheiligt. Erde von der Schwelle des Hauses übt auf diejenigen, welche sie überschreiten, einen magischen Einfluß aus. Von Kreuzwegen entnommen, dient sie dem bösen Zauber, denn dort hausen Dämonen. Ehemals gehörte der Boden den Ba'alim. Nur soweit deren Herrschaft reichte, konnten religiöse Akte vollzogen werden, deren einer namentlich der Schwur war. Man umkreiste die Stätte des unter freiem Himmel geleisteten Eides mit dem Schwerte, man streute sich Erde der eignen Bodenscholle auf das Haupt. Ein syrischer Hauptmann (2. Kön. 5. 17) beladet zwei Maultiere mit palästinensischer Erde, um über dieser im fernen Syrien seinem Jahwe opfern zu können. — Die alte Heiligkeit des Feuers zeigt sich im heutigen Islâm noch in der Sitte, dies Element, bevor man es, namentlich mit Wasser, auslöscht, in formelhafter Weise um Erlaubnis dazu zu bitten. Die Furcht vor Jahwe und gewissen seiner Engelklassen sowie seinen Waffen reflektiert — denn Jahwe selbst hat vorwiegend Feuernatur — die alte Angst vor diesem Element. Das feurige Schwert der Cherubim gehört hierher. — Waffen werden seit Urzeiten gefürchtet und magisch bewertet. Der heutige Moslem trägt Amulette in Form von Speeren, Keulen, Äxten, Säbeln, Scheren usw. Auch Verteidigungswaffen werden angewendet: Die bulâde ist ein aus einzelnen Kettengliedern von Eisendraht geflochtenes, panzerähnliches Amulett. Das Eisen als solches wird geehrt und nimmt im Amulett-Aberglauben die vornehmste Stelle ein. Der Schmied, der es bearbeitet, gilt überall als Zauberer. Der Moslem fürchtet sich, ihm oder einem Juden zu begegnen und erwartet davon Unheil. In Hufeisenform wird das Eisen als Amulett verfertigt oder das Hufeisen einer edlen Stute zu zauberabwehrenden Armringen verwandt. — Auf Kreta sollte sich das Labyrinth befinden. Es hatte vielleicht von der heiligen Doppelaxt (labrus) seinen Namen. Der dort im Flor gewesene altachäische Gottesdienst war, wie gegenwärtig der muslimische, bildlos. Die Kampfsymbole sind überhaupt urälteste Darstellungen des Göttlichen. Sie ersetzen gewissermaßen den Bilderkultus.

Der moderne Moslem verwendet im unheiligen Zauber die so streng verbotenen Bilder. Selbst in Moscheen sind sie nicht unerhört. Früher gab es in jedem Hause in Mekka ein Götterbild, das die Bewohner desselben anbeteten. Wollte jemand eine Reise antreten, so strich er unmittelbar vor seinem Weggang aus dem Hause mit der Hand über das Bild und dann über sich selbst hin. Dasselbe tat er unmittelbar nach dem Eintritt in das Haus bei seiner Rückkehr. Das Streicheln der Idole kommt deren Salben und Küssen gleich. Es soll durch leibliche Vereinigung die in dem Gegenstande vorhanden geglaubte magische Kraft auf den Verehrer übertragen. — Die streichelnde Gebärde des Auflegers der wirkungsvolleren rechten Hand vermittelt die Segensübertragung (Gen. 48. 13ff.). Jakobs Segen, den dieser sich erschlichen hat, kann nicht wieder zurückgenommen werden. Der auf Menschen, Tiere und Gegenstände übertragene Segen steckt diejenigen an, die mit den gesegneten lebenden oder toten Einheiten in Berührung kommen. Wer von Jahwe gesegnet ist, wird selbst zum Segen (Gen. 12. 2; Ps. 21. 7). — Will man jemanden schädigen, so bringt man Substanzen, wie etwa Alaun, zum Schmelzen und sieht darin die Parallelerscheinung des Feindes, ohne daß eigentliche Menschenähnlichkeit vorzuliegen brauchte. Wenn man darauf in den Stoffklumpen beispielsweise zwei Löcher macht, so glaubt man, dem Feinde die Augen ausgestochen zu haben.

Der von Muhammad verordnete bildlose Dienst ist aber durchaus die Regel und uralt. Noch heute zeigen die wichtigsten Heiligtümer Palästinas keine Idole, sondern symbolische Gestaltungen des Göttlichen. Der Tempel des Mâr Dschirdschis trägt einen etwa vier Fuß hohen heiligen Pfeiler, auf welchem Kerzen brennen und um den man das Opfertier dreimal herumführt. In vorislamicher Zeit setzten die Araber vor ihr Heiligtum einen Stein hin, der das Bild der Gottheit vertreten konnte und durch Umkreisung und Opfer geehrt wurde. Diese monolithische Verkörperung der Idee des Heiligen, die bis zur Vätergeschichte des Alten Testaments zurückgeht und dem Wesen des Semitentums seit unausdenklicher Zeit eignet, wiederholt sich in der Verehrung des heiligen Steins zu Mekka.

Die in den Naturgegenständen schlummernden Kräfte durch adäquate Handlungen zu wecken und in den Dienst des einzelnen zu stellen, sie seinem Machtwillen und seinen Interessen untertan zu machen, ist die Magie, der Zauber, berufen. Die Religionsstifter haben ihn abgelehnt. Was Goethe von Christus sagt:

> „Wer ihn selbst zum Gotte machte,
> Lästert seinen heiligen Willen"

gilt auch von Muhammad. Die Zeiten des religiösen Verfalls haben aber auch in ihm in erster Linie den Wundertäter und Magier gesehen, und ihm gleichartige Heilige an die Seite gestellt. Schließlich wurden sogar Priester und fromme Männer mit solchen Gaben und entsprechendem Willen ausgestattet. Dem orthodoxen Moslem freilich muß der Zauber schon deshalb als religionswidrig erscheinen, weil schwere Fälle desselben einen Eingriff in die alleinigen Rechte Gottes bedeuten und deshalb die größte aller Sünden heraufbeschwören: das Abweichen vom Monotheïsmus. Dies gilt besonders dann, wenn die Magie in den Gang der Himmelskörper eingreifen oder die Mächte sich untertan machen will, die unter dem alleinigen und direkten Oberbefehl Gottes stehen. Der Magier wird dann eben selbst zum Gott. — Die Sünde gegen den Menschen, etwa gegen ein Stammesmitglied, wird nicht gleich ernst aufgefaßt und schwer bestraft. Allerdings ist jede „schwarze Magie", die das Tageslicht zu scheuen hat, verboten. Unter entsprechenden Umständen ist auch im Judentum die Zauberei verpönt. Leider hat sich durch solche Verbote die Gesinnungs- und Handlungsweise der Wunderkünstler eher verschlechtert als verbessert: durch bloße Äußerlichkeiten wie namentlich die Nennung des Namens Allâhs, wird eine bösartige Manipulation erlaubt oder doch straffrei gemacht. Die übliche Moraleinstellung zu diesen Delikten ist völlig verkehrt; die Justiz urteilt rein formal und will den Himmel statt der Erde, Gott statt der Menschen schützen.

Der Zweck der Zauberei umfaßt alle Wünsche des Moslem: sie soll Schutz gegen gefährliche Menschen und Tiere, Diebe und Brandstifter, Niederlage im Kriege und Gefangennahme, Verwundungen und Krankheiten verleihen; sie will sogar Mittel finden, ein übles Leben zu bereuen oder die jenseitige Strafe zu erleichtern, indem dem Toten die Möglichkeit gegeben wird, das Verhör seitens der himmlischen Ankläger zu seinen Gunsten zu gestalten; sie panzert gegen Verleumdung, Liebe und Eifersucht; läßt Reichtümer gewinnen, Schätze entdecken, Gold herstellen, in Handel und Industrie, Jagd und Fischfang Glück haben; Eintritt bei den Großen erlangen, unverwundbar machen, entlaufene Sklaven wiedergewinnen, einen Verlorenen finden, ein Schiff retten; Mut und Klugheit sein eigen nennen; Menschen, die sich hassen, namentlich auch zankende Ehegatten, sich wiedervereinigen; sich Unsitten, darunter den (im Islâm verbotenen) Weingenuß abgewöhnen; sich unsichtbar machen, sich (körperlich) in die Ferne versetzen. Der bösartige Zauber ermöglicht es, einen Unterdrücker zu vernichten, Brände zu stiften, Krankheiten zu verbreiten, Zwietracht zu säen, eine schwangere Frau abortieren zu lassen, ein Schiff zum Kentern zu bringen, einen Pfeil auf den Absender zurückzuschicken, einen Menschen niederzustrecken, und zu vielen anderen Zwecken. Sehr selten dient der Zauber sozialen Zwecken, namentlich auch der Erzeugung von Regen. Doch wurde, als ich in jenen Gegenden war, der damals völlig aussetzende Regen dadurch, daß man in feierlicher Prozession sich zum Grabe eines Heiligen begab und dessen ausgegrabene Gebeine mit Wasser begoß, tatsächlich hervorgezaubert: wenige Stunden später setzte ein fürchterlicher Platzregen ein, der die Wege des Wüstenrandes ungangbar machte. Dem Aberglauben wird es niemals an Beweisen für seine Richtigkeit fehlen. Im vorliegenden Falle handelte es sich um einen sogenannten Analogie-Zauber: das geopferte Wasser soll das des Himmels herbeizwingen.

Der Zauberer kann auch mit Geistern verkehren und den Naturkräften gebieten; er kennt die Geheimnisse der Dämonen, nimmt an ihren Versammlungen teil und treibt wohl gar mit ihren Weibern Unzucht. Mit gewissen Zaubertieren steht er in innigem, offenbar auch geschlechtlichem Verkehr und kann sich in sie verwandeln. Seine Weisheit vererbt sich zugleich mit seinen Instrumenten und Zaubergegenständen (Amuletten), die durch ihr Alter immer kostbarer werden, vom Ahnherrn auf den späten Enkel. Im Zauberspruch wird aber vorzugsweise der Name der Mutter genannt — eine bedeutsame Erinnerung an das uralte Matriarchat, das, aus der Zeit der Sippengemeinschaft (nicht Ehe) stammend, Name und Rechte der Mutter, nicht des Vaters, kennt. — Die Kraft des Zaubers beruht immer auf seiner Geheimhaltung. Dies gilt auch von den Wundern der tierischen Auswirkungen. Die Entdeckung des magische Macht verleihenden Spruches macht diesen unwirksam. Mit seiner Hilfe versucht man, den Teufel zu betrügen. Die muslimische Frau hängt Münzen, die sie an einer Kette befestigt hat, um ihres Kindes Hals. Sie sollen den Kaufpreis des Trägers darstellen und besagen, das Kind gehöre nicht seiner Mutter sondern sei an Fremde verkauft. In diesem Falle wirken Geldstücke als Amulette. Selten sieht man einen Moslem, der nicht ein solches trüge. Sehr häufig hat er deren mehrere. Sie bestehen oft aus Perlen oder perlartig gereihten, scharfriechenden Holzarten oder Früchten, werden mit Moschus und Ambra durchtränkt und häufig blau gefärbt. Überaus gewöhnlich ist die aus Metall hergestellte „Hand der Fâtme". An ihr soll aller Zauber abprallen. In manchen Gegenden gibt es kaum ein Haus, an dem nicht das Bild einer Hand roh auf die Tür gemalt wäre. In der Hand als ältestem Werkzeug liegt wunderbare magische Macht. — Unter den Mineralien tritt das Alaun hervor. Stücke davon, namentlich in dreieckiger Form, werden fast von jedem Kinde getragen. Man liebt blanke und blitzende Gegenstände: Muscheln, besonders Perlmutter. Sie werden um die etwa erkrankte Körperstelle gebunden, um den dort sitzenden Dämon zu vertreiben. Am häufigsten aber sind Gegenstände, die ein Auge darstellen und vor dem „bösen Blick" schützen sollen. Der Aberglauben an die Magie eines abnormen (deshalb im semitischen Orient: blauen), triefenden oder anderswie entarteten Auges, ja des Auges als magischen

Machtmittels überhaupt, ist über die ganze Welt verbreitet. Ihm wird Elend aller Art zugeschrieben. Meist ist es Neid, der seine gefährliche Anwendung zeitigt. Schon der persische Dichter Firdôsî läßt bei der Thronbesteigung eines Schahs dessen Granden für den Herrscher bitten: „[Gott], beschütze ihn vor dem bösen Auge." Man trägt zu diesem Zwecke gleichartige Gebilde aus Stein („Pfauenauge") oder stellt Glasaugen her oder malt augenähnliche Gebilde. — Solche Amulette werden auch von Christen nicht verschmäht: diese tragen die Hand der heiligen Maria, wie die Juden die Gottes.

Im Zauber werden Tiere, Pflanzen und Steine im weitesten Umfange verwertet. Der Islâm sieht im Menschen den Herrn der Welt, das Tier gilt ihm als seelenlos. Nur die heilige Legende kennt gewisse Ausnahmen. Das Märchen steht auf viel naiverem Standpunkt. Auch der Volksglaube spricht von Zaubertieren und sieht in manchen derselben verwandelte Menschen (Schildkröte, Stachelschwein, Affe), die gefährlich werden können. Als Unglück abwehrend gilt der Wolf. Er ist das einzige Tier, vor dem sich die Dämonen fürchten, und wird deshalb im Amulett bildlich wiedergegeben. Selbst lebende junge Wölfe sah man als Beschützer von Kindern! — Es gibt Schicksalstiere: Haustiere wie Hund und Katze gelten als wahrsagend. Eine Katze, die ihren Herrn anblickt und sich dabei das Fell glättet, weissagt Gewinn. Die Vögelwahrsagung war bei den alten Arabern sehr im Schwange. Das Wort têra bezeichnet im Arabischen einen Vogel, dann ein Wahrzeichen. Die befreite Seele konnte Eulengestalt annehmen. Die Eule war deshalb ein Unglücksvogel. Rabe und Kuckuck sind ebenfalls wahrsagend. — Von vielen Tieren trägt man Körperteile als Waffen: Schlangenköpfe, Löwenklauen, Stachelschweinkiele, Wolfszähne, oder benutzt die inneren Teile, um sich unsichtbar zu machen oder andere Vorteile zu gewinnen, so z. B. das Herz des Schakals oder der Eule. — Jede Pflanze wirkt heilend, zauberabwehrend oder wundertätig. Ein Araber, der das Kraut kerbiûma in der Hand hielt, erklärte, damit Blei in Gold verwandelt gesehen zu haben. Ein weiser Magier warf vor seinen Augen ein wenig davon auf mehrere Pfunde Blei. Es verwandelte sich sofort in reines Gold. Die Edelsteine haben ihre eigne Bedeutung. Juwelen wurden in Ringe gefaßt und später mit Inschriften versehen, die durch ihren Zauber dem Träger Glück bringen sollten. Als Uthmân den Ring des Propheten verlor, zog man daraus für den Islâm die finstersten Schlußfolgerungen. Der Ring Salomonis soll besondere Macht in sich bergen. Der Analogiezauber zeigt sich hier wirksam: der Blutstein wird gegen Nasenbluten angewandt, Korallen gegen Blutungen im allgemeinen.

Die Zauberformel kennt und nennt den Namen des von ihr Betroffenen, die medizinische Mantik den des heimsuchenden Krankheitsdämons. Im Namen selbst liegt eine ausgesprochene Magie. Er ist „nach Anschauung der Alten ein wesentlicher Bestandteil sowohl der lebenden Wesen als auch der leblosen Gegenstände. Im Namen offenbart sich der innere Kern und der Charakter von Dingen und Personen." Darum heißt es: „Die Anrufung (Beschwörung) ist die Waffe der Gläubigen." Der größte Name Gottes ist den Menschen unbekannt, obgleich seine Existenz gewiß ist. Nur die Propheten und die Heiligen sollen ihn kennen. Es liegt in ihm ein hoher magischer Zauber. Aischa soll gesagt haben: „Mein Gott, ich rufe dich mit dem Namen an, welcher, wenn man dich mit ihm anbetet, es verursacht, daß du entschuldigst; wenn man dich mit ihm um etwas bittet, es gewährst; wenn man dich mit ihm anfleht, du Mitleid hast; wenn man dich (im Unglück) mit ihm anruft, du tröstest." Muhammad gab sehr viel auf das Omen, das im Namen liegt. Er verwandelte heidnische Namen in muslimische. Umtaufungen dieser Art, die aus dem Saulus einen Paulus machen, liegen in weitester Verbreitung vor und bezwecken nicht bloß, den Schutz des neuen Gottes, sondern in erster Linie dessen Macht zu erlangen. Ferner schuf Muhammad die ominösen, mit der Persönlichkeit des Trägers verbundenen Ideenbeziehungen zu heilvollen um. Den von einer Schlange Gebissenen nannte er „den Gesunden", die linke Seite „die Glückliche", den Aussatz die „gesegnete" Krankheit. Das Alte Testament, noch mehr das spätjüdische Schrifttum, kennt die Vernichtung einer Person durch Vernichtung ihres Namens, Schöpfung einer Person (und Sache) durch Schöpfung ihres Namens (Gen. 1; Deut. 29. 19; Exod. 17.14 u. öfter). Der Name Gottes befindet sich in jedem Talisman. Umgekehrt wird jedes Blatt Papier dadurch, daß es Allâhs Namen trägt, heilig. Aus dem Qurân sind die verschiedensten Namen und Attribute Gottes entwickelt worden. Sie alle sind zauberkräftig. Schon der Prophet soll gesagt haben, Gott habe 19 Namen und derjenige, der sie kenne und im rechten Sinne gebrauche, gelange zum Paradies. Diese Namen werden in mythische Figuren eingezeichnet oder in ihrem Zahlenwert gegeben. Die Theologie kennt 99 „schöne" Namen Gottes; der hundertste, Allâh, der heiligste Name, bannt alle Teufel, vertreibt alle Krankheiten. Auch die der Engel, Dämonen, Propheten haben Zauberkraft. Bekanntlich findet sich diese Vorstellungsreihe bereits im Alten Testament. Der Name Gottes wird im Tempel zu Jerusalem verehrt. Er steht neben dessen Wesenheit als die eigentliche geistige Quintessenz von Gottes Person, wie neben dem Menschen sein Schatten, Spiegelbild oder sein Schutzgeist steht. Gott schafft die Welt nicht aus seinem Willen heraus, sondern durch Namensetzung. Daher die Anwendung von Geheimnamen, um deren Träger vor Verzauberung zu schützen; daher die Benennung schwächlicher Kinder mit dem Namen reißender Tiere, schon im alten Arabien wie im heutigen Judentum (Bär, Wolf): der Namenszauber sollte als Kraft in den Schwächling fahren. Mütter, die bereits mehrere Kinder verloren haben, nennen die Überlebenden (Spätgeborenen) 'aejsch: „der Lebende" bzw. 'aijscha: „die Lebende". Einige Wörter haben einen schlechthin Glück bedeutenden Klang und werden deshalb von Wohlwollenden in der Anrede verwendet. Der bekannte Segen bringende Gruß lautet: es — salâmu 'alaikum (Friede sei mit euch!); sâlim bedeutet „gesund". Glück bedeutende Worte finden sich auch in Büchern, Briefen usw. Besondere, dem Propheten zugeschriebene Aussprüche richten sich gegen den Mißbrauch des Glück bedeutenden Wortes. Unglück bringt das Wort nâr (Feuer), weil man dabei an das höllische Feuer denkt, Unglück die Nennung jeder bösartigen Krankheit. Man leugnet sie, indem man zu dem Patienten sagt: „Das Böse sei ferne von dir; was ist das für ein Gerede! du hast ja nur eine leichte Erkältung!" Man substituiert damit den Genius eines schweren Leidens gegen den eines leichten Unbehagens. Die beschwichtigenden Worte wirken als Schicksalszwang. Die Namen gefährlicher Krankheiten vermeidet man, um deren Dämonen nicht zu erwecken, nennt sie aber sehr gewissenhaft im medizinischen Zauber, denn der Geist des Leidens wird dadurch zum „Sklaven des Namens".

Die Buchstaben sind in die allgemeine kosmische Symbolik eingereiht. Wir erfahren von ihren Entsprechungen mit den vier Elementen, den Himmelssphären, den Planeten, Mondstationen, Bildern des Tierkreises. Nach dem Talmud erschuf Gott die Welt mittelst zweier Buchstaben. Diejenigen Zeichen, mit denen einige Sûren des Qurân beginnen, gelten als besonders heilig und zauberkräftig. — Die Schrift als solche wirkt magisch, wenn ihr Inhalt zauberkräftig ist. Zauberformeln werden an das Bett des Leidenden gehängt. Mit ihnen räuchert man den Kranken oder es werden die beschriebenen Zettel in reinem Wasser aufgelöst und getrunken. Wunderliches Schreibmaterial wird verwandt. Man taucht eine Myrtenfeder in Rosenwasser und beschreibt damit eine Kupferplatte oder Gazellenhaut. Die Schrift wird mit Öl abgelöst und die kranke Stelle damit eingerieben.

Der Inhalt des Geschriebenen wirkt zauberkräftig, wenn er von religiösen Lehrern, aus Wundergeschichten, alten Gebetbüchern, aus dem Qurân oder der Bibel stammt oder auf anderem Wege (namentlich auch durch Alter) geweiht ist. Wie bei uns die Bibel zum Gegenstand abergläubischer Anbetung gemacht, als Zauber- und Wahrsagebuch verwandt wird, wie aus deren einzelnen Teilen, ihrer Lektüre und deren endloser Rezitation unermeßlicher Segen für den Einzelnen entspringen soll (vgl. o.), so gilt das Gleiche vom Qurân. Unter seinen Sûren sind einzelne besonders geschätzt, und abermals innerhalb dieser gewisse Teile von vorzugsweiser Heiligkeit umgeben, so namentlich die ersten Worte der Fatiha, der Anfangssûre des Qurân: „Im Namen Gottes des Erbarmers und Barmherzigen". Sie standen auf der Weiche Adams, dem Flügel Gabriels, der Zunge Jesus'. Durch Hersagen schützen sie vor Dschinnen und anderem Unheil.

Den Zahlen kommt schon im alten Babylon eine mystische Heiligkeit zu. Sie sind Teile des kosmischen Weltsystems: sieben Planeten gibt es; sieben Erzengel, Dämonenfürsten; ebensoviel Wochentage; sieben Tage nach der Geburt findet die Beschneidung statt; der Moslem hat sieben Nächte lang sieben Gebetsverpflichtungen; siebenmal muß man die Ka'aba umwandeln. Die Siebenzahl ist aus dem Altbabylonischen entnommen. Von dort drang sie in die iranischen und indischen Religionen ein — ein wohl unanfechtbarer Beweis für die außerordentliche Verbreitung dieser suntischen Gebilde. Es gibt sieben Himmelssphären, denen die spätjüdischen, auch dem Islâm und dem Mithrazismus eignen sieben Himmel entsprechen. Sieben Hauptgottheiten kennt der alte Babylonier. In einer Beschwörung des Bildes der Siebengottheit heißt es: „Sodann vor die sieben Bilder mit Flügeln, vor das Bild des Nergals, stelle dich hin und vor den sieben Bildern der Siebengottheit . . . sprich also . . ." Die Form dieser Beschwörungssprüche zielt auf eine magische Wirkung durch Nennung des Wortklangs von sieben hin. — Die Geographie der alten Welt ist ohne den Kultus dieser Zahl ebensowenig zu verstehen als ihre Kosmographie und ihr Göttersystem (das übrigens auch seinerseits den Parsismus mit seiner Siebenzahl der Hauptgottheiten grundlegend bedingt hat). Noch heute existiert in persischen Gegenden die Vorstellung von der Gliederung der Erdfläche in sieben konzentrische Parallelzonen; sie ist uralt, den indischen und spätiranischen Systemen gemeinsam. Da Himmelsbild gleich Weltenbild ist, gibt es oben wie unten sieben Zonen, Flüsse usw. Die Mystik der bloßen Zahl reicht über die alte Welt und schließt fünf Jahrtausende zu einer Einheit zusammen: durch die römischen Kurpfuscher lernten wir die babylonische Weisheit von sieben Krankheitsdämonen und sieben Heilmitteln gegen sie. Sieben Kräuter werden gemeinschaftlich verwandt. Mit Erstaunen sehen wir die Verwendung von sieben Gewächsen zu Zauberzwecken im jungen Indien (das saptadhārya). Durch Addition und Subtraktion der heiligen Größen werden andere magische Ziffern gebildet. Die Mathematik verdankt diesen Spekulationen wahrscheinlich ihren Ursprung. — Die Mystik der Zahl zeigt sich auch in der erwähnten Abneigung der Juden gegen Volkszählungen (2. Mos. 30, 12; 2. Sam. 24, 10). Die Furcht vor statistischen Aufnahmen solcher Art hat sich in Nordafrika erhalten und erschwert die Verwaltung dieser Länder.

Die schwarze Magie unterscheidet sich von der weißen durch die Mittel, die sie anwendet, wie durch ihren Zweck. Sie sucht das Dunkel der Nacht, verkehrt fromme Sprüche durch Entstellungen und religiöse Riten durch Verwendung unheiligen Materials. Sie sucht nicht mit Hilfe Gottes, sondern des Teufels Ziele zu erreichen, die dem einzelnen oder der Gemeinschaft gefährlich sind. Das Aufkommen der Priesterschaft ist wahrscheinlich der allgemeinen Furcht vor ihren Praktiken zu verdanken. Der schwarze Zauberer arbeitet mit Formeln, die aufgeschrieben und da verborgen werden, wo sie dem Feinde am meisten schaden können: in seinen Kleidern, seinem Bett, unter der Schwelle. Er bemächtigt sich der Haare oder Nägel, des Blutes oder Schweißes, desgleichen der Kleider oder deren einzelner Fetzen, deren Verzauberung dem Besitzer Unheil bringt. Oft werden Stücke davon oder Abbilder der Person des Feindes oder einzelner seiner Körperteile verbrannt. Die gottlose Magie findet ihren Höhepunkt in den bereits erwähnten, auf muslimischem Boden nicht sicher nachgewiesenen Vereinigungen der Hexen und Zauberer zu gewissen Zeiten (Hexensabbaten), an bestimmten geheimen Orten unter Nachahmung religiöser Riten (Teufelsmessen). Bei der Ausmalung solcher Szenen verirrt sich die geängstigte Phantasie in die Labyrinthe wüstester Unappetitlichkeit und Obscönität. Vielfach werden Leichenteile verwendet, die als Mittel gelten, ihre Ohnmacht und Gefährlichkeit zu übertragen. Wenn eine untreue Frau ihren Gatten über ihr Verhalten hinwegtäuschen will, so benutzt sie beispielsweise Teilchen eines Leichnams oder Gegenstände, die einen Leichnam berührt haben. Auch frisches Blut wird böswillig zu Zauberzwecken verwendet. — Das scheußliche widernatürliche Laster des Verkehrs mit Menschen gleichen Geschlechts oder gar mit Tieren unter dem Deckmantel religiöser Riten ist das Finsterste, was wir auf semitischem Boden als im Versteck vorhanden annehmen müssen. Der Schädling wird sofort getötet. Todesstrafe besteht ebenfalls, auf Grund biblischen (ergebnislosen) Verbots auf dem Zauberwerk überhaupt (2. Mos. 22. 1; 3. Mos. 20. 27; 4. Mos. 23. 23; Mich. 5. 11).

Da im Atem die Seele lebt, macht der Hauch böser Wesen (der Sorge in II. Faust) und gefährlicher Magiker den Betroffenen krank oder erhöht die Gefährlichkeit von Zaubergegenständen, zu denen namentlich Knoten (im Gürtel der Braut, die dann unfruchtbar wird) gehören. Wer die Sûre 113 spricht, sucht Schutz „vor dem Übel derer, welche die Zauberknoten anblasen". — Auf die nachbiblische Zauberei des Judentums, das sie eifrig kultivierte, können wir hier nicht mehr eingehen. Als größter Weiser gilt bei Juden und Moslems seit alters Salomo. Schon Josephus setzt ein Zauberbuch Salomonis voraus, das an die Benutzung seines Siegelrings anknüpft. Die auf diesem befindlichen Zeichen schlossen den großen Namen Gottes in sich und verschafften ihrem Träger die Herrschaft auch über Tiere und Dämonen. Noch heute findet man Nachbildungen des Siegels überaus häufig im ganzen nördlichen Afrika.

Die Dämonen, gegen die es mit diesen Mitteln zu kämpfen gilt, reflektieren die urzeitliche Furcht vor der unbestimmten, aber möglicherweise gerade im gegebenen Augenblicke wirksamen Macht, die irgend etwas mißlingen lassen könnte. Die Geisterfurcht beherrscht den Bauern und Nomaden so sehr, daß man die größten Schwierigkeiten hat, ihn des Abends in ein Gewölbe, eine

Höhle, ja auch nur auf die Straße zu schicken. Muß er es tun, so ruft er den Namen Gottes oder des Propheten an oder rezitiert die Anfangssûre des Qurân. Der Christ schlägt Kreuze, vor denen die Dämonen Furcht haben sollen. An bestimmten Tagen der Woche, des Monats und Jahres sind die bösen Geister besonders gefährlich. Deshalb unterläßt man dann am besten jede nutzbringende Tätigkeit. Der fromme Jude zündet am Sabbat, der diesen Verboten den Charakter des Feiertags verdankt, keine Zigarette an, weil die Wachrufung des Feuers als Arbeit gilt. Nach hebräischer Dämonologie ist der Freitag ein Unglückstag und der Erschaffungstag der bösen Geister. Auch der Moslem vermeidet dann aus Dämonenfurcht manche Tätigkeit, allerdings nicht den Eheabschluß, der gerade dann angeraten wird. Am Mittwoch hingegen unterläßt man am besten alles. An beiden Wochentagen darf man z. B. keine Kinder baden. Die heidnischen Araber haben drei Monate im Jahr als Unglückszeiten für Raubzüge betrachtet.

Die über den Menschen waltenden Dämonen haben keinen ausgesprochenen Charakter; sie können böse, aber auch gut sein. Der Erfolg des Unternehmens des einzelnen entscheidet darüber, mit welcher Art von Geistern er es zu tun hatte. Selbst die Dschinnen gehen mit Menschen nahen Verkehr ein, leben, wie sie, in Staaten zusammen; schließen mit ihnen Ehen ab; gebären, wie irdische Weiber, und lassen sich von diesen Hebammendienste leisten — in jeder Hinsicht unseren Zwergen ähnlich. Sie besitzen die Gabe der Verwandlungsfähigkeit (werden zu Schlangen, Skorpionen, Ziegenböcken, Ochsen, Katzen, Raben, d. h. dämonischen Tieren). Besonders gefürchtet sind die ghûl. Diese Geistergruppe nistet vor allem auf entlegenen Plätzen, namentlich in der Wüste, wo sie Trugbilder vorzaubert und in grauenerregender Gestalt auftauchend, Schrecken einflößt. Jede beliebige Form steht ihnen zur Verfügung. Sie reiten dämonische Tiere wie Schakal, Gazelle, Stachelschwein; erscheinen auch halb als Tier, halb als Mensch. — Der Wohnsitz der Dämonen im weitesten Sinne ist die ganze Erde. Kein Element ist vor ihnen sicher, selbst im Erdinneren verbergen sie sich, so namentlich an den Stellen, aus denen heißes Wasser hervorbricht. Werke von Menschenhand sind von ihnen besiedelt. Auch hier können sie zugleich nützen oder schaden. In der Schleusenkammer der im Orient so außerordentlich wichtigen Wasserräder wohnt ein afrît, den man durch Opfer zu besänftigen versuchen muß. Besonders gefürchtet aber sind die Krankheitsdämonen, namentlich solche von epidemischen Leiden. Sie heften sich an Kleider und andere Gegenstände, an schmutziges Wasser, auch verseuchte Brunnen, wohnen in Misthaufen und Abortgruben. Die von diesen ausgehende Gefahr ist richtig geahnt, der Weg zur Bekämpfung der Schädlinge aber sehr verfehlt: mit Zaubersprüchen beseitigt man keine Bakterien. Die abergläubische Erkenntnis ist der wissenschaftlichen zwar weit vorausgegangen, für sie aber fruchtlos geblieben. Das psychologische Grundmotiv ist ein ganz verschiedenes: dort heilige Scheu, hier tatkräftiger sittlicher Idealismus und faustischer Erkenntnisdrang, der die tiefsten Geheimnisse der Natur in langsamer Arbeit zu entschleiern wagt.

Nervöse und psychische Leiden werden von den Dschinnen vorzugsweise verursacht. Das Wort Medschnûn, „der vom Wahnsinn (auch Liebeswahnsinn) Heimgesuchte" stammt unmittelbar von „Dschinn" ab. Der Liebeskranke oder Epileptiker kann ohne sichtbaren Grund wie tot umfallen. Der Dschinn hat daran schuld. — Die Zeit seiner Tätigkeit ist oft die Nacht. Die nach ihr genannten lilîth sind blutsaugerische Vampyre mit langen Haaren. Sie legen sich in Weibsgestalt nachts auf den Kranken, verursachen Alpdrückenträume und schwere, namentlich auch auf erotischer Basis liegende Schädigungen. Der nordsemitische Glaube an sie ist alt. Aus Furcht vor ihnen, die sich in die Haare der Frauen einsaugen, bedecken rituell lebende Jüdinnen den Kopf oder umhüllen ihr Haupthaar wenigstens mit einem Netze. Andere Dämonengruppen „berühren" den Kranken (vgl. unser „Schlagberührung"); bisweilen „fährt" der Dämon in ihn „ein"; „befällt", „bindet" oder „schlägt" ihn. Von der sehr bösartigen Karîne ist manche Frau ihr Leben lang „behaftet" oder sie ist „in ihrer Gewalt" (arab.: makrûne von karîne wie medschnun von dschinn). Dieser böse Geist „legt sich" auf das kranke Kind; dann stirbt es.

Unter den Mitteln, die Geister abzuwehren, nennen wir außer Amuletten und Talismanen noch das Feuer, das durch Schlagen am Feuerstein, also in alter Art, erzeugt wird. Weil es die Geister der Nacht verdrängt, wird es dem Kinde in die Wiege gelegt oder an sie gehängt. Besonders wichtig aber ist der Weihrauch. Es gibt keine Zeremonie, keine ernste Anrufung der Geister, ohne daß es angezeigt wäre, irgend einen Duft zu verbrennen. In der schwarzen Magie wird travestierend auch die bekannte asa foetida, die scheußlich stinkt, gebraucht; selbst des schwer erlangbaren Bernsteins bedient man sich. Ferner verbrennt man die Geister, erschreckt und prügelt sie aus dem Körper des Leidenden heraus, fesselt und verjagt sie aus ihm durch Einatmung geeigneter Substanzen. — Daß auch die Liebe ein Krankheitsdämon ist, der quälen, ja töten kann, wußte der Semit seit langem. Frauen werden durch ihre Schönheit zu Massenmörderinnen. Ein arabischer Mediziner gibt verschiedene Rezepte gegen die Liebe: das beste Mittel, sich vom Liebesschmerz zu befreien, ist dies, daß man sich in den Besitz des Gegenstandes seiner Liebe zu setzen versucht. Ist dies unmöglich, so soll man eine andere Schönheit suchen, in die man sich verliebt und die die erste vergessen läßt; wenn man sie nicht vergessen kann, soll man sich dem Handel oder dem Studium hingeben, besonders dem der Grammatik und der Rechtswissenschaften (!). Falls aber diese vernünftigen Mittel, das Fleisch abzutöten, nichts nützen, muß man zur Magie seine Zuflucht nehmen.

Die Medizin, deren Gebiet wir damit berührt haben, ist der Zauberei entwachsen. Das arabische Wort ṭabîb (oder ḥakîm, d. h. Weiser) bezeichnet den Arzt; ṭibb (vom gleichen Verbum stammend) sowohl Zauberei wie Medizin. Die medizinischen Bücher der Araber sind mit Zauberriten durchsetzt. Oft ist es unmöglich, den magischen Ritus von der medizinischen Handlungsweise auszusondern. Der Araber hält unsere ganze Medizin für Zauberei und umgekehrt sehen wir in dem, was ihm in solchen Dingen bitterer Ernst ist, nichts als Aberglauben und Hokuspokus. Die quasi-wissenschaftlichen Grundlagen der semitischen Volksmedizin sind dem Hellenismus zu verdanken. Sie finden sich mit naturgemäßen Variationen, aber unverkennbarer Gleichartigkeit der systematischen Grundlagen, auch in Indien wieder und entstammen letzten Endes wahrscheinlich den Chaldäern. Der Mensch gilt hier als bloßes Glied des Kosmos und deshalb von den Einflüssen der Natur, namentlich der Gestirne als abhängig. Der von uns bereits angedeutete makrokosmische Universalismus zeigt im medizinischen System seine siderische Grundlage. Die wandelnden Himmelskörper (außer den unbekannten Planeten Uranus und Neptun) regieren durch geheime wie offensichtliche Natureinflüsse alles Leben auf der Erde; sie bilden und erhalten selbst die tote Materie. Ihnen ist Sommer und Winter, Kälte und Hitze, Trockenheit und Feuchtigkeit zu verdanken. Sie regeln das „Wachstum" der Metalle, Ebbe und Flut, Sturm und Meeresruhe. Im Zwange aller dieser Geschehnisse formt sich der menschliche Organismus in körperlicher, geistiger und sittlicher Hinsicht, wird modifiziert und vernichtet. In erstaunlicher Gleichartigkeit gilt diese Weltauffassung wie für den semitischen Orient so auch für Indien, ja, mit Modifikationen, für China. Sie wird dadurch zum Mittelpunkt des universalistischen Denkens eines sehr erheblichen Teiles der Menschheit überhaupt.

Die diagnostischen Mittel sind dem Orakel entnommen. Die Methode des Bleigießens deuteten wir bereits an. In ätiologischer Hinsicht spielt die Magie, namentlich der durch Kleider vermittelte Zauber, falls das Gewand des Leidenden böswillig behext ist, und ferner das böse Auge eine Hauptrolle. In therapeutischer Beziehung tritt das Waschen mit Urin (von Kamelen, bei Sekten auch von Kühen) und das Trinken von menschlichem Harn hervor. Auch dieser Brauch reicht bis auf die hebräische Frühzeit zurück. — Der Analogiezauber wirkt mächtig ein. Das verwandte Amulett trägt bisweilen die Form des Magens und wird auf den Magen gelegt, wenn es ihn heilen soll; der Schreck wird durch den Gegenschreck, die als „Frosch" bezeichnete Krankheit durch Amulette in Froschgestalt bekämpft. Wenn jemand fiebert, so legt ein Freund des Kranken einen weißen Faden, der die Länge des Kranken haben muß, in einen Sarg, und läßt ihn zusammen mit der Leiche in diesem begraben werden. Der Faden ist hier (wie anderswo ein Stein, der das Gewicht des Leidenden besitzen soll) der Stellvertreter des Kranken: man vernichtet diesen, um den Leidenden selbst zu retten. Es handelt sich hier also um eine uralteste Form der (stellvertretenden) Opferung. Sie ist nur denkbar, wenn Leib und Seele des Dahingegangenen in die Erde gebettet und in ihr wohnend geglaubt wurden. Die Sitte des Erdbegräbnisses hat dem Totenkultus die Wege gewiesen.

Dieser Brauch ist bei den Semiten vorhanden gewesen, solange wir sie kennen, auch in prähistorischer Zeit. Leichenverbrennungen finden sich nur ganz spät und selten, und zwar als Racheakte (man wollte die im Toten noch schlummernd gedachte Seele zugleich mit dem Körper vernichten) oder als ein von benachbarten Stämmen übernommenes, fremdartiges Element (so bei den Juden von Leontopolis). Steinhaufen bedeckten die Leichen der in der Wüste Umgekommenen und haben als Begräbnisstätten von Heiligen und Helden eine besondere Weihe erlangt. Die Sitte der Steinigung versucht, dem Rachedämon die Wiederkehr zu den Lebenden zu erschweren. Seine Rückkehr wird noch gegenwärtig gefürchtet. Wer an Grabstätten Unfug treibt oder gar die Totengebeine ausgräbt, verfällt der Rache von deren Geistern, die in Irrsinn, Krankheit und Tod besteht. Besonders sind diejenigen Toten gefürchtet, die keines natürlichen Endes gestorben sind oder die kein Begräbnis gefunden haben (vgl. Hes. 32. 23; Jes. 14. 15, 16). Die Furcht vor den Dahingegangenen war und ist überaus groß. Sie liefert den Beweis dafür, daß der Totenkultus eine Urform der semitischen Religion überhaupt war. Nach 3. Mos. 22. 4 bleibt derjenige, welcher einen durch eine Leiche Verunreinigten auch nur berührt hat, seinerseits bis zum Abend unrein. Die heutige Dämonenfurcht des Moslems ist ihrem Ursprung nach nichts als altsemitische Gespensterangst. Noch heute werden die alten rituellen Waschungen nach Berührung einer Leiche vollzogen. Auch die Toten müssen gewaschen werden. Die menstruierende Frau wird im höchsten Grade gefürchtet.

Die Seele erscheint oft im Traume. Die religionsgeschichtliche Bedeutung des Traumaberglaubens rührt zum großen Teile daher, daß die im Traum aufsteigenden Gestalten dem Geisterreiche zugerechnet werden. Gelbe und schwarze Farbe der Traumgewänder bedeutet den Tod des Träumers. — Viele, der Nacht, der Wüste angehörigen und unterirdisch wohnenden Tiere haben chthonischen Charakter. Dies gilt besonders von der Schlange, deren Klugheit die Paradiesessage rühmt. Das arabische Wort für Schlange (haije) ist mit dem für Leben (haiâh) verwandt. Wer deshalb von einer Schlange träumt, wird gesund. — Wie nach 4. Mos. 21. 8 das von Mose hergestellte eiserne Idol die Juden von der Schlangenplage befreite, so soll ein Schlangenbild, welches die Rennbahn zu Konstantinopel schmückt, nach dem dortigen Glauben die Stadt vor giftigen Tieren beschützen. In der großen Moschee zu Kairuan befindet sich eine Marmortafel, auf der eine Cypresse dargestellt ist. Die Eingeborenen nehmen an, daß sie eine durch Sîdi ʿOqba verzauberte

Viper sei und daß dieser Talisman die Stadt beschütze. — Unter den dämonischen Tieren nennen wir den (überall, namentlich in nassem Zustande gemiedenen) Hund, dessen klagendes Geheul den Tod verheißt, und die Eule. — Da die muhammedanische Lehre die Seele des Toten vor das jenseitige Verhör und von dort entweder in die Hölle oder in den Himmel versetzt, sind alle diese Lehren von den irrenden Geistern abergläubisch. Besonders kraß widerspricht der muslimischen Orthodoxie die von den Nossairiern gewahrte, bereits erwähnte Lehre von der Seelenwanderung. Nach der Vorstellung dieser Sekte kann die Seele des Verstorbenen nach Darbringung des Totenopfers aus einer über der Haustür befindlichen Öffnung hinauseilen und in den Leib eines vor der Geburt stehenden Kindes einfahren.

Dem allgemeinen Aberglauben gehört die Meinung an, daß in dem Toten und in allem, was mit ihm räumlich zusammenhängt, noch eine gewisse magische Kraft stecke, die der Lebende sich zunutze machen kann. Deshalb räuchert man Kranke mit dem Holzstück einer Totenbahre. Man entnimmt den Gräbern seltsame Gegenstände (Steinchen, Metallstücke); sie haben einen umso größeren Wert, je länger sie in der Nähe des Toten gelegen haben. Auch die unter der Schwelle des Hauses liegende Erde hat besondere Kraft. Früher fanden dort Leichen ihre Aufnahme. Die Beziehung zur Magie ist also eine chthonische. Die Erde aus dem Begräbnis eines Unbekannten (Vergessenen) dient dazu, alles Leid vergessen zu machen — Sympathiewirkung!

Nach altisraelitischer Auffassung war die Bestattung religiöse Pflicht. Die Gräber waren Steinhaufen oder in Felsen eingehauen (Jes. 22, 16; 2. Chron. 16, 14 und oft). Die Verweigerung der Bestattung, Zerstörung der Gräber, die den Toten ruhelos umherirren ließ, galt als größte Schande der Stammesmitglieder, furchtbarste Rache der Sieger und Feinde (Jer. 8. 1ff.; 16. 4ff.; 25, 33). In ältester Zeit befanden sich die Gräber an oder im Hause. So werden Joab (1. Kön. 2. 34) und Samuël (1. Sam. 25. 1) in ihren Häusern begraben. Der Verkehr mit den Toten setzte also gleich nach deren Hinscheiden ein. Es blieb der Wunsch jedes frommen Israeliten, nicht nur in seiner Vaterstadt (1. Sam. 28. 3), sondern in der Heimaterde (1. Mos. 47. 29ff.), womöglich im Erbbegräbnis (1. Mos. 50. 13), im Grabe des Vaters (2. Sam. 17. 23; 21. 14; 1. Kön. 13. 22) den ewigen Schlaf zu schlummern — dies Bild des Todes, das umgekehrt auch den Schlaf zum Tode macht, d. h. dessen Traumfiguren als Totengeister prophetisch erscheinen läßt, ist dem Alten Testament geläufig. (Auf das Höhlengrab Christi legt noch das Neue Testament großen Wert.) Dort, an und in Steinhöhlen und Steinhaufen hielten sich deshalb auch die Totenbeschwörer gewohnheitsmäßig auf. Dort zitierten sie die Geister der in ihren Gräbern noch mit Lebenskraft ausgestattet Geglaubten (Jes. 65. 4). Diese Gräber waren deshalb ebenso heilig, d. h. gefährlich, als ihre unheimlichen, schmutzigen und widerliche Speisen genießenden prophetischen Bewohner (ibid.), die sich selbst „Heilige“ nennen. Die frühesten Funde auf palästinensischem Boden geben von der Totenverehrung Zeugnis. Die in Palästina eingedrungenen Semiten stellten sich die Urbevölkerung des Landes als riesenhaft vor und gaben ihr den Namen Repha'îm, „die Schwachen“, d. h.: die Totengeister, Bewohner der Dolmengräber.

Als die Matten, Schwachen werden die Toten ganz allgemein im Alten Testament bezeichnet. Ihre Schatten waren kraftlos, die Stimmen wispernd, der Gang unsicher (Jes. 14. 10; 59. 10), ihr Wohnsitz die Gruft, die allmählich zur Scheol-Vorstellung, dem Stammesgrab, dem Hades der Welt führte (Ez. 32. 18). Grab und Scheol werden häufig miteinander verwechselt. Der Verfasser des Hiob denkt sich diese Stätte in den tiefsten Tiefen der Erde (26. 5), verschlossen durch Tore und Riegel (38. 17; 17. 16). Sie ist ewig lichtlos (10. 21 f.). Ihre Bewohner bleiben dort ganz so, wie sie es im Leben waren: der Unbeschnittene wird an der Vorhaut erkannt, der Prophet am Mantel, die Braut am Geschmeide (Jes. 61. 10). Der ehemalige Weltenherr dient zu Hohn und Spott (Jes. 14, 10 ff.). — Der Schlummer ist ein ewiger. Licht schauen sie nicht. Mit ihnen ist es aus nach uraltem Gesetz. Nacht und völlige Apathie — von keiner Gottheit, auch nicht von Jahwe belebt, den in der Unterwelt niemand preist. Erst späte Texte verändern ausnahmsweise diese Einstellung (Psalm 139, 7 f.; Jes. 25. 6—8; 26. 19), ohne damit der Volksüberzeugung Ausdruck zu verleihen. Die Totenerweckung des Ezechiel (Kap. 37) gibt lediglich der Hoffnung auf Wiederauferstehung eines jüdischen Nationalstaats Ausdruck. Sie wird unter Verwendung des noch vorhandenen körperlichen Materials der Toten durch Jahwes Wort, das dem Spruch der berufsmäßigen Totenbeschwörer entsprochen haben dürfte, vorgenommen.

Die Notwendigkeit des Todesloses war in alter Zeit nicht erkannt, ein inniger Verkehr zwischen Lebenden und Toten, die gespeist und getränkt werden mußten, vorhanden. Er beruhte auf dem mangelnden Verständnis für das Wesen des Todes überhaupt und zeitigte namentlich auch die Totenbeschwörungen sowie die (trotz der Verbote) starr erhalten gebliebenen Kultsitten. Die Toten erscheinen auch leiblich auf Erden, um den Lebenden zu raten und zu helfen. Sie heißen „die Wissenden“, die „Klugen“, hausen dämonistisch im Lebenden (3. Mos. 20. 27) und sprechen bauchrednerisch aus ihm. Der Glaube an die Prophetie der Ahnengeister und an ihr Einfahren in die Leiber Auserwählter ist überaus weit verbreitet. Der eigentliche Wohnsitz der Ahnengeister ist ihr Grab. Von dort aus erscheint der Tote entweder im Traume (das Inkubationsorakel Jes. 65. 4) oder auf Beschwörung dem Wachenden. Klassisch ist die auf Befehl Sauls von der Hexe von Endor heraufbeschworene Erscheinung Samuëls (1. Sam. 28. 7). Von Manasse ist überliefert, daß er in Jerusalem ein offizielles Totenorakel bestellte (2. Kön.

21. 6). Im alten Israel galt bis zu den Tagen des Exils die Totenbeschwörung trotz des deuteronomistischen Verbots (3. Mos. 20. 6—7), das in Opposition gegen die altsemitischen (kanaanitischen) Ursitten verfaßt war, als so alltäglich, daß noch Jesaja (8. 19) die Volksverführer reden lassen konnte: „Befragt doch die Totengeister..... soll nicht ein Volk seine Elohîm befragen? — um der Lebenden willen die Toten?“ Diese Elohîm sind natürlich Ahnengeister, sicherlich solche, die als Stammesväter ein besonders hohes Ansehen genossen und, kollektivistisch zusammengeschlossen, zum mindesten zur Entstehung des Gottesbegriffs im Sinne der Elohîm-Auffassung viel beigetragen haben. Denn eine Quelle des Alten Testaments bezeichnet Gott als Elohîm (Pluralis), d. h. als eine Mehrzahl von El's, von Wesen, die dem Ahnenkultus angehörten. Die Macht der Totenbeschwörer wuchs allmählich so weit, daß sie die Geister auch außerhalb ihres Wohnsitzes zitieren konnten: Samuel war zu Rama gestorben, während die Erscheinung seines Geistes zu Endor stattfand. — Neben weiblichen gab es männliche Totenbeschwörer (5. Mos. 18. 11; 3. Mos. 20. 27). Mit ihnen sympathisierten die Propheten. Auch sie waren von Geistern „beseelt“, bewohnt, allerdings vom Geiste Jahwes, was der Sache nach keinen Unterschied macht. Das Volk hielt sich hartnäckig an seine Wahrsagegottheiten und Zauberidole: die Teraphim, frisierte Puppen (1. Sam. 19, 11—17), blieben im Hause jedes frommen Israeliten als Selbstverständlichkeiten bis in späte Zeit (Hos. 3. 4). Von den urzeitlichen Steinkreisen, Steinpfeilern, die Monolithe waren, ging der Ahnenkult des palästinensischen Bodens auf die erobernden Israeliten über. In diesen Steinen wohnte der Ahnengott, wollte er verehrt werden. Absalom setzt sich selbst eine Maßebe („Malstein“), weil er keine Nachkommen hat (2. Sam. 18. 18); Jakob errichtet eine solche am Grabe der Rahel (1. Mos. 35. 20). Von dort aus beklagt sie ihre Kinder. Sie allein unter den Weibern führt eine Art von Fortleben nach dem Tode. Die Gräber der Erzpatriarchen sind an Stätten der Jahweverehrung (Jos. 24. 32; 1. Mos. 35. 8), die sich hier mit dem Ahnenkult verbündet, angelegt. Auf dem Grabe befindet sich wie am Platze der Gotteserscheinung ein Votivstein, der durch Ölspenden verehrt wird (1. Mos. 28. 18; 35. 20) und als Sitz der Gottheit, des El's (deshalb Beth-El, „Haus des El“ genannt) gilt.

Über die Trauerriten unterrichtet genau Jeremias 16. 5 ff. Danach war zunächst die Bestattung, sodann die Totenklage notwendig. Sie wurde laut veranstaltet und Familien- bzw. Stämmeweise vollzogen (vgl. Zach. 12. 10—15, wo bei dieser Gelegenheit Männer und Weiber voneinander gesondert erscheinen). Als Trauertracht kommt für die prähistorische Zeit die für gewisse Religiose bindend gebliebene völlige kultische Nacktheit vor (vgl. Mich. 1. 8). Auch die Sandalen wurden ausgezogen, das Haar mit Asche bestreut, oder man setzte sich in die Asche. Man kam damit den Gewohnheiten der berufsmäßigen schmutzigen Totenbeschwörer nahe. Das

Haar wurde, da es eines besonderen Schutzes gegen die Unterirdischen bedurfte (vgl. die Gestalt der Lîlîth), rasiert oder der Kopf verhüllt oder der Lippenbart zugedeckt. Ferner machte man sich Hauteinschnitte, nahm also Akte der Selbstverletzung in der Absicht vor, das Blut, offenbar als Stellvertreter des ganzen Wesens, den chthonischen Mächten zum Opfer zu bringen. Auch das Opferblut rinnt in eine eigens dazu angelegte Grube, fließt also den Dämonen zu. — Die Furcht vor dem Blute (auch der Wöchnerin und Menstruierten; vgl. 3. Mos. 12. 1—8) gehört der Urzeit an. Als kanaanitischer Kultgebrauch auf die Israeliten überkommen, wurden die Hauteinschnitte ergebnislos verboten (5. Mos. 14. 1; 3. Mos. 19. 27 f.), wie gleichfalls die Tonsur. Auch das Trauern in saq und Asche blieb erhalten. Der Saq, ein Schamtuch, war offenbar das zugelassene Minimum der Bekleidung. Auch die Ištar des babylonischen Mythus legt bei ihrer Höllenfahrt ein Gewand nach dem anderen ab. — Endlich wurden Trauerbrot und Trauerbecher gereicht, ursprünglich sicherlich auf die Gräber der Toten gesetzt (Sirach 30. 18 ff.) und von den Leidtragenden zugleich mit dem Verstorbenen genossen gedacht. Später fanden Leichenschmäuse im Hause bei der Leiche, die nach einem bis heute erhalten gebliebenen jüdischen Brauch alsdann so schnell wie möglich beerdigt werden mußte, statt. Der herumgereichte Trostbecher ist natürlich mit dem des Leidens identisch (Jer. 16. 7). Die Magie des Bechers beruhte teilweise darauf, daß ihr Inhalt magische Wirkungen hervorrufen zu können schien — man kennt Becher der Furcht und des Schreckens, d. h. solche, die Furcht und Schrecken vertreiben können — teilweise auf ihrer Spiegelung, die Zauberbilder hervorrief. Einen Zauberbecher besitzt Joseph nach 1. Mos. 44. 5.

Gegenwärtig bewegt sich das Totenritual in den Formen der muslimischen Religion, der Glaube an Ahnengeister aber ist geblieben und tritt in den palästinensischen und syrischen Gegenden mächtig hervor. Diese Ahnen heißen jetzt welis; sie sind dem frommen Moslem Heilige und Fürbitter bei Gott. Es gibt lebende welis. Bei den Beduinen heißen sie fagîr (arab.: fakîr) d. h. „Arme", weltentsagende Religiose. Meistens werden aber Tote damit bezeichnet, die in der Nähe ihrer Gräber sich aufhaltend gedacht werden. Da der weli-Glaube den an Gott bisweilen zu verdrängen in Gefahr ist, wird er in dieser Form von der muslimischen Orthodoxie verworfen. Die Wahabiten beispielsweise zerstören alle Grabkuppeln und geschmückten Gräber. Der Geist des weli schwebt dann aber über seiner alten Stätte, wie er vorher in ihr lebte oder, seinen Bereich segnend, schlummerte. Dort ist er Gott und hat göttliche Macht. Er verursacht die Fruchtbarkeit der Herden und Ernten, beschützt beide vor Unfall und Krankheiten, sowie vor Räubereien der Feinde seiner Umgebung. Er hört die Gebete seiner Verehrer, kann menschengestaltig erscheinen, ja Ehegatte sein, die Unfruchtbare zur Mutter machen.

Jeder tapfere Araber hofft zum weli zu werden. Viele glauben von einem solchen Ahn abzustammen, so daß deren Zahl sich ständig vergrößert.

Das Eigentum ist nur durch einen solchen Halbgott zureichend geschützt, ja, der Eigentumsbegriff geht aus der Vorstellung hervor, daß die Gottheit dem Menschen ein Stück von ihrer Habe überläßt. Der umzäunte Raum des Maḳâm, der heiligen Niederlassung, gehört dem weli. Kein Araber, auch wenn er auf Raub ausgeht, würde daran denken, in diesen Bezirk einzutreten. Die dort stehenden Bäume oder Baumgruppen, ihre Äste und Früchte, bleiben unversehrt. Manche Weinstöcke werden nicht angetastet. Hierauf pflegt man bei Besitzverschiebungen ausdrücklich aufmerksam zu machen. Das Land der Gottheit erstreckt sich oft meilenweit in die Runde, Pflüge und andere Ackergeräte, Bauholz und Getreide, auch Tiere, werden unter des weli Schutz gestellt und dadurch vor Diebstahl gesichert. — Diese Vorstellungen sind durchaus altsemitisch. Dem weli entspricht der Ba'al insofern, als beide Herrn ihres Bodens sind. Den Ba'alim müssen vom Landmann, dem Erbauer eines Hauses, versöhnende Geschenke dargebracht, der Boden muß ihnen gewissermaßen abgekauft werden. Ohne die ihnen zukommenden Opfer konnte schon im alten Israel keine gute Ernte erwartet werden. Wo der Herr nicht das Haus baut, arbeiten die Bauleute umsonst. Nach der Auffassung der Zeitgenossen des Hosea (2. 7; 2. 10—14) spenden die Ba'alim Getreide, Wein und Öl, Wolle und Flachs, Weinstöcke und Feigenbäume, kurz, alle Erträgnisse des Landes. Dies alles steht unter ihrem Schutz; die Erstlinge der Feldfrucht werden ihnen geweiht, indem man sie auf dem Boden beläßt. Das ewige Werden und Vergehen des gesamten vegetativen Lebens und der Natur, die sie beherrscht, findet seinen Ausdruck und wird im Sinne der alten Magie unterstützt und gefördert durch nachahmende, auf Mythen beruhende Handlungen vom gestorbenen und wiederauferstandenen Gott. Noch heute sind derartige quasi-symbolische Bezüge in gewissen Riten zu finden.

Der Aberglaube pflegt das Leben mehr als den Tod, das junge, lebenskräftige Wesen mehr als das dem Verfall entgegengehende zu schätzen. Das gilt auch in der islamischen Mantik, wenngleich nicht unbedingt. Vielmehr werden dort vorzugsweise Kinder und Weiber, die jenseits der Geschlechtsreife stehen, zu magischen Handlungen verwandt. Reife Frauen dagegen können Kinder verzaubern, indem sie über sie hinwegschreiten. Der Vater tritt in diesen Handlungen noch gar nicht hervor. Da auch Dschinnen und welis Kinder erzeugen können, gilt die Vaterschaft so wenig als feststehend wie bei der Urhorde. — Andererseits genießen Frauen und Kinder besondere Vergünstigungen. Wenn man ein Schwangerschaftsgelüst nicht erfüllt, so zeigt sich der gewünschte Gegenstand auf dem Leibe des Neugeborenen in irgendeiner widerwärtigen und angsterregenden Form. Die Schwangere, noch weit mehr die junge Mutter eines Sohnes, wird, wo nicht als Person, so doch als die Fortpflanzerin des Geschlechts ihres Mannes, hochgehalten, die Unfruchtbare oder Mutter von Mädchen aber verachtet. Das Alte Testament spricht diese antike Wertung des Weibes als Mutter von Söhnen immer wieder aus. Noch heute hat sich daran nichts verändert. Der brennende Wunsch der orientalischen Frau nach einem Sohn treibt sie zu vielen Verzweiflungsmitteln. Sie badet in Fruchtbarkeit verleihendem Wasser, in gewissen Quellen, aber auch im Meer, indem sie das Gelübde vollzieht: „Wenn ich ein Kind bekomme, gelobe ich dir, o Meer, ein Schaf.“ Tatsächlich sind Opfer am Seestrande in Massen vollzogen worden. Andere Gelübde gehen dahin, daß die Beglückte jährlich ein Tier opfern, ihren Sohn dem Heiligen weihen wird. Zahllose Zauberhandlungen werden zu gleichem Zwecke vorgenommen, die verschiedensten (oft sehr widerlichen) Medizinen verschluckt (darunter auch das semen virile), Amulette angelegt, Wallfahrten zu toten, aber auch zu lebenden Heiligen und Mönchen vollbracht. Der lebende Heilige kann nun tatsächlich den Wunsch nach Nachkommenschaft erfüllen und ist dazu auch unter der Maske der Nacht und unter Ausnutzung des Aberglaubens bisweilen in Wirklichkeit bereit. Das Baden in dem Wasser des Chidr ist selbst von christlichen Missionaren als tatsächlich erfolgreich hervorgehoben worden. Der Glaube vermag, wie in Lourdes, so auch dort Wunder zu wirken, die allerdings auf physiologischer Grundlage stehen müssen. Die Lehre Homers, daß Götter nicht erfolglos ihren Geschlechtsumgang treiben, hat zu der Tempelprostitution geführt, wo Weiber sich zeitweise oder dauernd innerhalb des geweihten Bezirks den Männern wahllos hingaben. Aus Altbabylonien ist diese Einrichtung ebenso bekannt, wie aus Indien und Ägypten. Noch heute dürfte sie im Versteck bestehen, wie bei den Israeliten des Alten Testamentes (5. Mos. 23. 18; Hos. 4. 14), bei denen namentlich die Priester es waren, die Tempelunzucht trieben. Nicht nur die niedrigstehenden Moslems, sondern auch palästinensische Christen sind mit ihr befleckt: die Heiligtümer am Karmel und zu Tabor kennen diesen Brauch. Der dort verkehrende Mann ist ein Stellvertreter des über der Stätte waltenden Geistes. Dieser kann auch im Traum befruchten. Der Traum wird allerdings der Wirklichkeit an Realität gleichgestellt. Es finden aber auch vergeistigtere Formen der Zeugung statt. Die vom nördlichen Buddhismus (wenn nicht vom Parsismus in irgendeiner Form) offenbar stark beeinflußte, mehrfach genannte Sekte der Nossairier bestreitet, daß ihre religiösen Schêḫ's Umgang mit Frauen haben und behaupten, daß deren Kinder durch Handbewegungen erzeugt werden, die von ihren Männern über die Leiber ihrer Weiber ausgeführt werden. Der hier zugrunde liegende Gedanke, daß der Geschlechtsverkehr eine erniedrigende Vorbedingung der Lebenserweckung sei, ist durchaus buddhistisch und in dessen nördlicher Form in ganz ähnliche Anschauungen gekleidet. Von dort ist er nach meiner Ansicht in Gestalt der Lehre von der Jungfrauengeburt in das Christentum eingedrungen; der Anschauung der semitischen Völker widerspricht er durchaus.

Die natürliche Geburt wird dadurch gehoben, daß sie auf heilige Stätten verlegt wird. Die Erde gebiert den Menschen, wie sie ihn im Tode aufnimmt. Deshalb werden Geburtshöhlen, Wohnsitze verehrungswürdiger Geister, heilig gehalten, so etwa die des Abraham in Berze bei Damaskus. Aus dem Höhlenkultus und dem Charakter der sakralen Höhlenbewohner (Jes. 65. 4; vgl. oben) unmittelbar hervorgehend, lernen wir die völlig dämonistische Vorstellung kennen, daß die Wöchnerin unrein sei, und zwar volle 40 Tage lang. Erst dann darf sie die rituelle Waschung vornehmen. Diese Bestimmung, (von 3. Mos. 12. 1—5) auf Grund von urvorzeitlichen Gebräuchen erneuert, ist noch heute im Islâm in Gültigkeit. Der bei der Geburt notwendige Blutverlust hat sicherlich dazu beigetragen, die junge Mutter den Unterirdischen zu nähern, aber er hat nicht allein dafür die Verantwortung. Der Zeitraum von 40 Tagen wird dem des Wochenflusses gleichgestellt. Der Geburtsvorgang als solcher gilt mit Recht als der heiligste Vorgang im primitiven, wie im modernen Sinne. Das Wunder des neu erstehenden Lebens ist von Magie, Verwunderung, Bewunderung, Heilighaltung umgeben.

Neben den Geburtsausscheidungen kommen die der Menstruation für den Aberglauben sehr in Frage. Nach Auffassung der heutigen Semiten bringt die Berührung menstruierter Frauen namentlich schwachen Personen, Kranken, Kindern und Wöchnerinnen, Gefahr und Tod, da das Blut auch hier den Unterirdischen zukommt, das junge Weib also dämonisch ist. Deshalb hütet sich eine solche Frau, Krankenbesuche zu machen, oder überhaupt, sich unter die Menschen zu mischen. Speisen, die sie berührt, verderben; Quellen, aus denen sie schöpft, versiechen. Sie darf keine Handlung der Volksmedizin vornehmen. Ihre eigenen Gewänder machen, mit anderen zusammengebracht, deren Besitzer krank; Kleider Dritter, am Leibe der Frau getragen, tun die gleiche Wirkung. Zu Zwecken des Schadenzaubers werden solche Handlungen häufig vorgenommen. Ausführliche Bestimmungen über die Behandlung Menstruierter gibt 3. Mos. 15. 19—28. Im Semitentum wie überall ist das Bestreben, namentlich die Fortpflanzungsfähigkeit einzelner Personen aufzuheben, bei Böswilligen sehr verbreitet. Es werden Schnüre, Gürtel, Kleiderstücke verknotet, um dadurch den Geburtsaustritt aufzuhalten (vgl. o.). Zahllose Geheimmittel von Hebammen usw. versuchen, Geburten zu erleichtern. Auch männliche Berater dieser Art gibt es in Menge. Selbst das Urbild aller muslimischen Trunkenbolde konnte einer auf dem Geburtsstuhl sitzenden Frau behilflich sein. Es kam nur darauf an, daß der Zauberer sich durch eine Durchbrechung der sittlichen Schranken, durch ein, „Anderssein", gefürchtet machte. Durch seine Willkür wurde der Mensch zum Gott und der Gott anbetungswürdig.

Unter den Vertretern und Vertreterinnen des Aberglaubens ist keine Gruppe gemeingefährlicher, als die der Medizinmänner und weisen Frauen. Wir erwähnten soeben die Hebammen, die noch immer ihr Handwerk treiben. Sie kennen die Grundlagen der bei Wöchnerinnen besonders streng gebotenen Reinlichkeitsvorschriften nicht oder gestalten sie vielfach im Sinne ihres Aberglaubens um. Durch törichte Rückschlüsse von der Eigenart des Neugeborenen auf die Veranlagung und das Verhalten der Eltern können sie in die Familien viel Unglück bringen. Ihnen sind die weisen Frauen verwandt, die Geister durch Zaubersprüche rufen, Krankheitsdämonen beschwören zu können vorgeben. Sie räuchern, waschen und sagen Zauberformeln her. Ihr Ansehen beruht auf ihrem Alter und ihrer „Erfahrung". — Als weiteren Repräsentanten eines alten Typus erwähnen wir die „Seherin". Sie geht von Haus zu Haus und beschäftigt sich damit, Muscheln oder die kleinen Knochen von einem Schafsfuß auf eine glatte Fläche zu werfen. Durch deren Lage glaubt sie die Zukunft erschließen zu können. Sie übt also das Losorakel, und zwar auf Grund uralter, nomadischer Hirtenbräuche. Die Schminkerin betreibt Kurpfuscherei; sie heilt im Nebenberuf Augenleiden. Höher steht die schêcha, eine gelehrte Frau, die gewöhnlich auch Qurân-Sûren auswendig weiß. Wie im alten Deutschland, so ist auch im Islâm gerade die Frau eine Vertreterin alten Glaubens und alter Mantik. Den orthodoxen Moslems ist diese Tatsache bekannt und sehr peinlich. Sie trösten sich damit, daß die Weiber „törichten Geistes" seien. In Syrien werden von den gebildeten Muhammedanern die volkstümlichen Vorstellungen als „Altweiberreden" bezeichnet. Die Frauen, die sie brauchen, schwören zuvor den Islâm oft feierlich ab. Ihr Beruf ist uralt. Procop erwähnt die verbotenen Zukunftswahrsagen von Weibern bei den Mauren. Die Tradition kennt Prophetinnen wie Circe, Pythia, Medea im semitischen Kulturkreis. Immer wieder zeigt es sich, daß diese Weiber entweder kulturarmen, niederen Bevölkerungsschichten oder unterworfenen wilden Stämmen angehören. In der muslimischen Geschichte treten sie hervor; sie haben die Gründung einer Stadt veranlaßt, zum Kriege aufgereizt, ja, ein Heer gegen die Ungläubigen zusammengerafft. Ihr Ansehen ist noch heute so groß, daß viele Heiligtümer (Kubbes) ihnen geweiht sind. Die sehr niedrigstehenden Sslêb-Araber bringen ihrer Heiligen schon zu ihren Lebzeiten Opfer dar. Eine Frau dieses Stammes konnte Kranke dadurch gesund machen, daß sie ihnen den Fuß auflegte. — Ihr Äußeres wird uns beschrieben: dem weisen Salomo begegnete ein solches Weib: es war alt, das Haar grau, die Augen blau. Es hatte dürre Beine, aufgelöste Haare. Der geöffnete Mund spie Feuer. Sehr häufig sind diese Wesen von leichten oder schweren psychischen Anomalien heimgesucht. — Charakter und Amt der Zauberinnen (Wahrsagerinnen, Prophetinnen) sind der gesamten Bibel bekannt (2. Mos. 22. 17; 1. Sam. 28. 7; Apostelgesch. 16. 16). Deborah, die auf Grund ihrer hellseherischen Begabung richtete, ist berühmt.

Die männlichen Vertreter dieser Berufe lernten wir im Bilde der Totenbeschwörer des Alten Testamentes bereits im Urtypus kennen. Der „heilige Mann" hat sich im Laufe der Jahrtausende kaum geändert. Nicht Ehrfurcht, sondern Furcht erregt er, will er erregen, indem er in jeder Hinsicht die Bande zwischen sich und seinen Mitmenschen zerreißt. Selbst mit Seinesgleichen lebt er oft in erbitterter Feindschaft. Sein nackter Körper starrt vor Schmutz; seine Rede ist von exzessiver Gemeinheit; der Geschlechtsumgang, den er treibt, steigt in die schauerlichsten Tiefen untermenschlicher Verirrungen herab (Sodomie) oder bewegt sich auf antisozialer Grundlage, da selbst gesittete Frauen es sich zur Ehre anrechnen, mit diesen Gott-Menschen zu verkehren. Deutlich zeigt sich die psychopathische Grundlage. Der Heilige des semitischen Orients ist medschnûn d. h.: von bösen Geistern „beseelt", „verrückt". Hos. 9. 7 heißt es: „Ein Narr ist der Prophet; verrückt ist der Geistesvolle." Zu Jeremiä Zeiten wurde derjenige, der sich als Prophet gebärdete, für wahnsinnig angesehen (Jer. 29. 26). Man wollte ihn in den Block und das Halseisen legen. Der Wahnsinnige befindet sich dort leider noch jetzt bisweilen in dem letzteren Folterwerkzeug und wird trotzdem gefürchtet und bewundert.

Die meisten Wahrsagergruppen sind mehr aggressiver Veranlagung. Am häufigsten sind wohl die Heilkünstler. Sie vertreiben böse Geister, die schuld an Krankheiten sind, indem sie Zauberformeln hersagen und Weihrauch aufsteigen lassen. Zuvor setzen sie sich in jenen Zustand kultischer Reinheit, der den heiligen Handlungen, deshalb auch besonders dem Opfer, vorausgehen muß: sie reinigen sich und fasten. Natürlich sind psychogene Leiden für sie ein besonders dankbares Tätigkeitsgebiet. Hier erreichen sie bisweilen dank dem Glauben ihrer Patienten überraschende Heilerfolge. Der Zauberer unterhält sich mit dem bösen Geist, der in dem Leidenden sitzt, und zwingt ihn, den gequälten Leib zu verlassen. Die Austreibung erfolgt häufig durch Gewaltanwendung gegen den Kranken: dem Dämon wird durch eine so geschaffene Wunde die Möglichkeit gegeben, auszufahren. Am grausamsten prügelt man die Epileptiker. — Die Barbiere sind, wie bei uns die Bader, zugleich Chirurgen; sie behandeln mittelst Aderlasses, Schröpfköpfe, Blutegel. — Synthetisch dagegen verfahren die Zusammensetzer von Knochenbrüchen. Meist sind es Hirten, die diese Kunst bei ihrem Vieh gelernt haben, wie bei uns der „Schäfer Ast" und andere. — Der Schmied, den wir schon erwähnten, ist Zauberer und Arzt. Sein Handwerk ist zugleich gefürchtet und verachtet. Auch der Schlangen-

beschwörer kämpft gegen Dämonen. Weit höher steht natürlich der auf altererbten Kenntnissen fußende orientalische Arzt, dessen Heilmethoden der altarabischen Medizin-Literatur entnommen sind. — Die meisten volkstümlichen Persönlichkeiten dieser Stände aber sind im tiefsten Aberglauben versunken und völlig bildungslos, viele von ihnen bloße Schwindler, welche die Dummheit ihrer Mitmenschen in bares Geld umsetzen. Als **Wahrsager** und **Heilkünstler** fungieren auch die religiösen Schehs und Derwische. Die **Astrologen** geben vor, uralte Weisheit aus gelehrten Büchern geschöpft zu haben. Auch die **Zauberer** (saḥara) und „Gelehrten" prophezeien aus den Sternen das menschliche Geschick. — Neben den Marokkanern sind es Juden und Christen, namentlich aus dem Mönchsstande, die als große Zauberer gelten. Man versteht ihre Sprache nicht und erklärt sie deshalb als magisch. Auch meint man wohl, daß die Wunder Christi und Salomos auf Zaubereien beruhen, deren Kenntnis sich traditionell fortgeerbt hätte. Äußerst weit verbreitet ist die Kunst der sogenannten „Sandmänner". Sie schreiben Zeichen in den Sand und erklären daraus die Zukunft. Die Sicherheit ihres Auftretens, ihre individuelle Begabung und der daraus entspringende „Glaube" an sie, das „Vertrauen", dessen sie sich erfreuen, gibt ihnen wie ihren gleichwertigen Kollegen in Europa Ansehen und Verdienst. Werden doch selbst die Erfolge des bedeutendsten unserer deutschen Chirurgen, von sehr vielen Leidenden nicht auf dessen Leistungen, sondern auf seine „glückliche Hand" zurückgeführt. Auf dem Umwege über diese unverständige Meinung beginnt die medizinische Wissenschaft sich langsam auch über den Orient zu verbreiten. Ganz verkehrt wäre es trotzdem, von der Aufklärung der Massen alles Heil zu erwarten. Auch hier nützt nur rücksichtslose Gewaltanwendung, wie sie schon Goethe für den Impfzwang empfahl. Am traurigsten sind die Zustände bei Infektionskrankheiten und Frauenleiden. Dort steht der Fatalismus, hier die Absperrung im Harem hindernd im Wege. Die orientalische Frau läßt sich meist nur mit äußerstem Widerstreben von der Hand eines Mannes berühren. Operationen gelten oft als Gotteslästerungen. Die dringend gebotene Sauberkeit ist durch den Schmutz der Hütten und ihrer Bewohner sowie durch Gebräuche, die auf hartnäckig festgehaltenen Vorurteilen beruhen, aufs äußerste gefährdet.

Die **Geschichte des Heiligenberufs** kann uns hier nur in den kürzesten Zügen beschäftigen. Die Magier galten dem Qurân als Götzendiener. Die **kāhin** (hebr. kôhen) hatten einen beinahe priesterlichen Charakter. Sie sagten die Zukunft voraus. Ihre Orakel waren in gereimter Prosa verfaßt. Die **arabischen Wahrsager** wurden, wie die ältesten Propheten des Alten Testaments, bei allen schwierigen Verhältnissen zitiert. Sie waren, wie jene, zugleich Schiedsrichter. Man wählte sie auch dank ihrer Sehergabe, etwa um einen Mörder zu ermitteln, also zur Vorbereitung strafrechtlicher Verfahren.

Das alles widerstreitet dem Wesen des Islâm durchaus: nach seinen Grundlehren verwaltet nur Gott das Richteramt; nur er straft und übt Gnade und keiner ist ihm gleich. Er spricht durch den Mund des Propheten. Der Qurân ist also offenbart. Er macht viele Konzessionen an volkstümliche Auffassungen, kennt aber mythische Mächte nur als Diener oder Widersacher Gottes. Allâhs Handlungen sind lediglich Auswirkungen seiner Gnade oder seines Zorns und von der Menschenwelt unbeeinflußbar. Ihr Geschick lenkt er allein; nur er entscheidet das Los eines einzelnen hier auf Erden durch seinen Willen, und im Himmel durch das Endgericht. Damit ist dem Aberglauben der Boden völlig entzogen. Wo er besteht, existiert er aus Unkenntnis der muhammedanischen Lehre und trotz, nicht etwa neben dem Islâm. Muhammad war ihm in keiner Weise ergeben. Allerdings verbietet das muslimische Gesetz den Genuß, ja selbst unter Umständen die Berührung unreiner Tiere, aber man hat längst erkannt, daß darin die traditionelle Fortbildung alter Wüstengewohnheiten liegt, die sich kulturell als segensreich erwiesen haben. Die Frauen haben im Kultus keine Stellung, ihre Religiosität ist gleichwohl unanfechtbar. Der Qurân gebietet es ihnen nicht, den Schleier zu tragen. Die dem Propheten nächststehenden Frauen werden im Islâm hoch verehrt, ja, als Heilige betrachtet.

Muhammad hat die Prophetengabe der großen Gestalten des Alten Testaments anerkannt. Die wichtigsten Texte dieses Kanons führen auf die Ära des Lebens in der Wüste zurück und erschließen eine Vorstellung von der ältesten Geschichte des Prophetenberufs überhaupt. — Für das Alte Testament ist Jahwe ein „Gott des Schauens" (1. Mos. 16. 14). Abraham nennt die Stätte, da Jahwe ihm erschienen war: „Jahwesicht" (1. Mos. 22. 14). Visionen verbürgen nicht nur das Leben der Gottheit, sondern auch das Gesehenwerden von ihr. Jahwe sieht das Leiden seiner Magd an (vgl. dazu 1. Mos. 21. 19). Stätten solches Schauens und Geschautwerdens sind älteste Orte des Jahwekults, noch heute heilig gehalten: ein Quell (1. Mos. 16. 14); eine Tamariske an der Stätte der „sieben Brunnen" (1. Mos. 21. 33; so nach Wellhausen); ein Berg (Nebo, wo sich Jahwe dem Moses gezeigt hat); der Ort einer persönlichen Gottesoffenbarung (Jakoblegende). Hier steht der Seher in unmittelbarer Beziehung zur Gottheit. Das Gleiche ist im Traume der Fall. Traumprophetieen sind deshalb häufig. Sie waren zu einer von Babylon stark beeinflußten Kunst ausgebildet worden, nehmen aber bei den Propheten wieder den alten Charakter der Visionen an, durch die sich die Seher legitimieren. (Erweckende Vision des Jesaja: Jes. 6; Jeremiae: Jer. 1.) Das Traumgebilde geht in die Halluzination über. Beide werden im Jahweheiligtum dem Auserwählten zuteil. Als Kultstätte gelten außer Tempeln seit alters und im Islâm die Steingräber. Der Gräberbewohner sieht, wie die Sonntagskinder des deutschen Volksglaubens, welche die Gabe des Sehens,

d. h.: des Schauens von Geistern Verstorbener haben. — Der altsemitische Prophet ist dem Wortbegriff nach der „Verkünder" der Sprache der Gottheit. Er bedarf dazu einer psychischen Disposition: dem Elisa ist die Gabe des Fernhörens (2. Kön. 6, 12) und Fernsehens (2. Kön. 5, 26), des divinatorischen Ahnungs- und Unterscheidungsvermögens verliehen. Propheten, in Massen vereinigt (wir lernen Versammlungen bis zu 400 Mann kennen), versetzen sich in einen Zustand der Ekstase, die einen schwer hysterischen Eindruck macht und sich selbst Höherstehenden zwanghaft mitteilt (1. Sam. 10. 10—11; 19. 20). Zu den erregenden Momenten gehören vorzugsweise Tanz und Musik, wie noch heute z. B. bei den heulenden Derwischen, deren kultische Handlungen auch den Europäer außerordentlich stark in Mitleidenschaft ziehen können. Musik und Rufen bannen den Totengeist in den Zauberer oder die Zaubertrommel: sie vermitteln die Gottesnähe. Ein gleiches finden wir selbst in Griechenland. In Pergamon entdeckte man einen bronzenen Zaubertisch aus der ersten Hälfte des 3. Jahrhunderts n. Chr. Die concepta carmina (Zaubergesänge), deren Text auf den Tisch gelegt wird, sagt der Magier her, um dadurch die Göttin in sein Gerät zur Offenbarung zu bannen. — Der psychisch schwer belastete Saul, der den Zwangserscheinungen der Prophetenschar erliegt, unternimmt den Versuch, David zu ermorden, während dieser die Zither spielt (1. Sam. 19. 9). Als Instrumente werden (1. Sam. 10. 5) Harfe, Pauke, Flöte und Zither genannt. — Der Wahnsinn zeigt sich bei Saul auch darin, daß er die Kleider von seinem Leibe reißt und den ganzen Tag wie die Nacht hindurch nackt herumläuft (1. Sam. 19, 24). Der Rückschlag zur kultischen Nacktheit (auch hier dürfte der Totendienst das Prototyp gegeben haben) findet sich in weniger krasser Form auch bei den anderen Propheten, so bei Jesaja, dessen Kleidung immer spärlicher wurde (Jes. 20. 2), bei Amos. Diese mangelhafte Tracht erregte den Spott der Straßenjugend und zweifellos die Furcht der Bürger der Städte. Dazu kam die Glatze. Sie wurde verhöhnt und war (5. Mos. 14. 1) verboten; ihre Landläufigkeit bei den Propheten beweist, daß sie auf ältere Religionsphasen zurückgreift, in denen die Tonsur auf Künste deutete, die der Jahwismus verbietet. — Der Prophetenmantel gehörte wohl zur Wüstentracht, wie das Fasten zu den Wüstengewohnheiten. Die Keniten und Rechabiten waren asketische Sekten, mit deren letzterer z. B. Jeremia sympathisierte. Sie gehen auf Wüstenstämme zurück und setzten die alten nomadischen Gewohnheiten noch nach der scheinbaren Ansiedlung fort (4. Mos. 10. 29ff.; Richt. 1. 16). Dadurch gewann der Dämonismus, der in der Wüste zu Hause ist und alle großen Religionserwecker immer wieder in sie hineintrieb, neue Nahrung.

Die Einsamkeit des in der Macht von Geistern stehenden Wüstenlandes, das zu körperlicher Entbehrung zwingt und bei unzweckmäßiger Bekleidung völlig unerträglich ist, ruft „Gestalten“ hervor, „die Wahnsinn locken“ (Chamisso). Amos war ein Hirt wie ihrer viele am Wüstenrande. Schäfer dieser Art waren dazu geschaffen, kranke Tiere zu heilen und festzustellen, wohin sich verlaufene Einzelwesen ihrer Herden verirrt hatten. Samuel kennt den Aufenthalt versprengter Eselinnen (1. Sam. 9. 20). Andere Propheten wußten, mehr der Heilkunst zugewandt, zu verkünden, ob eine kinderlose Frau gebären wird; ob jemand gesund wird oder stirbt. Allmählich dehnte sich ihr Machtbereich zugleich mit ihren Prophezeiungen weithin aus. Schon die Propheten der alten Zeit sollen über mächtige Länder und über gewaltige Königreiche von Krieg und von Unheil und von Pest geweissagt haben (Jer. 28. 8). Später wurde das Orakel zum Geschäft. Jeremia wendet sich sehr lebhaft (23. 25; 27. 32) gegen die falschen Propheten, die aus selbsterfahrenen Träumen weissagen, läßt also nur die Inspiration im Wachzustande gelten. Sie wird, wie seit alters, auf dem Wege der Vision vermittelt. Die falsche Weissagung stellt sich dadurch bloß, daß sie nicht eintrifft (Jer. 28. 9). In dieser Hinsicht hat selbst Jeremia nicht immer Glück gehabt: er hat Heil geweissagt, wo keines ist, indem er nach dem Falle Judas dessen glänzende Aufrichtung und Sieg über alle Feinde immer wieder voraussagte. Andererseits hat er als Rigorist das nahe Verderben gepredigt (28. 13), während 400 Jahwepriester kurz vor Ahabs Tode dem Könige weissagten, was er nur hören wollte. Die „wahren“ wie die „falschen“ Propheten lagen miteinander und gegeneinander in Fehde. Sie sprachen nicht immer in gutem Glauben, sondern weissagten gegen ihre Überzeugung Verderben, wenn sie nicht genügend bezahlt wurden (Micha 3. 5). Sicherlich waren es die ganz „kleinen“ Propheten, bei denen der Sachinhalt der Weissagung (namentlich aus Träumen; aus dem Losorakel) sich nach der ihnen zuteil gewordenen Verpflegung modifizierte. Da diese Magier im Volke wirkten, ist es gewiß, daß sie ebenso viel Unheil im kleinen stiften (Ehen hintertreiben, Feindschaften verursachen) konnten, als der Prophet Elisa dies im großen tat. Sicherlich ist gerade den Propheten schon kraft ihres auf Inspiration zurückgeführten Amts eine Rücksichtslosigkeit in Wort und Handlung eigen gewesen, vor der uns schaudert. Die furchtbaren Glaubenskriege der semitischen Völker werfen ihre Schatten voraus, wenn wir von den Taten Jehus hören, der auf Elisas Anstiftung alle Propheten und Priester der Ba'alim tötet, den heiligen Pfahl verbrennt, den „Malstein“ zertrümmert, den Tempel zerstört und zum öffentlichen Abort macht. — Elisa war ein Demagog und Verschwörer, Revolutionär und Agitator. Einen Offizier des Königs Ahab stiftete er an, den eignen Landesherrn zu ermorden und sich selbst auf den Thron Israels zu setzen: dies geschah. Eine blutige Schlächterei, der die ganze königliche Familie erlag und die das Haus Omri ausrottete, erfolgte.

Die Gabe der Prophetie mußte bei Stämmen, die ihr politisches Schicksal unmittelbar von der Gottheit abhängig machten und ihre Wahrsager im engsten Verkehr mit dieser glaubten, in sehr hohem Ansehen stehen. Wie deshalb die Propheten „seit alters" Berater der Könige waren, deren Inthronisation sie zwar nicht vollzogen, aber durch die Salbung vorwegnahmen, so konnten sie, da die Monarchen ohnehin als Mittler zwischen Gott und Menschen galten, zu Herrschern aufsteigen. Dies gelang Saul. Andere Propheten blieben zwar ihrem Amte treu, maßten sich aber nahezu göttliche Macht an. Die Furcht vor ihrer Person und die Bewunderung ihrer Taten hat sich durch Jahrhunderte erhalten. Wie Moses im Offenbarungszelt (das dem Tempel als Offenbarungsstätte geschichtlich vorausgeht) aufs innigste mit Gott verkehrte und aus seinem Antlitz wie seinen Taten ein göttlicher Abglanz leuchtete, so war es auch bei Elias der Fall. Ein Mythenkranz, der manches volkstümliche Gut, aber auch viel finsteres, fanatisches und magisches enthält, was wir in der Bibel lieber nicht lesen würden, hat sich um seine Person geschlungen. Elisa, der mit seinem Mantel seine Prophetengabe erbt, ist sein Nachfolger und zerfließt der Person wie dem Namen nach mit ihm. Er bereitet, im Sinne der Quellen des Neuen Testamentes zweifellos nicht zufälligerweise, die Heilswunder Christi vor: erweckt Tote, indem er sie anhaucht und sich auf ihren Leib legt (2. Kön. 4. 34), vermehrt auf dem Zauberwege die Gerstenbrote (4. 42), das Öl der Witwe (4. 1ff.), verschafft der Unfruchtbaren einen Sohn (4. 17), bringt Eisen zum Schwimmen (6. 6), verblendet ein Heer durch Truggesichter (6. 17). — Elias fährt bekanntlich zum Himmel. Bei Elisa zeigt sich die Gefährlichkeit, Eitelkeit und Rachsucht der zur Herrschaft gelangten Priesterkreise besonders deutlich. Als er nach Bethel ging, kamen kleine Knaben aus der Stadt heraus und verspotteten ihn mit dem Zuruf: „Komm herauf, Kahlkopf; komm herauf, Kahlkopf." Er aber wandte sich um und als er sie sah, fluchte er ihnen im Namen Jahwes. Da kamen zwei Bärinnen aus dem Walde und zerrissen zweiundvierzig von den Kindern (2. Kön. 2. 23f.).

Wir haben damit auf die Geschichte der semitischen Mantik einen Blick geworfen. Wir haben uns davon überzeugt, daß sie nicht aus einheitlichen Quellen hervorgeht; ihre Zwecke sind verschieden, die psychologischen Vorbedingungen wie die kulturellen und traditionellen Mittel, die sie ergriff, mannigfaltig. Einen sehr wesentlichen Platz räumten wir dem Totenkultus ein. Überall drängt er sich ins Leben hinein; zuweilen vermag er, wie etwa bei den Freudenfesten der Auferstehungsgottheiten, die wildesten Bacchanalien auszulösen. Durch den Mund des Astrologen stellt er die Kardinalfrage nach Zeit und Art des Todes des einzelnen wie der gesamten Menschheit. Kein Fest ist zu finden, das er nicht irgendwie beeinflußt hätte. Ahnenkultische Gebräuche und Anschauungen spielen selbst in die Zeremonien der Eheschließung bedeutsam hinein. Dem frommen Moslem unserer Tage ist wie dem frommen Juden allerdings die Furcht vor dem einzelnen Gespenst fremd. Wie die semitische Prophetik aus den von uns betrachteten Anfängen sich zu den hohen, verehrungswürdigen Lehren eines Jesaja oder Jeremia von der notwendigen Reinheit des Herzens, der Nichtigkeit äußerer Werkfrömmigkeit, der Förderung sozialer Gesinnung und Arbeit erhob, so steigerte sich die Idee von der Notwendigkeit, die Unterirdischen zu besänftigen, allmählich, namentlich in einzelnen Sekten, zu dem Bewußtsein der eignen Vereinigung mit den Dahingeschiedenen in Gott. Dem orthodoxen Muhammedaner werden die Bilder des Endgerichts schwer auf der Seele lasten; häufig werden sie in Träumen wiedergegeben. Aber über Gottes Gerechtigkeit steht seine Gnade. Sie fleht er im täglich fünfmal wiederholten Gebet an. Auf sie darf er hoffen. Ein Doppeltes ist damit erreicht: dem einzelnen Gläubigen ist durch diese Hoffnung das Leben und Sterben erleichtert; die ihn Überlebenden aber sehen das Eingangstor zur Unterwelt, die das Reich des Lebens mit Schreckgestalten speiste, für ewig verschlossen. Damit haben die Offenbarungsreligionen nach jahrtausendelangem Kampf einen Sieg von höchster Bedeutung errungen, ihre schönste und beglückendste Frucht getragen.

Der semitischen Welt war von Urzeiten bis zur Gegenwart ein weiteres Mittel gegeben, sich zur Gottheit in Beziehung zu setzen: das Opfer. Es ist die in die Tat umgesetzte Religion schlechthin. Religion bedeutet nicht bloß die Summe der dem Menschen höheren Mächten gegenüber auferlegten Bindungen und der Gebräuche, die aus diesen Bindungen fließen, sondern auch der ihm als gotteigenen Wesen verordneten sozialen Pflichten. Die ungeheure Bedeutung des nordsemitischen Opfers und die Gewichtigkeit von dessen Beziehungen zu dem semitisch gefaßten Religionsbegriff überhaupt zeigt sich am besten durch sein Hervortreten bei allen, unter der Gewalt des Islâm stehenden Völkerschaften: Berbern, Negern, ja selbst Christen. Solange bei den Juden des Alten Testaments jede lokale Gemeinschaft ihre eigne Kultusstätte hatte, galt die Regel, daß jedes Tier, das zur Nahrung geschlachtet wurde, am Altar dargebracht werden sollte, und daß jedes Mahl, bei dem Fleisch dargeboten ward, den Charakter eines Opfermahls trug (Hos. 9. 4). Auch das Gastmahl ist ein Opfer. Der Gast, stets ein Fremder, oft als Feind des Zeltes oder Hauses gefürchtet, wird mittelst der Verabreichung von Brot und Salz durch die Speisegemeinschaft gebunden. In Indien gilt der als Brahmane ein Haus betretende Fremde für ein vernichtendes Feuer, das durch die Ritualien der ein Mahl einschließenden Bewillkommnung der „Besänftigung“ bedarf. Im Familien- wie im öffentlichen Kultus war jedes Gebet von einem Opfer begleitet. Ja, das Gebet war nichts als ein in Worten dargebrachtes Opfer. Niemand darf nach 5. Mos. 16. 16ff. mit leeren Händen vor Jahwe treten. Da die Schlachtung rituell erfolgen muß, wenn das Fleisch des Opfertiers nicht unrein sein soll, trägt sie bei den Juden noch gegenwärtig kultische Züge. In der arabischen und hebräischen Sprache wird opfern und schlachten mit dem gleichen Worte benannt. Vom Standpunkt des Islâm ist das Opfer natürlich abergläubisch, wenn es nicht unmittelbar Gott dargebracht wird. Dies geschieht bei der Pilgerfahrt nach Mekka, bei der Vollziehung von Gelübden, bei der Geburt eines Kindes. Solche Darbringungen gelten als bloße Erinnerungszeremonien. Sie sind nach der Lehre des orthodoxen Islâm nicht geeignet, die Gottheit zu beeinflussen. An bestimmten Heiligtümern oder im Hause dürfen sie nicht vollzogen werden. Von dem in der Zeit des Wüstenlebens größten Opfer, dem der Kamele, heißt es: „Gott nimmt weder ihr Fleisch noch Blut an; sondern nur eure Frömmigkeit nimmt er an." Die profane Tötung von Tieren war überhaupt sehr eingeschränkt; die Jagd ist bestimmt, diejenigen Wesen auszurotten, die Verwüstungen anrichten oder als unrein gelten, ferner, im Notfall, dazu, dem Nahrungsunterhalt zu dienen. Unreine Tiere dürfen natürlich weder gegessen noch geopfert werden. Dazu gehört auch der Hase: er ist von Dschinnen beseelt. Während der Pilgerfahrt nach Mekka (im Zustande der Heiligkeit) soll man die Tiertötung unterlassen, aber opfern, wenn man Ritualfehler begangen hat. Das volkstümliche Opfer dient vielfach den welis und entspringt dem Furchtmotiv wie dem Streben nach eigenen Vorteilen. Dazu gehören: Wohlstand, Vermeidung oder Heilung von Krankheiten, Gedeihen der Kinder und Herden, Abschließung von Verträgen. Man opfert beim Bau eines neuen Hauses, am siebenten Tage nach der Geburt eines Kindes und bei dessen Beschneidung. Die Kopten Ägyptens schlachten ein Schaf zur Hochzeit der Tochter des Hauses. Es ist dies die unter Umständen einzige Hochzeitszeremonie. Sehr wichtig ist das Blutopfer nach einem Morde: das Blut des Tieres gilt als Ersatz für das des Getöteten. Von anderen Gelegenheiten zu Opferdarbringungen: bei Einweihung eines Tempels, beim Bündnisschluß (auch mit Gott), bei einer Geburt (1. Kön. 8. 63; 1. Mos. 15. 9; 3. Mos. 12. 6) erfahren wir durch das Alte Testament, das nicht nur die allmählich aufkommende sakrifikale Prunksucht, sondern auch das Zurückgreifen auf alte (kanaanitische), im Jahreskreislauf zu vollziehende Opfer lehrt: es handelt sich hier (2. Mos. 23. 14ff.; vgl. 3. Mos. 34. 22; für die spätere Zeit 4. Mos. 28. 26 und öfter) um zeitlich genau bestimmte Erntefeste, die als Oster-, Pfingst- und Laubhüttenfeste beim modernen Judentum wiederkehren. Auch das gegenwärtige muslimische Volkstum kennt jährlich wiederkehrende religiöse Feiern, ferner solche, die zu Zeiten allgemeiner Not (Krankheit, Dürre) dargebracht werden. Sie gelten, wenn man sie am Grabe eines Heiligen vollzieht, diesem angeblich nur als dem Vermittler zwischen Mensch und Gott. Tatsächlich wird aber über dem weli Allâh vergessen. Auch Dämonen, Tote, Quellen und Bäume, sowie furchterregende Werke von Menschenhand empfangen Opfer, desgleichen das Meer. Reste vom Gestirndienst sind uns bereits begegnet. Die Amûr-

Leute bringen einem Fagîr (arab.: fakir = Derwisch) zum Dank für die Befreiung von Krankheiten und die Sslêb-Araber, bei denen die Frauen sehr hoch stehen, der Fagîra, ihrer Heiligen, blutige Spenden dar.

Im ältesten Opfer gehörte der ganze Gegenstand der Darbringung der Gottheit: die Feldfrucht, das in den Wasserstrudel geworfene Wesen (Jonaslegende). Das Blut war und ist durchaus den Unterirdischen geweiht; das Gleiche gilt von dem gesamten Opfertier beim Sühnopfer, da dieses seinen chthonischen Charakter behält. Da aber bei allen anderen Darbringungen nur schlachtbare Tiere geweiht werden, wird deren Fleisch bei diesen im gemeinschaftlichen Mahle verzehrt. Die Priester erhalten einen Ehrenanteil (einen Schenkel, das Fell). Die Eingeweide, namentlich die Leber, werden vom Opferveranstalter und seinen Hausgenossen gegessen. Oft werden Fromme (so schon Psalm 22. 26) oder Arme zum Mahle eingeladen oder der ganze Opferleib wird, namentlich beim Sühnopfer, an diese weggeschenkt oder im Stich gelassen, in der Absicht, daß Arme sich dessen bemächtigen. — Die Gelegenheiten zur Opferdarbringung sind sehr verschieden; wir nennen noch als solche die feierliche Einweihung und den Eid. Die übliche Unterscheidung zwischen Bitt-Dankopfern usw. ist unfruchtbar. Die meisten Darbringungen erfolgen im Vollzug eines Gelübdes; man gelobt z. B. ein Schaf, wenn man von einer Krankheit genest. Eine solche Spende kann zugleich als Bitt- und als Dankopfer aufgefaßt werden. Als Gelübde werden verheißen und im Eventualfall dargebracht: die Erstgeburt von Mensch und Tier, Erträgnisse des Feldes oder dessen Erstlinge, einzelne Bäume oder Weinstöcke. Man erhofft dadurch Rettung aus Lebensgefahr, Kindersegen, Reichtum an Vieh, reiche Ernten, Glück auf der Reise. Auch die Strafen für den Bruch des Gelübdes sind durchaus diesseitig: drohende Traumerscheinungen, Krankheit. Wenn die Furcht vor der Strafe ausgesprochen und auf den Gelübdevollzieher im Eventualfall herabgewünscht wird, so wird das Gelöbnis zum Eide. Daher ist der Eid mit dem Opfer verbunden. Anderenfalls ist das Opfer ein Vertrag: man schenkt der Gottheit ein wertvolles Objekt gegen Wiederentgelt. Im Alten Testament opfert der Richter Jephtah seine Tochter, nachdem er für den Fall, daß er über die Ammoniter siegen wird, das Erste, was immer aus der Tür seines Hauses herauskommen wird, dem Herrn zu weihen gelobt hat. Beispiele für Gelübde und Verträge bietet das Alte Testament vielfach (4. Mos. 30. 5, 8, 12—16; 5. Mos. 23. 22, 24; — 1. Mos. 28. 20—22; 1. Sam. 1. 11; 2. Sam. 15. 8).

Die Wahl des Opfertieres unterliegt Beschränkungen. „Nur das Beste ist zum Opfer gut genug." Die Tiere müssen wertvoll sein, ein bestimmtes Alter haben, dürfen keine Fehler zeigen; auch Farbe und Geschlecht sind vielfach vorgeschrieben. Wenn ein Tier auch nur ein Drittel seiner Ohren oder seines Schwanzes verloren hat, darf es nicht geopfert werden. Bei dem während der Pilgerfahrt nach Mekka vom Imâm zu tötenden Opfertier wird streng darauf gesehen, daß es fehlerlos, männlich und weiß ist. Dagegen spendet man den bösen Geistern (wie überall im chthonischen Opfer) schwarze Tiere. Ein schwarzes Schaf wird deshalb geschlachtet, wenn in einem Hause Zank entsteht. Das schwarze Huhn pflegt man für kleinere Opfer an die Dschinnen zu bevorzugen. Auch Analogie-Handlungen und Ideen spielen mit hinein. Will man das (aus der schwarzen Wolke des tropischen Regens strömende) Wasser auf die Erde herabzwingen, so wählt man schwarze Tiere. In manchen Sekten muß das Geschlecht männlich sein. Die Wahl steht innerhalb der Tiergattung frei. Nur Haustiere kommen in Frage, es sei denn, daß es sich um eine Manipulation der schwarzen Magie handelt. Das Kamel ist, als absolut notwendig, gewöhnlich, in manchen Sekten völlig, vom Opfer ausgenommen, da die Verminderung der Kamelherden den Wüstenstämmen vielfach die Lebensmöglichkeit entzieht.

Der Opferveranstalter muß sich im Stande der Heiligkeit befinden. Beim Wallfahrtsopfer soll er weder den Kopf rasieren noch auch ein einzelnes Haar entfernen, noch sich die Nägel beschneiden, es folgt der Darbringung ein Bad. Die vorausgehende Reinigung findet sich im Alten Testament. Die Enthaltung vom Geschlechtsverkehr ist allgemeines Gebot. Sie gilt bei den Semiten für jeden, der sich an einer kultischen Handlung beteiligt oder an einer heiligen Stätte anwesend ist. Erweiternde und lebenslängliche Bestimmungen dieser Art binden die Priester; sie mußten nach den kultischen Bestimmungen des Alten Testaments zudem auch berauschende Getränke vermeiden, durften zu keiner Leiche gehen (3. Mos. 21. 1, 11; 10. 9). Im alten Arabien galt das Gesetz, daß jemand, der eine Blutfehde durchzuführen hatte, sich der Weiber, des Weins und der Salben enthalten mußte. Im Israelitentum unterlag der Krieger ähnlichen Beschränkungen, denn der Krieg stand im Dienste des Höchsten, der vorzugsweise ein Kriegs- und Feuergott war. — Zu den Opfervorbereitungen gehörte die Schmückung des Tieres mit Blumen und weißen Stoffen. Das Opfer wurde gut gepflegt und oft lange zuvor zu seinem Zweck herangezogen. Es war durch das Gelübde vorbestimmt und mußte getötet werden, selbst wenn es zur Zeit der rituellen Schlachtung abhanden gekommen war und sich erst nach derselben wiedergefunden hatte. Wer das geweihte Tier eines anderen opfert, verliert die Wirkung der Darbringung. Das Opfertier ist also ein Stellvertreter für den es hingebenden Menschen.

Der Gott, weli oder Tote, dem es gilt, wird eingeladen, es anzunehmen, etwa mit den Worten: „Nimm dein Opfer hin", oder: „Ich weihe dieses Opfer Gott" oder „Im Namen Gottes, des barmherzigen Erbarmers". Die Aufforderung zur Opferteilnahme an den babylonischen Schamasch lautete: „Iß seine (des Opfers) Speise." — Vor der Tötung mußte das Opfer-Wesen entweder den es Darbringenden umkreisen oder von ihm umkreist werden. Das Erstere ist bei kleinen Tieren (Huhn), das Letztere seit alters beim Kamel üblich. Vielfach werden größere Opferwesen um das Bett eines Kranken herumgetrieben, um diesem dadurch als Ersatz zu dienen — das Tier soll statt des Kranken sterben; sehr häufig werden sie um Heiligtümer herumgejagt, wenn sie oder ihre Herden krank sind. Statt des Heiligtums dient zuweilen eine Steinsäule; das alte monolithische Gebilde der Urzeit als Sitz der Gottheit kehrt hier wieder.

Das Opfertier mußte in die Schlachtung zu willigen scheinen, um dadurch die auf dem Opferer lastende Blutschuld aufzuheben. In 1. Mos. 22. 13 bietet sich dem Abraham der Widder freiwillig dar. Das Opfertier darf nicht schreien. Der Grundsatz der Einwilligung zeigte sich noch bis in späte Zeit an den der Astarte auf dem Eryx dargebrachten, aus heiligen Herden genommenen Tieren. — Der älteste Altar ist ein Stein, der bisweilen, wohl schon in prähistorischer Zeit, mit einer Höhle für das Blut versehen wurde (s. 1. Sam. 14. 33 f.). Ein bloßer, platter Stein ist noch heute bei gewissen Muhammedanern üblich, Monolithe als älteste Altäre erwähnt bereits Herodot. Neben ihnen wird von den Beduinen das Opfertier geschlachtet, das Blut über sie oder an ihrem Fuße ausgegossen. Der von Jakob errichtete Stein wird (1. Mos. 28. 22) „Haus Gottes" genannt. Er ist deshalb (schon von Porphyrius) zugleich als frühestes Gottesbild angesehen worden. Das Blut des Opfertieres belebt ihn und weiht ihn zur Gottheit. Aus ihm bildete sich der Tisch des Herrn, der Altar des semitischen, speziell hebräischen Brandopfers, der die Schaubrote trug und die blutigen Opfer aufnahm. Bei dem Vertrage zwischen Jakob und Laban erscheint kein anderer Altar als der Steinhaufe, bei dem die den Vertrag schließenden Parteien ein gemeinsames Opfermahl halten. In dem alten Gesetz 2. Mos. 20. 24 f. wird vorgeschrieben, daß der Altar aus Erde oder unbehauenen Steinen erbaut sein muß. Flache Steine mit Blutrinnen werden noch im heutigen Palästina gefunden. Salomo ließ vor dem Tempel zu Jerusalem zwei eherne Pfeiler errichten (1. Kön. 7. 15, 21). Zu einem eigentlichen Bilderdienst ist es in Israel angesichts der Bestimmungen des zweiten Gebots mit seiner dem götzendienerischen Kanaanitertum feindlichen Tendenz nicht gekommen. Der Phallusdienst hat in Palästina und bei den afrikanischen Nordsemiten seine Vertreter gefunden.

Die Vollendung des Opfers wird angezeigt. Dazu dient das (uralte) Bestreichen der Pfosten, der Zeltleinen, der Tür des Hauses mit dem Opferblut. Zu dem Heiligen, dem es gilt, sagt man damit: „Du hast das Opfer angenommen, es hat seine Wirkung erreicht." Blutbesprengungen werden auch an Bäumen, die Kultobjekte sind, geübt; desgleichen an dem Veranstalter des Opfers oder demjenigen, dem es gilt. Es handelt sich dabei um Unheil abwehrende Riten: das heilige Blut wirkt entsühnend. Kranken streicht man es auf den leidenden Körperteil. Bisweilen ersetzt Tierblut das Menschenopfer: wenn man einen Knaben weiht, so bestreicht man ihm die Stirn mit Blut zum fedu, d. h.: zur Auslösung seiner Person gegen die des Tieres. Wie im germanischen Roßopfer der Schädel des Opferpferdes auf eine Stange gesteckt wurde, so trifft man in Hebron den Schädel eines Kamels an der äußeren Tür, dgl. das Anschlagen eines Teils des Ohrs eines geopferten Schafes an der Decke des Hauses.

Das Ritual des Opfers ist in seinen Umrissen festgelegt. Ritualfehler zu entsühnen, dient es häufig. Ein gewisser, streng festgehaltener Brauch ist seit ältester Zeit anzunehmen. In der Zeit der Massenopferungen bedurften die Darbringungen (so namentlich am Salomonischen Tempel) eines Systems und der Organisation. Immerhin kann noch heutigen Tages auch der Laie Opfer vollziehen. Das Ritual hat also nicht erdrückend gewirkt. Das Opfer ist kein magischer Akt; das Bewußtsein der Nähe Gottes oder der Heiligen blieb erhalten. Auch bei den chthonischen Darbringungen wiegt die Furcht vor, nicht die Gewißheit des zauberhaften Zwanges auf einen Dämon oder eine Naturerscheinung. — Als Schlußzeremonie des Opfers ist das Gastmahl im allgemeinen unerläßlich, desgleichen zur Versöhnung der Blutfehde. Es ist noch heute von wildester Fröhlichkeit. Denn Essen und Sattwerden ist gleichbedeutend mit „ganz glücklich werden". An manchen Stätten versammeln sich Tausende zur gemeinschaftlichen Vollziehung von Gelöbnissen. Die dabei stattfindenden Schmausereien dauern viele Tage lang. Zahlreiche Tiere werden geschlachtet, die Nächte mit Tanzen, Singen und Jubeln zugebracht. Die rhythmischen Bewegungen werden von einem Vortänzer angeführt. Sie sind ekstatisch. Wettrennen werden veranstaltet. Alles geht in Festtracht. Das stimmt genau zu dem mosaïschen Opfer (2. Mos. 32. 5 f., 19). Ehemals kamen Hauteinschnitte hinzu. Blutvergießen mußte die Erregung aufs äußerste steigern. Alles das ist kanaanitischer Brauch. Ihm gehört die Opfereinladung an: „Baal, höre uns!" (die, wie die Höhnrede des Elias beweist, bestimmt ist, bis zu den Ohren des leiblich gedachten Gottes zu dringen); ihm der (von David so leidenschaftlich aufgenommene) Tanz (2. Sam. 6. 21; — 1. Kön. 18. 21: das „Hinken" der Baalspfaffen, die sich dabei auf die beiden Knie abwechselnd schlagen — ich erinnere noch an den zu Zeiten der Weinlese aufgeführten, üppigen Jungferntanz); ihm der reiche Weingenuß, verbunden mit üppigem Essen. Die Selbstverletzungen der Baalspriester (1. Kön. 18. 28) mit Schwertern und Spießen scheinen im Deuteronomium erfolglos (Hos. 7. 14) verboten worden zu sein (5. Mos. 14. 1). Das laszive Element tritt im Baalskult stark hervor und muß darin eine um so größere Rolle gespielt haben, als die von den Kanaanitern übernommenen drei großen Jahreskulthandlungen Erntefeste waren. Auf freiem Ackerboden wurde der Beischlaf vollzogen, um ihm zu größerer Fruchtbarkeit zu verhelfen, so namentlich auch bei der Weinlese, den Adonis- und Tammûz-Kulten. Die israelitischen Propheten eiferten stark gegen diese Auswüchse. Aber die Mutter des Proheten Samuel ist bei ihrem öffentlichen Gebet betrunken. Dem gemeinschaftlichen Opfermahl kam sakramentelle Heiligkeit zu. Das muslimische Wort für Opfer (ḳurbân) bedeutet eine „Handlung der Annäherung", einen Bund mit Gott. Es wird zugleich für die christliche Kommunion angewandt.

Das Opfer ist ein Vertrag und jeder Vertrag ein Opfer. Der zwischen einzelnen Arabern oder arabischen Stämmen abgeschlossene Bund wird durch ein Opfermahl besiegelt. Wenn zwei Araber sich entzweit haben und wieder versöhnen wollen, so lädt der eine den anderen zum Mahle ein. Darauf küssen sich beide Teile und der Friede ist wieder hergestellt. Die uralte Sitte, sich dabei Einschnitte zu machen, dauert fort. Das arab. Wort scharṭ bedeutet: „einen Einschnitt machen" und „einen Vertrag schließen". Der genossene Opferleib ist heilig und vereinigt die Vertragschließenden untereinander und mit Gott. Nach 1. Mos. 15. 17 geht Jahwe bei seinem Vertrag mit Abraham als Rauch und Feuerfackel zwischen den Teilen der Opfertiere hindurch. Die Mazedonier pflegten in einem ihrer Jahresfeste eine Reinigung des Volkes in Waffen in der Weise vorzunehmen, daß sie einen Hund mitten entzwei schnitten und zwischen den blutigen Hälften die waffentragende Mannschaft hindurchführten. Wie dort um einen Gottesbund, so handelte es sich hier um eine Lustration, eine Läuterung. Dort wurde die kultische Handlung mittelst der geheiligten Opferspeise, hier durch ein unreines Tier, dem die Sünden des Volkes auferlegt wurden (das altisraelitische Versöhnungsopfer) vollzogen. — Als Verträge mit Leistung und Gegenleistung sind die Bündnisse der Erzpatriarchen mit Jahwe anzusehen, so der mit Noah (1. Mos. 8. 20), mit Abraham (1. Mos. 17. 7), mit Mose (2. Mos. 34. 27). Es werden Vorteile und Vorrechte gegen einschränkende Bestimmungen erkauft. Das gemeinschaftliche Mahl war ein Mittelpunkt der Vertragszeremonien; Frauen und Kinder durften an ihm nicht teilnehmen.

Das Opferfleisch wurde im chthonischen (Versöhnungs-)Opfer in ältester Zeit ausgesetzt (weggeworfen, vergraben), so noch (nach einer Quelle) im Opfer des Gideon (Richter 6, 19 f.). Es ist zugleich die Speise Jahwes, der also am Mahle teilnahm und dadurch den Bund schloß (3. Mos. 21. 6, 8, 17). Er hat im Passah das Fleisch roh genossen, was das spätere Gesetz ausdrücklich verbieten muß. Es bestraft — oft erfolglos — den Genuß des blutigen Fleisches als Rückfall zu den Sitten der heidnischen Bewohner Palästinas (1. Mos. 9. 4) sowie den Blutgenuß überhaupt mit Ausscheidung aus den Volksgenossen (3. Mos. 7. 27). Aus dem Bericht des Nilus (Mitte des 4. nachchristl. Jahrhunderts) wissen wir, daß damals von den heidnischen Arabern ein Kamel ganz roh aufgezehrt zu werden pflegte. Es mußte ausgewachsen und fehlerlos sein. Der Führer der Horde leitete dabei die Verehrer in einer feierlichen, von Gesängen begleiteten Prozession dreimal um den Altar und brachte dann, während noch die letzten Worte des Gesanges erklangen, dem Tiere die erste Wunde bei. In größter Eile tranken jetzt alle Anwesenden das hervorströmende Blut. Zugleich stürzte sich die ganze Horde mit ihren Schwertern auf das Opfer und zerhaute den noch zuckenden Körper in Stücke, die alle Teilnehmer roh und in so wilder Gier verschlangen, daß in dem kurzen Zeitraum zwischen dem Aufgehen des Morgensterns und dem Erlöschen seines Lichts vor der aufgehenden Sonne das ganze Kamel mit Fleisch und Knochen, Haut, Blut und Eingeweiden verschlungen war. Noch jetzt werden beim großen Fest der Aissâwa Opfertiere vollständig roh verzehrt. Zu Tlemken in Algerien war das Gleiche bis zur Grenze des letztvergangenen Jahrhunderts der Fall. Die wildeste Barbarei greift dabei Platz: 15—20 Mann stürzen sich bestienartig auf den Körper des Opfertieres, wobei sie sich drängen und stoßen, öffnen mit Nägeln und Zähnen die frische Leiche, reißen die Eingeweide mit den Zähnen heraus und verschlingen sie. Der Darmtraktus zerplatzt, der Kotinhalt ergießt sich auf die inneren Weichteile, die, mit Blut und Fäkalien besudelt, verschluckt werden. Im Augenblick ist alles Genießbare verschwunden. Der Gesamteindruck dieser Zeremonie soll ein furchtbarer gewesen sein. Der wilde Orgiasmus des durch Blutrausch gesteigerten Gemeinschaftsmahls findet hier sein Urbild. Im Opfer des Nilus kommt noch der zur Versöhnung des Geistes des getöteten Tieres veranstaltete Tanz hinzu, die Wildheit dieser Begehungen zu steigern; ihr eigentlicher Zweck aber war die Verehrung des Morgensterns, dessen Erbleichen als Tod aufgefaßt wurde. Das Opfer war eine Art von Kräftezufuhr für den herbeigerufenen Geist des Sterns. Im israelitischen Opfer beschränkte sich die Gottheit später auf das besonders kostbare Fett, namentlich das der Eingeweide (Nieren). Es gilt in der Nomadenperiode wegen seiner Seltenheit als hoher Leckerbissen. Um seine Fettigkeit wird der Ölbaum von Göttern und Menschen beneidet: Richt. 9. 9. Der Opfergottheit, dem weli, kommt gegenwärtig das ganze geschlachtete Tier zu. Er ist deshalb der Gastgeber, wie vielleicht schon Jahwe im alten Israel. Den ethischen Qualitäten seiner Bundesgenossen, der opfernden Gemeinde, entsprechend, übt der weli die höchste Tugend, die Gastfreundschaft. Daher nehmen Arme und Fremde am Opfermahl teil, die sich über die Mahlzeit „wie Geier" stürzen. — Beim Brandopfer gilt stets der Geruch der Brühe und des Fetts als besonders anreizend. Schon bei den altbabylonischen Opfern dürfte, wie die Darstellungen der Altäre lehren, der Hauptnachdruck auf dem Wohlgeruch des vor dem Gott verbrannten Öles liegen. Bei den Israeliten riecht Jahwe schon das Uropfer Noahs (1. Mos. 8. 21). Dieser Geruch ist ihm „lieblich" (3. Mos. 1. 9; vgl. 1. Sam. 26. 19).

Die Bedeutung des Opferblutes ist eine außerordentliche. Es dient dazu, wie wir sahen, das Opfer anzuzeigen und dessen Darbringer, seine Angehörigen und den Hausrat zu schützen. Das Bestreichen mit Blut besagt, daß der bestrichene Mensch oder Gegenstand in nächster Beziehung zum Opfer steht, also etwa das Opfer selbst empfangen hat — deshalb werden Tempel und profane Gebäude mit dem Blut geopferter Tiere bestrichen — oder den Segen des Opfers genießen soll, so z. B. ein Kind, ein Kranker, die Braut bei der Hochzeit, der auf Reisen Befindliche. Der nach einer Krankheit Genesene wird unter das Opfertier gestellt. Alsdann wird dieses getötet, so daß er ganz mit Blut besudelt wird. Auch hüllt man ihn in die Haut des Tieres ein. Es wird dadurch dessen Heiligkeit — Vitalität — auf ihn übertragen, zugleich aber auch die für das Verständnis der Opferidee überaus wichtige Gleichsetzung zwischen dem Opferer und dem geopferten Gegenstande zum Ausdruck gebracht: der Sache nach ist es stets das eigne Selbst, das der Mensch im Opfer dahingibt. — Das Opferblut ist hochheilig. Im rituell gebotenen Kultus des Islâm und beim Totenopfer wird es überhaupt nicht verwendet. Es rinnt auf die zu diesem Zwecke von Gewächsen befreite Erde, deren Erzeugnisse mit ihm nicht besudelt werden dürfen. Im Aberglauben kommt ihm noch immer seine magische Kraft zu. Wie die Häuser und Zelte, so beschmieren die Gläubigen mancher Gegenden den eignen Körper damit, tauchen die Füße hinein, waschen Hände und Kleider darin. Es wird zu Wahrsagezwecken verwandt und als Heilmittel in die Wohnungen gebracht. Palmen werden darein gesteckt und dann nach allen vier Himmelsrichtungen aufgehängt. Mit dem Vergießen des Blutes, in dem die Seele liegt, also der stellvertretenden Hingabe des eignen Lebens, ist das Opfer vollendet, ja, es besteht darin teilweise ausschließlich. Ohne Blutvergießen gibt es keine Erlösung (3. Mos. 17. 11; Hebr. 9. 22). Die Furcht vor dem lebenden Blute war außerordentlich groß, da es, auch in kleinsten Mengen vergossen, „nach Rache schreit" d. h.: die Pflicht der Blutrache erzwingt. Selbst das Blut erjagter Tiere mußte zugedeckt werden. Es gehörte also den Unterirdischen an. Deshalb fließt es im Opfer in eine Grube, die sich am Fuß des Steinidols fand und noch in der Zeit des Jerusalemischen Tempels erhalten blieb. Es wird selbst heutigen Tages im allgemeinen nicht genossen. — Andererseits erkannten wir in ihm den Träger der durch das Opfer vermittelten Heiligkeit. Deshalb wird es, eine bindende sakramentelle Gemeinschaft begründend, im Opfer Moses (2. Mos. 24. 8) auf alles Volk gesprengt. Das Sprengen des Blutes wurde dauernd als der Hauptpunkt des Rituals bis in die letzten Tage des jüdischen Kultus betrachtet. Das Blut weiht das Götteridol zum Leben. Es wurde auch beim Brandopfer nicht in die Flammen gegossen, in der Frühzeit vielmehr über den heiligen Stein, zugleich Altar und Idol, geschüttet (s. o.). Beim Abschluß von Bündnissen wurde vermittelst Schnitte in den Daumen der Vertragschließenden Blut entlockt und dieses unter Anrufung der Götter auf sieben heilige Steine gestrichen, die dadurch offenbar zu göttlichen Zeugen des Vertragsschlusses wurden. Gemeinschaftlicher Genuß des Opferbluts, wie wir ihn im Opfer des Nilus finden und für die Zeit des altsemitischen Gemeinschaftslebens voraussetzen müssen, bedeutete substantielle Einverleibung der göttlichen Kraft als Ausdruck vollkommener, körperlicher Einheit der teilnehmenden Stammesgenossen. — Im heutigen Islâm finden wir das Blut, beiden angedeuteten Grundideen entsprechend, sowohl als Zaubermittel verwandt wie auch als Dämonenträger gefürchtet. Frisches Blut ist unrein und macht Abwaschungen nötig. Man vermeidet es, über einen Blutflecken zu gehen, oder sich ihm zu nähern, denn dort wohnen die Dschinnen. Die mit dem Blut getriebene Zauberei ist viel verbreiteter, als dies ans Tageslicht tritt, denn die schwarze Magie versteckt sich in die dunkelsten Schlupfwinkel und dürfte den Ritualmord nicht immer scheuen.

Die chthonischen Darbringungen in ihrer ältesten Form führen nicht zum Vergießen des Bluts, sondern vernichten ein Wesen schlechthin, um das eigne oder ein anderes menschliches Leben zu erhalten. Von den Korsaren Algiers wurde ein Hammel im Augenblick der größten Seegefahr, ohne vorher getötet zu werden, in zwei Teile zerrissen und der eine Teil, der den Kopf trug, auf der rechten, der andere auf der linken Seite des Schiffs ins Meer geworfen. Die nicht opferbaren Teile des Tierkörpers gehören den Dämonen. Beim Opfer der geflügelten Tiere werden die Federn nicht zerstreut, sondern auf einen Haufen gesammelt. An ihm begegnen sich die bösen Geister, rauben die Federn und trinken das vergossene Blut. Die Grundidee der chthonischen (Sühn-)Opfer ist die, das seelisch-leiblich gedachte Miasma eines Menschen auf ein anderes Wesen zu übertragen, dieses dadurch zu töten, um sich zu befreien. Das Miasma ist ein Contagium; es bedarf also zwecks Übertragung: der körperlichen Berührung. „Sühnen" heißt im Hebräischen soviel als „abwischen". Wenn ein Kind in Krämpfen liegt, so bringt man bisweilen ein Täubchen und führt den Kopf des lebenden Tieres in den After des Kranken ein. Der Krankheitsstoff tötet das Opfer-Wesen, der Leidende gesundet. Wenn der von einer Giftschlange Gestochene auf die Wunde schnell nacheinander mehrere in der Mitte aufgeschnittene Täubchen legt, so saugt deren warmes Blut den Krankheitsstoff ein. Der gegenwärtige Araber treibt zu Heilzwecken ein Kamel in die von der Pest heimgesuchte Gegend und tötet es sodann. Um Nervenkrankheiten zu heilen, werden in Algier regelrechte Opfer, bestehend aus den nicht opferbaren Teilen eines Huhns, oft in Gegenwart eines Priesters vollzogen: Kopf, Blut, Federn legt man in einen Topf und stellt diesen auf einen Weg. Der Kranke genest alsdann, während der erste, der auf den Topf stößt, krank wird. — Der hier zugrunde liegende Ideengang entspricht vollständig dem Gebrauch des Sühnopfers im Alten Testament (3. Mos. 16. 20ff.). Der lebende Bock wird mit dem Sündenmiasma der Israeliten belastet und ausgesetzt; „so soll der Bock alle ihre Verschuldungen auf sich hinwegtragen in eine abgelegene Gegend". Bei den höchsten Sühnopfern muß das Fleisch der Opfertiere gänzlich verbrannt werden (3. Mos. 6. 23), und zwar außerhalb des Lagers, d. h. der Mauern von Jerusalem. Im übrigen wurde es zwar gekocht, das dazu verwandte irdene Gefäß aber zerbrochen, das blutbespritzte Gewand an heiliger Stätte gewaschen (ebd. 20f.). — Jährliche Sühnopfer sind bei den Hebräern im Passah zu sehen, das im Frühjahr in Form der Opferung der Erstlinge der Schafzucht dargebracht wurde.

Auch das Erstlingsopfer dient der Versöhnung der unbekannten Schicksalsmacht. Als solches ist es ein absolut primärer, weltverbreiteter Bestandteil des Kultus. Die Erstlinge der Feldfrucht und der jungen Obstbäume (3. Mos. 19. 23) werden drei Jahre lang nicht genossen. „Alle Erstgeburt gehört mir" spricht der Herr (2. Mos. 34. 19). Die des Menschen soll zwar ausgelöst werden, aber schon Abrahams beabsichtigtes Erstlingsopfer spricht dagegen. Hesekiel (20. 26ff.) klagt darüber, daß alles, was den Mutterschoß durchbricht, von den Hebräern dem Feuer geweiht werde. An Bauopfern unter Darbringung der Erstlinge fehlte es nicht: Zu Zeiten Ahabs baute Hiel von Bethel die Stadt Jericho wieder auf; es kostete ihn seinen Erstgeborenen, Abiram, als er ihren Grund legte, und seinen jüngsten Sohn Segub, als er ihre Tore einsetzte, nach dem Worte Jahwes, das er durch Josua . . . . . geredet hatte (1. Kön. 16. 34). Die Opferung von Jephthas Tochter durch den eignen Vater erwähnten wir bereits. Immer wieder, namentlich in den Zeiten der Not, schrie das Volk nach dem blutigen Ritus, der bei den nordsemitischen Völkern allgemein war. Der König der Moabiter opferte seinen erstgeborenen Sohn, der nach ihm herrschen sollte, als Brandopfer (2. Kön. 3. 27). Noch heute ist die Erstlingsspende sehr verbreitet und volkstümlich. Der Weinbauer spendet die ersten Früchte des Weinbergs, der ackerbautreibende Araber die der Feldfrüchte, der Viehzüchter die Erstlinge der Herden, ja selbst seiner Kamele.

Die Stätte der Darbringung ist von höchster Bedeutung; sie ist zugleich die der Gottesnähe. Die Periode des reinen Dämonismus lokalisiert sie nicht: überall können die Geister walten. Aber schon der Ursemitismus kennt besonders gefährliche Orte und vielleicht auch Stätten, die den guten Dämonen gehören. — Der Urzeit eignet, wie wir sahen, die Verehrung heiliger Großsteine. Sie wurden mit Blut übergossen, gesalbt, geküßt. Auch in der Sanskritsprache bedeutet das Wort für „ölen" soviel als „schmeicheln", jemanden „lieben"; für „Öl" zugleich „Liebe". Bis zur Gegenwart ist das Küssen heiliger Steine, so z. B. der Ka'aba zu Mekka, des Heiligtums des Abu Zêtûni und anderer geweihter Plätze erhalten geblieben. Das Bedürfnis, sie menschenähnlich zu gestalten, zeigt sich im ältesten Kultus nirgends.

Der bildlose Kultus hat sich auch in Griechenland lange behauptet. Die religiöse Macht der Furcht, die, mit ethischen Qualitäten beladen, allmählich zur Ehrfurcht sich ausgestaltet, waltete in den Monolithen und Megalithbauen (Steinkreisen, Steinpfeilern, Rundtürmen, Ringwällen) der vorisraelitischen Kultur Palästinas, in deren Überbleibseln die Ahnengottheiten schlummernd gedacht, die Gottheit schützend und regierend vermutet wurde. Eine (verbotene und unreine) menschenähnliche Ausgestaltung der Idole hätte zahllose Lokalkulte schaffen, die Einheitlichkeit der Gottesauffassung zerreißen, einem ungesunden und sittlich verwahrlosenden Ästhetizismus die Wege ebnen müssen. Die griechische Kunst entfernte sich von der Religion um so mehr, je häufiger sie die Gottheit in der Form vermutete, je menschenähnlicher sie sie darstellte. Während die Künstler des klassischen Altertums nackte Menschen zu Göttern machten, ergab sich die Masse der Zauberei.

Im alten Israel bestand ein aus volkstümlichen Quellen geflossener, vom altkanaanitischen Dienst übernommener und ferner ein vom Ausland bezogener Bilderdienst als volkstümliche Kultform neben der priesterlichen (vgl. die Teraphim; s. o.; ferner Jer. 2. 27). Der Islâm hat seine letzten Spuren restlos beseitigt. Ihm dienen noch heute heilige Steine als Idole. Ihre Salbung findet sich gegenwärtig in Marokko. Unter den Tongas gibt es einen, von uns erwähnten neun Fuß hohen Naturstein, genannt den „Stein des Nichthinweisens". Wir sahen, daß das Hinzeigen auf göttliche Objekte dem Volksglauben als verboten gilt. Daß sie Träger der göttlichen Energie sind, lehrten uns im Alten Testament Namen wie Beth-El (Haus Gottes): 1. Mos. 28. 18f. (vgl. o.). Die alten Araber beschmierten einen Stein, der als bêth-Allâh betrachtet wurde, mit Blut. Opfersteine, die vor Heiligtümern liegen und mit Opferblut begossen werden, sind Träger magischer Energien. Man will Mensch und Tier durch sie gesunden lassen. Tiere treibt man dreimal um sie herum, Menschen berühren sie. Im Mittelpunkt des Makâm (Heiligtums) in Schêch Musstapha gibt es einen Stein, der dadurch glatt geworden ist, daß Kranke ihren Rücken daran reiben. Häufig werden roh behauene Steine benutzt, Reste alter Säulen, Pfeiler, Sarkophagdeckel. In sie sind Blutlöcher hineingemeißelt.

Aus unvordenklicher Zeit stammt der Höhlenkultus. In Höhlen sitzen die Dämonen, die Unterirdischen, „das Erdvolk". Man glaubt ihr Schreien in nächtlicher Stunde zu hören und fürchtet, davon krank zu werden. Dem Herrn dieser Stätte bringt man an deren Eingang ein Opfer dar. Dies geschieht in Kerak zum Zwecke der Entsühnung. Eine Grotte mit Quelle oder Brunnen fehlte selten bei den Heiligtümern der Alten. Bei dem Bau von Tempeln wurde die monolithische Ausführung bevorzugt, die auf den Höhlentypus zurückführt. Die Grabstätten waren Felsenhöhlen. Der Glaube, daß dort Heilige schlummern oder wachen, hat der beherrschenden Vorstellung von den weli das Leben gegeben und findet sich über den Bereich des Islâm hinaus selbst in Montenegro. Der nordsemitische Boden war mit Gräbern dicht besetzt, deren Bewohner gleichfalls heroïsiert wurden. Bei den Kultstätten zu Aphaka wurde das Grab des Ba'al gezeigt. Der mit dem Gräberdienst vereinigte Ahnenkult hat die Höhlen oft zu Stätten des Segens gemacht. Diejenige, in der nach dem Volksglauben die zehn Gefährten von Muhammad wohnen, wird bei den Moslems für nicht weniger heilig gehalten als die Ka'aba selbst. In Palästina und Syrien wurden früher die Irrsinnigen gefesselt in eine Höhle eingesperrt, in der Hoffnung, daß der weli, dem sie gehörte, dem Kranken Genesung schenken werde. Selbst die Erde von solchen Grotten kann heilen. Aus ihnen quellen, in ewiger Wechselwirkung stehend und mit einander durch die ahnenkultischen Bande aufs engste verwandt, Geburt und Tod. Nahe bei Dschûne in Syrien gehen unfruchtbare Frauen in Begleitung ihrer Männer zu einer Höhle, in der ein Wasserloch ist. Dort baden die Eheleute zusammen und erwarten dann Kindersegen. — In ältester Zeit fanden viele Bestattungen am Eingang des Hauses statt. Dort schlummert der Ahn. Von dort wird Glück und Unglück, das die Familie trifft, zurückgeführt. Die Türschwelle ist deshalb von jeher als eine gefürchtete und geweihte Stelle angesehen worden. Der moderne Islâm muß die unter ihr lauernden Dämonen als „Teufel" bezeichnen. Dem Volksglauben entsprechend, finden zwar die Opfer meist im Heiligtum statt. Wenn dies aber schwer erreichbar ist, so genügt das eigne Haus. Selbst im Tempel wählt man als Opferstätte die Tür oder die Schwelle. Sie ist mit dem Blut der Opfertiere geweiht. Am Eingang der Hausschwelle ist eine große Anzahl von Handlungen verboten (s. o.). Über ihr werden bei Neubauten Unglück abwehrende Mittel aufgehängt: Knoblauch, Alaun, große blaue Perlen. Schon im alten Israel vermieden es die Priester, die Schwelle von Dagons Heiligtum zu betreten (1. Sam. 5. 5). Auch nach der Auffassung der alten Araber lebten dort, oft in Schlangengestalt, die das Geschick des Hauses regierenden Dämonen.

Den im Hause waltenden Geistern galten jene Opferdarbringungen, die wir in der Form des Erstlingsopfers bereits kennengelernt haben, und die vor, während und unmittelbar nach Vollendung des Baues dargebracht wurden. Sie sind als Bauopfer weithin bekannt. Ihr Zweck war der, den Unterirdischen den ihnen gehörigen Platz abzukaufen. Denn die Dschinnen sind die eigentlichen Herren des Grundes und Bodens. Der Schêch von Kefr Hârib östlich vom galiläischen Meere sagte zu dem amerikanischen Forschungsreisenden Curtiss: „Jeder Platz, jedes Land, ja, jede Stelle auf der Erde hat ihre Bewohner. Damit nun niemand von der Familie [die ein neues Haus bauen oder beziehen will], in diesem Lande sterbe, da es doch nicht ihm [dem Erbauer] gehört, so löst man die gesamte Familie durch ein fedu [Löse-Opfer]." Als weitere „Herren des Orts" (genii loci) gelten die welis und die Toten überhaupt, da ihr Bereich unantastbar ist. Im Alten Testament schließt Jakob aus seiner Vision auf die Nähe Jahwes: „Wie schauerlich ist diese Stätte! Ja, das ist der Wohnsitz Gottes und die Pforte des Himmels.“ Deshalb errichtet er dort den heiligen Stein (1. Mos. 28. 17ff.). Die Dämonenfurcht haftet am Boden. Sie löst fatalistische Zwangsvorstellungen aus. „Jedes Haus muß nun einmal seinen Toten haben: Mann, Weib, Kind oder Tier. Gott hat für jedes Gebäude das in einem Opfer bestehende fedu bestimmt. Dafür läßt er das Haus frei.“ Bei Bauarbeiten gilt das Sprichwort: „Kein Baubeginn ohne Blutvergießen! Es ist Gott angenehm und bringt Segen!“ Dies Opfer wird nächtlicherweile vollzogen — ein klarer Beweis dafür, daß es noch heute als chthonisch betrachtet zu werden pflegt. Dementsprechend bringen die Familienväter der Araber es dar, wenn sie glauben, daß die Erddämonen den Menschen zürnen; denn der Boden mancher Gegenden verursacht den Tod. Dies gilt auch, und zwar in erhöhtem Maße, von den Wüstenplätzen. Wenn die Beduinen des Ostjordanlandes ihre Zelte aufschlagen, so essen sie das erste Mahl zu Ehren des lokalen Dschinn, um sich mit ihm auf guten Fuß zu stellen. Selbst das auf die Speisen gestreute Salz nennt man: „Salz für den Herrn des Platzes“. Unter der ansässigen Bevölkerung Nordafrikas ist das Bauopfer allgemein und wird bei der Neuherstellung von Privat- wie öffentlichen Gebäuden, bei der Errichtung von Eisenbahndämmen und Wasserwerken vollzogen. Vielfach opfert man auf der Schwelle oder dem Dach des Hauses, das alsdann durch das herunterfließende Blut geschützt wird, ein Schaf oder eine Ziege. Muhammedaner wie griechische und syrische Christen huldigen diesem Brauch, der von den Vorfahren überkommen sei. Er wird auch bei Hochzeiten geübt. Das Opferblut fließt seit uralters bisweilen in eine Grube (s. o.). Es soll namentlich die Bauarbeiter, die Eindringlinge in den Besitz des örtlichen Dschinns, schützen. Deshalb veranstaltet man für die Bauleute auch ermunternde gemeinschaftliche Mahlzeiten. Beim Stapellauf von Schiffen wird wohl noch gegenwärtig eine Weinflasche zerschlagen. Das ist der Rest eines alten Opfers. Die algerischen Korsaren ließen niemals ein Schiff vom Stapel, ohne zwei oder drei Hammel zu töten. Das geopferte Wesen dient im Verfolg ahnenkultischer Ideen dem Hause als Schutzgeist. Deshalb konnte es in erster Linie nur ein Mensch sein. Selbst bei Christen besteht der Glaube, daß kein Bad gut funktioniert, welches nicht auf der Leiche eines Schwarzen aufgebaut ist. Auch dieser Aberglaube reicht, wie Ausgrabungen beweisen, auf die fernste Vorzeit zurück. — In harmloserer Form, unter Verwendung des Zauberrituals, findet sich das Bauopfer bei den babylonischen Juden. Sie kannten die Sitte, in die Eckfundamente der Häuser oder auf dem Friedhofe Zauberschalen zu vergraben, meist so übereinander gestülpt, daß sie einen Hohlraum bilden, um böse Dämonen, Krankheiten und Seuchen abzuwehren.

Die Tempel, deren Fundamente durch das Bauopfer Weihe, Lebenskraft und Dauer empfangen sollen, werden vorzugsweise auf Höhen errichtet. Von Syrien an bis einschließlich der Sinaïhalbinsel trifft man solche Höhenplätze fast in jedem Dorfe oder Weiler. Ein kleines, von einer schneeweißen Kuppel überragtes Gebäude, die heilige Stätte des Ortes, ist dort weithin sichtbar. Gewöhnlich ist darin ein Grabdenkmal enthalten. In ihm schlummert der Heilige. Um diesen Maḳâm dreht sich die wirkliche Religion des Bauern. In den entlegenen Teilen Palästinas kann man monatelang reisen, ohne eine Moschee zu erblicken. Dagegen soll von einem solchen Maḳâm der Einfluß des Heiligen gleichsam ausstrahlen, wie der eines mächtigen Schêchs etwa 20 Meilen in die Runde sich erstreckt. Dieser schlummernde Gott ist es, den der Ansässige in den Nöten des Lebens anruft, der ihm im Traum weissagt, bei dem er schwört und der sich für seine Hilfe durch Darbringung eines fetten Schafs bezahlen läßt. — Der Höhenkult ist uralt und nachweislich auch babylonisch. Auf dem Gipfel des Sinaï oder Horeb offenbarte sich Gott dem Mose, auf einem Berge fand die Opferung des Isaak statt (1. Mos. 22. 2), erschien Jahwe dem Abraham (1. Mos. 22. 14), pflegten David und seine Zeitgenossen Gott zu verehren. Salomo errichtet dem moabitischen Kamos, dem ammonitischen Milkom und der sidonischen Astarte „Höhen" (1. Kön. 11. 7; 2. Kön. 23. 13). Der Höhenkultus wurde also von vielen semitischen Stämmen vollzogen. Das Opfer des Gideon fand auf einem Berge in sehr altertümlicher Form statt (Richt. 6. 26ff.). Daß solche Lokalkulte dem Inhalt und Sinn der israelitischen Gemeinschaftsreligion widersprachen, versteht man unter Zugrundelegung der heutigen Verhältnisse besonders gut. Nach 5. Mos. 12. 2 soll deshalb jeder Maḳâm — selbst dies Wort findet sich in hebräischer Form wieder — zerstört werden, der „auf den hohen Bergen und auf den Hügeln" liegt. Sogar der Name dieser Heiligtümer soll ausgetilgt sein (ebd. 3), denn er trägt gewöhnlich den individuellen Charakter der geweihten Stätte in sich und pflanzt ihn fort. Oft hat der schlummernde Prophet ihn dereinst dem Maḳâm verliehen.

Die Höhenplätze zeigen oft Bäume von großer Heiligkeit. Auf einem solchen, der sich in Nordsyrien in der Nähe von Bênu erhebt, ragen Eichen empor, „heilige Bäume" genannt. Unter ihnen steht auch eine griechische Kirche. Die ansässigen Stämme vollziehen an Bäumen und Quellen ihr Opfer, nicht am Tempel. Besondere Ehrfurcht genießen einzeln stehende, hohe, von menschlichen Wohnungen entfernte Bäume. Sie gelten als von Dschinnen bewohnt. Jede Beschädigung solcher Gewächse, sowie das Ausroden von Buschland durch Feuer gilt als unheilbringend. Die aus dem Dickicht entfliehenden Wesen rächen sich an ihren Verfolgern. Bäume der verschiedensten Art werden kultisch bewertet: der Schittim, die Akazie, der Walnuß- und Oliven-, der Feigenbaum, die Terebinthe und Eiche. Heilige

Haine liegen oft in der Nähe von Gräbern. Der unter dem Namen „Mutter der Scherben" bekannte weli wohnt in einem Heiligtum, daß von einem mehrere Morgen großen Eichenhain umgeben ist. Dort und an anderen geweihten Baumgruppen wie z. B. an den immergrünen Eichen zweier heiliger Haine unweit Damaskus pflegte man Wasserkrüge niederzulegen, deren Scherben mythisch erklärt wurden. Von einzelnen dieser Bäume glaubte man, sie seien von der Gottheit selbst gepflanzt. Einer derselben, den das Volk von Mekka jährlich besuchte, und der in der Überlieferung über den Propheten erwähnt wird, war mit Waffen, Kleidern, Straußeneiern und anderen Weihgaben behängt. Die Bekleidung mit Stoffen oder Tuchfetzen hat sich im ganzen Bereich des Islâm versprengt erhalten. Der Astronom Franz von Schwartz sah bei den turkestanischen Muhammedanern einzeln stehende, uralte Bäume, an denen man oft so viele Fetzen von Kleidern aufgehängt hatte, als der Baum Blätter zählte. Eine große Platane, die angeblich der heiligen Geschichte des Islâm angehört, wird noch heute verehrt, geküßt, mit Lichtern und Flaggen geschmückt. Dies ist nur deshalb möglich, weil Muhammad den Baumkultus nicht unbedingt verboten hat. In einem Türkendorf in Nordsyrien befindet sich eine große, uralte Eiche, die als heilig gilt. Man verbrennt ihr zu Ehren Weihrauch und bringt ihr Opfer dar, genau wie einem Heiligtume. In ihrer Nähe befindet sich kein heiliges Grab. Man verehrt eben den Baum selbst.

Die erwähnten „Lappenbäume" spenden ihrer Göttlichkeit wegen Heilkraft. Kranke hängen an ihnen Fetzen ihrer Kleidung auf oder entnehmen ihnen Tuchstücke und legen sie sich auf den Leib. Damit gehört die weitverbreitete Sitte des Einkeilens, Einpflöckens von Unheilerregern in Bäume begrifflich zusammen. Unter dem Heiligtume des Abu Zetûni oder dem dazu gehörigen heiligen Olivenbaum schlafen Kranke und bringen dem Baume Weihrauch dar; sie wollen durch den Schlaf im Heiligtum, die Inkubation, genesen. Meist wird gegenwärtig die Gnadenwirkung durch einen weli vermittelt. Manche Bäume, die Kultobjekte sind, heißen geradezu weli, weil ein solcher in ihnen wohnt. Wenn er sich dort offenbart hat, so werden vor dem Baum des Nachts Lampen angesteckt. Auch werden Öl und Kerzen, ferner Tiere ihm gelobt und geopfert. Man erhofft von ihm Heilwirkung. Nach dem Glauben der Bewohner der Arabia deserta steigen Engel oder „Mächte der Luft" zu heiligen Hainen herab; unter den Zweigen solcher Bäume finden Kranke Genesung. Sie empfangen deshalb von den Tongas Gaben von Fleisch, das in den Zweigen aufgehängt wird. Bisweilen erhalten moderne Wüstenaraber, wenn sie unter einem solchen heiligen Baume schlafen, im Traume den Rat zur Wiederherstellung ihrer Gesundheit. Zu gleichem Zwecke dienen Stückchen dieser Gewächse: die Bäume am Platz der Omar-Moschee werden zu Amuletten benutzt. Die Heilkraft des Makâm kann natürlich auch von dem Grabe des Heiligen selbst ausgehen: auf dem angeblichen Bestattungsort eines weli befindet sich eine grüne Decke. Ist jemand krank, so reißt er von ihr ein Stück ab und bindet es sich um den Hals oder das Handgelenk. — Die heiligen Bäume sind unverletzlich. Jeden abfallenden Zweig legt man innerhalb der geweihten Stätte nieder. Die reifen Schoten mancher Baumsorten, die für das Vieh nahrhaft sind, werden zwar entnommen, aber es wird der Heilige dazu um Erlaubnis gebeten. Einen solchen Baum zu beschädigen oder abzuhauen, würde niemand wagen. Der Geist des Heiligen, der darin sitzt, würde dies mit dem Tode ahnden. Baum und Baumgeist sind so eng miteinander verwandt, daß man im Kult des heiligen Abu Zêtûni bei Chisfîn das Olivenöl seines Baumes als dessen Blut betrachtet. Die Heiligkeit der Gewächse, gegründet auf dem ihnen innewohnenden Leben, tut sich darin kund, daß sie Flammenerscheinungen zeigen, von denen heute gesprochen wird wie zu Zeiten Moses (2. Mos. 3. 2—4). Man glaubte, daß auf den Zweigen des heiligen Ölbaums bei Tyrus Feuer erscheine, ohne ihr Laub zu versengen. Bäume werden oft zu Stätten der Manifestationen von Gottheiten, die sich in Flammengestalt auf ihnen zeigen. Das Alte Testament kennt Bäume in den Fabeln redend (Richt. 9. 8; 2. Kön. 14. 9). In ihrem Schatten wurden auf Höhenplätzen die Ba'alim verehrt (Hos. 4. 13). Eichen, Weißpappeln und Terebinthen waren dort gepflanzt. Unter ihnen brachten die Erzpatriarchen ihre Opfer dar. Abraham baut seinen ersten Altar und empfängt seine erste Gottesoffenbarung unter der Terebinthe von More. Sie gewährte Orakelaufschlüsse (Gen. 12. 6). Einen anderen Altar errichtet er unter der Terebinthe von Mamre. Auch hier erscheint ihm Gott (Gen. 13. 18). An dieser Stätte brachten die heidnischen Teilnehmer, da sie den Ort als den Sitz von Engeln verehrten, bei dem jährlichen Feste, nicht nur unter dem Baume Opfer dar, sondern erleuchteten auch die Quelle mit Lampen und warfen Opfergaben von Wein, Kuchen, Münzen usw. in sie hinein. — Zu Beerseba pflanzte der gleiche Patriarch eine Tamariske und rief daselbst den Namen Jahwes an (1. Mos. 21. 33). Unter einem Wüstenbaum der nämlichen Art erschien der Engel des Herrn dem Gideon. Dort baute dieser einen Altar und vollzog das Opfer (Richt. 6. 11, 19). Altäre wurden vielfach „unter grünen Bäumen“ errichtet. Sie weissagten dem Gläubigen nicht nur durch Inkubation, sondern auch im wachen Zustande, selbst bei den wichtigsten Angelegenheiten. Vor dem Kampf gegen die Philister spricht Jahwe zu David (2. Sam. 5. 24): „Wenn du das Geräusch des Einherschreitens in den Wipfeln des Bakagehölzes hörst, dann brich los, denn dann ist Jahwe ausgezogen vor dir her, um im Lande der Philister eine Niederlage anzurichten.“ Muslîm ben Uḳba vernahm im Traume die Stimme des garkad-Strauches, die ihn zum Führer der Armee des Jezîd gegen Mekka bestimmte. Die Gottesvisionen psychisch prädisponierter Mädchen, von denen die „Jungfrau von Orléans“

die Bekannteste ist, gehören ebenfalls hierher. Sie wurde durch eine Stimme berufen, die aus einem abergläubisch gefürchteten Druidenbaum ertönte.

In der Nähe solcher Bäume befinden sich gewöhnlich Brunnen oder Quellen. Sie allein geben am Wüstenrande Menschen und Tieren die Lebensmöglichkeit. Die dortigen Oasen tragen nach ihnen gewöhnlich den Namen. Das Wort 'aèn (arab. = Quelle) bedeutet zugleich das Auge, wie wir von der Mündung (dem Munde) des Flusses reden und der alte Römer von dem „Kopf" der Quelle (caput fontis) spricht. Die meisten Quellen gelten im muslimischen Volkstum als lebendig, (von Geistern) „bewohnt". Aus manchen dringt ein unverständliches Murmeln hervor, das zur Orakelentnahme einlädt. Die Frauen der palästinensischen Landbevölkerung, muslimische wie christliche, bitten, bevor sie Wasser schöpfen, die Quelle dazu um Erlaubnis; sie rufen vor dem Baden Gott, einen Heiligen oder das heilige Kreuz an. Bereits Hannibal nannte in jenem Erdschwur, durch den er sich dem Philipp von Mazedonien verband, als Zeugen „die Sonne, den Mond und die Erde, Ströme und Quellen". Heilige Gewässer befinden sich in der Nähe der Schlummerstätten der welis, welche letztere zunächst deren Herren und Beschützer sind, aber mit ihnen so sehr eins gedacht werden, daß das dort vollzogene Opfer beiden gemeinschaftlich gilt. Den welis heißer Quellen, die in deren Tiefe wohnen, werden Gaben gespendet, die vielfach in den Wasserschlund geworfen wurden. Diese Urform der Darbringung war zugleich Orakelvermittlung: es wurde (s. o.) als ein Zeichen des bevorstehenden Falles von Palmyra angesehen, als die von der Stadt bei einem jährlichen Feste dargebrachten Gaben im folgenden Jahre wieder ausgeworfen wurden. Die Analogie mit dem Ring des Polykrates wird um so treffender, als in heiligen Gewässern, so in dem Teich der Atargatis zu Askalon, weissagende Fische gehalten werden. Gegenwärtig versteckt sich dieser unislamische Brauch in dem Kultus geheimer Sekten. Bereits damals mied man für den Quellenkultus die Zentren der islamischen Welt. Die verehrten Quellen Kanaans lagen in der Nähe der Städte, aber außerhalb des Tores. Daß sie noch heute Orakel spenden, lehren Namen wie „En Mispat", d. h.: „der Gerichtsbrunnen"; er ist der Wohnsitz eines Geistes, an den man sich wandte, um sich Recht sprechen zu lassen. Das aus der Tiefe tönende Brausen wurde in ältester Zeit als die Stimme der Gottheit angesehen.

Da in der Nähe der Quelle ein weli wohnt, von dessen stillem Walten Segen ausgeht, gelten viele Wasser als heilkräftig, so vorzugsweise heiße Quellen, deren gegen den Rheumatismus günstige Wirkung von den unterirdisch sie bewohnenden Geistern abgeleitet wird. In heiligen Teichen suchen Leidende Genesung. Auch Geisteskranke baden dort. Oft waschen sie ihre Kleider in der Absicht, dadurch die in diesen nistenden Dämonen zu verscheuchen, vielleicht auch, um sie der Heiligkeit des Wassers teilhaftig werden zu lassen. Kleider sind stets Träger einer Seelensubstanz, Teilnehmer an der Heiligkeit und Wunderwirkung des mit ihnen Bekleideten (vgl. die Wunderausübungen der heiligen Röcke und Apostelgesch. 19. 11f.). Daß die Berührung mit heiligen Wassern unfruchtbare Weiber schwanger machen kann, erwähnten wir bereits. Es handelt sich dabei um eine von den Vertretern aller Religionen hochgehaltene Meinung, die auf den Fremden umso eigentümlicher wirkt, als der z. B. im Wasser des Chidr-Heiligtums unweit Bêrut wohnend geglaubte weli als wirklicher Erzeuger des Kindes gilt, deren Mütter dorthin wallfahrteten und mit jenem Wasser eine „Ehe" eingingen. Der dort hausende Dämon wurde früher in Schlangengestalt gedacht: die Schlange ist dem Volksglauben ein heiliges, chthonisches, ahnenkultisches Wesen. Bisweilen bricht das Gefühl für die heidnische Herkunft dieser Ideen noch im Volksbrauch durch. Die Bäder der heiligen Quellen von Gadara wurden während der Nacht gebraucht. Lichter und Weihrauch kamen dabei zur Anwendung. Der Hilfe suchende Kranke hatte Visionen und verbrachte die Nacht wachend. Bis heute darf ein Kranker in dem natürlichen Bade von Tiberias die Geister nicht verletzen, indem er den Namen Gottes ruft.

Das Einholen richterlicher Entscheidungen von dem Wasser ist alt: daher die Wasserprobe der Hexen, die uns aus den Hexenprozessen so wohl bekannt ist (wenn die Verdächtigen, ins Wasser geworfen, schwimmen, sind sie schuldig); daher der Genuß von Seewasser bei Untreue der Frau (4. Mos. 5. 11ff.). — Das früheste babylonische Altertum kennt den gesamten Komplex der Wasserverehrung. Als Urgott wird dort Ea verehrt, der Gott der Wassertiefe. Da, wo Euphrat und Tigris sich vereinigen, an hochheiliger Stätte, unweit einem geweihten Baum, stand ein Tempel. Weisheit und Prophetengabe kennzeichneten den Gott. Er erteilte in allen schwierigen Lagen den rechten Rat, brachte mittelst seiner Beschwörung den Kranken und Besessenen Hilfe. Seine Gestalt trägt die Züge höchster, auf die gemeinsemitische Periode zurückgehender Altertümlichkeit.

Als weitere Opferstätten treten die Dächer des Hauses und des Tempels hervor. Das von ihnen herabfließende Blut weiht die Stätte und schützt sie. Ursprünglich war aber die Vorstellung lebendig, daß Jahwe als Gott der Lebenden, nicht der Toten, des Tages, nicht der Nacht, seine Speise sehen müsse. Das Gleiche gilt von den ihm unterstellten himmlischen Heerscharen, den Sternen. Auf den Dächern wird ihnen geräuchert, Trankopfer gespendet, wirft man sich vor ihnen nieder (2. Kön. 23. 12; Jer. 19. 13; 32. 29; Zeph. 1. 5). Als man zum Bau fester Tempel überging, blieb der Vorhof, nicht das Innere, also ein unbedeckter Raum, die Opferstätte. Dort opferten, noch lange nach der Erbauung des Salomonischen Zentralheiligtums, die einzelnen Stämme beim großen Jahresfest (3. Mos. 20. 6). Deshalb geht David zu diesem Zweck

„nach seiner Vaterstadt Bethlehem zurück". Noch gegenwärtig kennt man im Islâm große Jahresopfer, zu denen Plätze von erheblichem Umfange in Anspruch genommen werden. Dies gilt auch beim Opfer für die Dschinnen. Selbst ihr Kultus pflegt sich der Opferstätten zu bedienen. Häufig zieht man beim Dschinnendienst über den Sand einen geweihten Kreis, der mit Weihrauch geläutert wird, als ob man ihn, seinen eigentlichen Zweck parodierend, dadurch heiligen wollte. Innerhalb dieses Kreises tötet man das darzubringende Geflügel (schwarze Hühner). Die nach solchen chthonischen Darbringungen besonders sorgfältig vorgenommenen Waschungen sind auch dem regulären, alten, volkstümlichen Opfer als Bestandteil verblieben. Selbst nach der rituellen, während der Pilgerfahrt nach Mekka vorgenommenen Schlachtung muß sich der Wallfahrer die Haare scheren. Wenn er deren keine hat, so muß er wenigstens den Schein erwecken, als ob er es täte. Auch das Räuchern unmittelbar nach dem Opfervollzug kommt vor. Es soll die Dämonen abwehren. Nach dem zu Ehren eines Heiligen veranstalteten Opfermahl zerbricht man die Schüsseln, in denen gegessen wurde. (Selbst der christliche Priester wäscht nach dem Meßopfer den Kelch und seine Hände.) Andere, festgehaltene Sitten sind das Bestreuen des Opferfleisches mit Salz und das Auflegen der Hand auf das unmittelbar vor der Opferung stehende Tier. Beide Bräuche finden sich im Alten Testament (Ez. 43. 24; — 2. Mos. 29. 10; 15. 19; 3. Mos. 1. 4; 3. 2; 4. 15 und öfter) und im babylonischen Altertum. Sie sind auch dem „Sündopfer" eigentümlich.

Wer wird der Gottheit geweiht? Wir sahen, daß seit allgemeinsemitischer Urzeit der Furchtinstinkt den Kultus beherrschte, daß jedes neue Haus, jeder Strom, jede gefährliche Stelle der Erde ihre Opfer verlangt. Das Geschick sucht sich sein Opfer selbst, kann sich aber mit einem Stellvertreter zufrieden geben. Wenn jemandem ein wertvolles Pferd stirbt, dann sagt man zu ihm: „Härme dich nicht darum! Es hat dich erlöst." Meist ist das Geschick an bestimmte Stellen gebunden, die besonders lebenswichtig sind, und wird an diesen versöhnt. Wenn man die Haustür mit Opferblut bestreicht, so geschieht es, „damit jedes Haus seinen Toten habe und die anderen besser leben können". Es wiegt also die Erlösungsidee vor. Sie hat dem Opfer das Dasein gegeben. Unter Erlösung ist Befreiung von Leiden, namentlich Tod und Krankheiten, zu verstehen. Das Opfer ist ein Kaufgeschäft. Die Vorstellung von einem freien Geschenk an Gott oder Menschen ohne Aussicht auf Wiedergabe ist dem gesamten Altertum fremd. Die in den rituellen Formen sich haltende Frömmigkeit läßt den irdischen Lohn mit Sicherheit erwarten. Das Opfer des Noah, das Jahwe lieblich roch, genügt, die geplante Weltvernichtung zu verhindern (1. Mos. 8. 21). Auch das dem Menschen dargebrachte Opfer macht sich beim jüngsten Gericht, vor dem in der muslimischen Welt eine sehr große Furcht herrscht, bezahlt: das Almosen vervielfältigt sich alsdann. Das Gastgeschenk, eine unabweisliche Pflicht, muß erwidert werden. Dies kann auch mit Geld oder dem gleichartigen Gegenstand, den man soeben im Nachbarhaus empfangen hat, geschehen: man nimmt und gibt einen Schal, ein Kleidungsstück u. a. Nichts anderes besagt der Kultus. Um eine bestimmte Zahl von Schafen zu retten, müßte man mithin deren ebenso viele töten. Massenopfer bis zu über 100000 Stück fanden am Salomonischen Tempel statt. Im Privatopfer begnügt man sich mit Einzeldarbringungen. Sie kommen aber einer Gesamtheit zugute, wenn man sie lediglich mit Blut besprengt oder um das Heiligtum herumtreibt, sie ihm weiht. Zunächst liegt darin eine arglistige Täuschung: das blutige Tier stellt das vollzogene Opfer dar. Sodann kommt die Idee der besonderen Heiligkeit des geopferten Tiers hinzu: „es dient für viele"; „eines erlöst alle", weil es ebensoviel wert ist wie die Gesamtheit. Auch die letztere Vorbedingung des Erfolgs ist weit verbreitet. Am Makâm des Schêch Muhammad in Fîk opfert man statt der Gesamtheit der Schafe nur ein Tier, mit dessen Blut man die Herde besprengt, und zwar dasjenige, das beim Umzug sich dem Makâm am meisten nähert und somit sich selbst gleichsam opfern will. Beim stellvertretenden Opfer Abrahams wird der sich darbietende Schafbock getötet (1. Mos. 22. 13, s. o.). Das Schicksal selbst muß also den Ersatz bestimmen. Er muß vollwertig sein. Nur beim Dankopfer, das sich auch eben dadurch als Spätling zeigt, sind Monstra zugelassen (3. Mos. 22. 23). Nach muslimischer Auffassung „schuf Gott die Schafe, um den Menschen als Sühne (fedu) zu dienen".

Von dieser Erlösungsidee aus wird es verständlich, daß unter allen Umständen das Blut des Opfertieres vergossen, seine Seele dahingegeben werden muß: „Blut ist der Stellvertreter für Blut", sagt das arabische Sprichwort, das Opfertier ein Substitut für den Opferveranstalter, der sich deshalb (s. o.) in die Hülle seines Opferwesens kleidet, in oder über dessen Blutlache tritt oder (als Kind) sich über sie heben läßt. Beim Opfer muß der Veranstalter sagen: „Mein Gott, dieses Opfer stellt mich selbst dar, sein Fleisch ist mein Fleisch; sein Blut mein Blut; seine Haare meine Haare; sein Fell mein Fell; seine Knochen meine Knochen." In erstaunlicher Übereinstimmung damit heißt es in einem babylonischen Text: „Das Lamm, das Tauschobjekt für einen Menschen, das Lamm gibt er [der Opferpriester] für dessen [des Opferveranstalters] Leben. Den Kopf des Lammes gibt er für den Kopf des Menschen, den Nacken des Lammes gibt er für den Nacken des Menschen, die Brust des Lammes gibt er für die Brust des Menschen." Auch der Eid verpflichtet den einen Vertrag abschließenden Teil durch Vermittlung des dabei vollzogenen Opfers in der Weise, daß die einzelnen Teile des dargebrachten Tieres genau denen des Veranstalters entsprechen, d. h.: im Falle des Meineids präsumptiv dem Tode verfallen sind; man vergleiche dazu Christi Verbot „bei seinem Haupte zu schwören" und den „leiblichen" Eid, den unsere Soldaten dem Kaiser ablegten. Das Tier als solches ist dem Menschenwesen gegenüber oft als gleichwertig empfunden. Das Wergeld vertritt die Blutrache. Das Kamel, das nur in Zeiten größter Not — das weibliche Kamel fast nie — geschlachtet wird, galt bei den Beduinen als Ersatz für den ganzen Stamm, obwohl die alten Araber das Menschenopfer kannten. Bei den Nossairiern pflegt der Vater zu beten: „Lasse eine Seele los für die andere!", d. h.: „gib die Seele des Toten frei für die Seele des geopferten Tieres!" Es wird dies von einem Moslem so erklärt: „Das Tier ist ein Geist und der Kranke desgleichen. Der Heilige (weli) nimmt den einen statt des anderen, die Tierseele statt der Menschenseele."

Eigentliche Menschenopfer finden in den muslimischen Gegenden jetzt, wie es scheint, nicht mehr statt, aber es werden Kinder, oft schon für den bloßen Eventualfall ihrer Geburt, der Gottheit für den Tempel gelobt. Knaben dieser Art bleiben ungeschoren, bis sie herangewachsen sind. Dann wird ein großes Fest veranstaltet. Ein solches Kind wird als Christ Mönch, als Moslem Derwisch. In Opposition zu der in diesem Brauche hervortretenden verdammenswerten Verkümmerung allgemein-menschlicher Lebensrechte faßte Goethe die Idee des Jahrzehnte lang ihn bewegenden Stoffes seiner „Braut von Korinth" in die Form: „Opfer fallen hier, weder Lamm noch Stier, aber Menschenopfer unerhört." Das älteste Beispiel eines solchen Opfers findet sich 1. Sam. 1. 9—15 in der Geschichte der Hanna. Zuweilen gelobt ein Mann, falls der Heilige ihm einen Sohn gewährt, das Gewicht desselben ihm in Silber darbringen zu wollen, oder seine Haare werden gegen Gold oder Silber aufgewogen. — Die moderne Wertschätzung des menschlichen Lebens war der Antike durchaus fremd, die Aussetzung von Kindern (wie wir sie noch im Grimmschen Märchen finden) und die von Greisen ihr geläufig. Muhammads Großvater gelobte einen seiner 10 Söhne als Opfer, löste ihn aber gegen 100 Kamele los. Die alten Araber vergruben bisweilen neugeborene Mädchen, wie die Jäger unserer Tage junge Hunde. Bei den Israeliten des Alten Testaments galten die erstgeborenen männlichen Kinder als geweiht (2. Mos. 13. 13; 34. 20); für sie wurde ein Lösegeld auferlegt. Tatsächlich wurde das Erstlingsopfer auch am Menschen oft vollzogen (s. o.). Der Ba'alsdienst erforderte so viele Leichen, daß Jeremia vorschlägt, die Stätten, an denen die Söhne der Israeliten für den Ba'al verbrannt wurden, nicht mehr „Topheth" und „Tal Ben Hinnom", sondern „Würgetal" zu nennen (Jer. 7. 31; 19. 5; vgl. Hes. 20. 26). Aus sprachlichen und sachlichen Gründen ist es sicher, daß diese Massenopfer dem Kulte Jahwes einverleibt waren. Die Tötung von Kriegsgefangenen galt, wie bei den Assyriern, Arabern, und wohl allen nordsemitischen Völkern, so jedenfalls bei den Israeliten als erlaubt, und war wie selbst die Niedermetzelung ganzer Völkerschaften, ihre

Belegung mit dem Gottesbann, sogar nach Auffassung der späten Propheten, eine von Gott gewollte, ja selbst von ihm vollzogene Handlung (Jes. 34. 1 ff.; vgl. 1. Sam. 15. 33). Die Vorstellung von der Natur Jahwes als dem verzehrenden Feuer ist durchaus vorherrschend geblieben. Da alle Kriege unter Führung Jahwes stattfanden, waren die Ausrottungen feindlicher Völker religiöse Handlungen. Zwar durchbrach der erwachende Familiensinn in ruhigeren Zeiten zuweilen den blutigen Ritus. Auch mögen Nützlichkeitserwägungen mit untergeflossen sein: man wollte die erbeutete menschliche Arbeitskraft nicht wieder entbehren. Die Sarazenen pflegten beispielsweise junge und schöne Kriegsgefangene zu opfern. Wenn sie aber solche nicht hatten, begnügten sie sich mit einem weißen und fehllosen Kamel. Doch regten sich bisweilen religiöse Skrupel gegen jede Art eines solchen Ersatzes. In Israel schrie man zu Zeiten des Unglücks nach strengster kultischer Pflichterfüllung, da die Gottheit zürne. Solche Zeiten sind es immer gewesen, die uralte, scheinbar vergessene Barbareien aufleben ließen. Die Karthager nahmen in den Tagen des Unglücks an, daß ihr Gott erzürnt sei, weil Sklavenkinder heimlich für solche ihrer vornehmsten Familien untergeschoben waren. Nur einen vollwertigen Ersatz für ein ganzes Geschlecht gab es: den König. Sein Blut ist nach allgemein-arabischem Glauben heilig und heilwirkend, er selbst der Stammesinbegriff und Stammesrepräsentant im strengsten Sinne des Wortes. Seine Tugend verbürgt alles Heil, seine Sünde beschwört jedes Unglück herauf. Die Schuld Achans ist die des ganzen Israels; als solche wird sie mit der Niederlage des ganzen Volksheeres bestraft (Jos. 7. 1, 11). Deshalb opfert der König Mesa von Moab seinen Sohn (s .o.). Unter den Kriegsgefangenen werden die Vornehmen zum Opfer ausersehen. Symbolische Enthauptung von Königen zu kultischen Zwecken findet sich im modernen böhmischen Volksbrauch angedeutet. Menschen, deren Leben auf eine ganze Gemeinschaft segensreich einwirkte, können auch im Tode zu Erlösern werden, so namentlich die einem Stamme angehörigen Heiligen, die Frommen und Gottesmänner, die im heiligen Krieg ihr Leben für viele dahin gegeben haben. Sie befreien die Ihrigen vom Unglück. Ihr Tod wirkt läuternd und entsühnend.

Das Selbstopfer in unmittelbarer Gestalt ist noch angedeutet durch die blutigen Selbstverletzungen und Selbstquälereien der Religiosen vieler Sekten. Das Darbringen des Blutes als Mittel, sich der Gottheit zu empfehlen, sich und den Stamm vom Verderben loszukaufen, findet im Alten Testament ein klassisches Beispiel in der Geschichte des Streites zwischen dem Gott von Tyrus und dem von Israel (1. Kön. 18. 28). Der Tod von Vegetations-Gottheiten und -Dämonen, der sich jährlich wiederholt und zu deren stets erneuter Auferstehung führt, erhielt mimische Nachahmung (s. o.). Die Erinnerung an die grundlegende Bedeutung des Menschenopfers blieb lange erhalten. Nach Porphyrius aßen die Phönizier kein Fleisch, weil der Tod eines Opfertiers ursprünglich der Ersatz für ein Menschenopfer war. Das Opfer Abrahams (1. Mos. 22) beweist nicht, daß Menschenopfer als solche abgelehnt wurden, sondern nur, daß die Opferidee theokratisch umgebogen worden war: Gehorsam ist besser als Opfer und Hören mehr wert als Fett von Widdern (1. Sam. 15. 22). Der „beruhigende" Bratengeruch (s. 1. Mos. 8. 2; Lev. 1. 9 u. öfter), den die Gläubigen als „Opferduft" in die „Nase" Gottes bringen (5. Mos. 33. 10) und der bereits im Opfer Noahs jene katastrophale, für die Menschen günstige Wendung hervorrief, entzückte, wie in diesem, so in der Darbringung des babylonischen Noah nach der Sintflut die Gottheit: „Die Götter rochen den Duft; die Götter rochen den guten Duft; die Götter sammelten sich wie Fliegen um das Opfer." Der Reiz auf die semitischen Nasen hat dem uralten, überall bekannten Räucheropfer den Ursprung gegeben. — Das blutige Opfer löst man durch Substitute ab: an Stelle von Blut wird Henna auf die Türpfosten gestrichen, wie man Blut jetzt ersetzt durch Wasser, mit dem Weihwedel über die Gemeinde spritzt. Bisweilen scheint die alte Opferidee höheren Gesichtspunkten Platz zu machen. Wenn heutigen Tages in Nordafrika ein Mensch von einer Krankheit genesen ist, so wird manchmal hinterher ein Tier geschlachtet und das Gesicht des Kranken mit dem Blut beschmiert. Hierbei liegt die Meinung zu Grunde, daß die Gottheit auf das Opferwesen einen auch nachträglich zur Geltung kommenden Anspruch habe. Daraus konnte sich das Dankopfer entwickeln. Wir wissen aber aus der eignen Lebenserfahrung und hören es aus der Goethes, daß Dankbarkeit die seltenste Tugend ist. Sie hat sich nirgends wahre Geltung verschaffen können, selbst nicht im Opfer.

Die Wahl der Opfertiere ist im modernen Islâm in weiten Grenzen frei. In Nordafrika werden alle Haustiere, vom kleinen Geflügel bis zum Rind, sehr selten bis zum Kamel, verwandt. Ein Lamm wird besonders gern geschlachtet. „Das Lamm stiftet Frieden und hebt die Feindschaft auf." Ferner zerschlägt man Eier und gießt ihren Inhalt auf den heiligen Boden. Auch Vegetabilien und vegetabilische Produkte, wie das bekannte Nationalgericht Cuscus, sind erlaubt. Statt des Blutes kommt der Wein in Betracht. Unter die Füße des Pferdes eines mächtigen Häuptlings schüttete man als Trankspende Kaffee. — Für die Nomadenperiode des alten Israel kommen nur Einzelopfer, und zwar solche von Kleinvieh, in Betracht. Das levitische Gesetz nennt als beim Opfer zugelassen: den Ochsen, das Schaf und die Ziege, dazu kommt unter bestimmten Bedingungen, namentlich auch zur Ablösung weitergehender Verpflichtungen bei vorhandener Armut, die Taube (3. Mos. 12. 6). Die Israeliten brachten keine Kamele dar und aßen sie auch nicht. Das Kamelopfer bei den Arabern erwähnten wir. Das Schwein war für alle Semiten unrein. In Ausnahmefällen fand die Weihung von Pferden, Tauben,

Hirschen und Antilopen, der Wachtel und vielleicht auch des Wildesels statt. Teilweise handelte es sich dabei um importierte Kulte, teilweise um volkstümliche, in der Zeit des Verfalls der Staatsreligion hervorbrechende Riten. Als Darbringungen für die Dämonen, also als unheilige Opfer, werden (Jes. 65. 4; 66. 3, 17) Schwein, Hund, Maus, ekelhaftes Gewürm erwähnt. — Bei der Einweihung des Salomonischen Tempels dagegen wurden allein zum „Heilopfer" 120000 Schafe und 22000 Rinder hingeschlachtet (1. Kön. 8. 63 = 2. Chron. 7. 5). Von unblutigen Opfern nennen wir bei den Hebräern: Mehl, Wein und Öl. Mehlopfer wurden oft mit Öl, einem Ersatz der Butter oder mit Salz angemacht. Milch fand bei den Arabern, nicht bei den Israeliten, Verwendung. Im Dienste des Ba'al als des Herrn des Landes, dem die Natur des alten Wüstengotts Jahwe nicht eignet, werden schon in altbabylonischer Zeit alle Erzeugnisse des fruchtbaren Landes, auch Honig, Milch, Rauschtrank, Öl und Feigen dargebracht. Die Aussetzung vegetabilischer Opferspeisen oder das einfache Stehenlassen der Erstlingsfrucht, dessen wir bereits Erwähnung taten, setzen Gott als den Anteilnehmer am Mahle, wo nicht als dessen Gastgeber, voraus. Das Brandopfer mußte sich zwar mit der unsichtbaren Teilnahme der Gottheit vom Himmel aus begnügen, macht aber Jahwe, in Feuergestalt vom Himmel herabfahrend, und „mit seiner Herrlichkeit die Opferstätte erfüllend", an verschiedenen, teilweise entscheidend wichtigen Stellen, zum quasi-leiblich alleinigen Genießer des Mahles (3. Mos. 9. 24; 2. Chron. 7. 1; vgl. 1. Chron. 21. 26). Daß der im Brandopfer am Geruch sich erfreuende Jahwe ein jüngerer Stellvertreter des die irdische Speise in Gemeinschaft mit den Menschen genießenden Gottes ist, lehrt deutlich die Geschichte von Simsons Eltern (Richt. 13. 15 ff.).

Als einziger Opferteilnehmer wird in allen diesen Beispielen der feurige Jahwe genannt. Seine Flamme frißt sogar den Altar und das Erdreich (s. o. das Konkurrenzopfer zwischen den Ba'al- und den Jahwe-Priestern). Wenn es aber zur gemeinschaftlichen Teilnahme zwischen Gott und Menschen am Mahle kommt, so ist auch die der Armen unvermeidlich; sie versteht sich von selbst, wenn die Darbringung chthonischer Natur war, die Speise also von den Reinen gemieden wurde. Soweit das Opfer im Tempel vollzogen wurde, mußten Priester ihr Anrecht daran wahren. Da in dem Heiligtum die Herrlichkeit Gottes waltete, war jeder dorthin gegebene Gegenstand in übertragenem Sinne ein Opfer, zum mindesten für Menschen unbenutzbar, da der Anblick Jahwes und seiner heiligen Geräte sofort tötete. Den Israeliten war dank ihrem lebhaften Stammesgefühl das im Islâm mächtig hervorbrechende Mitleid mit dem Lose der Bedrängten, der Witwen, Waisen und Armen, früh eigen. Dadurch gewann der Kultus einen sozialen Charakter. Bei den heutigen Moslems gilt das Opfer zunächst Gott, dann einem Heiligen, aber auch den Armen, Gefangenen, Waisenkindern. Der Totenkultus, von dem niemand ausgeschlossen werden konnte, förderte diesen Zug. In Jerusalem herrscht die Sitte, beim Tode eines Familienmitglieds Weizen mit Wasser zu kochen und an die Freunde, besonders die Armen, zu verteilen, damit sie des Gestorbenen gedenken und für ihn flehen können. Die Verteilung der heiligen Opfergabe, die wir auch hier wieder mit Nützlichkeitsgedanken verquickt sehen, ist der im Volksbrauch fortlebenden altdeutschen Opfersitte im weitesten Umfange gemäß. — Die dem Imâm gegebene Steuer ist eine Stellvertretung des Opfers und kommt durch Vermittlung des Geistlichen vielen Armen, Reisenden, Vaterlandsverteidigern zugute. Mancher Tempelschmuck verbleibt im Heiligtum: Gold, Lampen, Teppiche, Decken, Vorhänge. Selbst der Zauber birgt noch Opferreste, die sorgfältiger Untersuchung bedürfen: nach gewissen abergläubischen Zeremonien soll man, ohne rückwärts zu sehen [ein klarer Beweis für den kultischen Ursprung des Aktes!], Süßigkeiten auf seinen Weg hinter sich streuen. — In einigen Stellen des Alten Testaments finden wir bei überlegenen Persönlichkeiten den Ausdruck der Empörung über den mit gröbster Unmoral verbündeten Ritualismus. „„Was soll ich mit der Menge eurer Schlachtopfer?" spricht Jahwe": .... „Neumonde und Sabbate, Versammlungen berufen — ich halte es nicht aus: Unrecht und zugleich Festfeier!" „Lernet Gutes tun! Trachtet nach Recht! Bringt die Gewalttätigen zurecht! Verschafft den Waisen ihr Recht! Führt die Sache der Witwen!" (Jes. 1. 11, 13, 17). Jeremia (7. 21 ff.) verwirft das Opfer gegenüber den ethischen Gottesgeboten überhaupt.

Als Opfervollzieher gilt im heutigen Islâm abgesehen von entlegenen Sekten eine einzelne Persönlichkeit. Selbst Frauen und Kinder sind nicht ganz ausgeschlossen. Der Besitzer des Opfertieres oder derjenige, dem es zum Zweck der Tötung zur Verfügung gestellt ist, will von dessen Tötung Nutzen haben und versucht sich diesen durch greifbare Symbolik zu erzwingen. Wenn beispielsweise ein Soldat nach Hause zurückkehrt, so wird ein Opfertier auf oder an der Schwelle zwischen seinen gespreizten Beinen hingelegt. Dann wird ihm die Kehle durchschnitten (vgl. o.). Wenn möglich, soll der Opferveranstalter in Person die Handlung vollziehen oder ausdrücklich den Willen bekunden, daß sie vollzogen werde, bzw. sich durch einen Schlächter die Hand führen lassen. Wenn eine Frau das Dahîje-Opfer darbringt, legt sie ihre Hand auf die des Mannes, der es tötet. Die Übertragung der Schlachtung an einen Priester ist erlaubt. Es genügt zu ihrer Vollziehung aber auch jede dazu taugliche Person. Diese legt dann ihre Hand auf den Rücken des Opfertieres, wie nach allgemein altisraelitischem Brauch (s. o.) auf dessen Kopf. — Im alten Israel trat als Kultusgemeinschaft die gens, der Stamm, die erweiterte Familie durchaus in ihr altes Vorrecht. Obwohl Jerusalem der Sitz der Lade und des königlichen Kultus ist, geht Absalom an den Ort, der zugleich Hauptstadt des ganzen Stammes wie auch sein

Geburtsort ist (2. Sam. 2. 3), nämlich nach Hebron. Diese Gemeinschaft, die wir im Opfer des Nilus und dem entlegener Sekten wirksam sahen, wurde in Israel beibehalten. In Sippen geordnet, zogen die frommen Hebräer nach der Zentralisierung des Kultus durch die deuteronomistische Reform dreimal im Jahre zum Zionstempel nach Jerusalem hinauf, um Jahwe zu schauen, um zu ihm zu beten und ihm Opfer zu bringen. Dieser Tempel war nach orthodoxer Auffassung seit dem Beginn des siebenten vorchristlichen Jahrhunderts die alleinige Opferstätte, der leibliche Wohnsitz Jahwes. — In ältester Zeit wird der Stamm durch sein Oberhaupt, den Ältesten (Patriarchen), seinen Schêch, den „Vater des Stammes" (Richt. 17. 5; 2. Mos. 24. 5) dargestellt, der seinerseits das Opfer vollzieht oder Stammesmitglieder damit beauftragt. An dem Vorhandensein einer alten Priesterschaft braucht man deshalb nicht zu zweifeln. Durch das Opfer erlangte der Priester eine Mittelstellung zwischen Gott und Menschen. Namen wie Ab-ram = „Vater ist der Erhabene"; Ach-i-lûf = „mein [göttlicher] Bruder ist Güte"; Amm-i-El = „mein Oheim ist Gott", legen dafür Zeugnis ab. In der Zeit des Tempeldienstes waren die Schlächter unbeschnittene Fremdlinge (Hes. 44. 6 ff.). Erst nach dem Exil sollten die Leviten deren Stelle vertreten (ebend. 10 ff.). Sie übernahmen damit die mit dem Opfer verbundene, zuvor an Nicht-Israeliten abgewälzte Blutschuld. Verschiedentlich (3. Mos. 21. 1 ff.; Hes. 44. 17 ff.) wird eingeschärft, daß nur eine lautere Persönlichkeit zum Opfer wie überhaupt zum Priesterdienst geeignet ist. Sie darf keine kanaanitischen Gebräuche (Glatze, Körpereinschnitte) an sich vornehmen und keinerlei körperliche Verkrüppelungen zeigen. Bereits im babylonischen Altertum finden wir solche Vorschriften. — Aus der Stellung des Stammesältesten als Schêchs, als Herrn und Richters sowie als Opferpriesters erstand die Machtfülle der assyrischen Könige.

Wenn wir das volkstümliche palästinensische Opfer, das vom Standpunkt des Islâm aus dem Aberglauben angehört, in den wesentlichen Zügen besprachen, so geschah es, weil die es leitenden Ideen das weiteste Verbreitungsgebiet besitzen. Die Vorstellung, daß eine unerkannte Schicksalsmacht über der Menschheit schwebe, daß sie göttliche Vollzieher ihr eigen nenne und daß jene wie diese ihre Besänftigung heischen, ist wohl allgemein menschlich. Opferhandlungen finden sich deshalb auf dem ganzen Erdball. Wenn wir sagen, daß eine Seuche „ihre Opfer fordere", so huldigen wir jener fatalistischen Auffassungsweise, die zeitlich dem Versuch vorausgeht, dem drohenden Geschick zu begegnen. Sobald die Menschheit dem Schicksalswillen zu genügen, die geplanten verhängnisvollen Folgen aber auf ein dazu auserlesenes Wesen abzulenken versucht, beginnt sie zu opfern. Die Götter, deren Walten bei den dem einzelnen oder dem Stamme drohenden Gefahren an die Stelle einer völlig unbestimmt gefühlten dämonischen Macht trat, (das Feuer etwa oder die Quelle, von denen seine Existenz abhing) vermochten es bereits, zu der ihnen dargebotenen Gabe eine bestimmte Stellung einzunehmen: wenn die Schmelzbutter in das Feuer gegossen wurde und dieses alsdann mit seinen tausend Zungen sie leckte, so war sie gnädig aufgenommen worden. Hatte aber die Quelle etwa ihre Spende zurückgeworfen, dann schien deren Gottheit ihr Weihgeschenk unheildrohend ausgespieen zu haben. So entwickelte sich aus dem Opfer die Prophetie, so aber auch eine Technik des Opfervollzugs, die der vermeintlichen Gesinnungsweise der höheren Macht entsprechen mußte. Erst sehr allmählich wurde der soziale Instinkt stark genug, um die Gottheit, die der Mensch nach seinem Bilde zu formen pflegt, auch mit ethischen Qualitäten zu belasten. In alter Zeit war es der technische Mißgriff, der Ritualfehler, der sie erzürnte; sodann auch die dämonisch-übermenschliche Verfehlung, die ihn aus der Stammesgemeinschaft, und damit auch vom Stammesopfer ausschloß; endlich das moralische Vergehen, das der höheren Macht die Gabe unannehmbar machen mußte — wobei wir unter Moral das Verbleiben in den von der Gesellschaft seit alters festgelegten Schranken äußerer Lebensführung zu verstehen haben. Gerade in diesem letzteren Falle aber zeigt sich die Unverwüstlichkeit der Opferidee, denn der Sünder hört nicht auf, zu opfern. Er verkehrt vielmehr den Ritus des Stammes in das Gegenteil; er sucht die Mächte der Zerstörung, des Todes und Verderbens auf, um sie seinem Willen beugen und diesen alsdann erfolgreich gegen die menschliche Gesellschaft richten zu können. So entsteht das unheilige Opfer, die schwarze Magie, die viel erfinderischer ist als ihre weiße Schwester; denn Not lehrt nicht bloß beten, sondern auch zaubern; in seiner Ratlosigkeit wendet sich der Mensch lieber an den Teufel als an Gott.

Von Palästina ist die Lehre vom Opfer über die Welt gegangen. Als Königssohn und Nachkomme Davids konnte Christus sein Volk, als einziger Sohn Gottes die Menschheit erlösen. Freiwillig gab er sich dem Opfertode hin. Er starb am Marterholz eines unblutigen Todes. Gleichwohl war es, wie im semitischen Opfer sein Blut, das die Erlösung bewirkte. Zugleich ist Christus der Hohepriester, der beim großen Versöhnungsfest an Stelle des mit den Sünden des Volkes belasteten Schafbocks den eignen, fluchbeladenen Leib unter jenen Qualen, die vielen Opfertieren zugefügt wurden, darbrachte. Endlich ist er das „Lamm Gottes", das „Passahlamm". Mit ihm wird er begrifflich und leiblich eins, wenn er mit seinen Jüngern das Osterlamm genießt, wenn er bei der Sakramentsstiftung die Speise als seinen Leib, den Wein als sein Blut in alter Opfergemeinschaft mit den Jüngern, die dabei die Hände in die Schüssel tauchen, teilt. Die Selbsthingabe des Blutes und des Fleisches erneuert sich im Mysterium der Transsubstantiation mit jedem Abendmahl und wirkt dadurch erlösend auf die ganze, es gläubig

hinnehmende Menschheit. Nur dank der göttlichen Gnade bleibt uns der „natürliche Schauder" erspart, der uns bei der sinnfälligen Wahrnehmung dieser furchtbaren Verwandlung ergreifen müßte. — Jahrtausende haben diese Lehren bilden müssen, die heutigen Tages so lebendig sind als je zuvor und in Glauben, Zweifel, Unglauben und leidenschaftlichem Widerspruch die Herzen eines sehr großen Teils der Menschheit aufs lebhafteste bewegen.

RÖMISCH-GRIECHISCHER ABERGLAUBEN

Der Aberglauben der Griechen und Römer erschließt uns zugleich mit dem Verständnis für die Eigenart dieser Völker die Gründe für ihren Verfall gegenüber dem Ansturm des Christentums. Seine tief in dem Volkstum und dessen Staatsreligion verankerten Gebilde enthüllen uns eben da, wo wir ein Leben und Ersterben in Schönheit und sittlicher Güte zu erwarten pflegen und leider so oft vorzufinden glaubten, einen hohen Grad von Diesseitigkeit, eine Einstellung auf das bloß Nützliche, ein Machtstreben und eine Heiligung der weltlichen, materiellen, auch politischen Macht schlechthin, sowie einen damit notwendigerweise verbundenen Mangel an innerem Verantwortungsgefühl gegen sich selbst und den schwächeren Mitmenschen. Ein solches System — wenn wir die disparaten Religionseinheiten der klassischen Antike als System bezeichnen wollen — konnte dem Christentum nicht standhalten. Denn die Empfindungen der eigenen Ohnmacht gegenüber der Gottheit, des Schuldbewußtseins und Erlösungsbedürfnisses, die Welterfahrung von dem Leiden, das Leben heißt und auf eine Zufluchtsstätte gegenüber diesem Lebenselend hinweist, ließen sich bei einzelnen sittlich besonders hochstehenden Mitgliedern der verfallenden heidnischen Antike ebensowenig als bei der ausgesogenen, leidenden, rechtlosen Masse unterdrücken. Die grundlegende Vorstellung von der Mächte-Skala als ordnendem Prinzip der Erscheinungswelt konnte in politisch günstigen Zeiten den Erfolg heiligen; der erste Mißerfolg aber war ein Beweis dafür, daß die der römischen Staatsreligion nicht zugeführten oder jedenfalls ungünstig gebliebenen göttlichen „Kräfte" dieser überlegen seien. Überall, auch im religiösen Leben, hat die Stärke gesiegt. Sie mußte da siegreich bleiben, wo die Erkenntnis der Disharmonie zwischen Mensch und Gott, zwischen Diesseits und Jenseits, und damit die Kraft zum Leiden fehlte. Und diese Stärke lag eben in einer gewissen Zeit nicht mehr auf Seiten des in jeder Beziehung, namentlich aber in sozialer Hinsicht gealterten und rückständig gewordenen Heidentums. Die Schlachten der Weltgeschichte waren und sind es letzten Endes, die, wenigstens bei der Masse — nicht nur der Antike — über die Lebensformen des Menschen im Jenseits wie im Diesseits entscheiden.

Den römisch-griechischen Aberglauben kennzeichnet auf den ersten Blick ein sich in der Beobachtung zahlloser unbedeutender Einzelteile zersplitternder Wirklichkeitssinn. Der Götter und Göttinnen, die menschliche Lebenszufälligkeiten darstellen und abwehren sollen, gibt es Hunderte. Der eigene

Körper und jede Naturerscheinung wurde mißtrauisch beobachtet. Die Lehre von den Merkzeichen des Leibes und den Körperreflexen war zu einer eigenen Afterwissenschaft, in der sog. „Zuckungsliteratur" niedergelegt, ausgebildet worden. Beispielsweise bedeutete das Niesen meist Bejahung, jedenfalls in der ersten Hälfte des 24-Stundentages Glück, in der zweiten aber Unglück; drittens aber weder eines noch das andere, sondern ganz verschiedenes, je nachdem es zu einem Wunsche oder einer Handlung Stellung nahm. Nach dem Geschlechtsverkehr besagte es das drohende Bevorstehen einer Fehlgeburt. — Die „Vogelwissenschaft", uralt und bis in die kleinsten Einzelheiten ausgebildet, antwortete auf Fragen des individuellen wie staatlichen Lebens. Man ist sich zunächst darüber im unklaren, wie es unter diesen Umständen möglich war, ein Heer zu halten und an den Feind heranzubringen, da doch jeder Soldat sein Paket von Furchtinstinkten als schwere Last auf dem Rücken trug. Nun, beim gemeinen Soldaten überwand die Furcht vor der Bestrafung eines feigen Verhaltens die vor den Dämonen, beim Feldherrn war im günstigen Falle der Sinn so sehr auf das große Ganze gerichtet, daß darüber die abergläubische Einzelheit vergessen wurde. Was der unseren Herzen am nächsten stehende der Homerischen Helden empfand und aussprach: „Nur ein Wahrzeichen gibt es: für das Vaterland zu kämpfen", das war zum kategorischen Imperativ vieler seiner Nachfolger geworden; wobei übrigens nicht geleugnet wird, daß diese alle mehr oder weniger abergläubisch gebunden waren und manche von ihnen Entscheidungen von allgemeiner Wichtigkeit den Zufälligkeiten abergläubischer Wertungen belangloser Äußerlichkeiten anheimgaben. Daneben gab es natürlich, wenngleich gerade in führenden Stellungen äußerst selten, Rationalisten, Witzbolde und Spötter. Ihr Gift richtete sich aber nicht sosehr gegen das Unkraut fremder, in den römischen Kultus eingedrungener Religionsideen, sondern gegen das Geisterreich als solches, jene Idee einer Kräfte-Skala, deren Glieder zwar den Menschen einschließen, ihn aber von den übrigen Naturgegebenheiten nicht sondern, und die wie dieser selbst, als wertfrei, also auch in sittlicher Hinsicht als farblos, aufgefaßt werden. Demzufolge tritt, vom Nützlichkeitsstandpunkt aus betrachtet, die „Ambivalenz" der im Zauber irgendwie genannten Dinge hervor: die weitaus meisten von ihnen sind zugleich heilsam und schädlich. Es kommt nur auf den Willen, sie in diesem oder jenem Sinne zu verwerten und auf die Form an, die diesem Willen entspricht. Der Speichel ist eines der wesentlichsten volkstümlichen Heilmittel. Auch soll er Gefahren abwenden. Man spuckt deshalb seit Plinius' Zeiten bis zum heutigen Tage in den rechten Schuh. Wenn man aber einer Schlange seinen Speichel in den Mund schleudert, um sie zu vernichten, so tötet er das Tier augenblicklich. Die Sprachen lehren uns gleichfalls diese Begriffs-Zweideutigkeiten. Die lateinischen und griechischen Worte für „heilig" (sacer und hierós) heißen zugleich „verabscheuungswürdig". Unter dem „Pharmakon" verstehen wir nicht nur ein Heilmittel, sondern ursprünglich wohl ein Zauberkraut überhaupt, das zugleich töten und heilen kann. Das „Geschick", „Glück", kann selbst dann, wenn es zweimal in völlig gleicher Form dem Menschen entgegentritt, für ihn beim ersten Male nützlich, beim zweiten schädlich sein. Deshalb sind Worte wie Tychē und Fortuna „ambivalent". (Erst nachträglich hat man dem menschlichen Pech einen besonderen Leib gegeben: blabē hieß es!) Ja, man darf sagen, daß es die Hauptaufgabe des Abergläubischen schlechthin und namentlich auch des Priesterkollegiums, das vom Aberglauben Nutzen zog, war, die vorhandene Kraft dem Menschen nützlich zu machen oder sie doch zum mindesten zu neutralisieren. Sobald der Magier deshalb in den geweihten Kreis trat, geschah es mit koscherem Körper, mit immuner Gewandung. Man entsühnte sich durch Bäder vor und nach der heiligen Handlung. Das Wort für „fromm" (pius) kommt von dem Zeitwort für „entsühnen" her. Der höchste römische Priester, der Pontifex, ist der Sache und auch wohl dem Namen nach ursprünglich ein Sühnepriester gewesen. Die bekanntesten Wörter der lateinischen Sprache deuten in gleicher Richtung: „lustrare" (davon lustrum: das alle 5 Jahre abgehaltene Sühnopfer) heißt zunächst: abwaschen, erst dann „lustrieren"; purus wohl: „durch Feuer gereinigt"; wir reden ja vom puren Gold. Die Begriffe der Heiligkeit, Abwesenheit schädlicher Dämonen, des Goldes als Materie, des läuternden Feuers bilden eine innere Einheit. Die Erfassung solcher psychologischen Zusammengehörigkeiten, solcher Komplexitäten, ist die Grundvoraussetzung für das Verständnis abergläubischer Gebilde. Wir sehen den Mond und denken dabei vielleicht einmal an Nachtwandler. Der antike Mensch fürchtete sich bei dem Schein dieses Gestirns vor den Wirkungen der Hekate, die Wahnsinn und Fallsucht sendet, aber auch mit einigen Tieren, darunter den Gecko-Arten der Eidechsen, zusammengehört. Daher muß die Haut des Gecko ein gutes Mittel gegen Fallsucht bilden. — Ein anderes Beispiel: der Bauer pflegte, wenn eine seiner Stallungen brannte, etwas vom Miste seines Viehs zu entfernen und hoffte dadurch, dieses zu verhindern, in die Flammen zu laufen. Ihm, dem Viehzüchter, war der frische Kuhdung als Mittel, auch rein örtlich zu den Tieren selbst zu gelangen, so geläufig, daß er die Beiseiteschaffung desselben mit der Abwesenheit dieser Tiere gleichsetzte.

Was nun die Originalität und Geschichte des Aberglaubens anlangt, so geht es aus den Homerischen Gedichten durch das, was sie uns mitteilen und indirekt auch durch vieles, was sie verschweigen, hervor, daß bereits das älteste Griechenland einen umständlich gestalteten Aberglauben kannte. Obgleich das Epos seiner Natur entsprechend mehr am hellen Licht des Tages, des schaffenden Lebens als an der Dämonenwelt seine Freude hat, wissen wir doch von vielen Gebieten der Mantik, denen Homer huldigte: das Toten-(Gespenster-)Wesen, das Toten-Orakel, das Traumorakel, der magische Gestaltenwechsel treten hier hervor. Das Ganze wird von einer schwer auf der Menschheit drückenden, finsteren, ihr unverständlichen und unerforschbaren Schicksalsidee überlagert. Alle diese Züge tragen durchaus griechischen Charakter. Es kann keine Rede davon sein, daß sie etwa aus dem Orient (Persien) stammen. Andererseits drang fremdes Gut unheilvoll in griechisch-römisches Geistesleben ein. Manche Zaubermittel verraten schon durch ihre Herkunft den ausländischen Ursprung, dazu gehören: die Haut des Flußpferdes, das Leder des Krokodils; eine Reihe köstlicher, fremder Steine. Uralter Aberglaube lebte bei den Chaldäern. Ein Teil von Pythagoras' Geheimnissen stammte von dort. Man glaubte, nicht nur in den Sternen lesen, sondern auch irdisches Unheil, etwa giftige Schlangen, bändigen zu können. In den ersten nachchristlichen Jahrhunderten versuchten pseudonyme Schriften sich dadurch zu empfehlen, daß sie sich chaldäische Herkunft anmaßten. — In Ägypten sind die Zauberpapyri, eine für die Erkenntnis der volkstümlich-antiken Welt überaus wichtige Literaturgattung, entstanden. Mit ägyptischen Namen werden in Griechenland ägyptische Gottheiten angerufen. Aus Ägypten sollen diese Rezepte, wie zur Erhöhung ihres Ansehens ausdrücklich betont wird, nicht bloß stammen; dort sind sie auch dauernd überliefert, im Gebrauch, in dortigen Bibliotheken aufbewahrt gewesen. — Persien war längst zerfallen. Seine Priester überschwemmten den Westen. Zarathustras erhabene Religion war zur Magie, deren Stifter zum ältesten Magier geworden. Die aus ihm hervorgegangene Priesterklasse verstand es, von dem ungeheuren Ansehen, das sie in ihrer Heimat besaß, etwas in die Fremde mit hineinzunehmen. Unter einem Magier versteht man seit dem Altertum einen mächtigen Zauberer überhaupt, ganz unabhängig von seiner Nationalität. — Dazu kamen hebräische Zauberkünstler. In einem Papyrus finden wir als höchsten Kraftträger den Gott des alten Testaments. Er ist dort der „stärkste Dämon", also dazu geschaffen, im ägyptischen und okzidentalen Aberglauben seine Konkurrenten ebenso sicher zu besiegen, wie er um einige Jahrtausende zuvor unter fast dem gleichen Namen (schaddai, d. h. „der Mächtige") für den Mosaismus kämpfte. Eine solche Religionsvermischung mußte sich in der Zauberliteratur auswirken. Da heißt es einmal: „Herrscher Apollon! ... Weissage mir, worum ich dich bitte! Herrscher, verlasse des Parnassos Gebirg und die Delphische Pytho ... Dich rufe ich an, Jao (d. h. Jahve, Jehowa), des gewaltigen Zeus ersten Boten; und dich, Michael, der du das himmlische Weltgebäude beherrschest, und dich rufe ich, Gabriel, erster Engel: herab vom Olymp!"So sehen wir denn die Magie der Spätzeit als ein buntes Gemisch afrikanisch-hamitischer wie auch asiatisch-semitischer und asiatisch-arischer Elemente im Rom der Kaiserzeit walten und von dort aus sich wiederum über die Länder der römischen Botmäßigkeit verteilen. Als spezieller Gott der Magie galt Hermes, der, wie die Lebenden, so auch die Toten führte, Träume und Orakel aus der nächtlichen Tiefe ans Licht brachte und Zauberformeln brauchte. Sprüche dieser Art, auf Hermes Trismegistos zurückgeführt, wurden selbst an die Mauern des weltberühmten Tempels von Heliopolis angeschrieben. Dazu kamen als Auslandswaren konkrete Glieder dieser Wertleiter, die mit dem römischen Handel in die Weltstadt einströmten und ebensowenig eine religiöse als profane Gebrauchseinschränkung kannten: Zaubermittel jeder Art, aus dem Pflanzen-, Tier- oder Steinreich entnommen; Gegenstände, von Menschenhand verfertigt oder bearbeitet: Amulette, Talismane, kleine Tier- und Götterfiguren. Wahrsage- und Traumorakel-Orte erlangten „internationale" Berühmtheit. In ihnen saßen oder schliefen die Vertreter vieler Völker friedlich beisammen. Die Erklärung für einen so tiefen Verfall des religiösen Lebens liegt teilweise in der gedankenlosen Genußsucht des späten Römers, der mit der Erde und ihren Freuden sich abzufinden wußte und dem Tode als einem definitiv Letzten nach Möglichkeit auswich. Die Erkenntnis von der Freiheit des moralischen Wollens war damals nicht vorhanden. Menschen und Zeiten dieser Art verfallen stets dem Aberglauben und lassen sich von ihm treiben. Wie außerordentlich treu dieser Unrat bewahrt und an unverdorbene Völker weitergegeben wurde, lehrt die römische Grab- und Galgenmagie. Alle hierher gehörigen Einzelheiten sind in die germanischen Länder verpflanzt und dort mit der ganzen Verehrung betrachtet und jener Gewissenhaftigkeit übernommen worden, die den Deutschen von jeher ausgezeichnet hat.

Wer waren die Lehrer der Zauberkunde? Außer den Landfremden waren es begnadete Personen und Stämme, denen die Gabe zugeschrieben wurde, Magie in sich zu tragen und zu vermitteln, nachdem sie ihnen von Göttern oder göttergleichen Wesen offenbart worden war. Diese göttlichen Lehrer (Hermes, Isis) benahmen sich dabei ebensowenig fein als ihre menschlichen Kollegen und Nachahmer: sie stahlen zuzeiten ihr Material aus fremden Zauberbüchern, rühmten sich ihrer Kenntnisse und Erfolge; setzten die Konkurrenten herab. Die menschlichen Handlungen im Zauber sind Nachahmungen der gleichartigen Zaubereien der Götter. Auch die Dämonen betreiben und lehren dieses Handwerk. „So sind also die höheren Geschlechter selbst, die Dämonen und die Götter, jene Wesen, von denen alle Magie ausgeht; sie sind die Lehrer und Vermittler jener okkulten Wissenschaft und der Mensch ist auch hier auf sie angewiesen." Als Kinder der Götter gelten die alten, zuerst unter den Menschen regierenden Könige, zugleich die größten irdischen Magier. Der alte König Dschemschêd der Perser ist hier ein besonders naheliegendes Beispiel. Unter den griechischen Heroen tritt Prometheus, der Lehrer auch der Zauberkunst, hervor. Viel bekannter aber ist Medea.

Sie machte zuerst „Jason gegen das Feuer der ehernen Stiere fest; dann riet sie ihm, den Stein unter die Drachenmänner zu werfen. Sie schläferte den nie schlafenden Drachen ein, der das goldne Vlies bewachte; verjüngte Aeson, den alten Vater des Jason, rächte sich furchtbar an der Braut Jasons und fuhr endlich in einem Drachenwagen durch die Luft davon." Zu den ältesten Zauberinnen der Griechen gehört bekanntlich Circe. Im späten Griechenland, in Ägypten und im ganzen semitischen Orient galt Salomo als größter Zauberer, dessen Weisheit selbst die der Ägypter übertroffen haben soll (1. Kön. 5, 10). Unter den wandernden, zeitgenössischen Nutznießern römischen Aberglaubens treten die erwähnten Chaldäer am meisten hervor. Schriftstellerisch betätigten sich in dieser Richtung die Griechen. Sie waren es, die jene verderbliche Ware auf den römischen Markt brachten. Sie erschienen auf den römischen Gassen in Person, brauten Liebestränke, gaben vor, Krankheiten heilen, die richtigen Zeitpunkte für Reisen und für die Hochzeit ermitteln zu können, waren Schatzzauberer und Hypnotiseure, lasen in den Sternen. Zugleich mit diesem Gesindel kam das Wort „Grieche" in Verruf. Man dachte dabei eben an Magier, die, wie Eusebius sagt, „alles um schimpflichen Gewinnes willen" taten. Ihnen stehen die Mystiker, Theurgen, gegenüber, deren Ziel es ist, die Gottheit von Angesicht zu Angesicht zu sehen. Die Zauberer der Spätzeit fühlten sich sehr wesentlich vom Orient, namentlich von ägyptischem Geheimkultus und vom Mithrazismus beeinflußt, als Mitglieder von Verbänden, in denen sie wie auf einer Leiter (der Himmelsleiter) emporstiegen; sie begannen mit dem kenntnislosen Neophyten und endeten mit dem Mystagogen. Wir denken hier an die „Grade" der angeblich nach ägyptischem Vorbild geformten Logen. Bisweilen kommt es vor, daß die Götter, Dämonen oder Totenseelen in sichtbarer Erscheinung („Autophanie") nicht dem beschwörenden Magier selbst, sondern einem als Epopten verwandten Knaben sich offenbaren, auch bloß ihm weissagen, worauf dann dieser Knabe erzählt, was er sieht und hört. Natürlich ist der Einfluß des Magiers auf das Medium so groß, daß dieses völlig unter seinem Zwange steht. Der durch sein Traumbuch bekannte Artemidor gibt eine sehr unvollständige Liste der „unzuverlässigen" „Seher" seiner Zeit — an die Traumkunde glaubte er natürlich oder gab dies doch vor — und nennt dabei: die Pythagoräer, Physiognomen, Astragalomanten, Tyromanten, Koskinomanten, Morphoskopen, Cheiroskopen, Lekanomanten, Nekyomanten, vergißt also die Astrologen, Loswerfer und viele andere, nennt dagegen diejenigen Gruppen, die aus der Gestalt, den Händen, dem [Gesichts-]Habitus, den Worten oder Erscheinungen wiederbelebter Toter, oder aus Sieben ihre Schlüsse zogen. Unter den Vertretern fremder Stämme waren besonders auch diejenigen angesehen, die persönlich oder ihrer Stammeseigenschaft entsprechend, vielleicht auch durch Berufsgewohnheiten in eine den normalen Mitmenschen unverständliche und deshalb „unheimliche“ Richtung gedrängt worden waren. Die Werwölfe taten sich in Familien zusammen oder gingen aus gleichen Familien hervor. Der „böse Blick“ war unter Umständen erblich. Manchen Inselbewohnern taten die Schlangen nichts zuleide; sie lebten mit ihnen in einem gewissen stillen Einvernehmen, konnten deshalb auch von Schlangen gebissene Menschen heilen. Spezialisten dieser Art fanden in der Weltstadt leicht Lohn und Brot, allerdings waren sie auch gefürchtet und arbeiteten deshalb verkleidet oder in der Stille. Man glaubte aber zum mindesten die niedrigste Klasse der Zauberer, die Goëten, „an den Augen“ erkennen zu können, wie später die Hexen. Während diese aber ihr Handwerk im Stillen trieben, verstanden es Frauen wie die Pythia in Delphi und die Priesterin zu Didymoi leider, in Angelegenheiten von allgemeiner Wichtigkeit einzugreifen. Im orphisch-dionysischen Geheimkult werden drei Mänaden genannt: Baubo, Kosko, Thettale. Die erste kehrt noch in der Brockennacht des Faust, auf einem Schwein reitend, wieder. Die zweite zeigt durch ihren Namen, daß sie sich der Siebwahrsagung (vgl. Hexenküche!) befleißigt; die dritte ist die Mutter der Wurzelweiber. Die gefährlichste Hexengruppe steht zur Nacht und zum Totenreich in engster Beziehung. Sie nimmt Eulengestalt an. Ihr Betätigungsfeld ist der Mai jedes Jahres, der Monat der Lemurien, an dem die Totengeister schweifen und beschwört werden. Auch über die Elemente hat die Hexe z. B. als „Wetterhexe“ eine große Macht. Die römischen Bauern glaubten, wie die christlichen, an Zauberinnen (und an Zauberer), die Unwetter, namentlich Hagel, senden, tierische und pflanzliche Schädlinge verbreiten und Stürme hervorrufen könnten. Auch dieser Irrwahn kam nach dem Norden und hat dort in der Zeit der Hexenverfolgungen das denkbar größte Unheil gestiftet. Der leidenschaftliche Haß der Kirche gegen solche vermeintliche Konkurrenten ihrer Macht ist gut zu verstehen; er löste die Verfolgungen der Schwarzkünstler durch das alte Rom ab. Die härtesten Strafen hatten diejenigen zu erwarten, die beim Eingraben von Fluchtäfelchen abgefaßt werden konnten. Am verbreitetsten und gefährlichsten war aber der Götterzwang. Der Magier legte sich den Namen und vermöge desselben zugleich die Wesenheit, die Energie eines Dämons zu, der demjenigen übergeordnet war, den er bekämpfen oder vertreiben wollte. Mit seinem Dämon stand er im engsten Bunde, solange ihm dieser willfährig war. Anderenfalls werden ihm Züchtigungen bis zur Vernichtung in Aussicht gestellt. Man droht, ihn in Gefahren nicht zu unterstützen, dagegen seinen Feinden beizustehen, seine Geheimnisse zu verraten, seine Opfer und Orakel zunichte zu machen. — Die Fähigkeit, (in die zeitliche oder räumliche Ferne) zu „sehen“, ist angeboren und kann erblich sein. Wie schon die Beispiele der Cassandra und des Theoklymenos bei Homer zeigen, leiden die also Veranlagten unter ihrer Gabe; sie stehen unter schwerem psychischen Zwange, wie alle Hysteriker. Diese bedenkliche Veranlagung wurde durch Handlungen großgezüchtet, die den magischen Manipulationen vorausgingen. Zu ihnen gehörten: Keuschheit bei entarteter Veranlagung; Nahrungseinschränkungen. Der Magier soll entweder, wie der Ägypter, keine Fische essen oder sich des Fleisches enthalten; er darf in keinem Fall berauschende Getränke genießen und sich bisweilen auch nicht waschen. Vor allem aber muß er nicht mit einer Leiche in Berührung gekommen sein. Die Gottheit „haßt" das Unreine. Die Magie der Leiche wirkt wie die negative Elektrizität als Ausgleich gegen die positive. Es kommen noch Elemente hinzu, welche Halluzinationen zu begünstigen pflegen, wie verschärftes Fasten vor der Gotteserscheinung, Verehren der Gottheit im Allerheiligsten, Musik. Die erwünschte Sinnestäuschung blieb dann nicht aus. Man denkt an Schikaneders „Zauberflöte" mit ihren Isis- und Osiris-Offenbarungen, wenn man bei Apuleius hört, daß der Myste in das Totenreich gekommen und durch alle Elemente zurückgekehrt ist. Mitten in der Nacht hat er die Sonne leuchten sehen und die oberen und unteren Götter hat er geschaut und angebetet. Er befand sich also im Stadium der Ekstase. Der Verzückte, der sich wie rasend gebärdet, ganz „außer sich ist", hat dann seinen Leib verlassen, ist ganz „Seele", ganz „psychisches Phänomen". Er kann auch im Zustande völliger Ruhe, z. B. im Bett liegend, außerhalb des Körpers sein. Seine Seele weilt dann bei Gott. Der Körper ist ein Scheinleib, so gut wie nichts. Auch die Vorstellung, daß eine fremde göttliche Seele von seinem Leibe Besitz ergriffen hat, geht daneben her. Der Zauberer ist zuzeiten nymphoman, er hat zugleich mit dem weiblichen Genius dessen verzückte, wahnsinnige Seele sich angeeignet. Die Nymphen Griechenlands gehören zu den vielen Naturgenien, die man mehr fürchtet als liebt, zumal sie in menschliche Leiber einschlüpfen können. Eng sind sie den Wahnsinns- und Todesdämonen benachbart. Der Begeisterte verliert im schweren Anfall die Schmerzempfindlichkeit. Dadurch scheint er jenseits der menschlichen Schranken zu stehen. Auch hat er unter schweren Halluzinationen zu leiden: er glaubt, fliegen, durchs Feuer, über Flüsse gehen zu können u. a. m. „Daraus geht hervor" (so schließt Jamblich von diesen Wahrnehmungen auf die Fähigkeiten solcher Kranker), „daß sie sowohl hinsichtlich ihrer Sinneswahrnehmungen wie hinsichtlich ihrer Betätigungen weder das Leben eines Menschen noch überhaupt eines Lebewesens leben, sondern daß sie dafür ein göttlicheres Leben eintauschen, wodurch sie begeistert und völlig in Besitz genommen sind." — Natürlich sind die Zwecke dieser Exaltationen und deshalb auch deren Grade verschieden, die Abweichungen groß. Die Ekstase der Pythia dürfte sich nicht in Raserei, sondern in traumbewegtem Schlafe,

Betäubung, Ohnmacht geäußert haben. Ihre weissagenden Fähigkeiten scheinen an den dreifüßigen Stuhl, auf dem sie sitzt, gefesselt gewesen zu sein. Dieser Sessel war dem Gott heilig; so vereinigt sich die Priesterin mit der im Sessel verharrenden, Zukunft verkündenden Energie des Gottes. Zum Zweck des Orakels bediente man sich des Schauens auf glänzende Flächen, ferner auf Kreisel, da die kreisende Bewegung Nervenschwachen oft unerträglich ist und Epileptiker dadurch ihre Anfälle bekommen können. Natürlich wirkte in gleicher Richtung der Anblick glänzender Wasser-, Öl- oder Spiegelflächen, das Murmeln unverständlicher Formeln, die oft nur leise und sicherlich in höchster Ergriffenheit unter Schutzmaßregeln ins Ohr des Mediums geflüstert wurden, am meisten aber der Magier selbst, der „Zauber" seiner Persönlichkeit. Bei den Theurgen kamen Narkotika sehr wesentlich in Betracht, unter ihnen der aus Thrazien eingeführte Hanf, ferner die Tollkirsche und giftige Mineralien, wie der Gagatstein, dessen Verbrennungsgase bei Disponierten Krämpfe auslösten, schließlich Gewächse, deren Rauch man einatmete. Die teilweise von entlegenen Völkern (Massageten) bezogenen Gifte waren natürlich viel schädlicher als heimische Mittel.

Immer wieder muß man sich, wenn man auf der einen Seite die kolossal gesteigerten angeblichen Leistungen dieser Wahrsager, auf der anderen den gegen sie genährten Haß verstehen will, ihre ungeheuerliche Minderwertigkeit vor Augen halten. Neuropathen, Hysteriker, Psychopathen neben einzelnen Verbrechernaturen waren es, die Roms Märkte belebten und Roms Straßen unsicher machten. Unter den männlichen Individuen stehen die dem sexuellen Laster Hingegebenen auf der hier vertretenen tiefsten Stufe. Zu ihnen kommen die verschiedenen Gruppen der Schwachsinnigen. Selbst nach des hochstehenden Jamblichs Überzeugung müssen die jungen Medien „einfachen Gemüts" sein. Sie waren es bis zu den Tagen der „Jungfrau von Orléans", ja bis zur Gegenwart hin. Daneben steht das Bild des schweren Hysterikers im Prophetengewande mit erschrecklicher Deutlichkeit vor unserer Seele. Er ist „von der Gottheit erfüllt", die „Gottheit ist in ihm". Der Zustand dieser „Gottesbegeisterung" (Enthusiasmus) wird durch das „Hineinfahren des Gottes [durch den Mund]" erreicht, zu dem sich die Pythia mittels des Essens von Lorbeerblättern vorbereitete. Vom Hals aus gelangt die Gottheit in die Leibeshöhle. Die immer mehr sich exaltierende Person redet also nicht mit eigner Stimme, sondern der der Gottheit, meist eines niederen Dämons. Es kommt dann bei ihr zur Pseudo-Epilepsie, deren Symptome oft künstlich (quasi-gutgläubig, nämlich durch das Kauen einer Wurzel) denen der echten ähnlich gemacht wurden: es zeigte sich dann Schaum am Munde. Sehr tiefe Grade von Bewußtlosigkeit traten ein. Es folgten Zuckungen. Zur „Auferweckung" aus dem lethargischen Schlaf, der den Betroffenen völlig reaktionslos machte, bedurfte es scharfer Mittel. — Diese traurigen Vorführungen machten sich bezahlt. Der Kranke führte seinen Wahnsinn auf Apollo zurück und schätzte ihn als Gabe Bevorzugter. Plato wertete die Ekstase und den Enthusiasmus als höchste Formen seelischer Zustände. Das Streben danach, die Gottheit zu sehen, war eben allen Volksklassen eigentümlich. Aber nur der Magier, der eine „magische Seele" hat und eine Kunst versteht, die „gegen die Natur läuft", kann das Göttliche leiblich offenbaren. — Wir finden hier, wie immer beim Aberglauben, ein Zurückgleiten in die Zustände einer Urzeit. Der sibirische Schamane hat das klassische Gewand angezogen. Sein so gewonnenes Tätigkeitsgebiet war durch die Glätte der römischen Kultur nicht verringert worden, denn ihr Ziel war es, das Göttliche im lebenden Bild statt in der sittlichen Handlung zu verwirklichen. Zudem tat der Magier, wie ein Papyrus sagt, alles „um des schimpflichen Lohnes willen". Gegen Geld holte er entlaufene Sklaven zurück, brachte Diebe und Räuber ans Licht, fand Schätze, führte Männern fremde Frauen zu und vergriff sich an den Staatsinteressen. Dies geschah namentlich auch durch Vermittelung von Medien, die zur Verübung von Verbrechen durch Suggestion veranlaßt werden. Selbst die drakonischen Strafbestimmungen des Altertums umgaben die Verfolgten mit einer Aureole. Auf dem Wege der Konträrsuggestion kam so der Flachste hoch, wurde der Minderwertigste gefährlich. — Die Mystik wirkt, wie alles Dunkle, demoralisierend. Mystischdunkel waren die Orakelsprüche der Pythia und anderer bestellter Propheten. Von den Wahrsagungen ganz allgemein gilt das, was von denen des durch Celsus fingierten Alexander gesagt wurde: „Die Antworten, die Alexander schrieb, waren sehr klug ausgedacht, meist verschroben, dunkel, doppelsinnig, manche auch ganz unverständlich." Es fehlte nicht der bewußte, oft in hochdramatische Form gekleidete Betrug: das Wasserwunder, dessen Figuren durch Spiegelungseffekte beschworen, das Feuerwunder, dessen Träger durch den Mißbrauch großer, mit angezündetem Werg umkleideter Raubvögel — das war der in feuriger Form die Luft durchreitende Dämon! — vorgetäuscht und ins Dunkel der Hekate — Baubo gebracht wurden.

Der römische Staat bekämpfte natürlich diesen Schwindel, nicht im Sinne der römischen Kirche, die darin einen Konkurrenten ihrer Machtinteressen sah, als vielmehr aus rein juristischen, d. h. Billigkeitsgründen. Der Verschiedenheit dieser Standpunkte entspricht es, daß die alte christliche Kirche die harmloseste Teufelsbeschwörung maßlos haßte und verfolgte, während das alte Rom nicht einmal das Verbot des Zaubers, das doch im Alt. Test., in Indien und in der spätjüdischen Literatur wie auch sonst bestand, in der Praxis unbedingt mitmachte, sondern eher den einzelnen Schwindler, je nach dem Grade seiner Gefährlichkeit auszuschalten versuchte, und, klug und richtig, den Taterfolg für die Straffähigkeit und Strafhöhe entscheidend sein ließ. Eine andere Richtlinie als diese war dem Staat allerdings schon deshalb kaum möglich, weil die römische Nationalreligion sich, nicht ungleich der Volksmagie, freilich in ganz abweichendem Sinne und zu ganz andern Zwecken zuzeiten der nämlichen abergläubischen Mittel bediente. Allerdings waren ihr gewisse, ihr Ansehen sichernde Grenzen gesetzt. Ihre Vertreter durften sich mit volkstümlichem Schwindel (dem Gürten von Zauberknoten, Beschwörungen) nicht beschäftigen. Geschah dies dennoch, so hatten sie, falls Schaden entstanden war, die Todesstrafe zu erwarten, während bei einem Laien der Gerichtshof das Strafmaß festsetzte. Der offiziellen Mantik, dem Vogelflug- und Eingeweide-Beschauungswesen, wurde dadurch ein sehr großer Dienst geleistet: sie war von dem Aberglauben des Pöbels getrennt und konnte, mit dem Götterdienst verbunden — der Gott sprach durch das mantische Phänomen — jedem echten Römer ehrwürdig sein. Die Verfolgungen der privaten Zauberer durchziehen die ganze Kaiserzeit. Schon Kaiser Augustus verbot i. J. 11 n. Chr., sich selbst und anderen den Tod vorauszusagen. Die Todesprophezeiungen gekrönter Häupter konnten staatsgefährlichen Verbrechen gleichkommen. Gedungene ausländische Individuen machten sich mit Sterndeutungen zu dem genannten Zweck zu schaffen und wiegelten das Volk auf. Tiberius drohte, ihnen den Kopf abschlagen zu lassen. Sobald einem gekrönten Haupt einmal der Tod geweissagt war, fand sich leicht ein Psychopath, der diesem Orakel zur Erfüllung verhalf, denn an Niederträchtigen und Niederträchtigkeiten fehlte es nicht, selbst nicht an schriftlichen Anleitungen zu Schurkenstreichen. Wir werden sie bei Besprechung der „schwarzen Magie" zu erwähnen haben. Hier nur ein paar Beispiele für das Gesittungsniveau dieser Zauberer: Plinius sagt, daß man Pflanzen mit einem Kranken in Berührung bringen und sie dann wieder dem Boden übergeben kann. Sie nehmen so die Krankheit mit sich. Es gebe aber auch betrügerische Kräutler, die, wenn der Auftraggeber sich als geizig erweist, nur einen Teil der Pflanze hergeben, um mit der zurückgebliebenen Hälfte dem Kranken zu schaden. — Die Wald-Iris galt als ein Heilkraut. Wenn der Zauberer für deren Verabreichung ungenügend bezahlt wurde, so setzte er sie von neuem in den Boden, und die Krankheit nahm zu. — Unter solchen Umständen verstehen wir es, wenn noch Gregor d. Gr. befahl, Wahrsager öffentlich zu peitschen. Sie waren, wie jene Heilkünstler, astrologisch orientiert. Auch der Kräutermann war also zugleich Prophet. In dieser Stellung blieb er leider bis in die späteste Zeit. Die Geistlichkeit kannte den Willen Gottes — sie kennt ihn noch heute — und weiß, daß schon Anastasius deshalb erklären konnte, wegen des Luxus lasse Gott es zu, daß der Krankheitsdämon in die Menschen fahre. Die von dem „Ideal des Mariengewandes" so weit abliegenden kurzen Frauenkleider sollten ja das neuliche Erdbeben in Unteritalien verschuldet haben. Andererseits wurden dem erstarkenden Christentum die wüstesten heimlichen Orgien, Produkte des Aberglaubens, wie Tötung und Blutgenuß unschuldiger

Menschen, Benutzung der menschlichen Geschlechtsteile und des männlichen Samens, auch unter Verwechslung mit der abirrenden Mystik (Gnostik), vorgeworfen. Einzelne Symbole, Formen und Substanzen, darunter auch Teile der priesterlichen Gewandung und die Gnadenmittel der Sakramente, galten als überaus zauberkräftig und gefährlich. Mithrazismus und Christentum berühren sich hierin aufs engste. Die Finger, die den Abendmahlskelch trugen, waren so heilig, daß das Wasser, mit dem man sie wusch, als heilkräftig angesehen wurde. Die Furcht vor der Macht solcher Priester war verständlich. Die christliche Gemeinschaft hat, ungeachtet der Erlasse von Päpsten und Konzilien, fast den ganzen, volkstümlichen, also im Grunde unrömischen „römischen" Aberglauben, übernommen und in die Gegenwart hineingerettet, während z. B. die Auspizienkunde der römischen Staatsreligion angesichts deren internationalen Standpunktes dem Christentum natürlich ganz fern stehen mußte. Der Haß gegen diese Einstellung des Urchristentums seitens der römischen Verfolger mußte dadurch wachsen, daß die magischen Gebräuche im Dunkel der Nacht vollzogen zu werden pflegten. Man benutzte dazu Grabstätten, unterirdische oder versteckte kleine oberirdische Baulichkeiten.

Die Mystik gedieh auf dem gepflasterten, ungesunden und unnatürlichen Boden der Weltstadt Rom. Das sie umgebende Land, gesund und tüchtig, erzeugte einen primitiven Bauernaberglauben. Der römische Freie, Patrizier, war einst ein sehr bescheidener Kleinbauer gewesen. Rom blieb bis zu den Punischen Kriegen ein Ackerbau treibendes Land. So kommt es, daß ein tüchtiger Menschenschlag mit kernigen, sicherlich beschränkten, aber klaren und erweiterungsfähigen Vorstellungen am Anfang der italischen Geschichte steht. Auf den Bauer, seine Ideenwelt und seine wunderlichen Handlungen griff man in Poesie und Prosa noch in einer Zeit zurück, in der, wie man vor etwa 50 Jahren in den großen Städten Deutschlands den Tiroler nur noch als Salontiroler dulden konnte, so auch in Rom das Wesen des wirklichen Landmannes nicht mehr verstanden wurde. Bei der Aufzählung der Berufsgruppen wurden aber auch damals noch die Hirten und Bauern hervorgehoben. Der späte Arzt Galen unterscheidet zwischen denjenigen Mitteln, die der Mediziner bei Städtern, bei gebildeten Menschen und andererseits bei Gräbern, Schnittern und „Leuten ähnlichen Schlages" anwenden kann. Freilich weiß man von diesem ältesten Bauernaberglauben vieles des Wichtigsten sicherlich nicht, weil der Bauernberuf literarisch unproduktiv ist. Aber es ist uns bekannt, daß die wichtigsten Feldfrüchte und die Weinrebe als heilig galten; daß man sie durch Gebräuche, die an bestimmte Zeiten im Jahreslauf gekettet waren, fördern, durch andere sie vor Schädlingen bewahren wollte; daß die bedeutsamsten Ackergeräte (der Pflug) eine hohe, sehr alte Verehrungswürdigkeit besaßen, daß andere Kulturinstrumente fundamentaler Art, wie Maße und Gewichte, zugleich kultischen Charakter bekamen. Manche der wichtigsten Fruchtarten waren chthonischer Natur, andere gehörten zugleich der Ober- wie auch der Unterwelt an. Ideen dieser Art waren allerdings ursprünglich wohl semitischer Herkunft und erst mit dem Kultus der griechischen Unterweltsgötter nach Italien gekommen. Die Sagen vom Raub der weiblichen Vegetationsdämonen durch den Gott der Erdtiefe gehören hierher. Echt volkstümlich und bodenständig ist unter den kultischen Hausmitteln aber offenbar der Gebrauch von Reinigungsinstrumenten wie dem Siebe und Besen. Der böse Feind streut Unkraut unter den Weizen, das Sieb fängt ihn auf und nackte Hexen bleiben deshalb in ihm zurück. Auf Sieben und auf Besen reiten sie; an diese Geräte sind sie gebannt, wie der Bauer an seine ihm heilig gewordenen Lebensgewohnheiten. Die Naturfolge muß, wenn sie „in der Ordnung" verläuft, sich ebenfalls der Sitte gemäß benehmen, das Uhrwerk der Zeit soll eine gewohnheitsmäßige Gangart haben. Morgen und Abend, Sommer und Winter, Aussaat und Ernte müssen diesen traditionellen Charakter tragen; von ihm weicht der Mensch nur ab, wenn er ein Verbrecher ist und die Natur entfernt sich nur dann von ihm, wenn sie, aus dem Gleis gehend, Ungeheuerliches ankündigen will. Der Martinsgans des deutschen Bauern, die doch eben nur zu Martini, dann oft zum erstenmal, gegessen werden darf, entspricht das Schweinefleisch mit Bohnen und Spelt, der Leckerbissen des römischen Landmannes am ersten Juni. — Wie man bei uns durch frisches Gemüse zu Frühlingsanfang den Körper „reinigen" will, so versuchte man im alten Italien das Gleiche zur gleichen Zeit zwecks Seuchenbekämpfung beim Vieh. Der eigentliche Zeitenmesser ist der Mond. Bei Neumond wird gesät, bei Vollmond geerntet. Was gedeihen soll, wird bei zunehmendem, was absterben soll, bei abnehmendem Licht in Angriff genommen. Nach der Mondphase sah der Ackerbauer wie der Hirt, wenn sie zum Himmel blickten; der eine, wenn er Getreide oder Wein pflanzte, düngte oder erntete oder dessen Schädlinge bekämpfte; der andere, wenn er die Knochenbrüche seiner Tiere behandelte oder seine Schafe schor. Uralte Jahresfeste trugen dieser Einstellung Rechnung. Sie stammen aus der frühesten Periode des Ackerbaus. Der Landmann weiht dem Gott Mars, der nicht nur das Schlacht-, sondern auch das Saatfeld schützt, im Frühling jedes Jahres ein Schwein, einen Schafbock, ein Rind, mithin drei Vertreter seiner kostbarsten Haustiere. Der Besitzer jedes Feldes vollzieht zugunsten des eignen Grundstücks diese heilige Handlung. Er bittet dabei in formelhafter Sprache darum, daß der Gott ihm gnädig sei und daß durch diese Begehung die „gesehenen und ungesehenen" Krankheiten seinem Felde ferngehalten werden mögen. Es handelt sich also um eine Dämonenvertreibung, eine lustrierende Begehung, wie sie von den römischen Arvalbrüdern in gleicher Weise durch die Ambarvalien am 11. Mai des Jahres dargebracht wurde. Dieses lateinische Wort gibt die beiden Hauptbegriffe des Ritus wieder: die Umwandelung (amb...) und das umwandelte Objekt, den Acker (arv...). Die Sitte muß uralt sein: in Griechenland trug man sog. „Sühneschweine" um Tempel, Häuser und andere Baulichkeiten, um diese zu lustrieren. Der heilige Opferleib vertrieb die bösen Geister, oder, positiv gewandt: er machte den Acker fruchtbar. In Italien wird dieser Kultus als Gepflogenheit des Bauern- oder Hirtenlebens bezeichnet. Die genannten Arval-Brüder tanzten im Dreischritt einen Bauerntanz, der sich germanischen Getreidefesten an die Seite stellt und sie erklärt: die bis zum Orgiasmus gesteigerte Vitalität gibt dem Menschen das Lebensrecht gegen die „bekannten und unbekannten" Schädlinge.

Den Haustieren wohnt eine vom Opfer unabhängige, dem Viehzüchter seit Urzeiten geläufige Verehrungswürdigkeit inne. Der Mythus ist dafür Zeuge. Die Gottheit erscheint in Tiergestalt, Jupiter als Stier, wie der Himmel seit alters ein Stier, die Erde eine Kuh ist. Das Opferpferd birgt in der volkstümlichen Religion höchste Heiligkeit. Es war der Stammesgemeinschaft beim Kriegsausbruch das, was das Drei-Tier-Opfer dem friedlichen Einzelbauern sein konnte. Das Schaf ist für Mensch und Gottheit auch in der Sage gleich wertvoll. Die meist noch wild gedachte Ziege wurde in „Ziegenbocktänzen" nachgeahmt, deren Vortänzer und Vorsänger die Einzelfigur, deren Gruppe der Chor der antiken Tragödie wurde. Die Häupter oder Schenkel dieser Tiere zählte man und brachte sie dann einheitlich zum Wohl und Genuß für Götter und Menschen dar. Als besondere Leckerbissen galten einzelne Eingeweideteile und das Fett der Tiere. Die Erstlinge von Mensch, Tier und Nutzpflanze müssen der unbenannten Gottheit fallen, wenn Krankheit über Familie und Feld, wenn Kriegs- oder Blitzgefahr über das Grundstück kommt. Statt der Originale behilft man sich in besonders schlechten oder religiös laxeren Zeiten mit Modellen aus Teig oder Wachs (Fett), die im Kultus sich als bescheidenste, selbst dem armen Kleinbauern erschwingliche Weihgaben außerordentlich stark eingebürgert haben und, noch gegenwärtig oft von der römischen Kirche geweiht, also von ihr nicht beanstandet werden. Es ist nicht immer richtig, daß die Kopie weniger Wert hat als das Original; zwischen beiden besteht ein bis zur Wesensgleichheit und Wesenseinheit reichender Konnex. Statt der Menschenhäupter schlägt Numa, hier noch ein alter Bauernkönig, Zwiebel-Köpfe ab. Ovid, der diese Geschichte erzählt, sieht darin einen Ausdruck der bekannten Bauernschlauheit.

Im sozialen Leben mußten Pflanzen und Tiere des Landmanns zum Schutz der Grenzen — man steckte Rüben um den Acker; errichtete Grenzen-sichernde Tierhäupter — und in Krankheitsfällen herhalten. Der Viehhalter nimmt seine Medizin stets von dem Tier, dem er den Lebensunterhalt verdankt. Der Urin des Stiers und der eingenommene Esels-Penis sollten gegen Impotenz helfen. Die Beobachtung der Haustiere durch den römischen Landmann stellt diese in die Reihe von Wesenheiten mit menschengleichen oder menschenähnlichen Organen, Empfindungen, Gepflogenheiten, aber überlegenen Fähigkeiten. Daraus ergeben sich zahllose anatomische, psychologische, naturkundliche Irrtümer, die zu Bestandteilen des Aberglaubens werden. Tiere, die, wie die Tauben, gar keinen Speichel im Sinne des menschlichen Sputums haben, sollen ihre Jungen anspeien, um sie vor dem bösen Auge zu bewahren. So lernte der Besitzer des Bauerngrundstücks von seinem Haustier. Man beobachtete es und entnahm von ihm Orakel, zunächst, wenn es seine natürlichen Neigungen zu verändern schien — wir denken an den plötzlich ein Gehöft verlassenden Storch — sodann auch, wenn man eine schicksalsschwere Frage auf dem Herzen hatte. Ein Haustier oder ein Vogel — die indische Kuh, die nordische Krähe —, die aus der Hand des Orakel-Suchenden nicht fressen wollten, bedeuteten stets Unglück. Die Antike kennt das Hahnenorakel, das in der Spätzeit sehr verschrobene Form annahm. Man schrieb die 24 Buchstaben des Alphabets in den Sand und legte in jedes Zeichen ein Weizenkorn. Nun brachte man einen Hahn herbei und ließ ihn ein paar Körner picken. Aus den entsprechenden Buchstaben schloß man dann in irgendeiner Weise auf die Zukunft. So geschah es beispielsweise damals, als der Nachfolger des Kaisers Valens ermittelt werden sollte. Der weissagende Hahn bezeichnete mit drei Schnabelgriffen die Anfangsbuchstaben eines Namens, der zu Theodosios ergänzt wurde. Und tatsächlich setzte dieser sich auf den Thron. — Das Ackerland jedes einzelnen Bauern mag seine Schutzgottheit gehabt haben. Die Hirten verehrten unter dem Namen Pales einen zum Schutz der Herden berufenen Dämon. Es ist denkbar, daß Ziegenhirten ihre Tiere einer anderen Gottheit unterstellten als die Besitzer von Schafen. Aus Buddhas Erweckungsgeschichte ist uns ein Feigenbaum bekannt, der dem „Ziegenbeschützer" geweiht war. Schon die Opferung dieser Tiere läßt darauf schließen, daß ihr Gott ursprünglich nicht anders aussah wie sie. Der Wald hatte viele, und, da er nicht urbar war, zunächst nur böse Dämonen. Wir nannten den Kinder raubenden Silvanus, dem drei Beschützer des Neugeborenen mit echten Bauernwaffen zu Leibe gingen: mit einer Axt als Mittel zum Beschneiden von Bäumen, einer Keule zur Zermalmung des Korns, einem auf der Tenne zum Zusammenkehren der Ernte gebrauchten Besen.

Mehr als der Viehzüchter ist der Bauer vom Wetter abhängig. Da er es nicht beeinflussen kann und seine natürliche Folgerichtigkeit nicht kennt, führt er es auf Dämonen zurück. Sie senden Wolken und Winde, Dürre und Fruchtbarkeit, Schnee, Sonnenschein und Regen. Wie in der griechischen Tragödie die Eumeniden, so verderben die italischen Wetterhexen die Saat und schicken Hagelschlossen. Man schützte sich gegen sie namentlich durch Zauberformeln, ferner durch andere, Dämonen vertreibende Mittel; man bediente sich der Machtmittel der christlichen Kirche. Indem diese den Kampf gegen die Satansgefährten mit den Mitteln des religiösen Exorzismus, mit Gebet usw. aufzunehmen sich entschloß, versuchte sie den Bauern für sich zu gewinnen. Ferner gab sie Mißwuchs als Folge der Sünde, d. h. des Festhaltens am heidnischen Glauben aus und meinte, durch Gebete und Spenden an die Schutzheiligen und deren Kirchen abhelfen zu können. Auch hier, wie überall im Leben, entschied der Erfolg und dessen geschickte Ausnutzung. Im übrigen brauchte man Geist und Gemüt zum Zweck dieser Umtaufung nicht sehr anzustrengen. Ich habe in einer Weinschenke Oberitaliens, in der ich wochenlang täglich einige Becher trank, einen Bacchus, auf der Schenktür gemalt, bewundert. Er trug alle seine Embleme, wurde mir aber von dem Gastwirt schließlich als ein katholischer Wein-Heiliger vorgestellt. — Bezeichnend ist ein altes, noch immer lebendiges Märchen, das von dem bekannten, die Hagelwolken zerreißenden Schuß erzählt: ein nacktes Hexchen sei aus den Wolken gefallen. So demonstrierte man dem Publikum ad oculos, daß seine alten Götter Schuld an seinem Unglück seien. Wenn Gott seine schützende Hand zurückzieht, haben sie freien Lauf. Dies geschah namentlich bei Lauheit in Glaubenssachen und Sünden eines weltlichen Oberhaupts. Sobald sich die Kirche zum Dolmetscher des göttlichen Willens machte, fand sie hier ein weites Arbeitsgebiet. Trotz alledem blieben die italischen Bauern (nach Friedländers Aufstellungen) bis tief ins Mittelalter großenteils ihrem alten Glauben treu. Sie glaubten ihren Boden nicht bloß durch Dämonen, sondern auch durch böse Zauberer geschädigt. Das Zwölf-Tafel-Gesetz aus Roms ältester Zeit bedroht aufs schwerste den, der Feldfrüchte durch Bezauberung vernichtet, namentlich wohl auch fremden Erntesegen in seine Scheuern bringt. — Dem Bauernstande ist die Freude am Wägen und Messen eigentümlich. Gleich-lange oder gleich-gewichtige Dinge gehören zusammen. Wenn man neben ein fieberndes Wochenkind Gurken von der Länge des Kindes legt, so wird es gesund. Die Gurke gilt ihres Samenreichtums wegen im noch heutigen, volkstümlichen Sinne als besonders „gesund"; ihre Vermehrungsfähigkeit beweist diese Tugend und die Volksmedizin macht von ihr Gebrauch. — Unter den sozialen Formen erwähnen wir noch den von Bauern bevorzugten, mittels Handschlags bekräftigten Vertrag, der die wichtigsten Rechtsbeziehungen, zunächst der einzelnen Stämme zueinander, schafft. Wie die Sache, so ist die Form von der denkbar größten Wichtigkeit. Ohne den Vertrag mittels der Verbindung „der rechten Hände" der Vertragschließenden, die „dextrarum coniunctio", gab es keine gemeinschaftliche Arbeit in Krieg und Frieden und keine Ehe. Auch hier hat das römische Recht, vom gesunden Teil des Volkes, dem Bauernstand ausgehend, in Form und Gehalt das Richtige getroffen: was der Bauer jemandem in die Hand hineingelobt, das gilt.

Spuren der Berufsmagie finden wir in verschiedenen Ständen. Die Magie eines Handwerks lehren, heißt: das Handwerk selbst lehren, denn in der korrekten Ausübung der vielen dazu notwendigen „Kniffe" schlummert „das Geheimnis des Erfolges". Den Göttern fiel diese Aufgabe zu. Prometheus ist ein solcher Lehrer und zugleich Magier. Im höchsten Maße gilt dies auch von Hephäst: das Schmiedehandwerk ist, wie Homer zeigt, noch unverstanden, geheimnisvoll. Das Gleiche gilt von der Töpferei, wie bei Schiller vom Glockenguß: beide „Künste" sind dem „Zufall", der Macht einer aus Tausenden von lebendig gedachten Einzelmomenten zusammengesetzten „Schickung" anheimgegeben. Dämonen und schlechte Menschen können, wenn etwas dabei mißlingt, dahinterstecken. Mit Zaubersprüchen kann man nicht bloß die Saat, sondern auch das Töpfergeschirr im Ofen schädigen. Die Ölbereitung stand, wie der Ölbaum selbst, durchaus unter göttlichem Schutz, denn die Herstellung des pflanzlichen Fetts war von vitaler Wichtigkeit. Der Ölproduzent mußte, wie der Giftkoch der Indianer, durchaus „immun", fern von jeder anderen dämonischen Einwirkung und deshalb vor allem keusch sein: nur keusche und reine Arbeiter durften die Beeren lesen. Uralt ist auch die Vorstellung von der Dämonen vertreibenden Kraft gewisser Gewächse, die dann als Grenzschutz dienen: wenn man Oleander-Zweige in die vier Ecken und die Mitte des Feldes steckt, so wächst darauf ein gewisses Unkraut nicht. Auch dieser Brauch hat sich, christlich bemäntelt, erhalten. — Die Webetechnik und das Spinnhandwerk sind der Ausgangspunkt einer ganzen Welt mantischer Ideen und magischer Einwirkungsversuche gewesen. Mit dem Leben des Menschen und der Ergiebigkeit der Natur, der Zeugungsfähigkeit der höheren Lebewesen, ja sogar mit der Idee der Freiheit des Handelns und dessen selbstgewollter Einschränkung (Bindung) im Wege des Vertragsschlusses, ist die Beobachtung des gleitenden Fadens, seine Knotung, Verknüpfung, Haltbarkeit, Farbe aufs engste verbunden. Die Saat gedeiht nicht, wenn Frauen im Gehen spinnen; ihr Handwerk war zu sehr von Magie erfüllt, um, öffentlich zur Schau gestellt, dem Beobachter etwas anderes als Unglück zu bringen. Die Verletzung dieses Berufsgeheimnisses erfolgte deshalb vorsätzlich zum Schutz gegen die rechtswidrige Inanspruchnahme eines Feldes. Die Moiren spinnen, dem Menschen unsichtbar und seiner Beobachtung durch höchstes Gebot entzogen, den Schicksalsfaden. Aber man weiß, daß, wenn er offensichtlich (in der Spinnstube) reißt, der Mensch sterben muß; daß Fehler im Gewebe die Frau an der Geburt verhindern. Die magische Fesselung von Götter- und Dämonen-Bildern findet sich im Kultus. Umgekehrt vermied man, wenn etwas Heiliges sich in einem Paket befand, dieses zu verknoten: es wäre dadurch verschnürt, gefangen gehalten worden. Selbst in seine Nähe durfte, wenn man seine volle Einwirkung wünschte, nichts Enges, in sich Abgeschlossenes gebracht werden. Wer aber ohne jedes Band, ungegürtet, ohne Schuhe, ohne Ring eine Granatapfelblüte mit seinen Augen in Berührung bringt, dessen Augen bleiben das ganze Jahr lang gesund. Diese Blüte gilt als durchaus heilig; die fromme Sage erzählt von ihr. Im Volkstum fesselte man den Krankheitsdämon durch parallele Handlungen. Fieber vertrieb man, wenn man eine Raupe in einem Leinwandsäckchen dreimal mit einem Leinenfaden umband, drei Knoten machte und einen Zauberspruch sagte. Gegen Kropf sollte man soviel Knoten herstellen, als der Name des Kranken Buchstaben hatte und alsdann den so präparierten, sonst aber rohen Leinenfaden — der Zauber wendet sich ja dann immer bewußt und titanisch von allem Herkömmlichen ab — um den Hals hängen. Der Feindin „verschließt" seit alters die Konkurrentin den Leib, indem sie einen Knoten schließt: das „Nestelknüpfen" der alten Zeit begegnet uns hier.

Der Soldatenstand der alten Zeit galt als hochstehend, von eigner Heiligkeit umgeben. Alle Götter wehren sich ihrer Haut, der Gott des Krieges umgibt sich mit phantastischen Schreckensgestalten: „Schrecken", „Furcht", „Zwietracht". Er führt nicht mehr das himmlische Regiment, ist aber auch nicht einem Theologengott untertan, wie bei so vielen Völkern, wo neben dem himmlischen König der himmlische Zauberer steht. Die Götterwaffen sind hochheilig und werden, wenn auf die Erde geschleudert — der Schild des Mars, die Keule des Donnerers —, verehrt. Schon ihre Herstellung durch Gottheiten, die kunstreichen Zwerge, Hephäst, — verlieh ihnen Magie. Ihre himmlischen Träger erzeugten als Söhne, ihrerseits abermals durch übermenschliche Kraft, Angriffs- und Verteidigungswaffen ausgezeichnet, Heroen; sie sind die herrlichsten Krieger. Deren Kampfmittel werden durch die Tötung von Unholden geweiht und zu den volkstümlichsten Idolen erhoben: die Keule des Herkules. Waffen, die bereits jemand getötet hatten, galten als besonders zauberkräftig und wirksam. Als Nachkommen dieser uralten, mythischen Halbgöttergeschlechter betrachteten sich die römischen Kaiser, vor ihnen die Könige des alten Roms. Sie regierten auf Grund göttlichen Willensbeschlusses, der in feierlicher Zeremonie eingeholt wurde: Jupiter, in seiner Funktion als Götterkönig, setzte sie ein und verlieh ihnen zugleich mit dem Stabe das göttliche Recht, zu regieren, wie göttliche Satzung es vorschreibt und göttliche Offenbarung, im Sonderfall durch Orakel eingeholt oder Visionen vermittelt, es verlauten läßt. Ein solcher Götterspruch ist fatum, d. h. von den Himmlischen verlautbartes Recht, unabänderliche, zum Glied des Kosmos gewordene Satzung. Durch den Mund des Königs vermittelt, finden wir sie noch bei Numas Worten vor, die weissagender Natur sind. Die historischen Kaiser waren mit der Fähigkeit, zu heilen, ausgestattet. Kaiser Vespasian heilte in Ägypten durch bloße Berührung Nervenkranke, Lahme und Blinde, Hadrian Blinde. Solche Heilberichte ziehen sich durch die ganze Geschichte bis zum Ausgangspunkt des 18. Jahrhunderts. Die Heilkraft soll in bestimmten Königsfamilien erblich sein. Ein ungeheurer, gottgewollter Riß trennt, wie wir sehen, Plebejer von Patriziern. Könige jener Art haben nur noch scheinbar die Gestalten von Menschen; tatsächlich sind sie ihren Personen wie Familien nach reine Götter. Sie erhoben deren Ansprüche und ließen sich als solche verehren.

Die Folgen mußten in sozialer Hinsicht unglücklicher Art sein. Wer nämlich erwägt, daß der Aberglauben seiner Grundveranlagung nach egoistisch ist, daß er selbst im allergünstigsten Falle Rechte, nicht Pflichten betont, und diese Rechte auf unklaren, traditionellen, magischen Ideen aufbaut, wird sich sagen müssen, daß so verschiedenartige Formen, zu leben und sich zu behaupten, notwendigerweise die einzelnen Stände gegeneinandertreiben mußten. In deren mantisch begründeten Daseinsansprüchen spiegelten sich die verschiedensten Kultur- und Zeitperioden. Was dem einen noch heiliger Ernst war, durfte der andere ungestraft verlachen, ja, die Auguren lachten sich gegenseitig an, und Cicero verhöhnt die Auspiziengebräuche, auf denen die Sanktion der Beamten und Beamtenklassen beruhte. Sie aber waren es, die den metaphysischen Unterbau des gewaltigen römischen Staatsgefüges darstellten. Stürzte er, so blieb nichts weiter übrig als die konkrete faktische Macht. Macht war Recht. Die Götterreligion, die der Staat hochhielt, war vom Aberglauben durchdrungen und deshalb zugleich unterhöhlt. Um die schmutzigen Liebesabenteuer der Götter kümmerten sich die Gebildeten wenig. Die Besten von ihnen suchten auf dem Wege der Theurgie zum Höchsten vorzudringen. Umsonst. Es ist der Fluch der Mystik, daß sie, wie sie mit berauschenden Mitteln arbeitet, nur den Berauschten erhebt, den Ernüchterten aber ungebessert auf die Erde herabfallen läßt. Sie ist ein Vorzugsrecht der wenigen geistig Reichen. Das Christentum öffnete den himmlischen Freudensaal der Masse des Volkes. Es lieferte der Menschheit die sittliche Stütze, die der heidnischen Religion durchaus fehlte. An ihre Stelle trat in der römischen Kaiserzeit bei den Vertretern des alten Polytheismus ein übersteigertes, mit Dämonenfurcht gemischtes magisches Persönlichkeitsgefühl der Großen dieser Erde: an sich selbst muß glauben, wer an nichts anderes glaubt. Der Feldherr ist in der Regel sehr, der Kaiser noch mehr, der Revolutionär am meisten abergläubisch. An Gelegenheiten, diesen Individualkult ausreifen zu lassen, kann es niemals fehlen. Da liefen minderwertige Geistliche, in besonders unruhigen Zeiten auch Landstreicher oder Soldaten zum Feldherrn und überbrachten die Nachrichten von Gottheiten, die im Tempel oder auf dem Wege dem Heere offen oder in verkleideter Form den Sieg verkündet hätten. In gleicher Richtung arbeitete systematisch das Gesindel der Mantiker. Nach Plutarchs Bericht hat ein im Gefolge des Orobazus befindlicher Chaldäer dem Sulla ins Gesicht gesehen, dessen Bewegungen mit eindringlicher Aufmerksamkeit beobachtet, dessen ganze Veranlagung „nach den Grundlagen der Kunst" betrachtet und dann erklärt, das müsse den größten Mann geben und es wundere ihn schon jetzt, wie Sulla es aushalte, ohne bereits der erste von allen zu sein. Sulla hat denn auch seine Erfolge immer seinem „Glück" („Geschick", d. h. seiner Individualgottheit), nicht seiner Überlegung zugeschrieben, sich also für einen prädestinierten Günstling des Geschicks ausgegeben. Den Lucullus ermahnte er ernstlich, „doch ja nichts für so zuverlässig zu halten, als was ihm die Gottheit im Traume befehle"; man soll also an sein Privat-Orakel sich wenden. Weiter berichtet Plutarch: Als [Sulla] mit Truppen in den Bundesgenossenkrieg gesandt wurde, entstand beim Laverna-Hain ein großer Erdbebenriß. Daraus quoll Feuer in Masse hervor und eine helle Flammensäule erhob sich gen Himmel. Auch die Wahrsager hätten hierauf erklärt, daß ein tapferer Mann von ungewöhnlichem, hübschen Aussehen die Herrschaft erlangen würde. Für diesen erklärte sich nun Sulla selbst, da das Eigentümliche seines Äußeren im Goldschimmer seiner Haare bestehe. — Marius soll unmittelbar vor dem Kampf mit einem germanischen Stamm die Eingeweide eines Opfertieres betrachtet und dann ausgerufen haben: „Mein ist der Sieg." Als es ihm aber schlecht ging, vertraute er dennoch darauf, daß er am Leben bleiben werde; denn, als er noch jung gewesen war und auf dem Lande gelebt hatte, habe er einmal ein Adlernest mit sieben Jungen, das herunterfiel, in seinem Kleide aufgefangen; seine Eltern, die es sahen und sich wunderten, hätten sodann die Wahrsager gefragt und letztere hätten geantwortet: „er werde einst der berühmteste Mann auf der Welt werden und es sei ihm vom Schicksal bestimmt, siebenmal die höchste Macht und Gewalt zu erlangen". — Diese Sage ist übrigens schon deshalb verkehrt, weil ein Adler nur ein, höchstens zwei Junge hat und deren Nest ein Kind eher begraben als das Kind das Nest auffangen kann. Daß aber der vor Ehrgeiz kranke Mensch an dieses Erlebnis geglaubt hat, ist wahrscheinlich.

Die geistige Elite Roms spielte mit dem Aberglauben Roms und wurde zugleich von ihm gefangen. Dies gilt auch von Cicero. Bei den Cäsaren wuchs der Wahn je länger um so mehr. Cäsar selbst brauchte beim Niedersetzen im Wagen einen Zauberspruch, seit ihm einmal ein Unfall zugestoßen war. Er glaubte auch an Träume. Der Kurpfuscher und Zauberer aller Grade bediente sich die Lebewelt Roms, wenn sie an Impotenz, Gelbsucht und Leberentzündungen litt — alles meist Folgen einer wüsten Lebensweise. Kaiser Augustus ließ sein Horoskop veröffentlichen und Münzen mit dem Steinbock, seinem Geburtsgestirn, prägen. Er war auch kleinlich abergläubisch: um vor dem Blitz geschützt zu sein, trug er stets ein Seehundfell bei sich.

Falls er versehentlich einmal des Morgens mit dem linken statt mit dem rechten Fuß aus dem Bett gestiegen war, befürchtete er von dem kommenden Tage ein Unheil. — Der Astrologie war ganz besonders Tiberius ergeben. Er war der Überzeugung, daß alles nach dem Verhängnis, das die Sterne offenbaren, geschehe; an die Götter glaubte er nicht und hielt nichts von den öffentlichen Opfern. Und doch setzte er sich — wie unlogisch! — zum Schutz vor Gewittern einen Lorbeerkranz aufs Haupt. — Von Neros Zeiten an trieben die römischen Kaiser auch Totenbeschwörung. Bekannt ist es, daß Nero den Geist seiner Mutter beschwor. Vespasian war sehr stark abergläubisch und betätigte sich in verschiedenen Richtungen der Mantik. Natürlich machten auch die Kaiser — sie wohl zuerst! — Anleihen beim Auslande oder gaben dazu Veranlassung. Selbst die Hirten-Medizin wurde, dem Geist der Zeit entsprechend, hoffähig. Der Leibarzt des Kaisers Claudius schöpfte aus der volkstümlichen Heilkunst; er erwarb beispielsweise ein Medikament gegen Kolik von einer alten Frau aus Afrika. Andere Monarchen wählten Asklepios-Tempel und Inkubations-Therapie, so z. B. Kaiser Caracalla. Verhängnisvoll griff die Mantik in wichtige Beschlüsse gekrönter Häupter ein: Marc Aurel holte sich vor seinem Zuge gegen die Markomannen und Quaden ein Orakel. Es versagte völlig — zum Unglück für viele. Bequemer machte es sich im Kampf gegen den einen dieser Volksstämme Heliogabal: er ließ die Magier rufen und von ihnen die Markomannen feierlich beschwören und „binden". Die Kaiserinnen standen ihren Gatten natürlich nicht nach; sie arbeiteten mit Giften, Abtreibungsmitteln und abergläubischen Medizinen, von denen einige wohlschmeckend waren und in der Hofküche verblieben. Nach Plinius' Bericht haben „noch vor kurzem einige Kaiserinnen täglich zum Frühstück Hirschbraten gegessen und sind dabei alt geworden, ohne jemals zu fiebern". — Die hochgestellten Griechen gaben den Römern nichts nach. Für Plato war in seinem Idealstaat die offizielle Mantik eine unerläßliche Einrichtung. Pericles ließ sich ein Amulett umhängen, als er pestkrank am Tode lag. Peisistratos stellte auf der Akropolis eine eherne Heuschrecke auf. Man glaubte bis in die höchsten Kreise hinein, daß Götterbilder sich aus eigenem Antrieb bewegen und dadurch Unglück vorhersagen könnten, glaubte an Regen von unheilvollen Substanzen, an himmlische Stimmen und vieles andere. — Unter den Griechen, die durch unmittelbare Hilfe von Göttern Gesundheit für sich und andere erwirken wollten, nennen wir die Gefährten Alexanders d. Gr. Sie legten sich im Serapis-Tempel nieder, um Hilfe für den schwer kranken Monarchen zu erbitten. Die Abneigung gegen die vernünftige Medizin (ein wesentliches Zeichen seelischer Allgemeinerkrankung) nahm beim Verfall der klassischen Völker zu. Ihre Besten schielten nach dem Auslande und halfen dadurch mit, sich zugrunde zu richten. Es kam zwar vor, daß bedeutende Männer sich etwa um günstige Wahrzeichen nicht kümmerten.

Dies ist aber kein Beweis dafür, daß sie nicht abergläubisch waren, sondern dafür, daß sie ihrer persönlichen „Kraft" als überlegener magischen Materie im Kampfe gegen das böse Omen vertrauten. Aus diesem Grunde achtete auch Alexander d. Gr. der Warnung nicht, die beim Einzug in Babylon durch Raben an ihn erging.

So sprach die ganze Natur zu dem ungewöhnlichen Mann. Die eindringlichste und verehrungswerteste Sprache aber redeten die Gestirne. Wie die eben erwähnten Raben, so wurden auch sie zu Führergottheiten auf den weiten Zügen, die zur Besiedelung des Mittelmeerkreises durch arische Schwärme Veranlassung gaben. — Die Sonne hat bei allen diesen Stämmen als verehrungswert gegolten. Weil sie weiß ist, haßt sie das Schwarze; weil klar, das Trübe; weil rein, das Schmutzige. Das „komplexe Denken" der frühen Menschheit hat Sonne und Sonnenlicht mit vielem zusammengebracht und vielem gegenübergestellt, was nach unserer Auffassung nichts damit zu tun hat. Die reflektorischen Handlungen des menschlichen Körpers, Kot- und Urin-Lassen, die Menstruation, der Geschlechtsverkehr sind mit den nächtlichen Dämonen verwandt, wie der Tag mit dem Bewußten, die Nacht mit dem Unterbewußten unserer Veranlagung. Deshalb darf man nicht gegen die Sonne Urin lassen, nicht bei Sonnenaufgang eine menstruierende Frau um das Feld herumführen; einen Toten muß man vor dem Licht verbergen. Der Sonnengott ist auch in der Klassik ein Hüter der Verträge. — Die Sterne werden als Augen der Gottheit angesehen. Wer diese Lichter aus dem göttlichen Leibe zu schießen versucht, erleidet zur Strafe das gleiche Schicksal. Philipp, der König von Mazedonien, soll als Kind auf Sternschnuppen geschossen und nachher sein Auge durch einen Mann namens Aster (Stern) verloren haben. Die fallenden Meteore waren für Plinius, der vieles volkstümliche Material bewahrt hat, die Parallelwesen sterbender Menschen. Sterne solcher Art gingen bei der Geburt des betreffenden Menschenwesens am Himmel auf. Eine andere Vorstellung ging dahin, daß dies nur beim Entstehen bzw. dem Vergehen einer Führerpersönlichkeit statthatte; eine dritte Meinung besagte, daß ein solcher überragender Mensch sich in einen Stern verwandele. Der Nachthimmel wird ja in ältester Zeit mit urzeitlichen Tieren, dann auch mit gewaltigen Menschen bevölkert. Sie waren ehemals dorthin emporgestiegen, als sie der Welt abhanden kamen; eine solche Entrückung bedeutet natürlich für den irdischen Zustand den Tod. Diese Spekulationen sind in Griechenland fortgebildet worden. Die Seele lebt auf dem Stern erst vom Augenblick des Todes an oder — diese Idee ist jünger — sie weilt dort bereits vor dem Entstehen des Körpers von Ewigkeit her, also präexistent, und sehnt sich dorthin zurück. Der Stern ist also ihre eigentliche Heimat, die sie wieder erreicht, wenn der vernünftige Seelenteil den Sieg errungen hat. Die Verwandlungsidee hat sich bis zur spätesten Zeit erhalten, allerdings die Form der Apotheose angenommen. Als bei den religiösen Spielen, die Octavian zu Ehren der „geburtshelfenden Venus" veranstaltete, sieben Tage lang ein Komet leuchtete, deutete das römische Volk diese Erscheinung so, als sei Julius Caesar unter die Sterne versetzt. Das ungewöhnliche Geschehnis war äußerst geeignet, dem astrologischen Aberglauben neue Nahrung zu geben. Übrigens scheint man auch am Himmel den Menschen nach der Steuerklasse zu bewerten, in der er steht: je höher diese ist, um so heller leuchtet sein Stern. Nach Plinius soll wenigstens der Reiche einen helleren als der Arme haben. — Ursprünglich wohl als Brücke, die zum Himmel führt, dann als Seelenland selbst, galt die Milchstraße. Diese Auffassung war sehr volkstümlich, wurde aber auch von Pythagoras vertreten, obwohl dessen Schule sonst den Mond an die höchste Stelle brachte. Er galt als das allgemeine Sammelbecken der Seelen, da er, wie diese, der Nacht und dem Tode angehört, ferner als „Grenze zwischen dem Unsterblichen und Sterblichen". Diese äußerst wichtige Idee nimmt also, wie der Parsismus und die indische Kosmologie der ältesten Zeit und zwar in zweifelloser Abhängigkeit von ihr, sowohl eine begrenzte, körperliche, veränderliche wie auch eine unbegrenzte, unkörperliche, unveränderliche, jenseits von den determinierenden Mächten von Zeit und Raum stehende Welt an, nur mit dem Unterschied, daß der Orient als Grenze den unwandelbaren Polarstern, der Okzident den Mond betrachtet. Auch die Lehre von dem allmählichen Aufstieg der Seele auf einer von Sternen gebildeten Leiter ist von Irân aus nach Griechenland gedrungen; die einzelnen Sprossen waren dann z. B.: der Mond, die Sterne, die Milchstraße.

Wie die Erde, so ist auch der Mond zugleich der Mutterschoß der Seelen, Selene zugleich Hekate und „die Vorsteherin der Geburt", also Leichenstätte und Lebensschafferin. Diese spätere Auffassung erhielt sich lange und schöpfte aus sehr volkstümlichen Quellen. Der Mond ist Todesstätte: sein feuchtes Licht (so noch bei Shakespeare, der den Nachttau auf den Mond zurückführt) scheint über einer dämonenschwangeren Welt, er selbst gehört der Unterwelt an, sein Tau ist gefährlich; seine Beziehungen zur Geburt von Mensch, Tier und Pflanze sind eng, im Mythus vielfach hervorgehoben. Durch seine Phasen gibt er den Rhythmus des Lebens an. Alle Gewächse nehmen mit dem Monde zu, nur die Bohne nicht. Sie ist ganz besonders unheimlich, erinnert auch äußerlich an Blut und Geschlechtsteile. An gewissen Wendepunkten der siderischen Abläufe und bei aufsehenerregender, gefahrdrohender Veränderung des gewöhnlichen Himmelsbildes steigert sich die ohnehin vorhandene Aufmerksamkeit auf den Sternenkomplex. Man ist dann auch bestrebt, Abhilfe zu schaffen. Den Sterndämonen werden Opfer dargebracht. Auf einen Tisch wird Wein und Brot gelegt, „damit die Götter essen und trinken und einen Festtag feiern". Der Anblick von Kometen galt als höchst bedrohlich und wurde mit dem Tode von Kaisern oder anderen wichtigen politischen Geschehnissen zusammengebracht. Bei der Verfinsterung der großen Gestirne fürchtete man das Äußerste. Lärmen und Singen, Anschlagen von Glocken, deren Verwendung als Schutzmittel auch am Halse von Tieren, Schießen in die Wolken sind als Abwehr-Ritualien aus mehr oder minder alter Zeit überliefert.

Urzeitlich ist die einem inneren Lebensrhythmus erwachsende Vorstellung, daß das menschliche Mißgeschick, das sich einmal zu bestimmten Zeiten und Orten ereignet hat, an diese gebannt ist und an ihnen periodisch wiederkehrt. So ergibt sich die Vorstellung von Unglückszeiten und -orten. Die Nachfolger Platos kennen sog. „Unglückstage", an denen man nichts Wichtiges unternehmen soll, weil es sonst zum Schlechten ausschlagen würde: das sind Tage, an denen man, statt zu arbeiten, nach Plutarch vielmehr rohes Fleisch ißt, sich zerreißt, fastet, wehklagt oder unter allerlei Verzerrungen des Leibes ein Geschrei erhebt (die „dies infasti" der Römer). Nach solchen Unglückszeiten zu forschen, war natürlich Sache der Astrologen wie der Ärzte, die dann ihre Kuren änderten oder unterließen. Ihre Wissenschaft studierte die Abhängigkeit der menschlichen Lebensfunktionen vom Monde oder deren Beeinflussung durch kritische Zeiten. Der menschliche Körper war zum Teilglied des Kosmos geworden. Dadurch aber wurde die Tagwählerei zur Afterwissenschaft. Wenn wir jetzt von dem Einfluß magnetischer kosmischer Kräfte, der Sonnenflecken, des Mondablaufs auf unsere Nerven in den Zeitungen lesen, so klingen die alten Vorstellungen, völlig unausrottbar, deutlich durch. Die medizinischen Autoritäten des Altertums: Hippokrates, Galenos, Celsus betrieben die Tagwählerei: sie stellten nach dem Stande und dem Einfluß der Gestirne ihre Prognosen und richteten danach die Krankenbehandlung ein. Galen war durchaus davon überzeugt, daß der Mond in seiner Stellung zu den guten und den bösen Planeten einerseits, das Wohlbefinden des Menschen andererseits, zusammenhingen. Vor allem aber ist der menschliche Charakter mit den Gestirnen verkettet — eine von Griechenland aus weltverbreitete Lehre. Die Sterne des Tierkreises sind teils schleimig, teils wäßrig, teils luftig. Sie bestimmen je nach ihrer Eigenart die des unter ihnen geborenen Menschen. Wenn also das schleimige (phlegmatische) Temperament dominiert, sich vordrängt, so muß die ärztliche Kunst es zur Gesamtnatur ins richtige Verhältnis bringen. Dies geschieht, indem man dann die feurigen Zeichen zu Kuren benutzt. Dem Melancholiker sind aus gleichem Grunde die luftigen Kuren gut. Diese Lehren haben sich bis auf die neueste Zeit erhalten. Wir werden auf sie bei Betrachtung des germanischen und palästinensischen Aberglaubens noch zurückzukommen haben. Die Volkstümlichkeit solcher Ideen sicherte ihnen einen großen Einfluß auf die Verfahren der volkstümlichen Heilmethoden. Schon im Altertum waren medizinische Operationen, wie das Aderlassen, und kosmetische Handlungen, wie das Haarschneiden, an die Sterne gebunden. Auch die törichte, selbst in medizinischen Kreisen erst ganz neuerdings bekämpfte Lehre von „kritischen" Krankheitstagen gehört hierher. Celsus gibt sie auf Grund von alten Quellen wieder. Die Idee, daß die ungerade Zahl Unglück bringe, gehört ihr als Urbestandteil an. „Kritisch" ist danach der 3., 5., 7., 9., 11., 14. und 21. Tag. Es treten also, aus der Zeit des Mondumlaufs gewonnen, die durch 7 teilbaren Zahlen hervor.

Auch hier hat der Aberglauben nur Unheil gestiftet. Wenn ein an Lungenentzündung Erkrankter den 9. Tag überlebt hat, gilt er als „durchgekommen"; er schont sich nicht und wird nicht geschont. Mit der Zahl der Opfer dieses Wahns kann man gegenwärtig das größte Leichenfeld pflastern. — Antik ist die Vorstellung von „kritischen Jahren" im menschlichen Leben, dem „kritischen Alter" der modernen Frau, und die schwachsinnige Meinung, daß mit dem 30. Jahr das Mannes-, mit dem 60. das Greisenalter anfange u. a. m. — Das Volkstum kannte die Heiligkeit dreier Tageszeiten: des Morgens und Abends (weil dann die beiden höchsten Mächte der Natur, der lichte und der Nachthimmel, im Kampf miteinander stehen) und auch des Mittags: dann schläft der große Pan. Man darf ihn nicht mit Flötenspiel wecken. Dieser alte Hirtenaberglauben klingt an das bei primitiven Völkern vorfindbare Verbot an, zu „heiligen Zeiten" Lärm zu machen. Die Meinung, daß der Übertreter dieser Bestimmung mit Geistesverwirrung bestraft wird, ist beispielsweise auch ostpreußisch. Die Ehrfurchtsbezeugung des Schweigens lag dem Menschen ferner gegenüber den Zeiten ob, an denen die Welt mit Dämonen erfüllt ist, also drei Tagen im Jahr, die im Anfang des Mais, des Julis und Novembers stehen. Die Verstorbenen irrten dann durch die Straßen der Städte. Es durften deshalb keine Unternehmungen begonnen werden. Der ganze Monat Mai galt für Eheschließungen als unheilvoll. Die Toten gehörten in ältester Zeit eben dem Stamm an. In späteren Perioden als Mitglieder der Einzelfamilien geschätzt, wurde ihre Wiederkehr am 3., 9. und 40. Tage nach dem Begräbnis gefürchtet. Auch diese Vorstellung findet sich so formuliert [bei unveränderter Termingebung] in erstaunlicher Verbreitung. In noch höherem Grade gilt dies vom ersten Jahrestag. Hier können die Analogien nicht zufällig sein, so wenig als bei der Idee der Ehrfurcht vor der Mittagszeit. Wenn der Grieche von ihr sagt: Hekate erscheint dann und die (gefährlichen) Satyrn tanzen, während der Germane von der alsdann wirkenden Mittagsfrau spricht, und wenn wohl alle indogermanischen Völker die Zeit des Jahreswechsels für die des Totenbesuchs halten und deshalb bei ihrem Eintritt alle praktische Beschäftigung aufgeben — alle Menschen und Götter, selbst das Meer ruht von seiner Arbeit aus —, so liegen kultische Ideen, vielleicht kultische Handlungen der Prähistorie vor. Andererseits war man von der „symbolischen"

Bedeutung des ersten Tages des Jahres, der für den gesamten Jahresverlauf richtunggebend war, überzeugt und begann deshalb den Neujahrsmorgen mit wichtigen Arbeiten, achtete auf deren Erfolg oder Mißerfolg und versah beide mit vorbedeutendem Charakter. Man sprach glückverheißende Worte und hielt alles für wichtig, was man erlebte und sah. Dieser Tag war eben besonders „heilig", aus der gleichgültigen Menge der Zeitmaße bedeutsam herausgehoben.

So waren denn die Anfänge des Glaubens an eine Schicksalsbestimmung gegeben. Deren Entwicklung zur Idee der Unterwerfung unter eine einheitliche Schicksalsmacht aber lag dem praktisch orientierten Römer ferner als dem Griechen. In Italien ist man aus dem zersplitternden Dämonismus durch eigene Kraft nie herausgekommen; diese polydämonistische Weltanschauung widerstrebte einer Lebenszusammenfassung, zerstückelte das Menschengeschick in eine Reihe von Zufälligkeiten. Wer in ein Haus trat und sich dabei am Türsturz den Kopf stieß, machte eine gewisse Gottheit dafür verantwortlich; strauchelte er an der Türschwelle, so hatte eine andere, und knarrte die Angel, eine dritte daran schuld oder war eine Warnerin. Am Herde, in den Hauswinkeln saßen kleine Dämonen, deren Wirken die Summe des Mißgeschicks, des Ärgers, der Zufälligkeiten ausmachte, die den Tag und das Leben bilden. Freilich, diese Summe konnte durch Addition errechnet werden, soweit das Leben bereits hinter dem Menschen lag. Von einer persönlichen Einstellung zur Schicksalsmacht, vom Vertrauen auf sich selbst, auf seine Selbstbehauptung und eine metaphysische Zielsetzung des Lebens war dann aber selbstverständlich nicht die Rede. Wie die Menschheit über die Erde, so zerstreuten sich zahllose Zufälligkeiten über das Leben des einzelnen. Fortuna heißt das Geschick in diesem Sinne, forte und fortasse, damit aufs engste verwandt, heißen: „vielleicht!" — Ganz anders das Griechentum. Es erfaßte die Vorstellung einer Weltordnung, einer geordneten Welt, der jeder einzelne nach unabänderlichem Ratschluß eingefügt war. Sie war damit zu einem Makrokosmos, der Mensch zum Mikrokosmos geworden. Diese ihrerseits vom Geschick festgesetzte Weltordnung verhängt über den einzelnen den ihm bestimmten „Anteil" an Gutem und Bösem. Daraus ergeben sich, namentlich auf den römischen Staatsgedanken in überaus bedeutsamer Weise einwirkend, primäre Vorstellungen des Rechts und der Gesittung. Recht tun heißt, bei anderen diesen „Anteil" respektieren. Der Staatsrepräsentant, der König, ist zur Wahrung der einzelnen Glücksanteile der unter seiner Herrschaft stehenden Bürger berufen. Deshalb verbürgt eine gute Regierung einen vollkommenen Glückszustand. Die natürliche Folge dieser Auffassung ist die Sanktion eines status quo, namentlich auch auf vermögensrechtlichem wie überhaupt auf sozialem Gebiet. Andererseits verfiel derjenige, der die „Natur"-Rechte — nur hier hat das Wort einen Sinn! — anderer verletzte, der Strafe der Gottheit, die zwar bereits auf Erden vollzogen wurde, aber natürlich die mehr abergläubisch gefürchtete Rache von Dämonen oder Todesgöttern nicht ausschloß. Das materielle Recht, soweit es im Gesetz zum Ausdruck kam, war, wie das Gesetz selbst, der formelhafte Ausdruck und die autoritative Sanktion dieser Zuerteilung. Auch die Sprache lehrt dies: die Worte für „Geschick", „Los", „Gesetz" gehen auf die Begriffe der Zuerteilung zurück (tyche auf tynchano, moira auf meros, nomos auf nemo). Das Recht ist also sekundär gegenüber der prädestinierten Rechtsidee; es bestand als Teil des Kosmos, lange ehe man festlegte, was rechtens ist. Die von ihm zusammengefügte Masse an den für den einzelnen bestimmten Ansprüchen an Lebensglück, an Aktivbilanz im Kampf ums Dasein und gegen den lieben Mitmenschen war — diese Weltauffassung bestimmte selbstverständlich den Gesamtinhalt einer solchen tragenden Vorstellung in grundlegender Weise — im allgemeinen für alle die gleiche. Was wir Lebensweisheit nennen und bei Homer oft wehmütig durchklingt, ist der Ausdruck dieses primären sozialen Postulats. Vom Kosmos, von dem auch ihm übergeordneten Geschick, mußte man als von einer für das Tun und Lassen des kleinen Einzelmenschen Norm-setzenden Macht natürlich ausgehen. Alle Menschen müssen nachts schlafen; haben Hunger, auch wenn sie traurig sind; werden sterben. Sie alle müssen heiraten — dies sagt zwar Homer nicht ausdrücklich, doch ist dies dem Sinne seiner Gedichte entsprechend sicherlich ebensosehr Naturzwang als soziales Gebot. Alle müssen Geld und Gut haben, soweit sie Herren ihrer Familie sein wollen. Allerdings — im Geldpunkt war auch der ideale Mann der Klassik empfindlich — verlangte hier der Aristokrat erhöhte, der König einzigartige Vorrechte. Der Gott, wenngleich räumlich und funktionell beschränkt, stand entsprechend seinem besonderen Machtfaktor noch über dem König. Der Übermensch allerdings sprengte diese gesamte Ordnung. Er ging „über das Geschick hinaus", „stieß", wie Sophokles sagt, „gar sehr" dagegen an. Als positive, fundamentale Rechtsnormen galten die sich dem bezeichneten Ideengefüge einordnenden Satzungen der Götter und Propheten; das von ihnen „Gesagte" war Recht, Weltgesetz, Schicksal. Es hieß: fatum. — Ohne weiteres ist es klar, daß ein solcher kosmologischer, deterministischer, fast mechanistischer Angelpunkt der Rechtsform wie des Rechtsgehalts beiden eine große Stetigkeit verleihen, das Sakralrecht gegenüber dem profanen Recht, die Gesamt- gegenüber den Einzelinteressen betonen mußte. Die so entstandene Rechtsordnung, deren Schöpfung dem Staat und seiner Geschichte ja in zeitlicher Hinsicht unendlich vorauslag, konnte deshalb von den die Gesetzgebung schaffenden Teilen des Volkes lediglich geoffenbart werden. Ihrem Wesen nach war sie, weil aus allgemeingültigen, hohen Ideen entwachsen, der Ausdruck der allgemeinen Überzeugung, in der die Wahrung des Heilig-Altherkömmlichen eine gewichtige Stütze fand, deren Zwangsmittel wesentlich dem im völkischen Sinne naturnotwendigerweise Heiligen zugute kamen. So und nicht anders ließ sich bei Wahrung der Tradition und rassischer Unversehrtheit eine lebenskräftige Demokratie halten; nur so ließen sich in ihr Rechtsgrundsätze aufstellen, die sich dem Egoismus des einzelnen in jedem Fall entgegenstellten. Damit aber war der Individual-Aberglauben strafbar geworden.

Der so gewonnene, das Menschengeschick bestimmende Kosmos, der das eigentliche Weltbild des gebildeten Mannes der Antike darstellte, setzte sich aus einzelnen Teilen zusammen, die lebendig zu sein oder doch magische, dem Menschen möglicherweise gefährliche Auswirkungen zu haben schienen. Der Tages-Himmel und die Erde waren Urvorfahren der Menschheit (Diupiter und Dē-meter) und hießen Vater und Mutter; die Gestirne, das Weltmeer wurden verehrt, desgleichen die elementaren Bestandteile der Erde; ferner heilige Haine, Urwälder, Steine, Quellen, das Feuer. Man braucht die Griechen um diesen Götterglauben nicht zu beneiden: sie fürchteten, was andere Völker mit der gleichen Angst erfüllte; beschenkten, was sie ungefährlich machen wollten und waren doch nie sicher, einen Mißgriff zu tun. Die Volksmasse war dämonistisch gebunden und konnte sich zur freien Naturbeobachtung deshalb nicht durchringen. Der Gebildete mag den einzelnen Baum, die Quelle, entweder mit Nymphen „belebt" haben: dann fürchtete er sie wie der einfache Mann; oder er entseelte Baum und Quelle: dann hatten diese Gottheiten keine Funktionen mehr. Schiller hat zwar wehmütig die schöne Zeit zurückgewünscht, „da der Dichtung zauberische Hülle sich noch lieblich um die Wahrheit wand", und Goethe verlieh jenen Nymphen die göttliche Gabe, jedem, dem sie begegnen, gütig und hilfreich zu sein, aber diese Genien waren gar keine Phantasiegestalten, sondern Verkörperungen einer vorstellungsarmen Furcht und besaßen die göttliche Gabe der Güte in keiner Weise. Selbstverständlich konnte ein Philosoph oder Dichter sie zu Trägern solcher ästhetischen oder sittlichen Werte machen. Aber auch für diese Hochstehenden war die Einzelerscheinung an das Weltganze magisch geknüpft.

Die Tierkreiszeichen bestimmen, schematisch zu den einzelnen Körperteilen in Bezug gesetzt, deren Funktionen. Die alten Chaldäer, ferner die Ägypter waren die frühesten Verbreiter dieser wichtigen Lehre. Die Babylonier behielten sie bei, die Inder kannten sie. Aristoteles, gewiß Rationalist, lehrte: alle irdische Bewegung hängt von der Fixsternsphäre ab. Jede Veränderung auf der unvollkommenen Welt wird durch die mathematisch bestimmten Bewegungen der vollkommenen (Ober-)Welt bewirkt. Im „Staat" des Plato ist alles Erdengeschehen zu dem Planetenlauf in Beziehung gesetzt. Deren Siebenheit entspricht die gleiche Zahl der im Zauber häufig verwandten Pflanzen. Die Zeichen der Planeten gravierte man in Ringe, deren Metalle den sieben Planeten zugeeignet waren, und trug innerhalb des Wochenturnus diese Ringe derartig, daß Wochentage, Metalle und Zeichen sich entsprachen. So getragen sollen solche Schmuckstücke Schutz gegen Krankheiten verleihen, also zu Amuletten werden. Die Zuweisung der Steine und Pflanzen an die sieben Planeten oder 36 Decane, ursprünglich ägyptische Lehren, ergeben folgende Verteilung: „der Tag und die Nacht zerfallen in je 12 Stunden, von denen jede ein göttliches Wesen ist, ihren Eigennamen und ihre eigne Gestalt hat. Nun vollendet aber während 24 Stunden der Sonnengott seinen Lauf und daher wird er auch jede Stunde ein anderer; ja auch in jeder der drei Jahreszeiten und in jeder der drei Tageszeiten ist er ein anderer, und in jedem Tierkreiszeichen nimmt er eine andere Gestalt an. — Als der Hellenismus Ägypten durchdrang, wurden die 2 × 12 Stunden mit den 24 Buchstaben des griechischen Alphabets bezeichnet. Das ist der Anfang der Zahlenmystik: jeder Buchstabe entspricht einer Stunde, dadurch aber auch einer Gestalt des Gottes, die Gesamtheit der Buchstaben daher dem Wesen des Gottes in allen seinen Erscheinungsformen."

Die großen Gestirne regieren das Tier- und Pflanzenreich: der Sonne gehört der Hahn und der Löwe an; beide haben ihn zum gemeinschaftlichen „Vorsteher". Da aber der Hahn dem Helios näher steht als der Löwe, fürchtet dieser jenen bei dessen Krähen. Unter den Gewächsen ist es die Feigbohne, die sich täglich mit der Sonne drehen soll und dadurch auch bei bewölktem Himmel dem Ackermann die Stunden anzeigt. Andere Pflanzen wenden sich ebenfalls, aber bloß bei der Sonnenwende (wir nennen: Ulme, Linde, Ölbaum, Weißpappel, Weide). Nach Proclus erkennt man aus keinem anderen Zeichen sicherer, daß die Sonne ihren höchsten Stand erreicht hat. Ganz eigentümliche Widersprüche bringen die Anschauungen über das Verhalten des Lotus zum Monde: nach einem Berichterstatter soll er sich, wie ja auch H. Heine zu erzählen weiß, beim Mondschein öffnen, also eine geheime Harmonie mit diesem Gestirn haben. Nach Plinius aber und nach Jamblich, der aus ägyptischen Quellen zu schöpfen erklärt, hat der Lotus die engsten Beziehungen zur Sonne; des Abends taucht er angeblich seinen Kopf tief unter Wasser; gegen Morgen aber steigt er allmählich empor, und mit Sonnenaufgang erscheint er wieder und öffnet seine Blüte. Diese Naturbeschreibung beruht auf der Theorie, daß der Lotus ein Bild der Sonne sei: „an ihm ist alles rund, die Blätter und die Früchte. Dieser Rundung aber entspricht allein die Kreisbewegung der Sonnengottheit, die das Weltall beherrscht und die als in sich geschlossene, vollkommene Linie und Bewegung die vernunftgemäße Beherrschung des Weltalls durch die Sonnengottheit andeutet." — Unter den Tieren beherrscht die Sonne außer dem Löwen noch das Krokodil, der Mond die Katze, während der Nil den Frosch, Erde und Wasser die Schlange regieren. Diesen Sympathien stehen natürlich Antipathien gegenüber. Der Fisch silurus bekam beim Aufgang des Sirius einen Sonnenstich. Er ist selbstverständlich eher mit dem Sternbild der Fische sympathisch. Der heiße, rote Sirius tötet ihn. Die Planeten gehören gewissen Gottheiten, Metallen und Farben zu, so der Saturn dem Kronos, dem Blei und der schwarzen Farbe; entsprechende Ketten bilden: Mars — Ares — Eisen — purpurrot; Sonne — Helios — Gold — goldgelb usw. Der Saturn als Planet ist immer böse, sein Blei wird im Schadenzauber verwandt; die Fluchtäfelchen werden deshalb aus Blei angefertigt.

Die Beziehungen des Mondes zur Pflanzenwelt sind nicht auf den Lotus beschränkt. Wenn der Mond leuchtet, leuchtet auch die Paeonie in herrlichem Licht. Bei Tag ist sie von anderen Gewächsen nicht zu unterscheiden. Die Namen vieler Pflanzen weisen auf deren mythologische und sympathische Beziehungen zu Göttern und Dämonen hin und machten es schon dem Altertum schwer, sie eindeutig zu bestimmen. — Zwischen Mond und Tierwelt wurden enge Relationen angenommen. Dem ägyptischen Thôth, dem griechischen Hermes — beide sind Mondgötter — stand der Ibis sehr nahe. Er soll seine Nahrung nach der Zu- und Abnahme des Mondes regeln, bei Sonnenfinsternissen die Augen geschlossen halten. Zum Ausbrüten der Eier braucht er genau 28 Tage. Die Färbung seines Gefieders deutet auf den Mond hin. — Die Steinwelt zeigt ihre Sympathie mit den göttlichen Himmelskörpern durch „Ausflüsse", „Ausdünstungen" an; es sind dies eigentümliche Lichteffekte, die den himmlischen Lichtern ähnlich sind. Besonders auffällig macht sich die Sympathie mit der Sonne bemerkbar, wenn ein und dasselbe Steinexemplar mit dem Stande der Sonne die Farbe wechselt oder gar die Konjunktion von Sonne und Mond so anzeigt. Es gibt bestimmte „Symbolsteine" für Sonne, Mond und Gestirne. Die Steinwelt steht auch zu gewissen Gottheiten und göttlichen Mächten in Sympathie, wobei namentlich ihre Farbe, ferner auch ihr Gewicht, teilweise schließlich ihr uralter mantischer Charakter abgewogen wird. Dementsprechend sollen gewisse Steine die Gabe der Weissagung verleihen, mag man sie nun bei sich tragen oder aus Gefäßen, die aus diesen Materialien hergestellt sind, trinken oder sie sich unter die Zunge legen.

Als präformiert und deshalb unzerstörbare Einheiten schaffend galten die innerhalb des kosmischen Systems waltenden Größen von Form, Zahl und Farbe. Zu den heiligen Formen der Magie gehört in erster Linie der Kreis, weil er in sich geschlossen ist, so daß die in ihm wohnende Kraft nirgends heraus kann. Umgekehrt aber können auch die feindlichen Mächte nicht in das vollkommen geschlossene Rund eindringen. Die Spätzeit stellte die kosmischen Bezüge in geometrischem Bilde dar. Sie waren aber auch im lebenden Mikrokosmos, dem Menschen, wie wir sahen, auffindbar, vorausgesetzt, daß derselbe unversehrt, daß er schön war. Der schöne Mensch gibt das göttliche All wieder. So lehrt es die Klassik, so noch der späte Porphyrius. Er teilt den guten Dämonen schöne, den bösen häßliche Körper zu. Die ersteren haben eindeutige, die letzteren vieldeutige Gestalt. Den Unholden ist es unmöglich, in schöner Gestalt zu erscheinen, denn böse und schön sind diskrepante Begriffe. Wo man Götter auf Erden in leiblicher Gestalt erscheinend glaubte, waren sie deshalb durchaus schön. Diese Gestalt ist kein bloßes Kleid, sie ist vielmehr der göttlichen Wesenheit immanent. Götter und Menschen sind äußerlich kaum voneinander zu unterscheiden, es sei denn dadurch, daß die Himmlischen nicht mit den Augen zwinkern und andere Nebensächlichkeiten zeigen oder meiden. Nach Jamblich entsprechen die Erscheinungen der einzelnen höheren Wesen, die Götter mit eingerechnet, immer ihrer jeweiligen Wesenheit, ihren jeweiligen Kräften und den Effekten, die sie bewirken können; denn so wie sie geartet sind, so erscheinen sie auch denjenigen, die sie herbeirufen und bringen jene Effekte ihres Wirkens und jene Vorstellungen von ihrem Wesen zum Ausdruck, die ihrem Wesen tatsächlich entsprechen. Diese Lehre war alt und entspricht dem, was Kunst und Volkstum zeigen. Der Gott ist tatsächlich „der Unfreieste Aller"; er kann gar nicht anders sein, als er aussieht und sein muß. Überall werden deshalb die glückbringenden Götter und Dämonen als schöne Wesen wiedergegeben. Die Todesgeister und Krankheitsdämonen aber sind häßlich; dies gilt z. B. von Hades, seinen Begleitern, Hunden usw. Wir sehen sie triefäugig, spitzohrig, mit struppigen Augenbrauen und einer Hakennase im bärtigen Gesicht. Die gefährlichsten Wesen dieser Art sind am häßlichsten. Schöne Gottheiten bringen immer Glück. Oft erscheinen sie unter den Menschen; selbst Pluto und Persephone, also Todesgötter, werden sichtbar. Besonders häufig und bis zum letzten Ausklang der Heidenzeit aber zeigt sich Asklepios im Schlaf wie im Wachen den Heilung Suchenden. Der Theurge vollends sah in der Vision sogar die nicht kultisch verehrten Mächte der Zeit und der Notwendigkeit leibhaft vor sich. Dem Feldherrn kann deshalb ein wahrer Gott nur Sieg, eine Mißgestalt Verderben prophezeit haben. Beide Wesensgruppen begegneten dem Sulla. Ihm soll in den damals unmittelbar bevorstehenden Kämpfen von einer leibhaftigen Gottheit der Sieg prophezeit worden sein. Zwei Männer, ein griechischer Geschäftsmann und ein gemeiner Soldat, haben sie gesehen und gehört; beide sagten im Bericht des Wunders: das Aussehen der Erscheinung sei an Schönheit und Größe dem des olympischen Zeus ähnlich gewesen. — Ein anderes Mal aber soll dem gleichen Feldherrn ein Satyr vorgeführt worden sein, den man im Schlafe überrascht hatte. Er war gerade so, wie Maler und Bildhauer ihn darstellen. Er konnte nur mit Mühe und unverständlich reden; auch gab er nur Laute von sich, die halb dem Wiehern eines Pferdes, halb dem Meckern eines Bockes glichen. Sulla war betroffen und ließ ihn, als ein häßliches Untier, wieder fortschaffen.

Wie die Form, so wird die Zahl mystisch gewertet. Wir mußten der Zahlenmagie bereits gedenken. In den Naturgegebenheiten verankert, tritt sie uns von neuem entgegen. Die Erstlinge der Tier- und Pflanzenwelt haben besonders große Kraft. Die erste Anemone des Jahres soll man pflücken und sagen, man nehme sie für das drei- und viertägige Fieber. In der Heilkunst erfaßt die Magie der Zahl häufig die Arten der Kräuter, die Häufigkeit ihrer Anwendung, ihrer Verwendungsmittel und Anwendungsarten. Beispielsweise koche man in drei cyathi Wasser drei Wurzeln des Wegerichs gegen das dreitägige Fieber. Am allerwichtigsten aber war in der Magie die Siebenzahl. Unter den Göttern war sie dem Apollo heilig, unter den Zauberern dem Abraxas, dem Gebieter des Kosmos. Sein Name enthält 7 Buchstaben, die den 7 Planeten entsprechen. Der Ziffernwert seines Namens ist gleich 365, also gleich dem Jahre.

Die Farben waren sehr wichtig. Sind sie doch das dem Beschränktesten und zwar vielleicht diesem am meisten auffallende Unterscheidungsmittel. Wie es 7 Horen, Erzengel, Planeten gab, so auch 7 Vokale und Farben. Das Weiß des Tieres eignet dieses zunächst den unbekannten Mächten, vorausgesetzt, daß es bei der in Frage kommenden Tiergruppe selten ist. Weiße Hähne gehören der Mondgöttin und deshalb den gebärenden Frauen. Pythagoras aber verbot ihren Genuß angeblich deshalb, weil sie dem Helios heilig seien. — Die rote Farbe galt als typhonisch; sie gehörte, wie wir zuvor sahen, dem ägyptischen Sêth-Typhon zu. Rothaarige Menschen wurden deshalb verspottet, ja geopfert. Allerdings ist die Relation zu dem Gott sekundär: das Abnorme, Monströse ist es, was auffällt, den Vernichtungswillen rege macht. Das rote Gold wurde gemieden: diejenigen, welche dem Helios opfern wollten, warnte man, Gold in den Tempel mitzunehmen. Der Purpur dagegen hatte lustrierende Wirkung. Dreifarbiges (rot-weiß-schwarzes) Wachs gehört der Hekate an, die vielfach in Wachs dargestellt wurde. Das Rot eignet schon als die Farbe des Bluts, das beim ältesten Opfer in eine Grube fließt, also den Unterirdischen zukommt, und des Pluto den chthonischen Mächten. — Schwarz ist die Farbe der Unterweltsgeister. Alle Pflanzen, die schwarze Beeren tragen, gehören der Nacht und dem Hades an.

Kehren wir nun zum Menschen zurück, so ist es leicht einzusehen, daß die Lehre von der Weltharmonie auch die Seele einem der ältesten Ära gegenüber völlig veränderten Beurteilungsmaßstab unterwarf. Die alte Zeit sah in dem Schwachsinnigen oder Verrückten sowie im Hysteriker den Heiligen schlechtweg, weil sie an dessen Wahngebilde und überlegene Kräfte als an positive Faktoren glaubte. Sobald aber die Forderung an den Menschen gestellt wurde, daß er, innerlich und äußerlich „harmonisch", der göttlichen Harmonie sich hingeben müsse, änderte sich das Bild. Der Geisteskranke konnte den Unterwelts-Dämonen wie denen des lichten Tages verfallen sein.

Das Gleiche galt vom Träumer. Man begann einen Unterschied zu machen zwischen demjenigen, der sich durch ein zu spät genossenes Bohnengericht den Magen verdarb und deshalb schlecht träumte, gegenüber einem anderen, den nach vorausgegangenem Beten, Fasten, Tragen dämonenabwehrender Amulette und Kränze, eine Gotteserscheinung begnadete. Jamblich betont, daß, wenn man diese Unterscheidung vernachlässigt, die göttliche Verzückung, das höchste Gut, in eine Linie gestellt würde mit dem Zuviel an schwarzer Galle (dem einseitig hervortretenden melancholischen Temperament) oder mit der Tollheit wutkranker Hunde.

Unterscheidungen solcher Art mußten der Volksmasse natürlich fern stehen. Das Grundprinzip von der Wesensgleichheit der im Weltall wirkenden Kräftesubstanzen blieb vielmehr erhalten, derart, daß ein Stein keine andere Energie in sich birgt als ein Mensch. Deshalb können sich ja Menschen in Steine oder umgekehrt verwandeln. Die gesamte Lehre von der Metamorphose ist bei anderer Grundeinstellung zum Naturganzen unverständlich. Menschen können zu Sternen, Götter zu Sterblichen werden. Die Richtung der eingekörperten Energie aber kann von dem Magier bestimmt werden. Sie kann einer andern Kraft gleich laufen oder ihr entgegengesetzt sein. Im ersten Falle addieren sich (verdoppeln sich) gleich starke Kräfte, im zweiten heben sie sich auf. Voraussetzung aber ist es, daß diese Energien in gleichartigen Körpern ruhen; die Gleichartigkeit beruht auf zwei Prinzipien: denen der Form und der Farbe. Form und Farbe kommen jedem Körper zu. Deshalb umschlingt das engste magische Band die ganze sichtbare Welt. — Einige Beispiele erläutern dies. Das „Skorpionenkraut" hat seinen Namen von der Ähnlichkeit seines Samens mit einem Skorpionenschwanz. Es wirkt als Schutzmittel gegen den Angriff des Tieres, nach dem es genannt wird. Das „Fünffingerblatt" (Quinquefolium), in seinen Blättern den fünf Fingern der menschlichen Hand ähnlich, hilft gegen alle Fingerübel. — Torheiten dieser Art wurden später, namentlich auch durch Paracelsus und seine Anhänger, in ein System gebracht. Die bloße Namensidentität wirkt in gleicher Weise. Nach Plinius hilft gegen den Krebs an den weiblichen Geschlechtsteilen ein zerstoßener weiblicher Krebs. Es kommt hier also die Geschlechtsgleichheit der gegeneinander wirkenden Faktoren als wesentlich hinzu. Ihren Namen hat die furchtbare Krankheit der unausrottbaren dummen Meinung zu verdanken, daß der Krebs „rückwärts geht", wie ja leider die gleichgenannte Krankheit die Neigung zu Rezidiven zeigt. — Das gleiche Prinzip waltet im Bildzauber wohl aller Völker und Zeiten. Mit besonderer „Kraft" glaubte man Idole geladen, die das Eigentum von Städten, zunächst wohl von den in ihnen ansässigen Stammesgemeinschaften waren; es konnte sich dabei um Götterfiguren, Tierbilder oder Gegenstände handeln, die man (vorzugsweise in den Mauern der Städte) eingrub, um gegen gleichartige Mächte, etwa durch ein Schlangenbildnis gegen Schlangen, durch das einer Heuschrecke gegen Heuschrecken — wir erwähnen die Stiftung des Peisistratos — zu schützen. — Die Gleichheit der Farbe verursacht es, daß manche gelben Pflanzen und ein gelber Vogel durch ihren bloßen Blick die Gelbsucht heilen sollen und daß umgekehrt der Blick des Gelbsüchtigen im Spiegel oder auf Flächen von gelbem Aussehen zum gleichen Erfolge genügt. Der Glaube an die Sympathie und Antipathie von Pflanzen gegeneinander und mit Tieren ruht auf der gleichen, rein magischen Grundlage, der Theorie von dem Miteinander- oder Gegeneinanderschwingen der kosmischen Moleküle. Selbstverständlich liegen hier primitive Naturerkenntnisse vor, aber sie stehen im Bannkreis mystischer Betrachtungsweise. Der Efeu und der von ihm umschlungene Baum sind Beispiele für Pflanzenfreundschaften; zwischen Rettich und Yosop soll aber Antipathie bestehen, wie sie offensichtlich zwischen Schlange und Adler vorhanden ist. Aus Freundschaft und Feindschaft, aus Liebe und Haß, hat die Welt von jeher bestanden und so müssen wir den Glauben an deren Walten im Naturreich einer sehr alten Epoche zuschreiben. Die Lehren von der Sympathie und Antipathie als treibenden Kräften des Naturganzen finden sich deutlich in den Anfängen der Fabel, hier noch rein kasuistisch aufgebaut, eines der wichtigsten Teile des menschlichen Ideenschatzes vergangener Epochen. Die Idee des Kosmos fügte diese Spekulationen zu einer Einheit zusammen: zwei Pflanzen sind — ich gebe dies als Beispiel — durch Einschaltung dieses übergeordneten Moments, durch Naturzwang, ihres freien Willens sich zu lieben oder zu hassen beraubt. Als Gliedern des Naturganzen ist ihnen ihre aktive Rolle in der Welt-Harmonie vorgeschrieben. Diese Anschauung spiegelt sich auch in dem mystischen Versuch wieder, etwa die eine von ihnen zur Sonne, die andere zum Monde in Parallele zu setzen. Da das Licht jener das des kleineren Gestirns besiegt, müssen beide Pflanzen miteinander im Streit liegen und die „Sonnen"-Pflanze muß siegen.

Natürlich ist diese Kräftetheorie kein Allerklärungsmittel, selbst nicht auf dem Boden des römischen Volkstums, ja selbst dann nicht einmal, wenn sie es zu sein scheint. Ein naheliegendes Beispiel findet sich in einem der bekanntesten Bräuche. Wenn dort nämlich als Mittel zur Erleichterung des Zahnens der Rinder das amulettartige Tragen von Pferdezähnen empfohlen wird, so geschieht dies im Sinne des Kräfteersatzes, der Kräfte-Zufuhr: der durch das Wackeligwerden der Schichtzähne offenbar gewordene Energieverlust soll mehr als ausgeglichen werden. — Die Grundlage der Homöopathie reicht tief ins sakrale und soziale Leben hinein, Gleiches gegen Gleiches! So fordert es die Opfertheorie, so das älteste Strafrecht wie überhaupt die ganze Kausalität des Gebens und Nehmens. Der Sohn benutzt die aus dem Herzen der väterlichen Leiche entnommene Mörderkugel zur Rache. Das ist neugriechisch. „Die Wunde" (des Parzival) „heilt der Speer nur, der sie schlug". Das ist mittelhochdeutsch, wohl auch provenzalisch. Das delphische Orakel ist es, das dem von Achilleus' Lanze zu Tode verwundeten Telephos das Mittel zur Genesung weist: „Er, der die Wunde schlug, wird dich auch heilen!" Odysseus schabte darauf den Rost vom Speer und schloß die Wunde. — In dem Opfervollzug tritt das gleiche Moment grundlegend hervor. Man vernichtete den Repräsentanten einer verhaßten und gefährlichen Tierart oder schlug, oft in Folterstellung, das noch lebende Exemplar an den Hof- oder Hauseingang, um damit magisch die Gesamtheit der Tiergruppe beiseite zu schaffen. Einer nicht ausdenkbaren Zahl von Lebewesen sind nach dieser auch von Plinius vorgeschlagenen Methode unnennbare Qualen bereitet worden. Nicht nur „Ungeziefer" wie Spitzmäuse, Heuschrecken usw., sondern auch gänzlich unschädliche Tiere wie Fledermäuse wurden als Nachtdämonen und zugleich Schutzmittel gegen sie diesem Wahn geschlachtet. In der Antike ist ohnehin die Vorstellung auffindbar, daß man einen Gott schwächen konnte, wenn man das ihm zugehörige und wesensgleiche Tier tötete. Deshalb opferte man gegen Seuchen seuchenerregende Tiere. Man verminderte des Gottes Kraft ferner dadurch, daß man Energien freimachte, die ihm antipathisch waren, z. B. der Nacht den Hahn, den Erwecker des Tages, weihte; vergrößerte sie selbstverständlich, wenn man dem nächtlich-typhonischen Element einen Esel darbrachte, da dieser dem Gott Sêth-Typhon angehörte. Eine solche Begehung galt als Schadenzauber. Noch i. J. 375 n. Chr. wurde unter dieser Beschuldigung ein gewisser Faustinus gefoltert und hingerichtet.

In der Opferidee liegt seit Urzeiten die Vorstellung eingeschlossen, daß das getötete Opferwesen durch seinen geistigen „Gehalt", durch die ihm innewohnende „Kraft" seinerseits die „Kraft" des Gottes, dem es geweiht wird, vermehrt. Die gleiche Vorstellung herrschte in Rom in der Form, daß die Aktionskraft des Gottes zugunsten des Menschen erst durch das Opfer für den betreffenden Gott ausgelöst wird, und zwar indem z. B. die spezielle Sühnekraft eines Sühne-Schweins die Lustrationskraft des Gottes, dem es gilt, zunächst vergrößert und alsdann in die Richtung des menschlichen Willens abbiegt. Diese Grundidee korrigiert die Vorstellung einer bloßen do-ut-des-Politik, eines Gebens und Nehmens gleichwertiger Waren im Opfer und die Vorstellung, daß der römische Kult ein Kontraktverhältnis zwischen Göttern und Menschen sei, worin erstere zu gewissen Leistungen verpflichtet würden — eine schon deshalb ganz unannehmbare Konstruktion, weil im Wesen des Kontrakts die Gegenseitigkeit liegt und die Idee des durch den Ritus auf die Gottheit ausgeübten Zwanges gerade in Rom seit ältester Zeit vorhanden ist. Diese Kraftvermehrung erfolgt allerdings nach dem Prinzip der Gleichartigkeit und Gleichwertigkeit, und zwar durch Vermittlung des heiligen Opferleibes. Das weiß noch Jamblich, wenn er sagt, daß man den irdischen und unterirdischen Gottheiten vierfüssige, schwarze, in der Erde zu begrabende Tiere darbrachte, den Luftgottheiten Vögel opferte. Die Beziehungen zwischen Opfertier und Opfergottheit werden nach ägyptischem Vorbilde auch durch die Magie der Zahl (Krokodil und Sonne haben die Zahl 60), der Körpereigentümlichkeit der Gattung oder des Einzelindividuums oder eines Teils desselben hergestellt: um einen kleinen Menschen zu retten, gibt man ein kleines Tier. Das tierische opfert man für das erkrankte menschliche Eingeweide.

Das Opfertier ist, auch nach volkstümlicher Vorstellung, durchaus hochheilig, sein Leib der Inbegriff des Göttlichen und die Hypostase der Gottheit, in welche er eingeht. Was ihm an Gebeten und Ausdrücken der Verehrung zuteil wird, das geschieht dem Gott: er ist dessen sichtbarer Stellvertreter, zugleich geschaffen, dessen ideelle Wesenheit durch Versinnbildlichung zu stärken und zu vermehren. Bei dem Oktoberfest wird das siegende Pferd dem siegenden Mars dargebracht. Sein Blut wird im Tempel der Vesta aufbewahrt, um dann im Kultus abermals verwandt zu werden: es umschließt die höchste, magische Kraft. Die Gleichsetzung zwischen Opfertier und Opfergottheit wird von Jamblich gewissermaßen rationalistisch veranschaulicht, wenn dieser sagt: die Götter bedürfen keiner Speise, aber das Opfer dringt zu den niedrigsten, von diesen stufenweise zu den höheren Dämonen. Das römische Wort für „opfern" [mactare, erhalten auch im Zuruf: „macta" d. h.: „werde stark", dann: „heil", urzeitlich verwandt mit dem altindischen Zeitwort für „stark machen", „preisen", „loben"] gibt die Idee der Kräftezufuhr durch Tötung des Tieres, Preis des Gottes und den gesamten Ritus (Alkoholspende, Magie der Opfergeräte) besonders deutlich wieder. Die Einzelheiten des Opfervollzugs beweisen es: das Füllen mußte (nach Aelian) nach der aufgehenden Sonne zu fallen, d. h. das junge Tier der jungen Sonne geopfert werden, damit diese in ihrem Laufe nicht ermüdet.

Der Vernichtungszauber liegt völlig im Banne dieser Kräftetheorie. Wenn man die feindselige Macht einer Krankheit, eines nahen, wie immer gestaltigen Mißgeschicks nicht augenblicklich durch eine höhere Energie aufheben kann, so schaltet man sie durch Isolation aus: die Büchse der Pandora versinnbildlicht diese Abwehrmaßregel; alle jene Aussetzungen gefährlicher Kinder von Moses' Zeiten an tun es kund, die man in einem Kasten dem Wasser anvertraute. In Sinuessa wurde (nach Livius) ein Zwitter (Hermaphrodit) geboren. Wie alle Monstra galt es dem ganzen Stamme (Volke) als verderblich. Auf den Rat der Haruspices (Eingeweidebeschauer) wurde „das abscheuliche und schreckliche Ungetüm" lebendig in einen Kasten gesteckt und ins Meer geworfen. — Die Furchtbarkeit dieser Wesenheiten liegt nicht bloß darin, wie sie aussehen, sondern auch darin, was sie tun: die Henne wird dadurch, daß sie kräht, das Neugeborene dadurch, daß es lacht oder spricht, die Vestalin durch Geschlechtsverkehr zu einem solchen magiegeladenen Schreckenswesen. Sie zu „bestrafen", reichte menschliche Gegenwirkung nicht aus. Man wandte deshalb das Erdbegräbnis an, das seit langem als Bindungsmittel gegen allen Zauber sich bewährt hatte. Es mußte an der Lebenden vollzogen werden: ihr Tod hätte ja den Dämon, den man bannen wollte, frei gemacht. Ein anderes Verfahren ist gegeben, wenn die „Befleckung" durch das Geschick oder menschliche Handlungen schon auf dem Volke oder den Einzelnen liegt; dann gilt es, diese chthonische Energie abzulenken, auf lebende Wesen, die zu ihrer Übernahme geeignet sind, zu übertragen und die alsdann Schuldbeladenen zu vernichten. Im feierlichen Opfer belastet man den „Sündenbock", tötet „zum Schutz" einer Stadt als solchen einen Bettler, eine Jungfrau, wirft sie einem Drachen, dem verkörperten Mißgeschick, in den Rachen. Bei Cholera-Epidemien vergrub man bis zur neuesten Zeit 8 lebendige Katzen. Spinnen, Fliegen, Eidechsen werden lebendig eingefangen und am Körper verwahrt, bis sie an ihm zugrunde gehen und die Krankheit mitnehmen.

Die grausame Tötung schädlicher Tiere konnte ferner, wie wir sahen, auch den Zweck haben, deren Artgenossen zu vernichten. Dem Opferwesen, dem Opfervollzug wohnt ja eine „Symbolik" inne, wie überhaupt alle rituellen Handlungen, nach ausdrücklichem römischen Formelwort, Bilder zeitloser bedeutsamer Geschehnisse sind. Dadurch wird auch die einmalige Handlung der Vernichtung von Schädlingen zeitlich und räumlich unbeschränkt; zugleich (die unerläßliche Voraussetzung des richtigen, d. h. korrekten und lückenlosen Vollzugs zugegeben) begrifflich und realiter zwingend, mit absoluter Kraft sich in die Wirklichkeit umsetzend vorgestellt. „Für 1000 Wesen genügt eines", sagt der griechische Tragiker. Das gilt dann auch im Zauber: Heuschreckenschwärme vertrieb man, indem man ein paar Tiere auf dem Felde verbrannte; Mäuse, wenn man eine von ihnen kastrierte und alsdann laufen ließ. Das Einzelwesen wird in steigendem Maße zum Gattungsrepräsentanten, wenn es das Erste der Art ist; der König vertritt den Stamm, der älteste Sohn die Familie oder Nachkommenschaft, das erste Tier die Herde, die erste Frucht den Jahresertrag. Zum mindesten mußte, wie überall, das Opferwesen männlich und vollwertig, womöglich durch Farbe oder Schmuck ausgezeichnet sein. Dieses Prinzip des Ersatzes findet sich in außerordentlicher Verbreitung bei den verschiedensten Völkern und wird im Verlauf unserer Darstellung noch zu berühren sein. Eine ungeheure Entwicklung nahm die in diesem Zug des Opferritus deutlich hervortretende Idee von der vollendeten Form, die den vollendeten Inhalt gibt; der Form, die den Inhalt darstellt und mystisch in ihren Bann zwingt, mag es sich um eine Linie, eine Zahl oder eines der anderen Größenverhältnisse handeln, deren richtige

Anordnung den Makrokosmos bildet. Auch die Zeit kommt in Frage. Wir deuteten den Brauch des Messens zum Zweck der Krankheitserkenntnis an: wenn die einzelnen Körpermaße miteinander in Harmonie stehen, z. B. der Mensch mit ausgestreckten Armen ebenso breit als hoch ist, so ist er gesund. Der Maßstock, mit dem diese Prozedur vorgenommen wird, ist ein Stellvertreter des Menschen, der Bezauberung äußerst zugänglich. Deshalb verbrennt man ihn am besten. Von solchen Plumpheiten steigt man empor bis zur Physiognomik des Altertums und der Neuzeit. Goethe war begeistert von der hervortretenden, mächtigen Stirn des Zeus von Otricoli, dem übertrieben betonten Sitz vollendeter Intelligenz, und Schiller schätzte und pries, als er der Mutter der Kaiserin Augusta seine Huldigungen zu Füßen legte, nichts, soviel er wählen könnte, so sehr „als in der schönen Form die schöne Seele". Aber beide haben sich geirrt: die Intelligenz sitzt so wenig in der gewölbten Stirn eines Zeus wie in dem bis zur Schädelgröße das Hinterhaupt überragenden Intelligenzknorren eines Buddha; vielmehr kann in der schönen, d. h. plastisch vollkommenen Körperform die schlechteste Seele wohnen (was übrigens Schiller durch jene Wendung nicht unbedingt in Zweifel zieht). Dem germanischen Empfinden liegt Goethes: „Einzig veredelt die Form den Gehalt, verleiht ihm, verleiht sich die höchste Gewalt" jedenfalls sehr fern. Der Gott und Held, der um der Ehre willen im ritterlichen Kampf oder im Streben, Weisheitsfülle zu erlangen, ein Auge oder eine Hand verloren hat, ist für uns auch körperlich, d. h. sinnlich-übersinnlich, unvergleichlich viel schöner als der beste Apollo oder der vielbewunderte Lustknabe Hadrians.

Wir sprachen von der räumlichen und zeitlichen Einordnung in das Weltsystem als Vorbedingung für die positive Arbeit an und in ihm. Die Wanderniere muß auf ihren Platz zurück, wenn sie wirken soll. Sonst kommt der Mikrokosmos „Mensch" in Unordnung. Gegen Podagra soll man verschiedene Kräuter mischen und dazu sprechen: „Oben ist der Himmel, unten die Erde, in der Mitte das Heilmittel". So wahr die Pflanze zwischen Himmel und Erde wächst, soll das „In-Unordnung-Gekommene" beim Körper zum Glied des Kosmos werden. — Offensichtliche Abweichungen von der Norm sind deshalb, wie wir sahen, zunächst schlechthin durch ihre Existenz, sodann als Symptome einer Störung des kosmischen Gleichgewichts höchst bedenklich. Die folgerichtigste Idee ist diese: die Mißgeburt (als Beispiel) statuiert eine parallele Abweichung am Himmel (z. B.: ein Stern geht rückwärts statt vorwärts). Dieses siderische Phänomen ist das Wahrzeichen eines verhängnisvollen irdischen Ereignisses (z. B.: der König stirbt). Eine solche Gedankenfolge ist die der indischen Mantik, die sich des astrologischen Phänomens bemächtigt. Daneben findet sich in ihr, was die römische Mantik kundtat: die abergläubische Furcht vor dem unzeitigen Krähen des Hahns, dem Krähen der Henne, dem Verwildern eines edlen Baumes, der Geburt eines unheimlichen Wesens oder dessen wunderbarer Aufzucht (der Gründer Roms durch Wölfe).

Die einzelnen Elemente, die den Kosmos bilden und ihm zeitlich vorangehen, wie Wasser und Feuer, sind mystisch — heilig. Der Mensch fühlt sich nicht als ihr Herr, kaum als ihr Gefährte, eher als ihr Sklave; ihre Fähigkeiten sind den seinigen überlegen, allerdings menschenähnlich. Sie reden wie Menschen, aber sie sagen auch, was sich ereignen wird, sind prophetisch. Wenn im Orakel der ältesten Zeit und der volkstümlichen Kreise die Gottheit spricht, so müssen wir uns diese Rede oft ähnlich den Naturlauten des plätschernden Wassers, des knisternden Feuers, des stoßweise uns treffenden Windes denken. Selbst im Donner redet die Gottheit. Das Gewitter ist heilig. Man versucht, dem im Kampf mit dem Nachtriesen stehenden Lichtgott durch Gebärden zu helfen. Der vom Blitz erschlagene Mensch verwest nicht; der niedergestreckte Baum gilt als ehrwürdig. Auch der leblose Gegenstand bekommt ein eigenes Grab. Das irdische gilt als Abbild des himmlischen Feuers. Bei Apuleius heißt es in der Auseinandersetzung über ein im Hause brennendes Feuer: „Mag auch dieses Feuer da klein und durch Menschenhand angezündet sein, es waltet doch zwischen dem kleinen und dem großen himmlischen Feuer, wovon es ursprünglich stammt, eine starke Sympathie ob" — eine religionsgeschichtlich äußerst wichtige Mitteilung, denn tatsächlich gilt das Herdfeuer im Kultus als irdische Sonne. Es heiligt, wie das Opferfeuer, schon durch seinen Glanz, heilt den Kranken, d. h. vertreibt die Todesdämonen. Auch die Teile dieser Brände und deren tote Abfälle gelten als heilig und segensreich. Im feierlichen Zeremoniell wurden Mensch und Vieh deshalb durch die Flammen getrieben; im Tempelkult aus den Bewegungen, Gestalten, Spaltungen, aus dem Auflodern und Erlöschen, aus dem Zischen und Prasseln der Opferflamme geweissagt. Auch das profane Feuer pflegte man auf sein Flackern, Knistern, die Form der Flamme, zu beobachten. Volkstümliche Sibyllen der untergeordnetsten Art vertraten hier die Stelle der Opfer-Mantiker.

Die Erde galt selbst im Kultus als heilige, uralte, alles tragende und nährende geduldige Mutter. Der noch nicht kultivierte Erdboden befand sich im Besitz kleiner Geisterwesen, der Ortsgottheiten, Dämonen des Waldes, Haines und seiner einzelnen Bäume (Faunen, Satyrn, Silenen, Dryaden) sowie der Flußläufe, Quellen und Seen. Manche dieser „Schutzgeister" (die schon deshalb, weil sie schützen, dem ihr Schutzgebiet betretenden Menschen gefährlich werden müssen) werden von geistersichtigen Tieren gewittert: Hündinnen erkennen die Nähe der Faune. Alle solche Dämonen mußten berücksichtigt, versöhnt, bekämpft werden. Das Problem, dessen Lösung die Aufteilung der Erde unter das immer weiter vordringende Menschengeschlecht ergab, wurde nicht auf dem Wege der Frage beantwortet: „Wie führe ich dem Boden die genügenden Mengen von Nährstoffen zu?" sondern: „Welcher Art ist meine Einstellung zu den Wesen, denen dieser Boden gehört?", wobei zu berücksichtigen ist, daß die Ureinwohner als Magier, als Gefäße der Dämonen, ja, als solche selbst galten, also auch ihnen eine „Berücksichtigung" zuteil werden mußte. Der Wille der Ortsgottheit war für die Besiedelungsfähigkeit durch Tier und Mensch oft entscheidend. Der Boden kann der Wohnsitz oder die Besuchsstätte lichter oder chthonischer Gottheiten sein, den Gott und seinen irdischen Stellvertreter, ein Standbild, tragen oder die Pest übernehmen und verbreiten. Auch der Mensch vermag durch die Fußspur, die er zurückläßt, der Erde etwas von seiner Wesenheit abzugeben (wobei zuzeiten zwischen dem Abdruck des linken und des rechten Fußes unterschieden wird), kann durch Berührung oder Kulturarbeit den Boden adeln und dessen Gottheit sich geneigt machen. In die Urzeit führt die angenommene Bedeutung der tierischen Fußspur zurück. Der Leib des Opferwesens ist heilig, namentlich dessen Schädel. Wenn man ihn auf eine Stange steckt, so verteidigt er in Wahrung seiner persönlichen Hoheitsrechte den ganzen Besitz des Darbringers und ist deshalb ein sehr wichtiger Grenzschutz. Wir müssen uns, wie angedeutet, vorstellen, daß das geopferte Tier nicht eigentlich tot, sondern in eine an Identität grenzende mystische Gemeinschaft mit der Opfergottheit einerseits und mit dem Opferdarbringer andererseits eingegangen ist. Durch magische, von Sprüchen begleitete Handlungen, den späteren Rechtsgebräuchen, konnte man Inseln von großer Wichtigkeit auf der Erde schaffen, Flächen, deren Grenzen für Menschen, Dämonen und Tiere (bis zu den kleinen Insekten herab) unübertretbar waren, herstellen. Gegenden, denen schon durch ihren Charakter ein ehrfurchtgebietender Zug eigentümlich war, wie viele Wälder und Berge, wurden zu geweihten Plätzen ausersehen. Bei ihrer Übertragung in die Eigentumssphäre der Gottheit wurde eine Formel gesprochen, aus der hervorgeht, daß es darauf ankam, den Wesensgehalt (das numen) der Gottheit für den Schenker „wohlwollend" oder „günstig" zu machen. Die Form, mittels welcher man eine eigene oder im eigenen Dienst stehende, fremde Machtwirkung aufhebende „Kraft" zur Geltung kommen lassen wollte, war, wie uns die Ambarvalien lehrten, zunächst die Umkreisung, sicherlich des bestellbaren Bodens, erst später der bereits gegründeten Orte — eine von den Römern und Etruskern festgehaltene Sitte.

Unmittelbare göttliche Manifestation oder Einwirkung, ein göttlicher Stein, der vom Himmel gefallene Schild des Kriegsgottes, ferner bestimmte Weihebilder und vergrabene magische Gegenstände stellten die Heiligkeit enger Territorien sicher. Bei Städtegründungen mußte ein eigner Weihepriester, ein Exorzist, zugegen sein. Eine gewisse Heiligkeit genossen auch die Landstraßen, weil sie dem Menschen die Erde erschließen. Sie unterstehen eignen, im späteren Gott des Verkehrs zusammengefaßten Dämonen. Als Wegführer ins Diesseits wie auch ins Jenseits kennen wir Hermes, dem indischen Pūschan überaus ähnlich. Den chthonischen Charakter haben bereits die Kreuzwege. Solche Stellen, die Orte des Zaubers, aber auch die Erde schlechthin als Allerzeugerin und allgemeines Grab, sind dämonisch geladen, dürfen infolgedessen die Handlungen einer Magie, die etwas Bestimmtes erzielen will, nicht kreuzen. Dies geschähe aber bei jeder Berührung. Dem alten Bauernaberglauben gehört die Meinung an, daß der Gurke oder Maulbeere ihre magische Kraft verloren geht, wenn sie die Erde berühren, ehe sie ihre Wirkungen (zu befruchten — den Blutfluß zu stillen) ausgeübt haben. Von vielen Pflanzenteilen gilt das Gleiche. Auch das Eisen „zieht" den Zauber „ab". Der Mensch selbst muß beim Ritus auf dem Isolierschemel, seinen Schuhen, stehen. Barfüßig hat er keinen Erfolg. Die Übertragung der unheilvollsten dämonischen Kraft, der Pest-Befleckung, erfolgt schon dadurch, daß man, von Pest heimgesucht, die Erde berührt, dreimal ausspeit und sagt: „Die Erde möge die Pest halten!" Die Stellen des Mordes, des plötzlichen Todes, sind mit der Lebensenergie der dort zurückgebliebenen Seele belastet, die sich natürlich sofort jedem Gegenstand, z. B. dem dort hingestreuten Weizenmehl, innerhalb einer Nacht mitteilt. Dies Mehl nützt deshalb bei Schweinekrankheiten! Die Erde, welche von bestimmten, in ihr lebenden Tieren aufgewühlt wird (Maulwürfe, Ameisen, Käfer), dient, auf die kranke Stelle des Körpers gelegt, zur Heilung von Leiden.

Die chthonischen Gottheiten sind ja vielfach Krankheitsheiler, wie sie auch Krankheitsstifter sind. Der Schlaf auf bloßem Erdboden verleiht deshalb nicht bloß wahrsagende Träume, sondern setzt den Menschen der Einwirkung der Gottheit in jeder Hinsicht aus. Die Selloi schliefen, wie schon Homer berichtet, auf bloßem Erdboden. Es war dies an der uralten Orakelstätte zu Dodona. Die Vorstellung von der Heiligkeit des geweihten oder Verfluchtheit des von bösen Dämonen, Geistern der Unterwelt, Zauberern oder Landfremden besessen gewesenen Bodens ist der alten Zeit tief eingeprägt. Die Teufel-, Hexen-, Zigeuner-Berge des Mittelalters und des Volksmärchens gehören hierher. Wo Gewächse von wunderlicher Form oder chthonischer Natur (Kümmel und Raute) oder überwucherndes Unkraut gedeiht, wo alte Gemäuer stehen, da ist der Boden „bedenklich" und wird gemieden. Erdrisse, Höhlen, Grotten und andere Orte, an denen Gottheiten Träume senden oder selbst erscheinen, Kranke heilen oder Gesunde warnen, sind die Geisterpforten zur Unterwelt. Es gab ihrer in späterer Zeit zu Massen, auch namentlich in Ägypten. Die Heilung durch Inkubation an den Götter-Tempeln, den Götter- und Heroengräbern, galt gegenüber der durch gewerbsmäßige Kurpfuscher ausgeübten als die orthodoxe. Die Sagenwelt berichtet immer wieder bis in ganz späte Zeiten hinab von mutigen Männern, die in die Unterwelt stiegen, um Tote zu befreien oder Orakel zu befragen: das Totenorakel galt als das

Verwegenste, aber auch als das Zuverlässigste. Der Einweg in die Tiefe muß erst gesucht werden, wird nur dem Magier offenbar und von diesem hergestellt: vermittels des angewandten Beschwörungsrituals öffnet sich dem Mithrobarzanes die Erde und Lucian, der davon berichtet, steigt mit ihm zusammen in die Unterwelt hinab. Der orientalisch-mystische Einschlag ist hier besonders deutlich, denn dieser Zauberer war mit medischem Gewande bekleidet und trägt einen iranischen Namen, nach dessen Zeugnis sein Träger etwa ein „Mithraverehrer" ist. Unter den Orten irdischer Gotteserscheinungen kommen noch diejenigen Stellen in Frage, an denen die zu „Teufelssteinen" gewordenen Meteore, erratische Blöcke oder ähnliche Monolithe lagen. Dem weißen Stein des Herkules zu Hyettos wurde Heilkraft zugeschrieben. Ausgesprochen gefährlichen Charakter haben natürlich außer den Stätten des Mordes auch diejenigen von Krankheiten und bösem Zauber. Da, wo ein Fallsüchtiger — die Epilepsie ist ja die „heilige Krankheit" — gelegen hat, schlägt man einen eisernen Nagel ein. Man glaubt dadurch den Dämon dieser Krankheit zu fesseln wie man ihn ja auch in Bäume einnagelt, verkeilt. — An Stellen, an denen üble Dünste dem Erdboden entstiegen, betete man die Fiebergottheit Mephitis an. Weitaus am wichtigsten aber waren die mit dem Schwerte oder dem Stabe gezogenen magischen Zirkel, innerhalb derer die gesamten bekannten Naturgesetze und alle Menschenrechte nach dem Willen des Zauberers ausgeschaltet werden konnten. Der Fremde durfte sie nur in Begleitung ihres Herrn betreten.

Um aus diesem magischen Zirkel herauszukommen, ist ein Bad erforderlich. Es befreit von dem göttlichen oder dämonischen Fluidum. Denn das Wasser gilt auch bei den klassischen Völkern als Urelement, hochheilige Mutter, als läuternd und Befleckung abwehrend. Der Versuch, durch die Äußerlichkeit eines solchen Ritus das Heilige vom Profanen zu scheiden, wurde auch z. B. nach Einholung des Inkubationsorakels gemacht und konnte für die religiöse Empfindungswelt entsprechend veranlagter Personen nicht ohne Bedeutung gewesen sein. Das Bad ergibt sich als zauberabwehrendes Mittel bei Heilquellen von selbst. Die Begriffe des Unterirdischen und der irdischen Heilkraft wirken dann zusammen. Ursprünglich haben die bekannten Brunnenorte ihre eigenen Lokalgottheiten gehabt, später wurden sie Heilgottheiten großen Stils zuerteilt. Dazu kamen noch die überaus populären Heroen. Wie Petrus in der christlichen, so wanderte Herkules in der antiken Legende. Er entdeckte eine wichtige und bekanntgebliebene Heilquelle, die seinen Namen trägt, zu Mehadia in Siebenbürgen. Das Vertrauen auf diese Brunnen war grenzenlos. Man opferte ihnen bis in die spätesten Zeiten, namentlich Münzen. Dem fließenden Wasser wurde, wie noch heute an den Stätten der orientalischen Kulturen, vor dem stehenden der Vorzug gegeben; zu rituellen Waschungen, wie sie z. B. die Zauberin vor ihrer magischen Handlung vornahm (handele es sich nur um ein dreimaliges Besprengen des Kopfes oder ein Vollbad), durfte es allein verwendet werden. — Der Trunk aus bestimmten Quellen sollte auch Begeisterung (Enthusiasmus) erwecken; eine magische, namentlich die Gabe der Wahrsagung und überhaupt gesteigerter Energien vermittelnde Kraft kommt den an allen Heiligtümern fließenden Quellen, darunter der zu Delphi, zu. Bekannt sind die durch das Aufschlagen der Hufe göttlicher Rosse der Welt geschenkten Wasser, die ja dichterische Fähigkeiten verleihen sollen. Der Dichter war durchaus Magier. Aus ihm spricht der Gott.

Die chthonischen Bezüge treten beim Regenwasser besonders hervor. Man hatte eine Vorstellung von dem Kreislauf des Wassers zwischen Himmel, Erde und Unterwelt. Das Regenwasser nährt ja auch den chthonischen Teil: die Wurzeln der Pflanzenwelt. Seltsamerweise wurde auch von der Antike der Regen von vielen Stoffen, von Kreide, Milch, Asche, Fleisch, Wolle und Blut für möglich gehalten und natürlich gefürchtet. Eine ausgesprochen orientalische Färbung hat die (vor allem altbabylonische) Vorstellung vom Lebenswasser. Sie klingt noch in dem Zauberwasser nach, das Lebende tot, Tote lebendig macht, Blei mit dem Aussehen von Gold begabt usw. Ein Lebens- und Todeselixier konnte auch der in den Papyri vielgenannte, seinem Namen nach iranische Magier Ostanes herstellen. Eine alte, volkstümliche Idee war hier von Schwindlern aufgegriffen und dem eignen Nutzen unterworfen worden. Nicht anders steht es um den Preis des wahrsagenden, mit Weisheit ausgestatteten Wassers, ein Lob, in das schon Homer einstimmt. Aphrodite, altsemitischen Wassergöttinnen eng benachbart, galt als „die Entdeckerin aller Mantik und Prophetik". Sie besaß ein Wasserorakel. Aus solchen Anfängen entsproß die Afterwissenschaft der Wasserwahrsagekunst, der Hydromantik. Sie wurde in den Formen des Geheimkults noch in später Zeit vollzogen. Die Götter galten als im Element anwesend und wurden durch mystischen Zwang zur Antwort auf Schicksalsfragen veranlaßt. Man entnahm, was man zu erschauen wünschte oder fürchtete, der Eigentümlichkeit oder Veränderung des Wasserspiegels, auch akustischen Phänomenen. Wiederum anders antwortete eine Quelle in Arabien. Wenn man in ihren ungeheuren, dunkeln Schlund Geschenke oder Spenden warf, so werden sie, wenn die Gottheit dem Spender günstig gesinnt war, von dem Wasser verschlungen, anderenfalls aber ausgespien. Wir begegnen hier einer z. B. in der Hexenprobe wiederkehrenden Auffassung: das göttliche Element muß das Opfer gnädig annehmen. Versuche, Bitten, Befragungen und Gebete, die in dieser Richtung gehen, sind seit alttestamentlichen Zeiten immer wieder geäußert worden. Die Quelle wie der Quellengott und der Volksgott überhaupt speien den Mißliebigen widerwillig aus seinem Munde aus. — Das alte Rom hat sich, wie uns die Gestalt des Numa lehrt, mit dem

Wasserorakel beschäftigt. Zu den alten Kultformen, die jener Weise gründete, soll die Praktik gehört haben, die Bilder von Gottheiten oder Truggestalten der Dämonen im Wasser zu sehen und von ihnen Vorschriften über den gültigen Religionsgebrauch zu erfahren. Allerdings vermischt der späte Berichterstatter hier die Zauberkniffe seiner Tage (mit ihrem Götterzwang) und die alte Wasserwahrsagung aus der fließenden, redenden, singenden Quelle miteinander.

Eine unvergleichlich viel geringere Bedeutung als das Wasser hatte der auf seltsame Weise zur Erdoberfläche gelangte, seltsam geformte oder gefärbte, kurz der „rätselhafte" Stein. Das Rätsel steht auch hier an der Schwelle der Religion wie des Aberglaubens. Das Problem reizt zur mythologischen Lösung wie zum magischen Experiment: zuerst fürchtet man; dann untersucht man, unter welchen Umständen man zu fürchten hat; endlich beurteilt man wertfrei auf Grund der Kenntnis der dem Objekt immanenten Gesetze. — Des Meteorsteins gedachten wir. Einem solchen, der bei Aigospotamoi niedergegangen war, erwiesen die Griechen jahrhundertelang Verehrung. Seines Magnetismus wegen galten Bernstein und Magnetstein als beseelt. Die Edelsteine wurden mit speziellen Kräften ausgestattet. Es gab eine eigne Literatur darüber, die von Babylon aus die iranischen Gegenden überschwemmte und auf Griechenland, wo sie im Sinne der dortigen Kosmologie Verwertung fand, einwirkte. Die naheliegende Meinung, ein Objekt sei zauberkräftig, weil es selten oder seltsam oder schwer erreichbar ist, hat sich vom römischen Zeitalter fast unverändert bis zur Gegenwart erhalten. Im Kopf, den man anatomisch nicht verstand, wurden Wundersteine gefunden: der „Eselsfisch" hat bei Vollmond einen Stein im Kopf. Wirkliche Fremdkörper dieser Art entdeckte man natürlich im Darm und Magen vieler Fische, wie auch anderer Tiere. Die jungen Schwalben haben aus der ersten Brut Steine im Magen, die heilkräftig sind. Ein paar dieser Einzelheiten wie die Lehre von dem hochberühmten „Adlerstein" werden bei Betrachtung des germanischen Aberglaubens zu erwähnen sein. Mystisch, nicht eigentlich alt, war der Glaube an das Geschlecht der Steine. Manche von ihnen können empfangen und gebären. Der Gassinades-Stein bleibt drei Monate lang schwanger und verrät die Frucht in seinem Innern, wenn man ihn schüttelt: drinnen klappert es. Indien und Medien sollten die Heimat dieser Wunder sein.

Sie verblassen völlig gegenüber dem Schauspiel, das sich vollzog, als man zum erstenmal aus dem Gestein unter Feuereinwirkung das Erz sich ausscheiden sah. Damit war ein ganz neues Weltalter angebrochen. Man sah Formen sich bilden, man hörte beim Schlag auf dünne Schmelzflächen Töne; man lernte, Formen und Töne zu wecken. Der Mensch wurde durch die Herstellung von Waffen zum Sieger über kulturlose Stämme und Tiere.

Er verfertigte Schmucksachen und Gefäße, die über die Augenblickserzeugnisse aus Lehm oder Wachs himmelhoch erhaben waren. Das alles klingt in den Gestalten der griechischen Mythe nach. Erz, älter als Eisen, verscheucht im Aberglauben die bösen Dämonen, auch solche der Nacht, der Krankheiten und wird deshalb bei der Verfertigung von chirurgischen Instrumenten angewandt. An Bäume nagelt es sie fest. Der Klang des Erzes vertreibt die Nachtunholde des heidnischen wie die Zwerge des christlichen Aberglaubens. Noch der Magier der Spätzeit rechnet es zu den größten Zwangsmitteln, die ihm zu Gebote stehen, der Mondgöttin zu sagen: „Ich habe die eherne Pauke in meiner Gewalt, allein ich rühre sie nicht an, wenn du mir jetzt willfährig wirst". Aus Erz bestehen die Griffel, mit denen magische Zeichen und Beschwörungen geschrieben werden, aus ihm die Gefäße; aus ihm die Nadeln, mit denen die „Rachepuppen" (Bilder verhaßter Personen) durchstoßen werden. Diese Rolle des Erzes scheint aber auf das Eisen übergegangen zu sein. Man erkannte dessen größere Härte und sieghafte Kraft, die dem Menschen größeres Selbstvertrauen natürlich auch in seinem Verhältnis zur Geisterwelt verlieh. Danach war das Erz den Dämonen sympathisch, das Eisen aber antipathisch. Während die alte Legierung und ferner auch das Kupfer den Zauber förderten, hinderte ihn das Eisen. Überall, bei semitischen und arischen Völkern, auch Ägyptern, trug es zur Bekämpfung der Dämonenfurcht sehr viel bei. Darin liegt auch ein wesentlicher Grund für seine Verarbeitung zu Schmucksachen. Die ihm innewohnende Kraft macht es auch zum Ring, der ja „isoliert", (sowohl zu dem geschmiedeten Fingerring wie dem Zauberring, den man mit einem eisernen Gerät beschreibt) sehr geeignet. Dagegen hat es im Zauberritual, dessen Wirkung es aufheben könnte, keine Stelle. Wie man gegenwärtig bei erdmagnetischen Beobachtungen sich alles Eisens entledigen muß — es würde die Schwankungen der Nadel beeinflussen —, so auch z. B. beim Ausgraben von Zauberwurzeln oder dem Gravieren von Zaubersteinen: weder Grabschaufel noch Grabstichel dürfen aus Eisen sein. Es ist dies um so bemerkenswerter, als die mit Sprüchen versehenen Amulettringe eine wichtige Industrie des Altertums bildeten.

Von den übrigen Metallen gedenken wir hier nur noch kurz des Goldes, des Unveränderlichen, des Abbildes der Sonne. Es galt natürlich als höchst heilsam. In der Chirurgie wurde es zur Herstellung von Operationswerkzeugen bis zum planmäßigen Ausbau der antiseptischen Methode benutzt. Es ist eben am leichtesten zu reinigen. Nach Plinius muß man die Flügel der Taube mit Gold stutzen. Sonst heilt die Wunde nicht. Ein Hinweis auf den Versuch, es künstlich herzustellen, darf hier nicht fehlen. Die Alchemie hat bekanntlich bis zur Gegenwart ihre minderwertigen Vertreter gefunden. Man versuchte, den „Stein der Weisen" zu finden. Er ist namentlich das verjüngende Allheilmittel. — Die Fäulnis-, d. h. Leichen-Dämonen werden vom toten Gewebe der lebenden Wesen durch Salz vertrieben. In den Tropen ist seine konservierende Wirkung besonders offensichtlich. Schon bei Homer gilt das Meereswasser als äußerst sühnkräftig, desgleichen im Zauber. Es wirkt lustrierend. Deshalb mußte das Opfertier, der Opferaltar und das Schlachtmesser mit gesalzenem Schrotmehl eingerieben werden. — Zu gleichem Zweck wurden übrigens die „Donnerkeile" benutzt, unter denen wir uns hier nicht Belemniten-Überreste, also versteinerte tierische Bestandteile, sondern Steinsplitter, die angeblich durch den Blitz in Bäume eingedrungen waren, und im Erdboden gefundene prähistorische Steinbeile, angeblich eben in der Erde steckengebliebene Feuerkeile des Donnerers, vorzustellen haben. Auch dieser Irrtum hat sich, wie wir sehen werden, hartnäckig erhalten und nach dem Norden übertragen.

Steigen wir von den Elementen zur Welt der belebten Schöpfung empor, so begegnen uns zunächst die Pflanzen. In ihnen wird durchaus Leben vermutet. Der ganzen primitiven Menschheit ist diese, keineswegs überlebte, sondern gerade gegenwärtig von einem hervorragenden indischen Naturwissenschaftler als fruchtbar erwiesene Auffassung eigen. Der Pflanzenwurzel wohnt eine magische Kraft (sthenos) inne, die den Gesamtcharakter des Gewächses bedingt. Bäume gelten als funktionell menschenähnlich, nicht unbedingt als menschengestaltig. Sie müssen gewisse sittliche Eigenschaften haben, namentlich für Geschenke dankbar sein — es gilt dies von dem Baum, nicht von der in ihm wohnenden oder nicht in ihm wohnenden „Nymphe". Will ein Gartengewächs keine Früchte tragen, so geht ein Mann mit einer Axt auf es los, als wollte man es fällen; ein anderer legt für den Fruchtbaum ein gutes Wort ein und verspricht, er werde sich bessern. — Zaubergewächse mußten unter ganz besonderen Vorsichtsmaßregeln dem Boden entnommen werden, so vor allem der zum Liebeszauber verwandte Mandragoras, ferner die gegen Fallsucht und andere Leiden angewandten Kräuter. Plinius lehrt das Ritual, nach dem man das Melampodion-Kraut ausreißen soll: „Man beschreibt zuerst einen Kreis um die Pflanze; dann schaut der, welcher sie abschneiden will, gegen Osten (bei der Mandragoras-Entnahme aber nach Westen!) und betet, daß ihm dies mit der Erlaubnis der Götter zu tun vergönnt sei. Dabei muß er aber auch achtgeben, daß er keinen Adler sieht." Der Schutzgeist der Pflanze ist hier den Göttern unterstellt, und diese sind wiederum der Mantik, dem aus dem Vogelflug entnommenen Wahrzeichen gegenüber ohnmächtig. Gebete an die Pflanzen selbst oder an die ihnen übergeordneten oder mit ihnen in Sympathie stehenden Götter haben sich erhalten und, wenngleich ganz verflacht und verdorben, im Volksbrauch bewahrt. Der magische Knoten wird als Mittel zum Gegenzauber aufs strengste gemieden: die Zauberin darf nicht gegürtet sein, muß sogar das Haar offen lassen. Nach Varro und Plinius darf man Bäume erst fällen, wenn vorher ein Opfer an sie vollzogen ist. Die Iris soll, ehe man sie ausreißt, drei Monate lang mit Wasser-Met begossen werden. Gewisse Dämonen aber ließen sich auch durch solche Opfer nicht versöhnen, sondern töteten alle diejenigen, die ihre Pflanzen auszureißen wagten.

Es lebt eine Freundschaft zwischen gewissen Tieren und Pflanzen: die Päonie muß man nachts graben, denn bei Tag hackt einem der Specht sonst die Augen aus. Zwei Gewächse können miteinander in Feindschaft leben, d. h. ihre Wirkungen, Lebensgewohnheiten sind verschiedene: die Gurke ist in Feindschaft mit der Olive, der Kohl mit der Rebe. Die später entwickelte „Säfte"-Theorie bemächtigt sich dieser alten Ideen: die eine Pflanze fördert das „hitzige", die gegenwirkende das „träge" Temperament. Man mußte sie oder Teile von ihnen gekocht, selten roh, genießen, sich mit ihrem Saft oder Fleisch einreiben; sie sich um den Körper binden, in der Hand halten. Viele und zwar gerade die wichtigsten Pflanzen gehören den unterirdischen Gottheiten an: Kümmel und Raute werden (s. o.) unter Verwünschungen gesät, wie andere Gewächse unter Gebeten. Der Bohne gedachten wir. Sie gehört zu den wenigen Gewächsen, die man bei Vollmond säen soll, da sie nicht zugleich mit dem Monde zunimmt. Ihr steht dualistisch etwa die von der Artemis als Heilgöttin beschützte und nach ihr genannte Artemisia gegenüber, wie unter den Tieren der nächtliche Maulwurf dem Adler, dem Reittier des Zeus. Ihn, den Gefährten des Donnerers, kann kein Blitz treffen.

Die Verwendungen der Pflanzenwelt sind solche der verschiedensten Art. Darin, daß man sie überhaupt und zwar in erster Linie verwenden will, in der rücksichtslosen Verfolgung des Nützlichkeitsgedankens, liegt das Eigenartige des römischen, ja des Aberglaubens überhaupt. Viele Pflanzen dienen nach ortsüblichen, traditionellen Methoden zu Heilzwecken. Sie sollen dann gewisse Dämonen, die Menschen und Tiere quälen, verscheuchen. Manche Gewächse können leichte Entbindungen schaffen, unfruchtbare Frauen fruchtbar machen; sie wirken auf die Geschlechtsbestimmungen ein, bewirken Fehlgeburt und Unfruchtbarkeit. Andere wiederum sollen bösen, feindlichen Zauber fernhalten, Menschen und Tiere bannen, Krankheiten verhüten und heilen, Schmerzen als Folgen von Krankheiten aufheben, vor Schlangenbiß oder Skorpionenstich schützen. Sie verhindern es, daß man sich betrinkt, schärfen die Augen, lassen Gespenster erkennen, verleihen Unsichtbarkeit, namentlich auch bösen Tieren und Dämonen gegenüber, vertreiben Ungeziefer aus den Körpern der Lebewesen und aus dem Getreide. Wieder andere verleihen Gemütsruhe, bringen guten Schlaf. Dazu gehören natürlich die eigentlichen Narkotika. Von einer dieser Pflanzen wird gesagt, daß sie am Eingang des Totenreichs wächst. Am bekanntesten aber ist der Mohn. Andere Gewächse solcher Art hängt man, um sie wirksam zu machen, einfach in den Rauch. Sobald sie in ihm vertrocknet sind, ist auch die Krankheit verdorrt.

Äußerst schwer ist es natürlich, die Gründe für die Verwendungsfähigkeit der einzelnen Pflanzen zu erkennen. Bisweilen gibt uns ihr Äußeres, ihr (giftiger oder heilkräftiger, samenreicher, gut oder übel riechender) Fruchtinhalt, ihre Farbe, ihre Symbiose mit einer bestimmten Tages- oder Jahreszeit darüber Aufschluß. Manchmal wissen wir wenigstens, daß Gott und Pflanze tatsächlich zusammengehören. Oft ist bei der Verwendung ein bestimmtes Ritual notwendig. Es kommt auf die Art, ferner auch auf die Zahl der Pflanzen-Einzelexemplare an; in ihre Stengel müssen Knoten eingeflochten, sie müssen zu Bündeln, in 7 oder 9 verschiedenen Arten oder in Kränzen vereinigt sein. Im Aberglauben — dies gilt ganz allgemein — geht Leben nur vom Leben aus. Verwelkte, vertrocknete Gewächse sind ohne Kraft und tot, die Berührung mit einem Besen deshalb gefährlich. Die Lebensrute muß in vollem Saft stehen, die einer jungen Frau um die Hüfte gebundene Gurke samenreich sein. Der Zauberstab oder -zweig, mit dem man einen Kreis zieht, soll aus bestimmten Holzarten, z. B. Heliotropium, bestehen, also der Sonne sympathisch sein und muß, wenn der Zirkel gegen Dämonen oder Tiere (Skorpione) schützen soll, saftig sein, in Blüte stehen. Die Blüte bringt, namentlich wenn sie zufällig, wie vom Himmel herab, auf Menschen fällt, immer Glück. Selbst die nervenstarke römische Kriegstruppe ließ sich von solchen Belanglosigkeiten beeinflussen. Einer von Sullas Generalen, Marcus Lucullus, soll bei Fidentia gezögert haben, den sehr überlegenen Feind anzugreifen. Da strich von der benachbarten Ebene, worauf eine Baumwiese stand, ein sanftes Lüftchen, das viele Blüten auf das Heer warf und dasselbe ganz bestreute. Die Blüten blieben von selbst liegen und fielen auf ihre Schilde und Helme dergestalt, daß die Truppen dem Feinde als bekränzt erschienen. Dadurch ermutigt, begannen sie den Kampf. Sie erfochten den Sieg.

Der Wüste dagegen kann natürlich nur die Unfruchtbarkeit, der Tod, entspringen. Unter den Bäumen hält dort die Tamariske am längsten stand. Sie kämpft, oft schon halb verweht, noch zahlreiche Jahre mit ihrem Todeslos. Ihre Asche, vermischt mit dem Urin zeugungsunfähiger Tiere oder Menschen, ergibt eine Medizin, die man zur Sterilisation brauchte. — Unter den Einzelgewächsen dieser verderblichen Art nennen wir noch einmal den Mohn; er ist ein Attribut und Symbol der Hekate, da geistige Benommenheit, erzielt durch den Genuß der Mohnabkochung, mit Tod, Nacht und Mond (s.o.) zusammengehören. Die Bohne konnte nur pathologische, also nichtssagende Träume hervorrufen, die aus einer Störung des Gleichgewichts der Temperamente (Säfte) hervorgingen. Deshalb verbot Pythagoras ihren Genuß. Es ist dies Veto auch ein guter Fingerzeig dafür, einen wie großen Wert man auf prophetische Träume legte. Andererseits steigen aus den Bohnen als chthonischen Gewächsen die Seelen zum Monde empor. Die Bohnen sind „die Pforten des Hades". In dieser Rolle zeigen sie sich auch im alten Rom. Das „unterirdische" Gewächs ist der Natur des höchsten Himmelsgottes antipathisch. Deshalb durfte auch der Hohepriester dieser farblosen Gottheit, der flamen dialis, keine Bohnen essen. — Die Raute ist für uns von besonders großem Interesse, weil der Zufall uns über sie eine wichtige literarische Einzelheit erhalten hat: eine gewisse Rautenart ist als Mittel gegen Fallsucht von einem etruskischen Bauern empfohlen worden. Hier erfahren wir nicht nur, daß die als unbedingt dem Totenreich entstammend gedachte Krankheit — der Epileptiker ist „tot" — durch ein chthonisches Gewächs bekämpft wird, d. h. daß man Gleiches gegen Gleiches anwendet, sondern auch daß es sich um ein Bauernmittel und zwar das eines Etruskers handelt. Die Etrusker waren für die Bewohner Unteritaliens die Lehrmeister nicht nur auf dem Gebiet der volkstümlichsten Medizin, sondern auch der Wahrsagung aus den Eingeweiden und der plastischen Darstellung einzelner Körperteile, die dann als Weihegaben benutzt wurden. Im Anschluß an die von ihnen massenhaft dargebrachten Menschen- und Tieropfer bildeten die Etrusker überaus häufig Menschenrümpfe mit geöffneter Brust- und Bauchhöhle nach, die vielleicht besagen sollten, der Gott, in dessen Tempel diese Plastiken niedergelegt sind, möge das menschliche Leiden ansehen und heilen. Der Gebrauch der Raute gehört also wie die Votivgabe etwa des menschlichen Halbschädels, der vielleicht von der bösen Trigeminus-Neuralgie geplagt war, uralter Beeinflussung durch ein noch schlichtes Volkstum an. In dieser Stellung als ein verfluchtes Kraut ist diese Pflanze geblieben. Der Gärtner, der die Nachricht vom Sturz des Königs Richard II. bei Shakespeare der Königin wider Willen macht, setzt die Raute an die Stelle, welche die Tränen der Herrscherin getrunken hat: der Samen wird aufgehen, „wehmütig wird die Raute dann erscheinen und Tränen einer Königin beweinen". Angesichts ihres dämonischen Charakters, auch wohl ihrer Kultur von Seiten Landfremder, sollte sie am besten (nicht gekauft, sondern) gestohlen werden. Man durfte sie nicht mit der Hand anfassen. Sie vertreibt dämonische Tiere (die Katze) und dämonische Krankheitsstifter. — Der Efeu war, wohl auch wegen der dunkeln Farbe seiner Blätter, in Ägypten dem Osiris, in Griechenland dem Dionysos-Bacchos, also ebenfalls Unterweltsgottheiten, heilig. Seine Beeren, sein Holz, zum Becher umgeschaffen, heilen Krankheiten bei Mensch und Tier. Der Ölbaum verdankt seine Unverletzlichkeit dem ihm eignen chthonischen Charakter. Besonders bekannt ist die Verwendung des Lorbeers. Er wurde gekaut, auch auf nüchternen Magen, und sollte dann vor dem bösen Blick schützen. Man salbte sich mit seinem Saft zum Schutz gegen giftige Tiere und verwandte ihn, um Flüssigkeiten vor der Zersetzung zu bewahren. Seine Zweige wurden in ein Kornfeld gesteckt. Ins Wasser gelegt, machen sie es gesund. Seine Blätter und seine Asche erhalten die Gerste. Die Tollwut sollte er vertreiben. Er zieht Krankheiten selbst aus den Elementen (Erde, Wasser) heraus, ist also mit höchster Magie geladen. Sogar der Blitz rührt ihn nicht an. Lorbeerkränze schützen vor den Anfechtungen böser Geister. Wer sie trägt, wird immun, d. h. „heilig". Ihr Laub war dem Apollo und Hermes geweiht und teilte deren Prophetengabe dem Bekränzten mit. Lorbeerkränze im Traum sehen, heißt: über das Verborgene aufgeklärt werden. Das hier sich bekundende Vertrauen auf einzelne Pflanzen wuchs bei importierten Zauberkräutern ins Unermessene. Vermittels eines Gewächses Arabiens soll ein dortiger Toter ins Leben zurückgerufen worden sein. Ein anderer lebte wieder auf, als ihm ein Kräutlein Balis auf den Mund, ein anderes Exemplar desselben Gewächses auf die Brust gelegt war.

Das Tier ist dem römischen Recht bekanntlich zur Sache geworden. Der Aberglauben nutzt es, obgleich Reste eines älteren Standpunkts z. B. in der Hochhaltung des Rindes noch zu erkennen sind, nach Kräften aus. Diese verderbliche Grundeinstellung war eine Quelle schwerer naturkundlicher Irrtümer und hat verrohend auf das germanische Naturgefühl gewirkt. Alt ist die Meinung, daß die Tiere überhaupt, besonders aber die Vögel, eine eigene Sprache gehabt haben. Dem Pythagoras soll sie vertraut gewesen sein. Wem Schlangen die Ohren ausleckten, der verstand sie. Verhältnisse einer naturgesetzlichen Sympathie und Antipathie finden wir bei vielen Tiergruppen in ihren Einstellungen zu anderen: der Geier lebte, wie wir sahen, in Feindschaft mit der Schlange. Der Hirsch hatte ganz besondere Kraft gegen dieses Reptil. Sein Atem zwang es aus den Erdlöchern hervor. Manche Tiere haben gegeneinander einen unerklärlichen passiven Widerwillen: der Löwe gegen den Hahn. Die fundamental wichtigen Vorstellungen von dem Entstehen der niedrigen Lebewesen waren ganz falsch. Kleine Würmer, selbst Skorpione, werden unmittelbar aus der Erde, auch aus dem Sonnenlicht, erzeugt vorgestellt. Bisweilen wird allerdings die Bedingung gegeben, daß ein bestimmtes Gewächs „dabei" ist, für das die betreffenden Tiere Vorliebe haben sollen. Die Bienen entstehen aus dem Aas des Rindes, wie aus dem Rückenmark einer Leiche die Schlange entsteht. Die Begattung erfolgt zuzeiten mit dem Munde (beim Raben). Es ist Geschlechtswechsel möglich, sowie Regeneration verlorengegangener Körperteile denkbar: den jungen Schwalben wachsen die ausgestochenen Augen von neuem. Manche Tiere haben einen König; deshalb ist der Fang des Beherrschers der Schraubenschnecken besonders heilvoll.

Wichtige Probleme stellt der älteste Mythus und der Tierkult. In den Homerischen Gedichten werden hohe Götter (Apollo, Athene) mit Vögeln „verglichen", d. h. gleichgesetzt. In Vogelgestalt fliegen sie durch die Lüfte, auch durch den Rauchfang des Hauses. Die Gottheiten sind an diese Gestalten nicht gebunden, benutzen sie aber als ihr Vorrecht, um sich schnell fortzubewegen und die Menschen in Erstaunen zu setzen. Der Menschenfigur gegenüber ist die halbtierische die ältere, eindrucksvollere, heilige. Es würde aber der Geschichte des Götterglaubens widersprechen, anzunehmen, daß Zeus „ursprünglich" ein Stier gewesen sei. Das war er ganz gewiß nicht, sondern, wie Goethe richtig empfand, der uralt-heilige himmlische Vater, der später die Funktionen des Gewittergottes übernimmt. — Bockgestaltige oder bockähnliche Wesen wie Satyrn, Silenen, Faune empfangen Opfer, wobei man an die Urzeit denken mag, in der die Ziege zugleich domestiziert ein Nahrungsspender, im wilden Zustande ein Jagdtier und Wegweiser war. Des stark hervortretenden Geschlechtsapparats des Bocks wegen suchte man durch ihn sympathetisch die Fruchtbarkeit der Weiber zu steigern. Man hat ihn auch sicherlich sodomitisch benutzt. Beim Luperkalienfest wurde dem Waldgott Faunus ein Bock geopfert. Die fungierenden Handlanger hatten dabei die begegnenden Weiber mit Riemen, die aus dem Bocksfell geschnitten waren, zu schlagen. Die Zeugungsfähigkeit des Tieres wird auf diesem Wege, wie durch den Schlag der Osterrute, übertragen. Und doch vermied man es, manche Körperteile zu verwenden. Man hüllte den Toten in reines Linnen, nicht in Wolle; ebensowenig durfte diese beim Opfer und beim unheiligen Zauber gebraucht werden. Eine urzeitliche religiöse Scheu vor dem Eigentum des Tieres liegt hier zugrunde.

Übrigens wohnt gerade der tierischen Haut, dem Bekleidungsmittel der Urzeit, eine hohe Magie inne. Sie vertritt — es gilt dies wohl allgemein — das Wesen selbst, das sie trägt. Der fieberkranke Löwe soll sich in die Haut eines lebendig geschundenen Wolfes wickeln und schwitzen. Die Lebensenergie des einen Tieres wird so auf das andere übergeleitet. Herakles hüllt den kleinen Ajas in das Fell des unverwundbaren nemeïschen Löwen, um ihn ebenso unverwundbar zu machen. Die Idee der Übertragung dieses Lebensfluidums auf den Menschen beherrscht die antike Volksmedizin. Tiere, die (angeblich oder wirklich) leicht gebären oder viele Junge haben (der Hase), die gesunde und scharfe Zähne besitzen, niemals von Schmerzen in den Beinen geplagt sind, kein Fieber bekommen (der Hirsch), müssen deshalb dem Menschen dienen. Man stellte Amulette und Zahnketten von manchen Arten zusammen, aß den Uterus des Hasen, die (nächtlich sehenden) Augen der Eule. Bisweilen band man Streifen von Tierfellen dem Kranken um, der Kreißenden eine abgestreifte Schlangenhaut um die Lenden. Die Schlange „gebärt" schmerzlos; sie kriecht einfach aus ihrer Haut — das ist nach alter Vorstellung ihre „Neugeburt". Der Hase, der Fisch stehen zum weiblichen Geschlechtsleben in engster Beziehung. Gebräuche zum Zweck der Erweckung des Lebens, von abergläubischer, abscheulicher Roheit, haben sich, gestützt auf die Autorität der „Alten", bis auf die allerneueste Zeit erhalten.

Dem Geisterreich gehört, dem Bauer so gut bekannt, der Maulwurf an.

Er wird dazu benutzt, Krankheiten auf sich zu übertragen und dann in der Erde zu verbergen. Die von ihm aufgeworfene Erde ist heilkräftig (s. o.). — Hund und Wolf sind Wesen, die Hekate begleiten oder deren Gestalt sie geradezu annimmt. Die Unterweltsgottheiten, ja die Unterwelt selbst, haben Wolfsgestalt, weil dieses Tier die ausgesetzten Leichen frißt. Sehr volkstümlich ist auch bereits in der alten Medizin die Ameise; hier vermischt sich Abergläubisches mit experimentell richtig Befundenem: wir Modernen verwenden zwar nicht mehr die Erde von Ameisenhaufen, wohl aber den Ameisenspiritus. — Hervorragend wichtig ist die Schlange. Der Heros, zunächst also die seelische Erscheinung jedes Mannes, wird in Schlangengestalt oder von einer Schlange als seiner Dublette umgeben oder umringt vorgestellt. Schlangen fanden sich in Häusern und Tempeln, kosmische Drachen umringen die Erde und stehen am Himmel. Im griechischen Zauber werden Schlangen zerschnitten, deren Stücke im Kessel gekocht, sodann im Gebet der Wunsch ausgesprochen, daß die heiligen Stücke des Schlangenfleisches mit göttlichem Geiste erfüllt werden mögen, und diese dann gleich aus dem Kessel heraus verspeist. Ein solcher Genuß, verbunden mit einigen Zeremonien, verleiht Kenntnis der Zukunft und (vgl. o.) der Sprache aller Tiere, vor allem der mantischen Vögel. Das mantische Pneuma senkt sich danach in diesem Falle in das Tier erst nach erfolgtem Gebet. Unbedingt (primär) aber ist es den aus Heiligtümern kriechenden Schlangen eigen. Sie sind die tiergestaltigen Manifestationen der göttlichen oder heroischen Herrn dieser Bauten, deshalb mit überirdischen Gaben, besonders denen der Prophetie und Heilkraft, ausgestattet. In einem Falle sehen wir eine solche Schlange einen Menschen heilen. Im erleuchtenden Traum erkennt dieser jene Schlange als schönen Jüngling, die Gottheit des Tempels. Die Schlangenverehrung war besonders volkstümlich und wurde zu Schwindelunternehmungen weidlich ausgenutzt. Im zweiten nachchristlichen Jahrhundert soll ein Alexander eine jedenfalls durch Hunger mürbe gemachte Riesenschlange öffentlich gezeigt, mit einem aus [weißer] Leinwand gefertigten Menschenkopf versehen und zu Wahrsagungszwecken benutzt haben, wobei sie als im Dienst des Asklepios stehend angepriesen wurde. Die weiße Farbe erhöhte hier die Zauberkraft. Sie wurde namentlich beim Pferde geschätzt und im Dienst der Gottheit verwendet. Die altpersische Religion kannte den gleichen Brauch: das Idol der alten Sonnengottheit wurde dort, wie die Römer wohl wußten, auf weißem Wagen gefahren. Der römische Triumphator bediente sich weißer Pferde, die früh mit denen des Helios gleichgesetzt wurden. Romulus umpflügt nach Ovids Angaben mit weißen Kühen das Gelände Roms.

Unter den Tieren, welche magische Fähigkeiten schlechthin besitzen, ist das Pferd das höchststehende. Es ist mit den Gottheiten des Meeres und der Luft, namentlich aber auch denen des Todes, eng verbunden. Eine bestimmte Form der Demeter trägt einen Pferdekopf. Pferde entführen Verstorbene in die Unterwelt, namentlich sind es schwarze Tiere. Der Heros hat als Attribut (neben der Schlange) ein Pferd. Da die Kultur der fernen Urzeit, die alle arischen Stämme und Völker auf einem verhältnismäßig engen Raume vereinigte, volkswirtschaftlich zweifellos zum großen Teil auf dem Pferde beruhte, ist anzunehmen, daß man ihm schon in jener fernsten Periode Wahrzeichen entnahm, die für das Geschick von Völkergruppen entscheidend waren. Das Gewieher des eignen Reitpferdes bestimmte Darius zur Königswürde. Die Ilias lehrt die Prophetengabe dieses Tieres: Achills Rosse trauern, weil ihr Herr bald sterben wird. Bei uns sagt man: [Die Wagenpferde] „sehen den Tod". Die Gabe der Weissagung, auf die wir noch einmal abschließend hinweisen, zeigt sich als reines Omen, dessen bloßes Werkzeug das Tier ist, bei den Bienen. Vor der Schlacht am Ticinus war das römische Heer ziemlich mutlos, weil sich auf einem Baum in der Nähe des Feldherrnzelts ein Bienenschwarm niedergelassen hatte. Die Bienen hatten von ihrer Sendung sicherlich keine Vorstellung. Anders steht es um die Geier: sie wissen drei Tage zuvor, wo Leichen sein werden und verleihen dadurch solchen Ansammlungsstätten ein für die Menschen schreckliches Aussehen. — Das Ahnungsvermögen der Tiere lehrt sie die Heilkraft von gewissen Pflanzen und Steinen kennen. Vielfach werden solche unbedeutend erscheinenden Objekte in die Vogelnester getragen. Der Habicht bekämpft seine Kurzsichtigkeit mit dem Habichtkraut. Viele Tiere benutzen gegen Schlangengift bestimmte Kräuter, und zwar jede Tierart ein eigens Gewähltes. Die Schlange stärkt nach dem Winterschlaf die Augen mit Fenchelsaft. Daraus lernt der Mensch, auch seine Augenschwäche vortrefflich zu behandeln. Er versucht sie leider auch zu bekämpfen, indem er Schwalben die Augen aussticht und ihnen den „Schwalbenstein" entnimmt. Man glaubt allerdings, daß alte Schwalben Mittel besitzen, ihren Jungen die Augen zu stärken. Andere Tiere brauchen mit Erfolg Medizinen gegen Appetitlosigkeit; z. B. nimmt die Krähe dagegen Lorbeerblätter. Noch andere wissen Abhilfe gegen Blitzschäden, gegen die Wirkung des bösen Blicks, gegen gefährliche Hindernisse. Einzelne Vögel treiben regelrechte Zauberei: der Specht und der Wiedehopf bedienen sich der Springwurzel, um hinderliche Keile aus verpflöckten Stämmen usw. auszutreiben. — Als Führer sei weissagender Tiere hier nochmals gedacht; es sind dies Vögel wie Rabe, Specht und Taube, Wolf und Schlange. Ihr göttlicher Instinkt bestimmt die Gründungsplätze für Heiligtümer und Städte. Aeneas folgt zwei Tauben, Kadmus einer Kuh, die hier im Dienst des pythischen Gotts stehend gedacht wird. — Der Bedeutung des Opfers der Haustiere haben wir gedacht. Sie liegt nicht bloß in der Richtung des Götterzwanges, sondern auch des Orakels. Man hatte sich an das Normalaussehen des tierischen Körperinneren so sehr gewöhnt, daß jede Abweichung davon als schlechtes Vorzeichen galt. Wie Mißgeburten ganzen Stämmen die Vernichtung weissagen konnten, so wurde aus der abnormen Gestaltung der Opferleber auf Mißgeschick im Kriege oder bei einer wichtigen Friedensunternehmung geschlossen. Auch hier liegt wahrscheinlich etruskischer Einfluß vor.

Über die Probleme, welche die körperliche Einzelexistenz des Menschen dessen spekulativer Veranlagung stellten, können wir hier schneller als sonst hinweggehen. Sie bieten nichts für die Klassik als solche Bezeichnendes. Die irrige Annahme, daß niedrige Tiere spontan, höhere durch Elemente (das Pferd durch den Wind), daß Menschen von Göttern, Heroen, Toten und Tieren erzeugt werden können, führte zu abergläubischen Furchtmomenten, die bis fast zur Gegenwart Beunruhigung hervorriefen. Der Körper und seine Teile wurden als Sitze einer zunächst gleichartigen Kraft, die beliebig übertragen werden konnte, vorgestellt. Im Zauber ist ein Knabe als Medium unerläßlich. Er muß dort auf einem neuen Ziegel, der Sonne gegenüber stehend, weissagen, nachdem der Zauberer sein Haupt berührt hat. Es gewinnt danach den Anschein, als ob ein Einfluß von dem Sonnengott mittels dessen Strahlen auf die mit magischer Salbe bestrichenen Augen des Kindes übergehen soll. Das Fluidum strömt dann auf das Gehirn des Knaben und endlich durch Kontakt auf den Zauberer, der die Weissagung praktisch anwenden will. Diese Idee der allgemeinen Körperbeseelung macht es verständlich, daß Pasten aus dem menschlichen Körperbrei hergestellt werden, daß die Leichen Verunglückter besonders „kräftig“ sind. Die weibliche Nacktheit, in der die Vollkraft der Körpermagie schlummert, hat selbst Götter in die Flucht getrieben. Die Magie der Körperabsonderungen und des Blutes ist weit entwickelt. Im Urin findet sich etwas von dem Lebenssaft des früheren Besitzers, im Blute höchste Zauberkraft. Wenn es den Wunden der Gladiatoren entströmte, wurde es an Ort und Stelle getrunken. Die Dämonen sind blutlüstern und erlangen durch dessen Genuß beim Opfer die Gabe der Prophetie. Besonders blutig sind auch in der Antike die den Erdgottheiten dargebrachten Opfer und die Mysterien, deren kultische Raserei bei den Festen des Dionysos ihren Höhepunkt fand. Bei einem chthonischen Opfer, das uns die Spätzeit schildert, werden die Tiere geschlachtet, ihr Blut in Schalen aufgefangen; damit besprengt Manto, die Tochter des Teiresias, die Altäre, sie dreimal umwandelnd. Hier finden wir die Blutbesprengung als Vorgängerin der Benetzung des Altars mit Weihwasser und die uralte, dreimalige Umwandlung. — Die Bedeutung der reflektorischen Körperbewegungen und des Reflexlebens überhaupt war bis ins einzelne als feststehende Tatsache geglaubt. Das Niesen galt, links vernommen, als ein abhaltendes, rechts als ein ermutigendes Zeichen, morgens für ungünstig, nachmittags für günstig. Als Penelope ihren Wunsch nach der Heimkehr des Gatten ausgesprochen hat, muß Telemachos laut niesen. Da lacht sie und ist von dem Tode der Freier überzeugt. Schon Plinius und wahrscheinlich viel ältere Römer glaubten, daß, wenn jemandem die Ohren klingen, Abwesende über ihn reden. Es herrschte also die Vorstellung von einer Fernwirkung der Rede wie von einer solchen des Auges — der Prophet sieht in die Ferne von Zeit und Raum. Das rechte menschliche Auge scheint diese Fähigkeit, seinem Träger unbewußt, zu teilen. Wenn es zittert, so bedeutet dies etwas Gutes.

Die alte, ausgesprochene Furcht vor Mißgeburten fand in der Beobachtung wunderlicher Körperbildungen neue Nahrung. Der Glaube an die Paarungsmöglichkeit von Menschen mit Füchsen, Wölfen, Hunden, Schakalen, Tigern oder Gespenstern, (diese auch von tierischem Körperäußern), hatte zur Folge, daß man beispielsweise die häufig auftretende allgemeine Körperbehaarung entweder auf ein sodomitisches Vergehen, oder auf das „Versehen" der Frauen mit Tieren zurückführte. Der psychische Eindruck auf die Schwangere hat dann dem Fötus die Form zu geben geholfen. Unter solchen Umständen mußte ein „füchsisches" Gesicht auf die Herkunft vom Fuchs, zum mindesten auf füchsischen Charakter deuten. Die Lehre von dem Parallelismus zwischen seelischer und körperlicher Veranlagung wirkte hier besonders verderblich. Als positiver Zweig dieser Ideenrichtung wurde ein Schönheitsideal ausgestaltet, in dem sich beispielsweise lange Nasen und lange Arme einer großen Schätzung erfreuten. Der Römersinn der späten Zeit war aber nicht mehr gesund genug, das Rassenideal hochzuhalten. Fremdes Gesindel, auch der Auswurf der Negerwelt, kam hoch und bereitete dem Volk und dem Staat den Untergang. Verirrungen des Geschlechtslebens, welche die Natur mit Fruchtlosigkeit belegt, wurden kraft der Autorität römischer Schriftsteller von der christlichen Kirche als die Ursache der Entstehung von Mißbildungen angesehen und ein unermeßliches Unglück war die Folge. Daß Kretins Teufelserzeugnisse sind und daß man sie so lange schlagen muß, bis sie weglaufen, wird heute noch für richtig gehalten. Der germanische Aberglauben lehrt uns dies in erschütternder Weise. Mißhandlung, oder gar Aussetzung durch die Stammesgenossen, Meidung seitens der Fremden war das Los dieser Unglücklichen. Man hielt es für ein Unglück, ihnen zu begegnen.

Wir erwähnten die Wichtigkeit des „Angangs", die im alten Rom bedeutsam hervortritt. Am „Eingang" in ein Grundstück steht der Gott „Grenze" (Terminus), der Opfer empfing, am Eingang ins Haus sind nicht weniger als drei Gottheiten, die wir kennenlernten. Zu ihnen kommt Janus, der Herr der Anfänge, einer von den vielen Göttern, die uns die Wege ebnen und verschließen, das Haus sicher oder unruhig machen, Gelingen oder Mißgeschick bringen. Mit der Abfindung dieser Zufallsgottheiten war so ziemlich alles erledigt, was der phantasie- und gemütsarme römische Bauer im täglichen Leben als Religionsübung sich angelegen sein ließ. Das erste Haar seines

Knaben, der erste Zahn wurde im Zauber verwandt. Die magische Handlung selbst mußte man früh des Morgens vollbringen, ehe man irgend etwas anderes getan und ehe man ein Wort gesprochen hatte. Das erste Kind erbte mit den Anlagen zugleich den Besitz des Vaters. Trat dieser des Morgens oder gar am ersten Morgen des Jahres aus seinem Hause und sah er als erstes Wesen einen Kranken, Krüppel oder Landfremden, so bedeutete dies Unglück, ebenso der „Angang" des Hasen, nicht immer der des Wolfes. Oft sollte kein außerhalb der Handlung ertönender Laut von Menschen oder auch von Tieren, kein Zufallswort, die Kraft der magischen Verrichtung kreuzen: sie mußte „unbeschrieen" erfolgen.

Das Wort war die Quelle der magischen Kraft. Was im germanischen Altertum gilt: daß damals der Klang der Säge, des Mühlrades, des Hammers noch Sinn und Bedeutung besassen, das hatte auch im klassischen Altertum sein Recht. Dem Wortbegriff schlechthin wohnt eine sich aus dem Wortlaut ergebende und mit ihm ändernde Kraft inne, die sich bei der Wortnennung in die äußere Wirklichkeit umsetzt. Der Name des Echeneïs-Fisches wird von „echo" („ich halte") abgeleitet, weil das Tier „sich" an Schiffen „festhält". Wenn man diesen „Medialbegriff", wie unsere Grammatiker sagen, ins Aktive und Transitive wandelt, so wird aus dem harmlosen Fisch ein Ungeheuer, das seinerseits alles übrige „festhalten" kann — nicht bloß ganze Schiffe, sondern auch die Frucht im Mutterleib, das Blut im Körper und — die ungetreue Geliebte. Es war von größter Wichtigkeit, die ihrem Kenner teueren Namen rechtzeitig zu verbergen. Wir müssen voraussetzen, daß auch der römische Bauer etwa der Olive und den wichtigsten Getreidearten Decknamen verlieh. In der Zauberliteratur sind sie sehr verbreitet und wichtig. Sie hatten für den Eingeweihten den ganz besonderen Wert, daß sie auf die Sympathie des zu Bezeichnenden mit der Gottheit hinwiesen. Unter „Paviansblut" war Anissamen gemeint. Der Pavian war ein „Symbol" des Gottes Thôth (Hermes). Der Anis, den man mit dem Blute meinte, wies also versteckt auf diesen Gott hin. Da in solchen Körperteilen von Gottheiten („Paviansblut", „Ibisknochen") eine furchtbare Gewalt lag, wird sich jeder Uneingeweihte gehütet haben, die unter solchen Decknamen gemeinten Zaubermittel in die Hand zu nehmen, so daß dem Priester das Reservatrecht des Zaubers unbedingt erhalten blieb. — Als hochheilig und vornehmlichste Offenbarungsquelle galt die Rede der Wahrsagerinnen oder Wahrsager, oder, wie schon erwähnt, das von beiden losgelöste alte und heilige Wort, das, einmal ausgesprochen, weiter tönt und wirkt. Als Regulativ für die Folgezeit in religiösem und profanem Sinne sagt es aus, was rechtens im Sinne von gottgefällig, zum mindesten von normsetzend, ist und was, dem durch das Prophetenwort parallel laufenden Schicksalszwange entsprechend, als Schicksal, Los, Verhängnis zur realen Wahrheit wird.

Der Vermittler dieser Zwangsworte war vornehmlich Merkur (Hermes, Thôth). Er ist der „Träger der Zauberlieder"; er bringt die Gebete der Menschen zu den Göttern, allerdings auch Unterwelts-Bestandteile, wie etwa Träume auf die Erde; er zaubert Weissagungen aus der Tiefe ans Tageslicht. Im Gottesdienst ist das gesprochene Wort unbedingtes Erfordernis. Den erleuchtetsten Geistern galt es als Mittel, die Seele zu Gott emporzuziehen. Der Volksmasse und den Zauberern war aber die Gesinnung, mit welcher man der Gottheit nahte, völlig gleichgültig. Es kam lediglich auf die Wahrung der Form an. Sie war hochfeierlich und durfte nur bei feierlichen, wichtigen Gelegenheiten zur Wirklichkeit werden. In einem ägyptisch-griechischen Papyrus heißt es: „Ich beschwöre dich bei den heiligen und bei den himmlischen Göttern, niemandem Salomos Zauberanweisung mitzuteilen und den Zauber auch nicht leichtfertig vorzunehmen, sondern nur, wenn dich eine zwingende Veranlassung nötigt." Je unverständlicher das Wort war, um so besser. Deshalb wurde den Fremdsprachen der Vorzug gegeben, dem Synkretismus Vorschub geleistet. Namentlich griff man auf Babylon und Ägypten zurück. „Unverständliche Worte klingen besser als Worte, die jeder versteht" — so heißt es leider. Anders stand es um die von den Göttern bei den Inkubationsorakeln gesprochenen Wendungen; sie sollen angeblich meistens unzweideutig, teilweise symbolisch, aber leicht erratbar gewesen sein. Die Pythia-Worte waren selbst in derjenigen Form, in der man sie verlautbarte, zweideutig(s. o.). Beispiele für absichtliche Verderbung lateinischer Vokabeln zum Zwecke der Verschleierung bieten folgende Zaubersprüche: „reseda, morbis, reseda!" d. h.: „morbus residat!" („die Krankheit möge stillstehen!"); oder: „haueat, haueat, haueat, ista, pista, sista!" [wobei der Reim beachtenswert ist] d. h.: „valeat! ista pestis sistat!" ([der Kranke] möge leben! diese Krankheit da möge stillstehen!). Der Stil des Zauberspruchs war wahrscheinlich seit ältester Zeit ganz feststehend. Blutbesprechung kennt schon Homer und zwar er wahrscheinlich, wie die spätere Ära nachweislich, auch in der Form, daß ein mythisches Ereignis erzählt wird, in dem ein Gott oder Heros seine Macht durch das Aufhalten eines Flusses oder einer Blutung beweist. Diese Sage (lat. fatum) ist eine Götteroffenbarung, in die der konkrete Einzelfall eingeordnet und so durch Schicksalszwang zum analogen Ausgang (zur Heilung) gebracht wird. Eine solche normsetzende Begebenheit ist präsentisch erzählt, d. h. zeitlos, wie die Verwandlung beim Meßopfer und die Offenbarung echter dramatischer Kunst.

Der Eigennamen des Beschwörers war als Machtfaktor beim Beschwörungszauberspruch ebenso unerläßlich als beim Heilzauber; der letztere mußte außerdem noch den Namen des Kranken enthalten. Dagegen vermieden beide Formen allzu „kräftige" Wesensbezeichnungen: den Namen Apollos, des Verderbers, nannten die Griechen nicht oder doch nur unter bestimmten

Schutzmaßregeln. Die Todesgöttin hieß: „Herrin", ein leichenfressender Dämon: „Eurynomos", die Erinnyen: „Eumeniden". Vom Tode und den Toten sprach man überhaupt nicht gern. Das beweist nicht Lebensfreudigkeit, sondern Todesfeigheit. — In den Zaubersprüchen nennt man dagegen alle Gottheiten oder Göttergruppen, die für ihr Gelingen in Frage kamen, und scheut jede Auslassung. In der pontifikalen Gebetsformel des alten Roms wird Juppiter unter seinem eigenen Namen mit dem Zusatz: „. . . oder unter welchem anderen Namen du etwa genannt werden willst" angerufen. Es liegt hier die Furcht auch vor Geheimnamen, die an anderen Stellen ausdrücklich mit eingeschlossen werden, vor. Der Name schloß Glücks-, wie überhaupt Wertgehalte ein; der mehrfach genannte Sulla hat stets Wert darauf gelegt, „der Glückliche" genannt zu werden. Kurz vor seinem Tode ließ er sich diesen Beinamen geben. Als ihm Metella, seine Gemahlin, Zwillinge gebar, nannte er den Knaben: Faustus, das Mädchen: Fausta. „So setzte er also", sagt sein Lebensbeschreiber, „sein Vertrauen weniger auf das eigne Handeln als auf die Zufälle des Glücks." Plutarch hat hier mit wundervoller Klarheit ins Begriffsbild des Aberglaubens schlechthin hineingesehen.

Ein Gott trug das Zauberwort zum Himmel der Seligen; es flog aber auch ohne Hilfe auf den Schwingen des Rhythmus. Nur er macht seine Form und, da der Spruch inhaltlich völlig unter dem Zwange dieser Form steht, auch seinen Inhalt verständlich. Logisch rezitiert, wäre er albern. Die Worte für „Zauberspruch" heißen zugleich „Lied" (cantio, carmen, cantamen, cantus, canticum, incantamentum; griech.: epaoide); das alte Wort für Lied wird zum neufranzösischen Zauber (carmen zu charme). Worte, die „singen" heißen müßten, haben den Begriff des „Verzauberns" angenommen (incantare). Die Musik ist ihrer Herkunft und ihrem Wesen nach durchaus göttlich, von Göttern geschaffen und geübt, der Dichter von der Muse, der Tochter des Zeus, inspiriert. Sein Vortrag ist Gesang. Auch Orakel-Priester und göttliche, im Traum erscheinende Wesen sprechen in Versen, deren Vortrag sicherlich musikalisch getragen war. Die Sphären des Himmels klingen; aus der Luft ertönen, später als Wahrzeichen der Götter gedacht, musikalische Klänge. In der Rhythmik des Tons liegt, wie in der Mathematik, das Geheimnis der Zahl verkörpert, das sie an die Weltordnung anschließt. Sieben Saiten hat manche Lyra. Sieben ist die heilige Zahl der Erde und des Himmels. Durch seinen harmonialen Klang vermag dies Instrument die Leiden des Gemüts und des Körpers zu lindern, allerdings auch hervorzurufen. Es gibt stimulierende und beruhigende Melodien. Nach Demokrit heilt das Flötenspiel die meisten Krankheiten; man muß es der Natur des Leidens und des Leidenden anpassen und ihm eine Form geben, die in gewissen Landschaften üblich war: die phrygische unterschied sich von der dorischen Tonart. Richtig gewählt, zwingt solches Spiel die bösen Geister in seinen

Bann, wie Orpheus aller Dinge Herr wird. Ein begnadeter Mensch kann diese Medizin bei dem eignen Leiden anwenden: Asklepios hat vielen, die infolge heftiger Gemütsbewegungen leidend waren, verordnet zu dichten. Bekanntlich konnte Goethe sich von eignen Seelenschmerzen dichtend „befreien". Die Musik der mystischen Kulte war allerdings äußerst stark erregend; ihr Zweck der, Exzitationszustände, in denen man überirdische Fähigkeiten erlangen zu können glaubte, hervorzurufen. Die zu Wahnsinn anregenden Gottheiten sind vielfach musikalisch. Das poetische Irresein steht, wie Jamblich lehrt, zu den Harmonien der Götter in naher Beziehung, denn die Klänge der Musik sind denen der Sphären gleichartig. Sie führen die Seelen nach oben und ermöglichen dadurch die dichterische Verzückung.

Seine unmittelbarste und gewaltigste Wirkung hatte das Wort beim Fluch und Segen. Der Fluch, darunter in erhöhtem Grade der Vaterfluch, wirkt über das Grab hinaus fort. Er steigert die Machtvollkommenheit des pater familias über das reale Leben hinaus. Jeder kann nur innerhalb seiner Machtsphäre mit Erfolg fluchen; dieser Erfolg kann allerdings durch Inanspruchnahme des göttlichen Machtkreises gesteigert werden. Darauf beruht die Gefährlichkeit der Zauberer. Der richtig begrenzte und formulierte Fluch geht in Erfüllung. Er kann in der Eventualform ausgesprochen werden und sich dann auf andere oder auf den Sprecher selbst beziehen. Vor Eröffnung der Volksversammlung fluchte der Herold in Athen den Vaterlandsverrätern. Die eventuelle Selbstverfluchung ist ein Eid. Ohne die Furcht vor der Magie des Wortes ist der Eid, der sich durchaus nicht immer an die Götter wendet und nicht von den Göttern geschützt zu sein braucht, nicht zu verstehen. Um Zeit und Ort der Schwurhandlung heilig zu machen, bedarf es später gewisser Zeremonien, namentlich auch der Einladung an Götter, die den Schwur hören sollen. Aus nichtigen Gründen sollte niemand schwören. Allerdings geschah dies gleichwohl gewohnheitsmäßig und mißbräuchlich etwa unter Berufung auf den Namen des Heros Herakles, wie im modernen deutschen Volkstum Ausrufe wie „Herr Jesus", vielfach lautlich entstellt („ei herrjeh!"), gehört werden. Die wichtigsten Schwüre wurden beim Vertragsschluß gesprochen. Nach Plutarch „begab sich Cinna auf das Kapitol, legte dort, mit einem Stein in der Hand, den Eid ab und fügte sodann noch [Eventual-]Verwünschungen gegen sich selbst hinzu. 'Wenn er den freundlichen Gesinnungen gegen Sulla nicht treu bleibe', so erklärte er, 'so wolle er aus der Stadt hinausgeworfen werden, wie jetzt dieser Stein aus der Hand', und mit diesen Worten warf er, in Anwesenheit von einer großen Anzahl von Zeugen, den Stein auf die Erde." Die Symbolik dieser Handlung erzwingt beim Eintritt des Treubruchs die härteste Strafe: die Landesverweisung; denn „im Kultus gilt das Fingierte als Realität" — ein äußerst wichtiger und aufschlußreicher römischer Rechtssatz.

Wir haben damit das Gebiet des aktiven Zaubers betreten, dessen Grundzüge wir bereits kennengelernt haben. Gleiches gegen Gleiches! Die Spitzmaus brauchte man zur Heilung ihres eignen Bisses. Gegen geschwollene Hoden half das Kraut „Königskerze", von einer nackten Jungfrau unter bestimmten Zeremonien aufgelegt. Hier besiegte die stärkere Magie der Keuschheit, vermehrt um die der Königskerze, die schwächere der Unkeuschheit. Ebenso leicht wie die Vermehrung ist die Aufhebung einer Kraft durch eine gleichartige, die in entgegengesetzter Richtung läuft. Wenn eine Frau über ein unheilvolles Tier getreten ist, so kann sie eine Fehlgeburt erleiden. Dadurch aber, daß sie über das gleiche Wesen sofort rückwärts tritt, macht sie diesen Zauber „rückgängig". Ein Spiegel wird dunkel, wenn eine menstruierende Frau sich in ihm betrachtet; sie kann ihn aber wieder hellmachen, indem sie seine Rückseite ansieht. Zaubersprüche werden durch Rückwärtssprechen in ihr Gegenteil verkehrt. Die Menge der aufgespeicherten Energie ist von der Größe, nicht von der Mysteriosität des sie tragenden Objekts unabhängig: eine Armspange, die aus dem Nagel eines gescheiterten Schiffes hergestellt wurde und die Knochen aus dem Herzen eines Hirsches in sich schließt, heilt die Fallsucht. Für die Stärke der gebundenen Kraft ist oft das makrokosmische Objekt von Bedeutung, welches in Parallele zu dem Kraftträger gesetzt wird. Eine bestimmte Stachelpflanze steht zur Sonne, die Ibis-Feder zum Monde in Bezug. Wenn man deshalb mit dem Extrakt der Pflanze die schwarze Spitze der Feder salbt, fallen die zarten Teilchen derselben ab. Sie müssen dem Dekokt ebenso schnell wie der Mond der Sonne weichen. — Der im Zustand der „Heiligkeit" befindliche Zauberer trägt in sich geradezu einen Stromkreis mystischer Kraft, der geschlossen sein muß, solange der Zauber dauert. Öffnet man ihn, so entweicht die Zaubersubstanz. Nach einem Papyrus wird der Beschwörer von dem ihm innewohnenden Geist frei, wenn er den Fuß von der großen Zehe des anderen Fußes wieder abhebt, auf die er ihn bei der Rezitierung der Zwangsformel gesetzt hatte, und wenn er dabei auch den durch den Zahlenwert ausgedrückten Namen des Gottes, den man aufgeschrieben und ihm auf die Brust gelegt hat, losläßt.

Die dem Menschen als sozialem Wesen mitgegebene Kraft betätigt sich, ihrem Stärkegrade entsprechend, im äußeren Leben, ist aber insofern magisch, als sie an die Stellung desselben in Haus, Familie und Beruf, nicht an seine Persönlichkeit geknüpft und deshalb unveränderlich und unverlierbar oder doch wenigstens nur zugleich mit dieser Stellung verlierbar ist. Eine Null daran ist das in der Geburt verstorbene Kind, eine bedeutende Fülle davon kommt dem Familienvater als solchem zu. Ihm gegenüber gebührt Pietät, religiöse Scheu, von seiten aller Hausmitglieder, einschließlich der Sklaven, als Pflichtanspruch. Diese Energiesumme steigert sich nach seinem

Tode. Die dii parentes, familiares, Penaten sind weitere Stufen einer Wertskala, die von den Menschen zu den Göttern übergeht. Sie umfaßt die Vertreter der staatlichen Gewalt in ihren verschiedenen Amtsstufen, also besonders die Konsuln und die Diktatoren. Eine solche Machtvollkommenheit stützte sich wesentlich auf die Fähigkeit, für die staatlichen Akte die Autorität der römischen Götter zu gewinnen, ging also aus dem Auspizienrechte hervor. Wer das gerechte Regiment hatte, besaß auch das auspicium, und umgekehrt konnte ein Formfehler bei der Einsetzung eines Beamten als religiöser Verstoß die Nichtigkeitserklärung seiner Wahl zur Folge haben. So erklärt sich auch die Übersetzung von „iustum" (gerecht) durch „hosion" (heilig) und der Glaube an die unverringerbare Gewalt der Staatsämter selbst in unruhigen Zeiten. Der Triumphator war durch Kleidung und feierliche Geste ein Juppiter schlechthin; deshalb konnte Juppiter, der Träger der höchsten Machtvollkommenheit, als Triumphator dargestellt werden. So löst sich uns das Geheimnis, warum die klassische Epoche Götter in der Form von Menschen wiedergibt und Menschen (Kaiser) göttlich verehrt. Nicht der tatsächliche, sondern der aus dem Auspizienrechte hervorgegangene Machtgehalt bestimmte das der Amtsperson zuerkannte „Kräfte"-Maß. Die als comitia curiata bekannten Vereinigungen vollzogen Wahlakte, die in keiner weltlichen Macht eine Stütze fanden, zu einer bloßen hohlen Form wurden. Andererseits war der Gesetzesakt (die lex curiata), die die Auspizien auf den Gewählten übertragen sollte, von so hoher Bedeutung, daß ein bei ihr untergelaufener Formfehler die Amtsgewalt des Erwählten in Frage stellte und nach erfolgtem Einspruch aufhob.

Der „gelehrte", schulgerechte Zauber wurde in drei Arten vollzogen: der Theurgie, Magie und Goetie, deren erste die innigste Vereinigung mit Gott, die zweite den Verkehr mit den guten, die dritte den mit den bösen Geistern pflegte. Im Wesen aller dieser Formen wie des Zaubers überhaupt liegt es, daß man gewisse traditionell gegebene kultische Mittel, namentlich den Spruch und die Handlung an gewissen Zeiten und Orten in streng vorgeschriebener Weise anwendet. Das abergläubische Moment liegt auch hier nicht in der Aufwendung der Mittel, sondern in dem Glauben an deren alleinige und sichere Wirksamkeit ohne Hilfe eines Gottes oder eines metaphysischen Gnadenaktes. — Es war ferner der Weihrauch und das den Zauberer gegen die magische, von ihm in Anwendung gebrachte Macht schützende Mittel für die „Handlung" unerläßlich. Die Gottheit mußte durch Geschenke und Wohlgerüche angelockt, feierlich herbeigerufen und rechtzeitig, d. h. nach vollbrachter Arbeit, wieder verjagt werden. Man wendet bei der Austreibung häufig widerliche Gerüche, z. B. den Sesam, auch Schwefel- und Pechdämpfe an. Dämonen werden ferner durch scharfe Gerüche, so z. B. durch Thymian, verjagt, den man auch unter Leisten legte, um sie vor dem Schicksal zu bewahren, von Dämonen entführt zu werden. Der Geruch von dieser Pflanze und von Knoblauch verscheucht alle bösen Tiere, auch Schlangen und Ameisen, also gerade jene Wesen, die Inkarnationen der Dämonen und Hexen darstellen. Die Anwendung von Wohlgerüchen fand bekanntlich im Opfer wie im Profanleben regelmäßig zu lustrativen Zwecken statt — „um die Luft zu verbessern", so sagt Plutarch. Es kommt als wesentlich in Frage, daß die Luft neben dem Erdboden als Infektionsträger schlechthin galt, so daß die Verbesserung beider wichtigste Daseinspflicht war. Mit Harz räucherte man deshalb des Morgens, mit Myrrhe des Mittags usw. Damit glaubte man alle dämonischen, dem Sonnengott feindlichen Mächte zu vertreiben, die sich in Dünsten, Wolken und Verdunkelungen manifestierten.

Die alleinige Anwendung von Gerüchen genügte nicht. Es mußte, wie beim griechischen Manenopfer, die gefährliche Macht, etwa mit dem Spruche: „Gute Entlassung, freudvolle Entlassung!" weggeschickt werden. Auch legte man den mit ihrer Kraft geladenen Stein, die Pflanze, kurz: die „Symbole" des Gottes, von sich ab und unterbrach so den Konnex, der übrigens auch im Namen liegen kann. — Der Gestalt nach unter Umständen ähnlich, aber dem Zweck nach völlig verschieden ist das unentbehrliche, vor der Machtwirkung des Gottes schützende Amulett, der Gummihandschuh des an der magischen Hochspannungsleitung Arbeitenden. — Alles war mysteriös, auch, wie gesagt, das Zauberwort, soweit es gegen Dämonen Geltung haben sollte. Plotin empfahl hebräische und chaldäische Worte. Volkstümliche Künstler ließen unverständliches Zeug zum Schutz gegen die Pest und Feuersgefahr auf Haustüren schreiben. Die Magie solcher Sprüche lag vielfach nur in ihrer Unklarheit; übersetzt oder richtiggestellt, verloren sie ihre Macht.

Diese Gewalt erstreckte sich selbst über die Götter. Die ihnen parallele „Zwangspflanze", der Sitz des Gottes, befand sich ja in der Macht des Zauberers. Deshalb konnten sogar die Götter nächtlich und zur Verübung böswilliger Handlungen zitiert werden. Man strebte dann, am Gegner zauberische Rache zu nehmen, wie sonst, Liebe zu gewinnen, die Zukunft zu erfahren, über die Elemente Macht zu erlangen. Der Bezauberte braucht seinen Zustand nicht zu kennen; der Geschädigte kennt die Quelle des Schadens fast nie. Unter Umständen gilt dies auch von dem in wohlwollender Absicht „Behexten": die magische Kraft des Heilmittels wirkt am besten, wenn es ohne des Kranken Wissen ihm unter das Kopfkissen gelegt ist. Absoluter Passivismus des Bezauberten ist ja vielfach erforderlich, so z. B. auch beim Inkubationsorakel. Orest bei Goethe wird bekanntlich im Schlaf geheilt. Der Ritus des Zaubers ist dem des staatlichen Kultus vielfach genau nachgebildet, wie ja der Teufel des Christentums seine Messen veranstaltet. Der selbstsüchtige Zweck kommt aber in der Heimlichkeit der Begehung zum Ausdruck. Im Zauberritual der Spätzeit wird der Sonnengott beschworen, da ja er der Allwissende ist, von ihm der Aufschluß erwartet wird. Der Ritus findet aber nicht, wie man erwarten soll, unter freiem Himmel, sondern in einem dunkeln Gemach statt. Als wesentlichster Apparat dient eine Lampe mit reinem Docht, der oft mystisch mit heiligen Gewändern der höchsten Gottheiten gleichgesetzt wird. Einmal finden wir die besonders interessante Anweisung, die heilige Nische in die Ostwand zu graben, weil sie „nach der Gegend blickt, aus welcher die Sonne erscheint". Das entspricht vollständig der qibla des Islâm, der Gebetsrichtung nach Mekka, nach der alle Nischen der Gebetsstätten orientiert sein müssen. Die äußeren Formen des unheiligen Zaubers können gewollt-primitive sein: der auch in Beschimpfungen der Gottheit, im Versuch, ihren Zorn herbeizuführen, sich kundgebende Wille zur titanischen Durchbrechung des heiligen Sittengesetzes, zur Arbeit ohne technische Mittel, ganz aus eigner Kraft und zu eigenem Zweck, liegt hier vor. Die Priesterin trägt ein langwallendes Haupthaar. Es kommt auch völlige kultische Nacktheit, ein sehr gefährliches Abwehrmittel gegen fremde Einwirkungen (vgl. o.), vor. Die Opfergrube wird mit Hilfe der Fingernägel aufgeworfen, dem Opfertier die Kehle durchgebissen.

Was vermag der Zauberer? Die Frage sollte vielmehr lauten: was vermag der Zauberer nicht? Denn darin liegt ja das Wesen der Magie, daß sie alle Kräfte des Himmels und der Erde im menschlichen Selbst vereinigt, um diese ewigen Mächte regieren zu können. „Der Magier kann von den Göttern, die in seiner Macht stehen, verlangen, was er will." Mit ihrer Hilfe steht ihm die Fähigkeit des Gestaltenwechsels als gewöhnlichste Gabe der Zauberer zu Gebote. Er kann sich nicht nur in belebte, sondern auch in leblose Dinge, in Bäume, Wasser oder in eine Mauer verwandeln. Als seine besonderen Kunststücke werden genannt: das Reiten auf einem Krokodil; das Lösen der Fesseln eines Gefangenen; die Bewältigung gefährlicher Schlangen. Von biblisch anmutenden Wundern findet sich: der tötende Fluch; die wiederbelebende Zaubergebärde; das Gehen auf dem Wasser; die Verteilung einer sich vervielfältigenden Nahrung; Wunderheilungen. Für die Kritik des Neuen Testaments sind diese Kraftproben von erheblichem Interesse. Die Hexen haben als Nachahmerinnen der alten Zauberweiber deren Macht übernommen. Wie die Magierinnen des Altertums sich in Hunde, Wölfe, Löwen, auch Geier, also im wesentlichen in chthonische Tiere, verwandeln können, so die Hexen in Wiesel, später in Katzen, Mücken, Mäuse und anderes Ungeziefer. Zu den typischen Fähigkeiten der heidnischen Magier gehören auch die, Schlangen zu beschwören und Träume zu senden, also in die Gedankensphäre, ja selbst den Leib des Schlafenden einzudringen, sich über oder unter ihn zu legen; ferner, Abwesende herbeizuholen, den Willen Lebender und Toter in ihren Dienst zu zwingen. Besonders gefährlich ist die Gabe, das Wetter beeinflussen zu können (vgl. o.), Stürme zu erregen, winterliche Flüsse in ihrem Lauf stillstehen zu lassen. Der griechisch-ägyptische Zauberer drohte den Göttern, die Gräber von Isis und Osiris zu schänden und deren Leichname zu zerstreuen, den Apisstier zu töten, die Mysterien zu verraten. Bis zu den ewigen Gestirnen reicht die Zaubermacht: der Magier glaubte, den Mond von seinem Sitz auf die Erde niederholen zu können. Die Göttin Selene sollte dann eben dem Zauber Gefolgschaft leisten. Gerade dieses Kunststück wird als Spezialität von thessalischen Hexen gemeldet. Die Thessalier waren großenteils Hirten. In diesem Stande blühte der Aberglauben am besten. Dort, in Thessalien, ist er noch heute in Masse vorhanden. — Die Magier des Altertums brachten es nach ihrer Ansicht fertig, die Sonne und die Gestirne verdunkeln zu können. Unter dem Kaiser Marcus Antoninus erklärte ein Betrüger, er wolle Feuer vom Himmel herabfallen lassen; das Ende der Welt werde dann erfolgen. — Zur Hilfe wird der Magier bei den so sehr gefürchteten Verfinsterungen der großen Gestirne gerufen. Er wendet sich an die Mondgöttin. Folgt sie ihm nicht, so wird ihr der Zauberer nicht helfen, wenn sie eine Verfinsterung bedroht und die Pauke nicht einmal anrühren, durch deren Klang die bösen Verfinsterungsdämonen verscheucht werden.

Die Heilkunde war einer der wichtigsten Zweige der Magie. Die Heilmittel werden zum weitaus größten Teil dem Pflanzenreiche entnommen. Von einem System war in der Spätzeit bei der Volksmedizin nicht die Rede. Das, was wir von ihr wissen, ist eine unorganische Masse von einzelnen Vorstellungen und materiellen Einzelheiten, die durch das in die großen Städte Italiens zusammengeströmte Fremdenpublikum gebildet und allenfalls mit bodenständigem Bauernaberglauben versetzt waren. Unter diesem Gemisch litt auch die hochberühmte, allerdings auf der uns bekannten, verkehrten Grundlage stehende wissenschaftliche Medizin. Die Mystik wurde eben zur großen Mode. Doch schon in besseren Zeiten huldigten die bedeutendsten Ärzte beiden Zweigen ihrer Kunst. Das Publikum war angesichts dieses unsicheren Fundaments ebenso übel daran als gegenwärtig. Diodor gibt an: „Wenn die Kranken umsonst die ärztliche Kunst versucht haben, nehmen sie ihre Zuflucht zu Opferern und Sehern und Besprechungen". — Als Gottheiten, die Krankheiten senden oder heilen, galten: Apollo, Hera (die Wahnsinn und Frauenleiden schickte), Athene (Minerva), Asklepios und Hygieia sowie Herakles. Dazu kommen vor allem die Dämonen der Unterwelt, so besonders Hekate. Auch diese Geister sind doppelsinnig, „ambivalent", zugleich Vernichter und Retter. Zu ihrer Austreibung bediente man sich des Zauberworts. Nach dem Frühlingsfest der Anthesterien wurden die Geister der Verstorbenen, die vollständig in die Gruppen der Krankheitsdämonen übergehen, mit den zeremoniellen Worten ausgetrieben: „Hinaus, ihr Geister, nicht mehr ist das Anthesterienfest!"

Das Wort als solches stellt eine Realität dar. Wer einen bösen Traum erfahren hat, braucht ihn, um sich zu befreien, nur dem (den Traumgottheiten als Nachtunholden feindlichen) Sonnenlicht zu offenbaren. Wenn jemanden ein Skorpion gebissen hat, so soll er dies, um sich vor den Folgen der Verletzung zu schützen, einem Esel ins Ohr sagen. Dies Tier übernimmt dann die Last der Krankheit, zumal es typhonisch ist. — Die Heilgrundsätze der Homöopathie sind uns bekannt. Man flüchtete ferner zu den Göttern des Staatskultus: es wurden Abstinenzen und Gelübde innegehalten. Der Tempelschlaf nach vorausgehendem Fasten kam hinzu. Sakral ist auch die Umkreisung mittels heilender Gegenstände oder Wesen. Wir lernten die Sühneschweine kennen. Bei Wurmkrankheiten des Viehs soll man (nach Plinius) einen Tauber dreimal um das erkrankte Tier herumtragen, damit auf ihn die Krankheit übergeht. Uralt und in den verschiedensten Formen wiederkehrend ist die Verwendung der dämonentötenden Waffe. Man schwingt sie gegen den Himmel, wenn die Kraft des Hagels gebrochen werden soll. — Die Elemente sind heilkräftig, vor allem das Wasser, die Urmutter des Lebens. „Die Wasser besitzen Heilkraft", sagt Ovid. Durch die Abwaschung wird jede moralische Befleckung beseitigt. Man leitet die menschlichen Leiden in die Erde ab, zerstört sie durch das Feuer, schickt sie in die Luft. — Geheime und grauenvolle Mittel sind gewöhnlich, namentlich auch beim Liebeszauber. Die Eihaut von Tieren, z. B. einer Eselin, die ein männliches Junges geworfen hatte, dient zum Schutz gegen Fallsucht. Blut und Teile oder Ausscheidungen des Sexualapparats wurden benutzt.

Die Methode des Räucherns von Parallel-Dingen des Feindes oder Gegenständen, die eine Krankheit durch Berührung auf sich genommen haben (s. o.), gehört hierher. Wenn man einen Teil der Chrysermus-Wurzel auf den Kropf legt und ihn dann 14 Tage lang in den Rauch hängt, so vertrocknet der Kropf zugleich mit der Wurzel. Scharfwirkende und starkriechende Pflanzen oder deren Früchte, ferner Mineralien, dienten zum Vertreiben der Dämonen. Mit Wacholder wurde geräuchert, die Zwiebel roh verwandt; man legte den Knoblauch Kindern in die Wiege. Salz, anderenorts auch Pfeffer, sollte die bösen Geister, gegen die man es warf, wohl blenden. Die „aufhockende" Krankheit wollte man auf Personen und Sachen übertragen. Das eigentliche Wesen der abergläubischen Ideenwelt zeigt sich hier besonders deutlich. Man heftet die Sekrete der Nase oder die Nagelschnitze des Kranken, mit Wachs vermischt, vor Sonnenaufgang (d. h. im Schutz der unheiligen Nacht) an eine fremde Tür. Um sich von Zahnschmerzen zu befreien, hebt man die Pflanze Kreuzwurz vorsichtig mit einem Eisen aus dem Boden, berührt mit ihr dreimal abwechselnd einen Zahn und pflanzt sie dann wieder ein, so daß sie weiter grünt. Die Krankheit ist hier offensichtlich von der blühenden Pflanze und durch diese auch wohl vom Erdboden übernommen.

Leiden werden durch Fische, die man lebendig auf die kranke Stelle legt, dem Wasser übergeben, durch Vögel in die Luft mitgenommen. Icterus ist zugleich ein Wort für die Gelbsucht und die Goldamsel. Deshalb trägt dieser Vogel das Leiden zum Sonnenlicht empor, das es vernichtet. Man sperrt den Krankheitsgeist ein: nach Livius' Bericht wurde von einem Diktator die Pest durch Einschlagen eines Nagels gebannt. Man streift sie ab, indem man den Kranken zwischen den Teilen eines Tiers (Kalbsmilz), zwischen Bäumen und Steinen hindurchzieht. Auch für Bruchleiden empfiehlt sich diese Behandlungsmethode! Totengeister werden in Trinkbecher gebannt und diese dann versiegelt. Bekanntlich blieb der Aberglauben, daß man „kräftige" Dämonen in Flaschen einsperren könne, bis zur Neuzeit bestehen (die Büchse der Pandora; s. o.). Durch Anhauchen werden Krankheiten geheilt, wie andererseits eben dadurch auch hervorgerufen, wenn die ausatmende Person krank ist oder der hauchende Dämon eine Krankheit darstellt.

Ein weites Feld der Medizin eröffnete das Streben nach geschlechtlichen Reizmitteln. Sie wurden so häufig aus der Natur entnommen und wirkten so scharf, daß die Worte für „Liebe" (in rein geschlechtlichem Sinne: venus) und „Gift" (venenum) desselben Stammes sind. Die Wirkung eines solchen Mittels galt als viel zu mechanisch, der Mensch als ohnmächtig und nicht durch seine Individualität ihr gegenüber in ein Verhältnis gesetzt. Neben vielen wirklich vorhandenen gab es eine Menge nur erdichteter Aphrodisiaca und unendlich viel Ekelhaftes. Ein Körperteil eines gewissen chthonischen Tieres, vereint mit dem Blut des „Herzfingers" des Liebeskranken und mit diesem zusammen in Wein getan, den man der Spröden zu trinken gibt — das ist eines der wenigen, nicht unbedingt widerlichen Rezepte dieser Art (vgl. aber oben!).

Neben dem Trieb der Selbsterhaltung bei Krankheitsheimsuchungen und neben der Auswirkung der eigenen Persönlichkeit im Geschlechtsleben stand für den Wirklichkeitssinn der Römer die Frage nach der Zukunft im Vordergrunde. Es gab keinen Gott, der das Schicksal meisterte, keinen Menschen, der diese Frage entsprechend seiner Einstellung zum Sittengesetz formen, sich mit ihr auseinandersetzen konnte. Die Diesseitigkeit der antiken Völker konnte im menschlichen Leben ja nur eine Fülle von Zufälligkeiten sehen; die ausgleichende Wiedergeburt oder der ausgleichende Himmel der christlichen Frommen fehlten. Der Magie aber war die ungeheure Aufgabe zugewiesen, die einzelnen vom Standpunkt der menschlichen Vernunft völlig sinnlosen Schicksalsbestimmungen, den Willen der eisernen Notwendigkeit, zu durchbrechen: die Heimarmene, der Schicksalszwang, wich vor der Magie zurück. — Die wesentlichsten Staatsorakel wurden aus der Eingeweideschau und Vogelschau entnommen. Die Feldherrn glaubten an ihre Bedeutung. Sulla soll an einem Opfertier, das er in der Gegend von Tarent darbrachte, bei dessen Leber (vgl. o.) eine gewisse Abbildung von einem Lorbeerkranz und zwei daran hängenden Bandschleifen bemerkt haben. Der Kaiser Caligula wandte sich vor seiner germanischen Expedition an das Orakel am Clitumnus in Umbrien, das ihm den Rat gab, die batavischen Truppen zu ergänzen. Selbst Statuen konnten Orakel erteilen. — Dem öffentlichen steht das geheime Orakel gegenüber, die Auskunftsstätte für den Privatmann. Man wandte sich an Naturdinge der verschiedensten Art, darunter an Steine, die dann plötzlich zu leuchten und zu atmen begannen. Doch mußte man sich zu dieser Begehung sorgfältig vorbereiten, beispielsweise sich, gegebenenfalls wochenlang, des Fleischgenusses enthalten, keinen Geschlechtsumgang pflegen. — Das Opferfeuer ist uns (s. o.) als wahrsagende Macht bekannt, desgleichen das murmelnde Wasser. —In Rom war die (babylonische) Weissagung aus der mit einem Tröpfchen Öl versehenen Fläche des Wassers, das in einem Behälter stand, bekannt. Es dürften die Wahrzeichen nicht bloß aus der Form des zerfließenden Tropfens, sondern auch aus dem sich ergebenden Farbenspiel, dem wechselnden Glanz, der krausen oder glatten Oberfläche, entnommen sein. Der als Medium verwandte Knabe kann dort den Merkur, wie der sagenhafte Numa „die Bilder der Götter" erkennen. In einem Papyrus heißt es: „In der Schüssel wirst du, an jedem beliebigen Ort hinschauend, den Gott und den Weltbeherrscher im Wasser mit deinen eignen Augen sehen". Es wurden komplizierte Betrugsversuche unternommen, indem man durch den Boden des Behälters Figuren durchschimmern ließ. — Die Wasserblase galt stets als unheimlich, etwa als Seele eines an Ort und Stelle im See Ertrunkenen. Eine indische Nymphe heißt „Wasserblase". Die Griechen vermischten doppelkohlensaures Natron mit Essig und wahrsagten aus den aufsteigenden Blasen. Zu gleichem Zweck benutzte man im späten Ägypten ungelöschten Kalk, den man ins Wasser warf, jedoch auch Edelsteine, an deren veränderter oder getrübter Färbung und aus deren Tönen man auf die entsprechenden Veränderungen des Sonnenlichts schloß. Juwelen dieser Art trugen auch Zauberzeichen (Bilder, Charaktere, Namen), die den speziellen Bezug zwischen dem Zauberer oder Verzauberten und dem magischen Akt herstellen. Manche Formen der Schüsselwahrsagung, die sich ja, modifiziert, bis in unsere Tage erhalten haben, müssen wir uns als das Hausorakel jedes Privatmanns vorstellen. Sie überdauerten die Jahrtausende, wurden im größten Teil der alten Welt vollzogen, antworteten auf die verschiedensten Fragen des bürgerlichen Lebens. Auf diesem Wege wollte man wissen, ob ein Kranker gesund werden, der Himmel regnen, die Frau dem Manne durchbrennen wird; und zwar lauteten die Fragen so und nicht anders bereits im dritten vorchristlichen Jahrtausend! Der Wassergenuß und das Einatmen von Wasserdämpfen boten, zumal das göttliche Element vom Körper widerwillig ausgestoßen werden und den Geist betäuben konnte, weitere Möglichkeiten der Orakelentnahme.

Wie auf die blendende Wasserfläche, so konnte man, um sich zu hypnotisieren, in ein Licht hineinstarren. Dazu wurde, wie auch zu anderen Zwecken, ein Knabe mißbraucht. Die Flamme der Zauberlampe oder vielmehr das von dem Knaben bei geschlossenem Auge erschaute „Licht" in dieser Flamme verursacht den Zustand, der das Kind befähigt, auf Befragen das auszusagen, was man von der Zukunft fürchtet oder hofft. An die Stelle der Lampe ist, vielfach wohl später, der Kristall (Spiegel) getreten, der mit seiner blendenden Fläche disponierte Individuen bekanntlich sehr schnell einschläfert. Die eigentliche Spiegelwahrsagung ist aus dem Altertum nur äußerst selten bezeugt. Die Verwendung ist immer die, daß der Spiegel durch Gebet und Besprechung die Fähigkeit erhält, räumlich und zeitlich unerkennbar und unerschließbar weit Abliegendes dem Magier im Bilde zu offenbaren. — Unter den Tieren waren es vor allem die Falken, aus deren Flug man die Zukunft entnahm. Das Hühnerorakel, obgleich äußerst volkstümlich (s. o.), hatte eine so strenge Regelung und Benennung aller in Betracht kommenden Möglichkeiten erfahren, daß es für den denkbar günstigsten praktischen Fall von dessen Verlautbarung einen eignen technischen Ausdruck gab; es war dies der, daß die Weissagehühner so begierig fraßen, daß ihnen die Speise aus dem Schnabel auf die Erde fiel (das hieß „sollistimum tripudium"). — Eine Klasse für sich bilden die Geräuschorakel des häuslichen Kultes: dem Tyrannen Exekestos gaben zwei Zauberringe die richtige Zeit zum Handeln an, indem sie klangen. Der von Eusebios verehrte Meteorstein orakelte durch Bewegungen, indem er an eine Wand anschlug, wobei er auch noch ein feines Geräusch von sich gab, das Eusebios deutete. Als der Bürgerkrieg zwischen Marius und Sulla bevorstand, ertönte (nach Plutarch) aus wolkenloser, reiner Luft Trompetenklang mit einem langgezogenen, hellen und kläglichen Laut, „so daß jedermann fast außer sich kam und im Innersten erschrak bei der Größe dieses Zeichens." Nur Sulla blieb ruhig. Als er die heiligen Tempelschätze Delphis hatte entführen lassen und darauf die Nachricht bekam, daß man bei dieser Gelegenheit von der Leier Apollos im Inneren des Tempels Töne vernommen hätte, erklärte er: dies Omen sei nicht so tragisch aufzufassen, weil die Lust zum Singen jedermann nur aus Freude, nicht aus Schmerz komme.

Das Würfelorakel wurde in den höchsten Kreisen nicht verschmäht. Dem späteren Kaiser Tiberius weissagte es seine nahe Thronbesteigung. Bekannt ist Cäsars Wort: „Der Würfel ist gefallen!" Jn der Nähe von Padua befragte man das Schicksal durch Würfel, die man ins Wasser warf. Was man im Großen an Strudeln beobachtete: die Richtung des Wassers, die Form der Wirbel, ihr Zischen, die etwa aus dem Grunde durchschimmernden Bilder — das suchte man, indem man die Würfel in kleine, mit Wasser gefüllte Gefäße warf, auf engstem Raum wiederzufinden. Namentlich als Liebesorakel sind solche Gegenstände noch heute im Gebrauch. In ältester Zeit entschied, wie auch schon diese Verwendungsart lehrt, nicht die Augenzahl. Die Würfel selbst waren „Augen". Sie liefen, in Indien wenigstens, wie Pferde, und trugen die Namen der einzelnen Weltalter. Es ist danach wahrscheinlich, daß derjenige Spieler gewann, dessen Würfel am besten laufen konnten. Das berühmte, mehrfach von uns erwähnte Orakel zu Delphi ist ursprünglich ein Losorakel gewesen. Dort stand einst ein eherner Dreifuß; auf ihm war eine Schale, in der Lose lagen. Apollo selbst scheint sie in Bewegung gesetzt zu haben, so daß schließlich das die Antwort enthaltende Los von selbst heraussprang. Die gewöhnliche und wohl älteste Handhabung aber war gewiß die, daß die Priesterin es herausnahm [„wobei der Gott ihr die Hand lenkte"]. Sicherlich glaubte man die Weissagung durch das Los von der Gottheit unabhängig. Zu Dodona gab es ein Losorakel noch in historischer Zeit. Andere dergleichen bestanden in Italien. Auch private Schicksalsbefragung ähnlicher Art ist bekannt. Als Losziehenden lernen wir einen Knaben kennen, der auch hier als reiner Vollzieher des Willens der Gottheit auftritt. Ein Nachklang davon lebte noch in jüngster Zeit: ein paar Waisenknaben zogen die Lose der Preußischen Klassenlotterie noch vor einigen Jahrzehnten. Unter den Geräten des Hauses sind diejenigen, die im Dienst des Feuers und der an ihm sich wärmenden Ahnen stehen, besonders heilig und wahrsagend. Unter den übrigen gedenken wir nochmals des Siebs. Es wurde an einem Faden aufgehängt. Dann betete man zu den Göttern und sprach die Namen derjenigen aus, die man eines Vergehens verdächtigte. Bei Nennung des Schuldigen geriet das Sieb in Drehung. Auch das Wasser-Ordal gehört hierher. Eine zu Unrecht der Unkeuschheit bezichtigte Frau und ein reiner Knabe konnten vermöge der Magie der geschlechtlichen Enthaltsamkeit Wasser in einem Sieb tragen. Daß das Sieborakel dem bäuerischen Aberglauben entstammt, wissen wir mit Sicherheit. Hirten und Bauern holten sich dadurch bei Viehseuchen Rat.

Nochmals müssen wir auf die ganze Gefährlichkeit dieses Aberglaubens hinweisen. Der Mensch kann eben nicht ungestraft sich des Rechts begeben, das Maß des ihm zuerteilten Guten nach dem eignen Glücksgefühl, dem Kampfeswillen, der Integrität seiner inneren Persönlichkeit zu bemessen. Nach Äußerlichkeiten gewertet, von Äußerlichkeiten beeinflußt, wird das Lebensglück wie der Kurszettel schwanken und dessen Anbeter zu seinem Sklaven machen. Das war nun tatsächlich im alten Rom so und konnte gerade in den höchsten Kreisen nicht anders sein, denn, wo am meisten zu verlieren ist, geht man am ersten zur Kartenlegerin. Noch Kaiser Wilhelm I. hat eine Sibylle gefunden, über deren Leistungen selbst Bismarck erstaunt gewesen zu sein scheint. Im Altertum befragte, wie wir sahen, namentlich die dem jeweils regierenden Kaiser feindliche Partei das Orakel nach dem Namen des nächsten Thronfolgers. Es ist fast rührend, aber psychologisch durchaus verständlich, daß die hausbackensten Orakelformen — die Hühner-, die Schüssel-Befragung — von den Weltbeherrschern gewählt wurden. Das Hühner-Orakel nannte ja den Nachfolger des Kaisers Valens; die Schüsselbefrager verstanden es in Ägypten, sich an die Monarchen heranzumachen. Der letzte eingeborene König des Landes galt als großer Spezialist in diesem Fach. Despotenwahnsinn ist immer mit Schwachsinn vereinigt und greift zu den banalsten Werkzeugen. — Als volkstümliches Orakel, das bereits den Charakter eines Gottesgerichts anzunehmen beginnt, nenne ich den Genuß von Lorbeer. Schadete er nichts, so hatte die Persönlichkeit, die durch dessen Verspeisung eine Wahrheit bekräftigen wollte, sich als glaubwürdig erwiesen. — Das komplizierteste Wahrsagungsgerät der alten Zeit aber war ein Psychograph, von den gleichnamigen Instrumenten neuer Art nur dadurch unterschieden, daß als dessen Antriebmittel nicht die Finger, sondern der Atem des Zukunftsforschers benutzt wurde. Kaiser Valens hatte i. J. 371 n. Chr. gehört, daß zwei Attentäter den Namen seines Thronnachfolgers zu ermitteln bemüht gewesen waren. Der eine von ihnen gestand auf der Folter: „Allerdings haben wir dieses unglückselige Tischchen, das ihr hier seht, nach dem Muster des delphischen Dreifusses unter Unheil verkündenden Vorzeichen aus Lorbeerzweigen verfertigt, durch geheime Beschwörungen vorschriftsmäßig geweiht und...in gehörigen Gang gebracht. ...Mitten im Hause... stellten wir den Dreifuß auf und setzten eine ganz runde, aus verschiedenen metallischen Stoffen verfertigte Schale darauf; ringsherum auf dem äußersten Rand derselben waren die 24 Zeichen des Alphabets in genau abgemessenen Entfernungen kunstreich eingesetzt...“ Ein darüber hängender Ring wurde dann durch den Mundhauch in Schwingungen versetzt und ermöglichte es, Buchstaben, auf die er hinzuweisen schien, sinnvoll zusammenzusetzen. Es handelt sich hier keineswegs immer um gewollten Schwindel: das Unterbewußtsein dirigiert den Zeiger auf das ihm genehme Zeichen; allerdings bedarf es langer Schulung dazu, die Körperfunktion, das Körperglied (den Atem, die Finger) in den Gehorsam des Unbewußten zu zwingen.

Wer die Macht des Todes bewältigen zu können schien, war der größte Zauberer. Wir sahen, daß einzelne Männer oder Halbgötter in den Hades herabstiegen. Zur förmlichen Kunst aber hatte sich seit Homers Zeiten die Beschwörung von Verstorbenen auf die Welt der Lebenden ausgebildet. Der Dämon des Toten galt als überaus mächtig, namentlich auch als weise, d. h. als zukunftkundig. Der Zweck einer solchen Zitierung war denn auch meist der, daß man sich über sein oder seines Landes Schicksal vergewissern wollte; man wünschte den Namen des zukünftigen Kaisers oder den Ausgang irgendeiner wichtigen Staatshandlung, etwa einer Schlacht, zu erfahren. Der Totenbeschwörer war auch, wie ein erschütterndes Beispiel der modernen Kriminalliteratur lehrt, bisweilen Schatzgräber. Es werden sogar Kaiser als Zauberer dieser Art genannt. Odysseus beschwört den Geist seiner Mutter, Periander den seiner Gattin. Darius' Gespenst erscheint in Äschylus' „Persern". Das Ritual, vermöge dessen dies Ungeheure möglich wird, ist von äußerster Altertümlichkeit; es werden, um das Erwachen des Toten möglich zu machen, Honig, Milch, Wein, Wasser, Olivenöl durch eine Öffnung in die Grabkammer hinuntergegossen. Hier ist noch kaum von einem Opfer, sondern vielmehr von einer Totenspeisung die Rede. Durch sie, die ja selbst so hohe „Kraft" in sich trägt, wird der „kraftlose" Tote befähigt, vorübergehend aufzuerstehen. Er bleibt aber räumlich vollständig an sein Grab gefesselt. Das müssen wir für die älteste Zeit als allgemein annehmen. Erst später, als die Hades-Idee, die alle Toten als an einem Orte weilend lehrte, durchgedrungen war, bezeichnete man die bekannten Eingänge zur Unterwelt als Stätten der Beschwörung, die vorzunehmen Sache berufsmäßiger Priester wurde. Ihre Macht erstreckte sich jetzt über alle Toten und wurde an bestimmten, allmählich berühmt gewordenen Orten vorgenommen. Bekannt ist das Totenorakel am Averner-See bei Cumae, wo Priester nach Gebeten und Opfern die gewünschte Seele zitierten und befragten. Die Orte des offiziellen Totenorakels der Spätzeit waren wilde, finstere Schlünde, Abgründe, Erdspalten, schauerliche Höhlen und Klüfte, die geradenwegs in das dämmerige Totenreich Homers hinabführen sollten. Im Ritual fällt ganz allgemein die schwarze Farbe der Opfertiere und das Nächtliche der Vollziehungszeit und des Vollziehungsmodus auf, der sich später zum widernatürlichen, schrecklichen Schwelgen im Grauenhaften steigern kann. Man glaubt es dann mit einem fast modernen französischen Schauerroman zu tun zu haben. Zuzeiten tritt der semitische Einschlag im Ritual klar zutage. Die beschwörende Frau, welche, auf dem Schlachtfeld an der Leiche ihres Sohnes stehend, diesen wiedererweckt, bringt zwar die gewöhnlichen Libationen (Wein, Honig, Milch) dar; aber sie schneidet sich zugleich in den Arm, wischt das Blut mit einem Lorbeerzweig ab und besprengt damit den Scheiterhaufen. Die Blutbesprengung aus dem eignen Arm ist ein offensichtlich semitischer Zug.

Hier, wo es sich um quasi-realistische Begebenheiten der Spätzeit handelt, kann, wie in der ältesten Periode, die Beschwörung, die dann zugleich vorübergehende Erweckung ist, selbstverständlich nur bei der Leiche selbst vorgenommen werden; diese darf natürlich nicht verfallen sein. Nach der Auffassung der Talmud-Lehrer ist ihre Wiederbelebung deshalb nur in den ersten 12 Monaten nach dem Tode möglich. Sie kann auch unter Anwendung eines mit einem (verbotenen) Götternamen beschriebenen Blattes, das dem Toten unter die Zunge geschoben wird, erfolgen. Eine geringe Sonderung des körperlichen Elements vom geistigen finden wir darin, daß die Leiche zwar verehrt, bekränzt und an ihrem Platz gelassen wird, daß aber der Tote dann den teilnehmenden Überlebenden (leiblich) im Traume erscheint. Statt die ganze Leiche zu erwecken, kann man sich auch damit begnügen, den Schädel derselben nachts zum Reden zu bringen. Mit dem ersten Hahnenschrei aber wird der Geist verscheucht. Ein Text sagt: „Präparierung eines Schädels nach der Weihevorschrift des Heliodoros: Grabe eines alten Menschen Schädel aus, wasche ihn drei Nächte lang mit reinem Wasser, wickle ihn in einen reinen Lappen, gehe an einen Dreiweg und schreibe folgende Namen auf seine Stirn: 'Buak, Sariak, Lucipher'. Dann grabe die Rippe(?) eines Hingerichteten (Gehängten) aus und beschreibe damit einen Kreis. Mitten hinein lege den Balg einer schwarzen Katze, setze den Schädel darauf und sprich folgende Worte: 'Ich beschwöre euch bei den Namen, die auf der Stirn des Schädels geschrieben sind, daß ihr (euch) mir zeiget und heraufkommet auf die Frage, die ich stellen will, damit ihr mir die Wahrheit sagt!' Und (dann) lasse den Schädel dort und begib dich an einen guten Ort; wenn aber die Hähne krähen, gehe wieder hin, nimm den Schädel und halte ihn vor der Menge verborgen. Wenn du ihn aber befragen willst, so faste drei Tage, während du weder Brot noch Wasser genießest, befrage ihn bei Nacht und er antwortet auf das, was du verlangst." Es ist bemerkenswert, daß die Todesdämonen in Abwesenheit des Zauberers und nicht unmittelbar vor der Befragung in den Schädel einfahren sollen. Nur zu dieser Einverleibung scheint der magische Zirkel notwendig zu sein. Die Befragung kann der Zeit und dem Ort nach beliebig stattfinden. Überhaupt macht diese Beschwörung einen beinahe mittelalterlichen Eindruck: der Zauberkreis; der schwarze Katzenbalg, bestimmt, einen Totenschädel zu tragen; die Nachtszenerie; der die bösen Geister verscheuchende Hahn; der Leichenteil des Hingerichteten; der sprechende Schädel (vgl. die sprechenden Köpfe, auch Pferdeköpfe, des Märchens).

Der Tote kann erst „sterben", wenn er namentlich auch seine Mission erfüllt hat, Kinder zu erzeugen oder zu gebären. Bis zu diesem Zeitpunkt muß er auf der Welt der Lebenden „irren", „geistern". Man vermählt deshalb jugendlich Gestorbene, setzt der Toten einen Brautkranz auf den Kopf, und steckt der jungen männlichen Leiche einen Myrtenstrauß ins Hemd. Wenigstens ist dies als moderner Brauch bekannt. Auf der Idee der „Totenhochzeit" beruht die in Goethes „Braut von Korinth" verwertete Sage von Machates, der bei seinem Gastfreunde und dessen Frau einkehrte, wo ihn nachts dreimal die verstorbene Tochter der beiden besuchte. Sie genossen zusammen der Liebe und beschenkten sich. Der Besuch aus dem Grabe erfolgte mit Einwilligung des Unterweltsbeherrschers; der Liebesgenuß und die Fortpflanzung liegen also im göttlichen Schöpfungsplan beschlossen. Goethe hat den Vampyrismus des Volksglaubens als Folge der vom Schicksal oder einzelnen Menschen über jugendliche Wesen verhängten geschlechtlichen Enthaltsamkeit mit genialer Intuition erkannt. — Übrigens versuchte man natürlich solche Geisterbesuche mit allen Mitteln zu verhindern. Dazu diente ja das gesamte Totenritual und die Einprägung der Pflicht, es gewissenhaft zu vollziehen. Jeder Leichenbesuch erforderte umständliche Sühnezeremonien.

In der schwarzen Magie, deren Gebiet wir mit Besprechung der Totenbeschwörung berührt haben, entfaltet der Zauber und der Zauberer seine höchste Kraft. Er handelt dem Natur- und Sittengesetz zuwider. Die Gottheit hat er völlig in die Gewalt seines Willens gebracht, sie durch Drohungen und welterschütternde Missetaten eingeschüchtert. Sie erscheint ihm persönlich, speist mit ihm, unterhält sich mit ihm. Er schreit nicht zum Himmel, sondern spricht leise, damit niemand den unfrommen Wunsch oder Spruch hört, den Beter der Staatsgewalt übergibt oder die Bitte zu seinen eignen Gunsten übernimmt und wiederholt. Zugleich soll sicherlich damit angedeutet werden, daß der Zauberer mit seinem Dämon auf „Du und Du" steht. In dieser Vertraulichkeit mit der Gottheit, die sich übrigens auch darin zeigt, daß der böse Geist endlich ungestraft nach Hause geschickt werden kann, liegt der Schlüssel für die Unverwüstlichkeit der schwarzen Magie: sie duldet keinen Mittler; der Mensch erscheint hier in seiner ganzen furchtbaren Größe, Gott und Welt gegenüberstehend. Sein Wissen teilt er, wenn überhaupt, vorzugsweise dem Sohn oder der Tochter mit. So wird die „Wissenschaft" der Magie erblich. Sie kann sich ausbilden und in bewußten Gegensatz zum Staatskultus treten; sie bleibt in jeder Hinsicht nächtlich. Apollonius von Tyana sagt in seiner Verteidigungsrede vor Kaiser Domitian: „Die Zauberer fliehen die Tempel der Götter, die ihren Künsten feind sind, und hüllen sich in Nacht und Verborgenheit, indem sie den Toren, die ihnen glauben, weder Augen noch Ohren zu haben gestatten". Überhaupt werden die „nächtlichen" mit den „gottlosen" Opfern vollständig gleichgestellt. Auf beiden stehen schwere Strafen, unter Umständen die der Kreuzigung oder Zerreißung durch wilde Tiere. — Der Ritus der Vollziehung entsprach oft in wunderlicher Weise dem des anerkannten Kultus. Nach der Vorschrift eines Papyrus muß der Akt koscher vollzogen werden: sauber und unberührt seien Kleid und Hände, Opfergaben und Opfergeräte des Magiers. „Wenn du dabei (hier handelt es sich um die Lychnomantik) nicht Reinheit beobachtest, wird er [der Akt] nicht erfolgreich sein; denn Reinheit ist die Hauptsache!" Dazu kommt die Verschwiegenheit. Die Geste ist oft wichtiger als das Wort.

Die zur Verwendung ausersehenen Zauberpflanzen müssen, da sie sehr starke Kräfte in sich bergen, unter bestimmten Vorsichtsmaßregeln, lautlos, ohne sich umzusehen, nachts, bei Mondschein — sie unterstehen ja der

Göttin Hekate, der Mondgöttin — vielfach von einem Hunde ausgerissen werden. Oder man entnimmt sie mit der linken Hand dem Erdboden — offenbar, damit die Rechte unschuldig sei. Dabei spricht man natürlich magische Worte. Auch dieser Brauch setzt sich in christlicher Zeit fort: nur statt der „Teufelsnamen" soll man solche der heiligen Dreieinigkeit und statt der alten Zaubersprüche das Glaubenssymbolum anwenden. Sonst muß man bei Wasser und Brot zehn Tage lang büßen! Der Kultus der Schwarzkünstler kennt seit uralters die Weihung der schwarzen Tiere, die vielfach, im schneidendsten Gegensatz zum frommen Dienst, unfruchtbar sein sollen — wie ja das Totenreich überhaupt steril und der Tote selbst nicht fortpflanzungsfähig ist. — Man bevorzugt die restlose Verbrennung der unheiligen, also dämonistisch-gefährlichen Opfergabe. Nach der Aeneïs werden vor dem Herabsteigen des Äneas in die Unterwelt vier schwarze Stiere der Hekate, ebenso ein schwarzes Lamm der Nacht und der Erdgöttin geopfert; eine unfruchtbare Kuh wurde der Proserpina geweiht und auf den Altären ganz verbrannt. Ein solches chthonisches Opfer konnte, da die Absicht nicht bösartig, sondern gigantisch war (beide Begriffe gehen allerdings ineinander über!), sogar von dem frommen Äneas vollzogen werden, wie denn überhaupt die Tötung von Menschen zu abergläubischen Zwecken den Neigungen der Masse durchaus nicht widerstand. Die Sühnopfer der Griechen und Römer bilden ein eignes, umfangreiches, äußerst düsteres Kapitel der klassischen Antike und reichen tief in die nachchristlichen Jahrhunderte hinein. Nach dem Bericht des Philostratos berief man den Apollonios, als die Pest in Ephesus wütete. Dieser befahl den Städtern, einen greisen Bettler als den „Pestdämon" zu steinigen. Nach längerem Sträuben geschah es. Als man den Steinhaufen abtrug, sah man statt dessen einen offenbar tollgewesenen Hund. — In dieser Sage macht sich die gefühlsmäßige Abneigung gegen das Menschenopfer geltend: es wird als die Frucht einer Sinnestäuschung dargestellt und so das Bewußtsein beruhigt.

Der Ritus mußte um so mehr von dem des Staatskultus abweichen, je mehr ein gleiches bei dem Zweck der Handlung der Fall war. Der uneingeschränkte Subjektivismus des schwarzen Magiers kann hier in freiester Phantasiebetätigung seine Früchte tragen. Volkstümlich und verhältnismäßig harmlos ist es, daß man Federn der „nächtlichen Eule" (einer Erscheinung der Nacht-Hexen, die sich in sie verwandelten) zeremoniell verbrannte. Man wollte entweder die Macht („Kraft") des Tieres dadurch in seinen Dienst stellen oder den Menschen, der mit dem Tier „gemeint" (identisch) ist, quälen. Quälerei durch Feuer-Magie ist besonders beim Liebeszauber sehr gewöhnlich. Die Liebe selbst wird ja als heiße Qual empfunden. Der Versuch des rachsüchtigen Zauberers geht entweder dahin, den spröden Teil durch Mißhandlung seines Bildes oder seiner Kleiderstücke zu quälen und dadurch für sich zu gewinnen, oder aber dahin, ihn liebesunfähig (steril) zu machen. Dies geschah auf zahllosen Wegen. Aus alter Zeit bezeugt ist es, daß man zu diesem Zweck eine Axt in einen Baum einschlug. Dadurch wurde jene symbolisch bedeutsame Enge erzeugt, die den Knoten, den Ring bei den Geburten so gefährlich macht. Der Seher Melampus entdeckte, daß die Kinderlosigkeit des Iphiklos mit einem in einem Baum eingewachsenen Messer sympathisch zusammenhing. — Sehr „volkstümlich" (wenn auch sicherlich im schlechtesten Sinne dieses Wortes) war das Vergraben von Leichenteilen im Hause desjenigen, den man zu schädigen wünschte. Wir erwähnten dies Verfahren ebenso wie den böswilligen Versuch, infektiöse Krankheiten durch das Ankleben der Abfallstoffe des Leidenden an fremde Haustüren auf die Mitmenschen zu übertragen. Die „Rachepuppen" hatten oft die natürlichen Haare und Nägel des Feindes. Der „Bildzauber" ist in der Antike im weitesten Maße ausgeübt worden. Der Feind wird symbolisch bestattet. Darunter leidet er aufs schwerste, bis es ihm gelingt, irgendwo sein Bild oder das seinen Namen enthaltende Fluchtäfelchen zu entdecken und auszugraben. — Es braucht wohl nicht gesagt zu werden, daß, wenn ein solcher Unfug gewohnheitsmäßig ausgeübt wurde und seine Wirkung Glauben fand, das weitgehendste Mißtrauen, oft nur gestützt auf eine dauernde körperliche Unpäßlichkeit, die Mitglieder der engen Gemeinschaften zerreißen mußte; und zwar war dies zunehmend bei fortschreitender Bevölkerungsdichte und Überschneidung der gegenseitigen Interessen der Fall. Schließlich gab es nichts, was nicht dem schwarzen Magier zum Opfer fallen konnte: das Wachstum der Äcker, die von tierischen Schädlingen zerstört oder deren Erträge auf den Nachbarn „herübergezaubert" waren; das körperliche Wohlsein; die soziale Stellung. Man meinte, durch Zauberei den Gegner physisch verwandeln, ihn seiner Ehre berauben, aus dem Lande jagen zu können.

Dazu bedurfte es allerdings der Hilfe höherer Mächte. Ihre Energie läßt man auf seinen Feind los. Dies geschieht in ältester Zeit durch die Darbringung des gefährlichsten nächtlichen Räubers: des Wolfes. Unheilige, dem Verderbenbringer Angro Mainyu in den wölfereichen iranischen Gegenden dargebrachte Opfer sind uns noch aus nachchristlicher Zeit bekannt; sie tragen alle Züge böswilliger Begehungen. Im griechisch-ägyptischen Offenbarungszauber wurden sie nachgeahmt. Der Ritus ist durchaus chthonisch: der Wolf war in alter Zeit das Bild der Finsternis, des Todes, des dämonischen Menschen-Verschlingers. Das Ritual dieser Spätzeit verlangt: man soll einen Leuchter ergreifen, sich in die Tracht eines Propheten hüllen, in die linke Hand einen Stab, in die rechte als Schutzmittel einen Lorbeerzweig nehmen. „Auch halte einen Wolfskopf bereit, damit du den Leuchter auf den Kopf des Wolfes stellst, und auch einen Altar, der nahe beim Kopf und dem Leuchter aufzurichten ist. Gleich wird der göttliche Geist eintreten."

Das Opfer besteht aus einem Wolfsauge. Durch das auf den Schädel gestellte Licht und die Zauberzeremonien überhaupt soll der Wolfskopf belebt und zum Helfer des Magiers gemacht werden. Das Wolfsauge galt wohl als besonders gefährlich: es erforschte den Feind in der Nacht. Deshalb gilt ihm die Verehrung des Zauberers. — Die Energie des Gottes sollte ferner auch in der Weise freigemacht werden, daß man z. B. ein Mädchen verleumdet, damit es von der Gottheit verfolgt wird und man es auf diese Weise in seine Gewalt bekommt. Man schädigt einen Menschen, indem man antipathische Substanzen darbringt und die Vorstellung erweckt, als ob das Opfer auf denjenigen zurückzuführen sei, den man haßt. Selbst den Klatsch kann man nicht bloß auf Erden, sondern auch im Himmel zur Geltung bringen, indem man einen Feind verleumdet: er habe die Gottheit in dieser oder jener Weise verletzt, ihre Standbilder zertrümmert oder etwas von ihren Mysterien ausgeplaudert. Zu den der Gottheit antipathischen Substanzen gehören Teile von Menschenleichen, das jauchige Blutwasser einer verstorbenen Jungfrau, das Herz eines zu früh Gestorbenen und der Embryo eines Weibes. Artemis-Hekate tötet zwar Menschen, frißt das Fleisch der Leichen und trinkt ihr Blut. Hier aber wird ihr fauliges, schon zersetztes Menschenblut dargebracht, noch dazu ihr, der Jungfräulichen, von einer Jungfrau. Der tote Embryo muß sie als Geburtsgöttin kränken.

Am furchtbarsten aber wirkte sich das Bestreben aus, der Magie des in voller Kraft erloschenen — vom Standpunkt der damaligen Zeit aus müssen wir sagen: in eine dämonische Form überführten — Lebens sich für seine Zwecke zu bemächtigen. Der Schatzgräber war, wenigstens in später Zeit, oft schon vor seiner Grabung ein Mörder. Der Liebeszauber greift zum schrecklichsten: bei Horaz braut Canidia aus Mark und Leber eines unschuldigen Knaben einen Liebestrank für den alten Varus. Eine Form der Transfusion liegt hier vor; die Erinnerung an Abscheulichkeiten wird rege, wie sie am Hofe Ludwigs XIV. in Blüte standen und das Entsetzen der normalen Menschheit auslösen müssen. — Die Totenbeschwörung bedient sich nicht mehr der lebenden, sondern der plötzlich verstorbenen, d. h. ermordeten Medien. Diese werden durch den Zauber nächtlich wiederbelebt und erhalten vorübergehend die Gabe der Rede. Selbstverständlich setzte die weltliche Gewalt auf diese Form der Prophetie die schwersten Strafen. Endlich erwähnen wir als Spezialität der Totenwahrsagung die aus dem Rückenwirbel einer Leiche gewonnene; und zwar handelt es sich auch hier um den Teil eines ermordeten Kindes. Die Antwort erfolgte durch den vermittels des Zaubers in den Knaben hineingebannten Totengeist.

Wie die Grundlagen des römischen Aberglaubens bodenständige, bäurische, so sind seine späten Ausgestaltungen synkretistische, mit dem anstößigen Beigeschmack des brutalen Machtwillens, der mangelhaften Fühlungnahme mit der umgebenden Natur und großstädtischer Hysterie versehene. Eine Einzelheit ist dafür sehr bezeichnend: es gibt psychogene Lähmungszustände. Der gefürchtete Dorfschullehrer kann zu einem seiner Schulbuben, der sich auf seinen Apfelbaum niedergelassen hat, sagen: „Da bleibst du sitzen!". Dann vermag das Kind kein Glied zu rühren. Ein solcher Fall wird meist abergläubisch verstanden, indem man ihn nämlich nicht für einen Beweis der seelischen Beeinflußbarkeit des kleinen Diebes, sondern für den Beleg der Zauberkraft des Lehrers hält, dessen Ansehen im Dorf dadurch ungeheuer steigt: „er kann festmachen". Diese Kunst ist alt und wurde nach der Auffassung der Römer von Pflanzen, Tieren und Menschen ausgelöst und zwar durch Blicke, Worte oder Handlungen. Das dümmste Mißverständnis ist imstande, die hierauf begründete Furcht zu erwecken. Die Raute heißt pegonon. Sie „lähmt", weil ein lautgleicher Wortstamm diese Bedeutung hat. Der Wolf soll faszinieren; wer zuerst ihn sieht, wird versteinert oder verliert die Sprache. Deshalb bannt ein Wolfsknöchel, vor den Wagen geworfen, sogar ein rennendes Viergespann. Die Vestalinnen konnten entlaufene Sklaven an der Grenze der Stadt „festbannen". Offenbar standen diese Nonnen im Rufe großer Zauberkunst und wurden deshalb in so widerlicher Weise mißbraucht. Cicero erzählt, eine gewisse Titinia habe durch ihren bloßen Blick den Redner Curio plötzlich verstummen lassen. Die Massenhaftigkeit der hierher gehörigen Gebilde und Fälle macht auch den Medusen-Aberglauben verständlich. Sie zeigt, wie labil die seelisch-sittliche Basis einer Menge war, die vor Wolfsmäulern und Frauenblicken zu Eisklumpen gerinnt. Man stelle sich statt jenes Angsthasen den 12jährigen Burschen vor, der sich und seinem kleinen Bruder in einem ostpreußischen Walde das Leben rettete, indem er einen ausgewachsenen Wolf mit dem Beil erschlug; und setze Bismarck an Stelle des Redners Curio, um zu sehen, wie sittliche Tüchtigkeit, Treue und Liebe das Zaubergespinst dieses Wahnes zerreißen. — Die Stimmungsfarbe des römischen Aberglaubens wird durch das Hervortreten geschlechtlich-dekadenter Züge vervollständigt. Plinius zählt eine große Reihe von Gewächsen auf, die als sexuelle Reizmittel empfohlen werden und ebensoviele, welche die Empfängnis verhindern, überhaupt unfruchtbar machen und Fehlgeburten hervorrufen sollen. Bekanntlich ist das Recht zum Verbrechen gegen das keimende Leben und selbst zum Kindermord von den Erlauchtesten der griechischen „Weisen" der Masse zuerteilt worden. In diesem Punkt wandte sich die christliche Kirche sehr scharf gegen das verfallende Heidentum und führt den Kampf gegen solche ewig widernatürlich bleibende Abscheulichkeiten bis zum heutigen Tage; der Katholizismus hat darin etwas mehr Erfolg als der Protestantismus.

Der eigentliche Kern der römischen Volksseele ist sein Nützlichkeitssinn. Er macht auch da nicht halt, wo das germanische Empfinden in ehrfürchtiger

Scheu zurückbebt. Wer im alten Deutschland einen Baum schälte, konnte es erleben, daß statt dessen Rinde sein Darm um den Stamm gewickelt wurde, indem man den Frevler mit geöffneter Bauchhöhle um ihn herumtrieb. Dagegen galt die Verwendung toter (abgeschlagener) Bäume als ein ganz geringfügiges Vergehen. Anders im römischen Recht: wer einen lebenden Stamm fällt, wird geringfügig bestraft; wer Holz stiehlt, das geschichtet und damit in die „Rechtssphäre" einer Person übergetreten ist, unter Umständen aufgehängt. — Die Leiche ist nicht Eigentum im römisch-rechtlichen Sinne; aber eben deshalb wird sie weidlich ausgenutzt. Die Grabanlage, die Scheite vom Leichenbrand (soweit sie zurückgelassen waren), die Trauertracht der Überlebenden, die Wollbinde von der Leichenbahre; ja, sogar die Hände des Toten, seine Zähne, viele seiner einzelnen Knochen, der Fötus finden sinngemäße Verwendung. Ganz besonders abstoßend ist der vielseitige Gebrauch aller Mord-, Selbstmord- und Hinrichtungsgeräte, auf den wir bei Betrachtung des germanischen Aberglaubens noch zu sprechen kommen werden. Selbst das germanische Menschenopfer, das, vom Speer durchbohrt, unter den Worten des Darbringers fiel: „Ich weihe dich dem Odin!" liegt von den Verirrungen solcher Barbarei noch weltweit ab.

Nichts ist bezeichnender für einen Menschen und ein Volk als seine Einstellung zum Tierreich. Hier finden wir auf römischem Boden die gewohnheitsmäßige, grausame, mit einer gewissen Freude ausgeübte und doch auch wieder perfid sanktionierte Quälerei von Wesen, die uns schutzbedürftig, ja, verehrungswürdig zu sein scheinen. Man sticht der Schwalbe und Eidechse die Augen aus, aber — sie wachsen ja wieder! (s. o.). Man genießt Lercheneier, verzehrt junge Schwalben, spießt kleine Tiere bei lebendigem Leibe und hängt sie dann, noch zappelnd, in den Rauch; junge Störche werden gefangen, mißhandelt, lebendig verbrannt. Und das alles, um etwa „eine klare Stimme zu bekommen". Der Kultus kennt die brutal durchgeführte Einleitung des künstlichen Aborts beim Tier mit Todesfolge für das Mutterwesen.

Wie verhält es sich um die Idee vom Göttlichen? „Wie einer ist, so ist sein Gott", sagt Goethe. Manches erhabene Wort haben wir einzelnen erleuchteten Geistern der klassischen Antike zu verdanken. „Die Wahrheit läßt sich vom Begriff des Göttlichen ebenso wenig trennen als das Licht von der Sonne", sagt Jamblich. Dieser Ausspruch ist herrlich, aber der gesamte Aberglauben läßt ihn nicht gelten. „Es mangelt den Göttern an jeder moralischen Qualifikation", sagt einer der besten Kenner des römischen Staatswesens. Gottheiten und Zauberer, ihr gesamtes Denken und Handeln, sind von Herzen unsittlich, Lug und Trug. Nichts anderes gilt auch von der Religion der römischen Kaiserzeit. Nicht der Beweis dagegen, sondern der Beweis dafür ist die damals hochkommende Verehrung abstrakter Eigenschaften, kultureller und pathologischer, auch naturhafter Sonderdinge. Wenn man erfährt, daß nicht nur „die Tugend" schlechthin, sondern auch einzelne Tugenden und Untugenden, seelische Zustände (wie „Furcht" und „Erbleichen"), daß ferner die Pest und die Folgezustände bakterieller Infektionen ihre Götter und Tempel bekamen, daß für einzelne historische Ereignisse sogar „Augenblicksgottheiten" geschaffen wurden, kann man sich des Eindrucks nicht erwehren, daß der wahrhaft fromme Römer sich zugunsten seiner Götter jedes Nachdenkens über sittliche und kulturelle Lebenspflichten zu enthalten unternahm.

Daß der Mensch aus Gemeinem gemacht ist, empfindet man niemals tiefer als bei der Betrachtung des römisch-griechischen Aberglaubens, namentlich auch, soweit er „Religion" sein will. Sie verpflichtet in erster Linie, wie wir sahen, zur Unterwerfung unter das Schicksalslos. Zeus sorgte dafür, daß jeder mit dem „Lose" zufrieden war, das die „Vorsehung" (besser: „das Losorakel" [moira]) ihm hatte zuteil werden lassen. Denn er war ja der Schirmherr des „Rechts", der dikē. Für den römisch-griechischen Spießbürger war also, wie für den Berliner aus der Zeit der Napoleonischen Invasion, Ruhe die erste Bürgerpflicht. Unter ihrer Decke lebte neben dem Gilden- und Handwerksneid, der ängstlichen und argwöhnischen Sorge, sich ja nicht ins Handwerk pfuschen zu lassen, bei Gott und Menschen ein quälender Ehrgeiz, eine auf Selbstverherrlichung abzielende Eitelkeit. Wenn die Gottheit sich vom Himmel zu den Menschen herabbegibt oder (auch im Traum) aus einer Erdspalte zu ihnen empordringt, so tut sie es gewöhnlich in der Haupt- oder Nebenabsicht, den Wunsch auszusprechen, daß ihr ein Tempel gebaut werden möge oder daß man sie besser oder auf andere Art „ehren" solle. Der Gottesdienst war ja ein Opfer; im Begriff des Opferns aber liegt der des „Ehrens", „Preisens". Die natürliche Voraussetzung dafür ist die Unterwürfigkeit der Masse gegenüber einem solchen göttlichen Regiment. Nur den Durchschnittsmenschen kann es brauchen, der die Götter oder deren Priester füttert; der, selbst ein Schaf aus der großen Herde, ein vierbeiniges Schaf darbringt und der dabei nicht „auffällt", d. h. seine Persönlichkeit in keiner Weise, selbst nicht in Kleidung oder Haartracht, zur Geltung bringt. Die Gottheit ärgert sich nämlich über alles, was über den Durchschnitt hinausgeht, sei es an physischer Kraft — deshalb bekämpft die Here den Herakles —; an geistiger Energie — deshalb ist Prometheus ein Sünder —; oder an sittlichen Impulsen — deshalb wird Antigone zu Fall gebracht.

Oft hat man die groben Fälle des Neids der Gottheit aufgezählt, die der Mythus kennt. Poseidon zürnt den Achäern, daß sie ohne ihn eine untadelige Mauer errichten konnten; der gleiche Gott beneidet die Phäaken um ihre Schiffahrtskunde, wie Leto die Niobe um ihre 12 Kinder. Das alles lehren uns, rein zufällig, die Homerischen Gedichte. „Die Gottheit hemmt gern alles Überschwengliche", sagt Herodot. Auf Zauberei als Ausfluß des Neids, namentlich auf den bösen Blick, führt man jedes Pech des Lebens zurück. „Wenn Mädchen zu schön und Buben zu klug sind, so ist dies ein Unglück“, sagt ein deutsches Sprichwort. Die göttlichen Schützer der handwerklichen Berufe müssen den Spießbürger namentlich vor dem Konkurrenten und den Schützern selbst bewahren, da diese ihren Verehrern bei dem ersten überheblichen Wort das Genick brechen können. Ja, das unverdiente Glück des Lebens wird durch diese göttliche Gesinnungsart bereits zum Unglück. Wen es trifft, den graut es „vor der Götter Neide“. Er zeigt sich in der unmittelbarsten und stärksten Auswirkung der göttlichen Macht, denn diese, der Blitz, trifft die Eiche, weil der Gott nicht leiden kann, daß die Bäume in den Himmel wachsen; die schwache Myrte, der Lorbeer, bleiben verschont. Wer deshalb „der Sitte“ zuwiderhandelt, mag diese noch so töricht sein, wer überhaupt ein außergewöhnliches Tun oder eine außergewöhnliche Art zeigt, zieht den Haß der Götter auf sich herab. Übermut im Sinne der Gotteslästerung liegt nicht nur darin, daß man mehr Kinder hat als eine Gottheit und sich dieser Kinder freut. Ein Verstoß im Sinne des Hochmuts wird auch darin gesehen, daß man mehr leidet, mehr klagt, später zu Bett geht, als es Mode ist, um wieviel mehr in jedem Ausdruck des Vertrauens auf die eigne ungewöhnliche Kraft, auf eine Fähigkeit, sei es auch nur (nicht aus dem Altertum bezeugt:) auf seine Tanzkunst. In der Rache der Gottheit liegt etwas Dynamisches: der Gott kann gar nicht anders als sich rächen; deshalb warnen (noch im Zauberspruch) die Moiren als Schicksalsgottheiten vor Überhebung. Wer es deshalb gar wagt, in das Götter- oder Geisterreich einzudringen, ist ein schlechter Kerl und wird dafür bestraft. Die Totenbeschwörung wird als Sünde gefühlt, weil sie „ein gewaltsames Eindringen in die Beschlüsse der Schicksalsgöttinnen, ein zauberisches Erschüttern des Unerschütterlichen“ [Heliodor] bedeutet. Auch das Christentum hat sie vorzugsweise deshalb gehaßt, weil sie die Äußerungen einer übermenschlichen und deshalb der Kirche gefährlichen Macht waren. Man vollzog sie daher unter schützenden Vorwänden. Die Veranlasser (Auftraggeber) wahrten sich: „Nicht, daß wir den Gesetzen der Natur widerstrebten oder der Erde ihr Eigentum verweigerten. Nein! ...“ Wer zu den Geheimnissen der Götter empordringen will, erfährt das Los des Tantalus. Diesen Versuch muß aber jeder echte Gelehrte wagen. Der Wissenschaft ist also durch diesen Götteraberglauben der stärkste Riegel vorgeschoben, die höhere Welt mit Brettern vernagelt. Denn das göttliche Recht verweist ihn auf die Erde; der Mensch unterwirft sich ihm, indem er durch sein Tun unter den Göttern die Stimmung der Gefahrlosigkeit vorbereitet, die sie mit Behagen auf ihren Thronen sitzen bleiben läßt.

Was den Göttern recht ist, ist den Menschen billig. Zwar sollte jeder dem anderen den ihm zuerkannten Glücksanteil gönnen, aber — er gönnte ihn ihm natürlich nicht; wie sollte, wie durfte er moralisch besser sein als seine Götter? Neid und Klatsch waren deshalb das Lebenselement, in dessen trüben Fluten jeder schwamm. Beide Laster stellen den Versuch eines gewaltsamen und rechtswidrigen Ausgleichs zwischen den Gütern jeder Art, dem ideellen und materiellen Besitztum, dar, das der Tüchtige sein Eigen nennt, der Geringwertige haben will; mit anderen Worten: beide drücken das Ungewöhnliche auf dem Wege der Selbsthilfe zur Plattform der Mittelmäßigkeit herab; sie können die staatlichen Machtmittel in ihren Dienst stellen, andererseits sie auch zu ihrer Bekämpfung brauchen. Das römische Recht versuchte dies vergeblich durch harte Bestrafung der öffentlichen verleumderischen Beleidigung; der Kultus kam ihm mit untauglichen Mitteln zur Hilfe: in dem Gespenstermonat Februar „banden" alte Weiber unter chthonischen Riten „die feindlichen Zungen und bösen Mäuler". Man machte also auch hier den Bock zum Gärtner. In der Politik blühte der Neid. Siegreiche Feldherren wurden mitten in ihren kriegerischen Aktionen zurückberufen, weil man ihnen keine weiteren Erfolge gönnte. Römische Kaiser ermordeten denjenigen Staatsmann, der ihnen „über" war. Der Bauer mußte von seinem Erntesegen das Schlimmste für sich und die Seinigen befürchten. Die etwas moderneren Gestalten der schützenden Hausgeister (Drachen) sind lediglich zu dem Zweck, gegen den glücklicheren Nachbarn eine Handhabe zu finden, im Aberglauben erhalten geblieben und nach Kräften angewandt worden, dessen Glück zu zerstören.

Der Mensch der alten Zeit hatte es gut. Tugend und Laster kommen von außen auf ihn zu, sind magische Kräfte, die ihn regieren; Fremdkörper, von der Gottheit in sein Herz gesenkt; Dämonen, deren Impulsen er folgen muß. Es gibt, wenigstens nach der landläufig gewordenen Auffassung, keine sittliche Verantwortlichkeit des Menschen dem Menschen, noch weniger der Gottheit gegenüber, es sei denn, daß man etwas verbräche, was diese persönlich erzürnen müßte. In der Aufgabe, das Treugelübde zu schützen, liegt etwas von den wenigen ethischen Attributen des Zeus verborgen. Allerdings ist auch die Fides eine Gottheit. Wenn man ihr opfert, ist der Treubruch nicht so schlimm. Man kann die „Schuld" auch abwaschen, denn sie ist eine kontagiöse Masse, als solche völlig gleichartig, mag es sich um moralische oder körperliche oder abergläubische Befleckung (durch Mord, bzw. durch Schmutz oder Leichenberührung) handeln. In allen Fällen ist das Verfahren, das beim Versagen der Abwaschung statthat, das gleiche: die Meidung (vgl. o.). Gewiß gibt es auch eine Strafe. Ohne die Empfindung eines naturgesetzlichen Kausalzusammenhangs zwischen Schuld und Strafe ist überhaupt keine menschliche Gemeinschaft denkbar und keine als vorhanden bekannt. Nur wird der Schuldbegriff sehr eng gefaßt; er ist eine formale Idee fast ohne Inhalt, etwa die Summe von dem, was der korrekte Stammesgenosse im sakralen und sozialen Leben an Äußerlichkeiten zu meiden hat. Dahin gehört also wesentlich das Mißverhalten im Kultus und bei den großen Begehungen der Stämme und Familien. Wird diese Schuld verwirkt, so tritt der Mensch als Vollzieher des in der göttlichen Weltordnung ruhenden Zwanges rächend auf den Plan. Der Mord gilt gerade in Griechenland ursprünglich noch nicht als zu dieser Gruppe von Sünden gehörig. Der Mörder wird von den Furien, aber in erster Linie noch nicht von den Menschen verfolgt. Allerdings beunruhigen die aus dem Blut des unschuldig Getöteten erstehenden bösen Geister die Gemeinde. Das Höllentor ist eben aufgemacht; die Dämonen schwärmen. Deshalb wird, wer mit Vorsatz tötet, zum Gegenstand der Gefahr seiner Mitmenschen und aus diesem Grunde der Rache des Ermordeten ausgeliefert. Es mag eine Zeit gegeben haben, in der das Blut schlechthin um Rache schrie, auch das Blut von Tieren; sie durften damals nicht widerwillig geschlachtet werden; die Gottheit mußte das Opfer annehmen. Aber diese Zeit war im historischen Rom längst vorbei. Der Vorsatz wird gerade beim Delikt der Tötung bereits im frühesten römischen Recht berücksichtigt. Das Tier war zur Sache geworden.

Der Begriff des Rechts ist danach eher negativ als positiv zu formulieren. Recht handelte, wer sich bei einer sehr großen Anzahl sakraler und profaner Gelegenheiten nicht „befleckte". Das Wort für Recht (ius) hängt wahrscheinlich mit dem Avesta-Wort für „lauter sein" (yaoždadaiti) zusammen. Worte für „lauter" haben wesentlich eine abergläubisch-mystische Tendenz: „lauter", „fromm" (castus; pius) sind Personen oder Sachen, wenn sie sich in einem Zustande befinden, der ihnen das Betreten geheiligter Räume, die Arbeit oder das passive Verhalten im Heiligtum oder an Heiligem erlaubt. Die „piae manus" („frommen Hände"), die „pii ritus" des römischen Opferers erinnern mich wieder an die Gummihandschuhe des eine Pestleiche obduzierenden, unter allen Kautelen vorgehenden Arztes. Dieser ist, wenn er seine Sache gut gemacht und überstanden hat — dieser Rückschluß vom Erfolg zur Handlung ist immer das Entscheidende — „gerecht", im Sinne des AT.: „gerechtfertigt" (iustus, hosios). — Auch der Begriff der Heiligkeit hängt aufs engste mit dem der Unantastbarkeit zusammen. Er ist (s. o.) „ambivalent", trägt die Charakterfärbung der heiligenden, rein dynamisch gefaßten (moralisch nicht orientierten) Macht, ist also in keinem Falle ein sittlicher Begriff a priori. Ein Mensch oder Gegenstand gewinnt Heiligkeit, wenn er sich in die Sphäre dieser Macht, die nach dämonistischen Gesichtspunkten räumlich und zeitlich, ferner auch begrifflich streng umschrieben ist, begibt.

Selten wie im religiösen sind auch im profanen (sozialen) Leben die primär ethischen Begriffe: die Worte für Tugend bezeichnen ursprünglich mehr: „staatsbürgerliche Brauchbarkeit". Das Wort für „Ehre" (honor) hat mit dem Selbstgefühl des (durch äußere Verkennung nicht veränderbaren) inneren

Wertes des Menschen nichts zu tun. Es bezeichnet im Sprachgebrauch eher das äußere Ansehen des einzelnen in seiner Gemeinschaft. Auch hier Form und nichts als Form! Wie seltsam, ein wahrer Übermensch mußte für ein solches Zeitalter der christliche Märtyrer sein, der von Gottes Sohn gepriesen wurde, wenn ihn die Menschen um seinetwillen schlagen und verfolgen. Und wie völlig unverständlich wäre ihm der Buddhist, der nur ein Zaubermittel kennt: recht tun!

GERMANISCHER ABERGLAUBEN

Der germanische Aberglauben ist kein einheitliches Gebilde. Gewisse Vorstellungen, die dem arischen Stammes-, vielleicht Rassencharakter entsprachen, müssen wir uns aus einer unbekannten, wahrscheinlich im hohen Norden gelegenen Heimat mitgebracht vorstellen. Andere bildeten sich auf den Wanderzügen, die von jenen Gegenden zu den später germanisierten Ländern führten. Es ist hier wohl an die Ideen von siderischen und tierischen Führergottheiten zu denken. Angesichts der großen Verluste, die eine Völker-Expansion notwendig im Gefolge haben mußte, dürfte der Heißhunger nach Söhnen, d. h. nach waffenfähiger Mannschaft, zu Zaubereien Veranlassung gegeben haben. Magische Werte schien alles Fremde zu bieten, was der Eindringling sah. Zauberer waren die Urbewohner der Gegenden, auf die sein Fuß zuerst trat. Sie waren es schon wegen ihres ungewohnten Äußeren; sie waren es, weil der Boden, der sie nährte, ihre Heimat, ihre Mutter war, die ihre Kinder seit urältesten Tagen mit Weisheit, d. h. mit Zauberkraft, versorgt hatte; weil ihre Religion nicht minder als ihre ganze Handlungsweise, ihr Ergehen, den Fremden völlig unverständlich und deshalb ein einziger, außerordentlich wirksamer, magischer Komplex zu sein schien. Denn der Urbewohner des Waldes, der Berge, gilt immer als dem Eindringling überlegen — und jede Kraft ist ja mögliche (potentielle) Magie. Die ältesten uns bekannten Bewohner von Latium, von Thessalien, die Urbewohner der Euphrat-Tigris-Gegenden (Sumirs), die zwerghaft-scheue Bevölkerung der deutschen Wälder, ja selbst die Litauer, denen wir das Land abkauften, ohne zu wissen, daß wir ihren Aberglauben, an der Scholle klebend, miterwarben, sind Beispiele für solche zauberkundige Autochthonenschaft. Für die Nordgermanen waren die Finnen Lehrmeister. Zauber heißt dort „Finnenwerk". Man lernte von dem Urbewohner vorzugsweise die schwarze Magie, den bösartigen Zauber, den dieser brauchte, um sich die Siegerstämme vom Leibe zu halten. Wenn der Heide stets als verrucht aufgefaßt wird und selbst unsere alten Vorfahren gelästert wurden, so ist deren Zauberkunde daran schuld. Sicherlich kamen auch fremde Einflüsse hinzu. Die Babylonier haben durch das Judentum, die Bibel, namentlich aber durch vorgeschichtliche und sehr frühe Einflüsse, die bis nach Etrurien und nach Nordindien reichten, ihre magische Schatzkammer zugunsten der halben Welt entleert. Etrurien aber war für das älteste Italien und Indien, für einen sehr großen Teil von Asien der Lehrmeister. Von Italien aus überwanderte uns zugleich mit den christlichen Sendboten der von diesen gierig aufgesogene und zäh festgehaltene Aberglauben; von Indien aus kam er über das Mittel der griechischen Kultur der Spätzeit und durch den Mithrazismus, eine eigentümliche Sonnenverehrung, zu uns. Die Araber haben uns in der Zeit der Kreuzzüge durch gewisse literarische Güter, aber auch durch ihre mündlich weitergegebenen Märchen manche Einzelheit geschenkt. Vieles alte, echtgermanische Gut galt, nicht mehr heilig gehalten und gepflegt, dem zum Christen gewordenen Deutschen als Aberglauben. Das war für ihn kein Unglück: er behielt ihn bei, wofern er nur nützte. Bei der Umtaufung mußte er es sich zuzeiten gefallen lassen, daß sein Gewand eine andere Farbe bekam. Die innere Form und der „Geist", in denen ja die eigentliche Kraft des Zaubers vermutet wird, blieben sich völlig gleich. Christliche Namen traten freilich anstelle der (streng verpönten) im heidnischen Beschwörungsspruch. Das Amulett enthielt nicht mehr hebräisches Kauderwelsch, sondern (unverstandene) Bibelworte. Die Zauberpflanze bekam statt des Namens einer altgermanischen Gottheit den der Maria. Zahllose Heiligtümer, darunter auch Gräber, der Antike wurden als alte Offenbarungsstätten ohne wesentliche Veränderung der kultischen Formen umgetauft und dadurch dem Christentum gewonnen. Hier und auf dem spät und unvollkommen christianisierten flachen Lande (die Landbewohner sind ja in der französischen Sprache noch Heiden, d. h. pagani oder payans) hielt sich der Aberglaube mit erstaunlicher Zähigkeit. Das hohe Wort der Bibel, die Mahnung, Gott im Geiste und in der Wahrheit anzubeten, ist in den ersten zwei Jahrtausenden der christlichen Geschichte seiner Verwirklichung nicht einmal nähergerückt worden. Die kirchlichen Vertreter der herrschenden Bekenntnisse haben die weitgehendsten Konzessionen an das niedere Volkstum und seine Instinkte gemacht. Die Geistlichkeit ist ihrerseits, wie Fälle von groteskester Komik aus neuester Zeit lehren, großenteils im schwärzesten Aberglauben stecken geblieben. Ich erinnere nur an gewisse Skandalaffären, den Teufel Bitru wie die Teufelserscheinungen überhaupt, die Muttergottesvisionen und den Reliquiendienst. Davon hält sich die nach-mittelalterliche, kirchliche Aufklärung nun freilich fern. Aber, was sie an Magie verliert, gewinnt sie an Rationalismus, der leicht zur Kirchenflucht und Entfremdung vom Glauben führen kann. Von da aus ist der Schritt in den Sumpf des Materialismus gegenwärtig fast unvermeidlich. Der Bauer alten Schlags entgeht dieser Gefahr, indem er den frühesten Standpunkt, den magischen, beibehält. Von der Einstellung des ländlichen Mittelfranken sagt ein sehr wertvoller Bericht: „Nur die Begebenheiten, die der Urahn dem Großvater erzählte und der wieder dem Vater und Enkel — das gilt, ist Evangelium, unverrückbare Wahrheit". „Den breitesten Platz im Leben des Dörflers nimmt auch heute noch wie einst der Aberglauben ein". Er ist der Vater vieler, wenn nicht aller Wissenschaften und Künste. Wie tief sie mit ihm noch heute durchsetzt sein müssen, lehrt die Beobachtung, daß jede neue Periode die ältere als abergläubisch, das heißt auf unerweisbaren oder falschen Voraussetzungen ihre Resultate und Schlüsse aufbauend und diese als unumstößlich preisend ablehnt. Die alte Philologie hat uns mit ihrer Lehre von deren „ewigen Werten" statt der Ideen den Fetischismus des Stoffs geschenkt; die Naturwissenschaften beglückten uns mit mystischen weltanschaulichen Bezugnahmen. Sie sind bis zu Luthers Zeiten und darüber hinaus ebensosehr mit Aberglauben durchsetzt gewesen, als die Astrologie und Astronomie, Chemie und Alchemie. Die Schwarzkunst des heidnischen Leichenzaubers steht neben der Anatomie, die Wetterkunde neben dem Regen- und Hagelzauber. Im Grunde war man garnicht gewillt, Fortschritte zu erzielen: wie in ethischer und psychologischer Hinsicht die Bibel, so gab in biologischen und physiologischen Fragen etwa Galen das ewig Gute und Wahre. Die Beschäftigung mit der Leiche wurde als deren Schändung unter Strafe gestellt. Die Vorstellung von ihren Wunderkräften ist noch heute im Volkstum nicht erloschen und der Glaube im Geheimen verbreitet, die Wissenschaft verwende sie zu Zaubermedizinen.

Der Körper wird, ob lebend oder tot, als magische Einheit gewertet. Unter den Lebenden gilt noch heute der Fremde als besonders wirksame Kräfteeinheit, mag er der „Mohr" vergangener Jahrhunderte, der Jude oder ein anderer wandernder Landfremder sein. Es gibt keine Abweichung von den heimischen Sitten in seinem Benehmen oder seiner Kleidung, die nicht als lächerlich oder gefährlich empfunden würde. Was er hat oder gibt, kann verhext sein. Tritt in der Zeit seiner Anwesenheit irgendwo ein Unfall ein, so hat der verfluchte Fremde daran schuld. Deshalb zeigt man ihm sein Vieh nicht oder sagt, wenn dieser es sieht: „da schiet di wat". Der Jude ist Zauberer, sein Körper enthält Wunderkräfte. Eine Hexe des ausgehenden 15. Jahrhunderts wurde beschuldigt, eine andere Person nach Innsbruck geschickt zu haben, um den dortigen Juden-Kloaken zauberkräftige Proben ihres Inhalts zu entnehmen. — Wenn man einen solchen unheimlichen Fremden irgendwo unvermutet traf — wir sprechen von seinem „Angang" — so bedeutete dies seit alters großes Unglück. Natürlich durfte jeder Deutsche einen Unbekannten, den er für gefährlich hielt, von Haus und Hof verjagen. Vor dem Gast aber hatte man Ehrfurcht. Sobald es heißt: „zwischen uns ist Salz!", ist in der arabischen Wüste jeder verpflichtet, dem anderen nicht nur nichts Böses zuzufügen, sondern auch ihm zu helfen und ihn zu schützen, als wenn er sein Bruder wäre. Im klassischen Altertum galt Ähnliches — wenigstens in der Theorie! Der nüchterne Römer ging lieber zum fremden als zum eignen Mahle, „denn Rom will alles haben, geben nichts" (Goethe). Erst der Deutsche gab dem Gebot der Gastfreundschaft die Erfüllung und wurde deshalb von dem gerecht denkenden Tacitus sehr gelobt. Brot und Salz sind auch bei uns geweiht. Daß der Fremde, ehe man ihm das Mahl anbietet, mißtrauisch beobachtet wird, lehrt auch der alte Spruch: „Grüß Gott, tritt ein, bring Glück herein". — Entsprechend der Lehre von den „Signaturen" gilt das alte Weib immer als ein unglücklicher „Angang", desgleichen eine Jungfrau; dagegen eine Dienerin der Venus und eine kinderreiche Frau als glückbringend. Die vegetative Fruchtbarkeit wird so sehr geschätzt, daß auch der katholische Priester von seinen eignen Glaubensgenossen nicht gern angetroffen wird. Noch weniger gern begegnet man Krüppeln oder geschlechtlich Unbrauchbaren, auch Einäugigen. Die Grundlehre, daß der Mensch eine „Welt im Kleinen" sei, daß seinen Augen Mond und Sonne entspreche usw., macht den körperlich Abnormen zu einem gottwidrigen Scheusal. Aus eben diesem Grunde wurde er schon von der Avesta-Religion verworfen; zum Opfer ließ man ihn nicht zu. — Im Tierreich gelten als unglücklicher Angang einige wenig bekannte Wesen wie die (jung importierte) Katze; ferner seit Urzeiten der mit Dämonen geladene Hase; einige andere, die sich in (Klüften) verbargen und deshalb zur Nacht und zum Totenreich in Beziehung zu stehen schienen: das Wiesel; unter den Vögeln: Krähe, Rabe, Elster, Kuckuck, Specht; manche von ihnen sind ja schwarz und schwer sichtbar. Von Raubtieren nenne ich die mächtigsten Bewohner der deutschen Wälder: den Bären und den Wolf. Auch Gegenstände können, namentlich in ihrer gehobenen Wertung als Geschenke, Glück oder Unglück bringen. Perlen bedeuten Tränen! Der „Angang" im Traume, namentlich des Morgens, ist von größter Wichtigkeit, um wieviel mehr das Erste, was man beim Jahresanfang sieht oder empfängt.

Um die im Körper schlummernde Magie in ihre Grenzen zu bannen, ward die Kleidung erfunden. Der nackte Körper der Frau erregte in erster Linie nicht Lüsternheit, sondern Furcht. Hexen, d. h. Wolkengenien, hat man im Gewitter vom Himmel herabgeschossen: sie waren zum Entsetzen der Bewunderer splitternackt. Vor Weibern, die ihre Röcke in die Höhe hoben, um dadurch ihre Heimat zu schützen, riß ein ganzes Heer aus. Das alles lehrte uns schon die Betrachtung der klassischen Antike. — Die leibliche Energie wird durch Tätowierung noch stark vermehrt. Deshalb tätowiert sich der Landstreicher! — Aber auch der Tote behält jenes Etwas in seinem Leibe. Man konnte zwischen Lebenden und Toten überhaupt nicht unterscheiden. Wer „leblos" dalag, galt als tot. Wenn er von seiner Ohnmacht wieder erwachte, war er eben ins Leben zurückgekehrt — denn auch das war möglich. In der auf Neu-Guinea gebrauchten Sprache des Kâte-Stammes bedeutet das Wort hâmozo zugleich sterben und ohnmächtig sein. Die ostgermanische Sitte der Gesichtsurnen und die westgermanische der Hausurnen scheinen darauf hinzuweisen, daß der Tote seine äußere Körperform und seine alte Wohnung (wie auch Kleidung und Nahrung, die man ihm ins Grab mitgab) beibehalten sollte. Als man in späteren Perioden zwischen dem Diesseits und dem Todesreich zu unterscheiden gelernt hatte, wich der Versuch, den Toten als Lebenden zu behandeln, übrigens dem Bestreben, dem Reich der Vernichtung zu geben, was ihm zukam, damit dessen Geister sich nichts eigenmächtig holten. Deshalb zerstörte, zertrümmerte man alle Beigaben. Auch wir zerbrechen ja wohl das zu Ehren des Toten geleerte Glas. Ehemals hat man, um Diesseits und Jenseits möglichst scharf zu sondern, auf dem Totenschiff auch das lebende (menschliche) Inventar verbrannt, die Leichenbestatter getötet, die Sklaven beim Fest der Nerthus in den See versenkt. Der „lebende Leichnam“, dem wir als weli in Palästina begegnen, „schlummert“, d. h. lebt gleichwohl auch in der Spätzeit immer noch unter der Erde. Der Gräberkult des Orients spricht, wie die griechische Kirche, von dem „unverweslichen Leibe“ der Heiligen, der Segen über ein ganzes Land bringen kann. Ihn frisch zu erhalten, diente ja die ägyptische Balsamierung. Aber auch Barbarossas Körper verwest nicht und selbst Freyrs, des nordischen Gottes, Leib verbreitete von seinem Hügel aus eine Sphäre fruchtender Heiligkeit, Frische und Gesundheit des Leibes und der Seele. Im deutschen Volksaberglauben heißt es, daß der Tote noch einmal aufschreien könne und vor der Einsargung die Augen aufschlage. Die alte Sage geht in dieser Hinsicht viel weiter. Das Grimmsche Märchen kennt die Gestalt der Mutter, die, obwohl tot, zur nächtigen Stunde ihr Kind tränkt. Luther fand den Glauben an tote Frauen vor, die um Mitternacht ihre Männer besuchen und mit ihnen Kinder zeugen. Die diese umgebenden Schutzengel werden sichtbar, sie erhalten fleischliche Wirklichkeit, wenn das Kind stirbt: dessen Seele hat dann in ihnen Wohnung genommen. — Ungeheuer vielgestaltig, alt und weitverbreitet ist der Brauch der Verwendung von Leichenteilen. Da in ihnen Lebensessenz schlummert, kann man sie zu Werken der weißen; da sie dem Nachtreich angehören, zu Handlungen der schwarzen Magie benutzen. Noch in der heutigen Verbrecherwelt findet man die Gewohnheit, das Opfer zu verstümmeln oder wertlose, ihm zugehörige Gegenstände mitzunehmen, da diese eine besondere Kraft in sich haben sollen. Der Röhrenknochen der Ziege wurde angeblich von den Spielleuten, die bei den Hexentänzen musizierten, als Pfeife verwendet. Das zur Flöte umgearbeitete Gebein des Ermordeten schreit die Bluttat in die Welt. Das Christentum hat so lange, als es im Norden Fuß gefaßt hat, der Überzeugung gehuldigt, daß die in richtiger Ordnung gereihten Gebeine des hingerichteten Zauberers durch ein Gebet (d. h.: einen Zauberspruch) zum Leben erweckt werden könnten. Daher zerstreute man sie in alle Himmelsrichtungen. Die Verbrennung der Hexen zu Asche hat den erklärten Zweck, sie an der Auferstehung zu verhindern. Der liebende Verwandte sammelt die Gebeine. Fehlt ein Glied, so fehlt es auch am jüngsten Tage. Die Verehrung der Gebeine Heiliger ist gewöhnlich als medizinischer Akt gedacht: man gesundet bei deren Berührung. Die Gebeine des h. Zenobius streiften beim Vorübergehen eine dürre Ulme; da grünte und blühte sie.

Die Galgen-Posten, Henker und Schinder aller Grade hatten gute Tage: alle Leichenteile wurden teuer verkauft und fanden reißenden Absatz. Wie die menschliche Haut, so wirkt das tierische Fell in der Richtung seines einstigen Besitzers. Einem fremden Wesen umgehängt, überträgt es dessen Eigenschaften. Noch blutwarm aufgelegt, heilt es Wunden. Der fieberkranke Löwe soll sich in die Haut eines lebendig geschundenen Wolfes wickeln. — Unter den Körpergliedern wird das Auge in der ganzen Welt und seit Urzeiten magisch gewertet. Der unheimliche Blick von Tieren (Schlangen, Drachen), Dämonen und Göttern kann in Stein verwandeln. Er wird als Ausfluß einer magischen Kraft gedacht und kann deshalb einen bösen Einfluß ausüben, aber auch Gutes stiften. Der Blick des Fremden in den Kochtopf des Bauern verleidet diesem stets die Speise, kann Kühen und Pferden schaden, Krankheiten bei Menschen, namentlich bei Kindern, hervorrufen. Die Tischgebete haben großenteils den Zweck, Unheil abzuwehren. Eben deshalb bekreuzigt man vor dem Anschneiden des Brotes dessen Rückseite. Weitere Abwehrmittel sind: Verkleidung bzw. Abwenden des Kopfes oder des ganzen Körpers, verächtliche Gebärden, Bedecken der Hand mit den Augen, Anlegen von Augenbinden, Amulette, namentlich auch in Augenform, wie wir sie seit Ägyptens frühen Tagen kennen. Das Auge der Frau ist oft gefährlicher als das des Mannes. Eine besonders hohe Heiligkeit wohnt in dem Auge, das etwa eine auffällige Farbe zeigt; trieft; durch Trübungen der Hornhaut oder Schädigungen der Regenbogenhaut verunstaltet ist; eine unveränderliche Pupille zeigt oder das „Männchen“ (Spiegelbild) nicht erkennen läßt. Gegen solche Augen kann man nur Gott oder die Dreifaltigkeit anrufen, denn sie sind sonst imstande, fast alles Unglück (auch Brandstiftung) anzurichten. Der Inder fürchtete sich vor dem bösen Auge seiner Frau so sehr, daß er am Hochzeitstage darum betete, dieses Auge „möge nicht den Gatten ermorden“. In Estland soll die junge Frau nur mit verbundenen Augen in das Haus des Gatten geführt werden. Auch unter den Männern gibt es Auserlesene, die andere „fixieren“ können, so daß diese sich nicht zu bewegen vermögen. Derartige Menschen gibt es wirklich, aber sie müssen sich überaus suggestibel veranlagte Versuchspersonen zum Betätigungsfeld auswählen.

Die menschliche Hand soll durch ihre Linien Charaktereigentümlichkeiten und den Blick in die Zukunft erschließen. Unser Volkstum redet von der glücklichen Hand, die schnell Feuer anzünden kann, bei der die Blumen gedeihen, die den Chirurgen (eigentlich: „Handarbeiter“) befähigt, mit

Erfolg zu operieren. Krankheiten werden dadurch geheilt, daß die Hand eines Gesunden sie einfach abstreicht. Solche Striche bereiten offensichtlich den Mesmerismus, die älteste Form der Hypnose, vor. Sie werden seit dem grauen Altertum mit dem Daumen und Ringfinger ausgeführt. Besonders wichtig ist dabei der Daumen. Er wurde schon von Plinius geschätzt, wenn es sich um Epilepsie handelte. Ich erinnere an das Einkneifen des Daumens, um Glück im Spiel zu gewinnen, ferner an die Verwendung des Diebsdaumens, der, wie so viele Zaubermittel, von der Galgen-Leiche gewonnen und außerordentlich hoch geschätzt wurde. Der Zeigefinger der linken und der Mittelfinger der rechten Hand liefern das für die Teufelsverträge notwendige Blut. Dem Inder war (wie so vielen primitiven Völkern) ein Finger oder Fingerglied so hochheilig, daß man ihn nicht einmal zu nennen wagte. Die „Hand des neugeborenen Knaben" gehört in Macbeths Hexenkessel, aber noch wirksamer ist die des Ungeborenen. Der Fötus selbst wird nachts der schwangeren, am Galgen hängenden Diebin aus dem Leibe geschnitten und seiner Finger beraubt. Als Kerzen verwandt, sollen diese beliebig lange brennen, alles sichtbar, den Besitzer aber unsichtbar machen und die Umgebung in tiefen Schlaf versenken.

Die Magie des Fußes stammt aus dei Periode des Jäger- und Hirtenlebens. Damals war die Beobachtung der Fußspur unter Umständen lebenswichtig. In den Tapfen des Viehs gehen die Dämonen, die es verfolgen. Deshalb soll man in besonders kritischen Tagen das Vieh rückwärts aus dem Stall führen: der Dämon täuscht sich dann über die Richtung des herausgetriebenen Tieres. Wenn man der menschlichen Fußspur schadet, Nägel in sie treibt, sie räuchert, so vernagelt bzw. dörrt man damit den Inhaber dieser Spur. Man „sticht den Tritt aus" und läßt damit den Feind vom Erdboden verschwinden. — Wichtig ist die uralte Vorstellung, daß die linke Körperseite unheilig, unglücklich, minderwertig sei. Sie wurde beim bösen Zauber verwandt; das Blut der linken Hand wurde dazu benutzt, Teufelsverträge zu unterschreiben. Der „Linkische", „Linkshänder", gilt nicht immer als vollwertig. — Das Haar war der Stellvertreter der Person, der es gehörte und wurde als solcher dem Nächststehenden ins Grab mitgegeben. Das Haaropfer löst das Menschenopfer ab. In Brotform hergestellt war es eine Darbringung für die Ahnen: der „Seelenzopf" wird noch heute gegessen. Nicht vom Lebenden entnommen, sondern als toter Abfallteil aufgehoben und unter die Hausschwelle vergraben, bringt es Unglück mit. Aus der Lage der Haare, ihrer Dichte und Farbe werden viele Schlüsse auf die Person des Inhabers gezogen. Wir glauben einen indischen Traktat zu lesen, wenn wir hören, daß Kinder mit zwei auf dem Kopf getragenen Wirbeln Glückskinder sind. Lange Haare gelten, wenn sie an ungewöhnlichen Stellen auftreten, als unheimlich. Nachtgespenster der Semiten sind nur mit Haaren bekleidet. Der Teufel ist stark behaart, desgleichen die Zwerge. Der Alte-Weiber-Bart ist ein Hexenabzeichen. — Die Absonderungen des menschlichen und tierischen Körpers sind die Quintessenzen von deren Wesenheiten. Der Genuß des Kuhurins galt als besonders heilkräftig, weil man sich durch ihn tausend Frühlingskräuter einverleiben könne. Daher der Name: „eau de mille fleurs", später für einen gesuchten Wohlgeruch gebraucht! — Daß der Speichel den Heilzauber vermittelt, weiß jedermann aus dem NT. Durch ihn werden Gegenstände geweiht, Personen entzaubert und dadurch beglückt.

Von überragender Wichtigkeit ist der Blutaberglaube. Als Sitz des Lebens wurde das Blut namentlich lebenskräftiger, plötzlich gestorbener Personen, in erster Linie also Enthaupteter, getrunken oder bis auf die neueste Zeit in Taschentüchern aufgefangen und zu Heilzwecken verwandt. Bei geheim vollzogenen barbarischen Riten spielte es die Hauptrolle. Bekannt ist, daß sich der Arme Heinrich durch das Blut der Unschuld vom Aussatz befreien wollte. Mit dem „Armen Heinrich" oder „Armen Ritter" als einer aus Mehl, Fett und Blut frisch geschlachteter Tiere zubereiteten Speise wollte man die Kraft des Speisenden vermehren, was nicht etwa bei Blutarmut, sondern namentlich bei Epilepsie besonders nötig war. Denn der Epileptiker ist während seines Anfalls „tot". Der Tote aber wird, wie wir ja aus der Odyssee wissen, durch Blutgenuß wieder lebendig. Vielfach herrschte der Glaube, daß man durch frisches, warm genossenes Blut besonders „kräftig" werden könnte. Niemand glaubt, was doch wahr ist, daß frische Blutwurst die gleichen Dienste tut. — Zum hysterischen Wahnsinn kann sich der Blutgenuß in Kriegs- und Revolutionszeiten ausgestalten. Da werden „Weiber zu Hyänen". Aus dem toten Blutgerinnsel des Opferkessels wurde in heidnischer Zeit bei den Cimbern prophezeit. Noch heute stellen „Weise Frauen" — auch ehemals war durchaus nur das Weib dazu berufen — aus Form, Farbe, Geruch und Masse des etwa im Hemde, im Wundverbande aufgefundenen Blutes ihre Diagnosen. — Menschenblut, namentlich auch unschuldigen Kindern entnommen, diente als geschlechtliches Reizmittel. Wir denken hier an sadistische Verirrungen, wie sie im alten Rom im Schwange waren und, von dort und von Frankreich übernommen, glücklicherweise nur selten in Deutschland verübt wurden. Häufig wurde aber zu Zwecken des Liebeszaubers Blut, namentlich Menstruationsblut, auch heimlich dem spröden geliebten Teil in die Speise oder den Trank gegeben. In der schwarzen Magie diente es zum Heben von Schätzen und anderem Satanswerk. Ihm mußte der Opfertod des Wesens vorausgehen, dem es entzogen war. Auch dabei wurde das Blut von reinen Jungfrauen und „unschuldigen" Kindern bevorzugt. Dieser Aberglaube ist bei uns schon lange erloschen, wenigstens nicht nachgewiesen, wohl aber im Auslande noch auffindbar. Das Ende des letzten Jahrhunderts kennt mindestens zwei Fälle, in denen ein Soldat seinem Kameraden mit dessen Einverständnis zwecks Schatzhebens den Kopf abgeschnitten hat. Beide Teile glaubten, dabei trete dann auch das Mittel zutage, den Geköpften wieder lebendig zu machen. — Als Besitzer der Schätze gilt immer der Teufel. Daß seine Forderungen an den Schatzgräber um so furchtbarer sind, je größer der in Aussicht stehende Schatz ist, bedarf keines Wortes.

Da der Affekt die Lebenskraft des Organismus steigern kann, werden Weinen und Lachen magisch betont. Eine seltsame Warnung vor allzureichlichen Tränengüssen nach einem Todesfall lehrt uns, daß, wer dem eignen Schmerz nicht gebieten kann, deshalb „dem Toten keine Ruhe läßt" und darum die Pflichten gegen das Leben und die Lebenden nicht zu erfüllen vermag. Ich denke an die ergreifende Erzählung von dem Tränenkrüglein, die Gerhard Hauptmann, wie so manches köstliche deutsche Gut, vor Augen und Gemüt gebracht hat. — Schwerere Verbote ruhen auf dem höhnischen Lachen, ja dem Lachen überhaupt. Wer während eines Gottesdienstes lacht, kommt auch bei uns ins Gefängnis, obgleich die Hexen, die zu sehen magische Kniffe ihm bisweilen gestatten, lächerlich genug aussehen. Denn so wahr Gott schön ist, ist der Teufel häßlich; nicht minder auch sein Gefolge. Ihre ganze Furchtbarkeit aber zeigen diese Dämonen, wenn man sie auslacht. Man darf „ungestrafter eine Kaiserin und Königin auslachen als eine Hexe". Bis zu den Eskimos reicht das Verbot des Lachens über häßliche Genien. Man wird anderenfalls mißhandelt, zerrissen. Auch das Lachen der Dämonen ist schrecklich, so namentlich der Kobolde in leeren Häusern. — Unter den eben genannten „magischen Mitteln", Hexen zu sehen, ist eines von besonderem Interesse, das zwei Burschen im Alter von 23 und 26 Jahren in die Pfarrkirche zu Pollanten, unweit Beilngries, mitbrachten, als dort die Christmette 1930 abgehalten wurde. Es bestand aus einem „Hexenstühlchen", mit dessen Hilfe derjenige, der sich während der Christmette in der Kirche darauf kniete, die während des Gottesdienstes in der Kirche befindlichen Hexen sehen zu können meinte. In der Umgebung von Beilngries herrscht der Aberglauben, man könne die überhaupt in der betreffenden Ortschaft wohnenden Hexen sehen, wenn man unter der Christmette während der Wandlung sich auf ein aus neunerlei verschiedenen Holzarten gefertigtes Stühlchen oder Schemelchen kniee und auf den Altar hinsehe. Erste Bedingung ist, daß das Stühlchen oder Schemelchen, wie angegeben, aus 9 verschiedenen Holzarten zusammengestellt ist. Während nun der Betreffende unter der Wandlung auf dem Stühlchen kniee, kämen die in der Gemeinde wohnenden Hexen auf ihn zu, so daß er sie genau erkennen könne. Sobald nun die Wandlung beendet, müsse der, welcher auf dem Stühlchen kniee, mit allergrößter Eile trachten, aus der Kirche zu kommen und in ein in allernächster Nähe der

Kirche befindliches Haus zu flüchten, weil ihn sonst die Hexen, sobald sie seiner habhaft würden, erwürgen würden.

Um ein möglichst schnelles Herauskommen aus der Kirche zu ermöglichen, müssen nun Helfer desjenigen, der auf dem Stühlchen kniet, dafür sorgen, daß die Kirchentüre zu seiner Flucht bereits geöffnet ist, ebenso muß die Haustüre des Hauses, in welchem der Flüchtling Zuflucht nehmen will, ebenfalls bereits geöffnet sein und nach dessen Eintreten in das Haus sofort wieder geschlossen werden. Erst dann, wenn der Flüchtling das Haus erreicht und die Türe hinter ihm geschlossen, hätten die Hexen ihre Gewalt über ihn verloren. Es müssen also auch die Bewohner, oder einer von ihnen, von dem Betreffenden vorher verständigt und mit ihm im Einverständnis sein, damit er dieses Haus ohne jede Verzögerung betreten könne. — Dieser Fall war nicht der einzige in jener Gegend vorgekommene: In einem Dorfe Irfersdorf bei Kipfenberg fertigten etwa im Jahre 1920 auch mehrere junge Bauernburschen ein aus 9 verschiedenen Hölzern zusammengestelltes Hexenstühlchen und stellten es während der Christmette bei der Wandlung auf. Ein Bursche kniete sich darauf. Er soll dann auch wirklich Hexen gesehen haben und eine soll auf ihn zugekommen sein und ihn verfolgt haben. Der auf dem Stühlchen Knieende entfernte sich sofort aus der Kirche und wollte in das nächste Haus fliehen, konnte aber das Haus nicht mehr erreichen und wurde von der ihn verfolgenden Hexe im Gesicht und überall richtig verkratzt und zerschunden. Der Bursche hat auch die Hexe erkannt und war es eine Dorfbewohnerin selbst und zwar seine Nachbarin. Dieser Bursche lebt heute noch und hat nach dem Hörensagen schon oft von diesem Abenteuer erzählt.

Eine strafgerichtliche Verfolgung erfolgte seinerzeit gegen die Burschen nicht. Sie wurden lediglich vor das bischöfl. Ordinariat Eichstätt geladen und dort entsprechend verwarnt. Schlechter erging es den vorher genannten beiden Burschen. Sie erhielten nicht deshalb, weil sie gelacht, aber deshalb, weil sie Lachen ausgelöst und „ein Betragen kundgegeben hatten, das mit der Bestimmung der Kirche in Widerspruch stand und dadurch in besonders roher Form die Mißachtung gegen deren Heiligkeit und gegen die religiösen Gefühle anderer zum Ausdruck gebracht" hatten, vom Amtsgericht Beilngries Gefängnisstrafen von 2—3 Wochen. Sie erklärten übrigens unter der Anklage, daß sie nichts gesehen hätten und an den Unsinn nicht mehr glaubten. — Für uns ist hier das Vorhandensein eines Aberglaubens, dessen Werkzeug sich auf ein altes heidnisches Zaubergerät (Schemelchen) zurückführen läßt, in dem gegebenen Zusammenhang namentlich deshalb von Interesse, weil es die Unausrottbarkeit des selbst dem Ausüber gefahrvollen Ritus und die Heftigkeit der dämonistischen Furchtinstinkte beweist.

Unter den Mitteln, statt des zauberkräftigen Körpers dessen Stellvertreter zu erfassen, sind wohl die Systeme des Messens, Wägens, Zählens der einzelnen

Körperteile oder des Körperganzen die schlichtesten und primitivsten. Wer die gewünschten Angaben von einem anderen zu erlangen vermag, kann folgerichtig diesen verzaubern. Deshalb ist man mit anthropologischen Angaben sehr vorsichtig. Die weiße Magie verwertete im Mittelalter „Seelenlichter" von der Länge und dem Gewicht des Kranken zu Kirchengeschenken. Die Abweichungen von den normalen Proportionen des Körpers gelten volkstümlich als Krankheit — auch hier sehen wir die alte Idee von dem gottgesetzten Mikrokosmus des menschlichen Leibes lebendig. Wie zu diagnostischen, so fand zu therapeutischen Zwecken die Messung statt, und zwar erfolgte sie von einer Fingerspitze zur anderen und darauf von der Zehenspitze bis zum Kopfende. Dies Verfahren ergibt eine „Messung über Kreuz". Der zu ihr gebrauchte Faden wurde verbrannt — ein Beweis dafür, daß man auf ihn, d. h. auf das durch ihn gewonnene geometrische Symbol die Krankheit des Gemessenen übertragen zu haben meinte. Statt des Maßes wird auch die Zahl, hier offenbar als Symbol der Krankheit, verwertet. Man schreibt sie auf Papier, hängt sie dem Leidenden um den Hals und verkleinert sie allmählich immer mehr. Dann nimmt auch die Krankheit ab! Oder man schreibt das alte Zauberwort abracadabra und wiederholt es schriftlich unter Weglassung je eines Buchstabens. Der Zweck ist der gleiche.

Weniger geheim und technisch schwieriger ist es, das Bild eines anderen zu erlangen. Es gilt nicht als ästhetische, sondern als mystische Einheit, die Projektion der Individual-Vorstellung des Nachgebildeten zu Zwecken, die diesem nützlich oder schädlich sein sollen, jedenfalls zu Zwecken irgendwelcher Art. Es liegt aber im Wesen der Kunst, daß sie solche Bezüge nicht kennt. Die innere Entfremdung von ihrem natürlichen Ursprung läßt diese magische Kunst sehr deutlich dadurch erkennen, daß sie, anstatt an dem schönen Schein ihre Freude zu haben, vielmehr mit dem (durch Farbengebung, Symbolik der Darstellung, Attribute und Formeln) kraftvoll bekundeten Willen zur Erreichung eines bestimmten Zwecks sich begnügt. Der Weg, diese Absicht ungangbar zu machen, ist damit von selbst gegeben: man verdreht die wesentlichen magischen Elemente in ihr Gegenteil oder macht sie durch Entfernung unwirksam. Denn das Bild ist nichts weiter als die zweckbelastete Wirklichkeit. Dies lehrt am klarsten die schon erwähnte Alraun-Wurzel, die man völlig als einen lebenden Menschen, seinen in bestimmter Absicht der eignen Person zur Verfügung stehenden Diener, behandelt. Sie wird gebadet, in jedem Monat verschieden gekleidet, als Amulett getragen, bei der Beschwörung formelhaft angeredet. Man glaubt Menschen oder die in Figuren wohnenden Gottheiten zu ehren, wenn man deren Bilder anredet, anbetet, beschenkt, bekleidet, herumträgt. An ihre Schädigung schloß sich seit Urzeiten, in Babylon wie im alten Rom und im christlichen Mittelalter, die Erwartung den Feind zu vernichten. Gewöhnlich verfertigte man zunächst zu diesem Zweck das Feindesbild. Dann durchstach man es mit Nadeln, hängte es in den Rauchfang, schmolz es ein, vergrub es nachts. Als Material des Idols dienten zuzeiten Teile seiner Kleidung. Die Furcht der Kaiser und Päpste vor solchem Zauber, der sich naturgemäß vorwiegend gegen sie richten konnte, weil ihre Bilder allgemein käuflich waren, muß sehr groß gewesen sein. Päpstliche Bullen wandten sich dagegen und blutige Prozesse wurden deshalb geführt, beispielsweise noch von der Königin Elisabeth von England. Die Verstümmelung der Bilder des Zaren wurde in Rußland bis zur jüngsten Zeit überaus schwer bestraft, nicht minder die Verletzung religiöser Idole. Und doch stachen russische Bauern, die eine Kirche plündern wollten, zuvor dem Christusbild auf dem Kirchenfenster die Augen aus. „Er darf uns nicht sehen", sagten sie, „das würde uns davon zurückhalten, unsere Absicht durchzuführen". Die Habgier der tempelschänderischen Bolschewisten ließ sich also durch ihren Aberglauben ebensowenig aufhalten als die der Soldaten des zaristischen Heeres, die, wie ich oft gesehen habe, in Ostpreußen den deutschen Kaiserbildern die Augen ausstachen, wobei sie den Kaiser ihrem Zaren gleichsetzten und den letzteren als Vertreter der Rechtsordnung fürchteten.

Am einfachsten kann man ein Bild herstellen, indem man das Original im Spiegel betrachtet. Er gilt als zauberkräftig; das von ihm gegebene Bild als eine zweite Wirklichkeit. In ihm glaubte man übernatürliche Dinge, Geister, auch Zukünftiges erkennen zu können. In dieser Absicht wurden Spiegelwahrsager häufig befragt. Sie haben viel Unheil gestiftet. Oft wurden kleine Knaben und Mädchen dazu auserwählt, in den Kristall hineinzusehen, weil sie noch unbefleckt — wir würden sagen: unvoreingenommen — waren, später vielleicht auch, weil die Spiegelwahrsagung, bei der man nachts den Teufel heraufzubeschwören hoffte, mit schweren Strafen bedroht war. — Als ältester Spiegel war der des Wassers in der Mantik geschätzt. Die Johannis- und Andreas-Nächte galten als die geeigneten Zeiten dieser Orakel-Befragung. Die Kirche verbot den Mißbrauch solcher Tage umsonst. Aber noch heute schaut in der Andreas-Mitternacht oder in den heiligen drei Nächten das Los-befragende Mädchen in einen Brunnen und erblickt dann in ihm seinen zukünftigen Mann, daneben aber auch — hier zeigt sich das von der Kirche rege gemachte „schlechte Gewissen" — den Teufel. Bei gleicher Gelegenheit soll er übrigens auch im Spiegel erscheinen. Eine Spaziergängerin im Faust weist bekanntlich auf eine Hexe hin, die ihr den künftigen Liebsten in eben jener Nacht leiblich gezeigt hatte, während die Nachbarin jenes Mädchens ihn zwar im Spiegel, aber nicht in der Wirklichkeit getroffen hatte. — Die Becherwahrsagung soll uns, da sie dem Orient entstammt und in Deutschland zurücktrat, anderswo beschäftigen. — Daß man durch die Fixierung glänzender Flächen sich hypnotisieren und Suggestionen in sich und anderen großziehen konnte, bleibt unbezweifelbar.

Wie man in Urzeiten durch Herstellung von Tierbildern sich der Tiere bemächtigen zu können hoffte, so versuchte man, indem man Bild an Bild, Symbol an Symbol reihte, einem Wunsch-Gedanken enger begrenzter Art Ausdruck zu geben. So entstand die Schrift. Jedes ihrer Zeichen ist zauberkräftig, ihre Vereinigung zu einer bestimmten Zahl zunächst geschaffen, den Zauber für einen bestimmten Sonderzweck wirksam werden zu lassen. Die Runen, hier noch nicht fähig, konkretes Gedankenmaterial zu umschreiben, wurden zu dem vorgefaßten magischen Zweck in Gegenstände geritzt, die eben dadurch geschützt oder in ihrer Wirkung verstärkt werden sollten, so namentlich in Schwerter, auf Schiffs-Steven. Andere Runen verursachen Schäden der verschiedensten Art, z. B. Siechtum, Tod, Wahnsinn oder Liebesleid.

Die Kleidung ist ein Stück des eignen Wesens, ganz und gar mit diesem durchtränkt. Wenn ein Mensch krank ist, dreht er deshalb sein Hemd um — er hat damit seine Krankheit von innen nach außen verschoben. Leidet in Ostpreußen ein Säugling an Krämpfen, so zerreißt man sein Hemd und wirft es schweigend auf den Kreuzweg, d. h. man übergibt es den dort lauernden bösen Geistern. Die Hemden, in denen der ohnehin zauberkräftige Schweiß heiliger Personen schlummert, gelten als Träger des gesamten Extrakts von deren Wesenheit. Im Neuen Testament (Ap. G. 19. 12) und in der Tradition sehen wir Schweißtücher leider in ähnlicher Funktion. Was man den Kleidern antut, erleidet dessen ehemaliger Träger. Daher prügelt man sie, verbrennt Stücke von ihnen — gleich kommen die Hexen, die dabei schreckliche Qualen erlitten, an, und verraten sich dadurch. Zeichen, in Kleider eingenäht oder auf ihnen gebildet, schützen, machen „fest", d. h. unverwundbar, können aber auch schaden. Die Hexen hatten eigene Folterhemden; sie mußten sie anziehen, nachdem man die bei ihrer Gefangennahme getragenen Kleider auf das Vorhandensein von Zauberzeichen genau untersucht hatte. Denn es gab Symbole, die auch gegen die Qualen der Tortur unempfindlich machen sollten. Einzelne Ausrüstungsgegenstände hatten besonders hohe Kraft. Der Gürtel gehörte zu ihnen seit alters. Man mußte ihn brauchen, um das faltige Kleid, das die Arbeit oder den Kampf erschwerte, zu raffen. Deshalb war er magisch geladen. Dem Zwerge der mittelalterlichen Sage verleiht er die Kraft von 12 oder 20 Männern. Zwerge waren ja stets die Hersteller solcher Wunderartikel. Die Älteren unter uns erinnern sich wohl noch des Herstellers eines magischen „Kraftgürtels", der mit Magnetismus geladen gewesen sein und dadurch ewige Gesundheit verliehen haben soll. Das Geschäft des „Erfinders" dieses Wunderartikels, der 1,50 M. gekostet hatte und für den hundertfachen Preis verkauft worden war, ging glänzend.

Der Staatsanwalt, der endlich (nach Jahren!) hinter die Sache kam, ließ den Wunderdoktor gegen Stellung einer sehr hohen Kaution frei. Der Verhaftete bezahlte sie lächelnd, verschwand über die Grenze und „arbeitete" dort ungestört weiter. Der Kurpfuscher ist auch hier zugleich der konservativste und modernste: jenes durch seine Spekulation auf das Vorhandensein der abergläubischen Instinkte der Menge, dieses durch das Mittel, vermöge dessen er jenen Instinkt erregt. — Wichtig sind in Religion und Sage die Unsichtbarkeit verleihenden Kleidungsstücke, der Hel-Helm (Hel ist der Tod, der im Aberglauben jedermann seine Kappe über die Ohren zieht), die Tarnkappe (Nebelkappe), die braune Mütze der Zwerge, das Käppchen des Teufels. Auch die Hexen tragen eine schwer erkennbare seltsame Kopfbedeckung. In den alten Fassungen dieser Glaubensform liegt die Meinung zugrunde, daß der Tote durch eine Umhüllung unsichtbar würde. Auch bei uns tragen die Gespenster vielfach umhüllende Kleidung, die sie dem menschlichen Auge entzieht. — Auf den Kleiderwechsel zwischen Mann und Weib sei hier noch einmal hingewiesen. Er wird bisweilen im frühesten Alter und sicherlich sehr häufig zu dem Zweck vollzogen, das Geschlecht des Kindes vor Verzauberung zu schützen. Die weltverbreitete Sitte des Männerkindbetts erinnert an diesen Kleiderwechsel; man hat sie aber auch ganz anders erklären wollen.

Vom Geist strahlt die Energie auf Körper und Kleidung aus. Der Zauber der Sprache ist der mächtigste und vielseitigste der gesamten Magie. Es gibt keine magische Handlung, die nicht von einem Zauberspruch begleitet gewesen wäre. In älterer Zeit wurde er gesungen. Gesang, in ganz freien Rhythmen und Kadenzen sich ergehend, war das göttliche Flügelpaar, mittels dessen sich das Wort zum Himmel emporschwang. Der von dem Geist der Mantik erfaßte, singende Zauberpriester glich dem Dichter, dessen „Auge in schönem Wahnsinn rollt" (Shakespeare), denn Mantik ist Raserei, der Mantis („Seher") der Rasende, Begeisterte. Das altisländische Wort für Poesie (odr), das sich im Gotischen (wōds) wiederfindet, bezeichnet ebenfalls Wut, Raserei. Besonders klar und schön sagt aber der älteste indische und damit arische Text, indem er Sänger und Seher miteinander vergleicht und die divinatorische Intuition als das uranfängliche Schöpfungsprinzip (das „erstgeborene Kind der heiligen Ordnung") bezeichnet: „Sobald das erstgeborene Kind der heiligen Ordnung über mich gekommen ist, erlange ich Anteil an dieser [seherischen] Rede". — Shakespeares: „Stets hat die göttliche Musik den Vortritt" könnte das Leitmotiv für eine Darstellung des Zaubergesanges sein, denn er ist älter und wichtiger als jede andere Kunstform. Wir wissen das aus den Orpheus-Sagen; deren Travestien in unseren Märchen; aus Märchengestalten: den Gebilden der Spielleute, die als Mäuse- und Rattenfänger die menschlichen Seelen in den Totenberg schließen; des Todes, der auf der letzten Geige spielt; der Nornen, die da singen, während sie das Lebensseil spinnen; des Zaubergesänge anstimmenden Odin. Als Weltschöpfer ist dieser Gott im Besitze der höchsten Zaubergewalt. In ihrem Bann steht auch das Tierreich, denn der Kundige kennt und beherrscht dessen Sprache. Die lautnachahmende Technik der Jägerstämme hat sicherlich zu diesem Glauben beigetragen. Wunderliche und schaurige Gegenstände werden zu magischen Flöten, Pfeifen umgeformt. Die modernen Sprachen sind noch Zeugen davon, daß der Zauberspruch gesungen werden muß. Wann aber wird gesungen? Gefahr, Kampf und sicherer Tod heben den Menschen zur Gottheit empor, steigern die Sprache zum Liede, deren Akkorde zu Offenbarungen innerer Vorgänge; deshalb wird bei See- und Landnot aller Art, auf dem untergehenden Schiff, beim Eintritt in die Schlacht gesungen. Wenn der Nordländer auf seinem Kajak in Lebensgefahr schwebt, so ruft er, den Zaubergesang anstimmend, seinen Großvater um Hilfe an. In solchen Klängen liegt die gemeinschaftliche Urzelle der Religion und Poesie: der Ahn, ob lebend oder tot, soll der Retter sein. Durch den Zaubergesang wird er magisch herbeigezwungen. Eine glückliche Veranlagung hat dem Primitiven den festen Glauben an die Wirkung der Magie mitgegeben. Selbst wenn noch zu Beginn des Krieges am ersten Ostertage 1915 die russischen Soldaten sich umarmten und der eine dabei ausrief: „Christus ist auferstanden", worauf der andere beteuerte: „Ja, er ist wahrlich auferstanden", so wurde durch diese kultische Wechselrede das Auferstehungswunder sichtbar vor Gemüt und Auge gestellt — ein „inneres Erlebnis"!

In formaler Hinsicht ist für den Zauberspruch der befehlende Ton von Bedeutung: „Trottenkopf, ich verbiete dir meinen Pferd- und Kuhstall, ich verbiete dir meine Bettstatt...", ferner die Sprachform, die das gewünschte Ereignis bereits als erfolgend bezeichnet, also durch den Spruch den Erfolg vorausnimmt; deshalb nicht: „Das Gespenst entferne sich", sondern: „Das Gespenst entfernt sich". Die Vorstellung, daß ein Erlebnis dadurch, daß man es erzählt, schon real wird, hat beispielsweise zur Folge, daß man unheilvolle Traumgesichte, Gespenstervisionen und böse Vermutungen am besten verschweigt. Wer mit der Fähigkeit des „Sehens" ausgestattet ist, soll seine Gesichte nicht weitererzählen; diese Kassandragabe wird am besten unterdrückt. Über dem Verkehr mit Dämonen lastet zuzeiten das tabu des Schweigens. Sobald man es bricht, verschwindet der gütige Geist und seine Gnadengabe. — Die Form des Zauberspruchs muß, da sie ja in ihrer Wirkung vom Gesang unterstützt wird, gehoben, kunstvoll sein. Durch kunstvolle Anordnung von Buchstaben, den gleichen oder ähnlichen Anklang von Lauten, Alliterationen und Reime bei freiem Metrum will man die magische Wirkung unterstützen. Bisweilen wurden Buchstabenketten zu sinnlosen Worten zusammengestellt, die aber geheime Lautverbindungen für den

Kenner enthielten; solche Formeln sind aus dem späten Mittelalter überliefert, allerdings meist stark korrumpiert. Dem oberfränkischen „Wund-Zettel", d. h. Zauberspruch gegen Wunden, welcher lautet: „Satora robote netabe ratota" wird niemand einen Sinn entnehmen können, der nicht folgenden magischen Komplex kennt:

s	a	t	o	r
a	r	e	p	o
t	e	n	e	t
o	p	e	r	a
r	o	t	a	s

Diese Worte sind zwar meist sinnlos, aber in den verschiedensten Richtungen, nämlich von oben nach unten, unten nach oben, rechts nach links und umgekehrt einander gleichlautend. Die hier ziehbaren Verbindungslinien gaben ein magisches Bild, in dem „alles sich zum Ganzen webet, eins in dem Anderen wirkt und lebet". Beschwörungsformeln werden denn auch hin- und rückwärts, oder sogar etwa neunmal, einmal vorwärts, fünfmal zurück und endlich dreimal vorwärts hergesagt. Bei allen Beschwörungen von Krankheiten wird der Name des Leidenden, der die Beschwörung spricht, meist unter Beifügung des Vaternamens, desgleichen der Bezeichnung der Krankheit, die hinweggetrieben werden soll, samt allen ihren speziellen Unternamen und Attributen, rezitiert. Wenn der Beschwörer den eignen Namen nennt, so tut er dies, damit der Dämon aus Furcht vor dem Zauberer reißaus nehmen soll; doch ist dies jetzt ungebräuchlich geworden. Wie weit die Differenzierung der Krankheitsformen, die durch gesonderte Namensnennung magisch ergriffen werden sollen, geht, lehre der Anfang folgenden „Gichtsegens": „Du Schreigicht, du Zehrgicht, du kalte Gicht, du Hauptgicht, du Hirngicht, du Krampfgicht, du fressende Gicht, du Flechsengicht, du Darmgicht, du Beingicht, du Armgicht, du Blutgicht, du markolische Gicht, du Fleischgicht...ich gebiete euch..."

Dies System der Namensnennung ist im Zauber weltverbreitet. Wie der Schäfer jedes Schaf seiner Herde kennt und es mit einem bezeichnenden Namen belegt, ohne die abstrakte Gesamtzahl der Herdentiere zu wissen, so kennt der Zauberpriester seine Dämonen; er sieht sie leibhaftig als fratzenhafte Gebilde — die Schreigicht mit weit geöffnetem Rachen, die Zehrgicht als Skelett — vor sich stehen und benennt sie nach Maßgabe ihrer körperlichen Haupteigentümlichkeit, aber er zählt sie nicht. Selbst in späterer Zeit, in der er dies tat, nennt er sie nicht in ihrer zufälligen, nüchternen, veränderlichen Gesamtsumme, sondern in ihrer magisch wirkenden, ewigen und unveränderlichen traditionellen Gruppenzahl; er spricht danach von 3 oder 7 oder 3 x 7 oder 7 x 7 oder 3 x 3, vielleicht auch von 100 oder 1000

„Fiebern". Wie es früher für alle Nöte des Lebens Runen gab, so später „Segen". Häufig werden sie mythologisch oder legendarisch eingekleidet. Als Beispiele nenne ich die hochberühmten, weil eine Reihe von Namen heidnischer Gottheiten enthaltenden Merseburger Segen. Später brachte man Christus und seine Heiligen an die gleiche Stelle. Solche Sprüche nützten schon, wenn sie auch nur im Hause waren. Sie wurden öfter rezitiert, später auch auf Zettel gedruckt, die man in Wasser auflöste. Diesen Extrakt trank man dann oder verzehrte den Zettel selbst. Durch die Drucklegung wurde der Vertrieb dieser Produkte ins Ungeheuerliche gesteigert und deshalb gewinnbringend. Das Geheimnis des Abergläubischen wurde zur Marktware des Schwindlers.

Da, wo „Arbeit und Rhythmus" zusammenwirkten, im Handwerk, hat die Magie sich beider bemächtigt. Die Nornen singen und spinnen dazu. Im Gespinnst, das den Lebensfaden wiedergibt, liegt eine hohe Magie. Auch die Arbeit an der Handmühle wurde vom Gesange begleitet, der Zaubergewalt haben konnte. Der „Mühlengesang" soll zuerst von zwei Sklavinnen von riesenhaftem Wuchs gesungen worden sein, die, während sie die Nacht hindurch auf einer Mühle von unermeßlicher Größe mahlten, aus Zorn über die Tyrannei ihres Herrn gegen diesen ein siegreiches Heer „heranmahlten!". — Das erste Wort des Tages ist von hoher Bedeutung: „Mit Gott fang an, mit Gott hör auf, das ist der beste Lebenslauf". Wie schön! Und doch wird auch hier der Wert des Wortes einzig und allein von der Gesinnung abhängen, mit der man es spricht. Der eine redet es in christlicher Demut und folgt diesem Gebot; zehn andere machen Gottes Namen zum Zeitenanfang und Zeiten-(Termin-)Ende zum Amulett, das sie gegen Gefahren sichert, wiederholen diesen Spruch „nach Bedarf", leiern ihn, sichern sich durch die Rezitation gegen den Verdacht, unfromm zu sein und ziehen nur die Lehre, daß man Gottes Wort oder das Wort „Gott" zur Erlangung selbstsüchtiger oder eigenwilliger Kräfte so oft wie möglich im Munde führen müsse. In meiner Kinderzeit sagte einmal ein protestantischer Geistlicher: es sei nicht gut, Gott zu zwingen. Er (der Geistliche) hätte durch Gebete sein scharlachkrankes Kind ihm abgerungen; da wurde dies schwachsinnig. — Das bezeugt die echte, unverkennbare Gesinnungsweise des christlicher Mittel sich bedienenden Abergläubischen.

Auf Aberglauben beruhend, weil ohne jede Tatsachenkenntnis und moralisches Verantwortlichkeitsgefühl, ist die Wertung der Bibel als eines einheitlichen, von Gottes Geist durchdrungenen Schriftwerkes. Auf dieser „Inspirationstheorie" beruhte die verdammungswürdige Beschönigung von Ex. 22. 18 durch Luther: „Die Zauberinnen sollst du nicht leben lassen". Darauf beruhte es im Grunde auch, daß Luther das Sprechen von Zauberformeln zum Zweck des Heilens von Krankheiten begünstigte, falls diese

Formeln in der Bibel ständen. Die Bibeltexte wurden zu den unlautersten Zwecken gelesen. Zum „Totbeten" wird der 91. Psalm verwandt. Auf dem Umweg über Gott, Christus oder die heilige Dreieinigkeit wurden dem Feinde ein paar Teufel auf den Hals geschickt. Mit Vorliebe benutzte man seines unverständlichen Inhalts wegen den Beginn des Johannis-Evangeliums in Gefahren, als Amulett gegen Blutsegen usw. Überhaupt wurde auch in Deutschland ganz allgemein die unverständliche, meist fremde Sprache im Zauber bevorzugt. Noch die gegenwärtig gebrauchten Formeln enthalten, wo nicht den reinen Unsinn, so doch korrumpierte hebräische Worte. Die zwischen Rede und Handlung liegende Kausalität, in der verständlichen Sprache durch Gewöhnung zur Selbstverständlichkeit geworden, wird in der fremdartigen zum Wunder.

Daß dem einzelnen Wort, namentlich dem Eigennamen, ein magischer Wert zukommen kann, deuteten wir schon an. Er kann mit sehr hohen Affektwerten belastet sein, die bestimmend auf unsere Handlungsweise einwirken. Der verliebte Prinz in Lessings bürgerlicher Tragödie liest die ihm vorgelegten Immediatgesuche. „Eine Emilia? Aber eine Emilia Bruneschi, nicht Galotti..... Viel gefordert, sehr viel. — Doch sie heißt Emilia. Gewährt!" — Böse Genien nennt man am besten überhaupt nicht, manche Worte wiederzugeben unterläßt man in der Gefahrzone, so z. B. „Leiche" bei einem Begräbnis; „Wolf" zur Zeit der „Zwölften", d. h. in den zwölf auf die Sonnenwende folgenden Winternächten. Denn in dieser Zeit hausen besonders die Werwölfe, die denjenigen zerreißen, der sie nennt. Man sagt dann am besten statt „Wolf": „das Gewürm" oder „das Ungeziefer". Gewisse Tiere werden, da man sie als dämonisch fürchtet oder (z. B. auf der Jagd) von ihnen reale Gefahr zu erwarten hat, entweder nicht oder doch dann nicht genannt, wenn sie in irgendeiner Form lebenswichtig werden. Das Wiesel soll man „Aduine", den Fuchs „Blaufuß", den Wolf „Graufuß", den Bären „Großvater" oder „der Alte" oder „der Braune" nennen. Eben diese Bezeichnungen werden für den Bären bei den entlegensten Stämmen des höchsten Nordens, die noch immer im Dauerkampf mit diesem Riesen leben, gegenwärtig angewendet und geben zugleich von Ehrfurcht und Furcht vor ihm Kunde. — Auf See nennen nordische Stämme nicht das Meer, beim Gewitter nicht den Blitz, auf dem Kirchhof nicht den Namen eines jüngst Verstorbenen. Der Blåkulle auf Oeland wurde für so gefährlich gehalten, daß die Seeleute ihn mit einem anderen Namen zu nennen pflegten, da sonst ein Sturm entstände und man in Lebensgefahr geriete. Selbst Ungeziefer nennt man nicht gern: es könnte uns sonst anfallen. — Kranke Kinder werden von ihren Müttern oft umgetauft. Dagegen tauft man das Neugeborene, wenn es gesund ist, gern nach dem Großvater: es ist dies ein Rest des Seelenwanderungsglaubens. Wo „Vornamen" in gleicher Familie wiederverliehen werden, geschieht dies, wie ich mit Sicherheit weiß, namentlich in vornehmen Kreisen oft in der Absicht, den bedeutenden Ahn im Enkel von neuem erstehen zu lassen. Im nordischen Altertum herrschte ein ausgesprochener Seelenwanderungsglaube, allerdings wohl nur in edlen Geschlechtern, in denen die Wiederkehr des einzelnen, ungewöhnlichen Menschen erwünscht sein konnte. Nur andeutungsweise können wir den Affektwert des Eigennamens im täglichen Leben berühren. Es gibt ganze Stufenleitern, gebildet aus lieblichen, gleichgültigen, unsympathischen, schönen und häßlichen, harten, strengen, grauenvoll klingenden Namen. Es brauchen dies nicht bloß Eigennamen zu sein. Ängstliche Mütter können den Namen bestimmter Kinderkrankheiten nicht hören. Worte können modern werden und dann eine unüberlegte Verwendung finden. Die Kunst der Reklame, die oft wertlose Artikel mit teuer bezahlten Namen schmückt, nutzt diese menschliche Schwäche zielbewußt aus. Am zauberkräftigsten ist natürlich der Name Gottes, der in „Segen" aller Art den wirksamsten Bestandteil bilden soll. In der Zeit der Hexenprozesse und Ketzerverfolgungen grassierten die oft in freien Rhythmen gehaltenen „Wolfssegen". Es wird daher der Name Gottes und seiner Heiligen, vor allem aber des sehr populären Petrus, angerufen und Schutz vor Wölfen, Bären, Zauberinnen usw. verlangt. Wie wenig dabei irgendwelche religiöse Gesinnung in Frage kam, lehrt die Gleichartigkeit vieler Zauberformeln bei den Vertretern verschiedener Religionen. Man wählt nicht nur den vorteilhaftesten Gott, sondern auch das vorteilhafteste Gebet.

Daß der bloße Affekt dazu ausreicht, einem Worte, einer Gebärde magische Gewalt zu geben, wissen wir. Seit den Tagen der Vorzeit sind spöttische Worte, höhnische Gebärden der Grund für Blutfehden der schauerlichsten Art gewesen. Das mit herausfordernden Worten verbundene höhnische Lachen ist in den altgermanischen Gedichten geradezu formelhaft. Die schreckliche Wirkung des Fluchs beruht auf der ekstatischen Verfassung des Fluchenden. Das A.T. ist voll von Beispielen für die Verderblichkeit des Fluches wie für die heilbringende Kraft des Segens. „Der Eltern Segen baut den Kindern Häuser'. Shakespeare ist aufs tiefste von der durch Generationen fortwirkenden Kraft des Fluches überzeugt. Die Warnung des unglücklichen Richard II., nach dessen Erfüllung die Gewarnten zu spät die Kraft der drohenden Worte erkennen (König Heinrich IV., II. Teil, III. 1), und der furchtbare Fluch der greisen Margaretha in Richard III. sind nicht etwa bloße Episoden, sondern der poetisch-magische Unterbau der gesamten Königsdramen. Das hundertjährige Morden des Kampfes zwischen der Weißen und der Roten Rose wäre unterblieben, wenn diese Flüche nicht „Kraft" gehabt hätten. Durch einen Fluch überträgt Margaretha die ganze Bürde ihres Elends auf die Feindesseite. Das Fluchen ist eine Kunst, die gelernt werden muß: „Versag dir nachts den Schlaf und faste tags". Die Propheten der Wüste haben nicht anders fluchen gelernt. — Der Fluch der Kirche, namentlich des Oberhaupts der römischen Kirche, galt seit alters als magisch wirksam. Er machte den Betroffenen aussätzig und verfolgte ihn über den Tod hinaus, da er mit Entziehung des kirchlichen Begräbnisses verbunden sein konnte. An solche Flüche, die bekanntlich auch deutsche Kaiser zu schweren Demütigungen veranlaßten, knüpfen sich die unwürdigsten Szenen der mittelalterlichen Geschichte. Noch gegenwärtig ist die vom päpstlichen Stuhl namentlich und öffentlich ausgeschlossene Persönlichkeit „zu meiden" (vitandus). Mit ihr ist jeder bürgerliche Verkehr verboten.

Der Eid ist eine Selbstverfluchung für den Fall, daß man die Unwahrheit in einer wichtigen Sache spricht oder gesprochen hat oder irgendetwas durch den Eidesinhalt Ausgeschlossenes in Vergangenheit, Gegenwart oder Zukunft getan oder unterlassen hat oder tun bzw. unterlassen wird. Der Selbstverfluchung kommt die Verpfändung des eignen Lebens oder irgendeines anderen hohen Guts (Ehre, Familie, Geschlecht, Geld und Gut) gleich. Der Eid wurde unter Wahrung bestimmter Formen geleistet. Wenn wir als „Einjährige" und zu Beginn des Krieges auf den Säbel unseres Regimentsadjutanten vereidigt wurden, so liegt die Vorstellung zugrunde, daß die Magie der Waffe den Verräter verfolgen und töten könne. Der Eid wurde in ältester Zeit wohl unter bloßem Ausziehen des Schwertes geschworen. Später wurde jedenfalls das Schwert mit der Spitze in die Erde gestoßen und die Hand auf den Griff, noch später auf den Reliquienbehälter gelegt. Nicht der Schwur als solcher, sondern die Vorstellung, daß er magisch, mechanisch, den Meineidigen ins Verderben reißt und daß er zu seiner Gültigkeit spezieller Formen bedarf, ist abergläubisch. Der Kausalnexus zwischen Schuld und Sühne wird auch hier ganz räumlich und buchstäblich gegeben gedacht; das angerufene Schwert fällt herab und verletzt den Sünder tötlich. Der Wolf frißt ihn wirklich. Die deutsche Kunst hat diese alten Ideengänge beibehalten, weil sie die tatsächliche Disharmonie zwischen Verdienst und Belohnung, Tugend und Schicksalslos, Schuld und Sühne ausgleichen. Goethes Wort, daß der Aberglaube die Poesie des Lebens ist, gilt, wenn irgendwo, so hier. Rein mechanisch wirken auch die in der „Braut von Messina" ausgesprochenen Flüche: sie fallen auf das Haupt des eignen Kindes der Fluchenden, weil sie, rein formal betrachtet, diesem gelten. Der von dem Ahnherrn der feindlichen Brüder und von der Königin ausgesprochene Fluch ist, obgleich den Betroffenen nicht einmal bekannt, der Grund der Vernichtung des Fürstenhauses.

Die in Eid und Fluch verkörperte Energie wird als Wunsch, Gedanke, mit dem verschiedenartigsten Inhalt begabt, weiterwirkend geglaubt. Wenn man an jemanden denkt, so zuckt diesem das Auge. Die Liebende „fühlt", wenn auch noch so weit von dem sehnsüchtigen Geliebten entfernt, dessen

Nähe; die Familie des ertrinkenden Seemanns „empfindet" dessen letzten Gedanken an die Heimat. Namentlich aber fühlen wir im Traum Haß und Liebe des Nächsten, die sich uns oft, körperlich gestaltet, auf den Leib legt: so kommen die Alpdrückenträume zustande. Sie gelten, wie die Träume überhaupt, als höhere, reinere Wirklichkeit. Daß sie oft Wunschträume sind, hat, ohne in den Schmutz der Psychoanalyse herabzusteigen, schon Goethe erkannt. Was wir wünschen, geht in Erfüllung, steht vor uns leibhaftig da. Der Wunschtraum ist „das gute Mädchen", das „zu allen Dingen ja" sagt. — Die Wünsche schwangerer Frauen oder des erzeugenden Paares sollen auf die seelische Gestalt des Fötus einwirken. Hier berühren sich Aberglauben und naturwissenschaftliche Erfahrung.

Wille und magische Betonung von Gegenständen und rituellen Handlungen vermögen viel. Aber eins steht dem Kühnsten und Besten im Wege: das Schicksal, die Schickung, die auch „Glück", altertümlich „gelücke" genannt wird; man sieht, es ist eine Macht, die nicht im Zusammenhang mit dem Weltgeschehen steht, aber von unbekannten Fernen herabgeschickt wird und ihrerseits Glück oder Unglück (denn gelücke bedeutet, wie fortuna, beides), d. h.: den gesamten Erfolg unserer Arbeit, ja alle seine Zufälligkeiten, bedingt. Den Glauben an eine solche Macht zu verstehen, ist uns nicht schwer. Würden die Erfolge des Lebens unseren Wünschen entsprechen, so wäre der Glaube an sie überflüssig. Bekanntlich ist dies aber nicht der Fall. Die Widersinnigkeiten des Lebens werden der Schicksalshand verdankt. Der seltsamste Zufall kann dem Besten das Leben kosten. Der Aberglauben aber kann, wie wir sahen, den Erfolg nur als der Handlung gleichwertig annehmen. Ein ungeheures, unbekanntes Etwas muß also den Tod verschuldet haben. Gott? Nun, er stand dem Menschen zu nahe, um ihn so schwer zu mißhandeln. Er läßt sich durch Schmeicheln, Bitten, Opfer gnädig stimmen. Nicht so das Schicksal! Deshalb ist das Geschick das einzige gottähnliche Wesen, dem keine Opfer dargebracht werden. Diese würden einfach keinen Zweck haben. Denn wir sterben ja doch alle. Ja, wenn man hinter seinen Willen kommen könnte, dann würde man ihm aus dem Wege gehen. Wer kann ihn uns sagen? In ruhigen Stunden, bei klarer Überlegung, werden wir kaum ein anderes Wesen als den verehrten, menschengestaltigen Gott für fähig halten, ins Herz des Weltgeheimnisses zu sehen. Aber in Zeiten schwerster Erregung fragt die Mutter jeden Stern: „Wirst du mir mein krankes Kind nehmen?" und der Gebirgsbewohner den Berg: „Wird dein Schnee meine Hütte verschütten?" Und beide wollen Antwort haben. Wo Stern und Stein gefragt werden, können sie auch antworten. So entsteht das Losorakel. Es ist viel älter als jeder Gottesglaube, jede Religion.

Überlassen sich die sorgende Mutter, der gefährdete Hochgebirgsbewohner nun ganz ihrem Schmerz, ihrer Sorge? Darauf kann man keine allgemeingültige Antwort geben. Den einen lähmt die nahe Gefahr, dem anderen gibt sie Riesenkräfte. Der eine Seemann arbeitet, wenn er sein Schiff verloren glaubt, überhaupt nicht mehr; der zweite, bis seine letzte Hoffnung dahin ist; der dritte, bis ihn eine Sturzsee vom Wrack holt. Menschen dieser dritten Art waren die Germanen seit ältester Zeit. In ihnen war ein sehr starker Schicksalsglaube vorhanden, aber auch die Gewißheit, daß jeder Mensch nur durch unermüdliches Handeln sein Geschick erfüllen könne. Unter Geschick verstehen wir in ältester Zeit wohl nur das Todeslos; unter Losorakel das Mittel, Zeit und vielleicht auch Art des Todes zu erfahren. Später aber wurde die Losbefragung auch bei geringeren Gelegenheiten geübt. Freilich müssen wir abermals unsere Vorfahren loben, weil sie in ihr eine durchaus religiöse Handlung sahen, die mit Opfern und Gebeten verbunden zu sein pflegte. Nur verhältnismäßig spät spielte man mit Losen um profaner Anlässe willen. Schwächlinge allerdings gab es wohl damals wie heute. Sie zählen an den Rockknöpfen ihr Tun und Lassen ab oder glauben gar, daß, wenn das Geschick „vorausbestimmt" sei, das Handeln überhaupt keinen Zweck hätte. Sie lassen sich deshalb treiben, wohin der Strom des Lebens es will, und sind der Überzeugung, daß sie irgendwo glücklich landen werden. So darf das Genie denken, weil es mit der Natur im ewigen Bunde steht; so Cäsar, denn sein Boot trug „Cäsar und sein Glück"; so auch Goethe, der mehrfach den Glauben daran ausspricht, daß eine gütige Natur den Menschen auf vielleicht sehr vielen Umwegen zum richtigen Ziele führt. Aber für den Durchschnittsmenschen ist diese Lehre schändlichster und gefährlichster Aberglauben. Er zieht Schwächlinge, Nichtstuer, Lüstlinge groß. Bei solchem Denken kann keine Jungfrau ihre Unschuld, kein Mann sein Geld im Beutel behalten, sagt der erfahrene Freund des schwächlichen Wilhelm Meisters.

Gegenwärtig haben sich diese fatalistischen Ideen mit Vererbungsvorstellungen verbunden. „Der Apfel fällt nicht weit vom Stamme". Das Kind legitimiert sich, als tatsächlich von seinem Vater erzeugt, durch die Ähnlichkeit mit ihm. Deshalb übernimmt es alle seine Eigenarten, Schwächen, moralischen oder Intelligenz-Defekte mit einer Art von Selbstverständlichkeit und ist stolz auf sie oder betrachtet sie doch als sein gutes Recht. Von einer sehr hoch stehenden Persönlichkeit wurde gesagt, sie wäre zum Wahnsinn prädestiniert gewesen, weil sie eine Steißgeburt gewesen sei. Das erinnert stark an Richard III., der seinen Mordsinn darauf zurückzuführen scheint, daß er „zur Welt, die Beine vorwärts, kam". — In unserer Zeit heiligt die auf Prädestination beruhende Geisteslähmung jede Unterlassungssünde, selbst dann, wenn sie an Mord grenzt. „Wenn die anderen Kinder husten, so wird auch das jüngste husten, mag man es schützen oder nicht (Tuberkulose!)." Die „Erfahrung", daß künstliche Ernährung im frühen Kindesalter die Säuglingssterblichkeit gewaltig steigert, hat im extremen Fall zu dem Brauch geführt, Säuglinge im

Alter bis zu sechs Wochen der Mutter lebendig in den Sarg mitzugeben und ferner das auf stumpfsinnigem, fatalistischem Glauben beruhende Verbot möglich gemacht, dem Säugling in dem Falle, daß der Mutter die Nahrung fehlt (die Milchsekretion aussetzt), keinen Ersatz für diese zu geben — „es stirbt ja doch, mag es die Flasche kriegen oder nicht“. Hier wird die erfahrungsmäßige Kausalverkettung, die von dem Versagen der Milch zum Tode des Säuglings führt, als zwangsläufig und deshalb als der menschengestaltig gedachte Schicksalswille erkannt, gegen den aufzulehnen gefährlich (religionswidrig), dem sich unterzuordnen Pflicht ist. Auf dieser Ideenverkettung beruht der grundlegendste Teil der Weltanschauung der Primitiven und des Aberglaubens der Moderne. Der Islâm ist bekanntlich nicht anders eingestellt. Er hat unter gleichzeitiger Einwirkung christlicher Missionare die Sekte der Amalekiter in Uganda geschaffen. Der Stumpfsinn dieser ostafrikanischen Neger gab den Schicksalsideen des Muhammedanismus folgende Richtung: es ist gottlos, ein für den Tod bestimmtes Leben zu retten. Deshalb muß die englische Regierung an der Bekämpfung der Pest verhindert werden. — Nun, der Versuch mißlang glücklicherweise.

Die Vorstellung vom Neide des Schicksals ist auch bei uns verbreitet. Die Lehre vom Mittelmaß als dem allein bei allen Dingen Schätzenswerten beherrscht auch unser Volkstum. „Wer sich in Gefahr begibt, bricht den Hals“. Man darf Gott nicht versuchen. Deshalb war anfänglich auch die Fliegertechnik unpopulär. Die ungewöhnlichen Erscheinungen der Natur sind den größten Gefahren ausgesetzt. Wahr ist es, daß hohe Bäume leicht der Blitz trifft und daß Zwillinge ungünstige, Drillinge sehr geringe Lebenswahrscheinlichkeit haben — aber es ist falsch, deshalb das menschliche Handeln auf die niedrigste Norm herabschrauben zu wollen oder gar dem Schicksalsneid durch Entsagung und Demütigungen zuvorzukommen. Diese unwürdige Idee des Griechentums tritt uns leider bei Schiller häufig entgegen. „Frohlocke nicht, denn eifersüchtig sind des Schicksals Mächte!“ „Mir grauet vor der Götter Neide!“ — Wir sagen: „Dem Vogel, der zu früh singt, beißt die Katze den Kopf ab“. Deshalb klagt und stöhnt der Abergläubische mit Vorliebe. Nie gibt der Jäger oder Fischer zu, einen guten Fang gemacht zu haben. Der Bauer klagt immer über schlechte Ernte, ja selbst der Bürger über „mäßige“ Gesundheit. Sein Glück darf man nicht in die Welt schreien, sonst kann es „berufen“ werden, ein Gegenzauber kann es in Unglück verkehren. Daher verbirgt man alles, was teuer ist: Geld, Nahrung, Kinder, Vieh. Nichts darf gelobt werden! — Die volkstümlichen Sagen vom Phaëton, Faust, Fliegenden Holländer sehen im Titanentrotz ein Kapitalverbrechen. Der Neid Jahves liegt nicht bloß über der Unsterblichkeit verleihenden Speise, sondern auch über Kulturtaten (dem Turmbau zu Babel), jedem Blick in die Sternregion als seinen Sitz, jeder Fruchtbarkeit von Mensch,

Tier und Pflanze: sie alle müssen ihr Erstes, ihr Bestes hingeben. Es ist kaum faßbar, wie sehr der Mensch sich durch solche Lehren an Glück und Besitz verstümmeln konnte. Sie sind uralt. Dies lehren die Gestalten der Parzen und Nornen, die in der Dreizahl auftreten. Man denkt am schlichtesten und richtigsten wohl an die Mutter, Großmutter und Urgroßmutter der Kreißenden, die in deren Entbindungsraum treten. Sie geben bei der Entwicklung des Fötus, die unter Zaubersprüchen erfolgte, dem Kinde sein Schicksalslos mit und werden dadurch ebenso gewiß zu Gottheiten, wie die entsprechenden drei männlichen nächsten Agnaten. Das ist sicherlich eine Vorstellung der indogermanischen Urzeit. — Zu den schweren Hemmnissen und Störungen des Lebens kommen dessen kleine, aber mürbe machende Widerwärtigkeiten: bei den Germanen sind es die Zwerge, die im Hause allerhand Unfug treiben; sie stellen das „Pech" des täglichen Lebens her. Wen sie besonders lebhaft verfolgen, heißt „Pechvogel". Natürlich ist auch diese Auffassung unverständig. Auch sie beruht auf der Vorstellung von der vorgefaßten Verkettung einer Reihe äußerer Dinge oder Geschehnisse mit einer bestimmten Person oder Gemeinschaft. Am klarsten ist sie in der ägyptischen und semitischen Lehre vom Schicksalsbuch ausgesprochen, in dem unsere Taten und Lose aufgezeichnet stehen.

In diesem Buch zu lesen, wurde allgemein versucht. In Deutschland waren in heidnischer Zeit im öffentlichen Kultus teilweise nur Frauen tätig, weil diesen eine divinatorische Gabe zugeschrieben wurde, für andere Felder der Mantik, so z. B. für das Pferdeorakel, auch Priester bestellt; später traten die Könige und Richter als Vorsitzende der Gottesgerichte auf. Diese letztere Orakelform ist durchaus heidnisch, hat mit Gott und mit seinem Gericht nichts zu tun und reicht um Jahrtausende über das Christentum hinaus. — Daneben gab es im Stillen berufsmäßige Wahrsager und vor allem Wahrsagerinnen, die sich verbotener magischer Mittel bedienten und deshalb auch als Hexen gelten konnten. Gegenwärtig kann sich jede Privatperson mit Zauber- und Wahrsagekünsten befassen. Wenn sie dies gewerbsmäßig tut, wird sie allerdings in einzelnen deutschen Ländern unter Strafe gestellt. Auf meine an die Polizeidirektion zu München gerichtete Frage, wieweit der Aberglaube überhaupt, besonders aber die Wahrsagekünste dort noch blühten, erhielt ich folgende, sehr wichtige Auskunft: „Der Aberglauben wirkt sich in München hauptsächlich im Sterndeuten, Kartenlegen, Hellsehen und Ausdeuten der Handlinien aus. Mit Sterndeuten befassen sich in München vielfach verfehlte Existenzen aus den Kreisen der Halbgebildeten, aber auch kleine Handwerker wie Schuhmacher usw. betätigen sich auf diesem Gebiete und suchen sich dadurch einen Nebenverdienst zu verschaffen. Das Gleiche gilt auch für das Hellsehen. Kartenlegen wird dagegen durchwegs nur von Frauenspersonen der armen Volksschichten, wie älteren Näherinnen, Arbeiterfrauen usw. ausgeübt. Auch die Handliniendeuter rekrutieren sich aus der ärmeren Volksschicht.

Andere Betätigungen im Wahrsageunwesen, bzw. auf dem Gebiete der Gaukelei, sind hier nicht bekannt geworden. Die Heilmagnetiseure können, wenn nicht besondere Umstände vorliegen, nicht zu den Wahrsagern zugezählt werden, sie sind vielmehr unter die Kurpfuscher einzureihen.

Die Zahl der auf dem Gebiete der Wahrsagerei bzw. Gaukelei tätigen Personen ist nicht feststellbar, da diese ihre Tätigkeit möglichst im Geheimen ausüben, um sich vor Bestrafung zu schützen. Über die Zahl der in den letzten Jahren hier der Wahrsagerei überführten und hiewegen bestraften Personen gibt anliegende Tabelle Aufschluß (s. S. 441). Besonders krasse Fälle von Gaukelei überhaupt sind nicht bekannt. Eine Zusammenstellung hierüber ist weder für München noch für ganz Bayern vorhanden.

Das Wahrsagen, das während der letzten Hälfte des Krieges und in der Nachkriegszeit hier einen ungewöhnlichen Umfang angenommen hatte, ist in letzter Zeit im Abflauen begriffen. In München wird diesem Unwesen ein besonderes Augenmerk zugewendet und dasselbe an Hand der gesetzlichen Bestimmungen nach Möglichkeit zu unterdrücken versucht. In Bayern ist Gaukelei strafbar nach Art. 54 des bayer. P.St.G.B., den ich im Wortlaut beifüge:

> „Wer gegen Lohn oder zur Erreichung eines sonstigen Vorteils sich mit angeblichen Zaubereien oder Geisterbeschwörungen, mit Wahrsagen, Kartenschlagen, Schatzgraben, Zeichen- und Traumdeuten oder anderen dergleichen Gaukeleien abgibt, wird an Geld bis zu 150 Mark oder mit Haft bestraft. Außerdem kann auf die Einziehung der zur Verübung solcher Übertretungen bestimmten besonderen Werkzeuge, Anzüge und Gerätschaften erkannt werden, ohne Unterschied, ob sie dem Verurteilten gehören oder nicht."

Zu welchem Zweck werden oder wurden Wahrsagekünste geübt? Für die Gegenwart ist diese Frage einfach zu beantworten: um „des Lohnes willen oder zur Erreichung eines sonstigen Vorteils". In heidnisch-germanischer Zeit freilich waren die Ziele weitaus ernster. Man warf das Los, um über Krieg und Frieden, die Tötung oder Freilassung der Kriegsgefangenen sowie die verschiedensten Angelegenheiten des öffentlichen Wohles zu entscheiden; ferner: um Schuld oder Unschuld eines Beklagten festzustellen; zum dritten: um über die Angelegenheiten einzelner zu entscheiden, z. B. den Ort seiner Niederlassung, eine Reise, über Liebe und Ehe; und endlich, um über Tatsachen und Geschehnisse Aufschluß zu bekommen: darüber, ob die Braut eines Mannes noch Jungfer ist; irgendeine ferne Person noch lebt.

Mit welchen äußeren Mitteln arbeitete man dabei? Mit allen, die nach der magischen Weltauffassung dazu geeignet sind. Wir können zwischen Dingen unterscheiden, die schlechthin heilig sind, wie die Elemente, Metalle, Bäume und deren Teile; und solchen, die eher zufällig oder in schicksalsschweren Augenblicken in die Hände des Orakelbefragenden kommen, wie etwa eine Feder, die der Landstreicher auf der Straße aufhebt; ein kleines Tier, das über den Weg läuft. Tacitus' den alten Germanen geltendes Wort: „Sie beobachten aufs eifrigste Vorzeichen und Lose" kann noch auf deren späte Vergangenheit angewandt werden. Nach gegenwärtigem Aberglauben geben Grashalme Schicksalszeichen. Um den Täter in einem Kriminalverfahren zu ermitteln, verteile man gleich lange Strohhalme und sammle sie nach einiger Zeit wieder ein. Der, dessen Strohhalm gewachsen ist, ist der Täter — der Zuwachs ist offenbar der Sündenschmutz (der anderswo sogar abgewogen wird!). Wenn zwei Ranken von Milchpflanzen, die man nebeneinander hängte, sich ineinander verschlangen, so glaubte man, daß das Paar, an das man dachte, sich verheiraten wird. Zu gleichem Zweck bedient man sich zweier Nußschalen, die man, mit kleinen brennenden Lichtern versehen, in einen Wasserbehälter setzt und dann anpustet. Nähern sie sich darauf, so „kriegt" sich das gedachte Paar. — Die Fruchtschale (vom Apfel usw.) verrät, mit welchem Buchstaben der Vorname des zukünftigen Gatten beginnt. Durch Fruchtzweige, die mit Runenzeichen beschrieben waren, erkundeten die alten Germanen die Zukunft. — Gegenstände des Mineralreichs mußten gleichfalls herhalten. Man gießt Zinn oder Blei in flüssigem Zustande ins Wasser. Wer in dem dann gewonnenen Bilde ein Fahrzeug zu sehen glaubt, wird auf eine Reise gehen. Ein Handwerkszeug zeigt den Beruf des Bräutigams eines jungen Mädchens an. Am meisten ist aber ein bloßer Klumpen — selbstverständlich verspricht er, zu Gold zu werden! — geschätzt. Aus Eisblumen wird in ähnlicher Weise gedeutet. Im gottesgerichtlichen Verfahren wurde in weitem Umfange das Wasser angewendet. Wenn ein diesem Element überantworteter Gegenstand nicht angenommen oder getrunkenes Salzwasser ausgebrochen wird, so ist dies ein Beweis für die Ablehnung der im Wasser wohnenden Gottheit. In der Schweiz erzählte man von einem frommen Knaben, der im Kloster diente. Man hieß ihn, Wasser in einem Siebe zu tragen; weil er unschuldig war, gelang es ihm. Diese Sage ist von Indien aus bis über Europa verbreitet und Jahrtausende alt. In der Fassung des Römers Plinius hat sie eine Vestalin im Mittelpunkt, wie sie denn überhaupt auf das Gebiet der geschlechtlichen Integrität herübergespielt wird. Heutigentags glaubt man, daß, wenn ein Mädchen einen Topf kochenden Wassers vom Feuer hebt, sie nicht mehr Jungfrau ist. Barbarische und völlig ungeeignete Mittel oft stark obszöner Art werden noch gegenwärtig als Jungfernproben angewandt. Sie führen, wenn die Orakelantwort ungünstig ausfällt, natürlich zu schwersten Ehrenkränkungen und Zerrüttungen des Familienlebens. Pflicht der mit dem Volksleben vertrauten

Beamten (Lehrer, Pfarrer) ist es unbedingt, die hierher gehörigen Einzelfälle nach Möglichkeit zu ermitteln und Abhilfe zu schaffen. — Auch zum Zweck der Schuld- und der Krankheitserkenntnis dient das Wasserorakel. Zu Luthers Zeiten schrieben bestohlene Leute den Namen derer, die sie im Verdacht des Diebstahls hatten, auf Zettel, warfen diese in Weihwasser und sahen, welcher Zettel zuerst untersank. Er enthielt den Namen des Diebes! In diesem Brauch ist der Anklang an kirchliche Mittel zu Orakelzwecken noch von besonderem Interesse. Man war sich damals der heidnischen Gesinnung, die diesem Brauch zugrunde lag, nicht bewußt. Vielleicht haben abergläubische Mönche solchen Unfug ehemals gar unterstützt. — Sehr verbreitet ist das Hineinwerfen von Münzen ins Wasser, ursprünglich ein Opfer, das die verschiedensten diagnostischen Zwecke hatte. Der Zaubernde nimmt eine Schüssel voll Wasser, macht unter Nennung der Namen der heiligen Dreieinigkeit Kreuze darüber und legt eine Silbermünze hinein. Über eine bestimmte Angelegenheit werden nun Fragen gestellt. Bei der Frage, die von der wahrsagenden Macht bejaht wird, springt das Geldstück von selbst aus der Schüssel heraus, wird also von ihr ausgestoßen. Nicht nur dem Wasser, sondern auch der Münze kommt hier, wie oft, eine bestimmte Heiligkeit zu. Berthold Tucher, geb. 1310, schwankte, ob er Geistlicher werden oder heiraten solle. Er ergriff eine von Carl IV. geprägte Münze, die auf der einen Seite das Bild des Kreuzes, also den Inbegriff des geistlichen Standes, auf der anderen Seite eine Hand, die Eidhand, zeigte; dieses Geldstück warf er in die Höhe. Zu Boden gefallen, zeigte es oben die Schwurhand. Da heiratete Tucher und wurde zum Stammherrn des bekannten vornehmen Nürnberger Geschlechts..

Das Gottesgericht ist dem Schwur oft verwandt, dessen älteste Form, wie wir sahen, darin besteht, daß man sich im Falle der Untreue dem Zorn, der Rache des Schicksals unmittelbar aussetzt, so daß die „Szene" des Gerichts sofort zum „Tribunal" wird. Noch heute sagt man: „Ich möchte meine Hand dafür ins Feuer legen" oder „Ich möchte Gift darauf nehmen", wobei man sich ehemals des Feuer- und Gift-Ordals erinnerte. Die ins Religiöse herüberspielenden Formen des Losorakels, die der Traumwahrsagung eng verwandt sind, gehören glücklicherweise großenteils der Vergangenheit an. Wer geweihte Stätten einer Religionsgemeinschaft zu persönlichen Aufschlüssen benutzt oder dazu anstiftet oder etwa „Geistererscheinungen" an solche Stätten verlegt, begeht offensichtliche Gotteslästerung. — Bereits aus dem Altertum stammt der Brauch der Stichprobe aus einem heiligen Buche, ehemals oft aus Vergils Werk. Namentlich zu Silvester oder Neujahr schlägt man die Bibel oder ein Gesangbuch an der Stelle auf, in die man mit einer Nadel gestochen hat und wahrsagt daraus. Das Streben nach Offenbarung liegt dieser Sitte zugrunde, die aber selbstverständlich nur Zufallsresultate liefern kann. — In allen ererbten Gegenständen schläft, wie wir sahen,

Magie, im Erbschlüssel ein alter Rechtshüter. Nach bestimmten, überlieferten Methoden wurde der große, alte Schlüssel frei aufgehängt, wobei zuzeiten eine formelle Frage getan worden sein mag. Unter allgemeinem Stillschweigen bewegte er sich dann, da die Hand des Haltenden allmählich zu zittern begann, in irgendeine Richtung: in ihr vermutete man den Dieb. Ehemals, als alle Verdächtigen sich zu diesem Gottesgericht einfanden, wies das Instrument natürlich direkt auf den Schuldigen. Später murmelte man alle in Betracht kommenden Namen. Leider wurde auch die Bibel dabei verwandt. Sie mußte der Schlüssel an einer bestimmten Stelle, die in einem Zusammenhange mit dem Delikt (der „Sünde") des Diebstahls steht, etwa beim 7. Gebot, berühren. Wenn er bei der Aufzählung der verdächtigen Namen plötzlich ausschlug, war der Dieb festgestellt.

Die Gründung von Wohnstätten erfolgte auf Grund des Losorakels. Die Landstreicher haben ehemals gesungen: „Will eine Feder aufblasen; wohin sie fliegt, dahin will ich nachfahren". In der neueren Zeit tritt das Mütze-Werfen an die Stelle des Federblasens. — Vom Kleinsten zum Größten: die Verantwortung, ob Krieg oder Frieden, ob Schlacht oder Verzug, ist fast übermenschlich gewaltig. Die unbedingten Genies (Friedrich der Große, Napoleon) haben durch Intuition das Richtige getroffen. Andere suchten Erleuchtung im Gebet. Altgermanisch war das Schreiten der Pferde über Stäbe zu gleichem Zweck. Es waren dies geweihte Tiere an heiliger Stätte. Vor der Schlacht, die auf den Katalaunischen Feldern ausgefochten wurde, versuchte Attila einen Blick in die Zukunft zu tun. Stand doch das Geschick der Erde auf des Messers Schneide. Die Wahrsager, an die er sich wandte, beobachteten damals die Linien von abgeschabten Knochen. Heutigen Tages fand Sven Hedin die Prophetie aus den Sprüngen von Knochen, die im Feuer kalziniert waren, bei den Tibetern vor. Wer jene Gegenden und ihren Konservativismus kennt, wird darin keinen Zufall sehen. — Bei den alten Germanen entschied das Los über die Zweckmäßigkeit einer einzelnen Schlacht; es wurde von alten, prophetisch veranlagten Frauen ausgelegt. Die Beute wurde gleichfalls verlost. Krieg oder Frieden aber verhängte das ritterlichste aller Gottesgerichte: der Zweikampf der Heerführer. Dieser herrliche, aus Gottesglauben, der höchsten Auffassung von königlicher Stellung, Ehre und Treue erwachsene Brauch wurde bis in späte Zeiten geübt. — Unzweifelhaft kämpften in frühesten Tagen die Fürsten statt ihrer Völker, später in jedem Fall, umgeben von ihrem Adel, mit diesem an erster Stelle. Den gesamten Ausgang des Krieges versuchte man durch einen Zweikampf zu erkunden, den ein gefangener Feind mit einem Volksgenossen zu führen hatte. Kaum braucht erwähnt zu werden, daß zu Beginn des Weltkrieges Orakel und Orakeldeuter aller Arten in gewaltiger Menge emporschossen. In der großen Mehrzahl weissagten sie über den Ausgang des Krieges jedem Volk das, was es hören wollte. Bis in sehr hohe Kreise hinein drangen spiritistische und hellseherische Neigungen. Daß sie auf die Entschließungen der Heeresleitung einen Einfluß ausgeübt hätten, ist mir nie bekannt geworden. Der Kaiser stand, wie man mit Sicherheit annehmen kann, diesem Treiben fern. Aus seinem eignen Munde weiß ich, daß er Persönlichkeiten, die derartige Neigungen hatten, als „meschugge" bezeichnete und die Entartung der Söhne einer vornehmen Dame auf deren spiritistische Veranlagung zurückführte.

Was diese heraufbeschworenen Spiritisten-Geister an Wahrsagerei treiben, ist allerdings nicht bloß der Gesinnung und Methode, sondern auch dem Inhalt nach ganz gemeiner Unfug. Im übrigen werfen sie Strumpfpilze, rasseln mit Schlüsseln, schleudern Bilder von der Wand. Ihre Fußabdrücke zeigen, daß sie schon zu Alexanders des Großen Zeiten an jenen Entartungen litten, denen sonst nur die Träger der Schuhe neuester Mode ausgesetzt zu sein pflegen. Ganz anders steht es um die Geister der Sage und der Dichtkunst. Sie erscheinen nur bei ungewöhnlichen Gelegenheiten und zu besonders festgesetzten Zeiten und Orten. An sie ist das Gespenst gebannt. „Die Hölle selbst hat ihre Rechte." Diese drei Werteinheiten sind es, die wir im folgenden wieder als „heilig" bezeichnen wollen, weil der Aberglaube sie mit gesteigerter magischer Kraft begabt; wir können auch sagen: weil der Mensch bei ihrem Obwalten abergläubisch wird. Die in ihm schlummernden Kräfte werden nach der Richtung der Magie, d. h. der Furcht vor dem Unbekannten und der Bezugnahme der Objekte der Außenwelt auf die eigene Person, besonders lebhaft hingewendet. — Welche heiligen Zeiten haben wir anzunehmen? Die Nacht, oft die Mitternacht oder deren tiefinnerste Stunde ist geeignet für die Werke des bösen Zaubers. Der Mittag kennt als Gottheit die Mittagsfrau, von der schon Gregor von Tours zu berichten weiß. Der von diesem Dämon ereilte Mensch stürzt sofort zusammen und kann kein Wort sprechen. Es ist möglich, daß dabei an einen Kollaps um die Mittagszeit in der Sommerhitze nach anstrengender Feldarbeit gedacht ist. — Die Morgen- und Abend-Dämmerungen gelten, wie in Indien, so auch in Deutschland als besonders heilig. Die Sonne ficht alsdann ihren alten Kampf gegen den Nachtriesen aus. Wer zur Zeit ihres Untergangs in sie schaut, bekommt „Nachtnebel". Zu der ihres Aufgangs ist die Heilkraft der Natur am größten. Eben dann wird heilkräftiger Zauber vollzogen und zwar unter genauer Beobachtung des ersten aufblitzenden Strahls. — Vor Sonnenaufgang wird Wasser geschöpft und dann sofort getrunken oder aufbewahrt, um die Gesundheit zu erhalten. Die dabei überlieferten Formeln sind sinnlos und nur als Teile einer Zauberhandlung zu verstehen. Beispielsweise kann ich mir den ostpreußischen, bei dieser Gelegenheit gesprochenen Vers: „Untergehen, auferstehen, immertreu und ewig neu" nur erklären, wenn das ihn sprechende Mädchen dabei das Bild des Geliebten im Osterwasser badet, das eine Wiedergeburt und beständige Treue vermittelt. Bei dem Spruch: „Der Fuchs ohne Lungen, der Storch ohne Zungen, die Taub' ohne Gall' hilft für das 77erlei Fieber all'" werden die magischen Geheimkräfte dreier Tiere zum Heilzauber benutzt; in welcher Weise, ist hier unklar. Doch ist es wahrscheinlich, daß die Krankheit von diesen drei Wesen mitgenommen (weggetragen) werden soll. — Nach Sonnenuntergang darf man nichts verleihen oder verkaufen. — Die alte Idee von der Grauenhaftigkeit der Morgen- und Abenddämmerung, in der die Zwerge schwärmen und ihr Gelächter den Wald durchtönt, ist noch im nordischen Germanentum erhalten geblieben. Die Abmilderung zur segenspendenden Heiligkeit beschränkt sich meist auf christliche Feiertage.

Wie die Tageszeiten, so haben auch die einzelnen Wochentage verschiedenen magischen Wert. Dieser Teil der Mantik hat sich besonders tief im Volksglauben und -brauch verankert. Obwohl die siebentägige Woche erst von Rom aus auf die germanischen Länder übertragen wurde, haben ganz alte Vorschriften des Tuns und Lassens namentlich innerhalb der beiden großen Mondphasen bestanden. Auf Grund der Tagwählerei gibt es bestimmte Tage zum Reisen, zur Hochzeit, zur Geburt und andere, an denen solche Handlungen Unglück bringen. Eine alte, gegen heidnische Gebräuche gerichtete Predigt verbietet, den Donnerstag des Gottes Donar wegen zu heiligen und an ihm Arbeit zu tun. Das Volkstum aber hält an dem Verbot fest, irgendeine drehende Beschäftigung zu treiben, z. B. zu spinnen oder Handmühlen in Bewegung zu setzen. Dies gilt auch für Schweden und Estland. Wenn man sich nun vergegenwärtigt, daß nach dem Volksglauben am Donnerstage die meisten Gewitter stattfinden und daß Donar sie verursacht, indem er die Räder seines Wagens über den Himmel laufen läßt, so wird die Erklärung möglich, daß man der drehenden Bewegung der Räder ebensowenig als ihrem Rasseln nachäffen darf — denn auch das Sprechen während des Gewitters ist verboten. Andererseits haben solche Tage, da die an ihnen Geborenen dem sie beherrschenden Gott gewissermaßen persönlich unterstehen, auch wiederum ihre Vorzüge. Donars Tätigkeit krönt sich im Kampfe mit den Nachtdämonen. Was Wunders deshalb, wenn nur er und die an seinem Tage zur Welt Gekommenen diese Dämonen sehen können? — Am Freitag darf man nicht heiraten! Als Leidenstag Christi ist er überhaupt ein spezieller Unglückstag. Die moderne Statistik ergibt, daß kaum der dritte Teil der durchschnittlichen Ehen auf diesen Tag fällt; allerdings gilt dies nur für eine bestimmte, katholische Gegend. In protestantischen Ländern ist eher das Umgekehrte der Fall, denn hier waltet der Bezug zur Göttin Frija vor. Die auf diesem Tage lastenden Tabus greifen teilweise so schwer in das Wirtschaftsleben ein, daß sie von der christlichen Idee des Leidens des Heilands nicht herrühren können, sondern eher uralt sind: man darf nicht backen, waschen usw. Kuren, die dann begonnen werden, mißlingen. Die Gegenwart kennt die Geschichte jener Frau, die an Grippe erkrankt war, aber sich weigerte, am Freitag einen Arzt zu rufen. Am Samstag tat sie es, aber — es war zu spät! — Sonntag und Donnerstag scheinen einander insofern ähnlich zu sein, als die Geburt an beiden höhere Kräfte verleiht. Dort hat der Christengott, hier der Heidengott sie geschenkt, aber der Erfolg ist der gleiche. Im Aberglauben gilt ja immer der Geisterseher als Prophet, als Übermensch; deshalb sind die Sonntags- und Donnerstagskinder fähig, in die Zukunft, etwa Begräbnisse zu sehen, die erst später stattfinden. Sie können das junge Mädchen, das bald heiraten wird, mit dem Brautkranz auf dem Kopf an sich vorbeiziehen sehen. — Sonntagsheiligung! Was heißt das im Aberglauben? Du sollst nicht die Fingernägel schneiden, kleine Kinder baden, Bäume beschneiden, Fischfang treiben, Kleider nähen usw. Auch hier reine Kasuistik nach Beruf und Fall.

Die Periodizität der Mondphasen hat sich außerordentlich tief dem Volksgemüt eingegraben. Er ist „der Messer", „der Maßstab", nicht nur für eine bestimmte, zwischen Voll- und Neumond liegende Zeitspanne, sondern für alles, was innerhalb dieser Periode sich ereignet, und zwar ist alles, was auf Erden wächst und abnimmt, sympathetisch an seine Phasen gekettet. Der abnehmende Mond ist ungeeignet, Kinder von der Mutterbrust zu entwöhnen, die Haare zu schneiden usw., dagegen zum Krankheitszauber günstig, denn die Krankheit nimmt ab, wie er, namentlich wenn man ihn ansieht — ein Rest des alten Sternkultus. Bei zunehmendem Mond wird gesät usw. — Einzelne Jahrestage haben hohe Bedeutung. Ihnen allen voran steht die Zeit des niedrigsten Sonnenstandes; es sind dies die 12 Nächte von Weihnachten bis Epiphanias. Diese Tage sind in den nordischen Gegenden so tiefgehend von zauberischer, alter Heiligkeit durchdrungen, daß die besten Kenner das darüber liegende Christentum nur als eine „dünne Tünche" ansehen. Das dann stattfindende Jul-Fest, das seine Ausläufer seit der Zeit der Schwedenherrschaft bis nach Pommern gebracht hat, ist ein altes Fest zu Ehren der Toten des Jahres, die nun zu ihren Häusern zurückkehren. Mensch und Tier muß man vor ihnen schützen. Man macht deshalb Lärm und sprengt geweihtes Wasser aus. In Ostpreußen wird der Tote, wie die ahnenkultischen Gebräuche lehren, erwärmt, getränkt, gespeist. Tiere und Gegenstände sind prophetisch. Viele Sitten haben sich bis zur Gegenwart herübergerettet: das Werfen von Apfelschalen. In einen Kuchen aus ungebackenem Mehl wird ein Ring gesteckt; er muß mit dem Munde herausgeholt werden. Man hat darin das im Schoße des Winters vergrabene Sonnengold sehen wollen. Tatsächlich handelt es sich um einen übermütigen Scherz: das Durchdringen von der rauhen Schale zum köstlichen Kern ist die vielfach empfundene Grundidee. Wichtiger und älter sind die schon berührten, aus Träumen usw., ursprünglich zweifellos von dem Toten direkt entnommenen Orakel, die der um die Jahreswende besonders lebhaft obwaltenden Empfindung der Gottesnähe entsprechen. Am ältesten aber sind die zahlreichen Tabus dieser Zeit (Verbot des Spinnens usw.) und vor allem der Glaube an die Geistersichtigkeit der dann geborenen Kinder: sie sind sicherlich zum Prophetenamt berufen. Eine sehr große religiöse Scheu hat auf diesen Tagen gelegen. Man fürchtete sich vor jedem bösen Anblick oder Wort, da man in allem einen Wink des Schicksals sah und unternahm nichts, was die Ahnen, Dämonen oder Gottheiten hätte verletzen können. Desto öfter befragte man die Zukunft und alle, die sie wissen konnten. Was ohnehin zu Bedenken Veranlassung geben konnte, hatte eine vielfache Bedeutung, und wenn es auch nur das weiße Haar eines Neugeborenen gewesen wäre.

Während diese Zeit durchaus altheidnisch bleibt, haben andere Feiertage ein mehr christliches Gewand angenommen, wobei allerdings zu erwägen ist, daß die Frühlingsfeste ohnehin milder stimmen: die Auferstehungsideen, die sich an sie schließen, sind von dem Christentum ursprünglich ganz unabhängig und unvergleichlich viel älter als dieses. Die Johannisnacht ist wohl schon in arischer Urzeit von vielen Völkern mit dem Herabrollenlassen feuriger Räder und anderen Zauberhandlungen gefeiert worden, die bezweckten, der Sonne ihre jetzt im Schwinden begriffene Kraft wiederzugeben. Mit Sicherheit gehört hierher das rituelle Anzünden des Feuers, indem man etwa um die Spitze eines Pfahles ein darin eingelassenes Rad mit möglichster Geschwindigkeit laufen ließ. An der erhitzten Reibfläche befand sich Zunder, der sehr leicht brannte. Mit ihm wurde ein großes Feuer entzündet. Man umtanzte es, übersprang es und trieb zu Zeiten der Seuchen auch Vieh hindurch. Seine Reste waren heilig und wurden als läuternd in die Hütten mitgenommen. Die Vorstellung von dem Dämonen vertreibenden Zauberfeuer hat sich aus fernsten Tagen trotz aller Anfeindungen in die Gegenwart herübergerettet. In diesen Sitten klingt die hohe Freude über das Herabsteigen des göttlichen Elements zu den Menschen und über den Bund mit ihm nach, einen Bund, der den Menschen verpflichtet, das Feuer als höchste Gottheit in jedem Hause, als den „lieben Gast", zu verehren, während der Gott seinerseits die Aufgabe übernimmt, die tausendgestaltige Welt der Dämonen dem Sterblichen fernzuhalten. — Die Leidenszeit Christi ist weniger mit heidnischen Ideen durchsetzt. Sie eignet sich nicht zu Lustbarkeiten, auch nicht zum Eintritt ins Leben. Kinder, die am Karfreitag geboren sind, werden Selbstmörder oder sterben gewaltsam. Der Wahnsinn der Hexenprozesse redete von einem besonderen Scheusal, das eben dann durch die widernatürliche Unzucht mit Tieren erzeugt sei. In England und Schottland, das die christlichen Missionen so früh besuchten, scheint auch die Jahreswende im Volkstum ganz christianisiert worden zu sein. Shakespeare setzt den Glauben voraus, daß der Hahn sämtliche bösen Geister durch seinen Schrei verscheuche. Die Weihnachtstage reinigt er von allem Teufelsspuk.

Sie sagen, immer, wenn die Jahreszeit naht,
Wo man des Heilands Ankunft feiert, singe
Die ganze Nacht durch dieser frühe Vogel:
Dann darf kein Geist umhergehn, sagen sie;
Die Nächte sind gesund, dann trifft kein Stern,
Kein Elfe faht noch mögen Hexen zaubern:
So gnadevoll und heilig ist die Zeit.

Wenn an manchen besonders heiligen Festen noch gegenwärtig nächtliche Zeremonien vorgenommen werden, so ist mir das ein Beweis dafür, daß man in diesen Riten etwas Verbotenes sah, auch dann, wenn der Zweck durchaus nicht unsozial ist. Beispielsweise werden am Johannistage Kräuter gesammelt, weil sie dann besonders „kräftig" sind; sie vertreiben Hexen und Unholde, auch Krankheitserreger. Der vor Sonnenaufgang getriebene Johanniszauber dagegen soll lautlos, unberufen ausgeübt werden und wird sicherlich nicht ausgeplaudert. Der Blutaberglaube greift bei dieser Gelegenheit übrigens tief ins Pflanzenreich ein. Um die Mittagsstunde wächst das „Johannisblut" oder „Herrgottsblut". Mir ist eine in meiner Heimat sehr gewöhnliche Pflanze unter dem Namen „Jesu-Wunden-Kraut" bekannt, deren blutähnlichen Saft man ausdrückte und fraglos auch benutzte.

Wie der Kreislauf des Jahres, so kennt auch der des menschlichen Lebens heilige Zeiten, in denen alles bedeutungsvoll ist. Dazu gehören: Geburt, Taufe, der Eintritt in die Geschlechtsreife, Hochzeit und gewisse böse Zufälligkeiten, wie etwa Erkrankung oder dringende äußere Lebensgefahr. In solchen Zeiten erhebt sich, wie wir schon sahen, die Sprache oft zur Leidenschaft, zum wiederholten und rhythmisch gegliederten Ruf, d. h. zum Gesang. Sie wendet sich in der Einsamkeit des Waldes, inmitten der Schrecknisse der wilden See an die stets als nahe gefühlte Gottheit als an den unmittelbaren Helfer oder an ein Dämonenheer, dem man durch Drohen und Zauber begegnen zu können meint. Man spreche nicht von der „Phantasie des Orientalen"! Mit „Phantasiegebilden" haben diese Äußerungen des Furchtbewußtseins ebensowenig zu tun als mit dem Orient. In den Höhen des germanischen Nordens raunen die Dämonen nicht minder lebhaft als in der Wüste. Wie hier so dort verwirren sie Sinn und Herz, lähmen Tatkraft und Verstand, indem sie in die tiefste Einsamkeit locken, wo sie sich dann als Trugbilder des Auges und des Ohrs, in unbestimmten Formen und Klängen oder in schrecklicher Tier- oder Mischgestalt mehr zu verschleiern als zu offenbaren scheinen. Die Magie der Waldwüste ist dem deutschen Volksgemüt tief eingeprägt. Dort hausen Zwerge, Hexen, die mit Wölfen verkehren. An unzugänglichen Stellen sind Menschen, von wilden Tieren verschleppt, zerrissen worden.

Jeder alte hohle Baum redet die Sprache des Märchens. Hier ist die eigentliche Stätte des „religiösen Erlebnisses", das durch körperliche Entbehrungen und Einsamkeit nach vorausgegangenen mit Furchtgehalt geladenen Suggestionen wesentlich begünstigt wird. Die Naturgeister aller Elemente sind durchaus nicht lieblich, sondern ausschließlich schreckhaft. Unter ihrer erdrückenden Menge nennen wir die Waldjungfrau (im Walde), den Neck und die Nixe im Wasser. Man entledigt sich ihrer gerade so wie eines gefährlichen Menschen. In den Wirbelwind, die Wasserhose oder die Luft wirft man Beile oder Messer; dies geschieht auch dann, wenn man einen Dämon in der Nähe eines Tieres, Baumes oder nützlichen Gegenstandes vermuten muß oder Anzeichen auf seine Nähe deuten, wenn z. B. der Neck die Pferde reitet, die dann schweißbedeckt im Stall stehen oder die Trollen die Kühe melken, so daß für den Menschen nichts übrig bleibt oder die Milch blutig wird.

Solche Abwehrmaßregeln werden nun bei einer Gelegenheit von äußerster Wichtigkeit: beim Eintritt des Todesverhängnisses. Es legt sich wie ein Netz über das Leben derjenigen, die mit dem Dahingegangenen in der gemeinschaftlichen Hütte gelebt haben. In der fernsten Urzeit hat man sich um den Toten wohl so lange nicht gekümmert, bis die zunehmende Verwesung dazu zwang, ihn aus der Hütte zu werfen. Dort hat man ihn gewissen Tieren zum Fraß überlassen, wo nicht selbst verzehrt. Aber sehr früh erfuhr man, wie äußerst gefährlich die frei liegende Leiche sein konnte. So weit wir blicken, war das Leben von der abergläubischen Furcht vor dem Toten beherrscht. Religion, Aberglauben und Totenabwehrritual stehen in engstem Bunde miteinander. — Ganz ungewöhnliche Zeiten verändern den Lauf der Natur. Der Auferstehungstag gehört zu den magisch unvergleichlichen. Vielfach wird erzählt, daß alsdann die Sonne des Morgens drei Freudensprünge mache. Nach anderen Erzählungen soll sie, in Sympathie mit dem Leiden Christi, beim Aufgang blutig rotgefärbt sein und wieder andere wollen wissen, daß ein großes Kreuz in ihr zu sehen ist. Während wir hier also Gang, Farbe und Gestalt des wichtigsten Himmelskörpers die Stimmung der Natur teilen sehen, werden wir später in gleiche Beziehung zueinander Mensch und Kometen gesetzt erkennen können. Der schöne Glaube, daß die Berge als Stätten alter Gottesverehrung den Blick ins Herz der Natur gestatten, beschränkt das genannte Phänomen auf eine Zone besonderer Heiligkeit. Eine solche bietet auch das erregte Meer, wie wir sahen; es wird dadurch zum örtlich und zeitlich begrenzten Vertreter der unbestimmt gefühlten Gottesmacht. Die Jonas-Sage wiederholt sich in der Erzählung von „Herrn Peter", der über Bord in die wilde See geworfen wurde. Da er ein großer Sünder war, so wurde zugleich mit ihm die gesamte Schuld der Besatzung des Schiffes ertränkt und dadurch dessen Mannschaft gerettet. In dieser Sage offenbart sich uns die Entstehung der Opferidee, allerdings im christlichen Gewande. Die Grundvorstellung wäre diese: jener Herr Peter mußte in die See geschleudert werden, weil ihn etwa beim Loswerfen das Todeslos traf, d. h. weil das Geschick ihn als Stellvertreter für viele ausersah und annahm. Dies konnte aber nur geschehen, wenn er ebensoviel wert war, als alle anderen zusammen. Erst bei Abflauung der alten, furchtbaren Idee hält man einen Beliebigen, in noch späterer Zeit einen Minderwertigen („großen Sünder") zum „Sündenbock" für geeignet.

Zu den „heiligen Gelegenheiten" in unserem Sinne gehört auch die Verbindung von Objekt und Subjekt, wie sie sich aus abnormen seelischen Zuständen des letzteren bei Erfassung des ersteren ergibt. Gemütszerrüttungen aller Art, hervorgerufen durch Furcht, Schrecken, Gewissensangst, aber auch vorübergehende Einschränkungen der physiologischen Lebensnotwendigkeiten können hier produktiv wirken. Die Sage spricht es hundertfach aus, daß die Mahr, die dem Träumer den Atem nimmt, nichts als ein Stück seines Bettuchs war: Sauerstoffmangel die Ursache für ein Schreckgespenst! Der Mörder glaubt überall die Hand des Rächers zu sehen und malt Phantasiegestalten in die leere Luft. „Der kranken Seele, nach der Art der Sünden, scheint jeder Tand ein Unheil zu verkünden." — Die ältesten Ritualformen lehnen sich an diese Empfindungen von örtlicher und zeitlicher Heiligkeit an. In der Schicksalsnähe unterläßt man es, zu sprechen, zu essen, Geschlechtsverkehr zu treiben. Der Baum, dessen Grund durch irgendein Verhängnis „heilig" geworden ist, darf nicht gefällt werden. Vielleicht steht er zum Wachstum der Familie in Beziehung. Wenn ein Kind des Hauses stirbt, so verwelkt sein Sproß. Ein Tier, das auf geweihtem Grund lebt, zu töten, würde die Rache des Tiergeistes — wenn es etwa ein Bär ist, vielleicht gerade die der „Bärenmutter", die alle Bären beherrscht — nach sich ziehen. So entstehen die Tabus, die, wenn auch zeitlich und örtlich begrenzt, das Gebot auferlegen: „Du sollst nicht töten". Der Schutz des Eigentums ist, wie wir sehen werden, durchaus nur an die heilige Stätte gebunden. Die Entstehung des Eigentumsrechts ist nur von der Idee der göttlichen Schutzherrschaft aus verständlich, es sei denn, daß der Besitz ausschließlich auf den unmittelbarsten, am Körper klebenden Bedarf sich erstreckend gedacht wurde. In diesem Falle gehörte er auch rechtlich zur Person.

Wo Tabus über Personen und Sachen liegen, haben diese, wie wir sahen, immer ein bestimmtes magisches Leben: die Person oder Sache rächt sich an dem Übertreter des Gebots. Als Ausdrucksmittel steht dafür dem Aberglauben ein Heer von Dämonengestalten zu Gebote: der Rachegeist, der als Geist des Ermordeten den Mörder wahnsinnig macht; das Gespenst des Diebes, der zu dem vergrabenen Schatz zurückkehren muß; der Geist der Pflanze, die unter

Donner und Blitz den Entwurzler straft. Das Korrektiv-Element zu beobachten ist ebenfalls von höchstem Interesse. Hier zeigen sich die Anfänge von dem, was man Ethik nennen könnte. Der unbestattet daliegende Körper „kommt zur Ruhe", wenn er begraben; der Geist des Diebes, wenn der entwendete Schatz dem Eigentümer zurückgestellt; das Gespenst des Grenzsteinverrückers, wenn der wichtige Stein an den richtigen Platz gekommen ist. Aus der Gespensterfurcht des Überlebenden, hervorgerufen durch ein Traumgesicht, ein Mißgeschick an „heiliger" Stätte, schließt man auf einen Verstoß gegen den Toten zurück und bringt dann nach Möglichkeit diesen zur Ordnung. Die Mutterliebe kann solche Empfindungen und Handlungen ebensosehr als krankhafte seelische Veranlagung und Schuldbewußtsein steigern. Das tote Kind will nicht zur Ruhe kommen. Weshalb? Die Mutter läßt es exhumieren und findet, daß eine Nadel, die das Leichenhemd festhalten soll, bis in die Haut gedrungen ist. Sie wird entfernt und die Frau hat keine Visionen mehr. — Das Märchen statuiert die Notwendigkeit der wiedergutmachenden Strafe auch in der Kindererziehung. Dem kleinen, aber einmal diebisch gewesenen Liebling ist die Hand zum Grabe herausgewachsen. Die Mutter schlägt mit der Rute darauf. Da zieht sich die Hand zurück. — Wir sehen: zahllose Zeiten, Orte und Gelegenheiten müssen ein ungeheures Material an Scheinerfahrungen liefern, um aus ihnen bei engerem Zusammenschluß der menschlichen kleinsten Gemeinschaften allmählich jene Summe von „Erfahrungen" großwerden zu lassen, die wir in den Paragraphen des ethischen Dekalogs, den Geboten Moses, in Gesetzesform begrifflich klar zusammengefaßt finden. Das Germanentum ist bei einer eher zersplitternden Kasuistik stehen geblieben, aber es hat nicht schlecht daran getan. Der Boden, auf dem wir stehen, schließt wirklich göttliche Werte in sich, das Heilige offenbart sich dem Deutschen zu gewissen Zeiten, denen unser ehrfürchtiges Schweigen gewiß ist; das Erhabene, Ungeheure des Lebens bindet uns an die mehr oder weniger menschengestaltig gedachte Schicksalsmacht.

Welcher Art sind die am germanischen Boden bestehenden Bindungen? In religiöser Tradition wie in Märchen und Sage finden wir die Ausmalung des verhexten Waldes, des verzauberten und unzugänglichen Sees, des von bösen Geistern bewohnten Berges, des unter der speziellen Schutzhoheit eines Gottes stehenden Feldes. Der bodenbeschützende Herr trägt in ältester Zeit Tiergestalt. An den Quell-Flüssen des Schingu-Stroms heißt der Wickelbär „Herr des medizinischen Tabaks", der Zitteraal „Herr des Rauchtabaks". Die Verehrung des Tieres als Herrn des Waldes klingt noch im deutschen Märchen durch. Mit ihm leben halb-menschliche, ihren Eigenschaften nach eher dämonische Wesen — die Hexe, der Zwerg — im innigsten Verein. Als älteste Wohnstätten kennt das Märchen die Mensch und Tier gemeinschaftlichen Plätze des Urwaldes: den hohlen Baum; die Erdhöhle.

Beide sind dort Gäste der Baum- bzw. Erdgeister. Der Wald geht in die Totenszenerie über; die sieben Zwerge wohnen jenseits des unendlichen Waldes. Manche Plätze sind tabu; unser Wort Tempel bezeichnet einen freien, viereckigen, nach den Himmelsrichtungen orientierten Platz, die Stätte germanischer Gottesverehrung. Andere Orte sind von den Geistern von Menschen und Tieren, von Gebirgsdämonen, Erdmännchen geschützt. Die Sprache des germanischen Nordens kennt als landvaettir die Schutzgeister des bebauten Landes, als hollar vaettir die holden, als mein vaettir die feindlichen Dämonen. — Das Blut der Haustiere floß seit unausdenklichen Zeiten diesen Genien als heiß verlangtes und vielfach dargebrachtes Geschenk. Das vielleicht älteste, im alten Rom gespendete Opfer bestand aus einem Schwein, einem Schaf, einem Rind. Es diente zur Entsühnung der Felder und findet im griechischen und germanischen Kultus sein Gegenstück und zwar unter Bevorzugung des dort an erster Stelle genannten Schweins. — Aus der Erde quellen Geburt und Tod. Manche Stellen stehen zur Unterwelt in besonders naher Beziehung. Leidet man, so sucht man die Stätte zu ermitteln, von welcher das Unheil ausgesandt wurde und begießt sie dann mit einem Trank, in den man etwas ererbtes Metall hineingetan hat, denn vor dem Erbsilber fliehen die Geister. Die Spende wird über die linke Schulter gegossen, denn die linke Seite gehört dem Nachtreich. Man darf sich dabei nicht umsehen und keinen Laut ausstoßen. Kennt man den Ursprungsort nicht mit Sicherheit, so erfolgt die Ausgießung des Trankes an den Türpfosten oder auf einem Ameisenhaufen, also an zwei Stätten, die ohnehin dem Geisterreich angehören. Weitere durchaus dämonische Bodenplätze tragen unheilige Pflanzen, offenbar solche, die auf salzigem oder dürrem Felde wachsen. Denn das salzige Land gehört dem Teufel; salziger Boden ist verflucht.

Um zu erkunden, ob eine Stätte für dämonische Zwecke gewissermaßen bereits beschlagnahmt wäre oder ob der Mensch es wagen dürfte, sich auf ihr niederzulassen, wurden manche Tiere, darunter namentlich das Pferd, in Freiheit gesetzt; denn dies Tier ist geistersichtig und gegen dämonische Einflüsse ganz außerordentlich empfindlich. Legte sich das Pferd nun friedlich nieder, dann hatte der Mensch dort nichts zu befürchten. So entstanden viele heilige Stätten. Andere wies ein Traum oder eine Muttergotteserscheinung, noch andere, und zwar die vielleicht ältesten, befanden sich auf der Spitze von himmelsnahen Bergen oder auf Flecken im Walde oder der Ebene, die durch ein Mysterium begnadet waren. Als Norwegerstämme nach Island auswanderten, warfen sie die aus Holz gefertigten Säulen des Hochsitzes ins Meer. Wo sie antrieben, wurde die neue Ansiedlung gegründet. Dies erfolgte, nachdem man sie zuvor durch Umzäunung oder Umpflügung gegen Übergriffe gesichert hatte; denn Pflugland war Eigentum. In Ostpreußen hielt man ein Dorf für geschützt und gesegnet, wenn es mit zwei schwarzen Kühen umpflügt war. Über die durch die Furche gezogene Grenze zu springen, galt seit ältester Zeit um so mehr als schwerer Frevel, als dieselbe durch einen magisch schützenden Stein, durch geheiligte Opferteile (Pferdeköpfe) und Rechtssymbole (alte Waffen) gegen Übergriffe gefeit war.

Zwischen heiliger und verfluchter Erde vermittelt in merkwürdiger Weise die des Kirchhofs. Der „lebende Leichnam" ist ja ein Kräftezentrum, die Todesstätte andererseits ein Kräfteräuber. Erde vom jüngsten Grabe steckt man am Tage vor der militärischen Gestellung um Mitternacht schweigend in die Tasche oder streut sie in die Stiefel. So schützt man sich vor dem Heeresdienst. Hier ist der Mißbrauch der Todesszenerie von Bedeutung: die wahrhaft verruchten Werke der Teufelsmagie entweihen nur zu gern dies heilige Geheimnis. — Wenn man Kirchhofserde zwischen ein Liebespaar wirft, verhindert man dessen Vermählung. Heilig ist dagegen der gesamte, ein geweihtes Grab (Heiligengrab) umgebende Komplex. Er wird namentlich in der Volksmedizin sehr gern benutzt; der kleinste Abfallteil der heiligen Stätte gilt als wundertätig. Christinnen der Türkei beziehen die bei schweren Geburten helfende Erde aus Jerusalem. Andererseits ist sie, wenn ungeweiht oder gar verflucht, für jede Ansiedlung oder als Geburtsstätte durchaus ungünstig. In ältester Zeit hatte man die Empfindung bewahrt, daß Geburt und Tod aus der Erde quellen. Nach einem Altwiener Aberglauben wird das Kind kräftig, wenn man es gleich nach der Geburt auf die bloße Erde legt. Ursprünglich brachte man es wohl dahin, wo die Seele des am Herde verweilenden Ahns, zur Einfahrt in den jungen Sproß bereit, sich aufhalten müßte. Allmählich aber schied man die Reiche des Lebens und des Todes voneinander. Deshalb heißt es: da, wo einst ein Mensch gestorben ist, soll die Entbindung sehr schwer von statten gehen. Wenn man noch in spätester Zeit den Sterbenden wie die Gebärende auf den nackten Boden legte, so geschah dies wohl aus Zweckmäßigkeitsrücksichten; man wollte die Betten nicht durch die Leiche beflecken, denn alles, was mit ihr in Berührung gekommen ist, muß verbrannt werden. Der Glaube aber, daß alle Kraft dem Erdboden entspringt, hat sich noch bis zu den spätesten Tagen erhalten. Der „Schutzgeist der Stätte" wurde bei dem Beginn des Hausbaus, dem Richtschmaus, dem Einzug ins neue Heim verehrt. Sämtliche bei diesen Gelegenheiten vorgenommenen Schlachtungen sind Opfer. Im Sinne der gesunden Methode, die unbequemen Geister einfach zu verjagen, liegt die in manchen Gegenden Nord- und Süddeutschlands üblich gewesene „Tischrückung", die dem Einzug in das eben gebaute Heim folgte und ganz — in Form wie Gestalt — dem Polterabend oder der Sitte, nach Entfernung einer Leiche die Bänke, Stühle des Sterbezimmers umzukippen, entsprach: man wollte den bösen Geist des Hauses loswerden. Ihm floß Opferblut, und zwar in vielen Fällen das von Menschen.

Im Schwur wird der Boden, der den Eidleistenden trägt und tragen soll, angerufen. Die Hexe zieht um sich einen Zauberkreis, der Schwerttragende vor dem Schwur den geweihten Zirkel. Der Kreis, auf dem das Gottesgericht stattfindet, wird abgeschritten und ist dann geweiht. Der Eid galt im heidnischen Deutschland sicherlich den Elementen. Deshalb glaubte Cäsar auch, daß die alten Germanen nur diese verehren. Unsere Beteuerung: „so wahr ich hier stehe" ist eine Abschwächung der Selbstverfluchung: „So wahr ich nicht lüge, möge mich die Erde tragen". Noch i. J. 1672 hat ein des Zaubers Beschuldigter zuerst Gott und göttliche Personen, dann aber auch „die schwarze Mutter Erde, das Laub und Gras, den Sand in Wasser und Meer" verleugnet, ehe er einen unheiligen Zauberspruch hersagte. — Als eigentlicher Urquell der Kraft galt der Fels, das älteste, unbeugsamste, mächtige Glied des Naturganzen. Und abermals sehen wir hier, wie zuvor beim Baume, daß nicht das Objekt als solches, sondern das durch Form, Farbe, Vorkommen, Größe ausgezeichnete Naturding ehrfürchtig und mißtrauisch angestaunt wurde. In der Alluvialebene verehrte man den erratischen Block, der nur durch Riesenmächte hierher gebracht, durch seltsame Geschehnisse, etwa durch Blutvergießen, seine rote Farbe bekommen haben, seiner Gestalt nach gewiß ein Mensch gewesen sein muß. Dem Steinreich gehören großenteils die Riesen, die auch in rein körperlicher Hinsicht teilweise oder ganz aus Stein bestehen, ferner gewisse Zwerge an. Goethes „die Nacht schuf tausend Ungeheuer" bewahrheitet sich in der germanischen Sage. Der „aufgetürmte Riese" zeigt sich beim ersten Lichtstrahl als die „im Nebelkleide dastehende" Eiche. So wird auch der Zwerg Alvis in Stein verwandelt, d. h. er zeigt sich in seiner wahren Steingestalt, nachdem Gott Thor ihn listig die ganze Nacht hindurch mit Rätselfragen aufgehalten hat, so daß der erste Strahl der Sonne ihn treffen kann.

Die „heiligen Zeiten" im Leben des einzelnen umfassen den die Phänomene der Erzeugung und Geburt einschließenden Komplex. — Die Jungfrau gilt als besonders zauberkräftig, nicht etwa deshalb, weil sie noch nicht mit einem Manne verkehrt hat, sondern deshalb, weil sie die ganze Fülle der späteren (möglichen) Geburten in sich trägt. Es muß für denkbar gehalten werden, daß bei den Germanen wie bei anderen Völkern die erste Menstruation als Folge des Geschlechtsverkehrs mit einem Dämon gilt; gewiß ist, daß das junge Mädchen sowie ihr erstes, ohne äußere Ursache rinnendes Blut mit großer Ehrfurcht angesehen wird. Dies Gerinnsel dient als Heilmittel im weitesten Umfange, selbst bei Pestdrüsen(!) und anderen Krankheiten. Innerlich genommen, soll es das „verdorbene Blut" der Frauen kurieren. Es macht „fest" gegen Hieb und Stich. In die Flammen geworfen, löschte es Feuerbrünste. — Auch das von späteren Menstruationen herrührende Blut hat ähnliche Tugenden. Leberflecken und Warzen, also Erscheinungen, die nach volkstümlichen Vorstellungen äußerst tief in den Ablauf der seelischen und körperlichen Funktionen eingreifen, sollen dadurch geheilt werden. Andererseits besteht die weltverbreitete Furcht vor der dann mit dem Dämon behafteten Frau seit Urzeiten auch in den germanischen Ländern. Sie ist tabu und muß am besten ganz einsam (in einer besonderen Hütte) leben. Alle Tätigkeit ist ihr verboten. Die von ihr hergestellten Lebensmittel gehen zugrunde: eingemachte Früchte schlagen um, Bier verdirbt, Blumen verwelken. Selbst Insekten reißen vor ihr aus. Noch im 16. Jahrhundert führte man in der Gegend um Nürnberg ein solches Weib durch die Felder, die man vor Raupen schützen wollte. Zu gleichem Zweck soll auch das Hemd mit dem ersten Menstruationsblut gut sein. Jenes Blut gilt im übrigen geradezu als giftig; es erzeugt, heilt allerdings auch, tropfenweise genossen, Krankheiten. Besonders lebhaft wird es beim Liebeszauber verwendet, in Speisen und Tränke gerührt, auf Lappen gestrichen und dem heimlich Geliebten angeheftet.

Der Liebeszauber ist in der Wahl seiner Mittel so außerordentlich erfinderisch und wenig wählerisch, daß wir ihn aufs schnellste übergehen wollen. In der Praxis des Aberglaubens ist er natürlich von äußerster Reichhaltigkeit und Wichtigkeit. Erwähnt sei die Verwendung vieler Dinge, auch Teile der körperlichen Behaarung zu diesem Zweck. Kleine Tiere wurden zunächst mit den weiblichen Geschlechtsteilen in Berührung gebracht, ja, in dieselben eingeschlossen und dann mannigfaltig verwandt. — Stellten sich die Folgen der gewonnenen Liebe zu früh ein, so versuchte man die fehlende Menstruation dadurch hervorzurufen, daß man das Pulver des Blut-Steins anwandte, obgleich dieser nichts mit Blut zu tun hat, sondern seine Farbe dem in ihm enthaltenen Eisen (Roteisenstein) verdankt. Umgekehrt wird übrigens gegen zu starken Blutgang „Blutwurz", Tormentilla, eingegeben, eine Pflanze, deren Heilkräftigkeit erst ganz neuerdings von der medizinischen Wissenschaft entdeckt ist, während der Volksbrauch sie seit alters anwendet. Selbstverständlich werden auch indifferente pflanzliche Mittel zwecks Wiederkehr der Monatsblutungen in reichster Anzahl verwendet, und zwar meist heimlich von Hand zu Hand gegeben. Wo sich in Zeitungsanzeigen das Angebot von Mitteln gegen „innere Störungen" usw. oder zur Erzielung sorglosen Eheglücks findet, liegt stets Betrug in dieser Richtung vor. — Ebenso häufig als der Wunsch nach Kinderlosigkeit ist der nach Erhöhung der Fortpflanzungsfähigkeit bei Mann und Weib. Es werden indifferente, rein abergläubische Mittel wie Spargel, Hopfen; schwache Reizmittel wie Sellerie genossen. Vom Ei erwartet man merkwürdigerweise viel Gutes. Geschlechtsteile vielgebärender Tiere (Hase!) werden innerlich und äußerlich benutzt. Frauen, die Kinder haben wollen, berühren Schwangere oder kinderreiche Weiber, aber auch heilige Statuen wie die der Mutter Gottes oder profane Bildwerke wie (in Nordtirol) das des Kaisers Rudolph von Habsburg, dessen Ehe mit Kindern reich gesegnet war. — Rein magische Mittel zur Verhinderung der Empfängnis finden gegenwärtig wohl nur wenige Liebhaber. Zu diesen abklingenden Zaubermitteln gehört das von Lenau in seinem Gedichtzyklus „Anna" beschriebene: eine eitle Frau läßt an geisterhafter Stätte von einer Hexe soviel Getreidekörner durch ihren Ehering fallen, als sie sonst an Kindern gehabt hätte. Unter den eigentlichen Abortivmitteln nennen wir nur den Sadebaum, der einen parasitären Pilz trägt, dessen Sporen im zweiten Generationswechsel auf die Blätter des Birnbaums übergehen. Ein solcher Baum trägt dann keine Frucht. Der Pilz selbst ist ein sehr gefährliches Abortivum. Wenn nun der Sadebaum in der Umgebung der Birnpflanzen ausgerottet wird, muß auch der Pilz sterben; die Birnbäume gesunden und tragen wieder Früchte. Solche Beobachtungen mußten auf ein abergläubisches Gemüt tiefen Eindruck machen, da die gleiche Pflanze, welche die Fruchtbarkeit der Frau verhindert, auch durch ihre Anwesenheit die Birnbäume im Garten unfruchtbar machen kann. Für die Entstehung der abergläubischen Wertung von Naturerscheinungen ist diese Tatsache von hohem Interesse.

Nehmen wir nun an, unser Liebespaar hätte alle Klippen glücklich umschifft und wäre im Begriff, im Hafen der Ehe zu landen. Nach allgemeiner Auffassung müssen Braut und Bräutigam ihre Personen und ihr Glück möglichst sorgfältig verbergen: nicht nur zahllose Dämonen, sondern auch die lieben Nachbarn können es ihnen nehmen. Deshalb versucht man, wie wir sahen, die Dämonen über das Geschlecht der Eheleute irre zu führen. Sicher ist es, daß die Furcht, die Braut möge irgendeinem Dämon handgreiflich gefallen, einer der Gründe ihrer Verkleidung bei der Hochzeit ist. Die Defloration kommt wohl allein der Gottheit zu. Der Mann meidet deshalb seine Frau während der ersten Tage. Diese Sitte der Innehaltung der Tobiasnächte wird später auch mit den Abstinenzen begründet, die im Gefolge der Einnahme des Abendmahls stehen. Die Erklärung, daß nur bei der Hochzeit in das Weib die Unheildämonen hereinschlüpfen könnten, ihnen also nicht der Weg gebahnt werden darf, ist völlig verkehrt, denn Geschlechtsverkehr und Dämonengefahr fallen begrifflich und zeitlich zusammen. Wie groß die Angst vor den Heiratsgenien auch im nordgermanischen Aberglauben ist, geht daraus hervor, daß beispielsweise das Pferd, auf dem der Bräutigam reitet, nicht gedeihen soll und man den jungen Ehemann ungern auf einer Fähre über ein Wasser setzt. — Bei der Hochzeit und später bei der Entbindung wird alles vermieden, was eine leichte Geburt erschweren könnte. Man lockert deshalb im Sinne des Analogiezaubers das, was die beiden jungen Eheleute an festen Kleidungsstücken am Körper tragen, so z. B. den Gürtel, die Strumpfbänder, die Schuhe. In Norwegen, wo sich die junge Frau sogleich nach der Trauung auf das Pferd schwingt, muß auch dessen Sattelgurt lose gemacht werden. Der bereits hier einsetzende bösartige Zauber sucht natürlich möglichst viele Kreise zu schließen: man verschließt dadurch den Leib der Frau. Die Hoffnung auf Kindersegen ist im Aberglauben noch ganz vegetativ, wie etwa im Alten Testament: Kinder um jeden Preis sind das Streben, auch von Kebsweibern herrührend. Je größer die Sippe, um so größer Macht und Stolz. Zu den ältesten von diesen Ideen gehört die, daß Regentropfen, auf den Brautkranz fallend, Fruchtbarkeit prophezeien, d. h. hervorrufen. — Die Entkleidung des Bräutigams hatte wohl in ältester Zeit die Braut zu veranlassen; dies war ihre erste Pflicht als Hausfrau. Während sie dem Manne damals die Schuhriemen lösen mußte, übernahmen dieses Amt später dessen Begleiter. Wer aber sollte während des lebenslänglichen Ehekriegs „unter dem Pantoffel stehen"? Um diese Frage zugunsten des jungen Mannes zu entscheiden, hat noch Luther bei einer Hochzeit, der er beiwohnte, dem Bräutigam einen Schuh ausgezogen und ihn auf das Himmelbett gesetzt. Aber auch die Braut will „den Pantoffel schwingen" (eine Geste, die man zuzeiten recht sinnfällig und buchstäblich vorgenommen sich vorstellen darf). Deshalb setzt sie heimlich — denn offne Gewalt steht ihr noch nicht zu Gebote — ihren Fuß, sobald sie bei der Trauung am Altar steht oder kurz nachher, auf den des Bräutigams oder bedeckt mit ihrer Schleppe desselben Fuß.

Der heiße Wunsch nach Leibeserben kann zur Scheinschwangerschaft, die Abneigung dagegen zu psychogenen Wahnideen führen. Man spricht von der grossesse nerveuse. Hysterische Frauen können Luft verschlucken und andere Mittel brauchen, den Leib aufgetrieben erscheinen zu lassen oder umgekehrt mit Weichtieren und Ungeheuern schwanger zu gehen fürchten. Der alte Blücher war des Glaubens, daß er einen Elefanten im Leibe trüge. Solche Eingeständnisse waren ehemals sehr gefährlich, denn überall vermutete man den Teufel im Hintergrunde. Wurde doch während der Zeit der Hexenprozesse auf offnem Markt ein Hahn verbrannt, weil er ein „Windei" gelegt hatte. Wie furchtbar muß damals die Erscheinung der Sarggeburt gewirkt haben! Die exhumierte weibliche Leiche zeigte einen wahrscheinlich durch die Leichengase ausgestoßenen Foetus! Da war es sicher, daß man es in dem Weibe mit einem „Nachzehrer" zu tun hatte, sogenannt, weil er das Leichentuch und alles, was in seine Nähe kam, „nachzehrte". Er wurde gepfählt, zerstückelt usw. Dann hatte man vor ihm Ruhe. — Nehmen wir aber den Normalfall der Schwangerschaft bei völliger Gesundheit an! Der Kausalnexus zwischen Geschlechtsverkehr und Gravidität war zwar erkannt, der Foetus galt aber immer als ein unsichtbares, dämonisches Wesen und die Möglichkeit als gegeben, daß er irgendeinem überirdischen Genius, wohl auch einem solchen, der im Traum zur Frau herabsteigt, seinen Ursprung verdankt. Neben den Wasserdämonen in Menschen- und Tiergestalt galten die Inkuben, Zwerge, selbst Tote, endlich die zahllosen Produkte hysterischer Veranlagung als mögliche Väter. In späterer Zeit vertrat der Teufel die Stelle aller. Die Furcht vor der Schwangeren und die Vorstellung, daß die in ihrem Leibe wohnende Seele eben die Form annehme, die durch die Äußerlichkeiten der Lebensgestaltung einer solchen Frau bedingt sei, hat zu zahllosen, offenbar sehr alten Tabus geführt. Ihre gewissenhafte Beobachtung schien um so wichtiger zu sein, als die Möglichkeit gegeben war, daß tierische oder halbtierische Wesen die Kinder wie auch die Väter der Menschen sein könnten. Wenn die Schwangere ein Schwein stößt, so bekommt das Kind Borsten auf dem Rücken usw. Körperliche und geistige Eigenschaften übertragen sich durch Berührung. Das Dämonenreich macht sich unmittelbar geltend, wenn eine solche Frau in der Dämmerung ausgeht. Deshalb ist ihr das Ausgehen in der Nacht, der Besuch auf dem Kirchhof und der Anblick totgeborener Kinder, ferner vieler Gegenstände, der Genuß einer Menge von Nahrungsmitteln verboten, gegenwärtig aber leider der Schnaps erlaubt. Wenn sie Fische ißt, bekommt ihr Kind Fischköpfe; wenn sie Zwillingsfrüchte genießt, bekommt sie Zwillinge. Ihre freie Beweglichkeit ist ganz eingeschränkt. Sie soll nicht kauend über die Schwelle treten, muß (in Franken) das Spinnen, anderswo das Wasserschöpfen, ja sogar den Gang in die Kirche unterlassen. Unter keinen Umständen darf sie durch irgendeinen engen Spalt unter Waschleinen, Wagendeichseln usw. durchkriechen. Da man durch eben diese Handlungen Krankheitsdämonen abzustreifen gewohnt ist, erhellt aus diesem Zuge mit Sicherheit, daß die Schwangere als Dämon-behaftet galt. — Überaus groß ist ihre Furcht vor dem „Versehen". Wenn sie einen Hasen sieht, so bekommt ihr Kind eine Hasenscharte. Da dieser Erfolg recht oft nachweisbar zu sein schien, wurden die Hasen nur mit verbundenen Schnauzen zum Markt gebracht. Schreck begünstigte jede Entartung der Leibesfrucht. Erschrickt eine Frau vor einem Affen, so gebiert sie ein ganz behaartes Kind; vor einem Frosch, so wird es froschähnlich. — Aus ihren Neigungen redet das geheimnisvolle zweite Wesen. Deshalb darf man diese nicht abschlagen; sie weisen ja auf die Veranlagung des späteren Kindes. In Indien stürzen sich liebenswürdige Ehemänner um der Schwangerschaftsgelüste ihrer Frauen willen in Lebensgefahr; in Deutschland dürfen sie ohne Gewissensbisse Mundraub und Feldfrevel begehen. Geht das Gelüste nach Hahnenfleisch, so wird das Kind eine ritterliche Veranlagung haben. Denn der Hahn ist ein ritterliches Vieh.

Begleiten wir also den so verheißungsvoll Erwarteten an die Schwelle des Lebens. Die Gebärende ist in eine gesonderte kleine Hütte gebracht, die nicht einmal von dem Ehemann betreten werden darf. Die dort geheimnisvoll waltende Dreiheit göttlicher Frauen kehrt bei den Römern, Slawen, ja auch den Indern wieder, woselbst ihre Gestalten die Eigennamen: „Mutter",

„Mütterchen“, „Mütterlein“ tragen — also deutliche Abbilder der alten, ursprünglich dem eignen Stamm angehörigen Wehemütter sind. Durch Zauber sollten diese die Frucht entwickeln. Dazu dienten traditionelle Sprüche, Handlungen und Amulette. Räuchern und Gesten verscheuchten die den Leib verschließenden bösen Geister. Man zog die Kreißende durch einen Spalt. Man spann und beobachtete, ob der Lebensfaden „glatt und weich“ wäre, ob er Knoten habe oder gar risse. Von größter Wichtigkeit ist es, wie gesagt, daß bei der Kleidung und im Hause alles offen bleibt. Auf der kurischen Nehrung knöpft das Weib vor der Entbindung seinem Mann den Hemdskragen auf. Alle Schlösser, Schränke, Koffer müssen offenstehen. Geht die Geburt gleichwohl nicht glatt weiter, so hat die Frau selbst Schuld: sie saß mit übereinandergeschlagenen Beinen da! — Zu den helfenden Wundermitteln gehört der Adlerstein, den ich deshalb erwähne, weil er ein Beispiel dafür ist, daß man im Aberglauben das Geheime, Seltsame, Schwererreichbare schätzt, namentlich dann, wenn es zum Menschen in irgendeine nahe Beziehung gesetzt werden kann. Das Wunderding, das uns hier interessiert, ist ein Ton-Eisen-Stein. Im Inneren hat er einen Hohlraum, in dem ein oder mehrere abgelöste Steinchen eingeschlossen sind. Daher auch der Name: Klapperstein. Solche Naturprodukte sind wohl schon in der vorsemitischen Periode Palästinas Bilder der einen Foetus einschließenden Gebärmutter gewesen. Sie sollten nachweislich in der Zeit der Antike und im Mittelalter das keimende Leben schützen, vor einer Frühgeburt bewahren und die Wehen erleichtern. Zu diesem Zweck wurden sie als Amulett getragen, pulverisiert und zu vielen auch außerhalb der Heilkunde liegenden Zwecken verwandt. Ursprünglich soll ein solcher Stein von dem männlichen Steinadler in das Nest des Weibchens getragen worden sein, um diesem das Eierlegen zu erleichtern. Sicherlich hat man diese Steine in Adlernestern gefunden und auf ihr Vorhandensein die leichte Fortpflanzung der Adler zurückgeführt.

Das Geschlecht des Kindes suchte man zugunsten der männlichen Nachkommenschaft schon bei der Zeugung zu beeinflussen: das lieber gesehene männliche Wesen konnte nur „im heißen Diebstahl der Natur“, das weibliche auch „halb zwischen Schlaf und Wachen“ erzeugt vorgestellt werden. Da die rechte Seite dem Mann gehört, meinte man, daß eine Schwangere einen Sohn gebären wird, wenn sie den rechten Fuß voraussetzt, mit der rechten Hand zugreift usw. Die unbeugsame Frau kann nur männliche Kinder in die Welt setzen: „Gebär' mir Söhne! Aus deinem unbezwungenen Stoffe können nur Söhne mir entsprossen!“ (Macbeth). — Das mit so vielen Zaubermitteln an die Welt gelockte Wesen konnte, wie wir wissen, durch „Versehen“, lasterhaften Geschlechtsverkehr der Frau und fremden Zauber, namentlich auch den „bösen Blick“, monströs entartet sein. Da gibt es Menschen mit zu vielen oder zu wenigen Gliedern, mit „tierischen“ Körperteilen, Verkümmerung einzelner Organe, Riesenwuchs, Doppelbildungen, Zwiegeschlechtlichkeit, übermäßiger Behaarung, Albinismus. Dazu kommen geistige Abnormitäten der verschiedensten Art. Die bloße körperliche Entartungserscheinung aber genügt, bis zur Gegenwart selbst Ärzte mit Schrecken und Entsetzen zu erfüllen und in ihnen die Vorstellung eines bevorstehenden Unglücks zu erzeugen. Es kann nicht Wunder nehmen, daß Luther an Wesen, halb Mensch, halb Tier, glaubte; daß er meinte, eine „züchtige" Frau habe zu seiner Zeit eine Ratte geboren. Die Geburt eines „Kindes ohne Kopf" war nach ihm das Anzeichen des Todes Friedrichs des Weisen. Schon die nordidische Saga-Literatur kennt Fälle solcher Art und gibt ihnen die schlimmsten Deutungen. Erblich gewordene Entartungserscheinungen wurden in Schweden noch zu unserer Großväter Zeiten auf den Geschlechtsverkehr der Urgroßmütter der Entarteten „mit Elfen und Necken" zurückgeführt, und das zwar, obgleich schon Aristoteles die Möglichkeit leugnete, daß Ungeheuer, halb Tier, halb Mensch, geboren werden könnten. Es handele sich immer nur um Ähnlichkeiten der Gliedmaßen des einen Wesens mit denen eines solchen einer anderen Gattung. Auch Schafe mit Ochsenköpfen (also Chimären usw.) seien unmöglich. Die römische Prodigienliteratur, von der Kirche gierig aufgesogen, hat hier außerordentlich viel Unglück gestiftet. Germanischer Aberglauben unterstützte sie: jedes Kind, das mit Zähnen geboren wurde, wird ein Drud; Mißgeburten und Molen gelten als Mahr- oder Alpgestalten. Hier konnte der Hexenwahn einsetzen. Diese Weiber wie ihre männlichen Gegenstücke sollten „gezeichnet" sein; die schon von dem Araber Abu Ma'šar vorausgesagten falschen Propheten mußten Male und Flecken an bestimmten Körperstellen haben. Solche Kains-Zeichen wurden auf Luther übertragen. Das war nicht ganz leicht, aber der Haß tat auch hier sein Bestes von Luthers Tagen an bis zu denen Leos XIII. und darüber hinaus. — Merkmale, „Signaturen" beim Kinde werden aufs sorgfältigste beachtet. Ich denke an das Muttermal; wem es ausgebrannt wird, der stirbt. In Frage kommen viele Äußerlichkeiten, namentlich auch die Stellung der Haare; wer auf dem Kopf zwei Wirbel hat, ist ein Werwolf. Aufstehendes Haar — der ostpreußische „Boß-Kamm", d. h.: „Kamm der Bösartigkeit" — deutete auf Trotz. „Krause Haare, krauser Sinn." Der Kretin oder das Kind mit dem Greisenantlitz kommen von den Zwergen, deren Wechselbälge sie sind. Man kocht dann Wasser in Eierschalen und bringt sie dadurch zum Lachen. Das Lachen des Kobolds verrät sie — und sie verschwinden! Das ist aber leider nur im Märchen möglich. In der Praxis des Alltags waren diese Wesen der lieblosesten Behandlung, wo nicht der langsamen oder schnellen Tötung ausgesetzt. Noch Luther riet bei einem zwölfjährigen abnormen Kinde zum Morde (homocidium!). Zwischen Menschen, halben und ganzen Kobolden wurde ja gar nicht unterschieden. Das Monstrum wies, wie wir sahen, auf Fürstentod oder große, allgemeine

Katastrophen hin. Daher auch die im Altertum ganz allgemeine Sitte ihrer Tötung, die ein neurussisches, bis zum Weltkrieg in Gültigkeit gewesenes Gesetzbuch durch einen besonderen Paragraphen verbieten mußte. — Mehrlingsgeburten galten vielfach als sehr unheimlich. Aus Rhodesien kommt die Kunde, daß dortige Neger Zwillinge getötet haben, um Regen zu erzeugen. Die Furcht vor Doppelgeburten führt in weiten Gegenden Afrikas zur ausnahmslosen Tötung dieser unglücklichen Wesen, die man dann verhungern läßt oder dem Fluß zum Opfer gibt, der Regen bringen soll. Der Glaube, daß Doppelgeburt auf Doppelbefruchtung hinweist, also Untreue der Frau vorliegt, klingt in der Meinung nach, daß eine schwangere Frau, wenn sie zusammengewachsenes Obst ißt, Zwillinge gebiert. Mutter wie Zwillingskind gelten als dämonisch und die Frau für die Handlungen der Prophetie als besonders geeignet.

Nicht mit der Ausstoßung der Frucht, sondern mit der Loslösung der Placenta ist, wie wir wissen, die Geburt beendigt. Der Mutterkuchen wird als selbständiger, dämonischer Organismus angesehen. In Schwaben nennt man ihn „Nachtwesen". Zum Austritt wird er durch Gebärden und Beschwörungen genötigt, dann aber entweder achtungsvoll behandelt, selbst einige Tage lang aufbewahrt oder restlos vernichtet. Man soll ihn nicht auf den Mist sondern in fließendes Wasser werfen oder in die Erde vergraben, wenn man es nicht vorzieht, ihn sofort zu verbrennen oder mit einem Messer zu durchbohren — denn sonst würde aus ihm der Dämon Utbor entstehen, der sich beliebig klein und groß machen kann und der Mutter nach dem Leben trachtet. Auch kann man sie im Rauch dörren oder auf einen Ameisenhaufen legen. Alle diese Arten der Beseitigung sind zugleich Bestattungsarten: die Leichen wurden begraben, verbrannt, in Flüsse geworfen, ausgesetzt, auf Ameisenhaufen gelegt, gepfählt, gedörrt. — Andererseits macht gerade ihr dämonischer Gehalt die Placenta zauberkräftig, auch im Sinne des Heilzaubers. Sie wurde pulverisiert genossen, getrocknet und in Wasser getrunken, namentlich auch als Mittel gegen Unfruchtbarkeit. Ihr Blut wirkt gegen psychische Leiden. — Zugleich mit ihr pflegen die beiden Eihäute ausgestoßen zu werden, die zu ihr gehören. Deren Reste können aber auch an dem Kinde hängen bleiben. Sie werden im ganzen Norden Europas als Glückszeichen für das Neugeborene angesehen, getrocknet und sorgfältig aufbewahrt, häufig auch als Amulett am Leibe getragen. Nach altem Glauben hat ein Teil der Seele des Kindes in ihnen seinen Sitz. Wer diese Haut sorglos fortwirft oder verbrennt, entzieht dem Kinde seinen Schutzgeist. Die altgermanischen Schutzgeister fylgja und hamingja sind wahrscheinlich nichts als Bezeichnungen der Nachgeburt, d. h. als Wesen, die, mit dem in der Nachgeburt lebenden Schutzgeist identisch, dem Neugeborenen folgen, ihn wie mit einem Hemd (der Eihaut?) bekleiden und zeitlebens schützen. Das Schicksal des Menschen ist also hier durch die Äußerlichkeiten seiner Geburt prädestiniert. Es ist wahrscheinlich, daß man von der Überzeugung ausging, die ungeplatzte Eihaut, die das Kind umhüllt, verleihe ihm Unsichtbarkeit und dadurch in den Lebenskämpfen natürlich einen außerordentlich großen Vorteil. Aufbewahrt bringt sie Erfolg bei der Brautwerbung, bei Handel und Wandel, z. B. bei den Fischern reichen Fang.

Die nun beginnende Milchsekretion wird ängstlich bewacht, denn sie kann durch Zauberei zum Versiechen gebracht oder dem Kinde schädlich gemacht werden. Frauenmilch soll wunderbare Kräfte in sich bergen. Ihr verdanken viele Greise die Verlängerung ihres Lebens. — Auf die Geburt folgt eine Zeit der Unreinheit, die wohl ganz allgemein eingehalten wird. Sie dauert z. B. in Franken sechs Wochen lang, d. h. solange als normalerweise etwa der Wochenfluß, der ja hochinfektiös ist, währt. Die Dämonen beunruhigen, namentlich in der Zeit nach dem Abendläuten, die Wöchnerin in mannigfaltiger Weise. Deshalb soll man ihr nach dieser Zeit nichts mehr in ihre Stube bringen: es würden sonst die Hexen mit hineingehen. Aus eben diesem Grunde werden in den ersten drei Tagen die jungen Mütter nicht allein gelassen. Licht brennt an ihrem Bett; eine Bibel oder ein anderes frommes Buch liegt dort. — Die Unreinheit der Wöchnerin zeigt sich aktiv dadurch, daß man sie in ältester Zeit wohl jedem Verkehr fernhielt, d. h. von ihr Unheil für die Familie erwartete. In Franken soll sie sechs Wochen lang nicht zum Brunnen gehen, sonst bekommt er Würmer und sie wird lausig. Besonders ihr Kind ist von den bösen Geistern schwer gefährdet, die es stehlen wollen. Unter diesen Unheildämonen versteht man auf der Kurischen Nehrung auch Zigeuner und Juden, die dort beide äußerst selten anzutreffen und niemals ansässig sind. Man ist deshalb auf der Hut. An Bibeln und Lichtern fehlt es an der Wiege des Fischerkindes nicht.

Die ersten Lebensmonate sind überhaupt bedroht. Deshalb verwahrt man vor allem die Windeln; sie werden weder dem Licht noch der Sonne ausgesetzt: sie könnten verzaubert werden. Früher als mit Kleidern wird es mit Amuletten geschmückt, die sehr verschiedenartig sind. Um „ruhigen Schlaf" zu erzielen, werden scheußliche Gifte (Alkohol, Äther, Opium) verabfolgt.

Hier ist nicht das Mittel als solches, sondern die Vorstellung von der Art und Weise seiner Wirksamkeit abergläubisch. Unkorrigierbar ist auch die Idee, daß, je fester man ein Kind wickelt, um so „gerader" es wird. — Die erste feste Nahrung des Kindes soll für dessen seelische und geistige Ausgestaltung wichtig sein. Deshalb: kein Gänsehirn essen, sonst wird das Kind dumm! Keinen Fisch, sonst bleibt es stumm!

Die erste Nahrungsaufnahme des von der Mutterbrust abgesetzten Kindes war zweifellos ein feierlicher Akt. Nach seinem Abschluß tritt das junge Wesen ins profane Leben zurück. Kinder im Alter von etwa sieben Jahren werden öfter zu Zwecken namentlich der bösen Magie mißbraucht. Der Eintritt in die Geschlechtsreife macht auch das männliche Wesen gefährlich. Keuschheit wird seit Urzeiten von Mann und Weib verlangt. Sie diente auch den Interessen der Gemeinschaft, der es darauf ankommen mußte, ein hartes, sich der Liebe und dem Wein nicht hingebendes Geschlecht großzuziehen, das im Kriege sich bewährte. Die gleichwohl vorkommenden Exzesse — Geschlechtsverkehr auf freiem Ackerfelde, sinnloses tagelanges Trinken bei „Taufen", Hochzeiten, Begräbnissen — trugen eher kultischen Charakter und griffen deshalb kaum schädigend in das soziale Gesamtleben ein. Der früh ausgeübte Geschlechtsverkehr des Jünglings galt schon in der Heidenzeit als schimpflich. Die verständige Wertung von realen Erfahrungsreihen und die magische Auffassung, daß der junge Mann zu früh „seine Kraft verausgabt", wenn er sich nicht eine Zeit lang zurückhält, haben an diesem Gebot der Abstinenz wohl gleich großen Anteil. Verwerflich und töricht ist natürlich die moderne Einängstigung der in der Pubertät Begriffenen; man darf ihnen nicht sagen, daß sie geisteskrank werden oder an „Rückenmarksdarre" erkranken könnten, wenn sie die Keuschheit im engsten Sinne verletzten. An diesen Kausalnexus zwischen „Schuld" und „Strafe" glaubte allerdings noch die Medizin des vergangenen Jahrhunderts.

Die frühe Ehe wird im Volksglauben begünstigt. Wir haben gesehen, wie sie von Tabus umsponnen ist. — Oft kommt schneller als man denkt der Tod heran. Läßt er lange auf sich warten, so wird nicht viel Aufhebens von ihm gemacht. Alte Menschen wurden früher ausgesetzt. Wenn sie, meist schlecht behandelt, endlich sterben, ist man der Überzeugung, daß Seele und Leib aufgebraucht sind und der Ruhe bedürfen: ein solcher Toter spukt nicht! Anders steht es um den in der Blüte der Jahre gestorbenen Mann. Pferde und Hunde werden unruhig, wenn sie sein Begräbnis voraussehen. Die Biene verändert ihr Wesen, der Storch oder die Schwalbe verlassen das Dach. Haus- oder Gartenpflanzen, die Lieblingsgewächse des Herrn, gehen ein. Die Dielen des Wohnzimmers knirschen, Türen öffnen sich von selbst. Nachts hört man ein Klopfen. Das Käuzchen ruft: „Komm mit". Auf dem Kirchhof soll es unruhig gewesen sein. Alte Weiber, namentlich solche, die uns die Zukunft aus den Karten deuten können, machten versteckte Winke oder sagten etwas Unverständliches oder Unheimliches. Das Bild des Vaters ist von der Wand gefallen. Das Feuer auf dem Herd brennt qualmend. Der Wind pfeift unheimlich; man hört aus seinem Heulen die Stimme eines Verstorbenen. Und schließlich sieht eine alte Frau, die lange im Hause war, den vor Jahrzehnten bereits dahingegangenen ehemaligen Herrn am Tisch sitzen! Dann „spukt" es „vor" und der nahe Todesfall ist unvermeidlich. Zugleich klirren die Waffen des Jägers, es rasselt das alte Werkzeug in der Rüstkammer. Wer mit einer Glückshaube oder an einem Sonntag geboren und deshalb geistersichtig ist, sieht schon ganz deutlich den Leichenzug voraus, wie er sich zum Kirchhof bewegt. Den Tod von Fürsten weissagen die Schreckgestalten des Himmels und die aus den Gräbern gespienen Geister der Unterwelt. Die Ermordung des gütigen Königs durch Macbeth wird von unausdenkbaren, widernatürlichen Schreckgeschehnissen eingeleitet. Auch dem Tod des Erbprinzen von Baden auf Gripsholm ging „ein Hauchen, Zischen, Schnalzen, Klappern und Tosen voraus, als wenn alle Steine auf dem Dach zu tanzen begännen oder ein wütendes Heer von wilden Katzen und Mördern losgelassen wäre“.

Dies Vorspuken gehört zu den unheimlichsten Ideengängen des deutschen Aberglaubens. Goethe hat es mit unerreichter Meisterschaft dargestellt. „Die um den Rabenstein“ „streuen und weihen“ — die Hinrichtung Gretchens steht bevor. Sie selbst stellt sie sich in der Halluzination als bereits erfolgend vor. Ihr eigenes Ich ist aus ihr herausgetreten. Sie kann es beobachten, es handeln oder leiden sehen. Die Volksidee faßt diesen Zustand als den einer völligen Trennung von Seele und Leib auf. Die Seele hat zwar Menschengestalt; sie zeigt sich als Geleitwesen neben oder entfernt vom Körper, wird aber meist als Schatten oder als Spiegelbild, d. h. geisterhaft gedacht. Der Körper gilt, obgleich der Tod noch nicht eingetreten ist, als entseelt. Dieses Heraustreten des Selbst aus dem Körper bedeutet den Tod: „Nur Todgeweihten taugt mein Anblick“, sagt R. Wagners Walküre. Sie ist ein „anderes Selbst“ des Sigmund. Wer (neben dem normalen Bilde) sein eigenes Selbst (als zweites Bild) im Spiegel oder Sonnenschatten sieht, stirbt nach deutschem Volksglauben. Im Verfolg unserer Idee müssen wir sagen: er ist schon tot. Wir haben mithin folgende verschiedene, aber letzten Endes ineinander übergehende Vorstellungsphasen nebeneinander zu halten: jemand sieht sich selbst oder einen anderen trotz dessen völligen Wohlseins im visionären Bilde als Schatten (Geist, Gespenst), zugleich aber in realer Wirklichkeit. Hier haben wir es mit der Gabe des „Doppelten Gesichts“ zu tun, die manchen Kindern, schweren Hysterikern und Schwachsinnigen, nach dem Volksglauben bezeichnenderweise Heiden oder „unrichtig Getauften“ zueigen sein kann. Oder: jemand sieht den Entfernten trotz dessen einstweiligen Wohlseins als Leiche. In beiden Fällen handelt es sich um prophetische Zukunftserschließung. Oder aber drittens: jemand erkennt dank der Gabe des Fernsehens den gleichzeitig erfolgenden Tod eines Abwesenden. Während in stabilen Wirtschafts- und Staatsformen die ersteren beiden Gaben besonders geschätzt werden — man will die Zukunft wissen, um sich „danach richten zu können“ — tritt bei den Jäger- und Fischerstämmen und in Zeiten des Kriegs, im Nomaden- und Beduinendasein sicherlich die dritte besonders hervor. Geängstigte Frauen und Kinder, die den Gatten oder Vater auf dem Fischfang oder auf gefährlicher Jagd begriffen wissen, können bei entsprechender Veranlagung ihn sehr leicht in seinem Todesaugenblick „sehen". Diesem „Gesicht" wohnt so große innere Bedeutung bei, daß Zeit und Wirklichkeit um seinetwillen verschoben werden. Der Vater lebt noch, aber man hat ihn schon als Geist „gesehen". Man glaubt nicht, daß er vom Fang zurückkehren wird. Ist das Gegenteil der Fall, so ist er doch immer ein Todgeweihter. Da die meisten Fischer ertranken — „ein echter Fischer muß versaufen", sagt das Sprichwort — hat das prophetische Gesicht immer recht, denn die günstigen Ausnahmefälle lassen die Vision vergessen werden, jeder Regelfall (der Tod des Seemanns) prägt sie mit furchtbarer Deutlichkeit ein.

Alle Gaben der alttestamentlichen „Seher" sind auch unseren volkstümlichen Propheten eigen: sie sind nämlich zugleich Fernhörer, Fernfühler, Fernriecher, kurz alle gesteigerten Fähigkeiten der Sinnesorgane wohnen ihnen inne; sie hören das Ächzen des Sterbenden, fühlen die kalte Hand an der ihren, haben den Leichengeruch in der Nase. Die obwaltende Vorstellung ist nicht die einer Überbrückung der Entfernung zwischen Objekt und Subjekt, sondern der Annäherung beider aneinander. Die durch Visionen — auch des Traumlebens und durch eigentliche Sinnestäuschungen — geschädigte Person „befindet sich" „im Geiste" bei dem Geliebten. Sein Verhängnis „hat sie schon zuvor gewußt". Das unbestimmte Angstgefühl kleidet sich hinterher in die Form, die von der Wirklichkeit ihr gegeben ist: genau so, wie der Fischer verunglückte, hat sie das Unglück „gesehen"; so wird sie zur eigentlichen Prophetin. In alten Schlössern können sich Schauergeschichten dieser Art besonders gut festsetzen, denn „sie haben viel erlebt", sie müssen wissen, was passieren wird. Berühmt oder berüchtigt ist in dieser Hinsicht das Gesicht Karls XI., das zu widerwärtigen Schauerdarstellungen Anlaß gegeben hat. Irgendein Wahrheitsgehalt ist von vornherein abzuweisen. — Der Dämonismus ist ferner auch bei dem gesündesten Teil unseres Volkes in voller Stärke vorhanden. Er überwuchert um die Zeit der Jahreswende. Die Offenbarung wird bei allen germanischen Stämmen vorzugsweise auf dem Wege der Vision gesucht. In Schweden ging man in der Julnacht in den Wald und erlauschte dort, was während des Jahres geschehen sollte; man sah das Wachstum der Äcker, Leichenzüge und Feuerbrünste. Die Frage nach dem Augenblick des Todes steht aber allen anderen voran. Das Todesproblem ist damit in den Mittelpunkt des ganzen religiösen und abergläubischen Denkens gerückt, ja, wir dürfen sagen, daß Religion und Aberglauben zwar in gewissen primitiven Gebilden seit alters verborgen liegen, aber erst durch die zentrale Fragestellung nach dem „Wohin?" der Seele zu weltbeherrschenden Mächten werden.

Die Reiche des Todes und des Lebens sind zwar, wie es den Anschein hat, bereits in gemeinindogermanischer Vorzeit als gesondert erkannt worden. Gewisse Übergänge zwischen ihnen aber galten als möglich. Helden drangen bis ins Reich der Unterwelt vor und kamen heil zurück. Der Anverwandte des Toten galt als dem gleichen Geschick verfallen, konnte sich aber, wie wir sahen, langsam von ihm loslösen. Diese Idee wog in einem sehr seltsamen Brauche vor, der z. B. in Luthers Zeit noch gang und gäbe war. Er gründet sich auf folgenden Tatsachen: Jeder fromme Katholik bekommt, wenn er sterben will, die letzte Ölung. Der laienhafte Geistliche macht die Gewährung dieser Gnadengabe von dem Versagen des Pulses am Unterarm des Kranken abhängig. Nun will es aber der liebe Gott öfters anders als sein Theologe und läßt manchmal den Kranken gesund werden. Dem Geistlichen ist dies peinlich, leider noch mehr seiner Umgebung, die erfahrungsmäßig auch heute noch — ich weiß dies aus den Kriegserfahrungen mit Sicherheit — den einmal von dem Priester für tot Erklärten schonungslos sterben läßt. Darin liegt ein Aberglauben: „er muß sterben, weil er das Sakrament bekommen hat". Zu Luthers Zeiten, sage ich, mußte ein solcher Wiederauferstandener wenigstens „bürgerlich tot" sein. Handelte es sich um eine Frau, so sollte sie nämlich ein ganzes Jahr lang in schwarzer Tracht gehen, durfte nicht tanzen und mußte keusch leben. Hier riechen wir fast den allerdings von der Geistlichkeit künstlich hergestellten Grabesduft! — Abergläubisch ist die Meinung, daß gerade die letzten Gedanken oder Empfindungen des Sterbenden fromm und gottgefällig sein müßten. Diese letzten Lebensäußerungen sind fast immer unklar, von der Angst eingegeben, vielfach suggeriert. Das Volkstum aber legt auf sie den höchsten Wert. Sie sind gewissermaßen die Seelenverfassungen, in denen der Mensch ins Jenseits hinübergleitet. Diese Vorstellung findet sich in merkwürdig gehäufter Wiedergabe auch bei Shakespeare und gibt sich dort aus dem Munde seiner edelsten Personen kund, so des Herzogs in „Maß für Maß" und Hamlets. — Der Tote kann, wie wir sahen, in die Welt des Lebens „zurückgeschrien" werden, was als Sünde gilt — er war „tot", aber doch nicht „ganz tot". — Nach dem Aberglauben der Kurischen Nehrung wird der Geist noch nach dem Tode bei dem Leibe weilend gedacht. Er trennt sich von ihm bald früher, bald später, jedenfalls vor dem Begräbnis. Dann sieht man die Tür des Sterbezimmers sich öffnen und schließen. Schon der Zusammenhang des „Wachabends" mit dem Leichenschmaus als Abschiedsmahl der Seele und die Sitten, während desselben Kerzen an der Leiche zu brennen, ein Gesangbuch unter deren Kopf zu legen usw. weisen darauf hin, daß eben dann, also etwa in der dritten Nacht nach dem Tode, die Trennung von Seele und Leib sich vollzieht. Die Seele hat ein erhebliches Gewicht. Wenn sich die Geister der Verwandten des jüngst Verstorbenen auf dessen Bahre setzen, so wird diese plötzlich sehr schwer.

Die Totenklage gilt, wie in der mittelpersischen Literatur, so auch nach der Lehre des Alten Testaments (Deut. 14. 1 ff.) und der Mandäer als verwerflich. Und doch ist sie schon durch Tacitus bezeugt. Sie darf aber nicht zu lange anhalten. — Das Totenmahl war der Abschiedsschmaus für den Verstorbenen, an dem dieser persönlich teilnahm. Er sollte von jedem Teller beim Leichenschmause schmecken. — Auch auf die Gräber wurden bis zur neuesten Zeit Spenden gebracht, so z. B. in die Kirchen auf die „Tumba" in manchen Gegenden Schüsseln mit Getreide, Mehl, Bohnen, eine schwarze Henne usw. gestellt. Bereits der hl. Augustin eifert dagegen, daß man Wein und Speisen auf die Gräber bringt, als ob der Tote der irdischen Speise bedürfe. Diese Spenden wiederholen sich in gewissen Zeitabständen, vor allem an den Jahrestagen des Hinscheidens. Von diesem Termin wurden sie auf einen allgemeingültigen Zeitpunkt verlegt, nämlich auf den Allerseelentag. An ihm wirft man Brotstückchen auf das Grab. Auch bringt man Weihwasser und Lichter dorthin. Die eigentlichen Totenmahle (Leichenschmäuse, zu denen in Zeiten des Wohlstandes jeder ehrenhafte Dorfbewohner eingeladen wurde) waren bis zu neuester Zeit sehr üppig und arteten in Luthers Tagen oft zu einer so wüsten Schlemmerei aus, daß von Gesetzes wegen dagegen eingeschritten werden mußte. Aber selbst das üppigste Mahl konnte die Rückkehr des Toten nicht immer verhindern, diese schien vielmehr, wenn eine Mutter in der Zeit des Wochenbetts ihr Kind hatte verlassen müssen, erwünscht zu sein und wurde dadurch begünstigt, daß man das Bett der Verstorbenen sorgfältig herrichtete, deren Schuhe unter die Bettlade stellte und einen Schnuller beilegte. Ja, das Märchen weiß davon zu erzählen, daß die Dahingegangene ihr Kind während einer bestimmten Anzahl von Nächten an die Brust legt — ein tief bewegendes Bild deutschen Familiensinnes. Dem eignen Gatten spricht sie freundlich zu, umkreist das Bett der Kinder, raunt ihnen etwas in die Ohren und segnet sie. In seltsam- ergreifender Weise haben ahnenkultische Ideen von der Liebe der Toten zu den Überlebenden die dämonologischen Meinungen von der hochgiftigen Leiche der Wöchnerin gekreuzt. Die Furcht vor dieser ist allgemein vorhanden und stark entwickelt. Der deutsche Volksglauben kennt die Vorstellung, daß sie zwei andere Personen „nachhole". Andererseits glaubte, wie gesagt, selbst Luther und seine Zeit, daß Männer mit toten Frauen Kinder zeugen könnten. Dem deutschen Volksglauben nicht fremd, aber dem slawischen vertrauter, sehen wir diese Frauenwesen als Vampyre vor uns, in einer Liebesnacht dem Manne das Blut aussaugend, so daß dieser hinsiecht. In Fledermausgestalt zeigen sich nachts solche blutsaugerischen Wesen. Die Furcht vor ihnen war noch in meiner Kinderzeit allgemein.

Von der Verbindung zwischen Wasserdämonen und Sterblichen sprachen wir schon. Der Nix hat Liebschaften mit menschlichen Mädchen und Weibern und zieht sie in das Wasser; sie leben dort in der Tiefe in einem Kristallpalast und zeugen mit dem Nix Kinder; oder er besucht sie auf dem Lande und nimmt die dann von ihr geborenen eignen Kinder später ins Wasser mit.

Den verführerischen Reiz der Wellen, den inneren Zwang, ihrem Rufe zu folgen: „Komm, komm und trinke Tod“ (Lenau), hat Goethe bekanntlich in seinem „Fischer“ dargestellt. Der Volksglauben kennt die lockenden, zum Selbstopfer reizenden, ja, dieses verlangenden Wasser. Die aus ihm überall emporsteigenden oder sich in Wellenringen zeigenden Gespenster beweisen die harte Gerechtigkeit eines solchen Anspruchs. — Von der Gespenstervorstellung unserer Ästhetenkreise weicht die des Volkes sehr stark ab. Das erscheinende „Es“ (nie Gespenst genannt) ist der Tote selbst, wie er im Augenblicke seines Hinscheidens aussah. Sein Tod ist meist verfrüht oder gewaltsam gewesen. Der Geist trägt deshalb die Merkmale seiner Todesursache noch am Leibe, so z. B. in dem bekannten geschmacklosen Jugendgedicht Heines: „den Strick um den Hals“ — dieser Mann war nämlich aufgehängt! Macbeth sieht den Geist Banquos mit zwanzig Todeswunden im Kopf und wünscht, statt des gleichen Schicksals lieber von Geiern verzehrt zu werden; — tatsächlich wurde im Volksbrauch die Vernichtung des Leibes durch dessen Verzehrung als Mittel gegen den Geisterbesuch angestrebt. Der Hades, die Hölle, der Totenhund, die Aasgeier, die Wölfe und Hyänen — sie sind die sichersten Seelenfresser. — Das Gespenst ist nichts weiter als ein Wesen, dessen natürliche immanente Lebensenergie sich allmählich in dieser Form verausgabt, weil sie sich angesichts des plötzlichen Todes der zugehörigen Persönlichkeit im Verlauf des Lebens nicht erschöpfen konnte, und zwar muß der Tote solange herumirren, als er normaler Weise hätte leben können. Dies gilt von Hingerichteten, Verunglückten, Selbstmördern. In einem ostpreußischen Märchen wird eine vornehme junge Dame, die ermordet worden ist und deshalb „spuken gehen“ muß, von ihrem Diener „erlöst“, der Welt der Wirklichkeit wiedergewonnen. Nun fragt der Diener das Fräulein: „Sie waren doch tot und spukten dann; das ist nicht richtig, daß Sie wieder leben“. „Ja“, sagt das Fräulein, „das hat seine Richtigkeit. Jeder Mensch muß sein Leben zu Ende leben und wenn er das nicht kann und ermordet wurde, dann muß er spuken, bis er erlöst wird und dann lebt er wieder bis zu seinem richtigen Ende!“ Mit großartiger Klarheit spricht sich in diesem (von mir ins Neuhochdeutsche übersetzten) Passus eine primitive Prädestinationsidee, die Vorstellung von der Notwendigkeit des vegetativen „Auslebens“ jedes Menschen und das Vorhandensein einer Geisterwelt als Folge dieses Postulats aus. Die älteste Meinung geht übrigens dahin, daß jeder Mensch so lange als Geist zu wirken hat, bis seine prädestinierten Lebensjahre verstrichen sind. In der ostpreußischen Sage ist es anders: das Gespenst wartet auf „Erlösung“, der jener vorbezeichnete natürliche Lebensablauf folgt. Die Geisterperiode wird dabei nicht „gerechnet“. Deshalb kann ein erst nach vielen Gespensterjahren Erlöster als junger Mann sich seinen im Großvateralter befindlichen Kindern vorstellen.

Der einzige Unterschied zwischen einem „Gespenst" und einem Lebenden liegt abgesehen etwa von den absonderlichen Lebensgewohnheiten des Abgeschiedenen darin, daß dieser etwas bleich ist; ja er ist so weiß wie das Totenkleid, das er trug oder trägt: ihm fehlt alles Blut. Um so begieriger ist er manchmal, es anderen auszusaugen. — Der Aufenthalt der Gespenster ist häufig die Stätte ihres Todes, ihres Begräbnisses oder ihrer Rache. Wenn Blut geflossen ist, so lauern die Geister des Erschlagenen an der Stätte der Tat auf den zurückkehrenden Mörder, denn Blut fordert Blut und der Mörder ist an die Mordstelle magisch gebannt — eine durch die Kriminalistik in wunderbarer Weise bestätigte Tatsache. Der Geist Banquos geht von der entlegenen Mordstelle zum Palast Macbeths. Es ist allerdings zu erwägen, daß dieser ihn mit Namen nennt, also beschwört. Der Ertrunkene zeigt sich dem Fischer an der Todesstätte auf freiem Meer, der Ermordete da, wo er heimlich verscharrt wurde. Die meisten Geister sitzen natürlich nachts auf ihren Gräbern. Der Geizhals oder Räuber eines vergrabenen Schatzes lauert bei diesem, denn „wo euer Schatz ist, da ist auch euer Herz". Wo man geisternde Wesen in Mensch- oder Tiergestalt auf verdächtigen Flecken sieht, gräbt man deshalb nach. Sage und Volksglaube reden viel von solchen unheimlichen „Dorftieren". Manche dieser Wesen, wie schwarze Hunde oder Katzen, sind ja völlig dämonisch. Der Räuber besucht oft von seiner Grabstätte aus den Schatzort. Horatio spricht zu dem Geist des alten Hamlet: „Hast du aufgehäuft in deinem Leben erpreßte Schätze in der Erde Schoß, wofür ihr Geister, sagt man, oft im Tode umhergeht...". Der Geist wird von dem Sohn aber sofort als „ehrliches Gespenst" erkannt. Er ist nicht von der Hölle entsandt, führt nicht zum Wahnsinn und Selbstmord. Seine Züge gleichen denen des Lebenden „wie Du Dir selbst". Er ist aber „unverwundbar wie die Luft" und wird von den Beobachtern an verschiedenen Orten gleichzeitig gesehen. Besonders bedeutsam ist es, daß er in Waffen erscheint. „Etwas ist faul im Staate Dänemark!" schließt Hamlet daraus, und Horatio vermutet, daß die Erscheinung mit des Landes Schicksal vertraut sein müsse. Tatsächlich bereitet sich im geheimen ein Krieg vor. Die Erscheinung des Geistes fügt sich in einen Komplex grauser Wunder ein, die jene Zeit der „des Falles des großen Julius" angleichen: auch damals „standen die Gräber leer"; Kometen, Blutregen, Sonnenflecken zeigten sich.

„Und ebensolche Zeichen grauser Dinge —
Als Boten, die dem Schicksal stets vorangehn,
Und Vorspiel der Entscheidung, die sich naht —
Hat Erd' und Himmel insgemein gesandt
An unseren Himmelsstrich und Landsgenossen."

Diese grausen Wunder sind aber letzten Endes der Bibel entnommen. Bei Christi Tode erbebt die Erde, die Gräber öffnen sich und viele Leiber der schlummernden Heiligen stehen auf. Die Sonne verliert ihren Schein (Luc. 23. 45; Math. 27. 52). Die Geist-Erscheinung der Hamlet-Tragödie ist also keine bloße Draperie, am wenigsten ein deus ex machina, sondern die Folie des ganzen Dramas. Die ephemere Mordhandlung — damals alltäglich bei gekrönten Häuptern, denn „ermordet werden ja alle Könige", sagt Richard II — wird dadurch zu einem weltgeschichtlichen Geschehnis, an dem die Mächte des Himmels teilnehmen. Eine alte, verrottete Zeit, eine Ära verbleichenden, epigonenhaft genußsüchtigen, tatenlosen, mit Denken übersättigten Nachruhms sinkt ins Grab; eine neue Periode voller Tatkraft und Ehre in Denken und Handeln bereitet sich im stillen vor — aber derjenige, auf dessen Schultern die Riesenlast der Neugestaltung gelegt ist, fühlt sich unfähig, sie durchzuführen: „Schmach und Gram, daß ich zur Welt, sie einzurenken, kam!" — Wir sehen, daß im Hamlet der „Aberglauben" an Geister kein Beiwerk, sondern das Grundfundament der dichterischen Schöpfung ist. Das Gleiche gilt übrigens bei allen „Meistertragödien" Shakespeares. Das Taschentuch der Desdemona ist das Symbol für die undurchbrechliche Scheidewand zwischen dem Neger und der Arierin. An sein Gewebe klammert sich die wüste Phantastik Othellos und steigt an seinen Fäden zum wilden Wahnsinn des eifersüchtigen Schwarzen empor.

„Eine Sibylle, die den Sonnenlauf
Zweihundertmal die Bahn vollenden sah,
Hat im prophetischen Wahnsinn es gewebt.
Geweihte Würmer spannen ihre Seide,
Sie färbts in Mumiensaft, den sie mit Kunst
Aus Jungfraunherzen zog."

Alles hätte Othello verschmerzen können, nur nicht den Verlust dieses Tuchs, alles Desdemona verstehen, nur nicht die magische Gewalt, die es über ihren Herrn hat. Das Drama könnte richtiger heißen: „Das Tuch der Desdemona". — Doch kehren wir zu dem Geist des alten Hamlet „in Waffen" zurück. Er verkündet Krieg und kann doch nur deshalb, weil er an diesem teilzunehmen gewillt ist, gewappnet sein.

Schon nach der Auffassung der Avestatexte helfen die Ahnen (altiranisch: Fravaschiś) den Lebenden im Kampf; nicht minder nach germanischem Glauben. Damit innig verwandt ist die Sage von den Walküren als Streiterinnen für und mit den Helden. Denn diese Genien sind Seelenwesen. Sie haben weibliche Gestalten wie die Seelen der altiranischen und späteren Tradition. — Nach besonders erbitterten Kämpfen streiten die Geister der Gefallenen noch in der Luft fort oder wiederholen ihre Kämpfe an den Jahrestagen ihrer Schlachten. Aus dem Brausen des Sturms schloß man schon zur Zeit der Cimbernkämpfe auf den nahen Krieg.

Der Wilde Jäger, der dann durch die Lüfte rast, ist mit der Gestalt des kämpfenden Götterherrn eng verbunden. Der alte Zug, daß vor dem Kriege die Rüstungen der Luftkämpfer klirren, taucht in der Sage von König Karl wieder auf, der im hessischen Odenberg (also: Odinsberg; an Stelle Odins steht hier der König) schläft, aber alle hundert Jahre aus dem Berge zieht. Dann vernehme man Waffengerassel in den Lüften, Pferdegewieher und Hufschlag. Zweifellos handelt es sich hier, wie in dem Sagenzuge von dem ausschlagenden Baumstumpf, um eine Kriegswarnung. Das Motiv vom schlafenden Gott oder Kaiser stellt den Höhepunkt dämonologischer Gedankenrichtung im Germanentum dar. Der Krieg galt als gottgesandt, gottgeführt, seinem Wesen nach als unvermeidliche Schickung, eine schicksalgewollte Bindung an die Todesmacht. — Der Wilde Jäger, der, wie wir sahen, Züge Wodans trägt, ergänzt, wie auch die Zwerge, sein Heer durch Menschenraub. Deshalb darf man ihm nicht den Weg kreuzen. — Der Geist des Toten ist mit der Gabe der Weissagung ausgestattet. Der Verstorbene erscheint in Fischergegenden den Überlebenden und zeigt ihm die Stelle an, auf der es reichen Fischfang gibt. Totenbeschwörungen zum Zweck der Wahrsagerei finden sich unter Anklang an bekannte alttestamentliche Szenen und an die Beschwörungen Odins seit alter Zeit. Wer einen Geist auch nur im Spiegel erscheinen läßt, wird mit dem Schwerte oder Landesverweisung bestraft. Die zugrunde liegende, älteste Vorstellung geht dahin, daß der Zauberer sich mit einer dieser heraufzitierten überirdischen (also: Höllen-) Mächte verbinden und dann gewaltige Macht erlangen kann. Diese Idee von den Hilfsteufelchen und speziellen Dienern der Magier findet sich schon bei den niedrigst stehenden Stämmen. — Macbeth ist ein Schotte und als solcher schon mit den Teufeln verbündet. Ein Prototyp dieses wälschen Menschenschlages ist aber Glendower, der den Percy neun Stunden lang mit der Aufzählung aller der Namen der in seinem Sold stehenden Teufel aufhält. Shakespeare fühlt sich ihm geistig und sittlich überlegen: durch Wahrheit kann man dem ganzen Heer der Teufel trotzen. Der Trug erschafft sie; die Wahrheit zerstört sie. Glendower wird durch seinen Aberglauben zum Verräter an der gemeinschaftlichen Sache.

Von dem Glauben an die Gefährlichkeit des Gespenstes sind Sage und Mythus tief durchdrungen. Wahnsinn, Siechtum, Tod, Entführtwerden — das sind die Folgen der Geisterbesuche. Es kam also darauf an, den Toten am Wiederkommen zu verhindern. Dazu diente die Bestattung. Mit der Ehrfurcht vor dem Dahingegangenen oder der Liebe zu ihm hat sie bis zur jüngsten Zeit nichts zu tun: sie war bei allen indogermanischen Stämmen geheiligte Abwehrmaßregel. Besteht doch die Bestattungspflicht für sehr nahe Verwandtschaftsgrade bis zum heutigen Tage in den modernen Kulturstaaten. Die Totengeister werden entweder versöhnt oder unschädlich gemacht. Die erste Methode führte zur Anlage der gewaltigen Wohnbauten für Verstorbene, ihre Ausstattung mit allen Mitteln der Notdurft des Lebens; die zweite zur Vernichtung des Körpers bzw. Skeletts, dessen Beschwerung oder Fesselung. Selbstverständlich tritt auch der Zauberspruch in seine Rechte. — Diese Abwehrmittel und die ihnen zugrunde liegende Auffassung ist bis heute nicht erloschen. Das Grab wird als Ruhestätte aufgefaßt; die Verweigerung desselben ruft Beunruhigung hervor. Die Verehrung durch Kränze, Sauberhaltung usw. ist ein häufig auch testamentarisch ausgesprochener Wunsch des Sterbenden. Wir werden die Bestattungs- und Kult-Pflicht als das treibende Moment der wichtigsten aller sozialen Formen, der Ehe, kennenlernen. In Indien und China wird der Junggesellenstand ausdrücklich mit der Begründung verboten: der Tote ist gemeingefährlich, wenn er nicht einen Nachkommen hat, der ihn versorgt. Deshalb — heiratet! Die Massebe Absaloms, die er sich selbst setzt, weil er keine Nachkommen hat (II. Sam. 18. 18), gehört um so sicherer in diesen Zusammenhang, als nach dem gewichtigen Zeugnis von Jer. 16. 7 die heilige Säule dem Vater oder der Mutter nur von dem Sohn errichtet wird, also dazu diente, die Aszendenten zu verbinden, nachdem man den Toten entsühnt hatte.

Die Abwehrriten zeigen diesen ihren Charakter bis zum heutigen Tage. Durch rein physischen Druck soll der Tote am Auferstehen verhindert werden. In vielen Gegenden Deutschlands werden ihm drei Schollen ins Grab geworfen. Man will ihn in der gewohnten Umgebung lassen. Daher die Sitte der Erbbegräbnisse. Die Bestattung ist soziale Pflicht. Deshalb die Trauerbesuche, der gemeinschaftliche Leichenschmaus, das gemeinschaftliche Tragen der Leiche zur Grube. Das altgermanische Sippengefühl zeigt sich bei dieser Gelegenheit noch oft lebendig. Die Beseitigung des toten Körpers macht zuzeiten große Schwierigkeiten. Der Leib muß „in geweihter Erde" ruhen, um auferstehen zu können. Es kommt im Hochgebirge vor, daß er zur Winterzeit Monate lang in einer Dachkammer des Hauses aufbewahrt werden muß oder zwar aus der Wohnstätte herausgeschafft, aber in die steinharte Erde nicht eingebettet werden kann. Dann bedeckt man ihn einfach mit Steinen, an deren Stelle im Walde grüne Zweige treten. E. M. Arndt erinnerte sich noch daran, solche Steinhaufen über den Leichen Gerichteter gesehen zu haben. In Schottland und Schweden lebt eine Sitte, die dem Wanderer befiehlt, das aus Steinen bestehende Grabdenkmal im Vorübergehen um einen weiteren Kiesel zu bereichern, angeblich noch fort. Wir haben es also hier mit einer modernen Steinigung zu tun, einem Versuch, den Übermenschen zu erdrücken, mag er nun Zauberer, Verbrecher, gewaltiger Krieger oder Verbreiter von Infektionen gewesen sein. Auch die Großen dieser Erde sind solche Übermenschen. Die Totenschiffe, die sie und ihr Gefolge bergen, sind — ich denke hier beispielsweise an den Oseberg-Fund, das vielleicht gewaltigste Denkmal germanischer Kultur — am vordersten und hintersten Ende bedeckt von zentnerschweren Steinen, unter einem riesigen Erdwall aufgefunden worden. Die Last dieser Steine war so groß, daß sie mit ihrer Wucht fast sämtliche Grabbeigaben samt der Totenkammer zerdrückten. Der mächtige Tote sollte nicht auferstehen! Bekanntlich wurden auch die Leichen von Verbrechern ins Moor gesenkt und mit Reisig, Baumstämmen und Steinen beschwert. Dutzende von diesen hochberühmten „Moorleichen" sind in neuester Zeit aufgefunden worden. Für uns haben sie in jeder Hinsicht ein ganz außerordentlich großes Interesse. Sie lehren, daß die alten Germanen stattliche, hochgewachsene Männer, aber keine Riesen waren — ein unausrottbarer Aberglauben, diese Vorstellung von dem germanischen Riesen! Übergroße Menschen sind keineswegs stärker und vor allem weniger ausdauernd als Durchschnittsmänner, vielmehr gesundheitlich bedroht und geistig oft zurückgeblieben. Nichts davon war bei den alten Germanen der Fall! Allerdings waren die Erstickten moralisch und vielleicht auch körperlich minderwertig, standen also unter dem Durchschnitt.

Als sehr alter Bestattungsform haben wir des Begräbnisses unter der Schwelle des eignen Hauses zu gedenken. Die Magie der Schwelle hängt auf der einen Seite damit zusammen, daß die Pforte eben den Eintritt ins Haus vermittelt, also heilig ist wie jeder Anfang, auf der anderen Seite damit, daß sie durch Opfer gefestigt wurde. Der Lebende wie der Tote schützen an dieser Stelle das Haus; der erstere vorwiegend durch sein dort vergossenes Blut, der letztere durch den gesamten, noch „lebenden" Leib. Zu dieser letzteren Gruppe gehörte der Langobardenfürst Alboin, der i. J. 572 unter den Stufen einer zum Palast in Verona hinaufführenden Treppe beigesetzt wurde. — Ins Grab wurde den Helden seit ältester Zeit ihr Leibroß mitgegeben. Schon Alarich und Attila werden mit ihren Pferden beigesetzt. Zu Luthers Zeiten wurden bei einem Begräbnis Pferde um den Altar herumgeführt und dabei Schild und Spieß des Verstorbenen zerbrochen. Die Sitte, das liebgewonnene Reitpferd am Grabe oder doch im Verlauf des Begräbnistages zu erschießen, dürfte noch heute nicht erloschen sein. In den mir nahe stehenden Kreisen wurde sie bis zum letzten Todesfall beobachtet. Bekanntlich pflegte hinter dem Sarge hoher Offiziere stets deren Pferd geführt zu werden. — Als weit verbreitete und sehr wesentliche Grabmitgabe gilt auch die Totenmünze, über die viel geschrieben und nachgedacht worden ist. Man hat sie als Charons-Groschen gedeutet. Tatsächlich kennt das Märchen die Figur des Fährmanns, der die Seelen ins Reich der Nacht übersetzt: er verlangt einen Lohn. Aber die mythologische Erklärung reicht angesichts der Volkstümlichkeit und Verbreitung der Sitte zur Erklärung nicht aus. Die Goldmünze, die man früher „im Grunde des Säckels spart, zum Angedenken aufbewahrt und lieber hungert, lieber bettelt", ist vielmehr ein integrierender und wichtiger Teil des gesamten Besitzes, den man dem Toten nicht vorenthalten darf, da er anderenfalls zu den Lebenden zurückkehrt. Auch die Magie des Goldes spielt hinein: es ist treu, unwandelbar; ewige, erhaltende Kräfte sind daran gefesselt. In Indien werden wir diese Gedanken klar ausgesprochen finden. In Deutschland sind sie eher empfunden als gedacht worden, fehlen dort aber kaum. — Die natürlichste Grabmitgabe, zugleich eine fast selbstverständliche Quelle des Menschenopfers, bietet sich beim Tode einer Wöchnerin: sie nimmt ihr Kind ins Jenseits mit. Man hat es ihr früher (s. o.) lebendig in den Sarg mitgegeben. Jetzt wünscht man, wo nicht in Deutschland, so doch in den Balkanländern, sie möge es nicht auf der Erde zurücklassen; ja, man begünstigt, wie wir sahen, seinen schnellen Tod. Unter den früheren Kulturverhältnissen ging es ohnehin fast immer zugrunde. Es sollte bei seiner Mutter sein! Dann brauchte diese nicht zu „spuken". Holte sie selbst es in ihr Grab, so war sie ein Dämon; pflegte sie, wenngleich als Gespenst, es auf Erden, ein guter Geist.

Geisterwesen dieser Art verlieren allmählich jeden Bezug zu der Persönlichkeit des Verstorbenen. Sie sind eben „selige Geister", die im Hause, zu dem sie dann gern zurückkehren, gepflegt werden. Die Zwerge der Sage sind solche „Ahnenkultwesen". Die Vorstellung ihrer körperlichen Kleinheit beruht auf der Idee von der Schwäche des Toten, die uns immer wieder begegnet. Die Lebensfunktionen sind ja tatsächlich auf ein Minimum reduziert. Dies gilt von den uns hier allein beschäftigenden Ahnenwesen. In Zwerggestalt kleiden sich viele Genien ganz anderer Art, so z. B. die Urbevölkerung vieler Gegenden. Namentlich denkt man dabei an die Kelten. Zwergisch klein und teilweise tiergestaltig sind viele Krankheitsgeister, Nachtdämonen, ferner die ältesten Schmiede. Das Handwerk gilt ja immer als gottgelehrt. Die Zwerge der germanischen Sage verfertigen die bekannten Wunderwaffen der Edda, ferner Harnische, die gegen Stich und Hieb fest sind. — Den Charakter der Todesgenien, noch finster und gefahrdrohend, tragen sie, wenn sie, wie der Doppelschatten oder der Doppelgänger des Menschen in irgendeiner Form, sich nur demjenigen zeigen, dessen letztes Stündlein geschlagen hat, oder ihre Augen so stark leuchten, daß sie nachts besser sehen als am Tage — sie gehören dann ihrem Wesen wie ihrem Anzug nach dem Totenreich an; ihre graue Kleidung und ihr hel-keppelin (Todeskappe) beweist dies. In leeren Häusern wohnen sie. Vielfach haben sie dort den Letzten eines alten Geschlechts überlebt, werden nicht mehr verehrt (ernährt) und deshalb bösartig. Die häufig wiederkehrende Furcht vor der so „beseelten" Ruine zeigt sich schon bei Konstantin dem Großen. Er ließ ein Haus niederreißen, weil es darin spuken sollte. — Das bewohnte Haus wird von dem Kobold mitbenutzt. Dieser ist seinem Namen wie seiner Funktion nach ein Hausgott. Während die Ahnenseelen sich sonst vorzugsweise unter der Schwelle des Hauses und am Herde verbergen, hält er sich auch in der Holzkammer, auf dem Boden, im Gebälk, im Keller auf. Auch hier hat eine Vereinigung sonst widerstrebender Elemente stattgefunden. Wir wissen von den heidnischen Kultgebräuchen und Sagen, daß sie an jede lebenswichtige Stelle des Hauses ein eignes, schützendes Wesen setzen: die Gottheit des Querbalkens ist von der des Strebepfeilers und diese von der der Schwelle wesentlich verschieden. Der ahnenkultische Charakter des Hauskobolds erhellt noch deutlich aus Sage und Kultgebrauch. Wenn schon die Zwerge als Mäuse oder auf Mäusen reitend den Herd umschwärmen, d. h. das Haus bewahren, so gehört der Kobold unzertrennlich zu ihm. Er zieht mit der Familie und oft gegen deren Willen aus — ist ihr Geschick, ihre Tradition. Mausähnlich verlangt und erhält er beim altgermanischen Totenfeste die Reste des Abendbrots. Doch auch eine weiche Lagerstätte wird ihm gegönnt, desgleichen Bekleidung und Milch als uralte Kultspeise. Sein Sitz ist hinter dem warmen Ofen. Daß die Seele eines Vorfahrs in ihm lebt, weiß die Sage noch klar zu erzählen. Die Auffassung des Vogtlandes, nach der es der Geist eines ungetauft gestorbenen (also: heidnischen) Kindes ist, der zum Kobold wird, hat einen Rest dieser Auffassungsweise bewahrt. Luther sagt, daß die „lares familiares", die wichtelin und helkeppelin, dem Hause großes Glück brächten. Deshalb fürchtete man auch nichts mehr als sie irgendwie zu beleidigen und zu verjagen. Dann helfen sie bei der Arbeit, sehen auf Sauberkeit in Haus und Hof, flechten den Pferden die bekannten Weichselzöpfe (d. h.: Wichtel-Zöpfe; sie selbst sind ja Wichte oder Wichtelmännchen!), strafen aber die faulen Mägde, kneipen sie des Morgens, wenn sie nicht aufstehen wollen, und reiten sie nachts als Maren. Diese Züge einer primitiven Haus- und Familienethik dürften aber verhältnismäßig jung sein. Älter ist die Vorstellung der unberechenbaren Boshaftigkeit der Zwerge, denen das kleine Mißgeschick des Hauses verdankt wird. Dämonen sind eben niemals so geartet, daß man sich auf sie verlassen könnte. — Ihre eigentliche Natur zeigen sie, wie wir sahen, wenn sie lachen. Das unheimliche Kichern der Zwerge erschreckt den Menschen; ihr Lachen verrät sie; sprechen wir doch vom Hohngelächter der Hölle und des Teufels. Aus dem Lachen einer indischen Urgottheit entspringt eine der gefährlichsten Kometengruppen. Das Lachen der Götterbilder bedeutet das schwerste Unglück. Auch der Blitz zeigt seine Kraft im tötlichen Lächeln.

Die Boshaftigkeit des Zwerges ist mit körperlichen Abnormitäten eng verbunden. Solche Gebilde führen zu den Gruppen der Unholde in Feld und Wald sowie den Krankheitsdämonen über, die häufig die Entartungserscheinungen ihrer spezifischen Sondergruppe, nicht selten aber auch Tiergestalt tragen. Mißgestaltig oder als scheußliche, auch schwarze Tiere, als Gewürm, Schlangen, Kröten, als räuberische Vögel wie Krähen und Eulen, auch als Räuber in Gestalt von Bären, Wölfen, Hyänen, rauben und entführen sie menschliche Seelen. Denn der Tod wurde nach uralter Auffassung als durch den Raub erfolgt gedacht, den die jüngst Verstorbenen an den Überlebenden ausüben. Die Sage kennt zwar die Vorstellung von dem ebenmäßigen Wuchs und der Schönheit der Zwerginnen, doch ist diese Ausmalung jünger und tritt stark zurück. Das Tanzen der Zwerge wird wie der Tanz der Menschen auf Wiesen meist daran erkannt, daß die getretenen Teile des Grases sich niedergelegt haben. Es kann dies die Folge von Kreiswinden sein, in denen ja stets Dämonen sich verbergen. Auch bestimmte Blumen, die sich kreisförmig verbreiten, haben, wie schon der alte Linné mutmaßte, zu diesem Glauben beigetragen. Was die Fortpflanzung solcher Geisterwesen anlangt, so sind sie bei ihr auf die Menschen angewiesen. Sie stehlen Kinder, die noch nicht sechs Wochen alt sind, d. h. während der Periode der kultischen Unreinheit der Mutter, und schieben ihre Wechselbälge, die, wie sie selbst, sehr alt aussehen, unter. Nach Luther lockt der Teufel die Magd ins Wasser, schwängert sie, behält sie bis zur Geburt bei sich und legt dann die teuflischen Scheinkinder in fremde Wiegen. Solche Mägde werden von den Zwergen auch als Ammen benutzt. Die Tannhäusersage wird durch die Vorstellung vorbereitet, daß die Zwerge die von ihnen geraubten Menschen nach einer bestimmten Zeit wieder frei lassen müssen. Berühmt ist die Entführung von Dietleibs Schwester Künhild durch den Zwerg Laurin. — Die Nahrung der Zwerge wird ihnen bisweilen durch hingeworfene Brocken oder kleine hingestellte Spenden gereicht. Gewöhnlich aber nehmen sie sich diese eigenmächtig. Jedenfalls arbeiten sie nicht: dem Totenreich ist, wie die Fortpflanzung, so auch die produktive Tätigkeit verwehrt. — Was die Kleidung anlangt, so gehen die Vorstellungen wohl auseinander. Nach manchen Sagen nehmen die Zwerge Kleidungsstücke (wenn auch nicht solche, die ihnen magische Gaben verleihen) an; nach anderen rufen sie, wenn ihnen kleine Mäntelchen usw. hingelegt werden: „Ausgelohnt! ausgelohnt!" und verschwinden. Ihnen die richtige kultische Pflege angedeihen zu lassen, ist für die Menschen eine Existenzfrage, denn eine geringschätzige Behandlung oder Vernachlässigung hat zur notwendigen Folge den in Sage und Märchen unendlich häufig dargestellten Kinder- und Frauenraub, d. h. ein die Existenz der Gemeinschaft gefährdendes Massensterben. Die Ahnenpflege war Lebensinhalt ungezählter Jahrtausende. Die Furchtausdrücke vor den entführenden Zwergen geben die mythische Antwort auf die wichtigste Frage, welche die Menschheit Weltperioden hindurch zu stellen verstand, auf die Frage: „Wie kam der Tod auf die Erde?" Wo wir hinblicken werden, nach Indien, China, zu den Semiten — immer ist es der erzürnte Ahn, der den Nachfolger seines Wegs zu gehen zwingt. In der Kultspeise ist der Ahn leiblich verborgen. Wer in das Brot mit dem Messer sticht, läßt seinem Urgroßvater im Grabe nicht Ruhe.

Die Vorstellung von den Ahnenwesen hat sich allmählich in Deutschland wie bei den alten Kulturvölkern des Orients ganz von ihrem Untergrunde losgelöst. Es gibt eigne Geisterreiche am Ende der Erde, im Wasser, in Bergen, im Erdinneren. Ich denke hier an das Schneewittchenmärchen: der gläserne Sarg ist, wie der gläserne Berg, ein Aufenthalt der Zwerge. Er gehört, wie selbst der gläserne Pantoffel, durchaus in die Totenszenerie. Der Apfel vermittelt sympathetisch die Wiedergeburt, ist aber zugleich eine Grabmitgabe. Die Entrückung erfolgt durch Entführung über das siebenfache, erdumkränzende Gebirge, wie sie in der Tannhäusersage durch die vorübergehende Gefangennahme in einen Berg und nach anderen Motiven durch Entrückung in das Wasser erfolgt. Wie hier so dort geht der Bevorzugte mit den Naturgenien dieser Elemente eine Ehe ein. Daß Wasserwesen sich auch zu Ehen mit Sterblichen aufs Land begeben, ihren Gatten aber bestimmte Verpflichtungen auferlegen, um sich von der Fessel wieder befreien zu können, wissen wir aus Mythen der ältesten Ära (Indien). — Die Zeit der „Zwölften" haben wir als die bekannte Reihe jener Tage kennen gelernt, in der die Seelen zu ihren Häusern zurückkehren. Wie in Ostpreußen der Ehrenplatz an der Ofenbank für die um die Jahreszeit zurückkehrenden Toten freigehalten wird, so schliefen in Schweden früher die Hausleute während der Weihnachtszeit auf Stroh. Die Betten der Hausinsassen wurden den Seelen oder Engeln, die über Nacht zu Besuch kamen, überlassen. Die ganze heilige Nacht hindurch mußte ein Holzstoß auf dem Herde brennen, damit die Gäste aus der anderen Welt sich daran wärmen können. Speise und Trank wurden auf den Tisch gestellt und Asche gestreut, in der man die Tritte der das Haus aufsuchenden und verlassenden Toten nächsten Tags zu erkennen vermeinte. Auch diese Sitten fehlten in Ostpreußen nicht. Die nächtliche Mahlzeit hieß im Norden: Alfablot, d. h. Opfer für die Elfen. Diese Elfen sind durchaus Ahnen. Als das Christentum in jene Gegenden eindrang, gab man bisweilen dem Enkel den Namen des Großvaters, um dadurch, daß man alsdann den ersteren taufte, den wiedergeborenen Vorfahren zugleich der Taufe teilhaftig werden zu lassen. Die Vorstellung von der Wiedergeburt des Ahns im Nachkommen muß, da die Zwerge in den Leib von Frauen schlüpfen konnten, sehr alltäglich gewesen sein.

Wie sich die Germanen die Urbewohner ihres Bodens, zugleich die Totenseelen, als Zwerge dachten, so die in Palästina eingedrungenen Semiten die gleichen Wesen als Riesen. Die vorausgegangene Periode der Megalithbauten schien auf gewaltige Übermenschen schließen zu lassen. Da sie aber dem Totenreiche angehörten, bekamen sie das Attribut: Rephâ' îm, d. h.: „die Schwachen", wie ja Homer von den „kraftlosen Häuptern der Toten" spricht. — Diese Analogie der Form zwischen so grundverschiedenen Religionen und Rassen ist sicherlich von Bedeutung für die Erkenntnis der Zwangsläufigkeit der mythischen Gebilde unter den gleichen Voraussetzungen.

Die Meinung, daß Riesen von Baumeslänge und darüber hinaus die Erde bevölkern, ist noch vor wenigen Generationen anzutreffen gewesen. Nach der Lehre der Sage aber sind diese Ungeheuer in Deutschland längst ausgestorben, zumal sie die „modernen" Kulturerrungenschaften, so namentlich auch den Ackerbau, sich nicht zueigen machen konnten. Sie sind reine Viehzüchter, ein Zug, den z. B. auch Chamissos „Riesenspielzeug" übernimmt. Auch ihre Bewaffnung ist uralt. Sie hat mit der titanenfeindlichen Technik der Bogenherstellung so wenig Schritt halten können als ihre Kampfmethode, die auf der bloßen, rohen Kraft des einzelnen aufbaut, mit der der Götter. Die riesenhaften Bauten vorgeschichtlicher Geschlechter wurden auf sie zurückgeführt. Man glaubte, das turmhohe Skelett des Polyphem in einem solchen „Hünengrabe", d. h. Riesengrabe, gefunden zu haben. Stein- und Fels-Kolosse, die den Anschein erwecken, als ob sie von menschenähnlichen Ungeheuern behauen worden sein könnten, werden auf sie zurückgeführt. Vielfach gelten sie als Menschenfresser und dann dem Teufel nah verwandt. Aber auch Züge von Gutmütigkeit werden ihnen zugeschrieben, die ja selbst bei dem deutschen Teufel nicht fehlen. In „Riesentöpfen" brauen sie, sitzen auf „Riesenstühlen", in „Riesenkesseln" kochen sie, wenn es aus der engen Talschlucht dampft, ihre Speise. In Helsingland in Schweden erhebt sich ein runder Berg, der die Vorstellung erweckt, als sei er eines der mittelalterlichen Hünen- oder Teufelswerke. Er reiht sich in jene ungeheure Zahl von Burgen ein, die von den Ureinwohnern des westlichen Asiens und eines sehr großen Teils des europäischen Kontinents zum Schutz gegen die vordringenden Arier gebaut und deren Zweck und Herkunft später nicht mehr verstanden wurden. Es waren dies Rundbauten mit Rundwällen, dem Namen wie der Sache nach echte Burgen. Ihre Grundform hat sich in dem Prototyp der slawischen Ansiedlung bis heute erhalten. Denn dort liegt der Markt in der Mitte. Auf ihm wurden die wichtigsten Besitztümer in der Zeit der Not zusammengetrieben und verteidigt.

Die Sage läßt den Kampf nicht ewig dauern, der zwischen den Göttern und den Riesen entbrannt ist. Man verehrt die Riesen als die ältere Generation, dem Göttergeschlecht teilweise blutsverwandt, mit ihm durch heilige Verträge verbunden. List geht in diesen alten Sagen noch vor Recht, und so werden die Riesen bisweilen um ihren Lohn betrogen. Häufig sollen sie die von ihnen fertigzustellende Burg innerhalb einer bestimmten Frist bauen. Der heilige Laurentius verwandte sie zum Bau der Domkirche zu Lund in Schonen, wie Odin zur Herstellung seiner Walhall. Im Volksglauben spielten sie eine unvergleichlich viel geringere Rolle als die Zwerge. Die Zeit der rohen Kraft war eben längst vorbei. Der listige Zwerg konnte den stärksten Riesen bezwingen.

Freilich, auch Donar ist von riesischem Wuchs, aber er ist zugleich tapfer und klug. Und eine weitere Eigenschaft kommt ihm zu, von der die Vorgeschichte nichts weiß: die Treue. Er steht zu seinen göttlichen Stammesgenossen, kämpft für sie und wird bei der letzten Entscheidungsschlacht fallen, wenn es gilt, die Herrschaft der Götter zu behaupten. Die ungeheure Kraft, geleitet von einer sittlichen Idee, um ihretwillen kämpfend, sich demütigend, leidend, sterbend — das ist nicht Aberglauben, sondern Idealismus. Sahen wir dort die in sich selbst ruhende Materie, gekettet an die Magie ihrer Instinkte und der von ihnen beherrschten „Kräfte", im Mittelpunkt des Weltwirkens, so steht hier an deren Stelle die Idee und die von ihr beherrschte, befreite und zu sittlichen Zielen geleitete Persönlichkeit. Das Handeln des Abergläubischen ist monadisch, opportunistisch, den Scheingesetzen unterworfen, die das als maschinell gefaßte makrokosmische und mikrokosmische Weltwesen regieren und dessen Ablauf bedingen. Die Stärke des einzelnen liegt in den Bindungen beschlossen, die er sich diesem Ganzen gegenüber auferlegt, das ihn anderenfalls zermalmen müßte; in der Aneignung der diese große Einheit beherrschenden magischen Triebkräfte; in der Sonderstellung gegenüber der Mitwelt, die er durch die unbegrenzte Steigerung seiner persönlichen Macht aus dem Sattel heben zu können willens ist. Herrscht im Reich der Idee Geist, Freiheit, Gesittung, so in dem der Materie Stoff, Bindung — Form — und schrankenlosester Individualismus. Es ist also kein Zufall, daß Aberglauben da ist, wo Gesittung fehlt; daß der Persönlichkeitskult zum vegetativen Tick führt; daß die individualistisch orientierten Berufe aus dem Aberglauben hervorgehen und ihm entgegentreiben; daß Metaphysik schwindet, wo Physik sich Selbstzweck wird; daß durch die Selbstvergöttlichung zugleich mit der Religion das ganze höhere Leben in die zerkleinernde Mahlmühle der Unbedeutendheit des Massen-Durchschnitts hineinwandert. Der Kurpfuscher, die Filmdiva, der boxende Rohling — sie könnten gar nicht anders, als der Masse ihre Instinkte ablauschen und von deren verhätschelten Schwächen leben — selbst wenn sie es wollten. Denn es gibt für sie ja gar nichts anderes als diesen Durchschnitt des Denkens und Handelns. Die Stimme des Volkes ist für sie, wo nicht die Stimme Gottes, so die des Schicksals. Dieses aber verbietet nach dem Wortlaut des Gesetzes, daß „umkommt, wer sich in Gefahr begibt", jede große Tat und nach dem Grundsatz, daß es doch immer anders kommt als man denkt, jeden kühnen Gedanken, ja das Denken und Handeln überhaupt. Jene beiden Dogmen aber geben, wie wir sahen, die Leitmotive der abergläubischen Einstellung. Dem Worte Goethes: „den lieb' ich, der Unmögliches begehrt" steht der deterministische Gedanke der unerforschlichen Schicksalsgewalt, der Aufgabe des Menschen, sich auf den Kreis des Rationalen zu beschränken, gegenüber (Schillers Taucher, Bild von Saïs), in ungeheuerlicher Weise durch die Einengung auf die nächsten flachen Ziele vereinseitigt und herabgewürdigt. Nur dies Unmögliche im Begehren, das Bewußtsein der absoluten Souveränität des sittlichen Wollens und Könnens, hat die

Menschheit gefördert. Die Geschichte lehrt, daß sehr wenige Völkergruppen Führergenies in diesem Sinne zeitigen können. Alle anderen sind ohnehin zum Aberglauben verdammt. Der Neger huldigt ihm, mag er einen Beutel mit Muscheln, Perlen, Eisenstücken um den Hals tragen oder ein Auto lenken, in gleicher Weise. Es ist ein Wahn, zu glauben, daß die Vermittlung äußerer Kulturobjekte klärend auf die Masse, sei es auch unserer Europa-Nationen, einwirken könne. Im Gegenteil: die Reihe der im Sinne der abergläubischen Weltanschauung wirkenden, d. h. versklavenden Mittel wurde dadurch vergrößert. Der einzelne bleibt immer sein eigner Gott und sein eigner Sklave. Der Persönlichkeitskultus wird die Wertung der Außenwelt stets von den eignen Instinkten abhängig machen, während der auf das Sittliche gerichtete Wille die Zielsetzung kopernikanisch verkehrt, damit die psychischen Hemmungen — der Furcht, der stumpfen Ergebenheit — ausschaltet und alle Mittel beseitigt, die diesen Empfindungen entsprechen. — Der Krieg ist hier die beste Schule. Sein eiserner Besen fegt den Minderwertigen hinweg und aus dem wahren Soldaten den ganzen, in der Kammer des Unterbewußten aufgespeicherten Vorrat von Furcht, von unehrlichen Abwehrinstinkten und deren ebenso unehrlichen körperlichen Vertretungen heraus. So kommt das Höchste, was der Mensch erlangen kann, der Opfersinn, zustande. Er ist das gute Gewissen schlechthin, das Ruhekissen, das uns bleibt, wenn wir unter Pestkranken und im Trommelfeuer schlafen müssen. Er bleibt oder blieb dem wahren Soldaten erhalten durch das Bewußtsein der unbedingten Bindung an die im Fahneneid beschworene Treue. Dem Vertragswesen, dem Begriff des Vertrages schlechthin, entwachsen, ist sie ein suggestiver Faktor von außerordentlich großer Bedeutung. Da, wo sie fehlt, stellt sich in der Mehrzahl der Einzelfälle die Wiederbelebung der egoistischen Instinkte ein. Dies gilt zunächst für den Krieg mit der Unzahl seiner Unberechenbarkeiten. Erfahrungsmaterial dieser Art gab in erdrückender Masse der letzte Krieg. Man sollte glauben, daß die gesteigerte körperliche Sicherheit, die uns der Frieden brachte, das alte Material an magischen Riten allmählich würde vergessen lassen. Dies ist nicht der Fall. Aus der Versenkung des Kriegselends ist nicht nur der alte, liebenswürdige Volksbrauch — die Sitte der Maibäume in Franken —, sondern auch die dämonologisch orientierte Zauberhandlung mit neuer Kraft hervorgegangen.

Unter den in ihrem Bereich liegenden Mitteln sind diejenigen besonders alt und zählebig, die sich mit dem gestirnten Himmel beschäftigen. Dem alttestamentlichen Frömmigkeitsbegriff widerspricht es, dem Monde oder der Sonne Kußhände zuzusenden (Hiob 31. 26—7). Dagegen ist es erlaubt, auf ihn Leiden, etwa Warzen, zu übertragen, indem man diese (in der Richtung „auf das Gestirn zu") mit dem Finger „abstreicht". Bei Zahnschmerzen sieht man in gleicher Absicht den jungen Mond einfach an. Das ist allerdings nicht ganz ungefährlich. Man kann dadurch augenkrank oder blind werden. Auch in den grellen Blitz darf man nicht blicken. Die Gottheit erfüllt ja den Menschen in erster Linie durchaus mit Furcht. Noch der Jahve des AT. ist eine Blitz- und Feuergottheit; er verspricht, an Moses vorübergehend, über ihn seine Hand zu decken: ...„mein Antlitz darf niemand schauen!“ (Exod. 33.22). Ein Widerschein dieses wunderbaren Lichts bleibt (nach Exod. 34. 29—35) auf dem Antlitz Moses haften und veranlaßt ihn, es mit einer Hülle zu bedecken. Das weist unzweideutig auf kultische Verschleierung hin. — Bei der Schwangeren gilt das Verbot, die Gestirne zu fixieren, doppelt streng. Sieht sie in den Mond, so wird ihr Kind mondsüchtig und kurzsichtig. Der Blick in den Vollmond ist ganz allgemein verboten. Auf ihn und auf die Gestirne darf man nicht mit dem Finger weisen — eine Bestimmung, die uns noch öfter begegnen wird. Sie erstreckt sich in Deutschland auch auf die gewitterschwangere Wolke. Wer auf die Krankheit eines anderen, etwa ein Krebsgeschwür, gewiesen hat, darf dann nicht sagen: „Hier an dieser Stelle sitzt es“ und darauf den Herd an seinem eigenen Körper demonstrieren — sonst bekommt er selbst das Leiden. Der Fingerzeig vermittelt also eine magische Beziehung zwischen Mensch und Sache, die bei „heiligen“ Dingen — natürlich ist auch der Dämon des Karzinoms heilig — durchaus zu vermeiden ist. — Die Fixierung des Mondes kann unter Umständen ebensosehr als die glatter Flächen (auch des Wassers in einem Gefäß) im Gegensatz zu dem eben Gesagten geradezu befohlen werden. Dann handelt es sich um eine Selbsthypnose. Um sie zu erzielen, sitzt man, ohne sich umzusehen, bisweilen unbeweglich auf einen Spiegel starrend; oder, wie im schottischen Liebeszauber (den Rücken gegen einen Baum und die Füße auf einen Feldstein gelehnt) den Mond ansehend. Zweifellos taucht dann der Geliebte oder zukünftige Geliebte aus der Dunkelheit ebenso sicher auf wie in dem erwähnten Liebeszauber der Andreasnacht aus dem Spiegel. — Zu den weitest verbreiteten Abstinenzen gehört das Schweigen. Es war wohl bei allen hochheiligen Handlungen Pflicht. Wenn der Gott im Opfer oder an einer von ihm gewählten heiligen Stätte — Hain, Quelle, See — anwesend war, wenn er sich im Himmel durch Blitz oder andere gefahrdrohende Zeichen offenbarte, dann mußte geschwiegen werden; desgleichen dann, wenn Dämonen dem Sprechenden gar leicht in den Mund fliegen könnten, so namentlich beim Essen. — Man darf sich nach den Mysterien der Gottheit nicht umsehen, sonst kann man in Stein verwandelt werden oder man geht des Vorteils eines Zaubers oder einer Gnaden-Gabe verlustig. Auch nach dem erwünschten, aufsteigenden Schatz darf man nicht rückwärtsschauen, ihn nicht suchen. Selbst ein Vierklee muß man unvermutet treffen. Die Schatzgräberei und die Erlangung der Wünschelrute ist an viele, komplizierte Tabus gefesselt, die z. B. (in kindischer Weise) im Text des „Freischütz“ zusammengestellt sind. Die Haselrute, welche Schätze weist, kann nur in einer einzigen Mitternacht des Jahres von einem völlig entkleideten Menschen, der sie nicht gesucht hat, sondern blind auf sie zugriff, schweigend abgeschnitten werden. Oft muß sie eine bestimmte Form haben und noch andere Bedingungen erfüllen.

Der tiefste Ausdruck der religiösen Demut, die dem heidnischen Germanentum keineswegs fremd war, lag wohl darin, daß im heiligen Hain der Semnonen der Niedergefallene nicht aufzustehen wagte. Der Wilde Jäger ruft, wenn er vorbeisaust: „Man soll sich legen!" Bisweilen schließt man dazu die Augen, besonders zu der Zeit, da die Geister schwärmen. Dann legt man sich aufs Lauschen. Was man da für Worte hört, das hat seine Bedeutung. — Das Falten der Hände, ein nichtgermanischer Brauch, ist bei suggestiv veranlagten Menschen genügend, übertragene Ideen oder Vorstellungen zwangsmäßig zur Aufnahme kommen zu lassen. In Indien ist die Handfaltung mehrmals täglich von jedem frommen Hindu zu vollziehen; für uns ist sie so gliederverrenkend, daß sie nicht ohne Gefahr nachgeahmt werden kann. — Außerordentlich wichtig ist das Fasten. Wir sahen, daß es notwendig ist, um den sodann eine heilige Speise Genießenden den in dieser verborgenen Zauber rein und ungestört auskosten zu lassen. — In der Speise liegt ohnehin magische Kraft verborgen, die sich mit der Außen-Magie kreuzen könnte. Bekannt ist es, daß man fasten muß, bevor man den Leib des Herrn genossen hat; der Grund ist der gleiche! Die Fasten der Zauberer hatten den Zweck, Halluzinationen großzuziehen, wie wir aus Schilderungen von Novizen wissen. Kirchliche Wundererscheinungen (Bluten der Kruzifixe, Kreuzherabsteigungen) werden durch Fasten, wie sie die Jesuiten verwenden und Luther sie über sich ergehen ließ (um den Teufel zu sehen), wesentlich begünstigt. Die heutige Volksmedizin verordnet gern und teilweise ganz sinnlos, so z. B. bei Fallsucht und im Wochenbett, Nahrungsenthaltung. Bisweilen ist diese Askese eine Abart des Opfers, ein Mittel des Kranken, sich durch eine Entsagung von dem gefahrdrohenden Geschick loszukaufen. Zuzeiten werden alle hier genannten Tabus kombiniert und andere, oft grausig wirkende, neue hinzugefügt. Auch Kenntnisse bestimmter Art müssen entwickelt werden: man muß die rechte Zauberformel, den Namen des bösen Geistes kennen, desgleichen Zeit und Ort seines Erscheinens, sein Äußeres und sein Gebahren. Dazu kommen Tugendanforderungen, die aber nie sittlich produktiv und stets nur Mittel zu unsozialen Zwecken sind: Widerstandsfähigkeit gegen Schrecken und Angst; Aufmerksamkeit; Bewahrung des Keuschheitsgelübdes und vieles andere.

Wichtig ist auch die Himmelsgegend, der man sich zuwendet. Seit Urzeiten und zwar wahrscheinlich unter dem Einfluß der Sumerer, der vorsemitischen Urbevölkerung des Euphrat-Tigris-Landes, galt bei Semiten und vielen Indogermanen, darunter auch den heidnischen Deutschen, die

Nordgegend als heilig. Beim Gebet war dorthin der Blick gerichtet. Auch die griechischen Zeichendeuter lenkten ihn dorthin. Für die christlichen Bekehrer war natürlich diese Himmelsrichtung eben deshalb ein Greuel. An der Nordseite des Kirchhofs wurden nur Selbstmörder und Verbrecher begraben. Dorthin wurde der Galgen gerichtet, drehte man die Köpfe der Delinquenten unmittelbar vor der Hinrichtung. Dort sollten die bösen Geister leben; dorthin goß und warf man schmutzige Substanzen. Selbst der Ruf des Kuckucks bringt Trauer, wenn er aus Norden kommt.

Über die Magie des Zauberkreises sprachen wir schon. Der „Garten" ist ja nichts anderes als eine umfriedete Stelle: Frieden wird durch die Umzäunung auch in magischem Sinne garantiert. Die steinumgrenzten Grabstätten der Urzeit machten auf die späten Geschlechter einen großen Eindruck. Innerhalb ihres Walles war der Gottesfriede von Odin selbst geboten. Wenn sich in Orkney ein Liebespaar für immer versprechen wollte, so trat es in den Odinsring, einen weiten Steinkreis, in dem einige Pfeiler noch aufrecht standen. Durch ein Loch, das in einem derselben sich befand, gaben beide sich die Hände. Dieses hieß das „Odinsverlöbnis", dessen Bruch als besonders schändlich galt. — Immer wieder finden wir die Sitte, in Nachahmung des Sonnenlaufs als der offensichtlichsten und wichtigsten göttlichen Offenbarung, eine Kultstätte dreimal derartig zu umkreisen, daß man ihr immer die rechte Seite zukehrt. Die Umwandlung in der gegenteiligen Richtung ist verboten; wer sie um die Kirche vollzieht, dient nach oldenburgischer Anschauung dem Teufel. Tatsächlich wurden Werke der widergöttlichen Magie so vollbracht. Wir werden diesem Brauche noch wiederholt begegnen.

Der Teil des Zaubers, den wir eben widergöttliche „Magie" nannten, ist, wie unser Beispiel lehrt, von dem des „guten" Zaubers lediglich durch die Technik der magischen Handlung und zwar in der Weise verschieden, daß in der Rechnung, deren makrokosmisches Äquivalent etwa in Sterngestalt am Himmel läuft, statt des Plus- ein Minuszeichen gemacht wird. Ein solches glaubte Lenau tatsächlich in der Stirnfalte seines Mephistopheles lesen zu können. Dieser Technik des bösen Zaubers entspricht die makrokosmische Zielsetzung: die Sonne, deren Umkreisung durch die Prozession von Osten nach Westen nachgeahmt wird, muß dann von Westen nach Osten laufen. Gott, der in der erniedrigenden Auffassung der Magie zur höchsten Kraftsumme in einer dem Menschen günstigen Richtung gemacht wird, findet dann den negativen Pol — negativ auch seiner Zwecksetzung durch den Aberglauben nach — im Teufel. Sein Name wird nur in älterer Zeit und auch dann nur ausnahmsweise angewandt. Immerhin finden wir in den Beschwörungsformeln die biblischen Namen der nordsemitischen oder babylonischen Teufel, auch einige andere: Beelzebub, Satan, Astorot. Das letztere Wort ist aus Astoret verderbt und dieses wiederum der nach boschet =

Schande vokalisierte Name der Ischtar. Im übrigen ist die Teufelskunst in ihrer alten Gestalt vom Teufel ganz unabhängig und sehr viel älter als dieser. Dies lehrt jeder Blick auf die dunkle Kehrseite einer der bekannten Weltreligionen. Im nordischen Altertum, das von dem Christentum nichts wußte, wurde zwischen beiden Richtungen der Magie streng unterschieden. Die bösartige heißt „seid“ und besteht aus Zauberhandlung und Zauberspruch. Es gibt wohl kein Unheil, das ihr nicht zugeschrieben würde. Die alte Weltauffassung, daß Magie es ist, die die Welten aufgebaut hat und in ihrem Gange erhält, findet ihre Antithese in der Meinung, daß der böse Zauber sie zerstört. Flur- und Wasserschaden, Sturmwinde, Seuchen, Unfruchtbarkeit im ganzen Reich des organischen Lebens, selbst Krieg und Sonnenfinsternisse — alles kommt von der Hexe oder dem Zauberer. Je größer die „Kraft“ ihrer Sprüche und Handlungen ist, um so größer der Schaden, den sie anrichten.

Zu den Mitteln der schwarzen Magie gehören schwer zu erlangende Dinge, die in dem Gewahrsam von Gräbern oder Kirchen sich befinden, in der Erde vergraben, in verlassenen Gegenden oder Gebäuden schlummern, von Tieren behütet sind; desgleichen in der Ferne gedeihende oder nur mit Gefahr erreichbare Wunderblumen, versteckt gereifter Samen (Farnkrautsamen), aber leider auch der Fötus von Mensch und Tier oder der wichtigste und verborgenste Teil von deren Organismus, z. B. das Herz eines dreijährigen Kindes, wie überhaupt einzelne Leichenteile und die Sekrete Sterbender (z. B. ihr Totenschweiß, ihr Sperma) oder einzelne Körperteile lebender Tiere, die dem Nachtreich angehören (Fledermaus, Eule). Außerordentlich viele, den drei Reichen der Natur angehörige, durch Form, Farbe, Geruch ausgezeichnete Dinge werden benutzt, so z. B. der erwähnte Adlerstein, der Jaspis, die Alraun-Wurzel, der Bezoar-Stein, lauter seltsame Dinge, die zwischen den einzelnen Gruppen zu vermitteln scheinen. Der Bezoar-Stein (lapis Malacensis) war von den Portugiesen aus Indien nach Europa mitgebracht worden. Wenn er echt sein will, muß er von der Bezoar-Ziege stammen. Er findet sich in deren Magen, Darm, Blase und Gehirn, ist also ein Fremdkörper oder ein krankhaftes Gebilde; auch durch das Lecken der Tiere am eignen Fell kann er entstehen, weil alsdann Haare in den Magen befördert werden und dort zu steinharten Klumpen sich zusammenballen. Ihm wurden große Wunderkräfte zugeschrieben. Unter dem Namen des Bezoar-Steins wurde er in den alten Apotheken dauernd geführt. Viele dieser Objekte mußten auf seltsamem Wege, oft unter Gefahr des Lebens oder der Eventualität, dem Teufel zu verfallen, in grausigen Gegenden bei gleichzeitiger Begehung eines Rechtsbruchs, einer natur- und sittenwidrigen Tat geholt werden. Der Art der Gewinnung entspricht ihr Zweck. Er ist kühn, unsozial, oft schwer-verbrecherisch. Man will Schätze entdecken, sich zwecks Begehung von Verbrechen unsichtbar machen, will überirdischer Gaben, Macht, Herrschaft, der Kenntnis der Zukunft teilhaft werden.

Oft erscheinen Mittel und Zweck sehr harmlos. Das vierblättrige Kleeblatt sollte ursprünglich nicht bloß „Glück bringen", sondern dazu dienen, ferne und geheime Dinge zu erkennen, Verzauberungen aufzulösen, Hexen zu sehen und dergleichen mehr. Der Gallapfel wurde nicht bloß dazu benutzt, Tinte herzustellen, sondern auch zur Weissagung. Findet man im Februar in den Galläpfeln der Eichen einen Wurm, so wird Teuerung kommen; eine Fliege, dann Pest — auch hier ist also die Stechfliege als Pestüberträger erkannt worden —; eine Spinne, Krieg. — Außerordentlich geschätzt ist das tabaschir genannte Produkt. Das Wort ist altindisch und bedeutet „Milch der Haut", d. h.: Rindensekret. Es kommt, glasähnlich klar und hart aussehend, im Inneren der Halme der Bambusse vor und besteht größtenteils aus Kieselsäure und Silikaten. Dem Volksglauben ist es natürlich ein magischer Edelstein, entsprechend unseren „Donnerkeilen", wenn man darunter Steinchen verstehen will, die in Blitz-getroffenen Bäumen sich finden sollen. — Zunächst rein mythisch ist der „Drachenstein", der aus dem Kopf des Ungeheuers fallen soll, nachdem man diesen abgeschnitten hat. Doch soll der Drache ihn auch zuzeiten abwerfen. In ihn können Granaten eingesprengt sein. Jedenfalls besitzt er eine außerordentliche Heilkraft, bewahrt das Haus vor Krankheiten und schafft auch wohl Reichtum. Unter diesem Drachen haben wir das Meteor zu verstehen! Es ist dies als Beispiel für die neuzeitliche Entstehung mythologisch-abergläubischer Gebilde von Wichtigkeit. Als wunderkräftig gilt auch der Bernstein, da sein Verbreitungsgebiet so sehr beschränkt ist.

Finster und barbarisch ist die Verwendung einzelner Körperteile von Tieren, wahrscheinlich solcher, die Leben-tragend sind oder vermöge ihres Aussehens und ihrer Verwendungsmöglichkeit einen magischen Gehalt in sich bergen. Bisweilen werden sie allerdings dem toten Wesen entnommen. Dazu gehören gewisse Fischgräten, namentlich auch vom Hecht und Karpfen, dem bekannten Silvestergericht; seine Halsgräte wird, wie das Brustbein der Neujahrsgans, dazu benutzt, die Zukunft zu erschließen. Manche Körperteile aber werden roh entrissen, oder man quält ein Tier, um ein Knöchelchen von ihm zu erhalten, langsam zu Tode. Als Mittel dazu werden auch die Ameisen benutzt. Es ist dies um so bemerkenswerter, als sie seit langen Zeitperioden in großer Verbreitung als chthonische, dem Nacht- und Totenreiche anhörige Wesen gelten. In Ameisengestalt suchen die Verstorbenen die Familienstätten auf. Gegenstände, die lange im Ameisenhaufen gelegen haben, sollen zauberkräftig sein, so z. B. der Zettel, der mit dem Namen der Geliebten versehen ist: sie wird dann zur Liebe gezwungen. Der Stein, den man in einem Ameisenhaufen findet, macht unsichtbar. Mit der darin entdeckten „Pech"-

Kugel bestreicht man Vieh; es findet so auf dem Markt einen Käufer. Nicht völlig dem Aberglauben gehört die Verwendung von Ameiseneiern an (Ameisenspiritus als altes Mittel gegen Rheumatismus). Schließlich erwähne ich noch einen Liebeszauber aus dem 17. Jahrhundert: um des geliebten Teils habhaft zu werden, soll man einen Laubfrosch in eine Schachtel tun, dieselbe mit Löchern versehen, alsdann in einen Ameisenhaufen stecken und neun Tage lang darin liegen lassen. Die Ameisen dringen in die Schachtel ein und fressen den Frosch bis zum Skelett auf. Von den zusammengefallenen Knochen wählt man sich einen aus, der auf der einen Seite wie eine Hacke, auf der anderen wie eine Gabel aussieht. Mit der „Hacken"-Seite soll man die nackte Haut seiner Liebsten anrühren.

Von der schwarzen Magie wird nichts so häufig in Anspruch genommen als das, was in der Volksphantasie langer Jahrhunderte die höchste Fülle magischer Kräfte barg. Es war dies das Todesgerüst, der Galgen. Er war durch die heidnische Opferidee chthonisch geweiht und stand deshalb an magischem Gehalt dem Altar nahe, der im Christentum mehrerer Bekenntnisse ja ebenfalls eine metaphysische Opferstätte ist. Altar und Galgen waren als mystische Kräftespeicher gute Einnahmequellen. Dort verkaufte der Mesner, hier der Henker das ihm anvertraute Gut. Das Holz vom Galgen, der aus ihm gezogene Nagel, die Kette, der Strick, ja, selbst die kleinsten Partikel dieser Dinge hatten ebenso gewißlich und dauernd ihren Wert als der im Munde behaltene Teil der Hostie oder des Abendmahlweins, als irgend ein Menschenhaar, ein Samenkörnchen, der mit Menstruationsblut befleckte Lappen, oder irgendwelche anderen Dinge, die man heimlich unter die Altardecke schob und die dann der Mesner — er bekam sein Trinkgeld dafür — dort so lange liegen ließ, bis neun Messen darüber gelesen waren. Selbst die gequälten Verbrecher der Hexenprozesse oder Ketzerverfolgungen können sich vor Gericht in der Lobpreisung dieser Dinge nicht genug tun; sie sind zu allem gut, namentlich auch als Amulette im Rechtsstreit! Wer sie trägt, „wird alle Sachen leicht vom Fleck bringen. Was er anfängt, geht vonstatten; dieses Holz (des Galgens) ist nicht mit Gold zu bezahlen, wenn einer das Glück hat, daß er es bekommen kann; das gerät selten einem, daß er es bekommt", so heißt es in einer alten Urkunde. Die verschiedensten Gewerbe sandten ihre Vertreter, um sich des kostbaren Materials zu bemächtigen. Der Küfer hängte die männlichen Geschlechtsteile in seinen Wein. Das machte ihn köstlich schmackhaft und half dem Mann zu Kunden, besonders, wenn er überdies noch einen Galgenstrick ans Weinfaß band. Der Bettler befestigte sich ein Stück des Henkergeräts um den Hals, die Bäuerin dasselbe auf einem Dachsparren ihres Hauses; dann hatten beide Erfolg und die Frau war überdies vor Blitz und Diebstahl sicher. Der Landmann brachte einen Splitter davon ins Getreide, um es vor Meltau, Brand und Mäusen zu behüten. In der Nacht schützt man sich dadurch vor Gespenstern, am Tage vor Krankheiten. Angebot und Nachfrage waren gleich lebhaft, denn der Henkersknecht, meist typischer Säufer und Sadist, brauchte Geld, Geld und abermals Geld.

Der Galgen hat eine bis ins Heidentum reichende Vorgeschichte. „Als windigen Baum“ kennt ihn bereits die Edda. Sie gibt einen Zauber, der kräftig genug sein soll, den bereits dort Baumelnden wieder abzulösen. Odin selbst hat dies an sich erfahren; er nahm die Runen, die er schreiend unter dem Windbaum fand und befreite sich durch sie. Die (noch in der späteren Schinder-Romantik übliche) Betonung des Windes als eines Genossen des Gehängten weist auf Odin als den Wind- und Todesgott hin, der den Atem, d. h. die Seele, entführt. Der Galgen hat sich in germanischen Gegenden auch deshalb stets einer gewissen Beliebtheit erfreut, weil die immer noch als Opfer gedachte Hinrichtung, wie ehedem der gesamte Götterdienst, unter freiem Himmel, d. h. unter den Augen Gottes, stattfinden mußte. Nach der Varusschlacht konnten ja die Römer die Skelette ihrer damals gefangenen Landsleute zu ihrem Entsetzen im Winde schaukeln sehen. Ihre Kriegsgefangenen waren von den Germanen als Opfer dargebracht worden. Odin hatte sie angenommen, seine Raben sie umflattert. Die spätere Zeit verflachte diese Opferszenerie. Der Henkersknecht wurde neben der Dorfhebamme, dem Bader, dem Waschweib, zur Autorität in Krankheits-, Liebesangelegenheiten und anderem Unheil. Seit alters galten, auch in Rom, der Nagel des Gekreuzigten, der Strick des Erhängten, die Kette des Galgens, sein Holz (das, ins Bett gelegt, auch Wanzen verjagt!), das Stäbchen, das vor dem Hinzurichtenden zerbrochen und ihm vor die Füße geworfen wurde, als „Heilmittel“. Leider aber wurden dazu auch Leichenteile — ein Beispiel dafür lernten wir schon kennen — verwandt. Die Sucht, sie von plötzlich Gestorbenen zu erlangen, war alt und allgemein, wenngleich natürlich möglichst geheimgehalten. Man lief nach der Richtstätte, um den „Rabenstein“ aus den Augen des Mörders nachts in roter Glut hervorleuchten zu sehen. Aus dem Fett machte man Heilmittel, das Blut half gegen Fallsucht und verschiedene Leiden. Andere, niedrigere Zwecke wurden von dem herumlungernden Gesindel, das sich dort nachts zusammenfand, vorzugsweise verfolgt. Es wollte seine Macht steigern oder sich unsichtbar machen, um Mord, Brandstiftung und Diebstähle ungestraft begehen zu können. Der Fötus wurde der Erhängten aus dem Leibe geschnitten und dessen Hand, d. h. das Leichenwachs dieses ungeboren und ungetauft gestorbenen Kindes, als Diebskerze verwendet. Shakespeare läßt die Hexen in ihren Kessel auch „die Hand des neugeborenen Knaben, von der Metz erwürgt im Graben“ hineinwerfen. Der Schadenzauber mit Leichenteilen ist altheidnisch. Gegenstände dieser Art sowie Haare, Nägel und andere Abfallteile wurden unter der Türschwelle, in der Wand des Hauses, an anderen verborgenen Stellen vergraben. Sie riefen dann bei den Hausinsassen Siechtum hervor. Manchmal wurden widerliche Gegenstände dieser Art zu ganzen Bündeln vereinigt, um die gewünschte verderbliche Wirkung zu konzentrieren. Man denkt dabei unwillkürlich an den „Medizinsack" des primitiven Zauberers.

Der lebende Körper des Erwachsenen, namentlich der Jungfrau, und der Kinder im Alter von drei oder sieben Jahren — diese Zahlen sind ja heilig! — wurde teilweise aktiv, teilweise passiv verwertet; mit ihm und an ihm wurden Lasterhandlungen ausgeführt. Nach einem noch immer nicht mit Erfolg bekämpften Aberglauben, der auch in Schweden vorhanden ist, kann der Venerische seine Krankheit auf ein jungfräuliches Wesen, das auch im Kindesalter stehen mag, übertragen und dadurch selbst geheilt werden. Die Sage von dem Armen Heinrich, die so oft dramatisiert und selbst komponiert worden ist, entspringt der gleichen Idee, zeigt den Armen Heinrich ungermanisch feige denkend und hat schon Goethes Wege weisendem ästhetischen Takt Ekel eingeflößt. — Das Blut spielt, wie wir andeuteten, eine besonders große Rolle. Meist kommt es im Heilzauber darauf an, einem Menschen oder einem Tier ein lebenswichtiges Organ blutwarm zu entreißen und es dann auf die kranke Stelle zu legen. Greisen, Schwachen, Epileptikern soll das Blut, entweder rein oder in Wein genossen, helfen. Die Transfusion ist diesem Aberglauben zu verdanken, aber sicherlich ohne Erfolg durchgeführt. Urzellen solcher Barbareien mögen aus den Finsternissen der menschlichen Seelentiefen auch in den germanischen Ländern gewachsen sein. Fluchwürdig ist erst die verstandesmäßige Abgrenzung und Begründung dieser Abscheulichkeiten. Wir verdanken sie der Klassik, in deren Bezirken das widernatürliche Laster zu Hause war und rationalistisch sanktioniert wurde. Der Arzt Xenokrates riet in der zweiten Hälfte des ersten nachchristlichen Jahrhunderts den Genuß von Menschenhirnen, Fleisch, Blut, Menschen-Lebern und Knochen bei bestimmten Leiden an. Das gehetzte Wesen hat besonders zauberkräftiges Blut, so z. B. der gehetzte Hirsch. Frauen wurden gejagt und ihnen dann bei lebendigem Leibe der Fötus entrissen. Die solche Lasterhandlungen vornehmenden Individuen sind meist schon körperlich, sexuell und moralisch entartet, bevor sie sich zu Taten dieser Art erniedrigen. Unter Zuhilfenahme der Phantastik des Lasters streben sie, die Scheidewand, die sie von der gesitteten Welt trennt, undurchbrechlich zu machen, weil sie sich dadurch in ihrer „ethischen" Position stärken, sich selbstzufriedener, sicherer machen und dadurch wiederum ihre Erfolge vergrößern. Der traurige Abschluß des großen Krieges ließ diese furchtbaren Existenzen aus ihrem tiefen Dunkel zuzeiten hervortreten. Der Schinderberuf ist für sie wie geschaffen. Schon diese Erfahrungstatsache sollte ihn als Stand unmöglich machen. Ein Staat entehrt sich, der gewerbsmäßige Henker, Prügelknechte usw. großzieht und bezahlt. Ich brauche wohl nicht zu sagen, daß Individuen dieser Art wie die schlechtesten Menschen so die schlechtesten Soldaten sind. Tapferkeit ist die höchste Tugend, der Blutrausch das niedrigste Laster.

Ein Mann sein, das heißt in Deutschland: ein Kämpfer sein. Der Krieg war eine heilige Sache. Der Krieger stand im Dienste Odins. Ihn riefen die zum Gefecht vorrückenden Kolonnen an — und den Römern wurde bange dabei! Leider huldigten die Germanen dem fundamentalen Irrglauben, daß Gott der gerechten Sache den Sieg verleihen würde. Friedrich der Große wußte es besser: der liebe Gott ist immer mit der stärkeren Faktion. Aus dem deutschen Verlust im Weltkriege wollten manche Schwachköpfe folgern, daß wir eine „Gottesstrafe" verdient hätten. Ehrlos und verräterisch ist die aus Pietistenkreisen stammende Weisheit, mit der man sogar die Verwundeten unserer Lazarette zermürben wollte, daß der Krieg schlechthin eine Gottesgeißel, die Strafe für unfrommes Verhalten im vorausgegangenen Frieden sei. Auch hier dient, wie stets, die Interpretation des Willens Gottes nur dazu, die Gottheit zum Sprachrohr der eignen Meinungen und Interessen zu machen. Während überalterte und entgleiste Kräfte die Masse in das Fahrwasser ihres konfessionsgemäßen Aberglaubens drängen wollten, suchte sich der einzelne zu schützen, so gut er dies konnte. Amulette wurden ins Feld geschickt. Tätowierungen sollten feindliche Geschosse ablenken. Man machte sich kugelfest, indem man die in großen Auflagen gedruckten Himmelsbriefe in die Uniform steckte, ein Stück von der Hostie im Munde behielt oder gar in den Leib einheilte. Die Kriegsartikel Preußens vom Jahre 1724 verboten bei Todesstrafe den mit Waffen verübten Zauber, deren „Festmachen" „oder andere dergleichen ... Teufelskünste und Zauberey". Natürlich war auch hier der Abergläubische zugleich der Minderwertige, der Egoist, der die feindlichen Geschosse von sich auf andere lenkte. Die Schicksalsidee nimmt die Gesamthöhe der Kriegsverluste als prädestiniert an. Der einzelne freilich kann, wenn er an sein Zaubermittel glaubt, und wenn er es geheim hält, d. h. auf Kosten der anderen verwendet, sich um seinen Opfertribut herumdrücken. Bisweilen haben Mütter (Witwen) die Locken der (verstorbenen) Väter ihren Söhnen als Talismane ins Feld geschickt. Goldene Erb-Münzen und Medaillen wurden getragen. Es ist für mich ganz sicher, daß derjenige, der sich so weit hergeholter Mittel zu seinem Schutz bedient, auch die nächstgelegenen, mögen sie noch so feige und schändlich sein, nicht verschmähen wird. Auch die Prophetie, die in jenen Zeiten mächtig aufblühte, war nur für unsichere Charaktere bestimmt. Wessen Denken in den großen Strom der sittlichen Ideen seiner Zeit einmündet, geht nicht zur Kartenlegerin. „Nur ein Wahrzeichen gibts — für das Vaterland zu kämpfen!"

Der Mißbrauch der christlichen Symbole, Gebräuche und Gnadenmittel greift in den Aberglauben, wie wir sahen, ein. Ihm sind die konkreten Gaben der Religion nicht Verkörperungen oder Vermittler sittlicher Ideen, sondern Kraftquellen zur Erreichung weltlicher Vorteile, für deren Erlangung die strenge Wahrung der rituellen Form unerläßlich ist. Während ein Vaterunser, zugunsten eines bestimmten Menschen gesprochen, ihm das Leben verlängern kann, erreicht dieser mit ihm, wenn man es von hinten nach vorn rezitiert, das Gegenteil. — Eine zweite Idee griff noch stärker in den Ritus der schwarzen Magie ein: man wußte, daß das Heidentum, wie jeder alte Glaube dem neu übernommenen, durch seine innere magische Kraft dem Christentum überlegen sei. Darin lag ja der Grund, sich an Hexen und Hexenmeister, die Wahrer der alten Tradition, zu wenden. Die Ableugnung des Christentums bedeutete deshalb einen Machtgewinn. Sie mußte, da der Nichtchrist Antichrist und dieser ein Teufel war, unter plumpen, barbarisch-grausigen Gesten erfolgen. Es kommt noch ein zweites Element hinzu, ohne dessen Berücksichtigung die Lasterhandlungen der schwarzen Magie kaum verständlich wären. Wie jede Emphase, jede Steigerung in Affekt, Wort und Handlung, so wirkt auch der Ausdruck des schrankenlosen Subjektivismus dämonisch. Eben hierin liegt der heilige Respekt, den so viele von uns, leider namentlich die Frauen, vor dem lebemännischen Wüstling, dem Sittenverächter, selbst zuzeiten dem ungeheuerlichen Verbrecher, einem Richard III., haben; hierin die schrankenlose Bewunderung, die ein Byron gerade bei Goethe finden konnte; darin die Verehrung jeder Kraftnatur, die sich „gewaltsam" mit Sitte und Gesetz „entzweite". Der große Zauberer wird bewundert, mag er die Erde in ihr Gleis bringen oder vernichten. Dieser Auffassungsweise entspricht es, daß man durch den furchtbarsten Mißbrauch der heiligen Symbole, durch das Schießen auf das heilige Kreuz, auf das Jesuskind, Bespeien der Hostie, deren Hineinstecken in einen Gewehrlauf und Verwendung als Munition, durch die greulichsten Flüche auf die göttlichen Namen, die Anrufung des Teufels, Persiflage der christlichen Gottesdienste (die bis ins einzelnste travestierend nachgeahmt werden), durch den Genuß von tierischem oder menschlichem Blut als des Inhalts des heiligen Kelches, veränderte und verdrehende Wiederholung christlicher Gebete Macht zu erlangen versuchte. Die dazu geeignete Tageszeit ist natürlich die Nacht, der Ort ein heimlicher, grausiger, bisweilen eine alte Kultstätte. Derartige „Teufelsmessen" existieren aber eher in der durch die Ketzerverfolgungen und Hexenprozesse eingeängstigten Phantasie als in Wirklichkeit. Das Originalbild für sie mußte natürlich den Teufel in Person zum Mittelpunkt haben: er zelebrierte eine Messe, lud dazu menschliche Hexen ein und veranlaßte sie zu Lastern und widerwärtigen Handlungen. Durch die Ausmalung solcher widergöttlichen Begehungen wurde der Haß gegen Personen, die verdächtig oder der Kirche mißliebig waren, bisweilen in plump-sentimentaler Form, großgezogen. Die Praxis begnügte sich mit der mißbräuchlichen Verwendung vor allem der Hostie. Ein Mann, der sie im Munde behalten hatte, wurde dadurch nach seinem eignen, im Jahre 1673 abgelegten Geständnis „alle weil zum rauffen geübt!“ Auch die Hexen brauchten Weihwasser, geweihte Kräuter, Weihrauch und das pater noster. Daß sie damit Zaubereien trieben, war noch für Luther eine Selbstverständlichkeit. Den speziellen Verwendungsmodus kannte er nicht genau. — Den geistlichen Orden war die Auffassungsweise nicht fremd, daß sie durch Verkehrung, Verwirrung oder lückenhaften Vollzug des Rituals Schaden statt Segen bringen könnten, so z. B. bei der Spendung der Sakramente. Schon im Jahre 694 verbot die Synode von Toledo, Totenmessen für noch Lebende zu lesen und noch im Jahre 1589 sollen in Paris 40 Seelenmessen gelesen worden sein, um König Heinrich III. zu beseitigen. — In der Medizin stand der fromme Spruch brüderlich neben dem unfrommen. Ob man Gott oder den Teufel anrief, ob eine christliche oder heidnische Gottheit, darauf kam es nicht so sehr an — wenn der Spruch nur half! Tatsächlich ist ja von christlicher oder überhaupt religiöser Gesinnung in dieser Literatur kein Hauch zu verspüren. Entsprechend der Lehre von den Signaturen gehörten aber manche Gewächse dem Nachtreich, den Dämonen, dem Teufel an, so z. B. alle stinkenden Pflanzen — denn der Teufel duftet übel, allenfalls nach Schwefel! Die Dreckapotheken haben nach „unendlichen Rezepten das Widrige“ zusammengegossen. Sie wollten den Teufel mit seinen eigenen Waffen schlagen. Sehr bekannt ist hier, um nur ein Beispiel zu wählen, das entsetzlich stinkende asiatische Gewächs: Asa foetida. Kot und Urin von Menschen und Tieren, Leichenteile aller Arten wurden bis in ganz späte Zeiten hinein als Medikamente verwertet.

Der verbrecherische Aberglauben kombiniert Mord mit Leichenschändung und Verzehrung einzelner Körperteile. Hier liegen so schwere Entartungserscheinungen vor, daß die Grenze, die den Verbrecheraberglauben von der geistigen Erkrankung trennt, bereits überschritten sein kann. Kaum noch in das Gebiet der schwarzen Magie fallend, aber für die abergläubische Einstellung von Bedeutung, sind die hier nur kurz zu erwähnenden Pflichten des Bettelns, Stehlens, Lügens bei einzelnen Praktiken. Der Abergläubische kann mit dem Strafgesetz sehr leicht in Konflikt geraten; seine Gott- und menschenfeindliche Gesinnungsweise kann ihn gegebenen Falls vor nichts zurückschrecken lassen. „Je mehr man sich in das Gebiet des kriminellen Aberglaubens vertieft“, sagt ein moderner juristischer Sachverständiger, „desto mehr kommt man zu der Überzeugung, daß es so gut wie kein Delikt gibt, bei dem der Aberglauben nicht in dieser oder jener Hinsicht von irgendwelcher Bedeutung werden kann und tatsächlich auch schon in irgendeinem konkreten Fall geworden ist.“ Dies gilt, weil er sich über die berechtigten Interessen anderer oft hinwegsetzt und weil er deshalb Abwehrhandlungen hervorruft, obgleich eine Schädigung durch die magische Handlung nur subjektiv, dank der durch den Aberglauben hervorgerufenen Tatsachenverkennung, nicht aber objektiv gegeben ist. Jemand glaubt von einer Hexe seiner Manneskraft beraubt zu sein — und tötet diese.

Gefährliche Irrwege dieser Art pflegt der Aberglauben nur zu gehen, wenn unversöhnliche Interessengegensätze zwischen dem einzelnen und der Gesamtheit gegeben sind. Dies ist unter Umständen noch bei den Jägern und Fischern der Fall, obgleich bereits ihr Gewerbe die abergläubischen Vorstellungen in die Richtung der Nahrungssuche drängt, so daß die Ausschaltung anderer Menschen nur das Nebenziel, die Hauptsache jedenfalls das Streben nach dem Tierfang sein wird. Allerdings tritt mit dem Konkurrenzkampf auch in diesen Berufen zugleich der Schadenzauber auf den Plan. Anders steht es um diejenigen Gewerbe, die gemeinschaftliche, hohe Ziele verfolgen. Hier steht nicht Mensch gegen Mensch, nicht Interesse gegen Interesse, sondern die ganze Gemeinschaft sucht sich und damit allen ihren Mitgliedern den Erfolg zu sichern. Als Beispiel für diesen Typus der seelischen Einstellung sei des Theateraberglaubens gedacht. Er findet seine Nahrung in der durch die Unberechenbarkeit des öffentlichen Erfolgs gezeitigten Furchtempfindung. Gleichwohl ist er jetzt in schnellem Schwinden begriffen. Ich habe durch eine öffentliche Umfrage einige Reste zu retten versucht und bin in freundlichster Weise von mehreren Künstlern und Künstlerinnen, deren Äusserungen ich möglichst wörtlich wiedergebe, sowie von einigen Kennern des Theaterlebens in meinem Bestreben unterstützt worden. Die mitgeteilten Einzelheiten widersprachen sich nur selten. In diesem Fall kann von einem gesicherten Ergebnis natürlich nicht die Rede sein. Meist aber hörte ich aus verschiedenen, persönlichen Quellen die gleichen Fakta. Ein Münchener Künstler schreibt mir: „Der Aberglaube beim Theater verschwand in den letzten 10—15 Jahren immer mehr und heute blieb so viel wie gar nichts mehr übrig. Vor 30 Jahren, als ich anfing und in den Garderoben mit ganz alten Schauspielern zusammen war, hatten wir Anfänger durch die Unkenntnis des Aberglaubens manche Grobheit einzustecken". Wie weit die psychische Abhängigkeit des einzelnen Künstlers von seiner abergläubischen Meinung geht, ob sie ihn versklavt, ob sie für ihn nur eine Dekoration ist, wie weit man den kümmerlichen, meist belletristischen Quellen über den Aberglauben trauen darf, darüber schreibt mir ein Kunstkenner: „Ich glaube, daß man nur durch Beobachtungen im Theater selbst hinter diese Dinge kommen kann und die Literatur möglichst unberücksichtigt lassen soll .... Sobald die Schauspieler selbst anfangen, darüber zu meditieren, haben sie alle den Ehrgeiz, sich so interessant wie möglich zu machen und lassen nur Dinge gelten, die ihnen angenehm sind. Daher ist es am besten, sich auf seine eigenen Augen zu verlassen und so wenig als möglich von dem als wahr hinzunehmen, was sie selbst auch über ihren eigenen Aberglauben, mag er bewußt sein oder ihnen erst bewußt gemacht werden, aussagen." Und der gleiche Kenner erklärt, meine Theorie von den „heiligen Zeiten" ungewollt bestätigend: „Daß man den Aberglauben beim Theater generalisieren kann, glaube ich kaum. Die Einstellung ist wohl zu verschieden. Ich glaube, wenn man jedoch sehr lange, und vielleicht einen Schauspieler in verschiedenen Situationen, vor dem Auftreten, auf der Bühne und danach, vielleicht an vielen Abenden, bei Erfolg und Mißerfolg, beobachtet, dann findet man bei dem einen und anderen, irgendwo wenigstens Rudimente, ganz unleugbare Kleinigkeiten, die auf Aberglauben schließen lassen. Nur so etwas würde wirklichen Wert haben und psychologisch interessant sein und nicht, wenn einer in seinen Memoiren schreibt, er spuckt jedesmal vor seinem Auftreten dreimal aus. Das sind Äußerlichkeiten, Spielereien. Nutzt es nichts, so schadet es nichts." — Und von dem Leiter eines theatergeschichtlichen Museums erfahre ich: „Der Mime ist viel zu eitel, um seine kleinen Schwächen der Mit- und Nachwelt preiszugeben. Mir ist daher auch nicht bewußt, in Schauspielerbiographien etwas darüber gelesen zu haben." Tatsächlich sind die in dieser Richtung von dem theaterwissenschaftlichen Institut der Universität zu Berlin auf meine Bitte veranstalteten Nachforschungen in den Selbstlebensbeschreibungen der Bühnenkünstler leer ausgegangen. Nur in den Briefen von Joseph Kainz an seine Eltern fand sich etwas hierher Gehöriges. Es ist dies natürlich kein Beweis dafür, daß die Bühnengrößen nicht abergläubisch wären, sondern eher für das Gegenteil, denn in der Geheimhaltung liegt ja ein für den Aberglauben sehr wesentliches Moment beschlossen. Das Theater begünstigt durch die ungewöhnlichen Erregungen, in die es namentlich vor den Erstaufführungen die verantwortlichen Kräfte versetzt, eine Fülle von abergläubischen Ideen und Handlungen. Das „Lampenfieber" in allen seinen Schattierungen und Graden ist die psychologische Quelle für die dort geübte geheime Magie. Was öffentlich zum Vorschein kommt, ist nichts als der im Grunde selbstverständliche Versuch, das Individualbewußtsein möglichst stark in die Erscheinung treten zu lassen. — Wenden wir uns nun zu den Einzelheiten, so ist die Tagwählerei auch im Theaterleben nicht unbekannt. Der Mime ruft aber, wie Romeo: „Ich biet' euch Trotz, ihr Sterne!" und verlegt deshalb die erste Aufführung, wenn möglich, auf den sonst so übel beleumundeten Freitag und auf den 13. des Monats. Natürlich „will man damit Erfolg gehabt haben"! Einigen Mitteilungen zufolge soll man jetzt noch an der Scheu vor den ominösen Zeiten festhalten. — Die Trotzgebärde gegen das Schicksal, interessant mit einem historischen Moment kombiniert, zeigt sich auch in der Bevorzugung des Mißgestalteten. Wir haben gesehen, daß er im allgemeinen als Widerpart der göttlichen Weltordnung gefährlich ist. Anders im Theateraberglauben. „Sehr beliebt waren früher bucklige Souffleure; ein solcher konnte mehr

Gage erzielen wie ein normal Gewachsener. Kein Direktor scheute sich, einen buckligen Schauspieler zu engagieren, wenn in den Theateragenturen gerade kein verwachsener Souffleur frei war. Der Buckel bringt Glück. Dieser Aberglauben kommt aus den italienischen Reise-Ensembles, wo man den glückbringenden Buckligen „Guobo“ nennt, und noch heute hat dort jedes Ensemble seinen Guobo oder seine Guoba. Sie nehmen irgendeinen versteckten Posten ein: Inspizient, Requisiteur oder er wird nur als ‚Amulett‘ ohne jede Verpflichtung von der Direktion erhalten.“ — In körperlicher Hinsicht ist noch der Kaminkehrer als „Angang“ bevorzugt; unter den leblosen Dingen (vor der Aufführung) der Heuwagen! Eine Katze bedeutet dann aber eine Warnung — nicht unbedingt. Manche sehen zum mindesten in der schwarzen Katze ein günstiges Zeichen. Angeblich soll die Bewertung dieses Tiers geographisch verschieden sein. Wenigstens hörte ich, daß in Rußland eine schwarze Katze ein Unglücksbote so schlimmer Art sei, daß ein bekannter russischer Sänger in London eine Probe absagte, weil er eine solche getroffen hatte. — Die Vorliebe für „Glückstiere“ ist wohl nicht sehr ernst zu nehmen. Sie werden aber zuzeiten in die Garderobe mitgenommen und verbleiben dort während der Vorstellung. — Naht diese heran, so hat jeder Zufall erhöhte Bedeutung. Stolpert man über einen Stein oder ein Versatzstück oder ohne ersichtlichen Grund, so muß man zunächst drei Schritte zurücktreten und dann nochmals über das Hindernis gehen — sonst hat man Pech! Auch den Weg darf man sich nicht kreuzen lassen. Ein berühmter Charakterdarsteller, hochgebildet und geistreich, auch mit dem Professortitel geschmückt, achtete sehr darauf, daß dies nicht geschah. Versuchte es ein Kollege aus Neckerei oder zufällig, so hielt er den Betreffenden fest und zog ihn ins Gespräch oder er drehte sich blitzschnell um und verhinderte so jedes Wegüberkreuzen. — Dem Künstler soll man vor der großen Arie oder dem bedeutendsten Auftritt den Daumen halten, oder man soll ihn anspucken — „aber wirklich!“ setzt eine Künstlerin hinzu. (Die Magie des Speichels, die weltverbreitet und jedermann schon aus dem NT. bekannt ist, wird also noch hochgehalten.) Eine hochberühmte Berliner Sängerin verlangte diese Form der Weihe in äußerster Erregung vor ihrem Konzertauftritt in einer keinen Widerspruch duldenden Form. — Die größte Verbreitung am Theater hat der Talisman-Aberglaube. Es werden Ketten, Ringe, teilweise offen, teilweise versteckt am nackten Körper getragen; die Künstlerin — denn meistens handelt es sich um Frauen (Sarah Bernhardt), aber zuzeiten auch um Männer (Caruso) — weigert sich häufig entschieden, das Schmuckstück, das manchmal so wenig zu ihrer Rolle paßt — ein Rautendelein mit einem Trauring! — abzulegen. Bisweilen wird auch das Kreuzeszeichen angewandt. Ein in Deutschland sehr bekannter Darsteller vergißt nie, sich vor seinem ersten Auftritt in seiner jeweiligen Rolle dreimal zu bekreuzigen. Früher war dies allgemeiner Brauch.

In ganz alten Rollen fand man immer von irgend einem, der vorher die Rolle gespielt und gelernt hatte, die Worte „mit Gott“ hingeschrieben. Der Direktor eines eleganten Theaters Karlsbads ließ sogar auf die Theaterzettel links ein M, rechts ein G drucken — mit Gott! Auch diese Worte sind ein Amulett. — Wir haben das Eisen in den verschiedensten Formen als unheilabwehrend kennengelernt. Dem entspricht es, daß wunderliche, wertlose Dinge wie Schrauben, rostige Nägel, Hufeisen oft in Massen in den Garderoberäumen namentlich der weiblichen Schauspieler gefunden werden, desgleichen heruntergerissene Theater-Affichen; sie zeigen dem Direktor ein gutes Geschäft an! — Dagegen darf man sich keine Nadeln schenken lassen: das zersticht die Freundschaft. Die Künstlerin läßt keine Kollegin in ihren Schminkspiegel sehen. Sie würde „die Verehrer weggucken“! Geht der Theaterspiegel entzwei, so bedeutet dies großes Unglück (das Platzen von Spiegeln, auch die Trübung der Wasserspiegel ist stets sehr ominös); namentlich kehrt dann die Schauspielerin vorzeitig aus dem Engagement zurück. Das Zerbrechen von Trinkgläsern dagegen bringt viel Glück. Fällt die Puderschachtel hin und wird dabei viel verschüttet, so hat die Künstlerin ein neues Engagement mit guter Gage zu erwarten. — Über die Rampe darf niemand steigen. Es gibt sonst ein leeres Haus. Jeder muß bleiben, wohin er gehört. Der Garderobenplatz wird nie gewechselt. Das würde sicherlich Unglück bringen. Hat jemand dort etwas vergessen, kehrt er nie um, sondern schickt einen anderen nach dem vermißten Gegenstand. Wenn ein Schauspieler einen anderen an seiner Kerze im Garderobenplatz sein Licht anzünden ließ, so blieb der hilfsbereite Teil im Dialog stecken, oder man nahm dem Armen jeglichen Erfolg und zog seinen erhofften Applaus an sich. Der dadurch Bestohlene konnte die Sache etwas mildern, wenn er schnell das so entstandene (geborgte) Licht auslöschte und dem in die Dunkelheit versetzten Kollegen Zündhölzer gab. „Ich habe noch“, schrieb mir ein Künstler, „einen alten Komödianten beobachtet, der noch von der Kerzenbeleuchtung in den Garderoben hierauf geschult war: er schöpfte mit Schnelligkeit mit einem abgebrannten Zündholz Feuer von dem neuentstandenen Licht, löschte seines und das gestohlene aus und zündete mit dem Hölzel wieder sein Licht an. Der Lichtdieb blieb diesen Abend wirklich im Entreelied hängen, worüber sich der flinke alte Schauspieler unendlich freute: wäre er nicht so flink gewesen, so hätte er gestockt.“ — Außerordentlich wichtig ist natürlich die Garderobe des Künstlers. Das „Kleider machen Leute“ unserer Volksweisheit gilt ja auf der Bühne mehr als irgendwo. Die Garderobiere darf, sobald die Künstlerin die Rollentracht angelegt hat, nicht mehr an ihrem Leibe nähen, sonst bleibt sie in der Rolle stecken. Auch hier liegt Sympathiewirkung vor: die Analogie liegt in der Handlung des Heftens; dies erfolgte das einemal durch die Näherin, die das Kleid, und das anderemal durch das Schicksal, das die Sprachkunst „anheftete“.

Das Objekt der Handlung ist beide Male die Künstlerin. — Die Farbe der Tracht ist für den Erfolg des Abends von Bedeutung. Ein bekannter Wiener Theaterdirektor duldete auf der Bühne keine schwarzen Toiletten, ein anderer keine braunen Kutten. Er ließ eine solche bei der Probe ablegen und blieb so lange am Zentralheizkörper stehen, bis sie restlos verbrannt war. Eine bekannte Sängerin des ausgehenden vorigen Jahrhunderts verschmähte es grundsätzlich, ein Hemd zu tragen. Manche glauben, daß, wenn man vor der Vorstellung die Kleider links anzieht, man Erfolg hat. Schuhe auf den Tisch zu stellen, bedeutet Zank und Streit. Die Künstlerin darf sie sich nicht von ihrem Verehrer schenken lassen. Die Begründung hierfür lautet gemäß brieflicher Mitteilung einer Schauspielerin: „Man läuft ihm davon" (nicht etwa: „er läuft mir davon")! — Seltsam, aber vielfach bestätigt, ist die Abneigung gegen das Tragen von Pfauenfedern; und zwar ist dieser Widerwille bei dem ausübenden Personal beider Geschlechter und bei den Theaterleitern gleich groß. Deshalb ist es bei den Generalproben zu wüsten Auftritten gekommen. Es mag sich ereignet haben, daß eine solche vielleicht besonders üppige Feder, die noch in meiner Kinderzeit als ein prunkvolles Schmuckstück hoch geschätzt und auf der Bühne so plump wie möglich gezeigt wurde, irgendeiner „Größe" einmal zum Verhängnis wurde. Ich entsinne mich, daß der Schmuck, der den Helm des Max Piccolomini zierte, beim Anfang von dessen Rolle ihm auf den Hals herunterfiel und alle seine exaltiert-hypertheatralischen Bewegungen travestierend während einer ganzen langen Szene nachahmte. — Noch sei des Schirms gedacht, den der Schauspieler auf die Bühne mitbringen, aber niemals aufspannen darf. Anderenfalls zeigte sein Träger ja vor unsauberen Substanzen, die man ihm hätte herunterschütten wollen, Furcht. — Sehr streng und allgemein ist im Garderobenraum und auf der Bühne während der Probe und vor der Eröffnungsszene das Lippenpfeifen verboten. Wenn einer diesen Aberglauben nicht beachtet, so kann er sein Versehen wieder gut machen, wenn er das Zimmer sofort verläßt und sich dreimal um seine Achse dreht. — Schauspieler, die schwer lernen oder schlecht auswendig behalten, legen sich nachts ihre Rolle oder Partie unter das Kopfkissen. Fällt sie beim Lernen aus der Hand, so fällt man in der Rolle durch. — Die uns bekannte Kasuistik des Aberglaubens entspringt, wie wir gerade im Theaterfelde gut beobachten können, einer Reihe von unkritisch verallgemeinerten Erfahrungen. So allein kann der Pfauenfedern-Aberglauben, so die Furcht vor der Aufführung des Macbeth entstanden sein; sie ist so groß, daß man Unheil befürchtet, wenn einer der Mitglieder auch nur eine Zeile aus Macbeth zitiert. — „Stücke, die mit dem Zirkus etwas zu tun haben, sind im allgemeinen bei Schauspielern nicht gerade beliebt. Man glaubt, daß derartigen Stücken kein Erfolg beschieden ist. Die Erfahrung soll diesem Aberglauben in vielen Fällen recht gegeben haben!" Das sprichwörtliche

Pech der Direktoren des Wiener Burgtheaters wird darauf zurückgeführt, daß bei der Einweihung des Hauses 1888 die ersten Worte, die gesprochen wurden, lauteten: „Vater, es wird nicht gut ausgehen!" Der einmalige Mißerfolg, den Franz Molnar erlebte, wird darauf zurückgeführt, daß er ein einziges Mal seinem Prinzip untreu wurde, jedem seiner Werke im Urtext eine Überschrift zu geben, die entweder aus sieben Buchstaben besteht oder durch sieben teilbar ist. Als üble Vorbedeutung gilt es, wenn in dem Titel eines Theaterstücks das Wort „Gold" oder „golden" vorkommt.

Offenbar liegt auch hier eine „Erfahrung" zugrunde. Ganz allgemein ist die Vorstellung, daß eine mißglückte, durch Zwiespältigkeiten innerhalb des Personals gefährdete Generalprobe eine günstige Aufnahme der öffentlichen Aufführung garantiere. Der Optimismus des Glücksrittertums, hervorgegangen aus der urzeitlichen Formel „Es kommt immer anders, als man es sich gedacht hat" zeigt sich hier im reinsten Lichte. „Die Generalprobe muß unbedingt Krach bringen, Krach und nochmals Krach, die dritte Potenz eines Krachs. Das ist die beste Vorbedingung für den Erfolg eines Stücks". „Man erzählt", so erfahre ich von anderer Seite, „daß ein bedeutender Regisseur und späterer Theaterdirektor öfter und bei flotten Generalproben einen Krach mit dem technischen Leiter oder dem Ausstattungsvorstand provozierte und inszenierte, nicht ohne dem Verletzten bei Schluß der Probe wieder vergnügt die Versöhnungshand zu reichen". „Alle Theaterdirektoren fingen früher bei der letzten Probe mit irgendeinem Darsteller einen Streit an, denn Krach auf der letzten Probe bedeutet ein volles Haus. Das Gute dabei war, daß man die Grobheiten des Direktors bei dieser Gelegenheit nicht stillschweigend einzustecken brauchte, denn je mehr man durch Zurückschimpfen den Zank in die Länge zog, desto lieber war es dem abergläubischen Chef". Also: Lärm um jeden Preis, gleichgültig, von wem und weshalb verursacht. Das Mißgeschick wird dadurch vorweggenommen. — Höchst seltsam und altertümlich ist die bei den englischen Bühnenautoren angeblich noch heute bestehende Sitte, das letzte Wort des Stückes fortzulassen. Erst am Tage der Premiere teilt der Autor dem betreffenden Schauspieler das Wort mit. Bisweilen wird der ganze letzte Satz geheimgehalten. Er wird aber auf ein Stück Papier geschrieben und demjenigen Schauspieler eingehändigt, der ihn zu sprechen hat und der ihn nun ungeprobt sprechen muß. — Sicherlich wirkt hier die Vorstellung mit, daß, wenn nicht das ganze Stück bekannt wird, das Ganze als unbekannt gilt und deshalb nicht verhext werden kann. — Endlich erwähnen wir die kritische und im Theaterleben umstrittene Bedeutung des Glückwünschens. Im Jägerberuf hört man den Glückwunsch in der eigentlichen Form bekanntlich nie. Während der Generalprobe wird er zwar meistens zugelassen und stärkt auch zuzeiten das Selbstvertrauen zaghafter Kräfte. Aber die Furcht, daß er nicht ganz ehrlich gemeint sein könne, wirkt bisweilen lähmend mit, und deshalb ist es schon richtiger, Hals,- Arm- und Beinbruch zu wünschen. Steht ein Künstler vor einer besonderen Aufgabe, geht er auf Reisen oder gar auf ein Engagementsgastspiel, so gilt der „böse" Wunsch durchaus als der ehrlichere. Gegen den „Glückwunsch" der gewöhnlicheren Art sichert man sich durch das (auch aus einem Schlager bekannte) „Unberufen toi toi toi" und durch dreimaliges Anspeien oder Beklopfen des Vorhanges oder eines Bühnenrequisits. In Frankreich weichen die Bühnenkünstler allen Glückwünschen ängstlich aus.

Wir erwähnten den Bühnenkünstleraberglauben als Beispiel für den Berufsaberglauben überhaupt, dessen gewissenhaftes Studium uns allein einen tieferen Einblick in die Mentalität des Volkes tun lassen könnte. Leider geschieht gegenwärtig nichts, um das psychologisch so wertvolle Gut zu retten. Es geht rapid dem Untergange entgegen. Der Seemannsaberglaube muß ehedem eine ganze Welt voller Wunder, Gefahren und Kämpfen in sich geschlossen haben. Solange die Fünfmaster um die Südspitze von Afrika herumfuhren, um Bauholz von Norwegen nach Australien zu bringen, konnte dem oft viele Monate lang sein Schiff nicht verlassenden Seemann die Welt noch unendlich groß erscheinen. Er wußte, daß er, wenn er auf den günstigen Wind baute, er „auf Satans Erbarmen" hoffte. Und doch mußte er mit diesem unberechenbaren magischen Faktor sich irgendwie auseinandersetzen. Die Technik hat gelehrt, der Natur ihr Zepter zu entreißen, wie dem Himmel den Blitz so dem Luftmeer die Herrschaft des Windes. Der moderne Motordampfer kümmert sich um keine Windrichtung. — Meine Bemühungen, in das Seelenleben des auf dem Segler diensttuenden Mannes einen Einblick zu gewinnen, scheiterten. Die einschlägige Literatur versagt hier völlig.

So bleibt denn vieles für ewig verloren, anderes zu retten wäre die letzte Stunde gekommen. Wie wir in unserer kurzen Übersicht des germanischen Aberglaubens nur mit der Hand aus dem Ozean schöpfen konnten, so ist dieser Ozean selbst nur der bekannte Teil einer unermeßlichen Fläche, die uns zur Erforschung reizen sollte.

UGROFINNISCHER ABERGLAUBEN

Die Ostjaken und Wogulen, deren abergläubische Vorstellungen wir kennen lernen wollen, sind zwei Gruppen von Stämmen, die östlich vom Uralgebirge in den russisch-sibirischen Gouvernements Tobolsk und Tomsk im wesentlichen als Nomaden von Jagd und Fischfang leben. Numerisch sind sie sehr wenig zahlreich. Und doch verdienen sie es, betrachtet zu werden. Beide gehören einer gemeinschaftlichen Gruppe der finnisch-ugrischen Völkerfamilie an. Sie sind die Voreltern der heutigen Magyaren. Sicher ist es, daß der Glaube der Wogulen als eines der ugrischen Stämme mit dem der Permier, zu denen die Wotjaken, Permier und Syrjenen gehören, ursprünglich nahezu identisch war, wie dies Ausgrabungen, die bis zum 11. Jahrh. zurückgehen, beweisen. Diese Permier stehen als eine weitere der vier sprachlichen finnisch-ugrischen Gruppen den Wogulen mithin ethnographisch wie geographisch besonders nahe. Das ungewöhnliche Interesse, das diese letzteren und die verwandten Ostjaken für uns haben müssen, liegt darin, daß sie den übrigen Stammesverwandten, wie etwa den Magyaren, gegenüber sich als Urvolk erhalten haben. Ganze Sippen von ihnen werden noch heute im russischen Zensus als „Heiden" bezeichnet. Andere sind zwar dem Namen nach zu Christen geworden. Es fehlt ihnen aber jedes Verständnis für die christliche Religion. Eine Vermischung und Verwechselung von Heidentum und Christentum, wie sie dort herrscht, ermöglicht es, daß das Opfer von Wachsstöcken für einen orthodoxen Heiligen völlig auf die gleiche Stufe mit dem von Tierfett für einen alten Stammesgötzen gesetzt wird. Der Name eines solchen wird mit dem eines Christenheiligen geradezu verwechselt. Der erhabene Himmelsvater, Nūmi-Tārem, ist dem Wogulen identisch mit dem christlichen Gott-Vater; dessen Sohn, der „Goldfürst", mit Christus; die Mutter des „Goldfürsten", Frau-Kaltes, mit Maria. Auch die Rolle des Priesters gleicht sehr der des Schamanen. Beide sind Mittler zwischen Gott und Menschen. Das Bindeglied ist die Beschwörungsformel, der Zweck von deren Hersagung irgendein praktischer Vorteil, ihr Inhalt unverständlich und die Vorbedingung für die wirksame Rezitation des Zauberspruchs Geld und abermals Geld. Allerdings übertrafen in der Zeit des Zarismus die in jene entlegenen Gegenden ausgesandten griechischen Geistlichen ihre heidnischen Standesgenossen an moralischer Minderwertigkeit um ein Bedeutendes. Die Fluchwürdigkeit einer staatlich geschützten Hierarchie, die Verwerflichkeit der Vorstellung, daß das Dogma einer Religion statt des sittlichen Gehalts ihrer

Vertreter für sie zum Wertmaßstab gemacht werden könne, zeigt sich nirgends so deutlich wie in dem Bilde des nun schon mehr als 200 jährigen Kampfes jener Stämme mit dem Christentum. Das Hin- und Herwogen dieses religiösen Streites, in dem für eine klare Unterscheidung zwischen Glauben und Aberglauben jede Grundlage fehlte und selbst die erbittertste Kampfphase zur ungewollten Vermischung beider Elemente führte, erneuert ein Bild, wie es mehr als 1000 Jahre zuvor das im Kampf mit der römischen Kirche liegende Germanentum bot.

Die Heiden galten den Bekehrern bekanntlich als Zauberer, so auch die Ostjaken und Wogulen den orthodoxen Priestern. Führen doch die niedrig stehenden Stämme alle Machtbetätigung auf den Zauber zurück. Er ist das wichtigste, ja, wir können ohne wesentliche Übertreibung sagen, das einzige Mittel, irgendetwas zu schaffen und dem Geschaffenen Macht und Bedeutung zu verleihen. Die älteste, weltbildende Kraft, das Urwasser, das früher entstand als Himmel und Erde, ist von Nūmi-Tārem „gezaubert". Durch Zauber dehnt sich die Erde zur unendlichen Fläche. Der Mensch, sein Fleisch und seine Knochen, die Fische des Wassers und Tiere des Waldes, wurden „gezaubert", ebenso die Waldbäume, nicht anders die Prototypen aller Werkzeuge von Menschenhand, aller Künste und Fertigkeiten; desgleichen ferner die magische Kraft und Macht, die von Urzeiten her in die gesamte Schöpfung hineingelegt ist, die deren Einzelwesen zu Mitteln macht, zu nützen oder zu schaden, sich zu bewegen oder bewegen zu lassen, die in ihnen den Willen zur Handlung und das Handeln selbst hervorruft. Zu dem Urmenschen spricht sein Vater: „Wenn für dich Kraft geschaffen ist, so hat sie Vater Nūmi-Tārem geschaffen; wenn du mit Fähigkeit bezaubert bist, hat dich Vater Nūmi-Kwores bezaubert". Den Aussprüchen Gottes nach Gen. 1 stehen die gleichen Machtsprüche des höchsten wogulischen Wesens an der Seite. Sie alle bergen in sich die schöpferische Zauberkraft, die jeden Teil des Universums mit Gestalt und Wohnsitz begabt, erhält, fördert und zerstört. Die zur Freiwerdung dieser Kräfte notwendigen Formeln stammen von dem höchsten Gotte selbst, der sie auf Erden „herabläßt".

Das eigentliche Ziel der religiösen Erkenntnis muß deshalb dahin gehen, den Wohnsitz des magischen Geschehens zu ermitteln und dessen Macht sich untertänig zu machen. Der Zauber schlummert vorzugsweise im Götterbilde. Dies wird beschimpft, schlecht behandelt, an unanständige Orte geworfen, ja selbst zertrümmert, wenn es dem Verehrer den gewünschten Erfolg nicht bringt. Gewöhnlich läuft in diesem Falle ein solcher Heide zur christlichen Kirche und zündet dort irgendeinem von deren zahllosen Heiligen eine Wachskerze an, kehrt aber sofort zu seinem alten Gott zurück, sobald dies Verfahren nicht nützt. Übrigens handeln die nordrussischen Bauern in der Theorie nicht anders, nur gerade in der Praxis umgekehrt: sie verehren wogulische Gottheiten, wenn die christlichen nichts helfen. Allerdings kann jenen Christen der schlichte Glaube an die Gottesnähe — im Tempel oder Idol, im heiligen Hain — nicht immer gegeben gewesen sein. Die zur Christianisierung dieser Stämme gebrauchten Mordbrennerhorden der Kosaken benutzten die Weihgeschenke der frommen Andacht zum Diebstahl und rühmten sich dessen. Rationalismus ist ja immer Unmoral gewesen. Die christlichen Missionare allerdings zweifelten an der Existenz der wogulischen Götter nicht, wenngleich sie sie als Teufel bezeichneten. Die griechisch-orthodoxe Göttermasse wurde also durch solche Einbeziehungen fremden ideellen Religionseigentums lediglich vergrößert. Der Missionar Nowitzkij erzählt von dem Gott von Schorkali, daß „dieses leblose (aus Holz gefertigte) Ding prophezeite und mit Hilfe des Satans...verkündigte". Dem griechischen Katholiken ist die Bilderfurcht tief eingeprägt. Sein leidenschaftlicher Haß gegen die Statuen fremder Gottheiten ist mit Dämonenfurcht stark vermengt, da in fremden, oft recht rohen Idolen ein Wohnsitz des Teufels oder dessen Teilperson erblickt wurde. Immer wieder wird von der „ränkevollen Kraft" und starken Falschheit solcher Bilder gesprochen, deren Zertrümmerung nur möglich war, wenn es gelang, mit den „wunderbaren Kräften" des Dämons erfolgreich zu kämpfen. Nicht eine Sinnesänderung, sondern die Unterwerfung der Bekehrten blieb das letzte Ziel. Der Zweck der Missionsreisen eines Nowitzkij usw. war zunächst nicht die Bekehrung der Heiden, sondern eine von verzerrendem Haß erfüllte Darstellung von deren religiösen Ideen und Gebräuchen. Diese an den Zarenhof ergehenden Berichte sollten und konnten den Vernichtungskrieg entfesseln. Der Befehl des Zaren vom 6. 12. 1714 schloß deshalb auch die Verbrennung der „Götzenbilder, Götzentempel und aller gottlosen Kultstätten" als Hauptmoment ein. Zugleich verhieß er den Bekehrten materielle Vorteile. — Zum Feuer trat das Schwert, das zur völligen Ausrottung aller jener Stämme geführt hätte, wenn die Petersburger Regierung nicht aus wirtschafts- und staatspolitischen Gründen eine Mäßigung in der Handhabung der Gewalt bevorzugt hätte.

Die bekehrenden Mönche glaubten, wie gesagt, fest an den Teufel, der in den Götterbildern seinen Sitz hätte, die Priester der fremden Völker zu Knechten der Lüge mache, sie quäle und zu falschen Prophezeiungen veranlasse, aber auch auf ihren Wunsch Sturmwind u. a. m. errege, d. h.: den Bekehrern gefährlich werden könne. Die Idole brauchten nicht Menschengestalt zu haben. In dem Pelymer Spieß-Götzen, einer vergöttlichten Lanze, vermutete man den Teufel. Dieser Speer vermochte nach der Anschauung der christlichen Priester durch die leiseste Berührung eines Pferderückens den sofortigen Zusammenbruch des starken Tiers zu bewirken. Das Fleisch des Opferpferdes sollte, verwesend, den Skorbut erzeugen. Zum Aberglauben tritt hier die diesen erweiternde listige Lüge, vielleicht noch vermengt mit der Idee von der unantastbaren Heiligkeit des Opferleibes. Bezeichnend ist es, daß die heidnisch-religiösen Gebräuche geschont wurden, wenn sie den Geldinteressen der Bekehrer dienten; die russischen Behörden ließen den Schwur auf dem Bärenfell im Interesse ihrer Steuerpolitik gelten. Der Bekehrergeist jener Zeit, der in jedem Gegenstande des Hasses, der Ausbeutung und Unterdrückung einen Teufel sah, erblickte auch in der Zeremonie des Übertritts zum Christentum nichts als eine Teufelsaustreibung, die angesichts der Suggestibilität jener Stämme oft außerordentlich aufregende Formen zeigte. Der den Wogulen und Ostjaken fremd gewesene Dämonismus — für sie war der Teufel nur „der Teufel *der Russen*", ihre Gottheiten waren von *Fremden* mit der arabischen Bezeichnung *schaitân* belegt worden — strömte dank dieser Bekehrungsmethode, die durch Verschleppung in elende Gefängnisse, monatelange Mißhandlungen und Qualen aller Art, durch Massentötungen und die teuflischen Martern der Kosaken wirksam unterstützt wurde, als roher Aberglaube auf die Bekehrten ab und zeitigte in ihnen jene aus den Hexenprozessen nur zu bekannten hysterischen Erscheinungen. Als eine Frau, bei der Bekehrung zum Christentum von einem Priester angeblasen, wie tot zusammensank, mußte sie bekennen, daß „sie früher in ihrem bösen Glauben noch von einem bösen Geist besessen war". Solche psychischen Katastrophen zeigten sich auch noch längere Zeit nach dem Vollzug des Taufakts als Gewissensreaktion gegen den Abfall vom Glauben der Väter, an dem die Ostjaken und die übrigen Nordstämme meist sehr fest hielten.

Wie einerseits psychogene Lähmungen als Teufelswerk angesehen wurden, konnten andererseits Exaltationen als Gnadengaben gelehrt werden, obgleich beide Gruppen von Phänomenen auf der gleichen Basis stehen. Immerhin war es der Bekehrung zum Christentum durchaus förderlich, daß die Wirkung der Taufe sich nicht nur in Lähmungen und manischen Erscheinungen, sondern auch z. B. mehrfach darin äußerte, daß etwa ein gelähmtes Mädchen sofort wieder hergestellt wurde, so daß es auf eignen Füßen nach Hause gehen konnte, um Holz zu hacken. In allen diesen Fällen handelt es sich natürlich nicht um die Wirkung der Religion überhaupt oder gar einer spezifischen Glaubensform als solcher, sondern um die Ausstrahlung einer suggestiven Macht, die auf das Unterbewußtsein der einzelnen verschiedenartig einwirken konnte. Als magische Kraftträger kannten die Nordstämme u. a. gewisse *geheiligte Waffen* (Speere, s. o.), die Bekehrer aber das *Kreuzeszeichen*. Es wurde als Abwehrmittel gegen die Einflüsse der heidnischen Dämonen den Bekehrten um den Hals gehängt und sollte die Feinde des wahren Glaubens zum Zittern bringen, übte hier also noch das Amt *der Waffe* aus, als die wir es nicht mehr empfinden, aber ursprünglich gedacht wissen, wenn wir es gegenwärtig etwa in Tirol an Stalltüren usw. als Schutzmittel gegen bösen Zauber angebracht sehen.

So waren christliche Priester dieses Schlages in die Rolle der Unheil abwehrenden Zauberer hineingedrängt; sie unterschieden sich in nichts von den Schamanen der sibirischen Stämme. Der Schamane steht hier vermöge seiner größeren Suggestibilität sogar über dem christlichen Priester. Dies zeigt sich beispielsweise darin, daß die orthodoxen Geistlichen ihre feindlichen Kollegen als Medizinmänner fürchteten, deren Blut geheime Heilkraft habe, und daß sie ihnen die Prophetengabe rückhaltlos zugestanden. Der „Verkehr mit dem Teufel" ist eben durchaus einträglich. Nur im Interesse der Machterweiterung der christlichen Priesterschaft und aus abergläubischer Furcht vor magischen Schädigungen wurde er in Sibirien und Deutschland verfolgt. Der Kampf des orthodoxen Christentums gegen diese Nordstämme war nicht der des Glaubens gegen einen vermeintlichen (irrelevanten) Aberglauben, sondern der zweier verschiedenartiger Gruppen mantischer Systeme miteinander, deren angeblicher Wert namentlich auf ihrer praktischen Machtbetätigung beruhte. Hier konnte man, wie stets in der Religion, die sich veräußerlichend dem Kultus zuwendet, des Guten nie zu viel tun und hielt trotz des 200 jährigen Ausrottungskrieges am Alten wie am Neuen, am Heidentum wie am Christentum fest. Bereits ehemals, als man die Wogulen zur Annahme des neuen Glaubens zwang, verlangten sie, daß sie neben den russischen Heiligenbildern, die sie interessanterweise als „die russischen Götter" bezeichneten, auch die ihrigen aufstellen dürften. Beide sollen die gleiche Verehrung erfahren. Vor nicht gar langer Zeit erzählte ein Ostjake, ihm wäre im Traume die heilige Jungfrau erschienen und hätte ihm den Auftrag erteilt, am nächsten Tage als Opfer ein Lamm im Tempel darzubringen, was der Träumer auch wirklich tat.

Neben diesem Synkretismus, dem Nebeneinanderstehen zweier Religionsformen auf gleichem Boden, finden wir die Durchdringung des heimatlichen Glaubens mit fremdem Religionsgehalt. Bei kulturarmen Stämmen, die, wie die Ostjaken, der Schrift bis zur neuesten Zeit völlig unkundig waren, können solche Beeinflussungen natürlich nicht mit jener Exaktheit nachgewiesen werden, mit der dies bei schriftkundigen Völkern gelingt, denn es fehlt hier an Geschichte überhaupt, namentlich an Literaturgeschichte, die uns etwa besagt, wann die Erstausgabe oder die erste Handschrift der Übersetzung irgendeines Märchens oder einer Sage aus dem Arabischen ins Ostjakische — dies als Beispiel! — angefertigt worden ist; wann sie sich im Norden verbreitet hat. Und doch sind Entlehnungen aus anderen Kulturkreisen bis zur Gewißheit wahrscheinlich. Im wogulischen Mythus heißt es z. B., daß das Urwasser an Stelle der Erde stand, die sich langsam aus dem Wasser emporzuheben begann. Der oberste Gott sah damals vom Fenster seiner himmlischen Wohnung herunter und schickte eine Taucherente herab, um Erde zu suchen. Zum zweiten entsandte er einen Haubentaucher und endlich einen weißen Raben mit dem Auftrag: „Geh nur hin, sieh nach, wie groß die Erde ist". — Hier liegen zweifellos Anklänge an die Sintflutsage und vielleicht auch an die Raben Odins vor. Vögel als Götterboten begegnen uns in der nordischen Mythe sehr häufig. Unter ihnen tritt der Adler besonders hervor. Man kann hier an indogermanisches Lehnsgut denken. Im griechischen und indischen Mythus verkehrt dieser Vogel zwischen Himmel und Erde. Er bringt den Menschen die höchsten Gnadengüter (das Feuer, den Rauschtrank) und trägt deren Wünsche zum Himmel empor. — Reste arabischer Beeinflussung sind deutlich nachweisbar. Wir erwähnten das für „Dämon" oder „Götze" gebrauchte, unverändert aus dem Arabischen übernommene Wort schaitân (= Teufel). Die häufig als Weihgeschenke gefundenen, in Bäumen verwahrten, in Quellen geworfenen Münzen tragen arabisches Gepräge. Auf dogmatischem Gebiet nennen wir die stark hervortretende, als muslimisch bekannte Idee, daß das Ende der Menschheit durch eine ausbrechende Feuergewalt erfolgen wird, und die dem Qorân angehörige Lehre von dem obersten Gott, der Gebete, ja Opfer empfängt und ein großes Buch besitzt, in dem die durch Prädestination festgelegte Zeit der Lebensdauer des einzelnen und der Menschheit überhaupt verzeichnet steht. Eine abermals andere Stellung zu dem heimischen Glaubensgut nimmt der wogulische Mythus von dem berühmten Helden Jäni-ōter (= „großer Fürst") ein. Dieser Übermensch kämpft und erschlägt riesenhafte Waldgötzen und den von vielen Stämmen verehrten, hochheiligen Ob-Greis, den Alten des Ob-Flusses. Aus beider Händen befreit er dann seine Verwandten. Da diese Gottheiten die höchste Verehrung genossen, scheint der Charakter der Sage vom Jäni-ōter der Religion im alten Sinne überhaupt feindlich zu sein. Man kann diesen Mythus wohl als die Dichtung eines bedeutenden Mannes ansehen, der Menschenwürde und Menschenkraft über Gott und Welt stellte. Für einen solchen war eben die ganze Volksreligion seiner Zeit nichts als Aberglaube.

So steht denn auf der einen Seite eine Reihe von Religionen: voraus das Christentum, dann der Islâm, zuletzt der Buddhismus, der noch heute dort in kleinen Glaubensgemeinschaften vertreten ist und manche Sage namentlich auch astraler Natur dem hohen Norden geschenkt hat. Auf der anderen Seite eine Gruppe von Stämmen, die ihre enge Individualität als Kessel benutzten, die ihnen übermittelten Güter einzuschmelzen und, soweit dies überhaupt möglich war, ihrem Gesinnungszustand anzupassen. Das Endergebnis ist für die beeinflussenden Faktoren bisher nicht als erfreulich zu bezeichnen. Das sittlich Gute bargen bereits die alten heidnischen Glaubensformen, die, wie bereitwilligst zugestanden werden soll, Barbarei, selbst die Schmach des Menschenopfers, befleckte. Durch ein in der minderwertigsten Form und von den minderwertigsten Religionsvertretern dem fremden Volkstum aufgeimpftes Christentum wurde diesem die Würde, jenem die Ursprünglichkeit entzogen. Die von den Bolschewisten gewährte Religionsfreiheit dürfte in kurzem dem alten Glauben die trügerische christliche Maske nehmen, die ihn bisher zuweilen umgab. Uralte Menschheitsideen wie die von einem höchsten Gotte und zahllose Elementarvorstellungen, die sich aus dem Kampfe mit der Natur, mit See und Wald, mit Wintersturm und mit den tierischen Bewohnern der arktischen Zone gleichsam von selbst erzeugten, bilden das notwendige Requisit jener Stämme, das erst mit der völligen Veränderung von deren Lebensbedingungen oder gänzlicher Versklavung beseitigt oder verschleiert werden kann.

Die Vorstellung von einem höchsten Gott findet sich gänzlich unabhängig vom Christentum und knüpft an religiöse Ideen der Urzeit an, ohne daß wir an Entlehnungen zu denken brauchten. Viele Völker beten neben Gottheiten der Natur oder der menschlichen Kräfte und Talente einen alten „Vater" oder „Großvater" droben im Himmel an, der ziemlich harmlos ist, aber irgendwie mit der Drehung des Himmelsgewölbes und deshalb mit dem prädestinierten Lebens- oder Todes-Los zu tun haben muß. Der bekannte Juppiter ist der „Vater Tageshimmel"; ein ganz farbloser, mit dem bekannten Namen Brahman bezeichneter Gott wird sogar als „Großpapa" verehrt. Grundsätzlich wesentlich ist es, daß diese Götter nicht gespeist und getränkt werden. Diese Begriffsmomente und kultischen Gewohnheiten, auf die wir in anderen Zusammenhängen bereits mehrfach hinweisen mußten, finden sich im „Nūmi-Tārem" wieder: er ist die kosmogonisch früheste Macht, das „goldene, große Väterchen", wobei Gold auf Zauberkraft, namentlich auf Unsterblichkeit, deutet. Die kleineren Götter gelten als die Kinder dieses himmlischen Vaters, wie die Erde dank mythischer Ausgestaltung als deren Mutter; er selbst, als „unser Vater", „mein Väterchen", „mein lieber Vater", an die Spitze der Schöpfungsreihe gehoben, „zaubert" die Götter, die Menschen, die Welt und deren nützliche Geschöpfe. Eine sicherlich nicht ursprüngliche Vorstellungsweise läßt eine antipodische Dualkraft, einen in der bodenlosen Finsternis der Unterwelt befindlichen Urgeist, zum Gegenschöpfer der Schädlinge aller Arten werden. Von einer eigentlichen Weltschöpfungskette ist übrigens nicht die Rede. Der Natur dieses Gottes entspricht es, daß das südwogulische Wort tōrém zugleich „Gott" und „Himmel" heißt. Auch von den Mordwinen wie den Ostjaken wird dieser himmlische Gott verehrt. Daß er im Himmel thront, ist ihm durchaus begriffswesentlich. Die Vorstellung seiner Allgegenwart schließt sich an die des alles überwölbenden und beleuchtenden Tageshimmels an. Nach späterer Auffassung wohnt er in der Sonne. Seiner genealogischen Stellung entsprechend, wird Nūmi-Tārem als ganz alter, ja bisweilen als gebrechlicher Mann dargestellt. Auf seinem greisen Haupte soll ein Adler nisten. Wie er selbst, so mag auch sein Haus goldig sein, nicht minder sein Auge, die Sonne. Er hat natürlich keinen Vater und keine Mutter, wohl aber eine Frau, „die von der Sonne umkreiste heilige Erde“, „unsere schwarze Erdmutter“, so daß sich auch hier Himmel und Erde als älteste Gottheiten zusammenfinden. Die mütterliche Erde gilt, dementsprechend, als sehr alt.

Dieser älteste Gott ist seiner patriarchalischen Stellung und naturmythologischen Ausdeutung entsprechend der Herr der Welt. Er regiert sie und das Geschick der Menschen. Als Zeiten-Gott muß er ja der Verhänger des Schicksals sein. Nur sekundär ist seine Belehnung mit ethischen Attributen vollzogen worden. Er liebt das Gute und straft das Böse. Unehrlichkeit und Trunksucht sind ihm verhaßt. Jedermann läßt er Gerechtigkeit widerfahren. Erst die Kollision mit dem Christentum und Islâm dürfte diesen Zügen Bedeutung verliehen haben. Der Schnaps ist den Nordstämmen von den Russen als Kulturgeschenk übermittelt worden. Bis zur Zeit vor seiner Importierung wäre die Frage, ob Nūmi-Tārem den Alkoholismus verdamme, sinnlos gewesen. — Verständlich ist es, daß die Züge dieses Hochgotts ihn äußerlich dem christlichen oder muslimischen Gotte anzunähern schienen. Den Missionaren mußte eine solche scheinbare Ähnlichkeit stets auffallen; die zur Bekehrung Gezwungenen konnten, als ihnen von dem Christengott erzählt wurde, erwidern, daß sie einen Gott kennen, den sie nicht sehen und der alles regiert. Seine Unsichtbarkeit unterscheidet ihn von allen anderen Götterwesen, die in und mit ihren irdischen Bildwerken leben, ebensosehr als seine Wesenlosigkeit, die Unbegrenztheit seines Wirkungsfeldes. Ausdrücklich wird aus alter Zeit bezeugt, daß der höchste Herrscher der Welt in gar keiner Gestalt abgebildet wird und daß er keine Tempel hat, da der Himmel sein Wohnsitz ist. Diese beiden, höchst wichtigen, ihn von dem gesamten Pantheon sondernden Momente werden von den Beobachtern immer wieder hervorgehoben und auf die Wesenheit der Erdmutter ausgedehnt: auch sie hat weder eine Bildsäule noch eine zu ihrer Residenz auserwählte heilige Stätte. Daraus folgt, daß man beiden „Hochgottheiten“ keine Verehrung darbringt. Es wird auch diese Tatsache von den alten Berichterstattern einheitlich und klar bezeugt und dahin formuliert, daß Gebete, Opfer und Zauberformeln dies höchste Wesen nicht erreichen. Selbst sein Name soll, so wenig als der irgend einer gläubig verehrten Gottheit, genannt werden, wenn dazu nicht dringende Notwendigkeit besteht, denn er ist „mit Heiligkeit geladen“ und deshalb dem Sprecher oder Beschwörer der wirksamen Zauberformel äußerst gefährlich. — Mit dem kultischen Bilde des Nūmi-Tārem deckt sich das mythologische nicht. Die wogulische Volksdichtung trägt legendäre Züge und vermenschlicht deshalb die Gestalt des höchsten Gottes. Nach ihren Schilderungen ist Nūmi-Tārem der unendlich reiche, mächtige und weithin schauende Herr über die ganze Welt, der für seine Geschöpfe Sorge trägt, aber das Unrecht bestraft. Er reitet ein weißes Roß. Ihm kommen

Opfer von Pferden und Kühen zu, ja, in ältesten Zeiten soll er selbst an diesen teilgenommen haben. Auch erfreut er sich an Räucherwerk und Gebet. Alle diese Züge konnten der christlichen Ideenwelt einer bestimmten Zeit leicht angepaßt werden.

Das Gleiche gilt von der Verehrung von Elementargottheiten, der Sonne, des Mondes und der Sterne, wie auch des Wassers, da alte Vorstellungen, die diese Mächte beseelt glaubten und sie mit abergläubischen Zeichen der Andacht ausstatteten, in der orthodoxen Volksreligion durchaus lebendig waren. — Die Heilighaltung des Naturreiches erstreckt sich, wie bekannt, im volkstümlichen Katholizismus auch auf die Tierwelt, insoweit, als ihm an gewissen Tagen des Jahres eine besondere Pflege, Schonung und Weihe zugestanden wird. In dieser Hinsicht geht der primitive Aberglaube außerordentlich viel weiter. Er steht namentlich noch auf dem alten, gesunden Meinungsstandpunkt, daß das Tier neben und mit dem Menschen eine Daseinsberechtigung auf der Welt habe und mit diesem in einer natürlichen, durch uraltes Herkommen und Gesetz geheiligten Gemeinschaft zu leben berufen sei. Zwischen den Hunderttausenden von Stufen und Gruppen des Tierreichs werden deshalb die von der modernen Wissenschaft erkannten unübersteigbaren Grenzen, die sich aus dem Intelligenzmoment wie aus dem Körper-Äußeren und -Inneren jeder Gruppe ergeben, noch nicht erkannt oder anerkannt, ja, selbst die Sonderung zwischen Mensch und Tier nicht hervorgehoben. Der Nordländer weiß zwar, daß der Bär vier Beine und ein dickes Fell hat, aber wenn er sich ihn vergegenwärtigt, um ihn seinem Hunger oder seiner Rache zu opfern oder den zürnenden Geist des getöteten Tieres zu besänftigen, wenn er sich ihn in der Gemeinschaft mit den Angehörigen der gleichen tierischen Sippe, also „in Familie" vorstellt, so steht durchaus das Bild des Menschen vor ihm, allerdings in gesteigerter Form. Denn Kraft und Sinnesorgane des Tieres übertreffen die des Herrn der Schöpfung oft um ein gewaltiges und machen es gottähnlich — der Körperform wie der Intelligenz („Weisheit", d. h.: dem instinktiven Können) nach —, wo nicht gottgleich. Des Bären Haut, sein Fell, wird deshalb als sein „Kleid" bezeichnet und soll eine durchaus menschengleiche Körperseele bergen, wie umgekehrt der menschliche Tänzer im Bärengewand als wirklicher Bär und Träger einer nicht spezifisch gearteten Seele gilt. Das Tier lebt im Familienverbande, gleich dem Menschen; hat, wie dieser, Vater und Mutter, ja Tanten und andere Verwandte; besitzt ein Gesicht und Hände wie der Mensch; es wird auch als „Väterchen" angeredet, d. h. seines Alters und seiner Weisheit wegen gepriesen. Man spricht von dem „heiligen Sinne des erhabenen Tierchens". Sein Fell, in dem man seine spezifische Eigenart eingebettet glaubt, wird noch lange nach dem Tode des Trägers mit zitternder Ehrfurcht, ja, als heilig im engsten Wortsinn, begrüßt und benutzt. Man kennt Legenden, in denen der

Bär sich mit Menschen und Göttern, auch mit dem höchsten Gott unterhält, und dessen Schutz genießt.

Wie es hier Kraft und Wildheit ist, was das Tier über den Menschen erhebt, so beim Adler das Auge, die Sehkraft; bei der schwarzen Ente oder dem Haselhuhn das Ohr. Immer kommt der Glaube hinzu, daß in früheren Zeitperioden selbst die äußeren Unterschiede zwischen Tier und Mensch nicht oder nur unvollständig vorhanden waren; da heißt es: ehemals besaß der Mensch eine Art haarigen Fells. Oder: der Urmensch der Wogulen kroch in die Haut der Taucherente und gewann dadurch die Fähigkeit, sich lange unter Wasser zu halten. Die Gabe der tierischen Instinktüberlegenheit versucht man sich zunutze zu machen. Deshalb wendet sich der Mensch an die in den Laub- und Nadelwäldern lebenden, tiergestaltigen Gottheiten, um von ihnen Prophezeiungen zu erhalten. Ein Wogule klagte, daß er die Gottheit vergeblich um Offenbarung gebeten hätte: „Ich kann den Rat keines einzigen ratenden Tieres erhalten." Unter diesen tritt neben dem gefährlichsten Feind der treueste Gefährte des Jägers, der Hund, hervor. Er gilt, wie im deutschen Volksglauben, als geistersichtig, sieht zuerst den Verstorbenen. Der Verlust des Tieres, an dessen Tugenden die Existenz einer ganzen Familie hängen kann, verwischte die letzte Vorstellung einer natürlichen Grenze zwischen ihm und seinem Herrn. Es fanden Leichenklagen unter großem Jammern und Geschrei für den toten Hund statt. Der eine Trauernde pries dabei seine guten Eigenschaften, der andere die Dienste, die der Hund ihm geleistet hatte. Dann wurde dieser wie ein Mensch begraben. Er erhielt als letztes Ruhekissen ein besonders dazu bereitetes Stück Holz, das ihm unter den Kopf gelegt wurde. Dann errichtete man über dem Leichnam eine kleine Hütte. — Wir finden hier die allgemeine Bestattungsform, auf den Hund angewandt, in allen ihren Einzelheiten wieder. Die Vorstellung, daß zwischen Tier und Mensch sondernde seelische, ja auch nur körperliche Eigenschaften vorhanden seien, ist hier so völlig erloschen, daß man den toten Hund zum schlummernden Menschen machte: das Tier rollt sich im Schlafe zusammen; es bedarf keines Kopfkissens.

Neben der Jagd sind unsere Nordvölker bekanntlich auch dem Fischfang ergeben. Sie haben deshalb Idole geschaffen, die sie als Inbegriffe der Fischbeute verehrten, und ferner Wasservögel aus Metallen gebildet. Unter diesen steht eine Gans, aus Kupfer geformt, voran (wobei zu bemerken ist, daß die Metallbereitung von auswärts übernommen worden ist). Sie galt als der Herr der Wasservögel. Ihr Nest befand sich in einem Tempel. Sie wurde besonders verehrt, wenn die Jagd auf Wasservögel begann, und zwar eilten zur Anbetung des Bildes die verschiedensten Stämme von fern und nah herbei. Große Opfer, auch an Wirtschaftstieren, selbst an Pferden, wurden dargebracht. — In dem Idol, das die nomadischen Stämme herzustellen technisch unvermögend waren, wurden wunderbare Gnadenbeweise ruhend und sich zeitweilig äußernd vermutet. Dieser Zaubergegenstand hatte sich eben „bewährt". — Ein weiteres Denkmal wird in der alten Literatur häufig hervorgehoben. Es ist dies „der Ob-Greis", der Alte vom Ob-Strome. Er zeigte sich in reichstem Schmucke und stark bewaffnet, ein Fisch-Gott, der einen Rüssel trug, mit dem er die Fische aus dem Meere zum Ob ziehen sollte; er hatte zwei kleine Hörner und gläserne Augen. Offenbar war er als König des Meeres zu denken, der gegen die See-Ungeheuer kämpfte oder die Seegeister in seiner Gewalt hatte. Sein Blick durchdrang die Tiefen des Meeres. Die Gunst des glücklichen Fischfanges wurde ihm zugeschrieben. Ihm gehörten zwei Tempel, in denen er sich abwechselnd je drei Jahre lang aufhielt. Ein Fisch, offenbar der beste und zuerst gefangene dieser Art, wurde ihm als Erstlingsopfer dargebracht. Man kochte ihn und beschmierte mit seinem Fleisch den Mund des Bildes, das daher glänzend auszusehen pflegte. Dann aßen die Beteiligten von dem Fang. Nach vollendeter Mahlzeit warfen sie Stöcke in die Höhe, zweifellos, um den Dämon, den man dabei zu Gast geladen hatte — denn dieses Mahl ist ein Opfer unter persönlicher Beteiligung des Gottes, dem es gilt — wieder loszuwerden. Die so vollzogene Vertreibung der dämonischen Macht durch Stöcke artet in eine recht eigentliche Mißhandlung des Gottes, der im Bilde schlummert, aus, wenn dieser keine Fische schenkt. — Die Heiligkeit des Wassers als des spendenden Elements wird durch Mißerfolge beim Fange nicht beeinträchtigt. Manche Sandbänke beispielsweise werden mit höchster Ehrfurcht unter Stillschweigen befahren. An solchen Stellen bleibt der Ostjake regelmäßig stehen, nimmt ein Bad und wirft alsdann Münzen in das Wasser. Einen ausgesprochen mystischen Bezug zu der eignen Seele hat das „Wasser des Lebens". In ihm rührt der höchste Gott zur Strafe für die Sünde eines Menschen mit seinem Schneeschuhstock, so daß der Schuldige ohnmächtig wird. — Es liegt hier eine auf Zauber beruhende sympathetische Vorstellung vor.

Die Heiligkeit gewisser Stätten gehört zum abergläubischen Inventar der Nordstämme. Der Ort, an welchem der „Alte von der Ob-Mündung" stand, wurde scheu verehrt. Niemand tat dort einen Schuß oder nahm von dort Wasser oder errichtete in der Nähe ein Zelt. Mehr noch als das Bild heiligte natürlich die leibliche Selbstoffenbarung der Gottheit, die Theophanie, als wichtigste Quelle alles Gottesdienstes, eine Stätte. Der so entwachsene Kultus ist zwar räumlich bedingt, aber nicht an bestimmte Kultobjekte gebunden. Diese verleihen dem Gefühl der Gottesoffenbarung vielmehr lediglich den Ausdruck. Nur so verstehen wir es, daß der Verkauf von Götterbildern zulässig ist und nicht als irreligiös gilt. Ihr Stoff ist Träger eines göttlichen Wesens (Numens). Die Lehre, daß diese Stämme oder irgendein Volk überhaupt die rohe Materie statt des in ihr lebenden göttlichen Geistes verehrt hätten, ist, soweit ich sehe, überall unbegründet. Einen Materialismus gibt es nur in der europäischen Philosophie. Sie ging an ihm zugrunde.

In dem Heiligen wohnt eine verderbliche Kraft, die sich zuzeiten bis zur völligen Unantastbarkeit steigert. Die Behausung des wogulischen Gottes zu Iugra heißt „heilige Bäume besitzende, Verdammnis bringende Insel". Der See des Gottes heißt „heiliges Wasser enthaltender, Verdammnis bringender See". Wie die Berührung der jüdischen Bundeslade, so straft sich jede Verletzung der die heiligen Stätten schützenden und ihnen Unantastbarkeit verleihenden Bestimmungen alsbald, meist sofort, durch Krankheit, Wahnsinn, Verirren im Walde oder schrecklichen Tod. Hier können wir die Warnung des deutschen Aberglaubens, Kirchhofspflanzen abzureißen, weil die diebische Hand alsdann verdorren würde, vergleichen. — Als heilige Wasserstätten gelten außer Sandbänken auch die Mündungen mancher Flüsse oder deren ganzer Lauf sowie Seen oder Teile von ihnen. Der Gott der mittleren Ssosswa ordnet in bezug auf die Verehrung seines heiligen Flusses an: „Wenn die Welt des ... Menschenlebens entstehen wird, dann möge hier ein heiliger Fluß sein, der von Männern nicht berührt werden darf, der von Frauen nicht berührt werden darf! Wenn einst ein Mensch hier stromaufwärts fährt, wenn einst ein Mensch hier stromabwärts fährt, so soll er an dieser Stelle nie mehr Wasser trinken; ein Opferspeisegefäß, einen Opferspeisekessel, möge er öfter dorthin stellen." Die Verehrung erstreckt sich auch auf Landzungen und felsige Ufer von Flüssen, auf Fluß- und Seeufer überhaupt. Bisweilen können wir die Quellen der jedesmal vorausgegangenen Theophanie ahnen: da, wo der Wildreichtum besonders groß ist, oder aber dort, wo das Verhängnis viele Menschenleben oder solche auf wunderbarem oder grauenvollem Wege gefordert hat, wird die Gottesstätte verehrt; natürlich auch, wo sie sich dem Einzelnen, dazu besonders Prädisponierten, visuell erschlossen hat. Bisweilen erweckt der Wildreichtum, wenn etwa in der Nähe eines Teiches „geflügelte Götter einkehren" oder Adler einige Jahre nacheinander nisten, offenbar nicht etwa die Vorstellung eines gottgegebenen vortrefflichen Jagdgeländes, sondern vielmehr die, daß die Tiergottheit hier das eigentliche Anrecht am Boden habe. In tropischen Gegenden, die von der Fülle der tierischen Räuber und Schädlinge oft völlig erdrückt werden, sind Auswanderungen aus der gefährdeten Gegend nichts Seltenes. Einigen Tieren, wie im Norden dem Adler, wird eine vorzugsweise Heiligkeit und Unantastbarkeit zugeschrieben.

Die Strenge der dem Menschen auferlegten Beschränkungen lehrt eindringlich die Allgewalt der Empfindung der Gottesnähe, die nur in ganz vorgeschrittenen, mit individueller Prägung versehenen Religionsformen irgend etwas zu tun, im übrigen nur vieles zu lassen befiehlt. Hier scheiden sich Religion und Aberglauben: von Ethik kann in letzterem kaum irgendwelche Rede sein. Selbst die Tötung von Lebewesen (wie etwa die des Adlers) wird nur deshalb verboten, weil sie in sofortigem Rückschlag sich gegen den Mörder selbst wendet, d. h. inopportun ist. Die auferlegten Verbote (nicht Gebote), verwehren es, im heiligen Wassergelände einen Trunk dieses göttlichen Nasses zu tun oder gar zu fischen, mit dem Kahne dem Ufer zu nahe zu fahren oder das Land (sei es auch nur mit dem Ruder) zu berühren, den Boden des Gewässers mit einer Stange zu stoßen, mit den Füßen zu betreten oder ans Ufer zu gehen. Es herrscht Schweigepflicht: man darf nicht singen, reden, nicht schießen oder laut mit den Rudern schlagen. Frauen betreten solche Stätten nicht und umhüllen ihre Gesichter, um sie nicht mit ihrem Anblick zu verletzen. Auch Männer weichen solchen Stätten tunlichst aus oder bedenken sie mit Spenden. Wir sahen, daß Gefäße als Opferschalen hingestellt und Münzen als Spenden geweiht werden. Wenn man Fische in gleichem Sinne verwendet, so reinigt man sie nicht mit einem Eisen-, sondern einem Holzmesser, entweder dem kultischen Gesetz entsprechend, nach dem die Opferwerkzeuge in jeder Hinsicht so alt wie möglich sein sollen (in diesem Falle also der Zeit der Holzkultur angehören müssen), oder deshalb, weil man das Holzmesser verbrennen und dadurch dem profanen Gebrauch entziehen kann, für den es des an ihm haftenden magischen Fluidums wegen gefährlich wäre.

Weit bedeutsamer als Gewässer oder Wassergegenden treten in gleicher Eigenschaft heilige Bäume oder Haine hervor. Noch die Sage kennt unberührbare Opfer- und Götterbezirke dieser Art, wobei unter Hain stets ein genau abgegrenzt gedachter Bezirk zu verstehen ist. Der Begriff der „Heiligkeit" schließt sich an den der mit Staunen und Furcht gemischten „Bedenklichkeit" und geht aus der naiven Einstellung des Menschen zu der Ungewöhnlichkeit der äußeren Form sowie der Entwicklungsbedingungen der Naturobjekte hervor. — In Beresow gibt es oder gab es eine sehr hohe Lärche in der Mitte des dortigen Kirchhofs. Dieser Baum war das vorzüglichste der Heiligtümer der Ostjaken. Hier sowie in allen anderen den Forschern bekannten Fällen ist es die abnorme Gestaltung der Einzelpflanze gewesen, die zu ihrer Anbetung Veranlassung gegeben hat: der Baum teilt sich nämlich nicht hoch über den Wurzeln. In die Gabelung wurden kostbare Opfer, namentlich auch alte silberne Münzen, vielleicht bucharischer oder südasiatischer Herkunft, hineingelegt, an andere Bäume dieser Art wertvolle Felle gehängt und zwar bisweilen in so ungeheurer Menge, daß man über die Tragfähigkeit des Baumes erstaunt sein mußte. Wenn die Kosaken diese Weihgaben stahlen, haben die Ostjaken aus den heiligen Bäumen große Klötze oder Stammstücke herausgehauen, dieselben verziert und an sicheren Orten aufbewahrt. Der göttliche Geist lebt also nicht bloß in der geheiligten Form des Baumes. Wie weit er über dieselbe erhaben ist, geht daraus hervor, daß zur Erwärmung der sakralen Räume, in denen sich Götterbilder befinden, das Holz aus heiliger

Stätte entnommen wird. — Zu den dem einzelnen Götterbaum zukommenden Weihgaben gehört auch der in denselben geschossene Pfeil: der Schütze weiht ihn, da er besonders erfolgreich gewesen war, der Gottheit. Manche Bäume werden auch mit Gold- und Silber-Gehängen verziert. Man denkt dabei an unseren Weihnachtsbaum. Auch er braucht durchaus nicht als solcher heilig gewesen zu sein. Vielmehr kann man ihn geschmückt haben, wie man lebende und tote Opfergaben schmückte; ferner in der Absicht, die an ihm hängenden Geschenkgegenstände einer göttlichen Wesenheit zu weihen.

Bisweilen greift die Heiligkeit des Einzelgewächses auf die ganze Gegend über. Wenn eine Zeder mitten in einem Tannenwalde wächst, so betrachtet man nicht allein die Zeder, sondern die ganze Gegend als heilig. Das Gleiche gilt in erhöhtem Maße, wo sieben Lärchenbäume nebeneinander stehen; ferner wo krüppelige und vielgipflige Lärchen- und Zedernbäume sich zusammenfinden; desgleichen an den Stätten von 30 Birken oder einer Zeder (?) oder sieben besonderen Bäumen. Über gewissen schwer betretbaren, für Frauen gänzlich unzugänglichen Waldgründen lagert der „Zauber" (die Heiligkeit) des höchsten Gottes. Diese Gottheit hat ihren Sitz inmitten eines „schwarzbäumigen, heiligen Hains", also offenbar an finsteren, schwer erreichbaren, die Phantasie mit Grauen erfüllenden Stätten. An die heiligen Haine der Semnonen, in denen es verboten war, irgendwelche Blätter zu pflücken, ja, den Boden mit den Füßen zu betreten, denken wir, wenn wir von den Waldstätten der Ostjaken vernehmen, in denen es als eine schwere Sünde gegen die Gottheit gilt, dort zu jagen, Gras oder Blätter zu pflücken, Holz zu fällen, Beeren zu sammeln, zu lärmen oder die Notdurft zu verrichten. Auch hier ist die Gottheit Geist und nichts als Geist. Nach der Zerstörung der heiligen Stätten durch Kosaken oder Missionare bleibt diesen ihre frühere Heiligkeit gewahrt.

Neben Waldgründen werden Hügel und Berge als Göttersitze betrachtet. Es ist diese Vorstellung großenteils darauf zurückzuführen, daß man der Meinung war, vom Gipfel der Höhen aus (vgl. den Mosesberg) dringe die menschliche Stimme leichter als sonst zu dem überwölbenden Himmel; ja, die höchsten Gipfel werden unmittelbar zu Göttersitzen (Olymp). Unseren Nordstämmen gilt der Ural als die Grenze der bekannten Welt, sodann als der vom Himmel auf die Erde herabgelassene Gürtel (zunächst im eigentlichsten Sinne), der sie umschließt. Er ist „das dem menschlichen Fuße unberührbare, den menschlichen Nägeln unberührbare, herrliche Gebirge". Einzelne seiner Berge und Bergspitzen sind besonders heilig. Sie werden nach den Namen der dort aufgestellten Bilder genannt, ja, sie sind geradezu mit deren Gottheiten gleichbedeutend.

Die Gottheit manifestiert sich im Bilde! Selbst im Symbol einzelner Erdstriche oder Landesteile, in Bergen und Gewässern, kann man sie sehen.

Unsichtbar, undarstellbar dagegen sind nur: die Erde (als kosmographische Einheit gefaßt) und der Himmel. Als Namensbezeichnung für ein Götterbild, die sichtbare Verkörperung der Gottheit im Stofflichen, lernten wir das Wort schaitân, von bucharischen oder südasiatischen Kaufleuten zu jener Grenze der Polarregion gebracht, kennen. Es ist selbstverständlich, daß diese Händler als Moslems jedes Bild hassen und deshalb als „Teufel" bezeichnen mußten, und ebenso gewiß, daß sie, des Metallgusses kundig, es zum hohen Norden (zugleich mit Münzen usw.) zu bringen verstanden. Die Bilderverehrung jener Stämme hatte dadurch einen neuen Anstoß erhalten. Der schlichte Mensch kann sich ein Bild, dem die Seele fehlte, überhaupt nicht vorstellen: es lebt, indem es vor die Augen tritt! Als Ysbrant eine Nürnberger Spielfigur, einen Bären, der die Trommel schlagen, den Kopf und die Augen verdrehen konnte, den Ostjaken zeigen ließ, beteten diese ihn mit einer sonst nur den Göttern gezollten Verehrung an und erklärten, daß ihre Götter gegen jenen Bären ein Nichts seien. Wenn sie ihn erwerben könnten, so würden sie ihn mit Fellen von Zobeln und schwarzen Füchsen behängen.

Die Vorstellung von der Einheit von Seele und Leib in jeder noch so rohen Form macht, rückwirkend, den Schluß unvermeidlich, daß die menschliche Körperform von einem Künstler geschaffen worden ist. Dieser Glaube lebt in der christlichen Legende von Gott als dem geschickten Handwerker, Töpfer und Holzschnitzer menschlicher und tierischer Figuren. Er findet sich bei Stämmen, die der Metallbereitung noch nicht kundig sind, in der Gestalt vor, daß das Holz von bestimmten, der primitiven Technik besonders gut dienstbaren Bäumen einer schaffenden Gottheit das Material zur Menschenherstellung lieferte, beispielsweise der Stamm der Esche und ... (?) nach der Edda der Weide bei den Wogulen. — Weitere älteste Kunstmaterialien waren Lehm und Schnee. Nach einer anderen Entstehungssage traten die irdischen Wesen ins Leben, indem, aus Schnee und Erde gemischt, deren Bilder geknetet und in die Höhe geworfen wurden. Der schaffende Gott „machte eine Gestalt mit Menschenhänden. Eine füßige Gestalt ..... machte er. Er warf sie von sich fort: lachend, spielend ging sie vorwärts".

Äußerst wichtig ist als Material der Stein. Steine, die menschenähnlich aussehen, wurden seit ältester Zeit verehrt. Es muß aber betont werden, daß die Menschenähnlichkeit im modern-ästhetischen Sinne keine unerläßliche Vorbedingung der Verehrung ist. Die Gewalt des psychischen Affekts, des Willens, ein geistiges Element verkörpert zu sehen, schafft vielmehr bei vorhandener psychischer Basis, d. h. wenn Zeit, Ort und Gelegenheit günstig — „heilig" sind, mit den einfachsten Mitteln, den schlichtesten Handgriffen, den toten Stoff zum Leben bergenden Ideenträger aus. Kann doch jedes mit Lappen umwickelte Stück Holz für unsere Kinder (eine Puppe) ein seelisches Etwas sein. — Nach wogulischem Aberglauben sind manche Steinfiguren die „verzauberten Gestalten der mächtigen Riesen der dem Menschenalter vorausgehenden Epoche"; in den menschenähnlichen Steingebilden der frühen Erdformationen sieht der Wogule also zu Stein verzauberte Urmenschen. Diesen treten tierische Urwesen der gleichen Art zur Seite. Die Bearbeitung des Materials erfolgte mit traditionell geheiligten Werkzeugen, denen die wunderbare Fähigkeit, aus dem Holz das mit einer göttlichen Seele begabte Idol herzustellen, zugeschrieben wurde. Der Stoff wurde schon dadurch zum Göttersitz, beispielsweise der unbehauene Holz- oder Stein-Klotz zum Idol umgeschaffen, daß man ihn in den geweihten Opferbezirk brachte. Dementsprechend grub man rohe, keine Zeichen der Bearbeitung tragende Pfähle in die den Opfertisch umgebende Erde: solche Stämme stellten die Gottheit dar. Auch außerhalb der sakralen Plätze finden sie sich in großer Masse in die Erde gegraben, nur allenfalls mit Umhüllungen von Birkenrinde, also einem gewissen Bekleidungsaufputz versehen. Weitere „Bilder" einfachster Art sind Baumstücke oder Stöcke oder ein keilförmig zugehauenes Klötzchen, ferner ein Stück Holz, in Leder, Tuch oder Leinwand eingewickelt oder ein dicker, langer Klotz, mit Lumpen umkleidet. Oben befindet sich an ihm ein Spiegel, der das Sonnenlicht wiedergibt, also wohl ein Auge oder ein zauberverleihendes Machtattribut (der Spiegel ist ein Zaubergegenstand!) sein soll, bisweilen aber in der Mitte des Holzklotzes liegt. An seiner Stelle steht auch manchmal ein silberner, mit der Innenseite nach außen gerichteter Teller. Den Kopf der einfachsten Götterfiguren stellt zuzeiten ein Wiesel- oder Eichhorn-Schwanz dar; die Augen sind gegebenenfalls durch Glasstücke oder Perlkörner wiedergegeben. — Besonders schlichte Formen zeigen die Bilder der Familien- und Privat-Gottheiten der Ostjaken. Sie bestehen in ungewöhnlich geformten Steinen und anderen, seltsamen Gegenständen, ferner in kleinen hölzernen Bildern.

Auch das steinerne Idol bedarf nicht unbedingt der Menschenähnlichkeit. Der Ursprung der Verehrung von Steinen zeigt sich, wenn es bei den Wogulen heißt: „Wer ein Held war, der wurde in Stein verwandelt"; und ferner: „Wer ein Held war, dessen Ort wurde heilig". Die Verehrung des in gewissen Steinen schlummernden göttlichen Agens heiligte danach die örtliche Umgebung. Ganz gleichartig sind die auf Opferstätten stehenden, völlig unbehauenen Stangen, die mit Pelzwerk, glänzenden Nippsachen usw. versehen sind. Die mittlere und höchste gilt dem Himmelsgott; rechts und links davon stehen die der „Muttergöttin" und des „Weltaufsehers" sowie andere für kleinere Gottheiten. Jeder Jurte gegenüber befindet sich eine Schutzstange des Hauses; sie ist in höchster Achtung. — Die Stange kann Götterbilder tragen oder selbst in ein solches oder dessen Teil ausmünden. Einen tempelartigen Charakter zeigte eine Jurte, die fünf Götterbilder barg. In ihrer Nähe waren kleine Häuschen, die die zur Tötung der Opfertiere notwendigen Werkzeuge und die Knochen des Opfers aufnahmen. Diese Häuschen standen auf Säulen, die oben menschenähnlich geformt waren und sicherlich Gottheiten darstellten, die zum Schutz der Opfergeräte und Opferüberreste bestimmt waren. — Zur Darstellung des menschlichen Gesamtkörpers hat sich jene Kunst durch die Verehrung eines göttlichen Wesens erhoben, dessen Idol aus Stein bestand, aber als „die goldene Frau" angebetet wurde. Sie thront, selbst nackt und ein nacktes Kind oder Enkelkind auf dem Arm, jedoch mit einer Krone geschmückt und eine mächtige Stange in der rechten Hand haltend, in einer verlassenen, unwegsamen Waldgebirgsgegend. Der Name der „goldenen Frau", auch „goldene Großmutter" genannt, läßt erkennen, daß sie mit goldenen Gegenständen behangen wird, was die Texte ausdrücklich bezeugen. Ein altes, wertvolles Bild zeigt zwischen Gebirgsfelsen um den Götzen herum mehrere in die Erde eingegrabene Häuschen, deren Bewohner vor dem Bilde mit erhobenen Händen stehend, knieend und mit zur Erde gekehrtem Gesicht, der Gottheit zobel- oder eichhornartige Tiere darbieten. Wir erfahren von der hohen Verehrung des Idols durch viele Stämme. Wer in der Nähe vorbeigeht, sein Vieh dort treibt oder sich dort auf der Jagd aufhält, bringt diesem Standbild eine Gabe dar und verneigt sich vor ihm. Ihm wurden sogar Hirsche geopfert, mit deren Blute man ihm Mund, Augen und Glieder bestrich. Die Eingeweide der Opfertiere wurden von den Beteiligten selbst genossen. Die Priester erforschten dabei durch Befragung des heiligen Bildes die Zukunft. — Aus Stein bestanden auch die Idole von manchen Tieren, wie z. B. eines Elens, das angeblich versteinert worden ist. Man opferte vor ihm, um Elentiere zu erjagen.

Das Material der Bilder der Hausgottheiten ist ein sehr verschiedenes. Bei den Ärmeren besteht es noch heute aus Holz, bei den Reicheren auch aus Kupfer oder Blei. Es wird nicht sauber gehalten, da das beste Fleisch, das der Hausherr besitzt, ihm gespendet wird, desgleichen das Fett und die Fleischbrühe, die in zwei Strömen auf beiden Seiten herabrinnt. Interessant ist es, daß der Kopf mancher Bildwerke zwar lediglich aus Holz bestand, aber mit einem Eisenblech verkleidet wurde, aus dem nur die beiden Augen heraussahen. Es liegt hier offenbar der Versuch eines Überganges aus der Holzindustrie in die Metallbereitung vor. Einzelne Eisenstücke kamen durch den Pelzhandel ins Land, wurden auch wohl als Stücke gestrandeter Schiffe angespült. — Zur Gruppenbildung kommt es in der nordischen Kunst dieser Stämme, bei denen die ästhetischen Ideen noch völlig in religiösen Banden liegen, kaum, obwohl wir die Anwendung mehrerer Götterstangen auf benachbartem Boden kennen lernten und obwohl äußerliche Vereinigungen von menschlichen Figuren (ohne greifbaren Zusammengehörigkeitsbegriff) bis zu sieben Stück sich zeigen. Männliche und weibliche Idole, bekleidet und nackt, einzeln oder paarweise, selbst von Tieren umgeben, sind sehr gewöhnlich. Auf das Geschlecht des Bildes wird Wert gelegt, nicht minder auf den Schmuck. Ostjaken und Samojeden verehren zwei nebeneinander stehende Bilder, die sich unter Schutzhäuschen an zwei ausgesuchten Bäumen befinden. Das eine Idol ist männlich, das andere weiblich. Die Männer bringen der männlichen, die Weiber der weiblichen Gottheit Verehrung dar. An den Bäumen befindet sich eine Glocke, die der Wind bewegt. Mit äußerster Wahrscheinlichkeit handelt es sich dabei um ein Mittel, die Gottheit herbeizulocken, zugleich um ein Orakel, wie es vielfach den vom Wind bewegten verehrten Bäumen entnommen wurde. Die wogulischen Bäume dieser Art sind übrigens reich geschmückt, mit Tuchstücken und Lappen überzogen, auch mit kostbaren Pelzen überreich behängt. Da derartige „Lappenbäume" sich bereits im vorislamischen Arabien finden und da die Einwirkung muslimischer religiöser Sitten im Bereich des Votivgabenwesens auf die finnisch-ugrischen Stämme unbezweifelbar feststeht — das Hineinlegen von Geldstücken in die Gabelung von Bäumen nannten wir —, so dürfen wir die hier vorliegende Bekleidung der Baumseele mit Stoffteilen usw. wohl als semitisches Lehngut annehmen. Von einem bloßen Schmuck des Baumes kann kaum die Rede sein; es wiegt der Charakter des Geschenkes vor. Die bevorzugte Farbe ist die rote. Mit purpurnem Gewand umkleidet man häufig bevorzugte Idole. Altartische, die zum Tragen der zum Opfer notwendigen Gegenstände verwendet werden, werden mit rotem Tuch bedeckt. Eben dieses hängt man auch auf Stangen, die in oder an Götterbildern sich befinden. Ein verhältnismäßig so reicher Schmuck, wie er bei der „goldnen Frau" sich zeigte, ist äußerst selten. Die Götterfiguren werden entkleidet, mißhandelt (s. o.) und weggeworfen, wenn sie keinen Nutzen bringen, d. h. wenn die Meinung gerechtfertigt ist, daß der göttliche Geist sich in ihnen nicht niedergelassen habe, wie andererseits irgendwelche, von den Russen gekaufte Marktpuppen, die dem Gebete zugänglich und mit der Gabe der Prophetie begabt zu sein scheinen, zu Ehren kommen können. Wenn aus irgend einem äußeren Anlaß eine Statue zu besonders hohem Ansehen kommt, so wird sie bisweilen ausgeliehen. Die Priester anderer Gegenden borgen sie sich, um sie zu reicheren und einträglicheren gottesdienstlichen Handlungen verwenden zu können.

Die Tierfigur tritt noch mächtig hervor. Sie findet sich auf Felsen und Steinen. Auch ist sie auf Trommeln vorhanden, die bei der Jagd und auf dem Fischfang zu abergläubischen Zwecken benutzt werden. Man muß dabei an die Schamanen-Trommel denken, die in Ekstase versetzt und deshalb den Verkehr mit der Gottheit vermittelt. Wenn einer auf die Jagd geht, so nimmt er ein Amulett mit, das ihm Glück bringen soll, z. B. eine Falle mit einem eingeklemmten Zobel oder ein in einem Fangeisen eingeklemmtes Wild. Verehrung genießen diejenigen Tiere, die den Lebensunterhalt bieten, also von Haustieren vor allen das Pferd bzw. das Elentier, im übrigen: Bär, Wolf,

Fuchs, Wiesel; der Schwan (der ein besonders weit verehrtes Heiligtum besaß); der Adler; Eidechse, Schlange, Fisch. Bisweilen finden wir ein Menschengesicht auf der Brust des Idols, das offenbar auf überlegene menschliche Weisheit deuten soll. Diese findet sich in höchster Entwicklung beim Greise. Greisenverehrung ist allen nomadischen oder nomadisierenden Völkern eigentümlich, weil die Lebenskenntnis des Stammes auf der Erfahrung des einzelnen (seines Führers, des Ältesten) beruht. Wir lernten den „Alten von der Obmündung" kennen. Die Gestalt eines alten Mannes mit langem Bart und auffallenden Gesichtszügen als kultischer Gegenstand wurde noch in ganz später Zeit gefunden.

Der Zug der Ahnenverehrung tritt in kultischer wie in rein ethischer Hinsicht und als Mittel, die Tradition zu wahren, bedeutsam hervor. Jeder Ostjakenstamm, ja, fast jedes einzelne Mitglied desselben, besitzt eine oder mehrere Figuren seiner Vorfahrenreihe. In jedem dieser rohen Idole wird ein Ahn des Hauses, als Schutzgeist waltend, vorgestellt. Dieses Bild begleitet den nomadisierenden Ostjaken auf allen Wanderungen; auf einem besonderen Schlitten wird es mitgeführt. Er trägt Ostjakenanzüge und ist meist rot gekleidet. Daß solche Puppen, als Geister gedacht, auch die alte, rechtliche Gesittung jener Stämme bewahren können, wußten auch die missionierenden Eroberer und machten sich diese Kenntnis zu Nutzen. — Die Wogulen beten die Idole an und spenden ihnen Gaben, „da sie die Handlungsweise ihrer Väter im allgemeinen mit Eifer befolgen". „Sie glauben nämlich, daß der Tote alles dies sehe und daß dessen Seele manchmal in das angefertigte Götzenbild dringe." Es wird verschieden behandelt. In Ausnahmefällen, namentlich da, wo es einen Mann von ungewöhnlichem magischen Einfluß (Stammesführer, Zauberpriester) wiedergibt, wird es je älter, um so kostbarer; im allgemeinen trägt es die Seele des Menschen nur während der Trauerzeit. Dann sinkt es zugleich mit der Schmerzempfindung, die ihm das Leben gab, in das Grab der Vergessenheit. Während des Trauerjahres aber nimmt die Seele an allen Freuden des Lebens im Bilde teil. Die unübertreffbare klassische Urform dieser weitverzweigten Kultushandlungen lernen wir bei den Ostjaken kennen. „Wenn ein Mann gestorben ist, so nimmt die Frau irgendein Kleid ihres verstorbenen Mannes vor, schnitzt aus Holz einen Götzen in Menschengestalt, zieht ihm jenes Kleid an, putzt ihn dem Verstorbenen ähnlich mit Schmuck auf, stellt ihn auf den Platz, auf welchem ihr Mann zu sitzen pflegte und kocht diesem ... nur solche Speisen ..., die der Verstorbene bei seinen Lebzeiten gern gegessen. Dann nimmt sie die Speise zu sich auf den Hauptsitzplatz, wo sie bei Tisch zu sitzen pflegten, setzt diese Puppe neben sich, umarmt und küßt sie, wie ihren lebenden Mann.... Nachdem die Frau diesen Brauch ein Jahr hindurch und noch länger übte, begräbt sie den Götzen mit seiner Kleidung unter großem Weinen und Bedauern in der

Erde." Das Bild ist eben der Vermittler religiös-sittlicher Gesinnung und Gesittung sowie geheiligter Tradition.

Die reine Symbolik der Standbilder zeigt sich in interessanter Weise darin, daß eines derselben den Namen trägt „sonnenglutiges, mondglutiges heiliges Schwert". Umgekehrt verwandelt sich in einer anderen Sage ein Säbel durch Zauberei in einen kleinen, Blut- und Speiseopfer empfangenden Gott. Zu den ältesten Sitzen der göttlichen Macht gehört also auch bei den finnisch-ugrischen Stämmen die Waffe; sie ist Trägerin einer zaubergewaltigen Heiligkeit. Einzelne Gegenstände dieser Art genießen besonders hohen Ruhm, so z. B. ein heiliger Spieß, der vorzugsweise im Herbst, ehe die Wogulen auf den Wildfang gehen, d. h. ehe sie seinesgleichen zu brauchen beginnen, angebetet wird (s. o.). Waffen werden auch an Bäume, besonders zum Schutz im Kriege, angehängt; Pfeile, namentlich, wenn sie hervorragend erfolgreich waren, in geweihte Bäume oder auf heilige Stätten geschossen, diesen mithin geweiht. Frauen ist es streng verboten, solche Dinge zu berühren. Der Glaube an den im Weibe schlummernden unheiligen Dämonismus liegt hier zugrunde. Die Zauberkraft der Lanze leidet unter dem Kontakt. (Wie überall, so gehen auch hier die Fäden solcher Ideen über die ganze Welt. Es gibt europäische verheiratete Ärzte, die ihr Instrumentarium vorsichtig verschließen, und Förster, deren Waffenschrank selbst der eignen Frau niemals zugänglich ist.)

Bedeutsam tritt die Heiligkeit der Waffen beim Schwur hervor. Wenn dieser in einer russischen Gerichtsstube geleistet und der Eidespflichtige durch ihn auf die Abgabe der Fellsteuer vereidigt werden soll, so breitet man ein Bären- oder Wolfsfell auf dem Boden aus, da in diesen eine furchtbare magische Kraft wirksam gedacht wird. Obenauf legt man eine Waffe, etwa ein Messer, und hebt dies bald wieder in die Höhe, nachdem man auf seine Spitze ein Stück Brot gesteckt hat. Der Schwörende genießt davon. An Stelle seiner spricht der Dolmetscher den Eid, der besagt, daß das aufgehobene Messer den Meineidigen vernichten möge. Auch bei den Eiden auf Feuer und Wasser wird das Messer als älteste und wichtigste Waffe verwertet. Man vergleiche den altdeutschen Eid auf Schwert und Spieß. Mit einem „Gottesgericht" hat eine derartige Zeremonie nichts zu tun. Die potentielle Selbstverfluchung („wenn ich lüge, möge mir das Messer im Halse stecken bleiben") wird mit naturgesetzlicher Notwendigkeit im gegebenen Falle zur Tatsache, und zwar auf dem Wege der Magie. — Eide dieser Art gibt es in einer ganzen Anzahl von Variationen. Es heißt, daß, wenn man den Bären gegen sich heranwünscht, indem man einer Götterfigur unter Selbstverfluchung im Falle des Wortbruchs ein Körperglied abhaut, der Bär selbst den bereits verstorbenen Meineidigen aus der Erde scharrt und ihm denjenigen Körperteil abbeißt, der ihm nach dem Zauberzwang des Schwures verfallen ist. — Beim Feuereide wird eine glühende Kohle in den Mund genommen, eine Weile in ihm gehalten und dann gesprochen: „Möge das Feuer mich verzehren, wenn ich einen Falscheid getan habe." Das Wasser wird in analoger Weise als rächender Dämon angerufen.

Die in der Waffe, im Wasser, in der Kohle sich bergende Zaubermacht wird, wie im Schwur, in dem Gebete angerufen. Vor dem heiligen Speer, der vor dem Beginn der herbstlichen Jagd verehrt wurde, verneigte man sich und sagte oftmals: „Gott gebe Glück zum Wildfang." Der Wunsch nach Besitz, soweit dieser zum Lebensunterhalt durchaus notwendig ist, wiegt, wie wir alsbald sehen werden, auch im Gebete vor, selbst dann, wenn es sich an den höchsten Gott wendet. Dort heißt es: „Die Töchter, die Söhne deines ... Menschensohnes möchten das Mittel zum Stillen ihres Hungers ... suchen. Den Fische des Wassers fangenden Mann segne mit dem Glück der Fische des Wassers. Den in den Wald gehenden Menschen segne mit dem Glück des Waldwildes!" — Bisweilen, namentlich da, wo man augenblickliche Hilfe erwartet oder wo der Gläubige seinen Gott etwa mit der dargebotenen Branntweinschale tränken oder durch das blutige Opfer speisen will, gilt das Gebet, das den Himmlischen einladet, (wie der Schwur) als ein mit magischer Zwangswirkung ausgestattetes Mittel, ihn zum Erscheinen zu bringen. Seine Form ist zwar nicht vorgeschrieben, doch dürfte es besonders „kräftige" Anrufungen dieser Art gegeben haben. Die Gottheit eilte dann augenblicklich, und zwar durch die Luft, gegebenenfalls in Tiergestalt (wie Athene als Schwalbe durch den Rauchfang), ohne Spuren zu hinterlassen, zu dem, der sie etwa wie folgt anbetet: „Falle hinab wie ein schnell fallender Regentropfen, wie ein schnell fallender Windhauch in diese Hausecke." — Das Gebet ist auch seiner Form nach offenbar vielfach dazu bestimmt, das Mitleid der Gottheit wachzurufen. Es besteht teilweise aus Seufzern, Stöhnen und Klagen. Selbst wer an einer geweihten Stelle vorübergeht, klagt. Dementsprechend ist die Gebetsstellung die der größten Unterwürfigkeit: niemals wird der Rücken gekrümmt, sondern der Betende wirft sich mit dem Gesicht auf dem Boden. Dazu scheinen ekstatische Zwangsbewegungen mit Armen und Beinen sich gesellen zu können. Äußerst auffällig ist es, daß die Sprache des Gebets keine verständliche Rede ist. Im Göttertempel spazierten die Ostjaken herum und pfiffen stets wie Mäuse und Ratten. Bisweilen sah man nur Lippenbewegungen oder hörte leises Murmeln und Pfeifen oder Laute, die wie das Blöken eines Kalbes klangen oder so tönten, als ob man einen Hund herbeirufen oder die Stimme von jungen Hühnern nachahmen wollte. Wahrscheinlich wurde durch diese Laute die Sprache des angebeteten, vielfach tiergestaltigen Gottes wiedergegeben. Der Gott von Jūtim-sḁ̄s hatte z. B. ein „nach Art einer Flußgans piepsendes Mündchen".

Die Anbetung ist meist mit der Spende von Gaben verbunden. So entsteht das Opfer. Wie vor den Gott Jahve des alten Testaments und den König der altindischen Rechtsbücher niemand mit leeren Händen treten darf, so erwartet auch die Gottheit der Nordstämme ein Geschenk. Wenn nun der einzelne, sei es in seinem Heim oder einem primitiven Heiligtum, dem göttlichen Hausbeschützer oder Stammesgott sich nahen will, so tut er es unter Weihung kleiner Geschenke und Schmuckgegenstände. Je nach seinem Vermögen werden auch Gold und goldene Ohrringe, ein Fell vom Zobel, Marder, Biber, Hermelin, Fuchs oder Eichhörnchen dargebracht. Es kommen ferner Tuchfetzen, Kleider, ja selbst Kostüme, die aus Seide bestehen und von russischen Damen stammen, zur Verwendung. Der Schenker wirft sich vor dem Gott nieder und tut ihm seine Bitte kund. Sehr wichtig ist es, daß er sich zunächst der Annahme seiner Gabe vergewissert. Unterbleibt dies, so schlägt das Opfer in sein Gegenteil um. Der Speer, ein gottdurchdrungenes Heiligtum, wurde deshalb zunächst dem Opferrosse auf den Rücken gelegt (s. o.). Nur wenn das Tier, von der magischen Gewalt niedergebrochen, sich zu Boden warf, galt das Opfer als genehmigt. — Die einfachste Darbringung ist die tägliche Speisung des Hausgottes. Unter dessen Bilde stehen kleine Weihgeschenke, jetzt auch Tabak und Schnaps. Andere Speisen, wie Fische, werden zu den Wald-Bildern getragen, dann aber von den Verehrern selbst verzehrt. Wer diese Eßwaren stiehlt, bleibt an die heilige Stelle gebannt, bis er den Schatz herausgegeben hat. Auch hier liegt ein Aberglauben vor, freilich ein solcher, der die Entstehung des Eigentumsrechts allein verständlich macht. Nur auf dem Umwege über die Gottheit, die Gaben annimmt und wieder verteilt, kann bei den in meinem Gesichtskreis liegenden Völkern Eigentum überhaupt erworben werden. Da die Gottesmacht auf gewisse heilige Stätten örtlich beschränkt ist, so gilt das Gleiche vom Eigentumsbegriff.

Das Opfer wird, wenn es in Fleisch besteht, gekocht und namentlich das Fett dazu benutzt, den Mund des Gottes zu salben. Wenn es sich um Weihegaben für eine größere Gemeinschaft handelt, so werden stärkere Tiere, in späterer Zeit Kühe und Kälber, Rotwild, Ziegen und Schafe, aus der Vogelwelt aber nur Schwäne geopfert. Die Krone aller Darbringungen ist die des Bärenopfers, ferner des Elentieres, oder, in südlicheren Gegenden, das Opfer des an des letzteren Stelle tretenden Pferdes. In allen solchen Fällen ist ein Schamane zugegen. Er richtet an die Gottheit ein singend gesprochenes Gebet, das von den anderen Teilnehmern unterstützt wird. Das Opfer wird auch in Erfüllung eines Gelübdes dargebracht, da man es für Hilfe in der Not, in Krankheit und Todesfurcht oder für die Erhörung der Bitte um glücklichen Fang usw. in Aussicht gestellt hat. In diesen „eudämonistischen" Bahnen pflegt sich der Gedankenkreis der Wogulen und anderer Nordvölker zu ergehen. Man darf sie deshalb nicht für minderwertig halten. An wen sollten sie sich in den dringenden leiblichen Nöten des Lebens wenden, wenn nicht an ihren Gott? Und wem sollte der Gott helfen, wenn nicht dem gläubigen und bedrängten Menschen? Die verhältnismäßige Sicherheit, mit der wir die Bedürfnisse des täglichen Lebens für eine gewisse Spanne Zeit befriedigen zu können glauben, läßt uns nur schwer jenen Zustand des Jägers und Fischers verstehen, für den von dem Erfolg eines einzigen Tages das Leben seiner ganzen Familie abhängen kann. Enthält nicht auch das christlichste aller Gebete die Bitte um unser tägliches Brot? Es wird zum einzigen Wunsche, wenn erlittene oder drohende Entbehrungen ein bestimmtes Maß zu überschreiten im Begriffe sind.

Den Gottheiten jener Uralgegenden kommt zu, was der Mensch sich erfleht und was ihr nach Auffassung des Priesters (Schamanen), der ihren Willen kennt, am meisten erwünscht sein kann. Die Gläubigen bringen auch unaufgefordert viele Gegenstände, die sie selbst hergestellt haben, zu dem Bilde und schmücken es damit, ihm dadurch oft ein ungeheuerliches Aussehen verleihend. Bestimmte Opferzeiten gibt es im allgemeinen nicht. Große Zeremonien, bei denen ganze Stämme sich vereinigen, werden nach Abschluß der für die Jagd geeigneten Jahreszeit dargebracht, weil sich dann die Jäger von der Steppe nach dem Ob-Fluß zu den Fischern benachbarter Abstammung hinbewegen. Alle Stämme bringen dazu ihre Gottheiten mit, die sich, nicht anders als ihre Verehrer, friedlich unter einer gemeinsamen Jurte vereinigen. Ein bei Nacht von allen Männern geübter Kriegstanz macht den Bund zwischen den Vereinigten noch enger. — Feierliche und große Opfer fanden auch zu Ostern und zu Pfingsten statt. Zu Ostern, womit das Jahr beginnt (dies Fest ist noch mit dem Sonnenkultus vermischt), wird immer ein Tier nach dem anderen dargebracht und verzehrt, so daß das eine aufgegessen sein muß, ehe das andere geschlachtet ist. Deshalb dauern diese Opfer, zusammengenommen, sechs und mehr Tage lang. Die Knochen werden vergraben oder verbrannt, in anderen Fällen aber sorgsam gesammelt und in bestimmten Behältern am Opferplatz aufbewahrt, das Fleisch von den Opferteilnehmern, unter denen sich keine Weiber befinden dürfen, aufgezehrt, die Haut und der Kopf auf einen Baum gehängt, dem Schädel aber das Gehirn entnommen. Dieses scheint die eigentliche Götterspeise zu sein; es wird, mit Talg vermischt, verbrannt, wozu man es auf eine Säule legt, die sich neben dem Opfertisch befindet. Während das Gehirn brennt, werfen sich die Teilnehmer zu Boden, berühren die Stirne mit der Erde und tragen in kurzen Stoßseufzern dem Gott ihr Anliegen vor. Alsdann erfolgt der gemeinschaftliche sakramentale Speise- und Getränkgenuß: Herz und Fleisch vom Kopf des Tieres werden dazu verwandt, die Speisereste nach Hause gebracht und mit Frauen und Kindern unter Singen, Tanzen und Fröhlichkeit verzehrt. — Das Pfingstfest wird in bescheideneren Grenzen gehalten als das Osterfest, ist aber von diesem nicht grundsätzlich verschieden.

Bei dem Renntieropfer muß natürlich ein Schamane zugegen sein. Dem Tiere werden die Füße gebunden. Der Priester betet zum Bilde der Gottheit. Die Opferteilnehmer begleiten auch diesmal den Bittgesang. Der Schamane legt seinen Stab (früher wohl: Speer) auf den Kopf des Opfertieres; die anderen töten es dann gleichzeitig auf verschiedene Weise. Darauf wird es am Schwanz dreimal um das Götterbild herumgezogen, aufgeschnitten, das Blut abgezapft, mit dem Herzblut der Mund des Gottes bestrichen, Kopf und Haut (als dauerndes Wahrzeichen) auf einen Baum gehängt, das Fleisch gekocht und unter großem Jauchzen verzehrt. Es herrscht hier, wie in den Berichten immer wieder besonders betont wird, die wildeste Fröhlichkeit. Der heidnische Religionsgebrauch der Wogulen und Ostjaken unterscheidet streng das Schlachtopfer vom Speiseopfer. Zum Schlachtopfer wird das Blut und rohe Fleisch des Opfertieres (Pferdes, Renntiers) verwandt, als Speiseopfer dienen allerlei gekochte und gebackene Speisen, darunter auch Brot, Fett, Getränke. Das Verhalten der Teilnehmer an einem Ritus der ersteren Art muß von exzessiver Wildheit sein. Der Nachklang des altgermanischen Roßopfers und der Bericht von den Zwergen, die immer wieder „mit wölfischer Begier" über die Opferspeise herfallen, weist in gleicher Richtung. Wir müssen einen hysterischen Blutrausch annehmen, mit dem der Opferleib verteilt und verschlungen, das Blut getrunken wurde. Ein klassisches Beispiel für einen derartigen Zustand bietet die wogulische Sage von dem ältesten der sieben Ursöhne, der vor Ärger über den Ungehorsam seiner jüngeren Brüder in einen Zustand von Raserei gerät. Nach erbarmungslosem Blutvergießen zerhaut er endlich in seiner Wut sein Panzerkleid, seinen Köcher und sein Schwert. Den Speichel läßt er auf den eignen Rumpf, auf Hände und Füße fließen: sein Bärenfell, die furchtbaren Klauen und Zähne entstanden daraus. — Diese Sage scheint wie geschaffen dazu zu sein, uns zu erläutern, wie ein Berserker entstanden ist; sein serkr, d. h. Kleid, stammt vom ber = Bären her. Die Raserei macht ihn vom Menschen zur gefährlichsten Bestie. — Dieser orgiastische Zug eignet der Vorstellung des Genusses eines menschlichen Leibes bis in die späteste Zeit. Er kehrt ganz eigentümlicherweise bei dem späten römischen Heiligen Philipp Neri (geboren 1515 zu Florenz) wieder, wenn er das Meßopfer vollzieht. „Beim Eingießen des Weins zittert und schaudert er. Und wenn er nach vollendeter Wandlung diese geheimnisvollen Gaben genießen soll, erzeigt er sich auf eine wunderliche, nicht auszusprechende schwelgerische Weise. Vor Leidenschaft beißt er in den Kelch, indes er ahnungsvoll das Blut zu schlürfen glaubt des kurz vorher gleichsam gierig verschlungenen Leibes" (Goethe). Genuß von Menschenfleisch und -blut im orgiastischen Opfertaumel ist ja geheimen christlichen Sekten bis auf die jüngste Zeit vorgeworfen worden.

Der letzte, bereits angedeutete Akt des Opferdramas, das Herauswerfen der Gottheiten aus dem Menschenbezirk durch Drohungen mit Stöcken usw. dürfte, zum harmlosen Lärmakt herabgesunken, durchaus allgemein gebräuchlich gewesen sein. In seltsamer Weise wiederholt sich in der großen Geschichtsentwicklung des Kampfes der christlichen Bekehrer gegen das heidnische Opfer ein uns aus dem sinkenden heidnischen Germanentum wohlbekannter Zug. Die römische Priesterschaft wandte sich zunächst weniger gegen die Tötung des Opfertieres selbst als gegen den gemeinschaftlichen Genuß des heiligen Fleisches, der die inneren Beziehungen zwischen Gott und Mensch herstellt. Es gelang, das Pferdefleisch, als widerlich, den alten Germanen zu verleiden. Die Ostjaken sollten sich dadurch (vgl. oben) — unsere Hygieniker würden anders darüber denken — den Skorbut zuziehen! Auch im höchsten Norden siegte die in ein frommes Mäntelchen, gefüttert mit Menschenliebe, gehüllte Staatsraison über alte Gewohnheiten; selbst dann, wenn sie die einzige Freude ertötete, die das freudeleere Dasein im hohen Norden mit sich bringen konnte: die Freude am Mahle. Schritt für Schritt wichen Mensch und Gott zurück. Ganz wie ein alter christianisierter Isländer es sich von seinen Bekehrern ausbedang, wenigstens den Duft der Opferbrühe riechen zu können, nimmt die Gottheit von Ajâs mit dem Dampf des kochenden Fleisches der getöteten Tiere vorlieb. Das Götterwesen schwebt also über dem Opferplatz, wie Jahve nach dem Alten Testament bei dem Kain-Abel-Opfer. — Neben diesen Verflüchtigungen alter Kultusgebräuche finden wir noch Spuren urältesten Vollzuges in furchtbarer Wildheit. Der Feind des Opferers wird, in einen Schlauch aus Pferdehaut gebunden, durch das Fenster der Götterhütte als Fraß für den Gott hineingebracht. Nicht nur die Menschen, sondern auch die Himmlischen sollen dadurch betrogen werden: sie glauben, ein Pferd zu erhalten, und bekommen einen Menschen. Die wogulische Sage erzählt von dieser Handlung als dem Racheakt mehrerer Frauen.

Von besonderer Bedeutung ist das Bärenopfer. Stellt doch das Leben in den nordischen Wäldern einen beständigen Kampf mit diesem ehemals so furchtbaren Feinde dar. Hier ist es nun besonders bedeutsam, daß, wie bei den Semiten jede Schlachtung ein Opfer ist, hier das Gleiche von der Erlegung des Bären gilt. Die Heiligkeit, d. h. dämonische Furchtbarkeit, dieses Tieres muß von dem Menschen auf dessen Widersacher abgelenkt werden. Selbst bei den Ainos, der Urbevölkerung Japans, finden wir diesen Brauch. — Wenn die Wogulen einen Bären erlegt haben, schneiden sie ihm den Kopf ab und hängen ihn an einem Baume auf. Dann neigen sie ihre Häupter ein wenig und pfeifen so, wie man einen Hund herbeizupfeifen pflegt. Jetzt bilden sie einen Kreis und umtanzen die Beute, indem sie die Feinde oder den Erzeuger der Pfeilfeder mit der Mordschuld beladen oder, hier die Anfänge des kultischen Dramas unbewußt schaffend, im Wechselgesang sprechen: „Wer hat dir das Leben genommen?“ „Das sind die Russen.“ „Wer hat dir den Kopf abgeschnitten?“ „Das ist der Haß der Russen.“ „Wer hat dir das Fell abgezogen?“ „Das ist ein Russenmesser.“ Das frische Fell wird übrigens noch entsühnend geküßt. — Viele, sicherlich nicht überall zufällige Analogien zwischen dem indischen Opfer und dem jener Stämme fallen auf den ersten Blick auf, so z. B. das laute Schreien, mit dem die Speise der verehrten Gottheit angeboten wird (ein Analogon zu der lärmenden Einladung mittelst Muscheltrompete usw. beim spätindischen Opfer); die feierliche Schmückung des Opfertieres, wobei selbst an Gold und Silber nicht gespart wird; das Anbinden an den Opferpfahl, das hier „heiliges Holz mit göttlichem Antlitz“ heißt, und als sichtbarer Stellvertreter der Opfergottheit gedacht wird, ein „Antlitz“ oder Menschengestalt aber gar nicht zeigt (s. o.); das Hineinsprechen in die Ohren des Tieres: in das eine, um den Bären um Gnade; in das andere, ihn um Glück zur Jagd zu bitten. — Hier, wo es sich um das gefährlichste Tier der Wildnis handelt, ist eine nicht rituelle Tötung zuzeiten zwangsläufig gegeben. Beim Opfer anderer Tiere begnügt man sich mit den gefangenen Erstlingen oder bringt Sühnegaben dar, die grausam dem Tode überantwortet werden. Selbst Dankopfer scheinen nicht ausgeschlossen zu sein.

Von größter Wichtigkeit ist das Pferdeopfer, das selbst von denjenigen Stämmen dargebracht wird, bei denen das Roß nur mit großer Mühe und hohen Kosten zu verschaffen ist. Besonders häufig wird es vollzogen, wo Beziehungen zu den Tartaren bestehen, da diese Pferdefleisch lieb gewonnen haben. Im hohen Norden ist es durch das gleichartige Renntieropfer abgelöst, da das Pferd hier nicht mehr gedeiht. Die Darbringung des Rosses stammt aus indogermanischer Urzeit. Wenn die finnisch-ugrische Sprachfamilie tatsächlich, wie behauptet, mit der indogermanischen „von uralten Zeiten her“ in Beziehung stand, so ist für die Opferung beider Tiere eine gemeinsame Quelle wahrscheinlich. Daß die bei der Darbringung des Rosses geltenden Gebräuche in Indien und bei den Wogulen gleichartig sind, kann nicht bestritten werden. Überall wird das weiße Pferd als das kostbarste angesehen. Sieben Schimmel schmücken den Stall der höchsten Götter. Das weiße Tier ist deshalb auch zum Opfer am geeignetsten. Es wird zunächst geschmückt, dann gebunden, der Gottheit angekündigt, wobei die Priester Opferlieder rezitieren und die oben gegebene Speerprobe anwenden, auch um die Gunst der Götter bitten und glückliches Gelingen für Fischfang und Jagd erflehen; darauf von mehreren Teilnehmern zugleich getötet; dreimal um das Götterbild geschleift; ausgeblutet, da das Blut dem gemeinschaftlichen Genusse und der Tränkung des Idols dient; zerlegt, gekocht und gemeinschaftlich genossen, wonach die Haut samt

Kopf, Schwanz und Füßen im Tempel oder auf Bäumen aufgehängt wird, so daß Götter und Menschen das fromme Werk bewundern können; und endlich werden die Dämonen durch Stöcke von den Lebenden vertrieben. — Wenn wir noch hinzunehmen, daß die zwischen Himmel und Erde vermittelnde Gottheit, der „weltbeobachtende Mann", im Gebete beschworen wird, das dargebrachte Opferroß, gereinigt und glänzend gesattelt, mit fehlerlosen Schritten in den Himmel steigen zu lassen („möge des vorzüglichen Rosses Nase die große, goldne Tür dort aufmachen"), so finden wir in der Vorstellung der Wiedergeburt des Opferrosses in vollendeter („geschmückter", „fehlerloser") Form und in der Idee der Vermittlergottheit (in Indien: der Feuergott) weitere, dem ältesten Opfer äußerst wesentliche Momente analoger Art wieder. Jene orgiastische Fröhlichkeit, die sich bei den Teufels-, Zwergen- und Hexenmahlen zeigte, klingt noch in dem gelegentlich gehörten Ruf einiger zur Annahme des Christentums und damit zur Verleugnung des Opferfleisches gezwungener Wogulen nach: „Eher könnten wir uns von unserem Leben trennen als von dieser wohlschmeckenden Nahrung." Die Darbringung des Rosses war und blieb seit unausdenklicher Zeit ein Stammesopfer, auch dann, wenn es zugunsten eines einzelnen, wie etwa des Häuptlings zur Zeit seiner Krankheit, vollzogen wurde. Hier wird der Ritus insofern verändert, als die Umkreisung seitens des Tieres und die Blutbesprengung dem Hause des Kranken gilt: im Hause wohnt ja der zur Verehrung berufene Gott sowie der Kranke, dessen Lustration durch das warme Blut der Zweck des Ritus ist. — Wenn eine unserer Quellen schließlich hervorhebt, daß das Pferdeopfer in jedem Jahr nur einmal, also doch wohl zu einer bestimmten Jahreszeit, dargebracht wird, daß es sich danach zur jährlichen Sonnenbahn temporär in Beziehung setzt, so weist auch dieser Zug mit unmißverständlicher Deutlichkeit nach Indien. Kaum brauchen wir zu sagen, daß damit Züge des modernen, als Aberglauben verfolgten Kultus auf Religionssitten einer unausdenkbar frühen Urzeit zurückgeführt sind.

Wer waren nun die Priester, denen so bedeutende Pflichten oblagen? Wie in der semitischen und indoarischen Urzeit gab es ursprünglich keinen Priesterstand, sondern jeder Hausvater oder Familienältester war zugleich zur Götterverehrung berufen, vorausgesetzt natürlich, daß er sich zu ihr eignete, ihr innerlich ergeben und auch wohl vermöge seiner Veranlagung zum bildenden Künstler sie im Idol darzustellen bemüht war. Der Hüter des Hauptgötzen aber pflegte Oberpriester zu sein. In der Zeit der Not bestimmte er Tag und Art des Opfers, denn durch die Eigentümlichkeit seiner körperlichen wie seelischen (nervösen) Veranlagung stand er den Himmlischen besonders nahe und kannte ihren Willen. Er war nämlich, wenn möglich, blind und deshalb, dem irdischen Schauen abgewandt, der göttlichen Vision um so zugänglicher. Wenn sich die antiken Opferveranstalter das Gesicht mit dem

Kleide verdecken, wenn das Alte Testament davon spricht, daß, wer Jehowa schaut, sterben muß, wenn der größte homerische Prophet des Augenlichts beraubt ist, so wiederholt sich die Empfindung, daß das Göttliche sich nur dem inneren, nicht dem äußeren Sinne darstelle. Das Vermögen der Inspiration und Prophetie wird hieraus unmittelbar abgeleitet. Nicht der Mensch der Sinne, sondern sein unterbewußter Teil reicht zur Gottheit empor. Der Zauberpriester spricht nicht, sondern äußert sich durch Gesang und Trommelschlag. Dabei überkommt ihn die vom Himmel entsandte „Götterhitze", verursacht durch die Wärme des mit der Göttererscheinung einhergehenden Windes. Hier können wir mit großer Wahrscheinlichkeit annehmen, daß indische Beeinflussungen vorliegen, denn der „Schamane" der Ostjaken und Wogulen ist vielleicht schon dem Namen (der indisch: schamana heißt), sicherlich aber der Sache nach ein Asket Indiens und die von ihm erzeugte „Hitze" nichts anderes als die physiologisch-kosmogonische Macht der „Gotteswärme", wie sie Brahmanen und Yogins zu eigen ist. Zudem ist die vom Herkommen geforderte Veranlagung und Ausbildung beider die nämliche. Scharfer Verstand, fester Charakter, großes Selbstvertrauen, Einbildungskraft, regelmäßiger Körperbau und feste, aber geschmeidige Glieder sind für beide eine Notwendigkeit. Die Schamanenwürde des Nordens erbt sich nicht fort, sondern wird dem Würdigsten zuteil, wenn er die nötige Ausbildung von früh auf genossen hat. Er hört Traumstimmen und lernt es, sie zu deuten, zeigt auch, daß er in Zuckungen geraten kann und gewinnt dadurch die Ehrfurcht der Masse: der Wahrsagung gehen ekstatische Verzückungen voraus, auf die ein prophetischer Tiefschlaf folgt. In ihm weilt die Seele bei der Gottheit, und kann, in den Leib zurückgekehrt, deren Geheimnisse verraten. Ein solcher Prophet gehört dieser Erde nur noch leiblich an. Er kann sich scheinbar zu Tode würgen, ein Messer in den Bauch stoßen ohne Schaden zu nehmen u. a. m. Das so begründete Prophetenamt ist von erheblichster, auch sittlicher Bedeutung für den einzelnen, dem die Weissagung gilt, in dessen Nöten und Lebensfragen, wie für ganze Stämme in der Zeit der Gefahr und des Kriegs. Das einmal verkündete Schicksal wird mit „furchtlosem Mut" hingenommen, mag es in Unglücksfällen irgendwelcher Art, schrecklichen Träumen, schlechter Jagd und Fischerei oder anderen Widerwärtigkeiten bestehen, das Ende zwischen den Armen eines Bären bedeuten, oder aber mag es Glück und Freude in Beruf und Familie (reiche Jagd — eine junge Frau!) zum Inhalt haben. Natürlich hofft man, durch ein Opfer das Verhängnis abzubiegen, es zu verhindern, daß man etwa blind und lahm wird, auch wohl gar es ins Gegenteil zu verkehren: dann wird man reich.

Deshalb ist das Hauptamt des Schamanen ungeachtet seiner gleichzeitigen Opferpriesterwürde durchaus ein prophetisches. Im Rauschen des Windes vernahmen die Ostjaken wie die alten Germanen die Stimme ihrer Gottheit.

Deshalb wurden zu Orakelzwecken (s. o.) Glöckchen an gewisse Bäume gebunden (s. o.). Bisweilen spricht der Mund der Gottheit aus ihrem leiblichen Bilde sichtbar zum Menschen. Dem Idol gegenüber wird an der Spitze eines schwankenden Stabes ein Band befestigt, das der Hauch des Gottes zu bewegen scheint. Bei der Wahrsagung am Standbild der „goldenen Frau" scheint eine Anzahl von Musikinstrumenten eine große Rolle zu spielen, weil diese an der Statue liegen und einen trompetenartigen Ton geben sollen. Ihr Schall wird in diesem Falle allerdings auch auf unterirdische Kanäle zurückgeführt, in denen sich der Wind verfängt und heult. Tatsächlich dürfte das Bild lediglich in geschickter Weise da aufgestellt worden sein, wo sich die vom Waldgebirge zurückgeworfenen Winde wie in einem Brennpunkt vereinigen. — Die weitaus gebräuchlichste Art, sich für die Vernehmung des göttlichen Wortes geeignet zu machen, ist die der mystischen Versenkung. Sie wird, wie wir sahen, durch orgiastische Tänze, verbunden mit Musik, auch durch narkotische Gifte erzielt, so z. B. vor dem Bilde der „goldenen Frau" durch eine Kröte, die denjenigen, dem sie ihre Weisheit offenbart, dazu in einen Dämmerzustand versetzt. Musik, die ja auch die (frühen, nicht schriftstellernden) Propheten des Alten Testaments in einen delirierenden Zustand versetzte, wird hoch im Norden zur Nachtzeit angewandt, um einen in einem Häuschen festgebundenen Schamanen aufs furchtbarste zu erregen. Er hört, hilflos und allein, die außen spielende Harfe, wird von dem Dämon gepackt, gehoben, geworfen, gepeinigt. Einige Stunden später erzählt er, was man in Zukunft zu erwarten habe. — Andere Mittel, den gewünschten Zustand zu erzielen, sind der Fliegenschwamm und alkoholische Gifte. Sie sollen nicht immer in Narkose, sondern oft in ein Aufregungsstadium versetzen, das zu gewalttätigen, also übermächtigen Handlungen zu befähigen scheint. Darauf beruht die Verwendung von Alkohol (Wein, Schnaps, „Soma" usw.), Tabak usw. im Kultus überhaupt. Im Wogulischen heißt „Betäubung" interessanterweise soviel wie „Blutrausch". — Die Ohnmacht steht diesen Zuständen sehr nahe. Der Ohnmächtige wandert, dem Toten ähnlich, über einen mit Blättern und Gras bedeckten Steig und geht dann eine zum Himmel heraufführende Treppe in die Höhe, um beim Erwachen auf gleichem Wege zurückzukommen und wieder den alten Leib zu beziehen. Es wird in diesem Bilde die Todesszenerie gegeben. Jedoch kommt der Ohnmächtige, der nach der naiven nordischen Auffassung als irrtümlich von dem Unterweltsgott entführt gilt, wieder zu den Lebenden zurück. Der Traum ist ebenfalls mit dem Verlust des Eigenbewußtseins verbunden. Die Seele weilt dann bei den Toten und kann von diesen Aufträge annehmen, ihnen zu helfen oder bestimmte Handlungen zu vollbringen. Wie im Traum deutsche Männer und Frauen die Weisung erhielten, für Heilige, die ihnen erschienen waren, Behausungen zu bauen, so beauftragen den schlummernden Wogulen „alte

Männer" (d. h.: ehrwürdige Personen, Ahnen), an Quellen oder auf Bäumen Heiligenbilder aufzustellen und dadurch kleine, gottesdienstliche Stätten zu errichten.

Solche Götterbilder sind entweder unmittelbar aus dem Stamme des Baumes herausgeschnitzt, so daß dieser mit dem Bilde eine Einheit darstellt oder das Götterbild steht frei an dem Baume bzw. ist durch eine Umhüllung von Birkenrinde vor dem Wetter geschützt oder befindet sich in einem kleinen Häuschen oder Kästchen. Das Idol kann an oder auf Bäumen, in Lichtungen des Waldes, auf geweihten Plätzen oder in Höhlen stehen, aber auch durch primitive Schutzvorrichtungen, kleine Häuschen (s. o.), Jurten, ja selbst turmartige Riesenbauten geborgen sein. Allerdings sind die letzteren kaum noch anzutreffen. Man mußte sie dem räuberischen Zugriff der europäischen Kulturnationen entziehen. Der Geist des Gottes wird ohnehin überall angenommen, wo Gläubige versammelt sind.

Meist offenbart sich das Göttliche im Dämonischen, stets in einer scheue Ehrfurcht erweckenden Kraft. Die Sintflut heißt „heiliger Ozean" oder „heiliges Wasser". Ihre furchtbaren Fluten sind feurig. Heilig im günstigen Sinne sind manche magischen Embleme, so z. B. das goldene Szepter des himmlischen Vaters, goldene Körperteile der Zaubertiere der wogulischen Sage. Die göttliche Energie, das heilige Fluidum, der Gottheiten offenbart sich, wenn diese in die Gestalten von anderen Gegenständen der Körperwelt, in Steine, Bäume oder Tiere wie z. B. Eichhörnchen, Wiesel, Maus, Wolf, Bär, in Vögel oder Schlangen eingehen. Eine heilige Scheu vor den Produkten solcher Metamorphosen bleibt zurück; sie äußert sich namentlich auch dem Todesproblem gegenüber. Die Wogulen pflegen den Namen des „Fürsten des Todes" nicht auszusprechen; zweifellos nennen sie auch den des jüngst Verstorbenen nicht. Die Seele wird zunächst materialistisch in den Leben tragenden Teilen des Körpers, in Herz und Leber sowie im Blut sitzend gewähnt. Nicht nur die Nordstämme, sondern auch z. B. die Ungarn genießen diese Sitze des männlichen Mutes „als Heilmittel", d. h. zum Zweck der Vergrößerung ihrer physischen Energie, des Wachstums ihres Lebensfluidums. Das Götterbild wird durch Blutbesprengung lebendig; Tote kann man wieder erwecken, indem man sie mit Renntierblut bestreicht. — Die Reflexe werden streng beobachtet, so z. B. das Niesen und Gähnen. Wer einmal vor der Jagd niest, verscheucht nach der Meinung der Ostjaken ein Stück Wild. Bei den Wogulen kündigt sich der Verstorbene, der das Haus vorübergehend besucht, den dort weilenden Überlebenden durch anhaltendes Gähnen an. Wenn der Verstorbene dauernd zu den Menschen zurückkehren will, so läßt er sich in einem Kinde des gleichen Clans, der nämlichen Sippe, wiedergeboren werden; so erscheint besonders auch der Großvater im Enkel wieder. Die Idee der Metamorphose, die Seelenwanderungslehre, ist nicht ganz unbekannt, aber auf einzelne mehr legendäre Fälle beschränkt. Die Frage: „Wie kommt es, daß wir sterben müssen?" wird, der täglichen Erfahrung der Jägerstämme entsprechend, dadurch beantwortet, daß man, namentlich beim plötzlichen Tode, den Pfeil eines hinterhältigen Dämons als Ursache annimmt oder aus früheren Kulturperioden einen unbehauenen Stein oder einen Keil (Keule) zur Erklärung heranzieht. In der wogulischen Sprache finden sich für den Zweck der Erklärung des Einschlags des Blitzes alle drei Waffengattungen zusammen. Auch der Blitz ist ja ein göttliches Geschoß. — Was wir uns unter den Pfeilen des Apollo ureigentlich vorzustellen haben, lehrt in klassischer Weise ein Erlebnis Munkácsis. Dieser Forschungsreisende verstand es vor einigen Jahren, einen Wogulen dazu zu überreden, daß er die Beschwörungsformel hersagte, die den Gott Paset herbeirufen mußte. Kaum hatte der Mann den Spruch begonnen, als er plötzlich am ganzen Körper zu zittern und sich zu schütteln anfing und zuletzt in ein Grauen erregendes Geheul ausbrach. Auf die Frage, was ihm eigentlich fehle, antwortete er, daß die Dämonen erschienen seien und ihn fortwährend mit Pfeilen verletzten. Dabei griff er immer erregt an jene Stelle seines Arms, wo er die Stiche zu verspüren meinte. — Bekanntlich werden gerade die Gottheiten der Seuchen, meist Männer oder Frauen, die sie eingeschleppt haben und andere Lebende „nachholen", mit Geschossen bewaffnet gedacht, weil der an Pest, Cholera, Milzbrand Erkrankte plötzlich, wie vom Schuß getroffen, niedersinken soll. Aber man spricht auch von dem langen Kleiderschoß der Seuche, in der diese, als Frau gedacht, den Lebenden verhüllt und hinwegträgt. Sich vor ihr zu schützen, gelingt nur, wenn man die Tür des Trauerhauses sorgfältig versperrt, denn sie kommt auf eben jenem Wege zu ihrer Stätte zurück, auf dem die Leiche weggetragen ist. Nicht nur den menschlichen Toten, sondern auch den toten Bären und das Götterbild befördert man durch die Fensteröffnung ins Freie, weil durch sie die „kleinen Götter", die vogelgestaltigen Ahnen und kleine Tiere in die Wohnung dringen würden. Auch ein Riß in die Mauer wird nicht gescheut. Direkte Abwehrhandlungen im Todesfall sind Axt und Messer, unter die Schwelle des Hauses gelegt, exorzistischer Lärm und körperliche Reinigung (Lustration), das Ausstreuen von Getreidekörnern. Die Todesgottheiten (Zwerge der deutschen Sage) haben gegen den Ackerbau und seine Produkte eine Abneigung, die sich aus dem rohen Kulturzustande der Ahnengeister erklären läßt.

Die Einwirkung der Dämonen auf den einzelnen zeigt sich beim Manne in den religiösen Ekstasen der Jünglingsweihen, Kriegstänze und Opferveranstaltungen, bei den Frauen fast ausschließlich in der Wertung der wichtigsten Funktionen ihres Geschlechtslebens. Menstruation und Entbindung gehören in erster Linie hierher; Hysterien, die sie zu Prophetinnen stempeln können, treten demgegenüber zurück, sind aber durchaus nicht ungewöhnlich.

Das Weib gilt während der ganzen Zeit der ersten sechs Wochen nach ihrer Entbindung als verfemt; ebensolange muß sie bei den Wogulen allein essen und wohnen. Kein Mann betritt ihre Hütte. Diese Zeitperiode kann sich bis auf drei Monate ausdehnen. Die Nachgeburt (Plazenta) wird, weil sie als eine Art von selbständigem, gefahrvollem Lebewesen gilt, mit Fleisch und Fischen, also Opfergaben belegt, in ein Kästchen gesteckt und in einem abgelegenen Baum im Walde aufgehängt. — Auch die menstruierende Frau muß sich vom Manne ganz abgesondert halten, in einem besonderen Hause wohnen, eigenes Kochgeschirr benutzen. Sie darf weder den Körper des Mannes noch — was ihr ohnehin verboten ist — seine Jagd- und Fischerei-Geräte berühren, nicht mit ihm in dem gleichen Kahn und Schlitten fahren. Sonst weicht der Zauber von seinen Waffen und sie nützen ihm nichts mehr. Wo ein solches Weib sich niederläßt, muß zwecks Vertreibung der Dämonen geräuchert werden. Natürlich geschieht ein Gleiches, wenn die junge Mutter wieder ins Haus des Mannes eintreten darf, d. h., wenn sie wieder „lauter" ist. — Unheimlich-heilig bleiben die Weiber, wie wir sahen, während ihres ganzen Lebens. Sie nehmen deshalb nicht am Opferkultus des Stammes teil und betreten die „heiligen Zimmer" nicht, die des Gatten Götterbilder bergen.

Alle diese der Dämonenfurcht entspringenden und fast auf der ganzen Erde wiederfindbaren Vorstellungen sind sicherlich rein abergläubisch. Das gesunde Weib birgt, wie wir jetzt wissen, niemals Todeskeime. Anders steht es um die hochgiftige Leiche der im Kindbett Verstorbenen. Personen dieser Art suchen nach der Meinung der Nordländer als Dämonen die Stätten ihres Lebens heim und richten dann (wie auch die Pest-Geister) das schwerste Unheil an. Die weitaus größte Zahl der Todesfälle hat aber in jenen Gegenden einen ganz anderen Charakter. Man kann den Tod voraussehen und sich mit ihm abfinden. Der Sterbende ist meist in sein Schicksal ergeben, der Überlebende, selbst im schwersten Kampf ums Dasein stehend, geneigt, sich in das Unabänderliche zu fügen. Der normale Todesfall „interessiert" deshalb nicht sehr; er wirkt nicht mythenbildend. Der Wirklichkeitssinn der vom Leben so hart geprüften Stämme läßt eine Ausmalung des Jenseits nicht aufkommen. Was wir von Ideen dieser Art erfahren, kann leicht auf fremden Einfluß zurückgeführt werden oder gehört oft mehr der Legende als dem Volksglauben an. Vorstellungen von der Auferstehung und die tröstliche Lehre, daß der, welcher eines gewaltsamen Todes oder im Bärenkampf stirbt, gleich in den Himmel kommt, sind sicherlich christlich. Von Wiedervergeltungsideen im Jenseits kann keine Rede sein. Daß der friedlich verstorbene und harmlos geglaubte Tote nicht sofort nach seiner Bestattung gänzlich verschollen ist, sondern vielmehr, wenngleich unsichtbar, irgendwo so lebt, wie er bisher sichtbarlich gelebt hat; daß er sich von seinen Stammesgenossen lediglich entfernt hat, ohne an Wesen und Wirken eine Veränderung zu zeigen — dies anzunehmen, gebot die mangelnde Abstraktionsfähigkeit jener Stämme durchaus. Allerdings mußte vom Wesen und Wirken im diesseitigen Leben auch wirklich eine Rede gewesen sein. Dies gilt nicht allgemein: die Gräber von Greisen, Kindern und auch wohl meist von Frauen waren bald vergessen. Vielfach fiel der Tod des ewigen Vergessenseins mit dem des Leibes zusammen. Anders verhielt es sich mit dem Herrn der Familie, an dessen Leben das der Seinigen hängen konnte und abermals anders mit den Generationen der Vergangenheit. Die alten Ahnen wohnen, so meint man, auch dort in Dörfern zusammen und treiben ihre gewohnten Beschäftigungen. Selbst der Wohnsitz des obersten Gottes wird ganz entsprechend den gesegneten Gefilden des Diesseits gedacht. Das Haus dieser Gottheit ist nichts als eine Jurte. Der Himmelsherr besitzt dort Berg, Wald und Gewässer, geht auf Jagd, stellt Schlingen, übt das Fischereihandwerk aus. An eine dauernde Vereinigung dieses Götterherrn mit seinen Gläubigen ist nicht zu denken. Wie das Gedenken des Toten, wie seine kultische Verehrung, so erlischt auch sein jenseitiges Leben alsbald; jedenfalls ist es nicht länger als das diesseitige. Die Seele schrumpft zunächst so sehr zusammen, daß sie nicht größer als ein Wasserkäfer wird. Dann geht sie ganz zugrunde. Diese langsame Reduktion kündigt sich schon darin an, daß der Mensch im Jenseits keine Sprache hat und in ewiger Finsternis (etwa auf einer fernen Insel im eisigen Weltmeer oder unter der Erde) lebt. Zunächst ist dabei natürlich an die Grabesfinsternis gedacht.

Der Mangel an Speise, Trank und Ausrüstungsgegenständen in dieser dumpfen Höhle muß von den Verwandten durch entsprechende Mitgaben und Spenden ausgeglichen werden; sie bestehen in Speisen und Getränken, Kleidern, Waffen und Jagdgerätschaften. Der vernachlässigte Tote kehrt zurück und sichert sich sein Anrecht. Diese Begründung lehrt mit außerordentlicher Klarheit den viel umstrittenen eigentlichen Zweck der Grabmitgaben und vieler Spenden. Der Tote braucht endlich Wärme und Licht. Deshalb wird sein Herdfeuer nach dem Tode unterhalten. An ihm wärmt er sich dann allerdings in seinem alten Heim, ist diesem aber ein willkommener und harmloser Gast. Er nimmt gewöhnlich den Weg durch den Rauchfang. Ihn dem Hause völlig zu erhalten, dient die Herstellung seines Bildes als Mittel. Es wird, wie wir andeuteten, von Frauen gefertigt und bei jeder Mahlzeit getränkt und gespeist, nach etwa drei Jahren aber begraben. Der Tote ist nun zum zweiten Male, jetzt für ewig, verschieden. War der Verstorbene aber ein Schamane, so erbt sich das Bild als Heiligtum von Geschlecht zu Geschlecht fort; der Zauber des Priesters erhält ihm das Leben. — Wie in rein körperhafter und bildartiger, so in Schattengestalt erscheint der Verstorbene. Der Schatten wird, als treuer Begleiter des Menschen, wie vielerorts, so hier zu seinem Schutzgeist. Das Wort Ort heißt im Syrjenischen:

„Schatten von Verstorbenen; Schutzgeist; Erscheinung; Vision; Trugbild; Gespenst". Der Ort zeigt sich den Verwandten und Freunden seines Inhabers, seltener seinem Besitzer selbst und kündigt ihm dadurch den Tod an. Die Vorstellung, nach welcher die (noch halb körperlich gedachte) Seele im Normalzustande unsichtbar, weil offenbar im Leibe verborgen, aber fähig sei, vor dem Tode aus diesem herauszutreten, findet sich in dem nordgermanischen Glauben an die Fölgje, den Geleitgeist des Menschen, wieder. Dieser Zug der relativen Sichtbarkeit wird bisweilen eingeschränkt: nur dem Zauberer ist der Anblick der (auch beflügelt gedachten) Seele vergönnt. Von selbst vergleicht man hiermit die gleiche Fähigkeit der „Sonntagskinder" und „Glückshauben"-träger wie bestimmter Hysteriker im deutschen Volksaberglauben. — Ausgebildete Ideen von einem Totenreich und dem Reiseweg der Seelen dorthin existieren zwar; wir halten sie aber für künstlich. — Selbst den Wogulen fehlte nicht ganz die Sage von einem Übermenschen nach Art des Faust, der es vermag, „die Pforten aufzureißen, an denen jeder gern vorüberschleicht", und der gesund zu den Lebenden zurückkehrt. Zaubermedizinen, wie namentlich das heilige Wasser des Ob-Stromes, das Tote lebendig machen kann, vermitteln ebenfalls zwischen Diesseits und Jenseits.

Aber im allgemeinen ist die Kluft doch groß. Gegen den Toten kann man sich nicht, wie gegen den Lebenden, wehren; er ist deshalb gewissermaßen ein Gott. Man muß ihn verehren oder loszuwerden versuchen oder beide Handlungen zeitlich aufeinander folgen lassen. — Das Leichengespenst zu verbannen, ist die Bestattungsart berufen. Man steckt deshalb den Toten in ein „Einbäumel"-Schiff, einen ausgehöhlten Baumstamm; jiw bedeutet zugleich Baum und Sarg. Kähne als Särge sind nicht nur im finnisch-ugrischen, sondern, wie bekannt, auch im germanischen Norden (dort in besonders prunkvoller Ausstattung) gewöhnlich. — Wurde man der Leiche nicht habhaft, so veranstaltete man ein „Leerbegräbnis" unter Anwendung des (leeren) Kahns, aller Grabbeigaben und des Leichenschmauses. Aber man mußte sich auch sagen, daß der etwa im Walde Vermißte bereits von einem Hunde oder dessen nächsten Verwandten (Fuchs, Wolf) gefressen sein konnte. Der alles verschlingende Tod wurde deshalb auch in die Gestalt des „Menschen-Fressenden, Großäugigen, Bellenden" gekleidet. Man warf dem Hunde sicherlich ehemals die gefährlichen Leichen als Speise vor oder setzte sie in der Wildnis aus und machte sie ihm dadurch zugänglich. Dies geschah in so großem Umfange, daß man noch in der Periode des Erdbegräbnisses der Meinung war, das Hinschwinden der Muskulatur der Leiche sowie der ganze Ablauf des Fäulnisprozesses sei auf den „toten Hund" zurückzuführen.

Das radikalste Mittel, sich des Totengespenstes zu entledigen, ist natürlich die Verbrennung der Leiche. Nach der Sage soll sie bei gewissen Helden angewandt worden sein, deren in kleinste Teile zerschnittene Körperglieder sich immer wieder durch magischen Zwang zusammengezogen haben; ja, selbst bei der Brandvernichtung mußte man darauf achten, daß die Seele sich nicht etwa in Form eines Funkens befreite. Wir erfahren aus diesem Mythus, welchen Zweck die Leichenverbrennung von jeher verfolgte; zugleich, wie sich an sie eine metaphysische Ideenrichtung anknüpfte. Das Streben nach bloßer Vernichtung genügte einer späteren Zeit nicht mehr. Aus den Flammen des Scheiterhaufens entsteht ein neuer Leib, der mit der Welt der Lebenden und deren Gespensterfurcht nichts mehr zu tun hat. Die von den christlichen Missionaren verbrannte Gestalt des „Obischen Greises" hat sich aus den Flammen als Schwan emporgeschwungen. — Der Leichenbrand gehört der sagenhaften Vergangenheit an. Der Tote wurde und wird begraben.

Die Bestattungsgebräuche begannen mit der Leichenklage, die von Männern und Frauen in der Jurte angestimmt wurde; sie war laut und mit Weinen verbunden. Dabei wurde aufgezählt, was für ein guter Jäger der Tote war und mit welcher Liebe er an seiner Familie hing. Die nächsten Verwandten zerkratzten ihre Kopfhaut mit den Nägeln. Das hervorquellende Blut mischte sich mit dem Haar. Dieses wurde auf den Toten geworfen. Alsdann brachte man einen Kahn herbei, der als Sarg diente. Ihm wurde die hintere und vordere Spitze abgehauen. Diese Verstümmelung sowie die der auf das Grab getürmten Geräte ist eine weit verbreitete Sitte und dient dem Zweck, eine reinliche Scheidung zwischen den Reichen des Todes und des Lebens herbeizuführen. Der Tote wurde eingesargt und dabei mit seinen besten Kleidern, allem Schmuck, mit Pfeil und Bogen versehen. Dann aber veranstaltete man ihm zu Ehren ein möglichst üppiges Mahl, dessen einzelne Speisen man neben die Leiche stellte; Reste davon aber legte man in den Sarg, fügte auch Tabak, Branntwein und Geldstücke hinzu. Der Tote wird als Gastgeber des Leichenschmauses betrachtet. Endlich wird er zu seiner meist auf einer Anhöhe gelegenen Ruhestätte getragen und dort ins Grab gesenkt. Gleich nach der Aufschichtung des (flachen) Grabes wird das Gerät des Verstorbenen, soweit es ihm nicht ins Grab mitgegeben ist, nämlich Schlitten, Boot, Schneeschuhe usw. auf das Grab geworfen. Alle diese Sachen verstümmelte man früher und kehrte sie um; den Töpfen wurden die Böden ausgeschlagen. Statt Feuerstein und Stahl gab man ihrer Kostbarkeit wegen nur hölzerne Gegenstände ähnlich aussehender Art mit. — Darauf wurden die dem Leichenschlitten vorgespannten Renntiere zu einer Art von Selbstmord durch Erdrosselung gezwungen, ihr Fleisch am Grabe verzehrt (wobei dem Toten der Ehrenanteil zukam), die Knochen bei der Leiche aufbewahrt, der sie, wie einer Gottheit, eignen. Natürlich gilt das Gleiche vom Pferde, wenn es die Leiche des Herrn zum Friedhof brachte. Bei den Konda-Wogulen sah ein Forschungsreisender, daß, als auf dem Friedhof das in den Kessel geworfene Renntierfleisch schon gekocht war, einer der Begräbnisteilnehmer die mitgebrachte Branntweinflasche in die Hand nahm, jeden der Teilnehmer einen Schluck trinken ließ, den Rest aber in eine Höhlung des Grabes schüttete, die in unmittelbarem Zusammenhang mit der Leiche stand. Durch dieses Loch warf er ein Stück Fleisch, Brot, Salz, Schnupftabak, Schwefel-Zündhölzchen. Dann setzte er sich auf den Kirchhof und speiste mit der ganzen Gesellschaft zusammen.

Diese Totenmahle wurden am dritten Tage und nach Ablauf eines Jahres am Grabe wiederholt. Häusliche Leichenschmäuse werden öfter gefeiert, so am 9., 16., 36. Tage, nach einem halben Jahre und einem Jahre. Wenn der Tag des Totenmahles heranrückt, wird in dem Zimmer, in welchem der Tote seine Seele aushauchte, zeitig in der Frühe der Tisch gedeckt, worauf die Verwandten allerlei Speisen ins Haus bringen, die sie auf den Tisch legen. Gleichzeitig nimmt man die Bettpolster und Kleidungsstücke des Verstorbenen vor und legt sie gegen die Mitte des Bettes, während die in den Schüsseln liegenden Löffelstiele in der Richtung dieser Kleider gestellt werden, als wollte man den Geist, den man neben der Gewandung des Verstorbenen sich denkt, zum Essen auffordern. Abends, wenn der Tote das Haus verläßt, verspeist die Verwandtschaft die Totenspeisen selbst. — Dies alles gilt nur unter der Voraussetzung, daß es sich bei dem Verstorbenen um einen Mann und Hausherrn handelt. Dessen Ehegattin trägt nach dem Verlust des Mannes ein schwarzes Band um den rechten Fuß — als „Trauerzeichen"! Während der ersten fünf Trauernächte besucht sie Nacht für Nacht das Grab des Gatten. Ihre Haare trägt sie aufgelöst, das Frauentuch ruht umgekehrt auf dem Leib. Erst nach einem Jahre hören die Totenspenden auf und erlischt das Verbot ihrer Wiederverheiratung.

Wenn wir im vorausgegangenen mit einer Ausführlichkeit, welche die numerische Schwäche dieser Stämme in keiner Weise zu rechtfertigen schien, deren abergläubische Vorstellungen und Gebräuche wiedergegeben haben (wobei wir uns der erschöpfenden und äußerst wertvollen Angaben Munkácsis bedienten), so geschah es, weil wir in jenen kleinen Stammesgemeinschaften die Repräsentanten wichtiger Völkergruppen zu sehen haben und weil ihre Religionsideen und kultischen Handlungen die klassischen Vorbilder für abergläubische Formen vieler hochstehenden Nationen sind. Um nur die eben angedeuteten Bestattungsgebräuche zu erwähnen, so finden wir dort die (schon bei den Juden durch das Alt. Test. verbotene) Leichenklage noch in lebensvoller Frische; ferner das Blut- und Haaropfer; die Bestattung im Nachen (Aussetzung der Leiche durch Wegwerfen ins Wasser); die Verstümmelung und verkehrte Anwendung der Grabmitgaben, sowie deren stellvertretende Darbringung (Substitutionsopfer: falsches statt richtiges Geld ins Grab gelegt; die leere Schnapsflasche); die Vielartigkeit der Grabmitgaben und den Hinweis auf deren ursprünglichen Zweck

(Furcht vor dem sein Eigentum suchenden rächenden Geist); das Totenmahl am Sarge und Grabe, beide in ihrer urältesten Form: der Tote als Gastgeber, die sakramentale Stammes- als Trauergemeinschaft, die Speisung des Toten in rohester natürlicher Form selbst nach der Erdbestattung; den Toten als Gottheit, im Bilde dargestellt — den Beginn des Ahnenkultus; das Totenopfer mit Schlachtung der höchstwertigen Tiere; die Erinnerungsmahle (wiederholte Totenmahle) als Speisungen des Ahns; die für das Problem der Motivation der Witwenverbrennung und Frauentötung am Heldengrabe äußerst wichtige Symbolik der Witwengebräuche: die Witwe löst sich langsam und fast auf dem Wege ritueller Schleichhandlungen von ihrer Pflicht los, im Grabe des Gatten Gefährtin zu sein. Auch hier wirft der Aberglaube psychologische und sittliche Probleme auf und versucht es, sie in ethnischer und zeitlicher Bedingtheit zu beantworten. Die Frage, wann eine Frau das Recht hat, sich wieder zu verheiraten, ist nicht bloß vom Gesetz, sondern auch in sehr hohem Grade von den Empfindungen beeinflußt, deren letzte Wurzel jene naiv-schauerlichen Handlungen gezeitigt hat, von denen wir eben sprachen.

Da wir die Wogulen als das Prototyp eines Volkes betrachteten, das seit 7 Generationen christianisiert wurde, ohne christlich zu sein, das vielmehr den eingeborenen Aberglauben um den eingeschleppten und eingeimpften bereichert hat, so erhebt sich für uns die eben berührte Frage nach der sozialen Ethik, ja der Ethik überhaupt, die jenem Glaubensgemisch entwachsen konnte. — Daß die Treue zur Familie und zum Stamme angesichts des korrupten Systems der fremden Eindringlinge eher abnehmen als wachsen konnte, braucht nicht bewiesen zu werden. Die von den Russen eingeschleppten Geschlechtskrankheiten üben in körperlicher Hinsicht eine ebenso vernichtende Wirkung wie die Perfidie der Eroberer in sittlicher Beziehung. Obgleich die alten Berichterstatter ihrer Gesinnung nach zuweilen unredlich waren, betonen sie die Gastfreundschaft und Treue der Nordländer. Selbst die mit Truppenmassen in die Gebiete der Ostjaken eingedrungenen Missionare wurden nach ihrem eignen Zeugnis „zunächst mit Wohlwollen empfangen", und dies zwar, obgleich sie gekommen waren, die Heiligtümer der Einwohner zu verhöhnen und zu zerstören, Sie wurden beschenkt und redlich bedient. Der Hochgott der Wogulen „liebt die Ehrlichkeit unter den Menschen", obgleich er sich im übrigen um deren Gesittung nicht sehr bekümmert. Zechen und Tanzen beleidigen ihn nicht. Er hatte auch wohl ehedem keinen Grund, dagegen Verbote zu erlassen; Geschenke, welche die Würde der Gottheit verletzen müssen, wie namentlich Schnaps und Tabak als Opfergaben, sind erst im Gefolge der russischen Kultur in den Gottesdienst eingedrungen. Die alte „Gottesfurcht" ist trotzdem noch immer vorhanden. Der auf die Bären- oder Wolfshaut abgelegte Eid wird als eine heilige und furchtbare Sache betrachtet. Um keinen Preis würde man es wagen, zu lügen oder das Eidversprechen zu brechen. Es kann sich auch auf kultische Leistungen erstrecken, kann ein Votivgelübde sein. Oft wird für den Fall der Hilfe in der Not, von reichlicher Jagd usw. ein Pferd, eine Ziege, ein Schaf als Opfer versprochen und das Gelübde treu gehalten. Die Idee der Vertragstreue (im weitesten Umfang des Wortes) zeigt sich hier noch rein und unversehrt; sie ist ein sehr wesentlicher Beurteilungsmaßstab.

Der Treubruch hat Strafen im Gefolge. Die schwersten Verbrecher, nämlich Meineidige und Selbstmörder, werden nach einer auch gegenwärtig vorhandenen Überzeugung zwar nicht mit der Hölle bestraft — man kennt sie kaum —, sondern mit einem fortgesetzten leidvollen Erdenleben, namentlich mit vieler beschwerlicher Arbeit bedrückt. Der Gute wird dadurch belohnt, daß es ihm im Jenseits nicht schlecht ergeht. Er genießt Freude und Ruhe und hat kein Leid zu befürchten — kurz, es ergeht ihm nicht schlechter, als er es im besten Fall hier auf Erden erhoffen kann. Doch treten selbst diese nebelhaften Jenseitsvorstellungen ganz zurück. Die Strafe hat der Sünder vielmehr hier auf Erden zu erwarten. Der Kausalzusammenhang zwischen Schuld und Sühne ist entweder rein mechanisch gefaßt oder wird durch die richterliche Tätigkeit des höchsten Gottes oder des Geschicks hergestellt. Die mechanische Kausalität ist sichtbar dargestellt und wird andererseits wieder provoziert, indem man das Zeremoniell eines auf Vertragserfüllung lautenden Eides erneuert. Das Bärenfell, d. h. der im Bär lebende Dämon (s. o.), vermittelt hier räumlich zwischen der Person des Schuldigen und dem Racheakt, den er selbst durch Tötung vollzieht. Das dem Schwur nahe verwandte Gottesgericht gibt die nämliche Idee im Bilde wieder. Die Verbindungskette ist ebenfalls die gleiche, die suggestive Macht des Zeremoniells außerordentlich groß. Deshalb nimmt beim Gottesgericht, in dem eine Ehefrau ihre eheliche Treue beweisen soll, das ungetreue Weib das ihm angebotene Bärenhaar nicht an, sondern bekennt statt dessen seine Schuld. Und zwar glaubt die Ehebrecherin, daß, wenn sie das Haar des Bären in der Hand hielte, dieser in drei Tagen auferstehen und die Frau zerreißen würde. Die Strafe folgt der Sünde, wie bei uns im Sprichwort, entweder auf dem Fuße, oder — sie bleibt ganz aus. Zu den schwersten Verbrechen gehört der Diebstahl am Eigentum der Gottheit. Wer die dem Gott vorgesetzte Speise stiehlt, bleibt auf der Stelle gebannt, bis er sie zurückgebracht hat oder bis der Arm, der den Diebstahl ausgeführt hat, gelähmt ist. Deshalb läßt man das Opferfleisch solange auf der Stelle, bis es verwest ist oder die wilden Tiere es geholt haben. — Hier ist die Vorstellung von dem durch das Vergehen gebildeten Bannkreis und die Übertragung des Schuldmoments auf den als Täter geltenden, die Tat ausführenden Körperteil von Bedeutung. Auch für die Entstehung des Eigentumsbegriffs — jenes Opferfleisch ist für die Menschen unantastbar — ist diese Einzelheit von Wert. Und schließlich besagt sie, daß die alte restitutio in integrum, die Herstellung des alten Zustandes (Zurückbringen eines entwandten Gutes) ein ältestes Sühnemittel ist. — Wichtige Symbolträger, unmittelbare Werkzeuge der Rache, sind Waffen der verschiedensten Art, Messer, Pfeile, Beile: wer in irgendeiner Sache schuldig ist und diese Waffen annimmt, verfällt durch sie dem Verhängnis innerhalb weniger Tage. — Solche Handlungen können natürlich nur dann, wenn sie nicht mißbraucht oder unnütz vollzogen werden, die in ihnen ruhende Magie in sich bewahren. Deshalb hassen die Nordvölker Flüche und Menschen, die durch sie andere schädigen können, sowie Lügner und Personen, die unnötig schwören. Die dämonistische Grundidee waltet hier überall noch klar vor. Es ist natürlich möglich, sie zu zerstören, indem man experimentell erweist, daß man der größte Lump sein und doch herrlich und in Freuden leben kann. Diesen Beweis haben die russischen Bekehrer durch ihre Personen zahllose Male angetreten und teilweise damit Erfolg gehabt. Wenn sie die Götterbilder der Nordländer durch Kanonenschüsse zertrümmerten, dann glaubten deren Verehrer zunächst, das Bild würde sich rächen, da ja in ihm die Gottheit thront. Das geschah nicht. So sind viele, wo nicht dem Christentum, so doch dem Rationalismus gewonnen und damit an Leib und Seele vergiftet worden. Aber der Trost lag darin, daß die russischen Idole sich bei einer Beschießung nicht minder passiv verhalten hätten und daß der Geist des verehrten Wesens über der Trümmerstätte schwebte (s. o.).

Die Diesseitigkeit und Unmittelbarkeit solcher Ethik hatte von jeher den Rückschluß zur notwendigen Folge, daß, wo Unglück ist, Schuld durch Unglück gesühnt werden müsse. Klassisch beweist dies die hebräische Einstellung zum Sühneprinzip. Der Reichtum gilt noch heute dem Juden nicht als eine Zufälligkeit, an der er im allerbesten Falle unschuldig sein kann, sondern als eine Verdienstbelohnung, die ihm das Recht gibt, eine gehobene soziale Stellung einzunehmen und sich ihrer zu freuen. Der Hiob des AT. klagt nicht etwa über sein Leiden, seine Schmerzen, sondern über den Verlust seiner Position: die Freunde kehren sich von ihm ab usw.; sie wissen, daß er gesündigt, d. h. nicht genug geschenkt hat u. a. m. Nicht anders denkt der Ostjake: wenn jemand von einem Bären zerrissen ist oder einen anderen Unfall erlitten hat, so führen seine Verwandten dies häufig auf einen Treubruch, namentlich auf einen Falscheid zurück, durch den der Meineidige sich selbst verflucht und damit sein Geschick auf sich herab beschwört. — Wir lernten die Eideszeremonie kennen, in deren Ablauf der Schwörende ein Stück Brot mit dem Messer aufspießt. Es soll ihm in der Kehle stecken bleiben, wenn er nicht die Wahrheit sagt — so müssen wir annehmen. Sicherlich fällt im Falle des Meineides die Nahrung der rächenden Gottheit zum Opfer. Das Streben nach Nahrungserwerb beherrscht die Nordstämme. Um sie betet man, wenn man an den höchsten Gott sich wendet (s. o.); sie wünscht man auf dem Orakelwege zu erreichen. Der um ihre Erlangung befragte Wahrsager wirft sich zunächst auf die Erde nieder. Die Anwesenden machen Lärm mit Trommeln, Heulen und Klingen, bis der Prophet in hysterischen Zuckungen daniederliegt. Wenn er sich erholt hat, wahrsagt er, wo es die meisten Fische gibt, der Elen sich aufhält usw. Nützt das alles nichts, so entschließt man sich in den entlegneren, schlecht christianisierten Gebieten noch heute zum Menschenopfer; meistens wird ein Kind geschlachtet. Die Idole der Diener des Todesgottes sehen diesem schauerlichen Schauspiel zu und haben den Vorteil davon: mit dem Blut des Opfers wird ihr Leib beschmiert. Aus den entlegenen Gebieten der Samojeden kommt uns diese Kunde. Die äußerste Not soll das äußerste Abhilfemittel rechtfertigen.

Einen zweiten Rechtfertigungsgrund gibt es in der Mentalität der Nordstämme; er heiligt alles: es ist die Tradition. Wenn man den Wogulen nach dem Grund des Vorhandenseins von Gebräuchen und Einrichtungen befragt, so weist er immer auf die väterliche Sitte hin; nicht bloß in dem Sinne, daß sie Recht und Kultur ehrwürdig, sondern auch den religiösen Brauch wirkungskräftig machen. Je älter ein Götze ist, um so stärker ist er. (Dies gilt selbst von dem Pelymer Spießgott (s. o.).) Wir denken hier an die abergläubisch verehrten Gebrauchs- und Kulturgegenstände des deutschen Volksbrauchs: das Erbsieb; die Erbbibel. Wir denken ferner auch bei dem volkstümlichen Rechtfertigungsversuch der größten traditionellen Torheiten an die ständigen Redensarten: „Es ist immer so gewesen." „Es ist immer so gemacht worden."

SAMOJEDISCHER ABERGLAUBEN

Die Samojeden, den Ostjaken räumlich, kulturell und rassisch nahe stehend, mit den ersten christlichen Missionierungsversuchen bereits seit mehr als einem Jahrhundert bekannt geworden, gehören zu den Stämmen der nördlichen Arktis, die unter der Berührung mit der modernen „Kultur" und „Zivilisation" schnell zugrunde gehen. Dies wäre auch dann der Fall, wenn diese beiden Mächte in ihrer unverdorbenen Form jene Völkerschaften heimgesucht hätten; denn deren enge Individualität kann sie nicht anders als vom Standpunkt des Aberglaubens aus bewerten, d. h. sich ihnen unterwerfen statt sie innerlich sich einordnen. Das Christentum könnte durch Lehre und Beispiel offensichtliche Irrtümer, wie etwa die Vorstellung von der Dämonenwelt, bekämpfen, im Laufe von langen Generationsketten auch wohl aufheben, vor allem aber erzieherisch wirken, indem es den Schuld- und Sühnebegriff verinnerlicht. Aber auch diesen Zielen setzt der Volks- und Rassencharakter eine wohl unüberwindlich bleibende Schranke. Die Samojeden-Dialekte sind äußerst unbekannt und ungeeignet, christlichen Religionsbegriffen die entsprechenden Klangbilder zu geben. Die gewaltigen arktischen Steppen laden nicht zu missionierenden Besuchen ein, und deren Wanderstämme sehen den griechischen Geistlichen nicht gern. Auch er soll ja den Beweis liefern, daß jeder Glaube an seinen Früchten erkannt wird; daß derjenige am besten ist, der vor Gott und Menschen angenehm macht. Nun ist aber die orthodoxe Kirche das Gegenteil von dem, was Gott von ihr wollte, als er sagte: daß man ihn im Geiste und in der Wahrheit anbeten solle. Der „Kladderadatsch" bezeichnete den griechischen Kultus vor Jahren einmal als „einen durch Aberglauben gemilderten Götzendienst". Die Samojeden haben es sich denn auch nicht nehmen lassen, dessen Idole in ihre Gottheiten zu verwandeln, dessen Ritualien zu Gliedern ihrer eignen Gebräuche zu machen. Ja, sie haben im Grunde gar nichts dagegen, wenn sie veranlaßt werden, neben oder unter ihre Götterbilder solche Christi, der Göttermutter und Georgs des Drachentöters zu stellen und darunter je ein Lichtlein anzuzünden. Warum sollte diese göttliche Macht nicht ein Opfer bekommen? Sie vermehrt dadurch den Kräftevorrat des Opferers! Auch mit anderen christlichen Ideen findet man sich gut ab: der Gott der Christen wird dem Hochgott Num, der Erlöser dem göttlichen Mittler Eliane, die h. Maria der goldnen Großmutter gleichgesetzt. An Zauberern und Teufeln fehlt es beiden Religionen und Kulturen gewißlich nicht. So „unterscheiden sich [die Samojeden] denn wirklich nur dem Namen nach von Heiden", wie einer der zuverlässigsten neueren Berichte von Augenzeugen sagt.

Es liegt nicht etwa böser Wille der den Bekehrungsversuchen Unterworfenen vor; diese sehen in dem vermöge seiner besseren Bewaffnung und moralischen Verantwortungslosigkeit unendlich überlegenen Russen vielmehr ein höheres Wesen, mit dem sie sich in irgendeiner Weise, auch durch Annahme seines Namens, durch Verbrüderung oder Verschwägerung, durch Ankauf und Benutzung von Kleidungsstücken und anderen Äußerlichkeiten, in Beziehung zu setzen versuchen. Diese ehrfürchtige Einstellung macht sich der also Geehrte weidlich zunutze; nicht etwa bloß in der Weise, daß er sich (etwa für die Beleihung mit seinem Namen durch „jährlich eines der schönsten Renntiere") beschenken läßt, sondern auch, indem er den neu gewonnenen Bruder nach Herzenslust im Handel betrügt, durch Nikotin und Alkohol vergiftet und seine Frau und Töchter syphilitisch macht. „Physische und moralische Verkommenheit sind die Danaer-Geschenke der Russen." Der Bekehrungswille ist also auch hier ein Exponent des Machtstrebens. Nur zu diesem Zweck trägt es ein kulturelles Mäntelchen. Die Bekleidung mit ihm gilt als ein Reservatrecht. Russische Kaufleute beklagten sich bitter darüber, daß einzelne Samojedenkinder bereits in den Anfängen des Lesens und Schreibens unterrichtet würden, denn sie könnten dadurch auf der einen Seite einen weiteren Gesichtskreis bekommen, sich vor Aussaugung und Betrug besser zu schützen verstehen, auf der anderen Seite aber — ihre natürliche Ehrlichkeit verlieren, d. h. moralisch russifiziert werden. Es zeigte sich, wenn diese Befürchtung nicht ohne Grund ist, in ihr der Anfang eines seltsamen, auch für die Entstehung abergläubischer Gebilde wesentlichen Prozesses. Eine veräußerlichende Kultur wirkt bei primitiver Veranlagung immer demoralisierend und führt zum Ruin. Zum mindesten bringt sie den der Erziehung unterliegenden Teil in sklavische Abhängigkeit von dem sie Ausübenden. Die preußischen Hohenzollernregenten haben die allgemeine Schulpflicht nicht etwa in der Absicht, „Bildung zu verbreiten", sondern die Äußerungen der Staatsraison lesen zu lehren, verbreitet. Ein Analphabet ist kein brauchbarer Soldat; ein Soldat kein Provinziale im engsten Sinne mehr: der Dörfler lernt nicht, sondern verlernt, was wir Wahrheitsliebe, Redlichkeit, Schamgefühl nennen, wenn er den bunten Rock anzieht. Allerdings kennt er seine eignen Rechte und seine Machtlosigkeit (beschränkt durch gelegentliche Racheakte) gegenüber der Militärdespotie um so besser. Der Samojede hat also allen Grund, den Missionsunterricht zu fürchten: er führt zunächst zur körperlichen Verkümmerung des intelligentesten Teils seiner Jugend, sodann zum Militärdienst und zur völligen Demoralisation und Aufsaugung des eignen Volkstums. Selbstverständlich liegen diese Folgen nicht in der Eigenart des Christentums, sondern seiner Sendboten begründet. Ein

Missionierungsversuch, der andere Zwecke verfolgt als den, Liebe zu verbreiten und zu üben, durch ihre Auswirkungen (dämonistische) Furchtinstinkte aufzuheben und Kulturäußerlichkeiten als Mittel sittlichen Wollens zu übertragen, ist in meinen Augen moralisch verwerflich; sein letztes Ergebnis muß immer die Unterwerfung und Ausnutzung des Bekehrten sein.

Was wir über die Samojeden wissen, ist spärlich genug. Der Nutznießer verkennt stets die Veranlagung des von ihm ausgebeuteten Objekts. Die Originalberichte leiden an allen Fehlern einer unsachlichen Darstellung: sie verallgemeinern das örtlich Gegebene; verkennen fremde Einflüsse; christianisieren heidnische Denkungsweise. Aber das aus ihnen Entnehmbare ist von höchstem Interesse, namentlich auch vom Gesichtspunkt des Prozesses der Angleichung fremden, ungeheuer überlegenen Geistes- und Religionsmaterials an eine überaus enge Völkerindividualität; zugleich geeignet, das, was wir über die Ugro-Finnen wissen, zu ergänzen. Die wertvollsten Berichte bedienen sich der russischen Sprache. Oft erst durch umständliche Nachforschungen ermittelt und unter meiner Anleitung und Mithilfe von Heinrich Ufer sorgfältigst verarbeitet, bieten sie der Wissenschaft ein wertvolles Neuland, auf dessen kürzeste Wiedergabe wir uns hier beschränken müssen.

Nicht das Gewöhnliche, sondern das Einzigartige, Staunenerregende, schafft falsche Wertung von Naturobjekten — Aberglauben. Die samojedischen Hausgeister werden durch Wurzeln oder Steine von ungewöhnlicher Gestalt dargestellt. Ein Idol gibt es, das nicht etwa bloß der Wohnsitz eines Gottes, sondern ein Gott in leiblicher Gestalt sein soll, der Jahammü heißt. Sein Bild soll vom Himmel in einen Fluß gefallen sein, aus dem es ein Jurak = Samojede zog. Es ist ein Stein äußerst ungewöhnlicher Gestalt von der Größe eines fünfjährigen Kindes. Seine Form ähnelt sehr der Figur eines sitzenden Mannes, der den Kopf irgendeines Tieres am Zaum hält. — Das Interesse an einer solchen Einzelheit kann für uns von allgemeiner Art sein: die Vorstellung von Versteinerungen einzelner Menschen oder Menschengruppen durch den Sonnengott oder von Wiederbelebungen gewisser Steingebilde durch die Nachtdämonen lernen wir auf dieser Grundlage verstehen. Bisweilen wird von unbekannten Naturgebilden, wie z. B. im höchsten Norden vom Schwimmholz, auf wunderbare überirdische Gewalten, die sich in ihnen verkörpern, geschlossen. Oder man erteilt mißverstandene Kulturgegenstände einer bereits verehrten metaphysischen Macht zu. Solche Dinge können vom Himmel fallen und dadurch zu Offenbarungen der Gottheit werden. Von den Juraksamojeden wird beispielsweise am meisten Jaumau verehrt. Er hat sich niemals selbst den Menschen gezeigt, aber ihnen einen eisernen Stab geschickt (wahrscheinlich von russischer Arbeit), der in der Tundra gefunden wurde. Dieser wird, wie etwa der Pelymer Spieß (s. o.), in hoher Verehrung gehalten. Ich weise auch auf die Bewunderung prähistorischer Funde durch die deutsche Landbevölkerung hin. Eine Spezialuntersuchung hat ergeben, daß der Glaube an versunkene Schlösser immer an Urnenstätten zu finden ist.

Zu den vielbewunderten Äußerlichkeiten des primitiven Völkerlebens gehört die Farbe, namentlich wenn sie rot und ihre technische Wiedergabe schwer oder unmöglich ist. Die ihr angeblich verliehene Magie verursachte einen Kultbrauch, der bereits den alten Beobachtern auffiel: ein rotes Tuch wird an einer Stange aufgesteckt und angebetet, „indem sie meinen, daß eine göttliche Kraft darin sei wegen der roten Farbe, die dem Blute gleich sei". Danach gilt also das Blut als magischer Stoff und ein Tuch von dessen Farbe, das mithin als damit getränkt angesehen wird, deshalb als Beweis einer vollendeten Opferdarbringung. Um eine solche zu beweisen oder vorzutäuschen und damit einen der so verehrten Gottheit widerstreitenden Unheildämon zu vertreiben, wird es auch am Kopfende eines Kranken angebracht. — Die Farben weiß und schwarz geben die Stimmungsmomente von Himmel und Unterwelt wieder. Ihre Mischung ist grün! Denn grün ist ja im besten Falle die Erde. Schwarz sind die Dämonen (Sjadai) und der Teufel selbst; weiß die guten Geister, auch alles Prunkvolle, Herrliche, deshalb das Albinotische im Tierreich. Die Renntiere, die den Hochzeitsschlitten der Braut ziehen, sind von eben dieser Farbe.

Die Verehrung lebender und lebloser Naturdinge liegt der Orakelentnahme, die wir noch kennen lernen werden, zugrunde. Erde und Eis werden probeweise entnommen und als rächende Genien, die den Toten bergen sollen, im Schwur angerufen. Die Ahnen aller Samojeden wohnen im Wasser, in Steinen und in Wäldern. Nur unter dieser Voraussetzung ist ihre Befragung zu verstehen. — Heilige Haine gibt es. Ein 20 Werst von der Stadt Mesen jenseits des Flusses Pjsa gelegenes Gehölz war eine der berühmtesten Kultstätten der Samojeden. Es barg 400 Götterbilder und bestand aus kleinwüchsigen Tannen und Birken. Aus diesem Holz nahmen die Tadiben (Zauberer) das Material für ihre Geistertrommeln. Die Gottheit selbst steckte also in dem Holz. Aus diesem Grunde wurden aus ihm Idole geschnitzt und auf die Schlitten mitgenommen. Einzelne Bäume, namentlich solche, die Götterbilder trugen, galten als heilig. Die Birke wirkt, wie es scheint, entsühnend: aus einer Abkochung ihres Holzes besteht das Wasser, mit dem nach erfolgter Entbindung die Hebamme das Geburtszelt, die dort befindlichen Kleider und alle im Zelt anwesenden Personen besprengt. Aus ihrer Rinde ist die Wiege des Neugeborenen gefertigt. Im Tierreich tritt der Bär besonders hervor. Seine Einschränkung ist die Vorbedingung für eine gesicherte Entwicklung des Stammes, dessen Einzelexistenzen durch ihn schwer bedroht sind. Andererseits schlummert in ihm und in seinen Teilen (Fell,

Blut, Klauen) ein schrecklicher Dämon, der bei der Tötung versöhnt werden muß (s. o.); beide, Tötung und Versöhnung, sind Stammessache. Das Ritual seiner Erlegung geht in das des Opfers, das ja zunächst dem Geist des Bären gilt, über. Die Einstellung zu ihm ist primitiv „ambivalent": man schmeichelt ihm durch Tanz und Kosenamen, man fürchtet ihn als Mörder. Die Verwandlung in seine Gestalt bedeutet für den von der Metamorphose Betroffenen: zum wahnsinnigen Raubtier werden (vgl. oben). Sie gilt als schwere Strafe für Ruchlosigkeit (eine Sage der Wotjaken lehrt dies). Der Bär ist eine der Verkörperungen der Todesgottheit. — Tiergestaltige Führergottheit ist bei den Samojeden der Hund. Auch hier klingen indoarische Ursagen an. Die indische Sārameyā hat Hündinnengestalt, zugleich die Funktion einer Totenspürerin. Der sterbende Brahmane klammert sich noch heute an den Schwanz einer Kuh, wie jugendliche Pferdehirtinnen sich auf diese Weise über Bäche setzen. Für den sterbenden Samojeden ist der lichte Süden die Glücksgegend. Dorthin werden der Leiche die Füße gekehrt; sodann klemmt man den Kopf eines getöteten Hundes in einen dem Grabe benachbarten Baumstamm. Der Schwanz neigt sich in der Richtung nach der Leiche hin, damit, wenn der Tote aufersteht, er den Hund am Schwanze packen und mit ihm nach Süden wandern kann.

Die ahnende Vorstellung eines kosmischen und ethischen Dualismus ist, wie wir sehen, gegeben. Der Gott des Lebens, des Lichts, der Sonne, der Güte wird im Frühling, wenn die Renntierflechte erscheint; der Gott des Todes (Nga), als Gott der Nacht, der lichtlosen Jahreshälfte, der Vernichtung aber im Herbst verehrt. Jener wie dieser zeigen die Gestalten, die der eignen Wesenheit entsprechen. Die Phantasie beschäftigt sich mehr mit dem Teufel als mit Gott, mehr mit dem Bären, den Krankheiten, den Wirbelstürmen als dem lichten Gestirn. Immerhin werden oder wurden bei Sonnenaufgang und Sonnenuntergang sowie zu Jahresbeginn und beim Erscheinen des Lichts im Frühjahr Gebete zum Himmel emporgeschickt; die Morgen- und Abendanrufungen besagen in formelhafter Sprache, daß man den täglichen Lebensturnus, das Auferstehen und Sich-zur-Ruhe-legen, nach dem Vorbild der Sonne einrichten will. Sie genießt die Verehrung jener Stämme, meist nicht mehr als selbständige religiöse Einheit, sondern als Teiloffenbarung des „Hochgotts" Num, der erst durch diesen Prozeß zu einem guten Gott wird. Von Hause aus ist er indifferent. Man kennt seine Gestalt nicht. Er wird nicht angebetet (vgl. oben). Nur ganz äußerlich ist er also mit dem Christengott zu vergleichen, ursprünglich eher als Zeitgottheit, d. h. Schicksalsverhängnis, anzusehen. Die Samojeden setzen mit Num den russischen Nikolaj, den Wundertäter, gleich. Sie sagen, Nikolaj wohne im siebenten (höchsten) Himmel und habe seinen Sohn zum Tode am Kreuz zur Erde niedergesandt. Dieser höchste Gott oder besser: Zauberer ist der einzige russische Heilige, der zu Obdorsk in der griechischen Kapelle Opfer an Geld und Kerzen erfährt. Er hat also durch die christliche Taufe eher gelitten als eine Vervollkommnung erfahren. Die gegenwärtige Auffassung ist im allgemeinen die, daß Num (auch Ilibeambärte genannt) zwar siderische Erscheinungen verkörpert (die Sonne ist sein Auge; der Regenbogen ein Teil seines Kleides), aber vorzugsweise als Hochgott das Schicksals-, namentlich das Todesverhängnis festsetzt. Der Geist des guten Tadiben (Zauberer) steigt zu ihm empor. Hier liegen aber wohl christliche Einflüsse vor. — Von Mittlerwesen zwischen Toten und Lebendigen, Himmlischen und Irdischen, sprachen wir schon. Christus im heidnischen Gewand erschien uns. Die Wogulen kennen den Janykh-Torum, einen Sohn des Kors-Torum. Er steigt im Auftrag seines Vaters von Zeit zu Zeit zur Erde nieder, um zu sehen, wie die Geschäfte der Menschen sich abwickeln. In der Regel geschieht dies etwa einmal in der Woche. Die primitivste Verbindung zwischen Himmel und Erde aber wird durch einen Faden, den die Gottheit dirigiert, hergestellt. Durch ihn erklärt man sich wohl zunächst die motorischen Leistungen der Erdbewohner, das An- und Abtreten der Puppen auf der Lebensbühne. Wenigstens ist dies anderswo der Fall.

Das Schicksal gilt danach als prädestiniert, wird aber erfragt und, wo möglich, beeinflußt. Die Orakelbefragung geht bei den Tundra-Juraken der Tasbucht in der Weise vor sich, daß man aus dem Holz des Sarges eines verstorbenen Zauberers eine Puppe schnitzt und sie den Angehörigen übergibt, die sie dann zunächst etwa fünf Jahre lang speisen, sodann aber in einen kleinen Sarg neben die Leiche des Originals legen. Man geht sodann dorthin, um zu losen und Rat zur Lebensweise in bestimmten Lagen zu erfahren. Diese Stämme stellen Totenpuppen nur von verstorbenen Zauberern, nicht von gewöhnlichen Menschen, her, verfertigen sie danach nur zum Zweck der Prophetie, deren Geist nicht bloß im Zauberer als dem Zukunftskünder, sondern auch, wie sich hier zeigt, in dessen Leiche, ja, in deren Sargholz schlummert. Damit lernen wir als eigentlichen, dauernden Mittler den Tadiben kennen. Nur er ist es deshalb, der durch das Orakel auch den bösen Geist einer bestimmten Krankheit ermittelt und deshalb bannen kann; der auf dem gleichen Wege in Erfahrung bringt, ob die Gottheit ein Opfer annehmen oder ablehnen will. Es geschieht dies in der Weise, daß man ein Geisterbild, das auf eine Unterlage (Schüssel) gesetzt ist, aufzuheben versucht. Gelingt es, so ist die Gottheit, die in dem Bilde dargestellt wird, mit dem Opfer einverstanden. Sie muß zuvor um eine Auskunft mittelst lauten Gebets ersucht werden. Bemerkenswert ist diese Tätigkeit, sich nach Belieben schwer oder leicht zu machen. In weniger primitiver Form findet sie sich in der Vorstellung, daß der göttliche Geist als solcher ein meßbares Gewicht habe und sein Einfahren in einen Körper dadurch feststellbar ist, daß dieser schwerer wird. In der einfachsten Art wird das Vorhandensein des Numens als selbstverständlich angenommen. Das Mehrgewicht ist selbständiger Willensakt der Gottheit. Auch wenn sie undarstellbar ist, kann sie durch dies Verfahren befragt werden. Dies gilt von den Hochgöttern und von der „Alten des Feuers". Sie ist offenbar zu fürchterlich, um abgebildet zu werden. Deshalb läßt man den Platz auf der Unterlage leer. Diese Stätte wie überhaupt der Ort der Gottheit, deshalb auch der Opferplatz, ist heilig und dadurch vor räuberischem Zugriff geschützt. Zum Eigentum der Gottheit gehören deren kostbare, meist rote, auch unter Umständen von russischen Damen erkaufte Kleider und das geweihte Geld. Es wird in Zeiten großer Not entnommen und später getreu zurückgeliefert. Eigentliche Tempel gibt es nur in beschränkter Zahl, darunter allerdings auch solche für Num (obwohl dieser nicht beeinflußbar ist).

Der Orakelbefrager, Zauber- und Opferpriester, Seher und Traumdeuter, bei den Samojeden Tadib, bei den Ostjaken Ilhot genannt — diesen Namen gewinnt er durch seine Funktion, die Zauberlieder singend der Gottheit zu Gehör zu bringen — steht zu ihr in den unmittelbaren, nächsten Beziehungen, die ihn befähigen, die eignen und fremden Wünsche den überirdischen Mächten zu Gehör zu bringen. Er besitzt einen ihm untertänigen individuellen „Geist", der ihn bei seiner Tätigkeit unterstützt; ist er doch selbst ein inkarnierter Individualgeist, der nach dem Tode seines Eigners in das Dämonenreich eingeht, während die Seele der übrigen Menschen nach dem Leibeszerfall alsbald erlischt und vergessen wird. Demzufolge kann er allein gewisse hohe Gottheiten sehen und von ihnen Abbilder herstellen. Wie es gute und böse Dämonen gibt, so auch freundliche und gefährliche Tadiben. Die einen vermögen es, die argen Geister zu verscheuchen; die anderen, sie heranzurufen und durch sie alles Unglück zu verbreiten. Aufgabe des Zauberers ist es, seinem Schützling (Geldgeber) durch Gesang von Zauberliedern und das Schlagen der Geistertrommel die bösen Dämonen und damit alles Unheil fernzuhalten, ihn namentlich vor Krankheiten und plötzlich eintretendem Mißgeschick zu schützen, die guten Geister durch Geschenke, Lieder, Darbringungen und richtiges kultisches Verhalten zu gewinnen, die Zukunft zu weissagen, Rat in allen Lebenslagen zu erteilen. Die ihm innewohnende dämonische Macht befähigt ihn zum Kampfe gegen die unreine Geisterwelt. Er wendet die offenbar von jener selbst erlernten Methoden dabei an: er verwandelt sich, wie alle Unheilgeister es tun: wird bald zum Feuerbrand oder Nebel, bald zum Tier (Wolf, Adler, Ente, Hecht). Man kann ihm wohl niemals völlig trauen: seiner ursprünglichen Veranlagung nach ist er immer gefährlich. Wenn sein „Schatten", d. h. sein Individualgeist, den er durch eine spezielle Formel zurückhalten soll, losgelassen wird, so ist er überaus gefährlich, bringt Schaden, Verzauberung und Tod; er kann deshalb auch mit Recht Opfer verlangen. Der Geist des vorsätzlich bösen Tadiben birgt in sich eine ungeheure Macht; schon sein Blick vermag zu töten. Seine Seele geht nicht nur im Traum und in der Halluzination, die sehr erstrebt wird, sondern auch im Tode in die lichtlose Welt, von der sie durch Zauberzwang wiederum zurückgerufen werden kann. Diese höchste mantische Fähigkeit der Geisterbeschwörung ist teils erblich — die Tadibenwürde vererbt sich häufig fort, mit ihr die erforderliche Hysterie und Fähigkeit, Suggestionen auszuüben —, teils erlernbar. Wenn der junge Tadibe in das Alter der ersten Geschlechtsreife gekommen ist, erscheinen ihm (bei entsprechender Nervenveranlagung) von selbst die Geister. Dann geht er zu einem alten Meister des Fachs, von dem er alles Erforderliche, den Opfervollzug, das Schlagen der Geistertrommel, das Anfertigen von Geisterbildern, das Singen der Zauberlieder erlernt. Außerdem begünstigt er seine visionäre Disposition durch Fasten, den Genuß giftiger Gewächse (Fliegenpilz), Allein- und Wachsein, Fasten, magischen Lärm. Bei dem weiblichen Geschlecht scheint die Ausbildung keine andere zu sein. Die Wald-Juraken nennen diese „Seher" und „Traumseher" auch „die durch das Wurzelloch Schauenden". Da selbst in Deutschland der Glaube verbreitet ist, daß der Blick durch enge Öffnungen (auch Astlöcher, in denen sich offenbar kleine Geister aufhalten) dämonensichtig macht, können wir jene seltsame Neigung solcher Propheten auf ihren Wunsch zurückführen, durch das körperliche Medium geisternder, also Orakel erteilender Wesen die gleichartige Fähigkeit zu erwerben. Der Seher gewinnt auf diese Weise seine Visionen am Tage, der Traumseher in der Nacht. Der Zweck ist der gleiche: dem Nahrungserwerb zu dienen; zu erkennen, wo es die meisten Fische gibt; wo Tierspuren auf reichen Wildfang führen.

Die dem Körper eingeborenen magischen Fähigkeiten werden durch das Wort, noch mehr den Gesang wirksam unterstützt. Der Lärm der Geistertrommel kommt aus zwei Gründen hinzu: er soll die bösen Geister verscheuchen — diesen Zweck hat er überaus häufig —, die guten aber heranrufen, damit sie Rat geben, die Zukunft erschließen, heilen, helfen. Der Ilhot (s. o.) ist deshalb zugleich Zauberer, Wahrsager, Arzt; buchstäblich heißt er „Sänger". Als Person tritt er, mit individuellen Machtmitteln gerüstet, dem Geisterreich und jedem einzelnen von dessen Bewohnern gegenüber. Die Magie des Eigennamens tritt bedeutsam bei Gott und Menschen hervor. Der Name der höchsten Götter wird entweder überhaupt nicht, oder — dies gilt von dem Nums — nur mit höchster Ehrfurcht ausgesprochen. Man nennt den jüngst Verstorbenen nicht, besonders, wenn er Tadibe war, noch auch den Todesgott. Die einzelnen Stammesmitglieder erhalten erst dann, wenn sie erwerbsfähig geworden sind, einen Dauernamen. Der Eintritt in den Stammesverband gilt ja stets als eine Art von Wiedergeburt. Dieser endgültige Namen will etwas besagen, er ist für den Träger ein Charakteristikum, namentlich auch seiner äußeren Merkmale, ein Bild seiner Person. Beide zugleich, Bild wie Namen, unterdrückt man deshalb, wenn sie oder ihr Original zu „gefährlich" sind. Die Idole der Gottheiten, die nun einmal vorhanden sind und von Geschlecht auf Geschlecht vererbt werden, gelten als uralt-heilig, weil nach der Anweisung von Helden der Vorzeit hergestellt. Die Liebe zu Geistern und Ahnen zeigt sich im Bilde derselben offensichtlich: zu seiner Herstellung, Erhaltung, Beschenkung, wird verwandt, was überhaupt verfügbar ist. Die Götter leben in standesgemäßer Rangordnung. Deshalb sind die bedeutendsten unter ihnen am reichsten geschmückt; die Diener entbehren jedes Schmuckes. Mit Manns- und mit Weiber-Kleidern können solche Idole angezogen sein. Eine besondere Gruppe bilden die Ahnenpuppen, die in jeder Familie vorhanden sind; eine weitere die Wächtergötzen: vor dem Schlitten, der die Puppe eines Verstorbenen trägt, stehen vier Idole von etwa $^1/_4$ m Größe. Sie sind reich geschmückt. Bei jeder Mahlzeit werden sie mitgespeist und beim Aufbruch auf besonderem Schlitten mitgeführt. Daß Idole Orakel erteilen (hier in einfachster Form: durch „ja" oder „nein"), kurz: leben, ist uns bekannt.

Ob wir die Speisung dieser Figuren als ein Opfer bezeichnen oder etwa als „Trankspende" gelten lassen wollen, ist sachlich belanglos. Da man Fett und Blut auf lebenähnliche oder lebentragende Idole und Naturgegenstände gießt und ferner auch in den Mund des Toten durch ein eigens dazu im Grabe hergestelltes Loch füllt, wird man, wie hier, so dort, von „Opfern" reden können. Die als solche bezeichneten Darbringungen der Samojeden ergänzen in wünschenswerter Weise unsere Kenntnis des Aberglaubens der finnisch-ugrischen Stämme. Vom Standpunkt des Christentums wie jeder anderen der machtvollen Religionen dienen sie lediglich dem Aberglauben. Auch unsere Ethik und Naturkenntnis lehrt uns, daß sie, wie sie der ihnen zu Grunde liegenden Gesinnung nach dem Wesen des Göttlichen widersprechen, so auch in ihrer Ausführung auf verfehltem Wege rein materielle Ziele zu erreichen versuchen. Vom semitischen Opfer, soweit wir es darstellten, gilt natürlich das Gleiche.

Das Opfer steht auch bei den Nordstämmen als wichtigste Kultform da. Es kann von einzelnen Familien, ganzen Stämmen oder größeren Gemeinschaften dargebracht werden. Die Stätten, an denen dies geschieht, sind (vgl. o.) heilig und unberührbar; meist liegen sie in Wäldern in der Nähe von Flüssen. Einen Anlaß zum Opfervollzug bietet ein Gelübde, die Anweisung des Tadiben oder die Tradition. Auf dem heiligen Platz, meist einer gelichteten Höhe, sammelt sich im Kreise das zuschauende Volk. Im Mittelpunkt stehen, an Pfähle gebunden, die geschmückten Opfertiere (Renntiere, Pelztiere, Vögel), der Opferpriester und das Idol des Gottes, der die Gaben bekommen soll, ferner die Opfergeräte, später auch Stangen, an denen Teile (Haut, Schädel, Gehörn) der getöteten Tiere hängen sollen. Zweifellos hofft man, dadurch

Unheil fern zu halten. Zunächst stellt der Tadibe das Tier den Göttern vor und bittet um seine Annahme. Dabei wird mit Trommeln und Gebetsrufen der Gott vom Himmel auf den Platz herabgerufen. Das Opfer ist zuvor geweiht, wohl auch geschmückt worden. Nun wird es getötet. Wir erfahren, daß dies oft durch Pfeilschüsse geschieht und daß alle Vollzieher sich daran beteiligen; ferner auch, daß meist der unblutige Weg bevorzugt wird, der den Tod durch Ersticken herbeiführt. Das Tier wird dann zerlegt, gekocht und gegessen. Die der Gottheit zukommenden Teile sollen bei dieser feierlichsten Form der Darbringung verbrannt werden. Der Dämon riecht sie also. Im Falle der blutigen Tötung wiegt die Idee des sakramentalen, mit der Gottheit gemeinschaftlich verzehrten, hochheiligen Mahles; bei der Erdrosselung aber die Absicht vor, die „Seele" des Tieres, seine vitale, göttliche Lebenskraft, im Leibe zu binden, deshalb auch den Atem gewaltsam zu fesseln — denn die Seele liegt im Atem. Zu gleichem Zweck reißt man das noch zuckende Herz aus dem Leibe. Mit dem Herzblut und dem Fett werden die Lippen des Opfergötzen eingeschmiert. Man versucht mithin, dem Gott eine Kraftzufuhr an Lebensfluidum zuteil werden zu lassen. Das geweihte Bild ist ja der Gott in eigner Person. Die Blut-Metaphysik tritt um so stärker hervor, als häufig, z. B. bei Geburtsfesten, das Opfer roh genossen, das Fleisch also auch der Gottheit angeboten, das Blut von allen Teilnehmern getrunken wurde. Wenn man den Weg gemeinschaftlicher, blutiger Tötung beschritt, war dies offenbar die Regel. Die Vorstellung war auch die, daß der Gott beispielsweise das Renntier, das geschlachtet war, schlechthin „hatte": die Herde des jenseitigen Wesens war dadurch vermehrt worden; dieses hatte allen Grund, dafür dankbar zu sein. Auch hier liegt ja letzten Endes die Idee zugrunde, daß die „Kraft" des Gottes gleich der Additionssumme der einzelnen Darbringungen ist. Kraft, Macht, Vermögen gehen ineinander über. Ein sehr reicher Gott braucht deshalb keine Opfergaben zu empfangen. Dagegen verlangen die Dämonen des Jagdglücks und Fischfangs deren viele. Sie empfangen, ihrem uralten Charakter entsprechend, viele Gaben namentlich in der Form von Erstlingsspenden. Deshalb tötet man zu Beginn der Jagdzeit ihnen einen Hund oder einen Fuchs und hängt ihn auf eine Stange. Man begnügt sich also mit dem Aussetzen der Opfergabe. Im Frühling sollen manche Höhen von diesen Opferhölzern wie bewaldet aussehen. Dem Jagdgeist, der zu den Waldgeistern gehört, wird ein Renntier dargebracht. In sein Blut taucht der Tadibe ein kleines, hölzernes Renntierbild. Dies soll für reichen Fang bürgen. Durch Bestreichen mit Renntierblut kann man ja (s. o.) Tote lebendig, also das Idol zum wahrhaften, lebenden „Renntiergott", zum Begriff „Renntier" machen. Opferidee, Opfertier und Opfergottheit fallen hier noch, wie so oft in urältester Zeit, in eins zusammen. Nicht immer ist es der Wunsch nach Nahrung, der zum Opfer treibt. Bei Krankheit und

Kinderlosigkeit wird den Dämonen, doch auch den eigentlichen Göttern, ein Opfer geweiht. Selbst Num erhält ein solches. Es ist ein weißes, makelloses Renntier, das mit dem Kopf nach Osten gedreht und erdrosselt wird. Das Fleisch wird roh gegessen, der Kopf mit den Knochen auf ein Brett gelegt und ebenfalls nach Osten gerichtet. Es hat den Anschein, als ob hier die Verbindung zwischen dem Hochgott und dem Lichtbringer aufs neue hergestellt ist.

Wird die Not am größten, so entschließt man sich zum Menschenopfer. Bei den Ostjaken wurde es (vgl. o.) in der Weise dargebracht, daß man einen Knaben, ein Waisenkind, langsam zu Tode folterte, indem man ihm spitze Stäbe solange ins Fleisch jagte, als man noch Leben in dem Leibe vermutete. Schon aus der Vollziehungsart des Ritus geht unzweideutig hervor, daß es sich dabei um ein Sühneopfer reinster Art handelte. Anders verhält es sich um zwei bei den Samojeden in Zeiten äußerster Not beobachtete Fälle der Darbringung von Russen- oder Eingeborenen-Köpfen. Sie sind in Vollziehung eines Gelübdes geweiht worden, und zwar beide von Samojeden, da beide Darbringer dem Sjadai einen Menschenkopf versprochen hatten. „Ebenso berichtet der Missionar Lebedew, daß ein Samojede auf der Insel Nowaja Semlja sieben Menschen dem Sjadai schlachtete, nachdem alle Renntiere an einer Seuche gestorben waren, so daß die Ansiedlung vor dem Verhungern stand. Nach diesem Opfer erschienen neue Renntiere, die man als vom Sjadai geschickt ansah." Es ist erschütternd, daß der errungene Scheinerfolg zur Wiederholung des furchtbaren, in seiner Art wohl einzig dastehenden Ritus geradezu aufforderte. Das Menschenopfer ist gegenwärtig meist durch das eines Renntiers oder Hundes ersetzt worden. „Diese Tiere halten sie [die Samojeden] ähnlich wie die Wotjaken das Pferd ... für dem Menschen gleichwertig." Man sieht, daß hier, wie in der indischen Opfertheorie, der Mensch das Opferwesen schlechthin ist und daß seine Stellvertretung, in ganz enge Grenzen gebannt, durchaus keine Herabwürdigung der Opferidee oder Erleichterung der Opferhandlung für den Eingeborenen zu sein braucht. Die furchtbare Härte des Lebens in der Arktis bringt es mit sich, daß die Tötung eines oder des Jagdhundes unter Umständen schmerzlicher als die eines Kindes empfunden wird.

Werfen wir endlich noch auf die Familienverfassung der Samojedenstämme und auf deren häusliche Anschauungen und Riten einen Blick! Geburt, Hochzeit und Tod sind dort wie überall „heilige" Zeiten, argwöhnisch beobachtet und von großer Bedeutung für die Erschließung der Zukunft von Person oder Familie. Am deutlichsten spricht sich dies in der Namensbenennung des Kindes aus, bei der jede Zufälligkeit, zum Orakelschluß erhoben, von Bedeutung sein kann (s. o.). Bei der Hochzeit galten Zank und Schlägerei als schlechtes Wahrzeichen für die Zukunft; bei der Bestattung dürfte ein Ritualfehler zum Schuldfaktor überraschender Todesfälle gemacht worden sein. Diese zu verhindern, war das Totenritual geschaffen. Über der Geburtsstätte, einem von der gemeinschaftlichen Hütte gesonderten Raum, lastet sechs Wochen lang — so lange dauert etwa normalerweise der Wochenfluß, die Uteruskontraktion — das dämonologische, geheimnisvolle Etwas, das mit den Vorstellungen eines ebenso geheimnisvollen, erneuten Werdens aus unbekannten Tiefen verbunden ist und sich in dem typischen Ruf des Erstaunens, der Furcht, der Freude kundgibt, der bei der Geburt von den Zeugen ausgestoßen wird: „Jetzt ist ein neuer Mensch geboren!" Dieses ganz neue, dem Kausalbedürfnis scheinbar trotzende Etwas einer solchen plötzlichen Menschwerdung lastet sechs Wochen lang als Infektion auf der Familie und hat eine gleich lange Isolation der jungen Mutter im Gefolge: solange darf sie nicht mit ihrem Manne speisen, frisches Fleisch nicht essen; eine fremde Hütte nicht betreten; nicht kochen; ihrem eignen oder einem fremden Manne nichts reichen. — Das Gebot, von aufgesammelten Erträgnissen zu leben, ist nicht ohne Bedeutung. Diese Annäherung an das Reglement der Pestbaracken hat in positiver Wendung die Vorschrift, das Nötige zu stehlen oder zu erbetteln, zur Folge gehabt. (Ähnliches findet sich sogar in Deutschland.) Und auch darin liegt eine Ähnlichkeit, daß man Stätten der Krankheit, des Todes, wie auch der Geburt, meiden soll. Da, wo man einen Geist des Fiebers, der Seuche, durch Anrufung und Trommelschlag auf eine bestimmte Stelle gebannt hat, ist der Boden unbetretbar. Der Tote wird sehr weit vom Sterbeorte fortgetragen, seine Hütte abgebrochen. Zum gemeinschaftlichen Wohnraum kehrt man aus dem Geburtszelt zurück, um es nie wieder zu betreten. Zuvor aber muß man sich einer Säuberung von der Dämonenbeschmutzung, einer Lustration, unterworfen haben. Das Gleiche gilt beim Todesfall.

Die Frage: „Wie kam der Tod auf die Welt?" ist das Zentralproblem der gesamten Menschheit während ungezählter Jahrtausende gewesen; mit seiner Lösung hing die kultische Abgrenzung des Reichs des Todes von dem des Lebens, dem die Formen des Totenrituals den Ausdruck gaben, zusammen. Nach samojedischer Auffassung hat der Todesgott Nga ehemals den ersten Menschen überlistet und aufgefressen. Deshalb wird ihm jetzt ein Hund als Opfer vorgeworfen. Die Leichen der Verirrten, Erfrorenen, Ausgesetzten werden von Hunden und Füchsen verzehrt. Der Tod braucht seine Nahrung, will sein Recht haben. Ihm gehören zweifellos Seele und Leib zugleich. Der Körper kann von ihm auch fortgetragen werden. Das Gleiche gilt von der „Schattenseele"; sie entweicht beim Tode, wird von Nga geraubt. Neben ihr, dem offenbaren Schutzgeist (s. o.), der die sprichwörtliche „Treue" des Schattens hat und dem Toten (Liegenden) fehlt, besitzt der Mensch noch eine Atem-Seele, die er mit dem Hauch des Mundes versendet, und eine intellektuelle Seele, die Trägerin seiner Denkkraft.

Der Samojede kennt unklare, phantasielose Vorstellungen von einem zweiten, nicht eigentlich jenseitigen oder gar verklärten Leben und andere von dem Zustand des Entrücktseins in lichtere südliche oder dunklere nördliche Regionen. Die letzteren werden unter der Erde im arktischen Ozean bei der Mündung des Ob gelegen gedacht. Ihre Herrin ist eine böse Todesgottheit. Der Tote wünscht aber nach Süden zu gehen. Seine Totenpuppe und der Götterschlitten, der sie trägt, stehen neben den Zelten in dieser Richtung (vgl. o.). Die dominierende Vorstellung ist die von einer zeitlich sehr begrenzten, der ersten ganz analogen Lebensführung. Während ihrer Dauer verringert sich (nach der Vorstellung der Juraken) der Tote körperlich immer mehr, wird zum Käfer, verschwindet endlich völlig — d. h.: er wird vergessen — taucht aber in einem kleinen Kinde des nämlichen Stammes von neuem auf. Hier liegt also die Idee der Wanderung der Seele ins Reich des ewigen Vergessens vor, verquickt mit der einer Wiedergeburt des Enkels im Ahn, der übrigens auch auf den Nachkommen seinen Namen überträgt, so daß die Kontinuität völlig gewahrt ist. Der Wiedergeborene ist es, der den ihm wohlbekannten Weg ins Jenseits den späteren Geschlechtern weist oder sie gewaltsam entführt.

Der Kampf gegen ihn, den Seelenräuber, ist die Hauptaufgabe des Mannes zum Schutz der Familie, der Frau zu dem des Kindes, des Tadiben zur Erhaltung der Volksgemeinschaft. Man kämpft gegen die Dämonen der Krankheiten und des Todes, indem man sie an bestimmte Stellen bannt (s. o.), sie herausräuchert, mit Birkenwasser durch Besprengung vertreibt oder über das Herdfeuer springt. Der gleiche Brauch ist ja in Europa weit verbreitet. Hier aber zeigt er seine Entstehungsursache: die Dämonenfurcht. — Die bösen Geister haben die verschiedensten Gestalten, nicht anders als die Tadiben, die von ihnen beseelt sind; sie können als kleine Teufel (sjadai), als Wurm oder Wolf auftreten — ganz wie bei uns. Man versöhnt sie mit Opferblut, damit sie nicht in den menschlichen Körper eindringen. Der jung Verstorbene, er selbst der böseste Dämon, wird auf die verschiedenste Art unschädlich gemacht. Unmittelbar nach dem Tode wird er vom Tadiben besänftigt, damit er die Lebenden nicht beunruhigt, ihnen ihre Jagden nicht nimmt. — Nicht durch die Tür der Jurte, sondern durch ein Seitenloch in der Wand wird er herausgetragen. Manche Leichen werden, damit sie nicht wiederkommen können, in Sümpfen versenkt oder zwar begraben, aber gefesselt, ihre Geister durch Zauber gebannt, die Körper am Boden angenagelt; desgleichen gepfählt, indem man von oben herab einen Eschenpfahl durch das Erdreich und durch die Brust der Leiche treibt. Das (besonders gefährliche) Auge bedeckt man mit schweren Gegenständen. Von besonders großer symptomatischer Bedeutung für die in der Dämonenfurcht liegende lebende Kraft ist stets die mehr oder minder große Vollständigkeit der Grabmitgaben.

Dem Toten gehört sein ganzes Eigentum. Es wird ihm tatsächlich, soweit es nicht lebend ist, größtenteils mitgegeben, sein Renntierbesitz aber nur teilweise am Grabe geschlachtet. Kleider, Eßwaren, Ruder, Schaufeln, Waffen, Schmuck — alles wird ihm gelassen, aber zertrümmert oder leicht beschädigt, damit der Tote, wenn er etwa einmal ins Reich des Lebens zurückkehren sollte, es nicht verwerten kann. Der Kahn, in den man seine Leiche bettet, ist mitten durchgesägt; der Schlitten gebrauchsunfähig gemacht; das Ruder gespalten; das Gewehr zerbrochen; der Kessel zerschlagen; das Beil stumpf. Alles wird ängstlich und fest in Renntierfelle eingenäht, offenbar, um es (wie andererorts die Leiche selbst) zu „isolieren". Zu den ersten kultischen Handlungen am Grabe gehört das Totenopfer eines Renntiers. Man verzehrt es im gemeinschaftlichen Mahle, nachdem man es am Kopfende der Leiche geschlachtet hat. Etwas davon gibt man dem Toten in den Sarg mit; einen Teil stellt man (vgl. o.) an ein am Kopfende des Grabes gemachtes Loch. (Es handelt sich also um eine unmittelbare Totenspeisung.) Der starre Gast wird durch ein ebenfalls an der Kopf-Stelle angebrachtes Glöckchen zum Essen der gespendeten Mahlzeit eingeladen. Später folgen in gewissen Abständen (s. o.) Wiederholungen dieser Darbringungen.

In den gedachten Fällen handelte es sich um Männer. Die Stellung der Frauen zeigt sich durch die ehrfürchtige Scheu, in der sie und ihre Berufsbeschäftigungen stehen und die letzteren von denen der Männer ferngehalten werden, als äußerst primitiv. Auch der weibliche Tote wird gefürchtet, seine Ahnenpuppe verehrt. Die Leiche erhält reiche Grabmitgaben und Spenden. Der Ort ihres Schlummers wird aufgesucht. Bedeutsam tritt die Sonderstellung der Frau in der Furcht vor der Menstruierten und Wöchnerin und in einer Reihe ebenfalls auf dämonistischer Grundlage liegender Verbote hervor: sie darf Waffen und Fanggeräte des Mannes nicht benutzen, die Götterbilder nicht berühren, nicht Opfer darbringen, an den großen Opfern nicht teilnehmen, die Ahnenecke nicht betreten, den (die Ahnenbilder führenden) Haha-Schlitten nicht aufdecken, ja, nicht einmal für die ihn ziehenden Renntiere sorgen. Dies Verbot erstreckt sich sogar auf die Tadibin. Andererseits steht die Frau als Geschlechtswesen den Geistern sehr nahe. Die höchsten Gottheiten haben teilweise weibliches Geschlecht, darunter die Spenderinnen der Fischnahrung, die Todesgöttin, die „goldne Großmutter". Auch die Sonne wird in weiblicher Gestalt verehrt. — Im sozialen Leben zeigen sich, dieser Sonderstellung (die nicht „hoch", noch weniger „niedrig", sondern schlechthin altertümlich ist) entsprechend Ansätze zum Mutterrecht. Wie die Frau auch im Tode zum Manne gehört und sich ihr Sonderdasein nur durch eine Reihe ablösender Gebräuche eher erschleichen als legal erwerben darf, so gehört sie lebenslänglich zum Stamme, der auf ihre Arbeitsleistung, auf ihren materiellen Gesamtwert Anspruch hat. Die Arbeitsleistung kann der Mann, der sie heiratet, durch Geschenke an seinen Schwiegervater und dadurch, daß er nach Eingang der Ehe für ihn arbeitet, ersetzen. Es wird ihm dies nicht leicht gemacht. In den Gegenden des hohen Nordens, in denen gewöhnlich die Frau mehr leidet als der Mann und deshalb seltener ist, gilt sie viel. Ihr Vater feilscht zäh um den Brautpreis. Nach dem Abschluß der Ehe muß der junge Mann mit seiner Frau noch für einige Wochen zum Haus des Schwiegervaters ziehen, zweifellos, um seine junge Frau sich durch seine dortige Arbeit nachträglich zu verdienen. Aber selbst wenn er aller dieser Auflagen sich entledigt hat, muß er noch eins abbüßen: den Bruch einer unausdenkbar langen Tradition, die eine Loslösung des Weibes von ihrem Stamme zum Rechtsbruch macht. Über diese Schwierigkeit hilft er sich durch Formalitäten hinweg. So wenig als die junge Witwe ins Grab ihres Mannes stieg, sondern sich damit begnügte, es zu besuchen usw., läßt die junge Ehefrau sich jetzt entführen — „rauben". Effektiver Frauenraub kommt allerdings bei den Samojeden wie überall, wo Frauen selten und gesucht sind, vor; er wird aber durch Stammesfehde blutig entsühnt und deshalb aufs äußerste gemieden. Man begnügt sich vielmehr, die Schwiegereltern durch Ehren und Geschenke zu versöhnen und eine Entführung vorzutäuschen. Wenn die Braut ins Haus des Bräutigams zieht, so wird sie auf ihrem Schlitten festgebunden und vollständig zugedeckt, so daß sie den Weg nicht sieht. Nach der Geburt jedes Kindes erhält sie von dessen Vater ein Renntier zum „Geschenk"; das ist für den jungen Vater ein Mittel, die eheherrlichen Rechte, die in der Zeit des Matriarchats nicht bestanden, käuflich zu erwerben: durch dies Renntier wird das Kind zum Mitglied des väterlichen (statt mütterlichen) Stammes.

Das Patriarchat ist die tatsächlich herrschende Form der kultisch-sozialen Beziehungen innerhalb der Gemeinschaften. Unter den Lebenden tritt die Gruppe der Greise in der Stände-Gliederung hervor. Die Alten haben gewisse äußere Vorrechte, z. B. den Sitz am Ehrenplatze. Gottheiten tragen Greisengestalt: wir nannten den „Ob-Greis"; es gibt einen „himmlischen Vater" und „Großvater": Jahammü, von allen Himmlischen am meisten verehrt, ständig als „Großvater" bezeichnet; andere Gottheiten werden in gleicher Weise benannt, wenn man ihnen Opfer bringt. Eine entsprechende himmlische Großmutter fehlt übrigens nicht. — Ins Totenreich gegangen, wirkt ein solcher Ahn gleichwohl bei der Berufsbeschäftigung der Lebenden weiter. Er beweist sein „Dasein", indem er die Seinigen (im Traum) besucht, ihnen Aufträge erteilt (s. o.), sich an deren Herdfeuer wärmt. Die Ahnen sind „alte Männer" und tragen dieses Attribut. Auch Tiere erhalten ähnliche Ehrenbezeichnungen („Vater", Väterchen") und werden dadurch in die entsprechende Klasse der kultisch verehrten Wesen hineingehoben. — Was die Formen der ahnenkultischen Begehungen anlangt, so sind sie von denen der Ostjaken und

Wogulen scheinbar nicht verschieden. Die Hausgötter (=haha) verteidigen den häuslichen Herd und sind dort in der Ecke ansässig, wo der Ehrenplatz (auch für die lebenden Greise) sich befindet. Am unteren Ob heißen die Totenpuppen junger Leute: „Schatten", tragen also (vgl. o.) ebenfalls den Charakter schützender Genien. Sie werden um Rat befragt (s. o.), gekleidet, beschenkt, mit Fett und Blut getränkt, schlafen als „Männer" neben ihren Frauen und werden endlich begraben und vergessen; bis die kleine Hütte, die sie birgt, verfallen ist, erhalten sie aber Opfer. Es gibt Ahnen der Familien, der Stämme und größerer Gemeinschaften. Doch existieren diese größeren Gruppen nur in religiös-kultischer Hinsicht. Ihnen würde als weltliche Komponente ein sakrales Königtum entsprechen. Es existiert aber angesichts des geringen Zusammenhalts und der ungeheuren Landesfläche der besiedelnden, menschenarmen Gemeinschaften nicht.

Eine letzte Überschau der auf religiöser (abergläubischer) Grundlage gefundenen Eigentümlichkeiten der Samojeden muß uns lehren, daß deren Vorstellungen einer Schicksalsmacht, namentlich soweit sie sich beim Nahrungserwerb und bei den Heimsuchungen des Lebens äußert, ferner die gewonnenen Ideen über waltende unsichtbare Mächte niederer Art, den Gläubigen in eine sehr abhängige, aber nicht als traurig oder demütigend empfundene Stellung im Weltganzen bringen. Die Dämonen wird man auch bei den Samojeden als durch Gaben versöhnbar auffassen dürfen. Um die Gesittung der Menschen kümmert sich kein Gott. Das ganze Leben wird dem Nahrungserwerb gewidmet, wie dies bei Jägern und Fischern stets der Fall ist. Man teilt seine dürftige Habe mit dem Gott seiner Wahl. Der „Glücksbesitzer Illibium Partsche erhält keine Renntiere, denn er hat deren genug"; außerdem „hilft er weder den Menschen noch heilt er sie". Die Götterverehrung hat also rein praktische Zwecke, wie sie auch aus gleichartigen Ideengängen erwächst: die höheren Wesen sollen Jagdtiere spenden und Krankheiten fernhalten. Ihrer ganzen Wesenheit nach sind sie dazu geschaffen und geeignet. Sie vertreten die Launen und Zufälligkeiten des Geschicks beim Nahrungserwerb. Darum gibt es eine Gottheit des Jagdglücks; eine Großmutter, die den Fischfang schenkt oder zurückhält; Dämonen einzelner günstiger oder gefährlicher Plätze an Wassern, in Seen oder auf Höhen. Die Ostjaken kennen ja Gottheiten der Fische und der Vögel. Rein opportunistisch ist auch die Vorstellung von dem christlichen Gott, soweit die Samojeden einen solchen überhaupt auch nur dem Namen nach kennen. Sie schämen sich ihres Heidentums und der angestammten Gebräuche nicht, nehmen aber die Taufe an, wenn sie es dem Christengott gelobt haben und dieser ihnen in irgendeiner Weise gefällig gewesen ist. Durch den formalen Übertritt zum Christentum glauben sie sich aller Verpflichtungen gegen Gott und seine Religion enthoben zu haben. Sie opfern dann dem Sjadai weiter, „damit er Fische und Wild bringt". Gewisse soziale Bindungen bestehen allerdings. Als Schuld gelten: böser Zauber, Meineid, Lüge, Raub (namentlich am Eigentum der Gottheit), geschlechtliche Vergehen, Mord. Die Strafe erfolgt: durch das höchste Wesen (Num, das eine unvollständige richterliche Funktion bekommen hat); durch oder in Auswirkung des Wahrspruchs des Gottesgerichts; durch den Kausalzwang des Naturgeschehens (allerdings wohl nur, wenn die Sünde nicht heimlich begangen ist). Ein eigentlicher Strafkodex kann kaum existieren. Der Mörder und Meineidige geht auf der Jagd schnell zugrunde. Es existiert ja ein Faden, der vom Himmel zur Erde reicht und regulierend auf die menschlichen Handlungen wirken dürfte. Wer sich gegen die bei Jagd und Fischfang vielfach rein örtlich vorhandenen, zahllosen Bestimmungen vergeht, fängt kein Wild, keine Fische. Wer als Ehemann oder Ehefrau Seitensprünge machte, verschafft der eignen Frau bzw. sich selbst eine schwere Entbindung. Die Hebamme läßt sich während derselben ein Sündenregister des Ehepaars vorlesen und macht soviele Knoten, als Ehebruchfälle eingestanden sind, in einen Riemen. Der Knoten ist ja immer und überall das schwersteHindernis einer Entbindung. Wird er aufgelöst, so kann sie erfolgen. Ein primitives Bekenntnis, das die Sünden verbal in die Ferne schickt, vertritt hier wohl die Stelle des reuigen Gewissens.

RÜCKBLICK UND ZUSAMMENFASSENDES

Unsere Ausführungen begannen mit einer Betrachtung des Aberglaubens Primitiver und endeten mit der Darstellung nicht minder „primitiver" Ideenreihen „bekehrter" Völker, also ethnischer Gruppen, die das stoffliche Material des christlichen Glaubens im Sinne ihrer Geistesrichtung verwerten. Wir beschrieben also einen Kreis, der durch Länder und Zeiträume läuft, deren Sinnesart zu erforschen nicht ohne Interesse sein kann. Die von uns gewonnene oder wiedergewonnene Erkenntnis, daß der Aberglauben eine Macht von unveränderlicher Stärke im Leben der Völker und Ablauf der Zeiten ist, widerlegt die Idee eines mechanischen Menschheitsfortschritts, wohl die gefährlichste Ausgeburt menschlicher Denkfaulheit. Auf geistesgeschichtlichem Gebiet längst verdrängt, behauptet sie, wo nicht in der Wissenschaft, so doch in der Weltauffassung des Volkstums als Auswirkung materialistischer, fälschlich darwinistisch genannter Richtungen, vielfach ihre Stelle. Darwin selbst war in früher Jugend religiösen Stimmungen nicht abgeneigt. Die Lehre von einem weise geordneten Weltganzen, das durch Anpassung, Kampf ums Dasein und Selektion sich entwickelt, ist erhaben und tröstlich. Nur schade, daß sie nicht stimmt, daß wir sie ins Gebiet des wissenschaftlichen Aberglaubens verweisen müssen. Man hat auf Tiere aufmerksam gemacht, denen ihre Beine höchst lästig sind, und die doch mit gleichartigen, aber beinlosen Wesen zusammenleben müssen. Von ihrer Anpassung an Boden und Milieu ist nicht die Rede. Der Kampf ums Dasein liefert, wie uns der Weltkrieg lehrte, eine Auslese der Schlechten, nicht der Guten. Die Kriegsfreiwilligen, darunter Mitglieder unersetzlicher Führerfamilien, fielen zum großen Teil im ersten Kriegsjahr. Dagegen füllte das Heer der Drückeberger aller Formen und Grade die Etappen- und Heimatlazarette. Sie blieben übrig. Nicht anders kann es sich in der Zeit der Völkerwanderungen verhalten haben, die uns den gleichfalls unersetzlichen germanischen Adel kostete. Die Lehre von der automatischen Aufwärtsentwicklung unseres Volkstums ist gegenwärtig in den Dienst politischer, die rohe Massenherrschaft sich als Ziel setzender Bestrebungen getreten. Von ganz besonderer, gewissermaßen aktueller Bedeutung scheint mir deshalb das Studium des Aberglaubens als Korrektiv einer solchen Menschheitsauffassung zu sein.

Das Ferment der aus fernster Urzeit oder niedrigstem Volkstum von uns ans Tageslicht gezogenen Instinkte und Strebungen findet sich, kaum sich mit einer zeitgemäßen Gestalt begabend, sondern vielmehr, häufig selbst der

Form nach, in die Kulturbarbarei der Urzeit zurückschlagend, in Gegenwart nicht minder als in fernster Vergangenheit, in Deutschland so gut als auf den Südseeinseln vor. Die fast unterbewußte, jedenfalls motivfreie Denkungsart des gegenwärtigen, europäischen Aberglaubens ergreift die Fundamente alles höheren Seins und Handelns in religiöser wie soziologischer Hinsicht, in Kunst und Wissenschaft. Was ehemals den Menschen „auszeichnete": die Körperbemalung, die Bekleidung mit Bestandteilen des tierischen Körpers, die mimische Pose — das alles wird noch heute bewundert, dient noch heute den gleichen Zwecken. Wie ehemals versucht der Mensch, durch Unterdrückung biologisch wichtiger Funktionen (Fasten, Gebetsstellung, Keuschheit) sein unterbewußtes Empfindungsleben mächtig werden zu lassen, um aus dessen Tiefen ein religiöses „Erleben" (Erweckungen, Heiligen-Erscheinungen, Kreuz-Herabsteigungen) emporzuheben. Das machtvolle Gebäude der Wissenschaft hat die Tausende nicht in sich aufgenommen, die lieber zum Kurpfuscher als zum Arzt, zum Winkeladvokaten als zum Rechtskundigen, zum Sektengründer als zum Prediger gehen. Die Masse braucht eben ihre Schamanen. Sie werden künstlich gezüchtet, indem man hysterische Bluter der öffentlichen Bewunderung preisgibt, Astrologen mit Ministereinkünften ausstattet, Heilmagnetiseure ungestraft die „Schulwissenschaft" verlachen läßt. Die Masse drängt zur Suggestion. Sie will alles andere eher als verstehen können. Wort, Gebärde, Kleidung — alle Äußerlichkeiten sollen täuschen, beeinflussen, verwirren. In eins zusammengefaßt, entscheiden sie über den „Eindruck", den die höchstgestellten Persönlichkeiten der Religion und der Politik machen. Nach ihnen, nicht nach Taten und Gesittung, werden Päpste, Kaiser, wird der Arzt am Krankenbett, der auf wissenschaftlicher Basis arbeitende Praktiker, der Richter beim Mordprozeß beurteilt. Die nächstliegenden Folgen eines solchen Dranges nach magischer Offenbarung sind erschütternd. Auf volkswirtschaftlichem Gebiet, aus dessen ungeheurem Felde wir eine Einzelheit herausgreifen wollen, lassen sie sich mit Händen greifen, statistisch festhalten. Weil im Marktverkehr das Wort der Sache die Weihe gibt, kommt es auf den Namen eines Handelsartikels — die „Philosophie der Reklame" hat es erwiesen — mehr als auf dessen Brauchbarkeit an. Dies gilt selbst in der Pharmazie. Ich denke an Medikamente wie das Lachgas und das Nirvanol, von denen das erstere Kollapse und Todesfälle in reicher Menge verschuldet hat und in der medizinischen Praxis später ganz zurücktrat. Hätte man es Stickstoffoxydul genannt, so wäre seinen Benutzern und dem Publikum vieles erspart geblieben. Wer mit dem Publikum zu tun hat, weiß, wie demoralisierend der Umgang mit ihm auf schwache Charaktere wirken muß, weil seine Ansprüche letzten Endes immer darauf gerichtet sind, geblendet statt erleuchtet zu werden. Die naturgezogenen Grenzen menschlichen Könnens werden völlig verkannt und überschätzt. Nicht die Ehrfurcht vor der sittlichen Tat, sondern die Furcht vor der magischen Kraftäußerung ist ausschlaggebend. Deshalb findet der Raubmörder unendlich viel mehr Bewunderung als sein Opfer; deshalb gilt die grausige, gotteslästerliche Tat als magisch wirksam.

Der abergläubischen Betrachtungsweise ist es wesentlich, daß sie die in den Naturdingen oder künstlichen Objekten der Außenwelt (Giftpflanze; Dampflokomotive) wirkenden Kräfte zu Bestandteilen des Willens dieser Natur- oder Kunstelemente macht. Die als „Fingerhut" bekannte Pflanze ist sehr giftig, weil ein Teil ihrer pflanzenchemischen Substanz, in geeigneter Weise dargestellt, Lähmungserscheinungen hervorruft; nicht aber, weil sie, d. h. das einzelne Pflanzenwesen, die Absicht habe und evtl. ausführe, einen bestimmten Menschen zu töten. Die Beseelung der Naturdinge und -abläufe mit einem dem Menschen freundlichen oder feindlichen Willen nenne ich: Aberglauben. Die falsche Einstellung führt zur falschen Handlungsweise: weil die Pflanze angeblich töten will, wird sie beschenkt, schmeichelt man ihr, bittet man sie, lieber den Nachbarn zu töten. Die Vorstellung von einem Kräfte-Universum, das auf dem Wege des magischen Worts, der Drohung, der Analogiehandlung, der Zuführung von Energiemengen eine Verschiebung des natürlichen Kräfteverhältnisses hervorrufen kann, ist für die abergläubische Handlung eine Voraussetzung. Der Zauberer verwechselt dabei immer Wollen und Können. Grenzen seiner Kraft erkennt er deshalb nicht an. Dieser Subjektivismus bietet das Verständnis für eine unermeßliche Anzahl von Formen abergläubischen Denkens und Handelns. Jeder Wunderdoktor besitzt einen eignen Schatz von Heilpflanzen und wendet sie nach eigner Methode der Darstellung in selbsterprobter Dosis als Medikament an. Dem Tiere wird eine geistige und körperliche Struktur zugeschrieben, die von der des Menschen nicht verschieden ist. Die „Elemente" geben von ihren ungeheuren Kräften gewisse Mengen an den Menschen ab: noch nach römischem Aberglauben wird die Gattin zur Nachkommenschaft für viel geeigneter gehalten, wenn sie auf üppigem Boden ist als wenn sie sich an einem unfruchtbaren Orte befindet; auf dem Grün des Ackers mehr als auf dem Steinpflaster. Mit der Identifikation von Frau und Pflanze hängt das Begießen der ersteren, ihr Bestreuen mit Samenkörnern bei der Hochzeit u. a. m. zusammen. Den abergläubischen Ideengängen wohnt eine weitgehende Folgerichtigkeit inne. Wir wählen ein Beispiel: ein Toter soll unter Umständen nicht durch die Tür, sondern durch das Dach des Hauses aus der Sterbewohnung herausgetragen werden, damit man alsdann das Loch vermauern kann und vor dem „Geist" des Dahingegangenen sicher ist. Wird jemand nun fälschlich totgesagt, so darf er nur über das Dach seinen Einzug in sein Haus halten. Der Totgesagte ist eben tot; die Magie des Worts der ihn totsagenden Überlebenden tötet ihn gewissermaßen, bringt ihn in den Komplex der Todesvorstellungen und weist ihm deshalb den Leichenpfad — eben jenen Weg durch das Dach des Hauses — als für ihn sich eignend zu.

Eine der ergiebigsten Quellen des Aberglaubens ist, wie wir sahen, die Beurteilung von Naturwesen auf Grund ihrer Äußerlichkeiten und die damit verbundene Überschätzung von Kleidung, Schmuck, Körperform. Selbst die Farbe der Kleidung, die Form des Schmuckes, die Anomalie des Leibes sind dabei sehr wesentlich. Sie heben im Diesseits, leider auch im Jenseits, den Träger über die minder Begünstigten heraus. Der „Kranz der Rechtfertigung", den der Verewigte nach ägyptischer Auffassung beim Einweg in das Westreich erhielt, lehrt dies nicht deutlicher als die „Kleider der Gerechtigkeit" usw. des Alten Testaments. Es sind dies die Gewänder, in denen „man sich sehen lassen kann", im Gegensatz zu denen der Trauer, die ihren Träger aus der Gemeinde ausschließen. Wie schlecht es demjenigen ergeht, der ohne festliches Kleid an die königliche Tafel kommt, wissen wir ebenfalls aus der Bibel. — Das Körperäußere selbst der Tiere verführt zu groben Mißverständnissen, die als verderblicher Aberglauben sich in der Behandlung mit diesen rächen. Ich denke hier an das stumpfsinnige Anschreien der Pferde, wohl überhaupt an ihre rohe Behandlung, die sich in der vieltausendjährigen Ära der Domestikation erhalten hat, obgleich die Beobachtung lehren mußte, daß ein normales Pferd auf jeden Flüsterton und das Kitzeln mit einem Strohhalm scharf reagiert. Man sollte es dem Buddhismus nicht vergessen, daß er — soweit ich sehe, *nur* er — es ist, der mit dem Verbot des Hochmuts, der äußeren Prunksucht (māna), den ganzen Komplex falscher sozialer Wertungen samt ihrer Wurzel vernichtet und mit dem Gebot der liebevollen Behandlung auch der Tiere Rohheiten jeder Art, selbst Verbalinjurien gegen diese, ausschließt. An deren Stelle tritt dort das Gebot der „Freundlichkeit" zu Menschen und Tieren, der sittlichen Ertüchtigung, die als rein ethischer Faktor sich nicht in Äußerlichkeiten zeigen soll.

Die Überbewertung von Äußerlichkeiten kann sich selbst *auf den Wissensgehalt* erstrecken. Die Priesterschaft der alten Kulturvölker lernte nicht, um zu erkennen, sondern um Macht zu gewinnen. Dadurch wurde der Wissensstoff, der Mittel zum Zweck sein sollte, zum kultivierten, der Stoffmasse nach sich stets mehr und mehr anhäufenden Selbstzweck. Wer etwas wußte, konnte damit blenden, verwirren, regieren. Das Gleiche gilt von der Überbewertung der gesellschaftlichen Form, deren Überschreitung als unmoralisch gilt, ja, strafbar werden kann. Wie weit die alte Kulturwelt hier abirrt, mögen zwei Beispiele zeigen: ein indischer König muß sich von seiner Lieblingsfrau auslachen lassen, weil er eine Kontraktionsregel der Sanskritsprache nicht kennt und seine Gattin deshalb mißversteht. Er bespritzt sie mit Wasser. Sie ruft: „*modakam*", worunter er „Konfekt" versteht, während sie *māudakam*, d. h.: „[bespritze mich] nicht [mit] Wasser" gemeint hat. Auf das

Gelächter der Frau erfolgt tiefe Zerknirschung des Königs, der seine Hofstaaten meidet und den Entschluß faßt — 7 Jahre lang Grammatik zu studieren! (Er wird allerdings davon abgebracht.) — Ein anderer König sieht ein armes Mädchen, das ihm ein Immediatgesuch überbringen will, vor seinem Schloß die Notdurft verrichten. Sie wahrt dabei so gewissenhaft die „zehn Anstandsregeln", daß der entzückte Monarch sie vom Fleck weg heiratet. Die „Gesittung" der Masse besteht eben in der Wahrung solcher „Sitten". In einer modernen Frauenzeitung las ich einmal die Ansicht vertreten, man könne es einer Hausfrau nicht zumuten, mit einem Mädchen zu verkehren, das beim déjeuner die Hummerlöffel nicht richtig verwerte. Eine junge Dame sagte im letzten Jahrzehnt des vorigen Jahrhunderts zu mir einmal: eine Frau, die nicht französisch zu sprechen gelernt habe, gehöre nicht in die gute Gesellschaft. In meinen Kindertagen lebte eine mir wohlbekannte, vornehme Dame, die „Bürgerlichen" nur die Hand gab, wenn kein „Adliger" zugegen war. Die durch solche Betonung der belanglosesten Äußerlichkeiten geschaffenen Klassengegensätze werden durch religiöse Parteiung vertieft. Religionsverhetzung hat die finstersten und schwerst auflösbaren Gebilde abergläubischen Wahns geschaffen. In dem bekannten Fabrikort F ü r t h sagte ein katholisches Dienstmädchen vor wenigen Jahren: sie möchte einmal einen Protestanten sehen. Diese sollen nämlich [Teufels-] Hörner tragen. — In meiner Schülerzeit äußerte der katholische Religionslehrer eines westpreußischen Gymnasiums: es sei zwar nicht Glaubenssatzung, er persönlich aber sei davon überzeugt, daß der Teufel den Freimaurern während deren Sitzungen i n P e r s o n erschiene. Die politische Verhetzung bringt gleichfalls Ungeheuerliches zustande. Die Vorstellungen von der Person und Lebensführung des Kaisers gleichen den Monarchen dem indischen Götterkönig an, der täglich einen Ozean von Rauschtrank genießt und sich dementsprechend geschlechtlich betätigt. (Das indische Wort dafür heißt: sahasraśepa; ich vermeide seine Übersetzung!)

Neben falschen Wertungen stehen Mißgriffe, die keinen Belehrungen weichen. Ich denke hier an die Alkoholfrage, die Meinung, daß Rotwein „Blut bildet" u. a. m., sowie an sanitäre Mißgriffe der engsten Art. Noch immer werden Kinder „gewickelt", weil sie dann „so hübsch grade werden". Wunden pflegt man, oft mit Pflastern, luftdicht zu verschließen, obgleich, solange die Welt steht, unter einem solchen Verschluß noch nie eine Wunde geheilt ist, ja, gesunde Hautstellen dadurch zerstört werden. Überhaupt wütet die Volksmedizin, die übrigens nicht davon ausgeht, daß der normale Mensch gesund ist, sondern daß er erst gesund g e m a c h t w e r d e n s o l l, furchtbar unter der Masse. Immer wieder wollen junge Mütter ihren Kindern durch Abtrennung des Zungenbändchens die Zunge „lösen" lassen. Wohlbekannt ist mir aus der eignen Kinderzeit die „Sitte" des (dreimaligen) Durchziehens der Granne des Getreides, die sich nicht unbedingt unter die Maikuren einordnen läßt, weil sie auch bis zur Reifezeit der Kornfrucht vorgenommen wird. Die Aktinomykose, eine schauerliche Erkrankung, kann die Folge sein. Die Säuglingspflege der „alten, erfahrenen Frauen" befördert unzählige Kinder vorzeitig in das Himmelreich. Da werden Gifte wie Alkohol, Äther, selbst opiumhaltige Präparate verabfolgt, die Windeln aus Furcht vor Verzauberung der Luft und Sonne entzogen, die rechtzeitige Absonderung von der infizierten Wöchnerin oder den kranken Hausgenossen vernachläßigt, der Lutscher (Schnuller) aus dem tuberkelhaltigen Boden der großstädtischen Kinderspielplätze entnommen, mit einem schmutzigen Taschentuch abgewischt und dem Säugling von neuem in den Mund gesteckt, weil „Mutterliebe stets das Richtige trifft" und „weil es immer so gehandhabt ist". Niemand ist von der Macht der Mutterliebe überzeugter als ich, aber niemand weiß auch besser als ich, daß sie von der des Aberglaubens in die falschesten Bahnen getrieben werden kann. Auch hier vermag nur der rücksichtslos sich durchsetzende Herrnwillen Wandel und Besserung zu schaffen.

Daß der Aberglaube alle Stände durchzieht und in jedem derselben arteigne Gebilde schafft, konnten wir bereits erwähnen. Mehr als die Einzelheiten ist uns, um nur des juristischen Teils des Gebiets zu gedenken, die Beobachtung von Interesse, daß die Zauberpraktiken stets den Verbrecher gegen die menschliche Gesellschaft, nie, soweit ich sehe, diese gegen jenen in Schutz nehmen, was den Schädling übrigens durchaus nicht verhindert, zur Wahrung seiner persönlichen Interessen sich der staatlichen Gerichte zu bedienen. Es gibt, wie ein Spezialist auf diesem Gebietsteil der Aberglaubenkunde beweist, kein schweres Verbrechen, das nicht aus abergläubischen Motiven heraus begangen und entschuldigt werden könnte. Da stehen Mord, Raub, Diebstahl, schwere Körperverletzung neben Vergehen gegen die Religion und Meineid. Unsere Juristen sind sich nicht darüber einig, wieweit das abergläubische Motiv strafmildernd wirken kann. Jedenfalls ist es unmöglich, die Dummheit zu privilegieren. Dazu kommt, daß, wer etwa eine „Hexe" verprügelt, weil sie ihn zeugungsunfähig gemacht hat und später seines guten Glaubens wegen (Putativnotwehr) freigesprochen wird, aus eben diesem Grunde bei beliebig häufiger Wiederholung der Prozedur ebenfalls frei davon kommen müßte. In bisher deutsch gewesenen Teilen Afrikas kam es neuerdings vor, daß Eingeborene in Zeiten der Dürre ihre Felder mit dem Blut dahingeschlachteter Kinder zu befruchten versuchten. Dies entspricht völlig weitverbreiteten abergläubischen Ideen. Die englischen Gerichte mußten über die Schuldigen die Todesstrafe verhängen, dürften sie aber abgemildert haben. Jene Eingeborenen wußten sicherlich, daß die englischen Herren ihren Schritt mißbilligen würden, und haben es deshalb versäumt, sie zu befragen. Der versteckte, sakrale Mord kann im Kolonialgebiet in jedem Fall bestraft werden. Auch die öffentliche Tötung von Menschen im Opfer kann und muß den europäischen Gerichten zur Aburteilung übergeben werden, obgleich hier zunächst Milde am Platze wäre. Es ist hervorhebenswert, daß fast allgemein das Opferwesen in die Schlachtung willigen muß, so daß von einem Morde auch im Sinne unserer Rechtspflege beim Menschenopfer nicht gesprochen werden kann. Den harmlosen Aberglauben, d. h. solchen, der zwar unseren Vorstellungen von der alleinigen Macht Gottes zuwiderläuft, aber keine wesentlichen Schädigungen fremder Personen oder Sachen mit sich bringt, kann man durch Belehrung bekämpfen, im übrigen aber straffrei lassen. Bekanntlich dachte die Vergangenheit anders darüber. Man wollte dem lieben Gott in seinem Bestreben beistehen, Herr der Welt zu sein. Deshalb bestrafte man aufs schwerste die nicht legitimierten Zauberer, auch solche, die nur harmlose persönliche Vorteile zu erreichen versuchten, selbst dann, wenn ihre Tricks indirekt den Mitmenschen zugute kamen. Ich denke hier an den Zauber des „Festmachens", der Unverletzlichkeit von Personen und Waffen. Was kann einem Kommandeur angenehmer sein als eine Truppe „fester" Soldaten? Und doch verboten die preußischen Kriegsartikel noch des Jahres 1724 bei Todesstrafe den mit Waffen verübten Zauber, ihr Festmachen, „oder andere dergleichen ... Teufelskünste und Zauberey". Friedrichs des Großen Vater wäre sicherlich Rationalist genug gewesen, die beim Heer also angewandten Teufelskünste zu billigen, wenn sie ihm den Sieg verschafft hätten. Sicherlich sagten sich aber die preußischen Generäle, daß, wer zur Zauberei greift, nie den Sieg im Kampfe, sondern den Schutz der eignen teueren Person wünscht, d. h. ein schlechter Soldat ist. Der Aberglauben ist egoistisch! Noch heute wird der Vorgesetzte selbst des niedrigsten Grades seinen Leuten einen Unfug dieser Art verbieten müssen.

Neben dem Egoismus steht der Subjektivismus. Es ist selbstverständlich, daß der Abergläubische seine Mittel nur bei sich selbst wirksam glaubt und in Anwendung gebracht wissen will. Dazu gehören: das Tragen von Gebetsbüchern, Himmelsbriefen, Kruzifixen, geweihten Gegenständen, „Segen" aus heiligen Schriften, oft von der Hand ehrwürdiger Personen (der Mutter) abgeschrieben. Aus dem Unfug wird eine gotteslästerliche Handlung, wenn man sich etwa der Hostie bedient, sie gar in die eigne Haut, die man schützen will, einnäht u. a. m. Überall ist es der Zweckgedanke, der hier das verwerfliche Moment bildet. Eine solche unwürdige Zielsetzung äußert sich oft in sämtlichen Gebieten des höheren Geisteslebens und entkleidet sie ihres eigentlichen Wertes. Wo die Masse oder ihre gleichwertigen, von ihr bestellten und im Strom ihrer Mentalität schwimmenden Vertreter sich der Wissenschaft, der Kunst, der Religion bemächtigen, sinken diese hohen Mächte sogleich in den Sumpf der egoistischen, flachen, den Instinkten der Menge dienenden Strebungen herab. Die Wissenschaft wird zum Mittel unlauterer, meist gewinnsüchtiger Zwecke und machtlüsterner Ideen; die Kunst beginnt, unklare, meist auf der Basis des Instinktlebens liegende Triebmomente in sich aufzunehmen; die Religion dient dem Bedürfnis nach einem Fetisch. Die Zeit der Romantik hat zwar die „volkstümliche" Kunst ans Tageslicht gezogen und stark betont. Aber nicht die Masse ist es, die das Volkslied geschaffen hat, sondern der überlegene Einzelne; die Menge hat es lediglich korrumpiert und dadurch „volkstümlich", zugleich gewissen, kunstfremden Zwecken untertan gemacht. Der Vergleich der alten Volksliedersammlungen (des Knaben Wunderhorn) mit den heutigen, aus ihnen hervorgegangenen Soldatenliedern ist in dieser Hinsicht besonders lehrreich. „Ein jedes Volkslied, das nicht zu drei Vierteln aus Unsinn besteht, ist der Fälschung dringend verdächtig", schrieb mir ein besonders guter Kenner dieses Gebiets.

Entsprechendes gilt auf allen anderen Gebieten. Die, soweit ich sehe, wichtigste Schlußfolgerung, die uns eine Betrachtung des Aberglaubens liefern kann, ist die, daß die für volkstümlich gehaltenen Produkte entweder nicht volkstümlich sind oder nichts taugen, d. h. mit unsachlichen und unlauteren Werten behaftet sind. Um volkstümlich zu sein, muß das Gute, Schöne, Wahre verflacht und den Masseninstinkten angenähert werden. Diese kennzeichnet auch der Mangel an sittlichem Ernst; die Vermeidung weiterreichender Ideenketten (das Zählen bis zu 5 als schwierige Arbeit! s. im ersten Teil); das Bestreben, für die Menge der Erscheinungen ein sie äußerlich einigendes Schema zu finden. Nur so lernen wir auch die im Sprichwort niedergelegte Volksweisheit verstehen. Ihre Regeln passen, wie der Fausthandschuh, auf jede Faust und doch auf keine, d. h. sie verhindern, wie er, den geschützten Organteil am zweckmäßigen Gebrauch. Der Haß gegen allen Fortschritt zeigt sich in der Wertung des „Hochmuts" als größter Sünde. Hochmütig ist nach allgemeiner Auffassung jeder, der, wenn auch in lauterster Absicht und mit völlig legalen Mitteln, irgendein wünschenswertes äußeres Gut anstrebt oder notgedrungen zur Schau trägt. Ich war unglücklich genug, frühzeitig ein Augenglas tragen zu müssen. Es war der Gegenstand leidenschaftlichen, neidischen Hasses der Straßenjugend meiner Heimatstadt und wurde, meine Sehkraft gefährdend, von dieser einmal mit einem Stein zertrümmert. — Mit der Wirklichkeit findet sich die Menge selbst in dem ihr günstigsten Falle auf dem Wege des herkömmlichen tastenden Experiments ohne Tatsachenerfassung ab. Das jedesmalige Gelingen wird, der Voraussetzung einer geregelten und zielbewußten Ursachenergreifung entbehrend, der Intuition und dem Zufall in die Hand gegeben. Deshalb „geht Probieren über Studieren". Haben wir nicht im Laufe unserer Darstellungen gesehen, daß gerade in dem Mangel des „Probierens", in dem Fehlen einer kritischen Wertung des experimentellen Ansatzes, die Verfehltheit der abergläubischen Handlungsweise läge! Der Aberglauben ist, praktisch betrachtet, nichts als aschgraue Theorie allervagster Art und deshalb der wissenschaftlichen Denkungsweise völlig entgegengesetzt. Er bewegt sich auf den leicht übersehbaren Plattformen, haßt die Höhen. Selbst da, wo er theoretisch (ich möchte sagen: dogmatisch) in der Einzelheit das Richtige zu treffen scheint, führt er in der praktischen Auswirkung in die Irre. Es heißt, um ein naturkundliches Beispiel erneut heranzuziehen, daß der Blitz die Eichen spaltet, die Myrten verschont. Das ist richtig. Ehe man sich aber über die Ursache eben dieser Sondererscheinung klar wird, mithin erkennt, daß die tiefwurzelnden großen Bäume durch ihren Kontakt mit dem Grundwasser als Blitzableiter wirken — eine der Volksdenkungsweise völlig unfaßliche Anschauung —, wird man die kleinste und größte, auf Grundwasser oder nicht auf Grundwasser stehende Eiche für gleich gefährdet halten und deshalb im Spezialfall das Richtige durchaus versäumen. Die mangelnde Einordnung in die großen (naturwissenschaftlichen, geschichtlichen, psychologischen) Zusammenhänge setzt den Abergläubischen der Gefahr eines die sachlichen Werte verkennenden Subjektivismus auf Schritt und Tritt aus. Dies gilt auch auf ethischem Gebiet. Leicht kann man verfolgen, wie der Zweckgedanke die Grundeinstellung herabsetzt. Wer eine Warze loswerden will, kann sie abbilden und das Bild alsdann zerreißen — so ist er ein Künstler. Als Gelehrter kann er sie „einfangen", indem er sie mit einem Faden umgibt, der alsdann vergraben wird; als Priester vermag er sie im Namen der h. Dreieinigkeit zu beschwören. Immer ist er der gleiche Egoist. Das „gelehrte" Mittel ist übrigens tatsächlich mitunter wirksam. Aber die falsche Wertung der Einzeltatsachen und leichtsinniges Tasten im Ungewissen verschuldet es, daß man zwischen der Warze und dem Lepra-Knötchen keinen Unterschied macht.

Eigentümlich beeinflußt die magische Einstellung, die den Wert in das kräftehaltige Medium legt und es selbständig handelnd sich vorstellt, auch so wichtige hygienische Handlungen wie etwa das Bad und das Waschen. Daß man baden soll, ehe man eine religiöse Zeremonie vornimmt, weiß jeder Hindu; daß man sich vor dem Betreten der Moschee die Füße waschen muß, jeder Moslem. Während aber der Operateur die Hände vor dem Anziehen der Gummihandschuhe aufs sorgfältigste sterilisiert, begnügt sich der Fromme damit, sie bzw. die Füße oder den Körper zu benässen — gleichviel, mit welchem Wasser und welcher Sorgfalt. Als ein mir befreundeter Arzt dieser Prozedur einmal zuschaute, sagte er: „Auf diese Weise bringt jener da die pathogenen Keime zum blühen!" Diese Oberflächlichkeit, dieser Formalismus, der das Gebet des Gläubigen von dem des Abergläubischen trennt — dort der formlose Verkehr mit Gott, hier die Formel als magisches Mittel zur Erlangung von äußeren Vorteilen —, läßt sich in der Auffassung vom Wesen und Wirken der großen Religionsstifter verfolgen. Sie verflüchtigt die sittlichen Größen zu solchen der Magie. Zarathustra, Christus, Buddha werden je länger um so mehr zu gewaltigen Magiern: Körperäußeres, Kleid, Pose, Zauberwort und Zauberhandlung (diese mit brutalem Effekt betont), verdrängen die historische Erscheinung, das bloße Lesen der Bibel (das in früheren Generationen die einzige Beschäftigung geringwertiger Individuen war) den Versuch ihres Verständnisses. In fast alle Sprachen übersetzt, ist sie dem gegenwärtigen Geschlecht noch zu mindestens 99% seiner Leser ein Zauberbuch, ein Versuch, sich auf bequeme Weise eine Stellung in Familie, Heimatort, Gemeinde und gegebenenfalls auch im Himmelreich zu sichern. Die Gebetsmühlen der Tibeter sind sachlich das gleiche, haben aber einen philosophisch-spekulativen Kern und finden sich nicht im wahren Buddhismus, sondern bei rohen Horden, die des Verständnisses dieser erhabenen Religion unfähig sind.

Wir haben auf das Material des Aberglaubens einen Blick geworfen. Es bleiben die wesentlichsten Momente zu betrachten, denen er seinen Ursprung verdankt. Wir nennen zwei: das vielleicht als intellektuell zu bezeichnende der Traditionsverehrung und das eher als psychisch zu bewertende des Fatalismus. Beide zeigen uns das Bild des Abergläubischen von verschiedenen Seiten, aber in gleicher Stimmungsfarbe: das Bild nicht des schaffenden, klar blickenden, mutvollen, sondern das des leidenden, Sinnestäuschungen unterlegenen, furchtsamen Menschen, der Messing für Gold hält, weil es von seiner Großmutter stammt und der seelisch an dem Tage zusammenbricht, an dem eine Zigeunerin ihm den Tod prophezeit hat.

Das Überlieferungsmoment begreift als Beispiel die Überschätzung der äußerlichen Kulturgegebenheiten in sich: wo Nacktheit Mode ist, wirkt die Bekleidung magisch. Das Gleiche gilt in umgekehrter Reihenfolge. Auf die ungeheure Bedeutung, die der Kleidung und dem Schmuck in der gesamten Menschenwelt zukommen, brauchen wir jetzt nicht noch einmal hinzuweisen; wir sahen, wie beide zu den wichtigsten magischen Zwecken angelegt wurden und aus welchen Gründen man beim Trauerritual sich ihrer entäußerte. Diese Gründe sind traditioneller Natur und für die Einzelexistenz unfaßlich; die Sitte, die aus der Tradition herauswächst, ist aber unbedingt zwingend. Wir gedenken nochmals des Inders, der erst durch sein Sektenzeichen zum wahren Menschen und durch seine Brahmanenschnur zum irdischen Gott wird. Wir betonen die Verfehltheit des veräußerlichten überlieferten Bildungsideals. Noch heute empfindet man den Deutschen als einen ganz ungebildeten Menschen, der nicht der neuesten Rechtschreibung mächtig ist, obgleich deren Fußangeln nur das bürokratische Genie sich zu entziehen versteht und ihr gegenüber die wundervolle chinesische Schrift leicht faßlich, ein Ergötzen für Auge und Seele ist. Noch zu unserer Väter

Zeiten mußte jeder anständige Mensch couramment französisch parlieren können und noch heute dünkt sich der Cornelius-Nepos-Ritter dem Oberrealschüler gegenüber als höherer Geist. Man klebt also auch hier noch, echt abergläubisch, am Stoff statt am Gehalt. Haß, Spott und Mißtrauen der einzelnen „Stände" gegeneinander waren die Folgen. Der Benachteiligte fühlte sich mit Recht aufs schwerste verbittert. Obgleich die Bildung unserer Zeit nur auf dem Gymnasium erwerblich, also käuflich war, machte sie den ihrer nicht Teilhaftigen zum Menschen zweiter Klasse. Ungeheuerlicherweise galt dies selbst für die Zulassung zum alten Heer. Wer nicht 35 Horaz-Oden auswendig gelernt hatte, konnte nicht das Abiturientenexamen ablegen, d. h. nicht Offizier werden, oder doch als solcher nicht über die niedrigsten Grade hinwegkommen. Am Felsen dieser Oden, am Vorgebirge des Cicero-Phraseologicums, des Kompendiums der unregelmäßigen griechischen Verba, scheiterten Intelligenz und Strebsamkeit, Leistungen in Staat und Welt, Menschenglück und Selbstvertrauen. Wir können die Erzeugnisse einer toten Scholastik der Erbbibel vergleichen, die zum Zaubermittel wurde, weil sie traditionellen, nicht sachlichen Wert hatte. Wie sie, liegt auch die Scholastik in den Händen von Magiern, Priestern vor dem Altar oder auf dem Katheder, in jedem Falle Volksunterdrückern, nicht Volksbefreiern.

Wir sahen, daß die Überlieferung den Aberglauben wahrt. Sie schafft ihn insofern, als sie die Vorstellung erweckt, daß ererbte Ideen richtig, ererbte Gegenstände zauberkräftig seien: beide haben sich „bewährt". Ihre zeitliche Bedingtheit wird verkannt, ihr Alter nach Menschenart aufgefaßt: man stellt sie sich wie einen vielhundertjährigen Greis vor, beladen mit einer Unsumme von Erfahrung, erwiesener Brauchbarkeit, Weisheit, Heiligkeit. Die Verfolgung der zeitlichen Linie nach rückwärts führt, entsprechend der idealistischen Auffassung, in ein goldenes Land und in das Zeitalter des uneingeschränkten Könnens. Die Wahrung dieser Sinnesrichtung und Verstandeselemente gibt eine eigne, auch äußerlich kenntliche Lebensbasis. Sie verleiht eine eigentümliche Sicherheit der Lebensführung, Unbeeinflußbarkeit durch fremde, selbst stark überlegene, geistige Kräfte und deren Träger, verbunden mit Symptomen geselliger Art, wie namentlich: Absonderung von der zugehörigen und entschiedene Ablehnung einer fremden Gemeinschaft, Lostrennung von deren Gebräuchen und Lebensauffassungen; auch Mißtrauen und Verschwiegenheit sind typisch.

Diese Gedankengänge legen mir die Gewissheit nahe, daß die uns fehlende, im Orient im allgemeinen vorhandene, allein wahre Bildung nur einer Art: religiöser Natur sein kann. Der deutsche Gott muß ins deutsche Herz, in Familie, in den Staatskultus zurückkehren. Die Befreiung der Bildungsmomente von den abergläubischen Gefühlstönen wird in der Praxis erst dann erfolgen können, wenn den sittlich-nationalen Werten ihr dominierender Platz gegönnt wird und wenn hinter ihnen alles zurücktritt, was letzten Endes doch nur dem Zeremoniell zugute kommt, durch das die materiell bevorzugten „Stände“ ihre Vorrechte und Vormachtstellung behaupten wollen. Diese vorwiegend religiöse Bildung muß das ganze Volk umfassen. Elternhaus, Schule, Gemeinschaft sind gleich geeignet, sie zu verbreiten. Wieweit das Christentum befähigt ist, eine solche innere nationale und völkische Einheit zu vermitteln, muß die Zukunft lehren. Es fremden, vermöge ihrer Geschlossenheit uns weit überlegenen Völkern aufdrängen zu wollen, hieße verbrecherisch handeln. Ist doch bei uns selbst die Masse, im wesentlichen abergläubisch, nicht christlich orientiert. Die Vorstellungen von Himmel, Gott und Teufel tragen, wie wir nunmehr sehen werden, die unverkennbaren Züge abergläubischer Denkungsweise in sich. Sie pressen religiöse Glaubensgebilde in eine religionsfremde deterministische Gedankenrichtung.

Dem Aberglauben ist es wesentlich, daß er im Naturgeschehen zwar Kausalketten anerkennt, sie aber aufs äußerste verkürzt, indem er sie auf dämonische Mächte als letzte Ursachen zurückführt. Wie in Urzeiten, gilt auch heute noch der „Himmel“ als prädestinierende Macht, wobei nicht verkannt werden soll, daß die Scheu vor dem göttlichen Namen es ist, die ihn an die Stelle der Gottheit, namentlich im Anruf, bringen kann. „Der Himmel“ soll gnädig sein, helfen, beistehen, strafen. Andererseits ist die Vorstellung von ihm noch in einzelnen sprachlichen Wendungen und Auffassungen von der des über ihm thronenden Gottes getrennt. Er ist danach eine Urmacht, der der Mensch nicht entrinnen kann; vor deren Anblick er sich fürchtet, wenn er eine Sünde begeht; die ihm Frost und Hitze, Regen und Sonnenschein und damit die elementarsten Bedingungen seines Daseins gewährt. Das Opfer, der Schwur, das Gottesgericht gehörten unter den freien Himmel. Da „der Himmel“ das Geschick des Menschen lenkt, hat er auch seine Todesstunde festgesetzt. Die den Leib verlassende Seele wird noch heute zu den Sternen oder dem Himmel leibhaftig enteilend vorgestellt. Er ist in jedem Falle unpersönlicher als die in ihm regierende Gottheit; man fügt sich ihm etwa so wie man dem Gesetz sich fügt: in stumpfer Gelassenheit, ohne nach Recht und Unrecht seiner Bestimmungen zu fragen.

Nicht so in anderen Kulturen! Hier hat entweder die Gottesvorstellung den Schicksalsglauben in sich aufgenommen, so daß Gott die Züge des harten Naturzwanges trägt: dies ist im Islâm der Fall. Oder das Umgekehrte hat stattgefunden: die Glaubens- und Gottesvorstellungen verblaßten vor der Prädestinationsidee; hierfür bietet Indien (natürlich mit räumlicher oder zeitlicher Einschränkung) ein Beispiel. Diese Ideenrichtung kann so sehr überwuchern, daß sie jeden Gottesglauben ausschaltet und sich lähmend über den ganzen psychischen Komplex legt. „Allah hat es so gewollt“, sagt der Moslem; sein Sklave vermeidet deshalb eine heilbringende Gegenwirkung auf natürliches und abwendbares Unglück. Im chinesischen Volkstum findet sich der gleiche Zug. Zu furchtbaren Folgerungen hat er neulich, sicherlich unter muhammedanischem Einfluß, im ostafrikanischen Kolonialgebiet Uganda bei den „Amalekitern", einer fanatischen Negersekte, geführt. Sie hängt dem Glauben an, daß Gott der Herr über Leben und Tod sei und daß der Mensch deshalb nicht versuchen dürfe, ein für den Tod bestimmtes Leben zu retten. Der Fanatismus der Sekte kam zum Ausbruch, als kürzlich der Versuch gemacht wurde, die in einem bestimmten Bezirk Ugandas wütende Pest zu bekämpfen. Die Amalekiter umringten unter ihrem Führer ein Dorf, in dem die vorgeschriebenen Abwehrmaßnahmen durchgeführt werden sollten, und bedrohten sowohl den Orts- wie den Distriktshäuptling, der zur Hilfe herbeigeholt worden war. Es kam sogar zu einem heftigen Feuergefecht mit der englischen Obrigkeit. — Bei Überschwemmungen haben sich auf chinesischen Gebieten ähnliche Szenen zugetragen. Brände, so z. B. der weltberühmte, sagenumwobene Brand des Kurukṣetra-Waldes in Indien, gelten durchaus als gott- und schicksalgewollte ungeheure Geschehnisse, die durch göttliche, nicht menschliche Kämpfe und Entschließungen zum Austrag gebracht werden. Nirgends ist von einem, wenn auch noch so bescheidenen, Abwehrversuch die Rede. In der Naturveranlagung des Russen liegt ein gleicher Zug. Ich wohnte einem gewaltigen Waldbrand im Inneren Rußlands bei, der nur dank besonders günstiger, äußerer Umstände unser Quartier verschonte; in dem, was ich damals sah, war nirgends tätige, gegenwirkende Kraft, kaum echte Furcht, sondern überall stumpfe Gelassenheit. — Endlich gilt auch der Krieg, den ja überall Götter, nicht Menschen entfesseln, als höheres Verhängnis. Dies ist selbst bei dem Kampf zwischen Mann und Mann nicht anders: das Gesetz, das zur Vergeltung treibt, wirkt sich rein dynamisch aus. Es schont den Unschuldigen nicht und sucht nicht den Schuldigen, sondern die als Täterin angesehene Gemeinschaft. (Nicht Individual-, sondern Kollektivhaftung wird statuiert.) Erscheint diese Gemeinschaft als übermächtig, so stößt man z. B. auf der Gazellenhalbinsel den ersten besten Mann nieder, damit dessen Verwandten sich wieder an einem Dritten rächen, bis die Kette der Morde so erschütternd wirkt, daß die Haftung des überlegenen Stammes zur greifbaren Wirklichkeit wird.

Das Schicksalhafte dieser den Einzelmord begünstigenden Vorstellung von einer „Ehre", deren Kränkung (durch Mord, verweigerte Gastfreundschaft, Höhnrede) den Tod des Kränkenden zur Folge hat, läßt sich in der Poesie des vorislamischen Beduinentums besonders gut nachweisen. Man sieht dort, wie die einzelnen zum Tode führenden „Schicksale" (Lebensabschlüsse) das Schicksal schlechthin ausmachen, das dann mit dem Tode identisch ist. Der quasi-religiöse Determinismus des (durchaus völlig irreligiösen) Arabers läßt sich hier auf seine Wurzel zurückverfolgen. Das (unpersönlich gedachte) Geschick „zählt", „bemißt", „bestimmt" als „Zuerteiler" dem einzelnen sein Los. „Der Gegenstand der Zuerteilung ist auch hier wieder der Tod." Die Sprache verdeutlicht das Gleiche mit wundervoller Klarheit. Aufs engste mit dem hier in Frage kommenden altarabischen: manā = zählen zusammenhängend, finden wir in den nabatäischen Inschriften das Wort Manawāt, der Bildung nach „Zuteilungen, Anteile" bedeutend, eine Zusammenfassung der Einzelschicksale, woraus sich aber eine konkrete Göttin entwickelt hat. Der Schicksalsbegriff ist also aus der Summe der den einzelnen treffenden Schicksalszufälligkeiten einerseits, aus der Addition der verschiedenen Todeslose der Menschheit andererseits entwickelt worden. Der Tod ist durchaus Schicksal. Deshalb rühmt sich selbst der wilde Beduine nicht unbedingt der Tötung des Feindes. Das Schicksalhafte tritt bei dem plötzlichen und unerwarteten Tode besonders stark hervor. Es macht sich auch im Einzelleben bei unerklärlichen Erscheinungen, selbst psychischer Art, geltend. Deshalb spricht der berühmte Imra'alqais von „verhängter Schande" und „verhängter Leidenschaft". — Die Astrologie hat diesen Determinismus verewigt. Die Todeslose der einzelnen, die Geschicke ganzer Völker, die individuellen Lebenslose, zu denen auch die Charakterveranlagungen und deren Auswirkungen im Denken und Handeln gehören, werden von den Sternen abhängig gemacht.

Die Macht des Islâm ist ebensowenig als die des Christentums fähig gewesen, die selbstgeschmiedeten Fesseln des Fatalismus zu zerreißen. Neben Allah und Gott tritt als Schicksal-setzendes Element auch der Teufel. Erstaunlich ist es, wie wenig er sich im Laufe der Zeiten verändert hat — der Aberglauben ist traditionell! Würde es Luther vergönnt gewesen sein, die Avesta-Texte zu lesen, so hätte er sie besser interpretiert als der gelehrteste Iranist der Gegenwart; denn er hätte nichts als das, was zugleich seiner Überzeugung entsprach und was er bereits aus Bibel und kirchlicher Tradition kannte, in ihnen wiederfinden können. Diese ältesten Kunden iranischer Religionsübungen kennen nämlich, nicht anders als der germanische Volksglauben, den Teufel als urweltlichen Riesen, der die Bauten der Götter zunichte macht, aber auch rohe Werke auftürmt (Zyklopen-Bauten, Steinhaufen; primitive Brücken); zugleich als Verursacher von Sonnenbrand, Kälte, Hunger, Mißwuchs und anderen Plagen bei Mensch und Vieh; als Verführer zu geschlechtlichen Verirrungen (Buhlteufel); als Seelenräuber; als Verblender. Auch verlockt er dort durch reiche Schätze. Sie sprechen von seiner Verwandlungsfähigkeit und machen ihn makrokosmisch zum Widersacher ihres obersten Gottes, der zwar in der Endzeit ihn besiegt, aber in der Zeitlichkeit immer und überall, im Großen wie im Kleinen ihn Schaden stiften läßt. Er ist zwar nicht Herr über unsere Seelen, aber doch immerhin als Schadenstifter gelitten. Keiner dieser Züge ist gegenwärtig, selbst im germanischen Volkstum, ganz verblaßt. Der volkstümliche Aberglauben, auch der Gegenwart, ist der Überzeugung, daß der Teufel beschworen werden kann, daß er, wie der des Parsismus, Verträge mit dem Menschen eingeht, sogar dem einzelnen oder der Gesamtheit hilfreich wird, daß er aber auch Siechtum und Tod hervorruft; daß er durch Krankheiten, Gifte, Naturelemente, Verderbung des menschlichen Charakters, Lüge, Verleumdungen, Einflüsterung von Bösem zu schaden vermag. Luthers mythenbildendem Gestalten erhebt er sich als Urriese, am Ende wie am Anfang der Zeit, zum letzten Entscheidungskampf mit dem zur kosmischen Riesengröße emporgehobenen Gottessohn, der ihn in seiner Hölle aufsucht und besiegt. Die volkstümlichen Höllenschilderungen bewahren viele, wenn auch unverstandene Züge alter Art. Der Teufel als schwarzes Roß findet sich schon in dem Avesta — ein seltsames Beispiel für die Treue der Tradition. Eine seit Jahrtausenden strömende, außerordentlich reiche Quelle abergläubischer Denkrichtung ist in dieser Form eines primären abergläubischen Faktors erhalten geblieben.

Kein gefährlicherer Feind konnte dem Glauben an die menschliche Willensfreiheit — das Vertrauen auf sie ist die erste Vorbedingung starken, reinen Handelns — geboren werden. Als „unglücklicher Zufall" oder „Pech" frisiert, wird dieser Dämon nicht bloß für selbstverschuldetes Mißgeschick aller Art, sondern auch für die eigenen Charakterschwächen und die aus ihnen fließenden Handlungen verantwortlich gemacht; ja, zu gewissen Zeiten gab es keine sittliche Schädigung oder unsittliche Handlung, die nicht auf ihn zurückgeführt und dadurch dem menschlichen Verantwortlichkeitsgefühl entzogen wäre. Wenn der Satan jemandem etwas „vorspiegelt", ihn „verblendet" oder „verführt", so daß er dieses oder jenes Truggebilde sieht, Wahres nicht sieht und (moralisch oder intellektuell) abirrt, so kann von einer freien Willensbestimmung nicht die Rede sein. In der Zeit der Hexenprozesse, d. h. des stärksten Teufelskultus, gab es keine, einer physikalischen Erklärung noch so leicht zugängliche Tatsache, die nicht zum Schaden der „Hexen" auf den Teufel zurückgeführt worden wäre.

Als prädestiniertes, dem menschlichen Willen entzogenes Element gelten Leben, Geschick und Charakter des einzelnen noch vielen unserer Zeitgenossen. Die Folgen dieser Lebensauffassung sind die denkbar ungünstigsten. Ich gebe abermals ein Beispiel aus dem eignen Erfahrungskreis: eine Frau teilte mir mit, daß ihre neun Kinder durch Vernachlässigung ihrerseits zugrunde gegangen seien. „Wenn sie sterben sollten, so wären sie auch bei sorgsamer Pflege gestorben." Ich erwiderte: „Ja, warum haben Sie sie nicht bei der Geburt versäuft?" Darauf die Antwort: „Wenn Gott mir den Verstand genommen hätte, so wäre auch dies geschehen." Auf dem Gebiet des logischen Schlusses ist dieser Auffassungsweise nicht beizukommen, so wenig, als einem moralischen Defekt überhaupt. Der größte Lump kann sich hinter die

Redensart flüchten: „Ich bin nun einmal so." — Dementsprechend wird bei dieser Einstellung der Kampf gegen die moralischen, sozialen, sanitären Schäden der Welt aufgegeben, ehe er begonnen hat. „Man muß das Leben nehmen, wie das Leben ist." Man blicke in die Familien unserer Kulturländer hinein. Wenn der Vater ein Trinker ist, so heißt es: „das liegt nun einmal in der Familie". Vernachlässigt sich der Sohn in sexueller Hinsicht, so „muß er sich austoben" — einfache Selbstverständlichkeiten! Als selbstverständlich wird es ferner angesehen, daß Kinder im frühesten Alter Krämpfe zu haben pflegen, daß sie bei der Zahnung erkranken müssen und später rachitische Knochenentartungen zeigen. Bei den Eskimos gilt der mörderische Hundewurm, bei den Fischern der Fischbandwurm und das durch ihn hervorgerufene Leiden, im Hochgebirge der Kropf als Selbstverständlichkeit. Die größte Unsauberkeit wird beschönigt: „Viel Läuse, viel Glück". Die palästinensischen Bauern lassen in den Augenwinkeln wehrloser Säuglinge die Schmeißfliegen ungestört brüten. Seuchen wie die Tuberkulose gelten noch vielfach als gottgegebene Geißeln. Leider ist selbst die christliche Priesterschaft an dieser Auffassung nicht immer unschuldig. In einem Traktätchen las ich die Wiedergabe von Briefen mehrerer, der Erbtuberkulose verfallender Menschen, die sich unter dem suggestiven Einfluß einer religiösen Gemeinde im Pubertätsalter bereits auf das Himmelreich freuten. — Die Abneigung gegen die Schutzinjektionen beruht auf der fatalistischen Miesmacherstimmung: „Es nützt ja doch nichts!" Nur rücksichtslose Geltendmachung der staatlichen Machtmittel kann hier die fatalistischen zwangsneurotischen Ideen dieser Art, die sich nach schweren Heimsuchungen besonders lebhaft zu zeigen pflegen, unwirksam machen.

Gegen die Naturgegebenheiten, die fälschlich als Naturgesetze gefaßt werden, vorzugehen, gilt seit uralters in noch viel höherem Grade als Wahnsinn und Sünde. Wir hatten davon gesprochen, daß der Mensch, zum mindesten der Arier — doch findet sich Analoges auch bei anderen Völkergruppen — sich von einer aus der Beobachtung von Zeit- und Ortgegebenheiten gewonnenen „heiligen Ordnung" abhängig fühlt. Der Jäger, der die Stunde versäumt, in der das Wild wechselt, der Fischer, der nicht vor Sonnenaufgang, wenn der Fischschwarm „zieht", am Fangorte ist — haben Mißerfolg. Der Ackerbauer muß rechtzeitig säen. So wird die Natur dem Menschen eine Göttin; er ihr Sklave. Das Gewöhnliche gilt ihm als naturnotwendig, das Seltene als naturwidrig. Die Beobachtungen leiden unter schweren Fehlern, so namentlich unter dem der Kausalverkettung zweier aufeinanderfolgender Erscheinungen (post hoc ergo propter hoc). Wenn man statt einer (abgeblühten) Getreideart eine andere sieht; statt eines davongezogenen Vogels einen anderen beobachtet; wenn an die Stelle des verstorbenen Menschen dessen Nachfolger tritt, so hält man die zweite Erscheinung für eine Fortsetzung der ersten. Dies gilt in erhöhtem Grade zu „heiligen“ Zeiten. Nach Todesfällen kann, namentlich nachts, jede Eiche einen Riesen, jede Weide einen Elben (Goethe), jedes aufgehängte Kleidungsstück des Verstorbenen dessen wiedererwachte Person vortäuschen. Das Furchtmotiv kleidet sich in jede beliebige Form und läßt jeden beliebigen Kausalschluß zu; den Nachtdämonen ist deshalb die Verwandlungsfähigkeit eigen. Die Nacht ist die äußerste Einengerin der Willenssphäre, deshalb in höchstem Grade und ganz allgemein „heilig“; ja, der Gesamtbegriff der „Heiligkeit“ in den ältesten arischen Literaturen ist aus dem Gefühl der angeblichen Undurchbrechbarkeit des natürlichen Wechsels zwischen Nacht und Licht geflossen. Und doch konnte dieser Turnus durchbrochen werden. Das Feuer ist es, das die Nacht zum Tage und damit den Willen des Menschen zum Umgestalter des göttlichen Schöpfungsplans machte — wenngleich der Mensch, hier mehr töricht als bescheiden, die künstliche Lichtquelle und ihren Spender zu Gottheiten erhob und eben deshalb die alte Mutter Nacht entthronte, d. h. ihres Rechts, unsere Sinne, unseren Besitz als Opfer dahinzunehmen, beraubte.

Was damals gelang — die gewaltsamste aller Bemeisterungen der Natur-„Ordnung“ —, sollte uns in viel bescheideneren Grenzen gegenwärtig unmöglich sein? Es sollte, um aus dem Wirtschaftsleben ein Beispiel heranzuziehen, zuwider dem Sprichwort „Unkraut vergeht nicht“, undenkbar sein, auf dem ländlichen Felde das „Unkraut“, die parasitären Gewächse, auszurotten? Die Krankheiten zu bekämpfen, die unsere Getreidearten; die infektiösen oder unerkannten Leiden, die den eignen Leib heimsuchen? Hat wirklich, wie die Bibel sagt, der böse Feind das Unkraut unter den Samen des Getreides gebracht? War es der jüdische Gott, der die Heuschrecken-, Mäuse- und die übrigen ägyptischen Plagen erfand und losließ? Selbst dies zugegeben: sollten wir uns gegen seine Heimsuchungen nicht zu wehren berechtigt sein? Sollten wir sie als gottgegebene Geißeln hinnehmen? Nun, in allerneuester Zeit nimmt man den Kampf gegen die Naturplagen im größten Maßstabe auf. Die Nordamerikaner bekämpfen mit einem ganzen Truppenkontingent die krankheitverursachende Mücke. In Italien fand ein von allen Kulturstaaten veranlaßter Heuschreckenkongreß statt, der die mit den nötigen Machtmitteln ausgerüstete Leitung der beschickenden Länder zweifellos zum gemeinschaftlichen und siegreichen Kampf gegen den alten Feind aufrufen wird. Zwei Gegner erwachsen solchem Streben: die in fatalistischen, naturgebundenen Gedankengängen beharrende Masse und die Priesterschaft. Für die Masse ist das Alte der Gott. Der Bauer haßt von Herzen jede neue landwirtschaftliche Maschine, der Fischer den ihm bislang unbekannt gewesenen Fischdampfer; der Jäger ist der geborene instinktive Feind der staatlichen Schutzmaßnahmen für Forst und Wild. Es mag rührend erscheinen, wenn der sein Getreide einfahrende Landmann die hinterherziehenden Feldmäuse als Glieder im Körper seiner Besitzung ansieht: sie sind „da" und deshalb „nötig". Die unausbleiblichen Folgen einer solchen Auffassungsweise sind, zum mindesten für unsere fernere Zukunft, darum nicht minder verderblich.

Einen doppelten Haß wendet die Menge der technischen Neuigkeit zu, die sie nicht versteht; denn die psychische Grundlage der Masse ist durchaus quasireligiös-fatalistisch. Die Abneigung gegen das Behringsche Serum, die Schutzimpfungen gegen Cholera und Typhus, beruhen auf der Ehrfurcht vor einer Macht, gegen die man den Kampf nicht aufnehmen will, oder auf der Furcht vor dem diesen Streit nicht scheuenden Medium, dem Schutzgift. Gewiß sind solche Vorgänge teilweise unterbewußt, aber eben deshalb nicht minder wirksam. Unter den zahlreichen Tausenden, die in meiner Gegenwart zu prophylaktischen Zwecken injiziert wurden, waren es während des letzten Krieges unter den aktiven Frontsoldaten mindestens 3 pro mille, die unter der Spritze ohnmächtig zusammenbrachen; unter den Ungedienten, also körperlich Minderwertigen, das Mehrfache dieser Zahl. Man kann den Haß, den Widerwillen dieser Leute gegen den Kampf mit dem als Geschick, als Fatum, empfundenen Naturablauf einer Krankheit wohl verstehen; man kann das Entsetzen begreifen, das des Landmanns sich bemächtigt, wenn er etwa hört, daß der elektrisch erwärmte Ackerboden im Winter Früchte bringt — die „Frucht zur ungewöhnlichen Zeit" soll ja immer Unglück bedeuten —; daß der Chirurg durch Transplantationen nicht bloß fremde Knochen und Muskeln, sondern auch Drüsen mit innerer Sekretion dem Körper nutzbringend gestalten und z. B. durch Überpflanzung von Schilddrüsenteilen völlig verblödete Individuen zu leidlich normalen Menschen machen kann. Ja, noch mehr als das! Mit dem Genius steht die Natur in ewigem Bunde. Venen, auf Arterien überpflanzt, nahmen deren Eigenart an. Gefäße desselben oder eines artgleichen Tieres heilen unversehrt ein, während artfremde, langsam absterbend, durch arteigenes, zweckentsprechendes Gewebe ersetzt werden. Es gelang, aus der Aorte eines „Sterbenden" einen Blutpfropfen zu entreißen. Der Mann wurde auf dem nächsten Chirurgenkongreß den Fachkollegen heil und gesund vorgestellt. — Was auf naturwissenschaftlichem Boden möglich ist, findet auf sittlichem seine Entsprechung. Alle großen Taten der Weltgeschichte — von den am wenigsten bekannten gilt dies am meisten — sind „naturwidrig". Naturwidrig ist die Absage vom Geschlechtsverkehr, die Gesamtheit der asketischen Maßnahmen, die der Natur und dem Geschick den eignen Willen aufzwingen wollen. Und doch bilden alle diese Handlungen in ihrer großen Einheit das, was der Mensch der alten Zeit als Äußerungen seiner eignen, gottgleichen, ja übergöttlichen Macht empfand, was wir als sein wesentlichstes religiöses Ideal bezeichnen, — Fatalismus im Sinne der willkürlichen Selbstbeschränkung ist gewollte Unsittlichkeit.

Geschichte und Beobachtung lassen erkennen, wie die fatalistische Geistesrichtung entsteht. Sie ist, wie wir sahen,sehr erheblich von der Einstellung des Menschen zum Todesproblem abhängig, diese ihrerseits aber ganz wesentlich durch Rasseneigenart bedingt. Wer die Vertreter fremder, etwa indischer und ugrofinnischer Völker, sterben sah, wird voll Erstaunens den Abstand betrachtet haben, der diese gleichmütigen, unerschrockenen Menschen selbst von dem tapfersten deutschen Soldaten trennte. — Für den Araber gestalten sich (sprachlich wie quasireligiös-weltanschaulich) die Glückszufälligkeiten seines Lebens zu dem, was er sein „Schicksal" nennt, wobei die Pechfälle überwiegen, ja, allein gezählt werden. Eine derartige Konstruktion des Lebensgeschicks setzt zweifellos eine gewisse Abstraktionsfähigkeit, ja, Resignation, voraus, die dem reinen Tatenmenschen fremd ist. Der Forschungsreisende, dem eine Expedition in entlegene Gegenden fast das Leben gekostet hätte, besucht dieselben pflichtgemäß von neuem; der Seemann, der sein sinkendes Schiff hat verlassen müssen, läßt sich, kaum an Land gekommen, abermals anmustern. Aber es gibt auch empfindliche Charaktere, solche, in deren Inneren der erlittene Insult dauernde Schädigungen hervorruft. Dann wird der Schädiger und dessen ganzer zeitlicher und örtlicher Komplex, das Milieu, aus dem er hervorgegangen ist, zu einem dem Geschädigten überlegenen Dämon. Dieser legt ihm eine „heilige Scheu", eine Summe unterbewußter Hemmungen, auf, die sich nicht zu einem begrifflich einheitlichen Komplex verdichtet zu haben brauchen, vielmehr dem modernen Beobachter als „Launen" sich zeigen. In der Rätselhaftigkeit dieser Seelenäußerungen, in dem scheinbar grundlosen Meiden mancher harmlosen Dinge, der Furcht vor gewissen Zeiten oder Gegenden, liegt ein für den Primitiven höchst magisches Element verborgen, das nicht bloß das furchterweckende Kausalmoment, sondern auch den Fürchtenden in ein höheres Licht bringt. So entstehen totbringende Stätten, so die sie erkennenden Menschen, die „Priester des Aberglaubens". Unter ihnen bilden sicherlich die kriegserprobten Männer, deren Nervenveranlagung sie psychisch an die Erlebnismomente fesselt, eine wichtige Gruppe.

Ein Erlebnis aus der Westfront des letzten Krieges wird dies veranschaulichen können. Dort schlug in einen stark gedeckten, zwischen den Gräben und den rückwärtigen Verbindungen vermittelnden Gang ein Ferngeschoß ein und hätte beinahe einen ebenda sich aufhaltenden, jungen Offizier verschüttet, der als Befehlsempfänger (wenn ich mich recht erinnere) diesen Gang täglich zu begehen hatte. Seit jenem Augenblick verhinderten zwangsneurotische unterbewußte Angstvorstellungen den Leutnant, den gedeckten Weg zu benutzen. Er zog es trotz der unvergleichlich viel größeren, ihm nun drohenden Gefahr vor, den Weg über freies Gelände von den Gräben zur Ruhestellung zu begehen! Bei dem Versuch, den geschützten Gang zu betreten, erlitt er Hemmungen, denen er trotz eiserner Energie und des Gefühls, sich bei seinem Truppenteil zu schaden, nicht gewachsen war. Wäre jener Offizier besonders angesehen gewesen — das „Ansehen" des militärischen Vorgesetzten hatte immer einen gewissen magischen Anstrich — so hätte die sich auf die beschriebene Art entwickelnde „Eigentümlichkeit" („Laune") genügen können, diese rückwärtige Verbindung zum Todeskanal, zum „heiligen Ort", zu machen. Einer Summe solcher Erfahrungen erliegt das allmählich in dämonistischen Schlingen sich verwirrende freie Urteil des Trägers abergläubischer Ideengänge. Noch heute sind gewisse Zeiten mit unheilvoller Magie geladen. Die Selbstmordstatistik Berlins zeigt, daß die Suizide in der Silvesternacht in überraschender Weise sich häufen: der vom Schicksal geschädigte Mensch sieht in dem anrückenden Neujahrstag eine unübersteigbare Wand, der er entgeht, indem er in den Abgrund des Todes springt. Es geschieht dies um so leichter, als er geneigt ist, vor dem Neujahrsmorgen „das Schicksal zu befragen" und dessen Künder oder Künderinnen ihm ungünstigenfalls den Tod weissagen. Nicht mit Unrecht pflegte man deshalb in Ostpreußen, solange in den Stunden der Jahreswende die Sitte des „Glücksgreifens" (der Verlosung kleiner Tonfiguren, die etwas Bestimmtes „besagten") bestand, den Totenkopf auszuschalten. Daß Todesorakel Selbstmorde zur Folge haben können, ist durch mehrere Beispiele erweislich. Solche Wahrsagungen haben auch dann, wenn sie von „klugen Frauen" verlautbart werden, um neu geborenen Kindern den kaum gesponnenen Lebensfaden abzuschneiden, verhängnisvolle Folgen. Mir ist die ostpreußische Volksmeinung bekannt, daß, wem bei der Geburt „das Weiße" am Nagel fehlt, früh sterben muß. Schwere Gemütserschütterungen der schonungsbedürftigen Wöchnerin, unter Umständen auch Vernachlässigung des Neugeborenen — „es stirbt ja doch" — sind die Folgen solchen Wahns.

Wir streifen damit aufs neue die „Signaturenlehre", den verderblichen Glauben, daß man von dem Äußeren auf das Innere schließen könne; daß körperliche, namentlich durch Krankheiten hervorgerufene Entstellungen ihre Träger moralisch herabsetzen müßten. Die Auffassung von der Krankheit als „Folge der Sünde" grassierte fürchterlich unter der Menschheit, verhinderte die einfachsten, längst gekannten Abwehrmaßnahmen und führte zu schauerlichen Brutalitäten, besonders auch in der Behandlung der Irren. Ich gedenke hier eines Vorstoßes, den die christliche Theologie in den 20er und 30er Jahren des vergangenen Jahrhunderts gegen die erwachende Psychiatrie unternahm. Unter den mit den Kainszeichen äußerer Sonderbarkeiten versehenen Menschen konnten viele hochwertige Existenzen gelebt haben. Selbst die „Verrückten" — jeder, der von der Masse und ihren Gewohnheiten abweicht, gilt ihr als „verrückt" — waren sicherlich nur zum kleinen Teil schwere, hoffnungslose Psychopathen, zum weitaus größten Hysteriker, denen durch die Unterstellung, daß sie an ihrem Leiden selbst „schuld" seien, jede Lebenshoffnung untergraben, jede Besserung des eignen Zustands unmöglich gemacht wurde. Denn die dämonologischen Furchtempfindungen sind die eigentlichen Teufel der Hölle, die für solche Kranken Leben heißt. Die „Wahnsinnigen" des Theaters, namentlich auch der Shakespeare-Bühne, sind durchaus nur Hysteriker. Sie sind durch Einwirkungen der Außenwelt in ihren Zustand gebracht worden. (Anders steht es freilich um den „melancholischen Jack" und König Heinrich VI.; diese sind „Heilige" im Sinne Shakespeares.)

Damit erhebt sich die Frage, wie stark die Gegenwirkungen sein können, deren der Abergläubische im Kampf mit dem ihn heimsuchenden Furchtelement fähig ist; welchen Ausgangspunkt die magische Furcht besitzt; wo und wann sie einsetzt und welche Gebilde in der Außenwelt sie hervorruft. — Ihre wesentlichste Quelle ist, psychologisch gefaßt, der Glaube an ein Machtmittel irgendwelcher Art. Er allein macht das Zaubermittel wirksam, das heilen oder verderben, Reichtum oder irgend ein anderes Gut des Lebens herbeischaffen kann. Er äußert sich wesentlich in der Furcht vor dem Zauberer und seinen Handlungen. Deshalb ist im Zeitalter der Magie der Mann, der das Fürchten nicht kennt, der eigentliche Held, wobei wir unter Furcht die Angst vor magischer Gegenwirkung zu verstehen haben. Ein solcher „Held" vermag es, in leeren Häusern zu schlafen, Gespenster auszulachen, sie anzugreifen, mit ihnen zu tanzen. Er ist der Übermensch im Sinne seiner Zeit, oft der tollkühne Narr, der Lästerer an der „Religion" der Zaubervorstellungen. Während er dem Gespenst den Schädel einschlägt, läuft der „Gläubige", der abergläubische Durchschnittsmensch, in solchen Fällen davon. Aber dies Weglaufen bedeutet den Tod durch Angstempfindung (psychischen Schock). So kann der „Glauben" Leben und Willen nicht nur in eine verderbliche Richtung bringen — der Angsterfüllte unterliegt jeder Suggestion —, sondern auch beiden zum augenblicklichen Stillstand verhelfen. Die Fundamentalfrage, ob der bloße Glaube an das Bedrohtsein durch ein todbringendes Moment den Tod herbeirufen kann, darf hier nicht ganz unerörtert bleiben, denn in Zeiten und bei Völkercharakteren, die unterbewußten Einwirkungen stark zugänglich waren, dürfte bei Bejahung dieser Frage die Todesangst, hervorgerufen etwa durch einen Fluch, Zauber, Prophezeiung, überaus häufig den letalen Erfolg gezeitigt haben. Ganze Gruppen von Zauberwirkungen erscheinen uns in hellerem Lichte, wenn wir uns darüber klar werden, daß die bloße, ins Unterbewußtsein übergegangene Vorstellung von der Realität und unbedingten Wirksamkeit einer (nach unserer Überzeugung nicht vorhandenen) Macht eben die Wirkungen auslösen kann, die im Wesen dieser Macht beschlossen sind. — Man glaubte etwa zu unserer Großväter Zeiten noch, daß Träume schrecklichen Inhalts zu töten vermögen, weil „Phantasie den Schatz des Lebens rauben kann" (Shakespeare); ferner auch, daß übermäßige Freude tötet. Mehr als die hierher gehörigen strittigen Fälle interessiert die Frage, ob Furcht oder Schrecken — der letztere ist eine in der primitiven Psychologie für besonders mächtig und gefährlich gehaltene Seelenregung — das Gleiche zu leisten vermögen. Ich weiß nicht, ob die Erzählung auf Wahrheit beruht, daß ein Landesfürst einen Verbrecher im letzten Augenblick begnadigte, ihm aber mit einem nassen Tuch einen Schlag auf den bereits auf den Block gelegten Nacken geben ließ: der Mann war tot, als man ihn freilassen wollte. Andere, instruktive, m. W. nicht gesammelte Fälle aus Kunst und Leben gehören ebenfalls hierher: die bekannte Geschichte von dem Reiter über den Bodensee. Die neueste medizinische Literatur berichtet von einer Patientin, die aus Furcht vor der Narkose vor dem ersten Aufguß von Chloroform auf die Maske starb. Die Unfallstatistik teilt das tragische Ende eines gelernten Starkstromarbeiters mit. Er berührte einen Hochspannungsdraht, von dem er fälschlich glauben mußte, er sei geladen, und — fiel sofort tot zu Boden. Mehrfach wird von Menschen berichtet, die, etwa vor Mitternacht, Geisterstätten besuchten, Geisterverrichtungen (Tänze, Bewegungen unverständlicher Art, Gespräche) beobachteten, an „heiligen" Stätten oder zu „heiligen" Zeiten prophetische oder anderswie kraftbegabte Wesen belauschten (z. B. Pferde den Tod ihres Herrn in der Neujahrsnacht besprechen hörten) und dann sofort oder auf der Flucht von der Schreckensstätte tot zusammenbrachen. Einen Fall dieser Art kann ich als wahr verbürgen. Die Beobachtung der Dämonenwelt, d. h. das Nachgeben gegenüber solchen traditionell gefestigten Wahngebilden, hat auch Wahnsinn zur Folge. Es genügt weder Flucht noch passiver Widerstand zur Vernichtung des Truggebildes, d. h. zur Gesunderhaltung. Wer flieht, stirbt; wen die Elben antasten, wird irrsinnig. Die körperliche Berührung durch das „Gespenst" vermittelt überaus häufig den völligen Zusammenbruch („Erlkönig").

Es ist deshalb die (im weitesten Sinne des Wortes) aggressive Methode die allein gegebene; denn nur sie kann im Kampf zwischen Suggestion und Konträrsuggestion der letzteren zum Siege verhelfen, den Leidenden retten. Man lache das Gespenst aus! Allerdings auf die Gefahr seiner gefährlichsten Rache hin. Man zeige ihm, wenn es sich als Mahr (Alpdrückengeist) auf den eigenen Körper legen will, das nackte Hinterteil (eine der vielen Hohngebärden); spreche bestimmte Worte oder schweige völlig. Das Volk kämpft wie ein Löwe mit seiner eignen dämonistischen Furcht. Als deren Überwinderin wird ihm das alte Weib zur Heldin. Es benutzt die ihm als Küchenherrin geläufigen Waffen: alte Töpfe, mit denen es den Dämonen die hirn- und fleischlosen Schädel einschlägt; jedoch auch Waffen im engsten Sinn, oft urzeitlicher Art (Steinbeile). Moderne Feuerwaffen werden meist von Psychopathen gebraucht, besonders häufig im Delirium des Alkoholikers. Uns interessieren nur eigentlich psychogene Abirrungen, weil sie sich, angesichts der suggestiven Eigenart ihres ersten Trägers, leicht verbreiten.

Die Macht der primitiven Religionen beruht auf der Suggeribilität, die von deren Kultobjekten ausgeht. Das Sektenwesen addiert diese diffusen Furchtträger und deponiert die Summe in einem Einzelwesen. Die Kunst kann, da sie wesentlich auf das „Ahnungsvolle" im Menschen wirken will, derartige Gebilde nicht unberücksichtigt lassen. — Aus den Gebilden der Natur hebe ich den Blitz hervor: wo er sich zeigt, ist er stets höchster Furcht- und Kraftträger; unter denen der Kunst wähle ich als Einzelheit: Schillers „Verschleiertes Bild von Saïs"; aus den Religionsformen greife ich als Vorstellungen des AT. heraus: den Glauben, daß die Berührung von Jahves Thron und sein Anblick tötet; daß sterben muß, wer in tabuïsierte Räume (das Allerheiligste vom Tempel, in Männerhäuser) eindringt, am hellen Tage einen Häuptling sieht u. a. m. Wer von Flüchen oder Schadenzauber sich getroffen fühlt und keine Abhilfe weiß, d. h. an Abhilfe nicht glaubt, siecht in zahllosen Fällen hilflos dahin. Ein lange im Orient tätig gewesener Arzt hält den Tod durch Suggestion für möglich: „Wenn der Orientale sterben will, stirbt er". Wir können mit nicht geringerem Recht sagen, daß sich durch Willenskraft das Leben verlängern läßt. Dies ist dem sterbenden Buddha gelungen. Ein moderner Fall dieser Art ist mir aus der Literatur über den Krieg v. J. 1870/71, ein zweiter durch Augenschein aus dem Weltkrieg bekannt. Ähnliches ereignet sich, wenn auch weniger manifest, immer wieder. Es ist danach nicht zu bezweifeln, daß Flüche zu töten vermochten (Apostel Paulus), daß Zauberformeln, die den Lebenswillen aufs äußerste unterstützen, lebenrettend wirken können, namentlich auch nach Schlangenbissen und bei großen Blutverlusten. Daß alle diese Hilfsmittel völlig unkritisch angewandt wurden, versteht sich von selbst. Der Biß der Kobra ist absolut tötlich, und zwar starben die nach allen Regeln der Chirurgie behandelten Versuchstiere an ihm genau so schnell als die ihrem Geschick Überlassenen. Und doch gibt es „Schlangensegen" nach Kobrastich.

Durch Suggestion werden Pseudo-Epileptiker „geheilt". Hysterische Lähmungen kann man, selbst wenn sie Jahre alt sind, durch bloßes „Anschnauzen" in Ordnung bringen, namentlich bei verlotterten und verzärtelten Kindern. Hautreize, ja Verbrennungen, sind durch Suggestion erzielbar und heilbar. Ein ungeheuerlicher Fall dieser Art, der allerdings weniger als die eben angedeuteten an biblische Wunder anklingt, ereignete sich bald nach dem deutsch-österreichischen Kriege in einem böhmisch-deutschen Grenzdorf. Dort litt ein einfaches Mädchen an einem harmlosen Bläschenausschlag. Die h. Maria erschien ihr eines Nachts und sagte zu ihr: „Mein Kind, von jetzt an heilts!", worauf sie gesund wurde. An diesem Platz entstand eine wertvolle Kirche. Ihr und ihren Priestern fielen die reichen, von frommen Menschen gespendeten Gnadengaben zu. Das Mädchen, dessen Ausschlag durch ihren „Glauben" günstig beeinflußt worden sein mag, erzählte meiner streng katholischen Gewährsmännin, die diesen „Seelenheilquell" zum Wohnsitz sich auserwählte, etwa um zwei Jahrzehnte später ihren Fall so: ihre Brust war vereitert, die Wunden von üblem Geruch, keine Hilfe möglich, alles mied sie; da kam die Marienerscheinung; die Heimgesuchte riß bei der Vision den Verband ab: es zeigte sich völlige Heilung. Die Wiedergenesung wurde in den weitesten Kreisen als Wunder gepriesen. Sie war widerfahren: der Maria Kade aus Philippsdorf. — Man sieht, daß noch gegenwärtig Heilwunder möglich sind, und sieht, wie schnell sie entstehen, sowohl durch Suggestion der Patientin wie des Publikums, namentlich, wenn eine an der materiellen und ideellen Seite interessierte Priesterschaft dahintersteht. Jedenfalls lehrt diese Geschichte, daß auf dem Wege der Suggestion, die das Heilwunder doch erst ermöglicht hat, — die Reihenfolge ist: fester Glaube an die h. Jungfrau als Retterin; einsuggerierte Vorstellung von der Schwere des Leidens; Gebete; eine aus ihnen herauswachsende Halluzination — auch chronische (angebliche) Leiden gut beeinflußt werden können. Durch ein solches Gebetsverfahren glaubt man dem Todesgeschick entgehen zu können.

Mit der aus solchen Verirrungen sprechenden Furcht vor dem Tode (die Komplexkomponenten: Nacht, Tod, Krankheit gehören aufs engste zusammen) sich irgendwie abzufinden, war ehemals, wie wir sahen, der Zweck der alten Religionssysteme; ist gegenwärtig das wesentlichste Problem jedes einzelnen irgendwie zum Nachdenken geeigneten modernen Menschen. Noch vor kaum mehr als 25 Jahren konnte ein Physiolog in öffentlicher Rede uns mitteilen, daß das Geheimnis der Phänomene des Sterbens und des Todes deshalb so wenig gelüftet sei, weil über ihnen ein Grauen läge, dem sich selbst der Forscher nicht zu entziehen vermöge. Man suchte sich dieser Empfindung durch die zweckmäßige Behandlung der frischen Leiche zu entledigen. Denn, was wir etwa auf weiten Reisen oder im Feuergefecht so lebhaft empfinden: mein Kamerad liegt plötzlich tot neben mir; ich denke: bald liegst du neben ihm — das teilte sich mit äußerstem suggestiven Zwange auch dem „Naturmenschen" mit. Der räumlich oder zeitlich nächste Verstorbene verursacht den eigenen Tod!

Dadurch wird die Bestattungsform zum Lebensproblem. In ihrem Dienst stand beispielsweise die hauptsächliche Kulturarbeit Altägyptens. Sie richtet sich nach dem Maßstabe äußerer Opportunität (man kann die Leiche nicht verbrennen, wo es an Brennmitteln fehlt), vor allem aber nach dem Grade der Furcht vor dem Toten. Am meisten Angst hat man vor Hexen und Zauberern oder Menschen, die dank ihrer Stellung deren magische

Fähigkeiten besitzen (Häuptlinge, Könige). Das radikalste und überall angewandte Mittel zu ihrer Vernichtung ist die Verbrennung, auch nach erfolgloser Erdbestattung, da die Geistergewalt die Sargerde zu heben vermag. Im März 1928 starb im Dorfe Rosztovce in Karpatho-Rußland die 80 Jahre alte Maria Kudra, eine gefürchtete Hexe. Sie erhob sich aus dem noch nicht geschlossenen Sarge; bald darauf aber erschien sie, vielfach zu gleicher Zeit, auch nach ihrem Erdbegräbnis, den Dorfbewohnern, denen sie sich sogar (als Alpdrückengespenst) auf die Brust setzte. Nun beschlossen diese, das Weib zu verbrennen. Sie schichteten einen Scheiterhaufen und setzten den Sarg mit der Leiche nächtlich auf ihn, nahe dem Grabe. Nur dem Einschreiten der Gendarmerie war es zu verdanken, daß die Einäscherung nicht zur Ausführung kam. Aber die abergläubische Bevölkerung war damit nicht zufrieden. Sie wollte die Leiche um jeden Preis verbrennen. — Wie rührend wirkt die mir aus der eignen engsten deutschen Heimat wohlbekannte Sitte, das früh verstorbene Mädchen, bräutlich gekleidet, in den Sarg zu legen. In Mittelschlesien wird sogar das Trauerhaus bei der Bestattung unverheirateter Personen wie zu einer Hochzeit geschmückt und ein vollständiges Hochzeitsmahl zugerichtet. Auch bei den Letten soll die Bestattung junger, im Heiratsalter verstorbener Personen auf das fröhlichste gefeiert werden und der zweite und dritte Tag geradezu Hochzeit heißen. Den wirklichen Sinn dieser Bräuche deutet der Araber Mas'ûdî (um 940) an, indem er von den heidnischen Russen sagt: „Wenn einer als Junggeselle stirbt, so verheiraten sie ihn nach seinem Tode." Dies geschah bei dem Leichenbrande toter Häuptlinge, indem man dort die erdolchte, wie in Indien die noch lebende Frau auf den Scheiterhaufen warf. Von dem uns durch die antike Berichterstattung bekannten, sehr hohen Eindruck, den diese Zeremonien im erstgenannten Falle auf den sie uns mitteilenden Araber, im zweiten auf das zuschauende Griechenheer ausübten, können wir auf deren für den Aberglauben außerordentlich gesteigerte Bedeutung schließen. Die Furcht vor dem den Gatten und damit das Sterbehaus und den Stamm heimsuchenden Toten konnte zu keinen folgerichtigeren, allerdings auch zu keinen brutaleren Handlungen führen als diesen.

Der Zeitpunkt des Bestattungsvollzugs war besonders „heilig", schuf bei gesteigerter Suggestibilität der Leidtragenden eine ungewöhnlich reine magische Basis. Man „ahnt" den Tod. Aus solchen „Ahnungen" stammt die gesamte Vorzeichenkunde. Was immer im Bereich des „Ahnenden" ist, wirkt seinem Furchtinstinkt assimiliert. Beim Tode muß alles schreien; wenn deshalb im Zimmer eines Kranken die Dielen „schreien" (knarren), künden sie den Tod voraus. Die Einheitlichkeit solcher Leichenklage steigert den magischen Effekt ungemein. Wird sie ideal, so erweckt sie den Toten zum Leben: wenn auf Erden alles weint, erwacht Baldur wieder. Aber nur einmal, im nordischen Mythus, hat die Leichenklage diesen Erfolg. Der Tote bleibt sonst tot und ein in tausend Gestalten sich zeigender Schrecken für den Überlebenden. Die alten indischen und chinesischen, dies Gebiet der Todesahnungen erschöpfenden Texte reden eine überaus düstere Sprache. In den Tragödien Shakespeares bewirkt die Todesahnung wiederholt eine völlige Willenslähmung der vor der Katastrophe stehenden Helden, so namentlich bei Hamlet, ferner bei Antonius, Macbeth, Richard III. Es zeigt sich ein auch bei Goethe stark hervortretender fatalistischer Zug: das Geschick treibt den Menschen (dies gilt freilich nur vom Genie) auf die richtige Bahn, wenngleich gewöhnlich nach langem Irren. Es „läßt den Armen schuldig werden". Nur diese Vorstellung von der schicksalbedingten Schuld, die keine moralische Schuld in unserem Sinne ist, erklärt auch Fausts Person und Leben. Das Schicksalsproblem (Willensproblem) steht fast zentral in den Hauptgestaltungen Goethescher Kunst da. Allerdings wiegt der Glaube an den Sieg des Genies über die determinierende Macht vor. Ganz anders im Volksglauben. Aus kleinen Lebenserfahrungen entnimmt der Schwächling, daß ihn nun einmal das Pech verfolge, auch in kleinen und kleinsten Angelegenheiten, daß er stets die „Elektrische" verpasse, den Klosettraum stets besetzt finde, daß sein Brot immer auf die Butterseite falle. Er wird nicht von einem guten Schutzgeist (daher: Agathangelos) sondern vom Pechvogel (Kakodaimon) begleitet. Die unausbleiblichen Depressionen als Folgen dieses abergläubischen Wahns heben dann den Rest seiner Widerstandsfähigkeit und Brauchbarkeit auf und liefern den Geschädigten willenlos den niemanden verschonenden Schicksalsschlägen aus. Dieser Herabgesetzte bietet dann ein eigentümliches, tragisch-widerliches Bild: bei ihm zeigt sich, wie bei dem von den großen Verhängnissen des Lebens Heimgesuchten, die Qual der Furchtvorstellung, der Phobie, der gegenüber das Eintreten des gefürchteten Ereignisses eine wahre Erlösung bedeutet. Der Inhalt des Furchtgebildes ist gleichgültig. Für den Krankheits-Fürchter bedeutet das Eintreten der gefürchteten Krankheit eine Erlösung. Die von den staatlichen Gerichten verhängte Ergreifung und Strafe wirkt auf den seinen Verfolgungsideen Unterlegenen als Befreiung. Vor langen Jahren brachten die „Fliegenden Blätter" einmal einen Scherz: eine Frau hat ihr ganzes Leben lang sich vor Einbrechern gefürchtet und deshalb, wenn sie abends heim kam, stets den Raum unter ihrem Bett abgeleuchtet. Alt geworden, findet sie tatsächlich den „gesuchten" Dieb und ruft: „Ach, da sind Sie ja endlich!" Eine erstaunliche psychologische Schärfe liegt in dieser literarischen Kleinigkeit. Man fühlt förmlich, wie die Realisierung des Furchtkomplexes entlastend wirkt und andererseits, wie aus der Phobie das halluzinatorische Gebilde hervorwächst. Auf eben diesem Wege kommen Schreckgespenster aller Arten und Namen, auch die verfolgenden Erinnyen zustande.

Die Dämonen haben bestimmte Wirkungsbereiche. Die Furien werden von den Heiligtümern ferngehalten, böse Geister oft in enge Räume und Behälter gebunden. Von dort ausbrechend, d. h.: der psychischen Sphäre sich bemächtigend, kann die plötzliche Furcht vor ihnen lähmend wirken. Dies gilt von Naturdingen wie (in der ältesten Zeit sicherlich dem irdischen, jedenfalls) dem himmlischen Feuer (Blitz); seltenen Naturerscheinungen und großen Naturkatastrophen aller Art (Versteinerung des Weibes Lots); jedoch selbst von dem plötzlich „anbrechenden" jungen Tage; von furchtbaren Tieren wie der faszinierenden Schlange; dem Auge gewisser Wesen, vor allem auch mancher Menschen („böser Blick"); lebenden Naturwesen oder Komplexen von ungewöhnlicher Häßlichkeit; ferner von suggestiv wirkenden Formeln, Gebärden, magischen Handlungen oder der Vereinigung dieser drei „Kräfte"; wunderlichen, Entsetzen erregenden Drapierungen. Das Verkleidungsmoment, jetzt völlig verblaßt, tritt hier als wichtiger Faktor auf: der Verkleidete verursacht Lähmungen, Schrei- und Muskelkrämpfe. — Der Aberglauben kennt fesselnde Bezirke. In ihren Mittelpunkten steht das die suggestive Macht ausübende Objekt: eine Götterstatue, die Leiche des Ermordeten. Die psychogenen Lähmungen sind neben der Todesfolge die häufigsten Äußerungen abergläubischer Furcht, unterbewußter Demütigung vor irgend einem starken Eindruck, einer mächtigen Persönlichkeit, aus deren Bannkreis man eben einfach „nicht mehr heraus kann". Die Vestalin des alten Roms „betet" den entlaufenen Sklaven innerhalb der Mauern der Stadt „fest". Wer eine Sünde begangen hat, zeigt es der ganzen Gemeinde dadurch, daß er nicht näher als bis zu drei Schritten an den Altar herankommen kann. Auch die Schuld kann vollständige Lähmung hervorrufen, so z. B. beim Enthüllen verbotener Mysterien, beim Erkennen begangenen Unrechts, bei der durch einen Magier vorgenommenen Bannung. (Der Lehrer „fixiert" mit Blick und Gebärde den auf seinen Apfelbaum gestiegenen Schulbuben, so daß dieser kein Glied zu rühren vermag.) Die „Versteinerung" durch die Meduse bedeutet die Anerkennung der Hilflosigkeit des primitiven Menschen gegen alle ihm unverständlichen Erscheinungen und Eindrücke. Ganze Sondertraktate der alten Literaturen sind der Kunst eines „Festmachens" in diesem Sinne gewidmet.

Die Lähmung jeder inneren Widerstandsfähigkeit, die selbst nach dem Wiedererwerb der äußeren Bewegungsmöglichkeit erhalten bleibt, verschafft dem Zauberer die Möglichkeit weitgehender Schädigungen auch der physischen Struktur von Mensch und Tier. Das Geschlechtsleben liegt danieder. Es kann zur „psychischen Impotenz" beim Manne, zum Versagen der Milchsekretion beim Weibe kommen. Säuglinge, deren Mütter eingeängstigt sind, schreien viel. Geängstigte Tiere sterben leicht. Sie sind Infektionen zugänglicher als normal Behandelte. Selbst eine Neigung zu Fehlgeburten ist vorhanden. Daß

Aborte auf autosuggestiver Basis liegen, d. h. künstlich durch Suggestion erzeugt werden können, ist für mich unzweifelhaft; daß die Furcht vor der die Abtreibung erstrebenden Zauberin den gefürchteten Erfolg hervorzurufen vermag, nicht minder gewiß. Das Volkstum spricht von vorzeitiger Entbindung „aus Kummer". Mehrere schwangere Frauen erlitten bei der Betrachtung eines soeben entgleisten Zuges Aborte, während die in den Unglückswagen Eingeschlossenen davon verschont blieben. Die bloße Vorstellung „wie wäre es mir ergangen, wenn ich statt jener ...?" vermochte den tragischen Vorgang zum Ablauf zu bringen, während der mechanische Insult hierzu unfähig sein kann, und zwar selbst bei rohester Anwendung. Die körperlich Geschädigte wird die Unglücksstrecke der Bahn, vielleicht die Eisenbahn überhaupt, zeitlich oder dauernd meiden. So kommen, wie wir sahen, die Tabus zustande, die uns sagen, wann man fasten, ruhen, schweigen, von welchen Stätten oder Personen man fernbleiben soll. Reine Träger einer undifferenzierten Furchtempfindung sind auch die Amulette, ferner einzelne, durch ihren Material- oder Traditionswert bedeutsam gewordene Formen (Symbole; Standesabzeichen wie z. B. der Federschmuck oder die Bekleidung der Krieger, die Generalsreiherfeder) oder Farben; desgleichen viele Zauberformeln und Gebete ohne greifbaren Gehalt, auch Flüche und Segenswünsche, deren Form die Absicht verrät, suggestiv zu wirken; ferner einzelne Worte von besonderer „Kraft", die gewisse Eigenschaften vermitteln, indem sie (Wort wie Eigenschaft) an denjenigen geheftet werden, den man mit ihnen (im guten oder schlechten Sinne) begabt wünscht. Manche „Schimpfworte" sind deshalb sehr gefürchtet, manche „Gutes verleihende" Eigennamen ebensosehr gesucht, andere, wie die von Göttern und Häuptlingen, ihrer Fürchterlichkeit wegen streng verboten oder nur aussprechbar, um bestimmte Affektlagen vorzubereiten (Anrufung der h. Maria als Muttergöttin). Die Unverwüstlichkeit solcher Ideengänge zeigt sich manchmal da, wo wir sie am wenigsten erwarten können, in halb belustigender Weise: laut Mitteilung eines Standesamts vom Jahre 1931 hat ein Vater seinen schwächlichen Sohn „Herkules" getauft. Ein Architekt wollte seinen Sohn „Hochhaus" nennen, weil der Vater gerade am Tage der Geburt ein hohes Haus fertig gebracht hatte. Der im Wort liegende Zauber kann durch die Geste aufs wirksamste unterstützt werden; sie ist ohnehin von äußerster abergläubischer Bedeutung. Die Volksmasse weiß von Christus, der ja in der alten Kunst stets in ganz streng konventioneller Pose abgebildet ist, kaum etwas anderes, als daß er eben diese Pose und das zugehörige Kleid trägt. Der Mensch achtet auf die Mienen von Göttern und Königen nicht minder und nicht in anderer Weise als der Hund auf die seines Herrn.

Gewisse Gegenstände können nur unter Voraussetzungen trotz ihrer Unscheinbarkeit eine gewaltige suggestive Wirkung ausüben, so z. B. die beim Eide und im Gottesgerichte als Rächer der Untreue angerufenen Dinge; andere übernehmen die gleiche strafende Funktion für den Fall ihres Mißbrauchs. Der Apfel oder Mehlkloß, der einem Kinde unbedingt oder nur zu bestimmten Zeiten verwehrt ist, bleibt ihm, wie im voraus angedroht, bei Übertretung des Verbots prompt in der Kehle stecken. Wenn Kinder vor dem Spiegel „Fratzen schneiden" und eine Zimmeruhr schlägt dabei, so bleibt das verzerrte Gesicht „stehen". Die Torheit und Gefährlichkeit solcher Suggestionen hat sie gegenwärtig seltener gemacht als sie dereinst waren. Auf der Erregung von Angstzuständen zwecks Erzielung bestimmter (religiöser, sozialer) Ideenrichtungen war früher ein erheblicher Teil der Erziehung aufgebaut. Wie die Priesterschaft mit dem Endgericht und der Hölle, so drohte das Elternhaus mittelst suggestiver Momente der erwähnten Art. Es verfuhr dabei zweifellos meist wirksam, wenngleich mit brutalen, unverständigen Mitteln. Unverständig waren auch die Voraussetzungen. Man bildete sich nämlich ein, daß der „kleine Dieb" zum „großen Dieb" auswachsen könnte. Das normale Kind sieht aber in der Elternhäuslichkeit eine wirtschaftliche Gemeinschaft, an der es Anteil hat. Wer seinen Eltern einen Kloß stiehlt, ist auch nach dem Gesetz durchaus kein Dieb. Wir berühren damit das weite Gebiet des juristischen Aberglaubens. Urzeitliche Rechtsformen und Anschauungsweisen werden überliefert und als gültiges Recht angesehen. Man schreckt damit, ohne viel zu nützen, weil mit dem Verklingen des Schreckens beim widerstandsfähigen Menschen auch die Furcht vor der Strafe schwindet.

Höchst bedeutsam ist die Frage, wieweit die abergläubische Furcht Unglück verhüten kann. Daß beispielsweise die Angst vor der Leiche Infektionen verhindert, kann nicht bezweifelt werden. Im Mittelalter stieß man die Aussätzigen aus der menschlichen Gemeinschaft. Ihr Los war erschütternd. Die dabei zutage tretende Barbarei ist überhaupt nur erklärlich, wenn man voraussetzt, daß diese Krankheit als Strafe Gottes angesehen wurde. Das Endresultat war glänzend: es gelang, die schrecklichste Krankheit in Deutschland restlos zu vernichten, ohne daß man von ihrem Wesen irgendeine zureichende Vorstellung gehabt hätte. In das Gebiet der Soziologie und Hygiene gehört auch das Kapitel der Kindererziehung. Was die Masse von ihr durch Familienüberlieferung kennt, ist fast nichts als Aberglauben. Die gröbsten Erziehungsfehler werden durch die Tradition geheiligt. Bei der Berufswahl entscheidet beinahe stets entweder die Eitelkeit oder das Bestreben der Eltern, die Kinder in der traditionellen Familiendummheit zu halten, wie bei der Gattenwahl Geld und Rang die Sorge um das Kind bei den Eltern der Braut zum Schweigen bringen. „Die Liebe (zum Gatten) kommt dann hinterher." Auch die Familienethik ist plattester Egoismus, traditionell bemäntelt und gegen die sittlich-religiösen Gebote geschickt abgegrenzt.

Damit sind wir zu dem Punkt gekommen, der uns als Ethik des Aberglaubens oder des Abergläubischen schon immer wieder beschäftigt hat. Der Aktivismus des von uns betrachteten Menschen äußert sich in Angriff und Abwehr gegen mannigfaltige Schädigungen seitens des Nächsten, wozu in ältester Zeit auch Familienmitglieder (der Sohn, die Gattin) gehören. Der Aberglaube zerreißt schon durch seine unsittliche Einstellung die naturgegebene menschliche Gemeinschaft in monadenhafte Sondergebilde. Die gewöhnlichste Empfindung, die man dem Nachbarn entgegenbringt, ist durchaus der Neid. Er vergiftet den Blick des Neiders und durch diesen alles, was in der Sphäre eines solchen Blickes liegt. Krankheiten, die der Besitzer eines Feldes an seinem Körper, bei seiner Familie, bei dem lebenden oder toten Inventar (Getreide) erfahren hat; Dämonen, von denen er träumte; Tiere, die Saat und Ernte zerstören; Feuersbrünste — kurz: alles Unheil wird als Frucht des Neides angesehen. Dies gilt durchaus auch bei der Gemeinschaft der modernen Kulturträger. Die tausendfältig sich geltend machende kleinliche Angst vor ebenso kleinlichen Zurücksetzungen in Beruf und Gesellschaft sind Reaktionen auf die Neidäußerungen. Als Abwehrmittel der primitiveren Schichten lernten wir zahllose Amulette, Zauberformeln, den Pferdeschädel u. a. m. kennen. Die Verfolgungsideen können stark pathologische Züge annehmen. Man glaubt sich durch einen Konkurrenten oder dessen Familienangehörige heimlich „fixiert". Die Furcht vor Plagiatoren veranlaßte einen mir bekannten Rechtsgelehrten, sich durch Bleiplatten gegen Röntgenstrahlen zu schützen, mittelst derer sein Fachgenosse angeblich die im Schreibtisch wohlverwahrten Manuskripte des Kollegen las (ausschrieb). Der Haß gegen den Höhergestellten und der Neid über sein Glück sind die gewöhnlichsten Triebfedern der bösartigen magischen Handlungen. Der Neid der Masse richtet sich nicht etwa bloß gegen den Besitz des Nachbarn, sondern mit verdoppelter Heftigkeit gegen dessen eventuell vorhandenes schöpferisches Talent, auch dann, wenn es offensichtlich sozial zum Ausdruck kommt, der Gemeinschaft nützt. Wie jede höhere Seelenregung, so macht auch die Kunst deren Schöpfer und Ausüber in den Augen der Masse zum Verrückten (s. o.), wenn nicht zum verdächtigen Verschwörer. In allen alten Kulturen war der Sänger als Geisteskranker, der Gelehrte als Narr (den man allerdings bisweilen fürchtete) aufgefaßt worden. Die körperliche Mißhandlung der Kulturschöpfer durch die physisch überlegenen Gefährten ergibt sich schon als Folge von deren berufsmäßiger Kränklichkeit (Hysterie des Sehers, Berufskrankheiten der Schmiede, Töpfer usw.). Erst diese Kränklichkeit ist es andererseits, die das Talent aus der Gemeinschaft ausscheidet und zur schöpferischen Tätigkeit anregt. Noch heute entsinne ich mich der harmlosen Wunderkünstler meiner Heimat, die, mißhandelt, verspottet, hungernd ihr Leben fristeten und gleichwohl in ihrer begrifflichen

Gesamtheit der Menschheit das bieten, was sie reich und glücklich machen kann. Wären die Rhapsoden der alten Zeit nicht im Greisenalter blind geworden, sie hätten niemals gesungen (Homer). Das Gleiche gilt von vielen „Sehern" (Tiresias). Das Brot des wissenschaftlichen Talents (ohnehin mager genug) wird von dem Neid der Menge vergiftet. Haß und Furcht regieren in ihr selbst dann, wenn die Forschungsergebnisse weltbefreiend sind (die Angst vor dem „Bazillen-Koch").

Wie gefürchtet der Neid auch ist — um der eignen Eitelkeit willen versucht man ihn zu erregen. Dies gilt bereits in den alten Kulturen. In der Bibel heißt es: „Wer seinen Sohn liebt, hält ihn streng; so erlebt er Freude an ihm. Wer ihn erzieht, macht den Feind neidisch und kann vor den Freunden sich rühmen." D. h.: Wer seine Kinder mißhandelt, erzieht Produkte, mit denen der Vater seine soziale Prunksucht befriedigen und Neid erregen kann. Diese Bestrebungen sind bereits bei den Primitiven sehr auffällig. Winthuis, der lange unter den Gunantuna (Südsee) gelebt hat, sagt von diesen: „Ihr Stolz grenzte an Wahnsinn; sie waren darauf bedacht, ihre Eitelkeit und ihren Ehrgeiz auf jede nur erdenkliche Weise zu befriedigen....Um seinen Stolz zu befriedigen, hält der Gunantuna große Stücke darauf, glänzende Feste zu veranstalten." Auf Neupommern herrscht Habsucht, weil Geld als Mittel dient, die Eitelkeit zu befriedigen. „Erst ein großes Vermögen verschafft ihnen ja das heiß begehrte Ansehen und selbst nach ihrem Tode... ein glückseliges Los im Jenseits." In grader Linie führt von den Kannibalen der Weg zur Höhe der modernen Kultur, mit ihren Spitzen der Gesellschaft, die üppige Feste, namentlich Familienfeierlichkeiten, zwecks Ankaufs sozialer Wertschätzung feiern. Die Witwe des deutschen Bauers, die beim Tode ihres Mannes das Letzte zum Leichenschmaus hergeben muß, leistet darin nichts Größeres als der niedrigste indische Kastenzugehörige, der sich in Schulden stürzt, um seine Tochter „standesgemäß" verheiraten zu können. Es kommt vor, daß er am Hochzeitstage das Zwanzigfache seines Monatsverdienstes verschwendet. Die üblichen Familienfeierlichkeiten und Schenkungen (vgl. auch AT.) sind gewollte Ausdrucksweisen sozialer Prunksucht. Im übrigen kann man nur durch Kleidung und Schmuck sich Ansehen erkaufen. Beide sind Teile des sie tragenden Individuums. Wer die meisten und auserwähltesten Schmucksachen trägt, wird gefürchtet und „angesehen". „Angesehen" zu werden, d. h. die Blicke der Menschen auf sich zu lenken, ist ja das Ziel des Lebens. Die Gefahren des „bösen Blicks" werden dabei in Kauf genommen oder (durch Amulette usw.) nach Möglichkeit abgewendet. Die wissentliche Herabsetzung von Kleid oder Schmuck, eine Verspottung des Körpers, ein Necken oder Auslachen, gelten als tötliche Beleidigung. Wir machten darauf aufmerksam, daß die Schmähreden der homerischen Helden, die Höhn- und Stichel-Verse der Beduinen, selbst die

Spottworte der nordgermanischen Krieger automatisch die Blutrache nach sich ziehen. „Man sollte es nicht für möglich halten", sagt Winthuis, „daß diese rohen Südseekannibalen so schnell beleidigt sind, daß sogar Katastrophen aus kleinen Beleidigungen entstehen können." Die falsche (abergläubische) Werteinschätzung solcher Äußerlichkeiten bietet für diese Erscheinung die Erklärung. Sie beruht auf dem ungerechtfertigten Subjektivismus ihres Trägers.

Diese innere (auch sittliche) Absonderung des Abergläubischen ist daran schuld, daß es für ihn ethische Schranken nicht gibt, wenn er sich zum Äußersten entschließt, der sie vielmehr bewußt und offenkundig mißachtet. Grausamkeit und Rücksichtslosigkeit bis zur vorstellbaren letzten Grenze sind die Folgen dieser Einstellung. Noch heute versucht man selbst in Deutschland, im Krankheitsfall auf lebende Wesen den eignen „Krankheitsstoff" zu übertragen. Diese „Sündenböcke" werden zu Tode gemartert oder schauderhaft verstümmelt und hilflos dem sicheren Untergang preisgegegeben. Wenn man sein Podagra mildern will, so muß man (nach Plinius) einem lebenden Hasen den Fuß abschneiden und ihn immer bei sich tragen. Suchen aber Pferdekrankheiten ein ländliches Anwesen heim, so wird ein weißer Hahn lebendig zerkocht und dessen Fleisch magisch verwertet. Nichts Heiliges gibt es mehr in Natur und Menschenleben. Ja, die Reaktion des Gruselns bei der Greueltat wird beabsichtigt. Ist sie doch „das Höchste der Gefühle", dessen der Primitive fähig ist.

Die so gewonnene Vorstellung von der äußeren und inneren Persönlichkeit des abergläubischen Menschen stellt sich uns am reinsten in der Figur des Zauberers dar. Wir alle kennen ihn seit unseren Kindertagen, da er mit großer Geste und orientalischem Gewande auf die Bühne unseres Heimatorts trat. Bei ihm fügten sich damals wie um Jahrtausende zuvor Körperäußerung und Körperhaltung (Pose), Kleidung, Schmuck, Rede und Handlung zu einer sehr wirksamen magischen Einheit zusammen. Auf der europäischen Bühne ist allerdings, weil die heraufbeschworenen Empfindungen des Wunderbaren, des Grauens usw. spielend arbeiten, der Magier zum Künstler, Magie zur Kunst geworden. Wir glauben dem Künstler, weil wir ihm glauben wollen — so genießen wir; wir fürchten den Magier, weil wir ihn fürchten müssen — so unterwerfen wir uns ihm. Er war es, der dank seiner Veranlagung und äußerer Reizmittel sowie sonderbarer Gewohnheiten aus dem Rahmen der Gemeinschaft herauszutreten wagte und sich dadurch zu deren Herrn machte. Mit einem gewissen technischen Geschick verstand er es, eine Reihe von Tugenden, namentlich ungeheures Selbstbewußtsein, zu verbinden. Sehr große „Erfahrung" im Sinne der alten Zeit, kasuistisches Wissen, das sich noch nicht zum System verdichtet hatte, stand ihm zu Gebote. Durch Gifte, die er einnahm, durch Tänze, die er veranstaltete, beraubte er sich und alle diejenigen, die er zu suggerieren verstand, der Schätzung der Grenzen seiner Kraft. Was er im Geiste vor sich hinstellte, das — stand nach seiner Auffassung in Wirklichkeit vor ihm da; was er wollte, das konnte er. So redete er es denn sich und anderen ein, daß er den Elementen gebieten, die Sonne kräftigen oder stillstehen lassen, Tote lebendig und Lebendige tot zu machen, Reichtümer und langes Leben oder die Gegenteile davon den Freunden oder Feinden zu bescheeren verstände. Einzelne dieser Gaben, namentlich etwa die, das Feuer heranzu„zaubern", Waffen wirksam zu machen, Geräte anderer Art, dem Gebote des Nutzens entsprechend, oder „zauberisch" schön herzustellen, mußten neben dem Kampfe gegen die Todes- und Krankheitsdämonen einer besonders hohen Schätzung sich erfreuen. Sie erforderten allmählich eine spezialistische Ausbildung, die der Feuerpriester, der Traumdeuter, der Fernseher, der Totenbeschwörer, der Waffenverfertiger, der Schmied, der Künstler, der Arzt denn auch tatsächlich seit ältester Zeit genossen. Andere „Künste" waren mehr gefürchtet als geliebt; man wandte sie aber zur Beseitigung unbequemer Gegner unter Anleitung des Magiers an. Kunst und Magie, beide aufs engste zusammengehörig, bildeten das, was die meisten Völker des Altertums an höheren Gaben besaßen. Diese Güter lagen in den Händen weniger Bevorzugter. Deren Besitzer gewannen dadurch Macht und — sie allein — Geld; denn der Austausch ideeller Güter gegen materielle beschränkt sich bei den meisten Primitiven und in Teilen der alten Kulturwelt auf die Magierklasse. Ihre Tage schienen gezählt zu sein, als die Staatsautorität sich gegen ihre Sonderrechte und Sondergewohnheiten erhob, als sie es verbot, Mensch gegen Mensch, den „Gläubigen" gegen den „Ungläubigen" auszuspielen. Denn stets gab es für sie als Vorbedingung ihres Erfolges nur eins: den Glauben an ihre Persönlichkeit. Was der Zauberer vorsagte, vormachte, vortanzte, vorgestikulierte, das mußte derjenige, der von ihm Nutzen ziehen wollte, bis ins kleinste nachahmen. Der Zauberpriester verstand es, als Häuptling — auch dieser ist durchaus Magier — bei den Stammesbegehungen die Gefühle der Freude, der Trauer, des kriegerischen Mutes, des Verlangens nach irdischen Gütern (Beute) auf die Mitglieder seiner Gemeinschaft suggestiv zu übertragen. Er forderte und übte bei seinen Zeremonien die völligste Bindung des Körpers (Gebetspose) und des Geistes auf das eine erstrebte Ziel. Deshalb ist sein Stand der älteste derer, die sich als solche aus der Gemeinschaft hervorhoben. Deshalb nennen die Zauberpriester sich allmächtig, gottähnlich, ja „Götter" und selbst die „Herrn der Götter", denn alle Ursachen und Wirkungen im Seelen- und Naturleben sind Parallelerscheinungen zu den magischen Geschehnissen, die nur seiner Kunde anvertraut sind. Indem man diese als ewig und unveränderlich statuierte, gewann man eine Vorahnung von dem, was wir Naturgesetze nennen; indem man sie einander über- oder unterordnete, begann man, eine Naturauffassung, die Idee eines geordneten Weltganzen, zu konzipieren. In diesem Einssein von Gott, Natur und Mensch auf der Basis der Ahnungen offenbarte sich zuerst, was wir Genie nennen. Das Genie ist immer kindlich, das Kind schlechthin. Das Volk, die Menge, sucht das Kindliche und findet es im Genie. Darauf beruht die Unverwüstlichkeit des Aberglaubens. Was wäre Goethes Faust, wenn er nicht so kindlich wäre?

Der Gott der Volksmenge ist noch heute ein großer Wundertäter, Zauberer. Christus lehnt, wie Buddha, es ab, zu zaubern, ist aber schon bei Markus wesentlich zum Wundertäter geworden. Das Mittelalter ergeht sich in der Kultivierung der flachsten und widerlichsten Wundergeschichten der Heiligen. Nur als Magier war Christus auch für das Heidentum verständlich, und zwar schon in der Zeit des Arnobius. Seine Weisheit soll sich der Erlöser aus Ägypten geholt haben, wohin die Tradition ihn geflohen sein läßt (vgl. o.). — Was ist „Weisheit“? Im wesentlichen ist sie Zauberkunde, die Fähigkeit, magische Schlingen zu legen oder zu zerreißen. Das moderne Volksmärchen redet von der „klugen“, d. h. weisen Frau (unter letzterer wird vornehmlich die Hebamme verstanden, deren Stand einen Schatz urältester Magie birgt und überliefert). „Die Kluge“ hat alle Gaben der Zauberin, wie der „kluge Mann“ die der männlichen Komponente. Beide sind magiekundig, im Geisterreich zu Hause, mit der höchsten aller Gaben, der Unerschrockenheit, ausgestattet. Die Frau sitzt zu Hause, berät dort Hilfsbedürftige oder läßt sich zu Beratungszwecken zur Nachbarin rufen; der Mann aber ist durchaus Wanderer, wie zu Zeiten Odins, des greisen Wanderers. Seine Kunst wird vor allen anderen geschätzt; sein „Stand“ ist der höchste; es ist der des Erlösers aus der Geisternot. Die Kenntnis der richtigen Formel steht ihm zu richtiger Zeit zu Gebote. Er wird mächtig und reich. Überhaupt ruht die Ethik und Gesellschaftsordnung der Volkssage, ja der gegenwärtigen Volksstimmung, durchaus auf magischem Unterbau. Das Bedürfnis nach übermenschlicher Willensbetätigung ist gerade in Zeiten des verfallenden Kirchenglaubens mächtiger als sonst. Politische Wirren, wirtschaftlicher Absturz erwecken die Sehnsucht nach dem Blick in die völlig unbekannte und gefürchtete Zukunft. So bilden sich Sekten und Gemeinschaften heraus, die durch Gebete Erleuchtungen bekommen oder durch Auslegung der Bibel den Schleier der Zukunft lüften wollen. So bekommt in manchen Gegenden (selbst Deutschlands) fast jede Sippe, jedes Dorf eine Sibylle. Die Afterwissenschaft bemächtigt sich der unterbewußten Furchtempfindung weiter Kreise und nutzt sie aus, indem sie Menschen herausstellt, die durch das Experiment „bewiesen“ haben, daß sie voraussehen, wer z. B. im Leben Glück und Erfolg haben, das große Los gewinnen wird. Gefährlich können solche Persönlichkeiten werden, wenn sie in den Dienst politischer Bestrebungen treten. In solchen Fällen ist ihre Unschädlichmachung unter allen

Umständen geboten. Andererseits darf man der Halluzination, die etwa in der Abendröte einen heraneilenden Weltbrand sieht, zwar, wenn sie Beunruhigung hervorruft, durch geeignete Maßnahmen die Spitze abbrechen, sie aber nicht (etwa als groben Unfug) bestrafen. Man macht die Propheten anderenfalls zu Märtyrern — die denkbar törichste Handlungsweise. Noch heute entsinne ich mich aus meinen Kindertagen der alten Weiber, die, auf der Schwelle eines Pferdestalls sitzend und die Hände ringend, vom nahen Kirchdorf her den Herrn Pfarrer ohne Kopf auf sie zukommen sahen.

Es scheint mir deshalb das Gegebene zu sein, im Volk die Lehre zur Geltung zu bringen, daß der Wille des Höchsten unerforschlich und jeder Versuch, ihn vorauszuahnen, aus den Sternen, den Punktierbüchern, den Träumen zu erkennen, gotteslästerlicher Hochmut ist. Freilich werden an dem Rationalisten solche Lehren abprallen. Er irrt, wenn er glaubt, damit der menschlichen Vernunft zum Siege verholfen zu haben. Zeiten des größten Unglaubens sind zugleich solche des rohesten Aberglaubens gewesen. Das Volk des Rationalismus schlechthin, die Römer, standen im Aberglauben bis über die Unterlippen. Selbstverständlich gehört das Bestreben, das Welt- und Menschenbild in seiner Gesamtheit, begrifflichen Einheit, zu erfassen, zu den Aufgaben der Kultur. Es schließt den Wunsch nach Zukunftserkenntnis in sich. Der Astronom will etwa wissen, wie weit sich das Sonnensystem innerhalb der nächsten zehntausend Jahre dem Stern im Herkules genähert haben wird; der Arzt, wie groß die Hoffnung ist, einen Kranken unter bestimmten Bedingungen zu erhalten. Hier liegen erkennbare naturgesetzliche Abläufe vor, die für die menschliche Gesittungssphäre zu Problemen werden. Es ist verwerflich, sie mit einer fatalistischen Geste abzutun; zu sagen, wie in meiner Gegenwart einmal ein Geistlicher am Grabe eines am Darmsarkom zu Grunde gegangenen Gelehrten sagte: „Die Wissenschaft hat das enthüllt, was Gott verschleierte: die Tötlichkeit dieser Krankheit. Der Kranke kannte sein Geschick. Doch ich will die Wissenschaft deshalb nicht schelten." — Hier wird also zu Gunsten eines Moralprinzips die natürliche Kausalität physischer Geschehnisse geleugnet, ein metaphysisches Moment (Gott) willkürlich eingeschoben. Darin liegt gefährlicher Aberglauben. Nichts als Indolenz des durch die Prophezeiung Verwirrten und als Fanatismus des Propheten sind stets die Folgen solchen Wahns gewesen. Zu Beginn des Weltkrieges brachte es beispielsweise eine Pietistengemeinschaft, der selbst alte Generale angehörten, fertig, durch Vermittlung des weiblichen Pflegepersonals von Kriegslazaretten den durch Verwundungen in ihrer inneren Widerstandsfähigkeit geschwächten Lazarettinsassen die Anschauung zu suggerieren, daß Krieg und Wunden die Folgen der eignen Sünden der Soldaten wären. — Alle Naturkatastrophen wurden auf den göttlichen Willen zurückgeführt. Auch Luther huldigte, wie jeder, der aus der Bibel oder einem anderen religiösen Kompendium konkrete statt moralische Wahrheiten entnehmen will, einer solchen Auffassung zuzeiten. Den Naturgegebenheiten stand er deshalb sehr viel befangener gegenüber als etwa um $1^1/_2$ Jahrtausende zuvor Aristoteles.

Der demütige Verzicht auf das Unerkennbare, die redliche Abwägung der Sicherheit der gewonnenen Erkenntnis — das alles sind sittliche Momente, die dem Aberglauben völlig fehlen. Er zieht aus den Naturgegebenheiten die quasi-räumlich nächstliegende, seinen Macht- und Geldinteressen förderliche Lehre, wobei er sich an religiöse Dogmen anschließen kann. Die Hexenprozesse, die größte Schande der Menschheit, beruhen auf Interpretation des Willens von Gott und Teufel. Die Menschheitsgeschichte hat diesem Versuch ihre gefährlichsten Katastrophen, Wissenschaft und Kunst ihre schwersten Feinde zu verdanken. Der göttliche Wille kann sich in der Gestaltung der Weltgeschicke oder des Menschenloses nicht kundgeben. Hier bleibt nichts anderes als Naturerkenntnis auf der einen und sittliche Arbeit auf der anderen Seite übrig. Besonders falsch ist es, die für Offenbarungsquellen gehaltenen Religionsbücher zum Maßstab der Naturerkenntnis oder gar zur absoluten Richtschnur der ganzen äußeren Kultur zu machen. Daraus, daß Christus annahm, die Weltzerstörung wäre nahe, hätte nie geschlossen werden dürfen, daß dies tatsächlich der Fall war. — Ganz harmlose Stellen des AT. sind im Sinne der Messias-Hoffnungen, Mitteilungen äußerer Geschehnisse der ganzen Bibel und der heiligen Schriften anderer Völker als Vorausnahmen moderner Tatsachenerkenntnisse und Kulturerrungenschaften gedeutet worden. Christliche Sekten, z. B. die Irvingianer, sind in dieser Hinsicht groß. Eine okkulte Gemeinschaft teilte einmal mit, daß die Bibel die Schilderung (nicht eines Kriegsgefährts, sondern) eines dahinsausenden, „vorausgeahnten" Eilzugs (jetzt: Autos) enthalte. Dementsprechend fanden indische Gelehrte spezieller orthodoxer Richtungen in dem Epos Mahābhārata die Schilderung eines Feuergefechts mittelst großkalibriger Geschütze, in der Purāṇa-Literatur die Voraussetzung der Kugelgestalt der Erde.

Auf diese Weise ist es natürlich in jedem Fall möglich, Gott und Welt miteinander in Übereinstimmung zu bringen. Dies soll aber gar nicht geschehen. Der Konflikt zwischen beiden bildet das eigentlich Große der menschlichen Weltauffassung. Wir denken an das Hiob-Problem, das bei uns nicht damit endet, daß wir uns den Mund zuhalten. Urteilen wir anders, so liegt unsere Geistesrichtung im Sinne der Spießbürger unserer Großväterzeit, die in die Kirchen liefen, um dem lieben Gott zu danken, daß er ihnen „Geld und Gut verliehen" hätte. Sie müßten also wohl dieser Gnade würdig gewesen sein. Die Schlußfolgerung ex eventu, aus dem Tatsachenerfolge heraus, ist die denkbar verkehrteste und moralisch engste. Sie führt in Zeiten des Mißgeschicks zum Glaubensabfall, zur völligen Verzweiflung (wie ja auch bei Hiob). Sie muß, wie wir bereits andeuteten, im glücklichen Fall die Schlußfolgerung verursachen, daß die Höhe der Steuerklasse eine Skala für den Wertmesser des Menschen sei. Das Gegenteil ist der Fall, und zwar jetzt mehr als je.

Bekanntlich kann man den Versuch machen, auf Gott (oder: eine Gottheit) vermittelst des Gebets einzuwirken. Die Erlangung irgendeines realen Erfolgs (der Wiedergesundung einer Person, der Errettung aus Not) kann dem Gebet zugeschrieben werden; umgekehrt kann man beten, um etwas zu erreichen. Das ist erlaubt, wenn man sich unbedingt dem göttlichen Willen unterwirft und sich bewußt bleibt, daß zwischen der Gottheit und dem Menschen durch Versagung des erflehten Guts keine Scheidewand sich bilden darf. Die Erhörung muß ein freies Geschenk der göttlichen Gnade bleiben. Der Inhalt der Bitte ist oft sehr eng subjektiv und kindisch. Er darf sich, soweit ich sehe, nur auf sittliche Güter erstrecken. Mittelbar werden sie erlangt, wenn man durch andere Gnadengaben sittlich gestärkt und geläutert wird. Äußere Geschenke dürfen kein Gebetsinhalt sein. Nach unwidersprochen gebliebenen Zeitungsmitteilungen haben aber neulich zwei Erzbischöfe und elf Bischöfe der englischen Hochkirche die ihnen unterstellten Geistlichen angewiesen, in der Kirche den 23. Psalm vorzutragen „als Bitte um die Wiederkehr günstiger wirtschaftlicher Verhältnisse". Der Psalm beginnt mit den Worten: „Der Herr ist mein Hirt, mir wird nichts mangeln". Auch der englische Rundfunk hat sich in den Dienst dieser Gebetsübung gestellt. Der Ansager erklärte, der 23. Psalm sei eines der größten Gebete, die es überhaupt gebe. Er kenne einen Mann, der ihn jeden Tag vortrage. Seit er damit begonnen habe, sei es ihm mit seinen Geschäften besser gegangen. — In diesem Falle sind Mittel und Ziel moralisch verwerflich und durchaus dem Aberglauben, nicht der Religion angehörig. Dem gesprochenen Psalm liegt nach dieser Sinnesrichtung eine dynamische „Kraft" inne, die ihm als Teil der Bibel zukomme und sich mit der Anzahl der Rezitationen multipliziere. Bisweilen ist die Grenze zwischen Glauben und Aberglauben sehr schwer zu ziehen. Daß ich in jedem der Führergenies der Menschheit eine Teiloffenbarung des göttlichen Willens sehe, den Menschen zum Höchsten emporzuheben und daß ich neben den bekannten die unbekannten, verschollenen, unterdrückten Offenbarer dieses Willens verehre, wird niemandem zweifelhaft sein, der unseren Ausführungen gefolgt ist. Dagegen kann die einzelne Religion selbst in ihrem Dogmenschatz grobabergläubische Elemente enthalten.

Magisch sind ihrer Natur nach alle Wundererscheinungen. Wir werden uns aber schwer dazu entschließen können, sie unbedingt als Halluzinationen abzutun. Der wahre Prüfstein, ob sie „göttlich" oder „teuflisch" sind, ist ihr sittlicher Erfolg, ihre Fähigkeit, entweder zu Großem fortzureißen oder zu lähmen. Entsprechendes gilt auch von den Glaubenslehren der Religionen. Tradition und Volkstum zeigen den Drang zur Magie auch in den Formen des Strebens nach Religion. Der hl. Januarius hatte eine Mitra, die dem sterbenden Papst Leo XIII. ans Bett gesetzt wurde (s. o.). Sie sollte heilen. Sein jährlich immer wieder flüssig werdendes Blut wirkt ähnlich. Es ist nicht das einzige, das flüssig wird. — Dem Blut entspricht das Öl. Wie groß die Wirkung ist, die man ihm zuschreibt, geht daraus hervor, daß in einem Falle ein Schlossergeselle, der in einer Stadt Oberbayerns wohnt, es von einem Kapuzinermönch weihen ließ, es dann aber als vom Papst geweiht ausgab. Mit ihm heilte er Kranke, vertrieb Hexen aus Ställen oder bannte sie in diese hinein. — Man begegnet immer wieder, so auch hier, der Vorstellung, daß die magische Eigenschaft des Öls sich durch Vermittlung der Haut physisch dem geölten Menschen innerlich und moralisch mitteile. Wird diese Lehre zu gewinnsüchtigen Zwecken verbreitet, so handelt es sich um „Betrug“ im Sinne des Strafgesetzbuchs. Anders ist der „fromme Betrug“ zu bewerten, den manche Geistliche und andere im Leben stehende Personen mit den Glaubensgenossen und ihrem Aberglauben treiben. Es wird nämlich behauptet, daß man erzieherisch wirken könne, indem man den Aberglauben geschickt auf das soziale Gebiet abbiege. Jedoch stehen dem Versuch, die Unwissenheit anderer gegen deren Willen auszunützen, schwere ethische Bedenken gegenüber. Die „Aufklärung“ seitens des Nachbars des Betrogenen würde die Autorität des frommen Täuschers zerstören. Die abergläubische Handlung deckt sich nie und nirgends restlos mit der vom Nutzen oder der Sitte geforderten. Es liegt ein Riesenunterschied dazwischen, ob ich mich rein wasche, um nicht von einer Infektionskrankheit ergriffen zu werden oder um mich eines Krankheitsdämons zu entäußern. Wäre der Abstand nicht so groß wie er wirklich ist, so würde die Kindersterblichkeit vor 1000 Jahren einen kleinen Bruchteil der tatsächlichen betragen haben. Bekannt ist das Beispiel von dem Weinbergbesitzer, dessen Söhne den Acker umgraben, weil der Vater ihnen vorspiegelt, dort sei ein Schatz vergraben. Gehen diese Söhne rationalistisch vor, so unterlassen sie den Versuch, den sicherlich tief vergrabenen Schatz in dem Acker zu finden; oder sie machen Stichproben. Außerdem verlangt der Weinberg den Terrassenbau, der Fundversuch den Schachtbau. Sind die Söhne abergläubisch — als solche sind sie unbedingt vorgestellt: das Märchen vom vergrabenen Schatz ist ohnehin ein abergläubisches Motiv — dann warten sie, bis der Schatz nachts „rückt“ und „blüht“. Die Schatzgräberei ist zudem mit den schwersten Verbrechen, ja mit dem Morde, zeitweise verbündet und galt deshalb immer als besonders streng verboten. Wer zu ihr rät, ist nie ein tüchtiger Mensch (Weinbauer) gewesen.

Als Fundament oder Urzelle der Wissenschaft kann der Aberglauben nicht angesehen werden. Ebensowenig ist er für die Masse, die ihm huldigt, eine Stütze sittlicher oder metaphysischer Direktiven. Isoliert steht er als Herrscher da und freut sich eines Volkstums, dem er seine Eigenart verleiht. Das einzelne Mitglied desselben tut, was ihm nützlich ist, soweit das Nützlichkeitsmoment im Einzelfall ohne Gedankenanstrengung, d. h. auf dem einfachen Assoziationswege oder durch Tradition, erkannt werden kann. Auf dieser Basis ruht und wandelt die Masse; so bildet sie ihre „Religion". Nur sehr langsam habe ich mich durch Studien auf entlegenen Gebieten deutscher Sprache zu der Erkenntnis emporarbeiten müssen, daß das Christentum lediglich eine dünne Deckschicht über dem Sumpf der Volksinstinkte darstellt, die von ihm völlig unabhängig sind. Man tut nicht, was recht, sondern was nützlich ist. Uneigennützigkeit, treue Hingebung, jede selbstlose Tugendübung gelten als Dummheit, ja Verrücktheit, die man nur dann zu verlachen unterläßt, wenn man aus dem Lachen die Gefahr magischer Nachteile für sich vermutet. Der „gute Mann" Deutschlands, der „bonhomme" Frankreichs, selbst der Euēthēs des alten Griechenlands sind lächerliche Dummköpfe, „klug" ist nur der Zauberer, d. h. der sakrale, und der Wanderer, d. h. der profane Betrüger. Das allgemeine Streben geht nach Macht und Geld, sowie nach Befriedigung der Eitelkeit. Im Dienst solcher Bestrebungen läßt man sich Religion (Magie) und Bildung gefallen. Diese beiden Begriffe werden ganz äußerlich aufgefaßt. Bildung ist nicht ein selbsterworbenes Gut, subjektiver Lebensinhalt, sondern erlernbare Lebenstechnik auf traditioneller Grundlage. Die Erlernung ihres Kanons macht den Eigentümer „gesittet". Die Religionen haben diesen Gesittungskodex sanktioniert, wie der Islâm auf Schritt und Tritt dartut. Das muslimische Gebet stellt ein Stück Religion in starrster Form dar. Jeder Gruß des Moslems ist „gebildet", weil er „gesittet" ist; „gesittet", weil „religiös". Der Zusammenfall der belanglosesten Formen mit den religiösen Gehalten zeigt sich auch im Christentum Schritt für Schritt. Die bildlichen Wiedergaben der göttlichen Ideen werden, wie jede katholische Bauernstube lehrt, im Prunk ihrer Macht und ihrer Gewänder dargestellt (Gott, Christus, h. Maria usw.). Christus leidet zwar kurze Zeit, sitzt dann aber zur Rechten Gottes und teilt dessen Königsherrschaft im Himmel. Seine Hochzeit (Apok. Joh. 19. 7ff.; 21. 9; er ist Bräutigam: 2 Kor. 11. 2) zeigt ihn in schmucker Tracht, wie seine Niederfahrt zur Hölle, seine Wiederkehr und sein Endgericht als Sieger im Waffenschmuck. Sein Kreuzestod wird für ihn zum Hindernis, es sei denn, daß er durch übertriebene Betonung der erlittenen Schmerzen die Aufmerksamkeit erregt. Bei Völkern, die eine ältere gesellschaftliche Schichtung als die Nationen Europas haben, türmen sich deren christlichen Missionen durch diese Empfindung der Primitiven für das „Standesgemäße" von Christi Leben und Sterben ebenso große Schwierigkeiten auf wie für die römischen Apostel zur Zeit der ersten germanischen Heidenbekehrung. Ein Mitglied der Goßnerschen Mission übersetzte einmal für einen hochkastigen Hindu die Stelle von dem Kreuzestode Christi in die Hindî-Sprache. Da begann der Heide zu lachen: es sei doch albern, daß ein Gott einen solchen Schûdra-(Sklaven-)Tod sterben könne. Nicht nur die Pracht und das ganze Leben eines Religionsstifters, sondern auch dessen Tod müssen, wie wir sehen, „fein" sein. Das Gleiche gilt übrigens auch bei jedem König oder Kaiser.

Welchen Weg muß die Menschheit gehen, um sich des Aberglaubens zu entäußern? Die bloße Verkennung konkreter Tatsachen, vereint mit dem traditionellen Beharrenwollen im Irrtum, kann, wenn dem nicht unüberwindliche Denkfaulheit oder persönlicher Starrsinn im Wege stehen, oft durch den belehrenden Beweis ausgeglichen werden. Derselbe gelingt vielfach, wenn man das traditionelle Vorurteil zerstört hat, auf dem sich der Aberglauben aufbaut. Ein Landmann behauptet: „Die Katze sagt: miau, der Esel iiah". Ich antworte: „Das ist der reine Unsinn. Noch nie hat eine Katze „miau" gesagt. Noch viel weniger der Esel iiah. Eine Katze „spricht" überhaupt nicht, weil ihre Verständigungsmittel ganz anderer Art als die des Menschen sind. Es fehlen ihr die physiologischen Vorbedingungen zum „Sprechen". Ihre Schreie sind äußerst mannigfaltig und erfüllen, uns nicht nachahmbar, ihre Zwecke vollständig. Diese Zwecke sind teilweise für uns noch Geheimnisse." — „Aber der Schrei klingt doch so ähnlich wie ein „miau"." — „Mit viel größerem Recht können Sie sagen, daß das Chinesische so ähnlich wie das Griechische klingt. Rufen Sie einer jungen Katze so oft Sie wollen Ihr: „miau" zu, sie kümmert sich nicht im geringsten darum. Sie versteht Sie einfach nicht. Bitte versuchen Sie es. Die Sprache ist aber ein Verständigungsmittel." — „Ja, aber meine Großmutter hat doch schon gelehrt, daß jedes Tier seine Sprache hätte." — „Auf dem Wahn, daß tierische Schreie durch menschliche Laute wiedergebbar sind, hat sich der weitere Wahn aufgebaut, daß Tiere mit menschlichen Lauten — jedes Tier habe seinen Laut — reden. Sie sehen, das ist nicht der Fall. Irgendein Anekdotenschreiber hat einmal auf Grund dieses Fundamentalirrtums den Schrei der Katze „miau" getauft, wie Homer den der Nachtigall: „Ithylos"." — Außerordentlich schwer, aber keineswegs unmöglich, ist die Befreiung von solchen die Naturgegebenheiten fälschenden Überliefungen dann, wenn der Wahrheitsbeweis eine logische Schlußkette voraussetzt, also nicht unmittelbar vor Augen geführt (ad oculos demonstriert) werden kann; oder wenn der augenfällige Beweis schwer erbringbar oder unmoralisch wäre. Man kann nicht beweisen, daß ein einziger Geschlechtsverkehr mit einem Syphilitischen das gesündeste Mädchen ruinieren kann (entgegen dem volkstümlichen: „einmal — keinmal!") oder daß ein ganz kleines Sprengstück bei Mißbrauch sehr vieles Unglück anzurichten vermag (entgegen der „Signaturen-Idee" des Aberglaubens: „so klein und doch schädlich? unmöglich!"). Am Anfang des letzten Krieges brachte trotz aller vorausgegangenen Warnungen ein junger Soldat als Geschenk für seinen im Feldlazarett liegenden Kameraden diesem ein Stück einer russischen Tretmine mit. Sie detonierte, verletzte den Beschenkten schwer und zerriß zwei andere Soldaten.

Wer der Belehrung unzugänglich ist, denkt unmoralisch und hat alle schädigenden Folgen seiner Gesinnungs- und Handlungsweise zu tragen. Diese bestehen, wenn es sich um reine Bildungsangelegenheiten handelt, zunächst nur darin, daß der Belehrungsunfähige sich lächerlich macht; sodann aber schafft er eben dadurch auch eine tiefe soziale Kluft zwischen sich und den Gebildeten. Wer im Dienste der Religion oder des Volkstums zu handeln glaubt, wenn er in deren Angelegenheiten zwingenden Verstandesschlüssen ausweicht, ist ehrlos und verrät diese heiligen Mächte. — Ein Unteroffizier fragte mich einmal nach der Entfernung der Sterne von der Erde. Ich versuchte, auf Grund des spektroskopischen Berechnungssystems ihm die Grundlagen der Beantwortungsmöglichkeit klar zu machen. Er antwortete: „Und wenn Sie noch so sehr auf mich einreden — ich glaube Ihnen nicht." — Ein orthodoxer protestantischer Theologe wich einer auf dem Gebiet der alttestamentlichen Textkritik liegenden Schlußfolgerung mit den Worten aus: „Das ist zwar richtig; aber ich kann und will es nicht glauben." — Am schwersten dürfte es fallen, den Beweis dafür zu erbringen, daß ein von einem Abergläubischen als tatsächlich erfolgend angenommener Vorgang nicht stattfindet. Wie soll ich beweisen, daß Schätze nicht „rücken" und „blühen" können, daß nicht zu bestimmten Tagen Kohlen an die Erdoberfläche vordringen? Wenn ich dem Abergläubischen erwidere, daß ihm die Beweislast zufällt, so macht ihn diese Äußerung mundtot, aber sie überzeugt ihn nicht. Die „Erfahrung" gibt ihm nach seiner Auffassung „tausendfach" recht; sie ihrerseits geht auf bestimmte Personen, die uns bekannten Träger abergläubischer Gesinnungsweise, zurück. Es gilt also, deren Autorität zu erschüttern, was meist nur möglich ist, wenn man den Abergläubischen seinem Milieu entzieht und dadurch jenen Individuen die Möglichkeit nimmt, ihn zu suggerieren. Eine geregelte naturwissenschaftliche Ausbildung müßte, theoretisch gesprochen, ebenfalls einen aufklärenden Erfolg zeitigen können. Die christliche Religion wird gegen den Aberglauben ins Feld geführt werden können, wo er der Idee der alleinigen Allmacht Gottes und seinem Sittengebot zuwiderhandelt. Tatsächlich ist die Geistlichkeit gegen abergläubische Handlungen selbst völlig harmloser Art sehr empfindlich, weil sie metaphysische Auswirkungen nur auf die heiligen Personen und auf die Kirche zurückgeführt wissen will. Manche Theologen, selbst evangelischer Konfession, gehen in dieser Richtung überaus weit. Der eine von ihnen betitelte ein Heftchen, in dem er unschuldige Kinderverse wiedergab, die eine Mutter zum Trost für ihr Kleines bei Verletzungen zu sprechen pflegt, schwungvoll mit den Worten: „Im Kampf um Satan und sein Reich". Vorsichtige Geistliche meiden solche Eingriffe in die Volksseele schon aus taktischen Rücksichten; sie weisen auf die Kirche und ihre Vertreter, die Besten von ihnen überhaupt auf die zuständigen Fachleute als auf die zulässigen Berater hin. Statt des harmlosesten

Heilzaubers sei es vorteilhafter, zum Arzt zu gehen; im Falle des Gewissenskonflikts aber berate man sich mit seinem Geistlichen.

Darin scheint mir viel Richtiges zu liegen. Ohne das Vertrauen auf Führer voll geistiger und zugleich sittlicher Tüchtigkeit ist eine einheitliche Basis der Erkenntnis des Urteils und der Weltanschauung für kein Kulturvolk möglich. Sie wird durch die Unterstellung, daß der Gelehrte im Sinne gewisser politischer oder Zeitrichtungen oder aus bloßem Hochmut oder Geldgier rede und lehre, systematisch untergraben. Auch der Gelehrte bedarf durchaus des zuverlässigen Vertrauensmannes. Er nimmt ihn beispielsweise in Anspruch, sobald er eine Logarithmentabelle oder ein Wörterbuch nachschlägt. — Selbstverständlich muß das Vertrauen zwischen Geistlichkeit und Laienwelt gegenseitig sein. Je mehr es durch rationalistische oder gewollt-kirchenfeindliche oder religionswidrige Bestrebungen unterhöhlt wird, um so mehr wird der Dämon des Aberglaubens diese Kluft dazu benutzen, sich der menschlichen Seelen zu bemächtigen. Das heutige Rußland lehrt dies in klarster Weise. Die Religionsvertreter ihrerseits dürfen allerdings solchen religionsfeindlichen Bestrebungen nicht dadurch Vorschub leisten, daß sie den Glauben an Naturgesetzwidriges, an gegenwärtig etwa stattfindende Wunder, verlangen. Man tut damit der Kirche den schlechtesten Dienst.

Die heimliche, extrem-egoistische, antisoziale Handlung abergläubischer Art hält gewöhnlich jeder Belehrung stand, weil der herostratische Impuls (der oft und allgemein im Traum wiederkehrt) eine primäre, von der sittlichen Basis häufig abgelöste psychische Erscheinung der menschlichen Natur ist. In weniger hohem Grade gilt dies von jeder inneren Veranlassung zu einer Zauberhandlung. Der sie heimlich Ausübende ist und fühlt sich sozial minderwertig, falls Religion und Gesellschaft den Zauber verbieten. Wer als Soldat im Gefecht Amulette bei sich trägt, sagt damit implizite: das ihm zugedachte Geschoß möge einen anderen treffen; denn Aberglauben und Fatalismus sind aufs engste miteinander verwandt. Kein Soldat trug jemals ein solches Schutzmittel öffentlich. Ich gehe soweit, zu erklären, daß selbst das während lebhafter Feuertätigkeit oft geäußerte laute Gebet einzelner um Erhaltung des eigenen Lebens seinem Gefühlsinhalt nach unmoralisch ist. Anders steht es selbstverständlich um das fromme Lied ganzer Gruppen, das eine, die Todesnähe verschleiernde magische Gefühlsbasis schafft, ohne wörtlich aufgefaßt zu werden (das Lied beim Untergang der Titanic; beim Sturm von Langemarck; bei einer Fliegerbewerfung auf schlecht gedeckte Infanterie, wobei die Bewohner eines Telephonunterstandes mit dem Verse begannen: „Ich bete an die Macht der Liebe“!).

Immer wieder erfahren wir, daß die Liebe es ist, deren Heilighaltung den Menschen aus dem Sumpf des Aberglaubens retten kann, daß der Kultus der eigenen Person in ihren Morast hineinführt. Eine verinnerlichte Religiosität, das Bewußtsein der Einheit mit der (von den einzelnen Religionsvertretern verschieden aufgefaßten und verschieden benannten) Gottheit zerstört, wie jede Betrachtung namentlich der pietistischen Strömungen des Morgen- und Abendlandes beweist, alles tote Formenwesen, jede Empfindung der Übermacht der Form über den Gehalt, zerstört dadurch auch den Kern der abergläubischen Welteinstellung. Dieses Zerfließen in eine Gottheit oder eine göttliche, ewige Idee sichert den Menschen am besten vor dem Zurückgleiten in den Machtbereich des Teufels, der Aberglauben heißt und Aberglauben ist. Ob diese rettende Idee künstlerischer, wissenschaftlicher, religiöser Natur ist, ob sie das Wohl von Staat und Volkstum umfaßt, bleibt sich gleich. Die Großen der Erde sind, was sie sind, weil sie alles gaben, was sie hatten und waren.

Die Siegesbahn unserer Kultur ist mit Leichen gepflastert. Wenn je, so triumphiert hier menschliches Ethos über die Schicksalsgewalt. Justus von Liebig sprach und Céculé sagte es zum zweiten Male: das wäre kein richtiger Chemiker, der nicht in seinem Beruf die Gesundheit verlöre. Ich gedenke der amerikanischen Studenten, die zu experimentellen Zwecken gefährlichen Injektionen sich massenweise unterzogen; des Königsberger Gelehrten, der sich Krebszellen in den Arm einnähte; des Wiener Röntgenforschers und vieler seiner Kollegen, die, obwohl das Röntgenkarzinom von ihnen bereits Besitz ergriffen hatte, bis zu ihrem Opfertode dem Berufe treu blieben; der Wiener Ärzte, die nach dem Ausbruch der Pest in dem dortigen Bakteriologischen Institut sich den Infizierten als Pfleger hingaben und der Schwester, die dabei den Heldentod teilte sowie der vielen vortrefflichen Frauen, die an Unerschrockenheit im Krieg mit Seuchen und auf dem Schlachtfeld den Männern gleich standen. — Wie viele Große der Kunst, voran Schiller, rieben sich auf in leidenschaftlicher Arbeit. Die leitenden Vertreter der Staatsinteressen wollten ihnen nichts nachgeben. Bismarck „verzehrte sich“ — ich wiederhole diese Wendung als Übersetzung des letzten Worts seines Wahlspruchs: patriae inserviendo consumor — im Dienste für sein Land. Nicht schlechter als er war „der letzte pommersche Grenadier“, dessen Knochen er nur im Interesse nationaler Notwendigkeiten einsetzen wollte und zur rechten Zeit einzusetzen verstand. Denn der unbekannte Held ist darum nicht weniger ein Held.

Mit wunderbarer Übereinstimmung lehren viele Religionen, daß der Tod des Menschen im Dienste einer Idee den ihn Erleidenden in sie zerfließen läßt und dadurch Opferwesen und Opfergottheit bereichern; daß Gottheiten, indem sie sich selbst dahingeben, dieses „Stirb und Werde“ in die Sphäre des zeit- und raumlosen Mysteriums erheben. Der Opfertod steht, so will es die Edda, am Anfang und am Ende der Weltzeit. Freilich haben nur die tiefst veranlagten Geister und Völker diese Vorstellung zu fassen verstanden. Aber bis zu den primitiven Kreisen herab geht die Religionslehre, daß dem Sieg nach schwerem Kampfe die Weltgestaltung zu verdanken sei. Sie folgt der Erschlagung der Giganten, der Tötung der Mutter Nacht durch ihren lichten Sohn. Denn das Licht ist es, was der Welt Glanz, Gestalt, Leben gibt. Von dem Gott-Mittler, dem Mithra, der am Anfang der Zeit den Urstier bekämpfte und überwand, redet der Mithrazismus, die verbreitetst gewesene Religion der Erde. Das alte Hebräertum preist den Jahwe, den Töter des Leviathan, der das wilde, alte, gottwidrige Meer spaltet und die Häupter der Drachen im Wasser zerschmettert; wie nach babylonischer Sage Marduk, der Götterkönig, die Tiâmat erlegt. — Von dem erhabensten Selbstopfer des höchsten, wenn nicht einzigen Gottes, des Wodan, spricht der nordische Mythus. Wodan hängt neun Nächte lang „am windigen Baume, ein Opfer, er selber sich selbst". Die älteste indische Literatur berichtet immer wieder von dem uranfänglichen Gott, der sich selbst zerteilte und sich so als vollkommenes Opfer darbrachte. Aus Indien klingen die bizarr anmutenden, aber ewigen Sagen von der alleinigen heilbringenden Gottheit herüber, die den giftigen Schaum des Weltmeeres trank, um die Menschheit zu erretten. Vischnu ist durchaus eine Erlösergottheit schlechthin. — Auch der Erlösertod Christi wird kosmisch gewertet. Die alten Vorstellungen von dem die Nacht erschlagenden Lichtriesen klingen in seinem siegreichen Kampf mit der Hölle nach. Die Welt gewinnt dadurch die Idee der freudigen Hingabe des Besten, Vollendetsten, Erhabensten, an ein weltbefreiendes Ziel.

Dem Höchsten wahren Menschtums steht die Stumpfheit der Massen gegenüber. Sie zur Idee fortzureißen, für die Idee zu gewinnen, ist das letzte Ziel des Genius, das auch er immer nur in zeitlicher Begrenzung zu erreichen vermag. Der Durchschnittsmensch aber kann vor dem Aberglauben bewahrt bleiben einerseits durch die schützende Hand des Gesetzes, die seinen Besitz und sein Leben sichert; die damit auch seine Bewußtseinssphäre verhindert, einen labilen Charakter anzunehmen (denn stets ist es das Moment der Unsicherheit, das zum Aberglauben erzieht); andererseits durch hingebende und liebevolle Anpassung an die Idee seines Berufes; durch die uns allen innerhalb der gesetzten Grenzen mögliche sittliche Tat in Staat, Beruf und Familie; durch das Bewußtsein ihrer Autonomie, ihrer Unabhängigkeit von äußeren, widerstrebenden Naturgegebenheiten und ihres Werts an sich, der auch durch die gewiß schmerzliche Beobachtung ihres verzögerten oder ausbleibenden Erfolges nicht vermindert werden kann. Der Kultus des Erfolges entspringt der Vorstellung von dem mechanischen, materialistischen Weltgeschehen, jener Idee, die aus der Handlung den Erfolg und aus dem Erfolg die Handlung entspringen läßt. Das ist pure Sittenlosigkeit. Die Vorstellung eines formenlosen Ideenreiches, die dem Menschheitsempfinden unserer Zeit am besten entspricht, gibt uns die unzerstörbare Gewißheit eines jenseits der Welt ruhenden Ewigen und unseres Anrechts daran. Damit stürzt die Furcht vor den diesseitigen Gebilden, die Quelle alles Aberglaubens.

In München wurden vom 1. 1. 1921 bis 31. 12. 28 bestraft

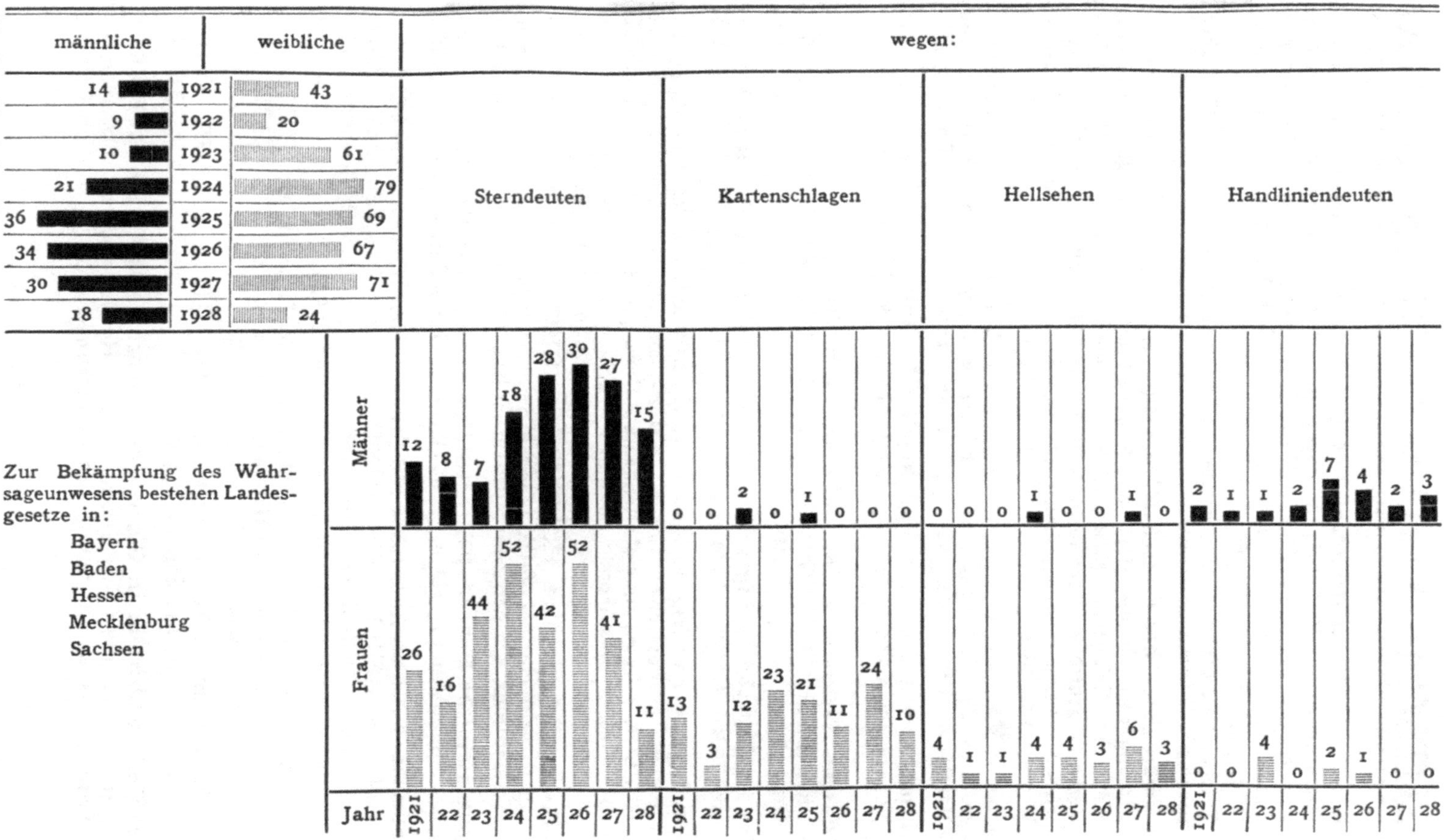

Zur Bekämpfung des Wahrsageunwesens bestehen Landesgesetze in:

Bayern
Baden
Hessen
Mecklenburg
Sachsen

DEUTSCHE VOLKSKUNDE IN AUSWAHL

Handwörterbuch des deutschen Aberglaubens. Herausgegeben unter besonderer Mitwirkung von E. Hoffmann-Krayer und Mitarbeit zahlreicher Fachgenossen von HANNS BÄCHTOLD-STÄUBLI. (Handwörterbücher zur deutschen Volkskunde, herausgegeben vom Verband deutscher Vereine für Volkskunde, Abteilung 1). Lexikon-Oktav.

Erscheint in Lieferungen. Bisher erschienen sechs Bände. Ausführlicher Prospekt auf Wunsch kostenlos.

Handwörterbuch des deutschen Märchens. Herausgegeben unter besonderer Mitwirkung von Johannes Bolte und Mitarbeit zahlreicher Fachgenossen von LUTZ MACKENSEN. (Handwörterbuch zur deutschen Volkskunde, herausgegeben vom Verband deutscher Vereine für Volkskunde, Abteilung II.) Lexikonformat. Erscheint in Lieferungen. Bisher erschien I Band. Ausführlicher Prospekt auf Wunsch kostenlos.

Deutsche Volkskunde, insbesondere zum Gebrauch der Volksschullehrer. Im Auftrage des Verbandes deutscher Vereine für Volkskunde herausgegeben von JOHN MEIER. Oktav. IV, 344 Seiten. 1926. RM 4.50, geb. 5.—

Lehrproben zur deutschen Volkskunde. Im Auftrage des Verbandes deutscher Vereine für Volkskunde hrsg. von JOHN MEIER. Oktav. 136 Seiten. 1928. RM 1.40, kart. 1.80

Deutsche Volkskunde im außerdeutschen Osten. Vier Vorträge von G. BRANDSCH, G. JUNGBAUER, V. SCHIRMUNSKI, E. VON SCHWARTZ. Groß-Oktav. IV, 81 Seiten. 1930. RM 5.—

Was ist deutsche Volksgeschichte? Ziele, Aufgaben und Wege. Von ADOLF HELBOK. Oktav. Mit 19 Karten. VI, 71 Seiten. 1935. RM 3.30

Grundlagen der Volksgeschichte Deutschlands und Frankreichs. Vergleichende Studien zur deutschen Rassen-, Kultur- und Staatsgeschichte. Von ADOLF HELBOK. Text- und Kartenband. Etwa 700 Seiten Text und 126 Karten. Groß-Oktav. Das Werk wird in 10—12 Lieferungen ausgegeben. Subskriptionspreis jeder Lieferung RM 5.—

Volkskundliche Studien. FRIEDRICH SCHMIDT-OTT zum siebzigsten Geburtstag dargebracht. Groß-Oktav. 248 Seiten. 1930. RM 12.— (Sonderdruck aus der Zeitschrift für Volkskunde, neue Folge, Jahrgang II.)

Volkskundliche Gaben. JOHN MEIER zum Siebzigsten Geburtstage dargebracht. Mit 1 Bildnis und 15 Tafeln. Groß-Oktav. XVI, 314 Seiten. 1934. Geb. RM 25.—

Volkskunde-Arbeit. Zielsetzung und Gehalte. Herausgegeben von ERNST BARGHEER und HERBERT FREUDENTHAL. Otto Lauffer zum 60. Geburtstage gewidmet. Groß-Oktav. Mit 16 Tafeln und 15 Textabbildungen und einem Bildnis von Otto Lauffer. VIII, 310 Seiten. 1934. Geb. RM 5.80

Land und Leute in Niederdeutschland. Von Professor Dr. OTTO LAUFFER, Direktor des Museums für Hamburgische Geschichte. Oktav. VIII, 291 Seiten. Mit 8 Tafeln. 1934. Geb. RM 4.80

Dorf und Stadt in Niederdeutschland. Von OTTO LAUFFER. Oktav. Mit 10 Tafeln. VII, 234 Seiten. 1934. Geb. RM 4.80

Der Weihnachtsbaum in Glauben und Brauch. Von OTTO LAUFFER. Oktav. Mit 8 Abbildungen. 54 Seiten. 1934. (Hort deutscher Volkskunde, Band 1. Schriften des Bundes für deutsche Volkskunde.) Geb. RM 1.20

FSC
www.fsc.org
MIX
Papier | Fördert
gute Waldnutzung
FSC® C083411

Kolibri 360 GmbH
Ferdinand-Jühlke-Straße 7
99095 Erfurt, Deutschland
produktsicherheit@kolibri360.de